华东师范大学数学专业研究生教学丛书

实分析与复分析

华东师范大学数学科学学院　编

薛以锋　主编

科 学 出 版 社

北　京

内 容 简 介

本书是华东师范大学数学专业研究生教学丛书之一，是分析方向的研究生教材. 全书分为十一章，第 1 章介绍抽象分析中的常用空间；第 2 章讨论集合上的抽象测度和抽象积分；第 3 章讨论 L^p-空间和 Fourier 分析；第 4 章介绍 Hilbert 空间中的基本定理及在 Radon-Nikodym 定理的证明、$L^2(\mathbb{R}^n)$ 上的 Fourier 变换和 Sobolev 空间中的相关定理的证明；第 5 章介绍 Banach 空间中的三大定理及其在某些共轭空间表示和 Fourier 级数理论中的应用；第 6 章介绍 Riemann 映射定理的证明；第 7 章介绍整函数和亚纯函数的分解性质、Picard 小定理、Γ-函数及 Riemann ζ-函数；第 8 章介绍调和函数相关内容；第 9 章介绍多复变解析函数和抽象解析函数的一些性质；第 10 章介绍 Banach 代数；第 11 章介绍几个分析中的著名定理的证明及其在其他领域中的一些应用.

本书可供数学专业高年级学生和研究生阅读，同时也可供其他理工科研究生、青年教师及相关工程技术人员学习参考之用.

图书在版编目（CIP）数据

实分析与复分析 / 华东师范大学数学科学学院编；薛以锋主编. — 北京：科学出版社，2025. 6. — （华东师范大学数学专业研究生教学丛书）— ISBN 978-7-03-081939-0

Ⅰ. O174

中国国家版本馆 CIP 数据核字第 20259UJ730 号

责任编辑：张中兴　姚莉丽　孙翠勤 / 责任校对：杨聪敏

责任印制：赵　博 / 封面设计：陈　敬

科学出版社 出版

北京东黄城根北街 16 号

邮政编码：100717

http://www.sciencep.com

北京市金木堂数码科技有限公司印刷

科学出版社发行　各地新华书店经销

*

2025 年 6 月第　一　版　开本：720×1000　1/16

2025 年11月第三次印刷　印张：22

字数：435 000

定价：89.00 元

（如有印装质量问题，我社负责调换）

丛书序一

薪火相传　砥砺前行

华东师范大学数学学科研究生教材工作回顾

1977 年底, 高考制度恢复, 高校招收了 “文革” 后首届大学生, 标志着高等教育的新起点. 1978 年秋季, 全国研究生教育全面启动. 华东师范大学数学系作为首批数学专业研究生培养单位之一, 当年共招收 23 名研究生, 分布在代数学 (8 名), 函数论 (5 名), 控制论 (5 名), 统计学 (3 人) 与计算机软件 (2 人). 次年, 数学系又招收了微分方程和计算数学方向的研究生. 而数学史与数学教育的硕士点虽在 1981 年就获批, 但直至 1985 年才在李锐夫教授主持下正式招生.

那时候数学系的许多老一辈学术 “大咖”, 如李锐夫、程其襄、钱端壮、魏宗舒、曹锡华等, 仍然活跃在教学科研一线, 成为各自专业的主心骨. 当时正值中国高等教育从 “文革” 中恢复重建的关键时期, 研究生教育亟待发展, 学习和借鉴国外的经验对许多学科, 特别是像基础数学这样的纯粹理论学科, 可以说是必由之路. 数学系这批老先生大都在海外获得博士学位, 拥有广阔的学术视野、深厚的学术造诣和敏锐的学术眼光, 他们的引领为华东师范大学数学系研究生教育奠定了坚实的基础.

以曹锡华教授为例, 他选择了当时国内学术界都不甚了解的 “代数群” 专业方向, 并瞄准国际高水平, 高屋建瓴地设置课程与选用教材, 确是高瞻远瞩之举, 开创了此后华东师范大学代数学四十余年的辉煌.

“代数群” 方向, 选用的教材情况如下:

- M. F. Atiyah, I. G. MacDonald, *Introduction to Commutative Algebra* (《交换代数导引》), 用原版教材, 由曹锡华亲授. 冯绪宁等的中译本 1982 年由科学出版社出版.
- J. -P. Serre, *Linear Representations of Finite Groups* (《有限群的线性表示》), 也用原版教材, 由曹锡华亲授. 郝鈵新的中译本 1984 年由科学出版社出版, 2007 年由高等教育出版社再版.
- J. E. Humphreys, *Introduction to Lie Algebras and Representation Theory* (《李代数及其表示理论导引》), Springer 的研究生教材丛书第 9 卷, 用陈志杰的中译本, 当时只有油印稿, 译稿由上海科学技术出版社 1981 年正式

出版.

- J. E. Humphreys, *Linear Algebraic Groups* (《线性代数群》), Springer 的研究生教材丛书第 21 卷, 用原版教材, 当时只有相片复印版本.
- R. W. Carter, *Simple Groups of Lie Type* (《李型单群》), 用肖刚、李克正、仝道荣的中译油印本.
- R. Steinberg, *Lectures on Chevalley Groups* (《谢瓦莱群讲义》), 用陈志杰的中译油印本.
- P. J. Hilton, U. Stammbach, *A Course in Homological Algebra* (《同调代数教程》), Springer 的研究生教材丛书第 4 卷.
- R. Hartshorne, *Algebraic Geometry* (《代数几何》), Springer 的研究生教材丛书第 52 卷, 中译本: 冯克勤、刘木兰、胥鸣伟译, 由科学出版社 1994 年出版.

在曹锡华的代数群方向研究生培养过程中, 一批学术上有重要建树的海外学者应邀前来讲学, 其中有些学者还为研究生教材的建设做出了重要贡献, 例如

- J. E. Humphreys 应邀在华东师范大学做了长达两个月的讲学, 根据其讲演由研究生听众记录而成的油印讲义 *Lectures on Representations of Algebraic Groups* (《代数群表示讲稿》) 虽未正式出版, 但相当长一段时间是代数群方向研究生的教材和重要参考文献.
- J. C. Jantzen 在华东师范大学的讲稿经作者本人整理后, 以 *Representations of Algebraic Groups* (《代数群表示》) 为书名, 先由美国的 Academic Press 出版, 后来由美国数学会出版第二版, 这本书已成为国际上代数群表示论的经典教材与参考书之一.

曹锡华及其学生的代数学团队之后出版的教材包括:

- 曹锡华, 王建磐. 1987. 线性代数群表示导论 (上册). 北京: 科学出版社. 这是国内第一本系统论述代数群表示的专著.
- 曹锡华, 时俭益. 1992. 有限群表示论. 北京: 高等教育出版社 (2009 年第二版). 这是国内编写的第一部专门介绍群表示理论的教科书, 1995 年获国家教委第三届高校优秀教材奖一等奖和上海市科技进步奖三等奖.
- 肖刚. 1992. 代数曲面的纤维化. 上海: 上海科学技术出版社.
- 陈志杰. 2001. 代数基础: 模、范畴、同调代数与层. 上海: 华东师范大学出版社 (该书第二版于 2024 年在高等教育出版社出版).
- 邓邦明, 杜杰, B. Parshall, 王建磐. 2008. *Finite Dimensional Algebras and Quantum Groups*. American Mathematical Society.

数学与应用数学其他各个方向多年来也在教材建设方面做出了努力, 下面据笔者不完全统计, 大致按专业方向列名, 除去油印讲义, 将教材列于下方:

- 华东师范大学数学科学学院. 2019. 几何与拓扑. 上海: 华东师范大学出版社.
- А. Б. Васильева, В. Ф. Бутузов. *Асимптотические методы в теории сингулярных возмущений.* 中译本: 瓦西里耶娃, 布图索夫. 2008. 奇异摄动方程解的渐近展开. 倪明康, 林武忠, 译. 北京: 高等教育出版社.
- 倪明康, 林武忠. 2009. 奇异摄动问题中的渐近理论. 北京: 高等教育出版社.
- 倪明康, 林武忠. 2024. 奇异摄动问题中的空间对照结构. 北京: 科学出版社.
- 朱德明, 韩茂安. 1993. 光滑动力系统. 上海: 华东师范大学出版社.
- 朱德明, 韩茂安. 1994. 微分方程分支理论. 北京: 煤炭工业出版社.
- Luo Dingjun, Wang Xian, Zhu Deming, Han Maoan. 1993. *Bifurcation Theory and Methods of Dynamical Systems.* Singapore: World Scientific Publishing Co. Pte. Ltd..
- H. Brezis. *Analyse Fonctionnelle: Théories et applications* . 中译本: H. Brezis. 2009. 泛函分析: 理论和应用. 叶东, 周风, 译. 北京: 清华大学出版社.
- L.C. Evans. 2010. Partial Differential Equations. 2nd ed. American Mathematical Society. 中译本: L. C. Evans. 2024. 偏微分方程. 2 版. 刘永明, 译. 陈恕行, 审校. 北京: 高等教育出版社.
- 陈树中, 韩正之, 胡启迪. 2000. 线性系统控制理论. 上海: 华东师范大学出版社.
- 林华新. 2001. *An Introduction to the Classification of Amenable C*-Algebras.* Singapore: World Scientific Publishing Co. Pte. Ltd..
- 李锐夫, 戴崇基, 宋国栋. 1989. 复变函数续论. 北京: 高等教育出版社.
- Bai Zhongzhi, Pan Jianyu. 2021. *Matrix Analysis and Computations.* Philadelphia: SIAM.

数学教育专业招生以来的四十年, 把科学研究和研究生培养紧密结合, 学科水平不断提高, 培养出中国第一批数学教育的博士, 也成为华东师范大学高水平师范教育的重要支撑.

和数学其他专业方向一样, 数学教育专业招生伊始, 就把课程与教材的建设作为重要的抓手, 把引进高水平的国外教材和自己编写教材结合起来. 但与数学其他专业有所区别的是, 数学教育专业更强调教材建设要立足中国数学教育实际, 更加针对本土教育的传统与现状, 张奠宙教授为此做出了重要的贡献.

数学教育专业方向翻译或编译的教材有:

- H. Freudenthal. 1973. *Mathematics as an Educational Task.* Kluwer Academic Publishers. 中译本: H. Freudenthal. 1995. 作为教育任务的数学. 陈昌平, 唐瑞芬, 等编译. 上海: 上海教育出版社.
- R. Hichle, et al. *Didactics of Mathematics as a Scientific Discipline.* Kluwer Academic Publisher. 中译本: R. Hichle, 等. 1998. 数学教学理论是一门科学. 唐瑞芬, 等译. 上海: 上海教育出版社.
- D. A. Grouws. 1992. *Handbook of Research on Mathematics Teaching and Learning.* Macmillan Publishing Company. 中译本: D. A. Grouws, 等. 1999. 数学教与学研究手册. 陈昌平, 等译. 上海: 上海教育出版社.
- H. Freudenthal. *Revisiting Mathematics Education: China Lectures,* Kluwer Academic Publishers. 中译本: H. Freudenthal. 1999. 数学教育再探: 在中国的讲学. 刘意竹, 杨刚, 等译. 上海: 上海教育出版社.

值得指出的是, Freudenthal 的 *Revisiting Mathematics Education: China Lectures* (《数学教育再探: 在中国的讲学》) 与代数方向 Jantzen 的 *Representations of Algebraic Groups* (《代数群表示》) 有异曲同工之妙, 都是根据作者在华东师范大学讲学期间的讲稿整理而成的.

数学教育方向编著的教材包括 (不完全统计):

- 张奠宙, 邹一心. 1990. 现代数学与中学数学. 上海: 上海教育出版社.
- 张奠宙, 唐瑞芬, 刘鸿坤. 1991. 数学教育学. 南昌: 江西教育出版社.
- 田万海. 1992. 数学教育学. 杭州: 浙江教育出版社.
- 田万海, 等. 1995. 数学教学测量与评估. 上海: 上海教育出版社.
- 张奠宙. 1998. 数学教育研究导引. 南京: 江苏教育出版社.
- 李士锜. 2001. PME: 数学教育心理. 上海: 华东师范大学出版社.
- 顾泠沅. 2003. 数学思想方法. 北京: 人民教育出版社.
- 张奠宙, 宋乃庆. 2004. 数学教育概论. 北京: 高等教育出版社.
- 鲍建生, 王洁, 顾泠沅. 2005. 聚焦课堂: 课堂教学视频案例的研究与制作. 上海: 上海教育出版社.
- 张奠宙. 2006. 中国数学双基教学. 上海: 上海教育出版社.
- 徐斌艳. 2006. 在问题解决中建构数学: 数学主题的研究性学习. 广州: 广东教育出版社.
- 鲍建生, 周超. 2009. 数学学习的心理基础与过程. 上海: 上海教育出版社.
- 徐斌艳. 2009. 数学课程改革与教学指导. 上海: 华东师范大学出版社.
- 王建磐. 2009. 中国数学教育: 传统与现实. 南京: 江苏教育出版社 (新版于 2017 年在江苏凤凰教育出版社出版).
- 徐斌艳. 2010. 中学数学课程概览. 北京: 北京师范大学出版社.

- 张奠宙, 于波. 2013. 数学教育的中国道路. 上海: 上海教育出版社.
- 张奠宙, 王善平. 2023. 数学文化教程. 北京: 高等教育出版社.
- 鲍建生, 徐斌艳. 2013. 数学教育研究导引 (二). 南京: 江苏教育出版社.
- 汪晓勤. 2013. 数学文化透视. 上海: 上海科学技术出版社.

四十多年来, 华东师范大学数学学科的研究生教育走过了漫长的道路, 不断发展壮大, 进入新的发展阶段. 2025 年数学科学学院共招收博士研究生 51 人, 全日制学术硕士研究生 121 人 (不含留学生), 全日制专业硕士研究生 15 人, 非全日制专业硕士研究生 124 人. 目前在校博士研究生 242 人, 各类硕士研究生 1022 人. 这个规模与研究生培养初期相比有天壤之别.

2012 年在周青教授主持下, 在数十年发展与演变的基础上, 数学学科进行了研究生课程体系改革, 形成由代数学、几何与拓扑、实分析与复分析、偏微分方程、科学计算、概率论等六门硕士学位基础课、十门博士学位基础课以及若干选修课构成的研究生课程体系, 促进了不同方向研究生的学习互鉴, 打牢他们的专业基础. 数学教育的研究生也乘着在我校召开的第 14 届国际数学教育大会的东风, 努力做好 “顶天立地” 的工作——顶天, 就是做一流的研究工作, 形成自己的理论体系, 在与国际国内交流与竞争中有自己的话语权; 立地, 就是要把研究工作牢牢扎根在中国的数学教育实践中, 为中国的教育, 尤其是基础教育, 做出自己最大的贡献.

科学出版社与华东师范大学数学科学学院合作出版这一套数学专业研究生教学丛书对我们的工作是一个很大的促进. 我尤其希望学院的中青年学者积极参与, 拿出自己的看家本领, 为这套丛书添光加彩, 使之在全国有更好的口碑, 产生更大的影响.

2025 年 6 月于上海

丛书序二

自 1978 年国家恢复研究生招生以来, 华东师范大学数学学科始终重视研究生教育. 1986 年秋起开设代数、几何、分析方面的研究生基础课. 2012 年在周青教授主持下, 数学学科进行了研究生课程体系改革, 研究生教育进入新的发展阶段. 经过数十年的演变, 华东师范大学数学学科逐渐形成由代数学、几何与拓扑、实分析与复分析、偏微分方程、科学计算、概率论等六门硕士学位基础课、十门博士学位基础课以及若干选修课构成的研究生课程体系.

学院每年选派师德师风优良、学术造诣深厚和教学经验丰富的教师承担研究生课程教学. 经过若干年教学实践, 我们积累了丰富的经验, 在此基础上编写了这套丛书, 将在科学出版社支持下陆续出版. 后续成熟一本, 出版一本. 几年内下列教材拟在此丛书中出版:

《实分析与复分析》(薛以锋主编)

《调和分析与偏微分方程》(袁海荣主编)

《同调代数基础》(胡乃红主编)

《概率论》(张向韵主编)

"桃李不言, 下自成蹊." 我们希望本丛书的出版能够对华东师范大学数学科学学院乃至全国兄弟院校数学学科的研究生培养提供帮助.

于华东师范大学

2025 年 6 月

前言

实分析与复分析是华东师范大学数学科学学院一年级硕士研究生的学位必修课. 编者在这门课的十多年的教学过程中, 先参考 Rudin 的 *Real and Complex Analysis* 写成实分析与复分析的课程讲义, 然后根据不断变化的课时数和学生的入学基础状况, 反复地增删加工和修改, 终成此书.

全书共十一章, 第 1 章到第 6 章主要介绍实分析的内容. 编者在这部分中, 将点集拓扑、抽象测度、抽象积分和泛函分析结合起来, 突出了点集拓扑、泛函分析在抽象测度、抽象积分、Fourier 变换、Fourier 级数中的应用. 第 7 章到第 10 章介绍复分析中的一些定理. 在这一部分中, 首先回顾本科复分析的主要内容, 然后再结合前面实分析部分中的有关结果, 分别给出 Riemann 映射定理, 整函数和亚纯函数的分解定理, Picard 小定理等的证明并讨论 Γ–函数、ζ–函数、调和函数、H^p–空间、多复变函数以及 Banach 代数等的一些主要性质. 第 11 章主要是利用前面十章的某些定理来证明数学领域中几个著名的定理, 比如: Brouwer 不动点定理、Schauder 不动点定理、凸集分离定理、素数分布定理等. 这一章主要目的是展示实分析与复分析在分析数学中的重要地位. 本书的每一章后面都有一定量的习题. 这些习题中有的有一定难度, 而大部分则是本章内容的巩固和继续.

本书在编写和使用过程中, 得到了许多同学和老师的热情帮助和鼓励, 特别是林雪飞博士、蒋闰良老师和陈张驰老师为本书提供了许多宝贵的修改意见, 编者在此深表感谢. 同时, 编者还要感谢数学科学学院领导的不断鼓励和支持, 以及科学出版社的热情支持, 才能使本书得以顺利出版.

由于编者的学识和视野有限, 本书的不妥之处在所难免, 敬请广大读者批评指正.

编　者

2024 年 10 月

目录

第1章

抽象空间

本章以拓扑空间的基本概念开始，围绕着与后续内容的联系，着重描述了拓扑空间中的紧集的主要性质以及度量空间中的紧集、致密集和完全有界集之间的关系. 然后，再讨论赋范空间及其上的有界线性算子的基本性质. 最后，给出局部紧度量空间上的连续函数空间中的致密集的刻画及 Stone–Weierstrass (斯通–魏尔斯特拉斯) 逼近定理.

1.1 拓扑空间

在数学分析中，对 $x_0 \in \mathbb{R}$ 及 $\delta > 0$, 区间 $(x_0 - \delta, x_0 + \delta)$ 称为 x_0 的 δ 邻域，记为 $U(x_0, \delta)$. $G \subset \mathbb{R}$ 称为开集，若对任意 $x_0 \in G$, 存在 $\delta > 0$ 使得 $U(x_0, \delta) \subset G$. 记 $\tau_{\mathbb{R}} = \{G \subset \mathbb{R} \,|\, G \text{ 开集}\} \bigcup \{\varnothing\}$. 则有 ① $\{\mathbb{R}, \varnothing\} \subset \tau_{\mathbb{R}}$; ② $\tau_{\mathbb{R}}$ 对于任意并及有限交都封闭. 这时，称 $\tau_{\mathbb{R}}$ 为 $\mathbb{R}$ 上的一个拓扑. 将①和②抽象出来，得到一般集合上的拓扑的定义如下.

定义 1.1.1 设 X 为非空集合. 若 X 中的某些子集组成的集合 τ 满足条件:

(1) $X, \varnothing \in \tau$;

(2) τ 中任意多个元素的并都在 τ 中;

(3) τ 中任意有限多个元素的交都在 τ 中,

则称 τ 为 X 上的一个拓扑, (X, τ) 为拓扑空间. τ 取定后, 以 X 表示 (X, τ).

τ 中的元素 A 称为 X 中的开集. A 的余集 $A^c = X \backslash A$ 称为 X 中的闭集.

例 1.1.2 任何一个非空集合上都可以定义拓扑结构. 设 X 是一个非空集合. 令 $\tau_1 = \{X, \varnothing\}$, τ_2 为 X 中所有子集构成的集合. 称 τ_1 为 X 上的平庸拓扑而 τ_2 则为离散拓扑.

定义 1.1.3 设 X 是拓扑空间.

(1) 对 $x \in X$, 若有一个开集 V 使得 $x \in V$, 则称 V 为 x 的一个邻域.

(2) 设 A 是 X 的一个子集, $x \in A$. 若有 x 的一个邻域 V_x 使得 $V_x \subset A$, 则称 x 为 A 的内点. A 的内点的全体称为 A 的内部, 记作 A°.

由内点的定义易得, 拓扑空间中的任何子集的内部是开集.

定义 1.1.4 设 A 是拓扑空间 X 中的一个非空子集, $a \in X$.

(1) 若 a 的任何邻域中都含有 A 中异于 a 的点, 则称 a 为 A 的一个聚点. A 的聚点的全体记为 A', 称为 A 的导集. $A \backslash A'$ 中点称为 A 的孤立点.

(2) 若 a 的任何邻域中既含有 A 中的点, 又含有 A^c 中的点, 则称 a 为 A 的边界点. A 的边界点的全体记为 ∂A, 称为 A 的边界.

(3) 如果 a 任何邻域都含有 A 中的点, 则称 a 为 A 的闭包点. 以 $\overline{A}$ 表示 A 的闭包点全体, 称为 A 的闭包.

关于集合的导集、边界和闭包关系, 我们有下列结果.

命题 1.1.5 设 A 是拓扑空间 X 中的一个非空子集. 则

(1) ∂A 及 $\overline{A}$ 是 X 中的闭子集且 $\partial A \subset \overline{A}$;

(2) $\overline{A} = A \bigcup A' = A \bigcup \partial A = A^{\circ} \bigcup \partial A$;

(3) A 闭当且仅当 $A' \subset A$ 当且仅当 $A = \overline{A}$.

证明 (1) 设 $x \in X \backslash \partial A$. 则有 x 的一个邻域 V_x 使得 $V_x \subset A$ 或 $V_x \subset A^c$. 如果 $V_x \subset A$, 则 $V_x \subset A^{\circ}$. 故 $V_x \bigcap \partial A = \varnothing$. 同样, 当 $V_x \subset A^c$ 时, $V_x \bigcap \partial A^c = \varnothing$. 由于 $\partial A = \partial A^c$, 所以 $V_x \subset X \backslash \partial A$, 即得 ∂A 是闭子集.

现设 $x \in X \backslash \overline{A}$. 则有 x 的某个邻域 U_x 使得 $U_x \bigcap A = \varnothing$. 如果还有 $y \in U_x$ 使得 $y \in \overline{A}$, 则 U_x 为 y 的邻域且 $U_x \bigcap A \neq \varnothing$, 得到矛盾. 所以 $\overline{A}$ 闭.

由 $\overline{A}$ 的定义, 显然有 $\partial A \subset \overline{A}$.

(2) 设 $x \in A \bigcup A'$. 则 x 的任何一个邻域 V_x 都含有 A 中的点. 于是 $x \in \overline{A}$, 即得 $A \bigcup A' \subset \overline{A}$.

反之, 设 $x \in \overline{A} \backslash A$, U_x 为 x 的任何一个邻域. 则 $U_x \bigcap A$ 中含有异于 x 的点. 于是 $x \in A'$. 从而 $\overline{A} \subset A \bigcup A'$.

由于 $A^{\circ} \subset A \subset \overline{A}$, $\partial A \subset \overline{A}$, 故 $A^{\circ} \bigcup \partial A \subset A \bigcup \partial A \subset \overline{A}$. 设 $x \in \overline{A} \backslash A^{\circ}$. 则 x 的任意一个邻域 U_x 中必含有 A^c 中的点. 由于 $U_x \bigcap A \neq \varnothing$, 故 $x \in \partial A \subset \overline{A}$. 于是便有 $\overline{A} \subset A^{\circ} \bigcup \partial A$. 从而 $\overline{A} = A^{\circ} \bigcup \partial A = A \bigcup \partial A$.

(3) 设 $A' \subset A$. 则由 (2), $\overline{A} = A$, 故 A 闭. 现设 A 是闭的. 设 $x \in A'$. 若 $x \notin A$, 则 $x \in A^c$. 因 A^c 为开集, 故有 x 的一个邻域 V_x 使得 $V_x \subset A^c$. 由于 $x \in A'$, 故 $(V_x \backslash \{x\}) \bigcap A \neq \varnothing$, 而这与 $V_x \backslash \{x\} \subset A^c$ 矛盾. 于是 $x \in A$, 即得 $A' \subset A$.

A 闭 $\Leftrightarrow A = \overline{A}$ 可由 (1) 和 (2) 推出. □

定义 1.1.6 设 Y 为拓扑空间 (X, τ) 的非空子集. 令 $\tau_Y = \{O \bigcap Y \mid O \in \tau\}$. τ_Y 称为由 τ 在 Y 上所诱导的拓扑. 在此拓扑下, Y 称为 X 的子空间.

根据定义 1.1.6, X 的子空间 Y 中的集合 A 在 Y 中开 (或闭) 当且仅当存在

X 中的开集(或闭集) C 使得 $A = Y \bigcap C$. 于是, 当 Y 为开集时, A 是 Y 中的开集当且仅当 A 是 X 中的开集; 当 Y 为闭集时, A 是 Y 中的闭集当且仅当 A 是 X 中的闭集.

定义 1.1.7 设 (X, τ) 是一个拓扑空间, $B \subset \tau$.

(1) 称 B 为 X 的一个基, 如果 τ 中的任何一个元素都是 B 中若干元素的并.

(2) 设 B 为 X 的一个基, $S \subset B$. 如果 B 中的任何一个元素都是 S 中有限个元素的交, 则称 S 是 X 的子基.

例 1.1.8 设 $X = \mathbb{R}$, $\tau = \{G \,|\, G\text{为}X\text{中开集}\}$. 由于 $\mathbb{R}$ 中每个开集是有限或可数个互不相交的开区间的并, 故

$$B = \{(a,b), (a,+\infty), (-\infty,b) \,|\, a,\, b \in \mathbb{R}\}$$

为 X 的一个基, 而

$$S = \{(a,+\infty), (-\infty,b) \,|\, a,\, b \in \mathbb{R}\}$$

是 X 的子基, 因为 $(a,b) = (-\infty,b) \bigcap (a,+\infty)$.

命题 1.1.9 设 X 为非空集合, S 为 X 中的空集与某些非空子集组成的集合. 如果 $X = \bigcup\limits_{U \in S} U$, 则 S 就可以作为子基生成 X 的一个拓扑, 使 X 成为一个拓扑空间.

证明 设 B 为由 S 中任意有限个元素交所成的集合的全体. 设 τ 为 B 中任意多个元素的并所成集合的全体. 则 $\varnothing \in \tau$, $X \in \tau$ (因为 $X = \bigcup\limits_{U \in S} U$) 同时 τ 满足定义 1.1.1 的条件 (2). 于是 (X, τ) 成为一个拓扑空间, 并且 S 成为 X 的一个子基. □

定义 1.1.10 设 X, Y 为两个拓扑空间, f 是 X 到 Y 的映射. 如果对 Y 中的任何开集 W, $f^{-1}(W)$ 为 X 中的开集, 则称 f 是连续映射.

任取 $B \subset Y$. 由 $A = f^{-1}(B)$ 可得 $A^c = f^{-1}(B^c)$, 故 $f\colon X \to Y$ 连续当且仅当对 Y 中的任何闭集 B, $f^{-1}(B)$ 是 X 中的闭集.

定义 1.1.11 设 f 是拓扑空间 X 到拓扑空间 Y 的连续映射. 若 f 既是单射又是满射, 且 $f^{-1}\colon Y \to X$ 也连续, 则称 f 是同胚映射, 并称 X 与 Y 是 (拓扑) 同胚.

定义 1.1.12 设 (X, τ_X) 是拓扑空间, Y 是 X 的非空子集.

(1) 称 Y 是连通的, 如果不存在 (Y, τ_Y) 中的不相交非空开集 (或闭集) A 和 B 使得 $Y = A \bigcup B$.

(2) 称 Y 是道路连通的, 若对任意 $y_1, y_2 \in Y$, 都有连续映射 $f\colon [0,1] \to Y$ 使得 $f(0) = y_1$, $f(1) = y_2$.

(3) X 称为局部连通 (或局部道路连通) 空间, 如果 X 中的每点的任何一个

邻域中都含有此点的一个连通 (或道路连通) 邻域.

例 1.1.13 $[0,1]$ 在 $\mathbb{R}^1$ 中连通. 如若不然, 设 A, B 为 $[0,1]$ 中的两个非空不相交的闭子集使得 $A\bigcup B=[0,1]$. 取 $a\in A$, $b\in B$ 并设 $a<b$. 令

$$S=\{x\in A\,|\,x<b\},\quad s=\sup\{x\,|\,x\in S\}.$$

则有 $\{s_n\}\subset S\subset A$ 使得 $\lim\limits_{n\to\infty}s_n=s$. 因为 A 在 $[0,1]$ 中闭, 故 $s\in A$. 进而 $s<b$. 取 $\{t_n\}\subset(s,b)$ 使得 $\lim\limits_{n\to\infty}t_n=s$, 由于 s 是 S 的上确界, 又 $t_n>s$, 故 $t_n\in B$, $n=1,2,\cdots$. 因为 B 闭, $t_n\to s$, 故 $s\in B$. 这与 $A\bigcap B=\varnothing$ 矛盾.

关于连通集和道路连通集, 我们有下面一些性质.

命题 1.1.14 设 (X,τ_X), (Z,τ_Z) 为拓扑空间, $Y\subset X$. 设 $\phi\colon Y\to Z$ 是连续映射.

(1) 如果 Y 在 X 中连通, 则 $\phi(Y)$ 在 Z 中连通.

(2) 如果 Y 在 X 中连通, 则 $\overline{Y}$ 也在 X 中连通.

(3) 如果 Y 在 X 中道路连通, 则它必是连通的.

证明 (1) 设 $W=\phi(Y)$, G_1, G_2 是 (W,τ_W) 中的非空不相交的开集使得 $W=G_1\bigcup G_2$. 则有 Z 中的开集 C_1, C_2 使得 $G_j=W\bigcap C_j$, $j=1,2$. 因 $\phi\colon Y\to Z$ 连续, 故 $D_j=\phi^{-1}(C_j)$ 是 Y 中的非空开集, $j=1,2$. 则 $\phi^{-1}(G_j)=Y\bigcap D_j=D_j$ 是 Y 中的非空开集而且 $D_1\bigcap D_2=\varnothing$,$Y=D_1\bigcup D_2$. 这与 Y 连通矛盾.

(2) 设 A, B 是 $\overline{Y}$ 中的非空闭子集而且 $A\bigcap B=\varnothing$, $A\bigcup B=\overline{Y}$. 由于 $\overline{Y}$ 闭, 故 A, B 是 X 中的闭集. 于是 $A_1=Y\bigcap A$, $B_1=Y\bigcap B$ 是 Y 中的闭集, 且 $A_1\bigcap B_1=\varnothing$, $A_1\bigcup B_1=Y$. 因为 Y 连通, 故 $A_1=\varnothing$ 或 $B_1=\varnothing$. 不妨设 $A_1=\varnothing$. 则 $Y=B_1\subset B$. 从而 $A\bigcup B=\overline{Y}\subset B$. 这与 $A\bigcap B=\varnothing$ 矛盾.

(3) 若 Y 不连通, 则存在 Y 中的非空且不相交的闭子集 A, B 使得 $Y=A\bigcup B$. 取 $a\in A$, $b\in B$. 由于 Y 道路连通, 故有连续映射 $f\colon[0,1]\to Y$ 使得 $f(0)=a$, $f(1)=b$. 因为 $[0,1]$ 连通, f 连续, 故 $W=f([0,1])$ 在 Y 中连通. 由于 $W\bigcap A=A_1$, $W\bigcap B=B_1$ 在 W 中非空且闭, 同时 $A_1\bigcap B_1=\varnothing$, $A_1\bigcup B_1=W$, 故 W 不连通, 矛盾. □

定义 1.1.15 设 X 为拓扑空间, $x\in X$. X 中包含 x 的最大连通子集称为 x 的一个连通分支; 包含 x 的最大道路连通子集称为 x 的一个道路连通分支.

设 Y 为 X 的非空子集, $y\in Y$. y 关于 Y 的连通分支或道路连通分支是在诱导拓扑空间 (Y,τ_Y) 中的连通分支或道路连通分支.

利用命题 1.1.14 和第 1 章习题 3, 容易导出下面的 (道路) 连通分支的一些性质.

命题 1.1.16 设 X 为拓扑空间, $x \in X$.

(1) x 的连通分支是闭子集.

(2) 不同的 (道路) 连通分支是不相交的.

(3) 设 V 是 x 的连通分支, U 是 x 的道路连通分支. 则 $U \subset V$.

(4) X 是它的所有道路连通分支的并.

Borel–Heine (博雷尔–海涅) 定理说: 一个闭区间若能被一族开区间所覆盖, 则从中必能选出有限个开区间使它们能覆盖此闭区间. 此性质在拓扑中被抽象为紧性, 具体定义如下.

定义 1.1.17 设 A 为拓扑空间 X 中的一个非空子集.

(1) 开集族 $\{G_v | v \in \Lambda\}$ 称为 A 的开覆盖, 若 $A \subset \bigcup\limits_{v \in \Lambda} G_v$.

(2) A 称为紧集, 若 A 的任何一个开覆盖 $\{G_v | v \in \Lambda\}$ 中总存在有限个 $G_{v_1}, \cdots, G_{v_n}$, $v_1, \cdots, v_n \in \Lambda$, 使得 $A \subset \bigcup\limits_{j=1}^{n} G_{v_j}$.

(3) 如果 X 本身是紧的, 则称 X 为紧空间.

(4) X 称为局部紧空间, 如果对任意 $x \in X$ 存在 x 的一个邻域 U_x 使得 U_x 的闭包 $\overline{U_x}$ 是 X 中的紧子集.

易知, 拓扑空间中的有限个紧子集的并也是紧的; 紧空间是局部紧的. 局部紧空间未必是紧的. 例如: $\mathbb{R}^1$ 是局部紧的而不是紧的.

命题 1.1.18 设 A 为拓扑空间 X 中的非空紧子集, Y 为拓扑空间. 设 $f: A \to Y$ 为连续映射. 则 $f(A)$ 是 Y 中的紧子集.

证明 设 $\{G_\lambda | \lambda \in \Lambda\}$ 为 $f(A)$ 的任意一个开覆盖. 由于 f 连续, 故 $f^{-1}(G_\lambda)$ 是 A 中的开集, $\forall \lambda \in \Lambda$ 且 $A = \bigcup\limits_{\lambda \in \Lambda} f^{-1}(G_\lambda)$. 取 X 中的开集 H_λ 使得 $H_\lambda \bigcap A = f^{-1}(G_\lambda)$, $\forall \lambda \in \Lambda$. 由于 $\{H_\lambda | \lambda \in \Lambda\}$ 是 A 的开覆盖而 A 又是紧的, 故存在 $\lambda_1, \cdots, \lambda_k \in \Lambda$ 使得 $A \subset \bigcup\limits_{i=1}^{k} H_{\lambda_i}$. 于是

$$f(A) = \bigcup_{i=1}^{k} f(A \bigcap H_{\lambda_i}) \subset \bigcup_{i=1}^{k} G_{\lambda_i},$$

即 $f(A)$ 是紧集. □

命题 1.1.19 设 X 是一个拓扑空间, A 是 X 中的一个非空子集.

(1) A 是紧的当且仅当对 A 中任意有限个元素相交都非空的任意闭子集族 $\{F_\lambda | \lambda \in \Lambda\}$ (称 $\{F_\lambda | \lambda \in \Lambda\}$ 具有有限交性质) 都有 $\bigcap\limits_{\lambda \in \Lambda} F_\lambda \neq \varnothing$.

(2) 如果 A 是紧集而 F 是 X 的闭子集且 $F \subset A$, 则 F 是紧集.

证明 (1) 设 $\{F_\lambda \mid \lambda\in\Lambda\}$ 为 A 中具有有限交性质的闭子集族. 如果 $\bigcap\limits_{\lambda\in\Lambda} F_\lambda = \varnothing$, 则 $A=\bigcup\limits_{\lambda\in\Lambda}((X\backslash F_\lambda)\bigcap A)$, 即 $\{((X\backslash F_\lambda)\bigcap A)\mid\lambda\in\Lambda\}$ 为 A 的一个开覆盖. 因为 A 是紧的, 所以存在 $\lambda_1,\cdots,\lambda_s\in\Lambda$ 使得 $A=\bigcup\limits_{j=1}^{s}((X\backslash F_{\lambda_j})\bigcap A)$, 即得 $\bigcap\limits_{j=1}^{s} F_{\lambda_j}=\varnothing$, 得到矛盾.

设 $\{U_\lambda\mid\lambda\in\Lambda\}$ 为 A 的任一开覆盖. 则 $F_\lambda=(X\backslash U_\lambda)\bigcap A$ 为 A 中的闭子集, $\forall\,\lambda\in\Lambda$ 而且 $\bigcap\limits_{\lambda\in\Lambda}F_\lambda=\varnothing$. 由此可知, $\{F_\lambda\mid\lambda\in\Lambda\}$ 没有有限交性质, 于是存在 $\lambda_1,\cdots,\lambda_s\in\Lambda$, 使得 $\bigcap\limits_{j=1}^{s}F_{\lambda_j}=\varnothing$. 从而 $A\subset\bigcup\limits_{j=1}^{s}U_{\lambda_j}$, 即得 A 是紧集.

(2) 设 $\{U_i|\,i\in I\}$ 是 F 的任一开覆盖, 则 $A\subset(X\backslash F)\bigcup\bigcup\limits_{i\in I}U_i$. 因 A 紧且 $X\backslash F$ 开, 故存在 $U_{i_1},\cdots,U_{i_k}$ 使得 $A\subset(X\backslash F)\bigcup\bigcup\limits_{j=1}^{k}U_{i_j}$, 故 $F\subset\bigcup\limits_{j=1}^{k}U_{i_j}$, 即得 F 是紧的. □

推论 1.1.20 设 F 是紧空间 X 中的一个无限子集. 则 F 在 X 中必有聚点.

证明 假设 F 没有聚点, 即 $F'=\varnothing$. 则 F 是闭子集 (命题 1.1.5 (3)), 从而由命题 1.1.19 (2), F 是 X 中的紧子集.

因为 $x\in F$ 不是聚点, 故有 x 的某个邻域 U_x 使得 $F\bigcap(U_x\backslash\{x\})=\varnothing$, 即 $U_x\bigcap F=\{x\}$. 由于 $\{U_x|\,x\in F\}$ 是紧集 F 的开覆盖, 故有 $x_1,\cdots,x_n\in F$ 使得 $F\subset\bigcup\limits_{j=1}^{n}U_{x_j}$. 于是 $F=\bigcup\limits_{j=1}^{n}(U_{x_j}\bigcap F)=\{x_1,x_2,\cdots,x_n\}$, 矛盾. □

定义 1.1.21 设 X 是拓扑空间. 称 X 是 Hausdorff (豪斯多夫) 空间, 如果对 X 中的两个不同的点 x 和 y, 分别存在 x 及 y 的邻域 U_x 及 U_y, 使得 $U_x\bigcap U_y=\varnothing$.

由拓扑空间中子空间的定义知: 每个 Hausdorff 空间的子空间也是 Hausdorff 空间.

命题 1.1.22 设 X 是 Hausdorff 空间, K 为 X 的紧子集. 设 $p\in X\backslash K$. 则

(1) 存在 X 中的开集 U 和 W 使得 $K\subset W$, $p\in U$ 且 $U\bigcap W=\varnothing$;

(2) K 是闭的.

证明 (1) 对每个 $q\in K$, 有 $p\neq q$. 于是分别存在 p 和 q 的邻域 $U_p^{(q)}$ 和 U_q 使得 $U_p^{(q)}\bigcap U_q=\varnothing$. 由于 K 紧, 而 $\{U_q|\,q\in K\}$ 覆盖 K, 所以存在 $q_1,\cdots,q_n$ 使

得 $K \subset \bigcup_{i=1}^{n} U_{q_i}$. 令

$$W = \bigcup_{i=1}^{n} U_{q_i}, \quad U = \bigcap_{i=1}^{n} U_p^{(q_i)}.$$

则 U, W 是开集, $K \subset W$, $p \in U$ 且 $U \bigcap W = \varnothing$.

(2) 若有 $y \in K' \backslash K$, 则由 (1), 存在开集 U, W 使得 $K \subset W$, $y \in U$ 且 $W \bigcap U = \varnothing$. 因 $y \in K'$, 故 $(U \backslash \{y\}) \bigcap K \neq \varnothing$. 又由于 $K \subset W, U \bigcap W = \varnothing$, 故得矛盾. □

因为每个单点集都是紧的, 故由命题 1.1.22 (2) 得到如下结论.

推论 1.1.23 Hausdorff 空间中的每个单点集都是闭的.

推论 1.1.24 设 X, Y 为紧 Hausdorff 空间. $f\colon X \to Y$ 为连续的 1–1 到上的映射. 则 f 是一个同胚映射.

证明 只需证明: $g = f^{-1}\colon Y \to X$ 连续. 设 A 为 X 中的闭集, 则 A 是 X 中的紧集 (命题 1.1.19 (2)). 故 $g^{-1}(A) = f(A)$ 是 Y 中的紧子集 (命题 1.1.18); 再由命题 1.1.22 (2) 可得: $g^{-1}(A)$ 是 Y 中的闭子集, 从而 g 是连续映射. □

命题 1.1.25 设 X 为局部紧的 Hausdorff 空间, K 是 X 中紧子集而 W 是 X 中的开集且有 $K \subset W$. 则有 X 中的开集 V 使得 $\overline{V}$ 紧且 $K \subset V \subset \overline{V} \subset W$.

证明 因 X 是局部紧的, 故对任意 $x \in K$, 有 x 的一个邻域 V_x 使得 $\overline{V_x}$ 是紧集. 从而由 $\bigcup_{x \in K} V_x \supset K$ 知: 存在 $x_1, \cdots, x_k \in K$ 使得 $K \subset \bigcup_{i=1}^{n} V_{x_i}$. 令 $G = \bigcup_{i=1}^{n} V_{x_i}$. 则 G 是开集且由 $\overline{G} \subset \bigcup_{i=1}^{n} \overline{V_{x_i}}$, 得到 $\overline{G}$ 为紧集 (命题 1.1.19). 如果 $W = X$, 取 $V = G$ 即可.

设 $W \subsetneq X$. 因为 $X \backslash W \subset X \backslash K$, 故由命题 1.1.22 (1), 对任意 $p \in X \backslash W$, 存在开集 U_p, $W^{(p)}$ 使得 $p \in U_p$, $K \subset W^{(p)}$ 及 $U_p \bigcap W^{(p)} = \varnothing$. 由于 $X \backslash W$ 闭, $(X \backslash W) \bigcap \overline{G}$ 是紧集 $\overline{G}$ 的闭子集, 故 $(X \backslash W) \bigcap \overline{G}$ 紧. 于是由 $(X \backslash W) \bigcap \overline{G} \subset \bigcup_{p \in X \backslash W} U_p$ 知, 在 $X \backslash W$ 中存在点 $p_1, \cdots, p_m$ 使得 $(X \backslash W) \bigcap \overline{G} \subset \bigcup_{j=1}^{m} U_{p_j}$. 令 $V = \bigcap_{j=1}^{m} (W^{(p_j)} \bigcap G)$. 则 V 是开集, $\overline{V} \subset \bigcap_{j=1}^{m} (\overline{W^{(p_j)}} \bigcap \overline{G}) \subset \overline{G}$, 从而 $\overline{V}$ 是紧集. 由 $W^{(p_j)} \bigcap U_{p_j} = \varnothing$, 得 $W^{(p_j)} \subset X \backslash U_{p_j}$, 故 $\overline{W^{(p_j)}} \subset X \backslash U_{p_j}$, $j = 1, \cdots, m$. 于是, 根据 $(X \backslash W) \bigcap \overline{G} \subset \bigcup_{j=1}^{m} U_{p_j}$ 可得

$$K \subset V \subset \overline{V} \subset \bigcap_{j=1}^{m}(\overline{W^{(p_j)}} \bigcap \overline{G}) \subset \bigcap_{j=1}^{m}((X \backslash U_{p_j}) \bigcap \overline{G}) \subset W. \qquad \square$$

定义 1.1.26 设 $\{(X_\lambda, \tau_\lambda) \mid \lambda \in \Lambda\}$ 是一族拓扑空间. 它们的乘积空间 $\prod\limits_{\lambda\in\Lambda} X_\lambda$ 定义为

$$X = \{f \mid f\colon \Lambda \to \bigcup_{\lambda\in\Lambda} X_\lambda,\ f(\lambda) \in X_\lambda,\ \lambda \in \Lambda\} = \{\{x_\lambda\} \mid x_\lambda \in X_\lambda,\ \lambda \in \Lambda\}.$$

对给定的 $\lambda \in \Lambda$, 定义 X 到 X_λ 的投影 P_λ 为 $P_\lambda(f) = f(\lambda)$. 令

$$S = \{P_\lambda^{-1}(O_\lambda) \mid O_\lambda \in \tau_\lambda,\ \lambda \in \Lambda\} \bigcup \{\varnothing\}.$$

由 S 作为子基生成的 X 上的拓扑 τ 称为 X_λ, $\lambda \in \Lambda$ 的乘积拓扑. 在此拓扑下, X 就称为乘积拓扑空间.

注 1.1.27 由定义 1.1.26, 当 $\Lambda = \{1, \cdots, n\}$ 时, $\{(X_k, \tau_k) \mid k = 1, \cdots, n\}$ 的乘积拓扑空间 $\prod\limits_{k=1}^{n} X_k$ 上的拓扑 τ 由 $\left\{\prod\limits_{k=1}^{n} O_k \,\middle|\, O_k \in \tau_k,\ k = 1, 2, \cdots, n\right\}$ 生成.

命题 1.1.28 设 X 为拓扑空间族 $\{(X_\lambda, \tau_\lambda) \mid \lambda \in \Lambda\}$ 的乘积拓扑空间.

(1) 对每个 $\lambda \in \Lambda$, $P_\lambda\colon X \to X_\lambda$ 连续且将 X 中的开集映为 X_λ 中的开集;

(2) 若对每个 $\lambda \in \Lambda$, X_λ 是 Hausdorff 空间, 则 X 也是 Hausdorff 的.

证明 (1) 根据乘积拓扑的定义, 每个 P_λ 都是连续的. 设 U 为 X 中的开集. 对每个 $\lambda \in \Lambda$, 令 $U_\lambda = P_\lambda(U)$. 任取 $x_\lambda \in U_\lambda$, 则有 $x \in U$ 使得 $P_\lambda(x) = x_\lambda$. 由 X 中开集的定义, 可分别找到 $X_{\lambda_1}, \cdots, X_{\lambda_n}$ 中的开子集 $U_1, \cdots, U_n$ 使得 $x \in P_{\lambda_1}^{-1}(U_1) \bigcap \cdots \bigcap P_{\lambda_n}^{-1}(U_n) \subset U$, 这里 $\lambda_1, \cdots, \lambda_n \in \Lambda$. 由于

$$P_{\lambda_1}^{-1}(U_1) \bigcap \cdots \bigcap P_{\lambda_n}^{-1}(U_n) = \{y \in X \mid P_{\lambda_i}(y) = y_{\lambda_i} \in U_i,\ i = 1, \cdots, n\},$$

故 $P_\lambda(P_{\lambda_1}^{-1}(U_1) \bigcap \cdots \bigcap P_{\lambda_n}^{-1}(U_n)) = \begin{cases} U_i, & \lambda = \lambda_i, \\ X_\lambda, & \lambda \neq \lambda_1, \cdots, \lambda_n \end{cases}$ 是 X_λ 中的开集而且含有 x_λ 又包含在 U_λ 中. 于是 U_λ 是 X_λ 中的开集.

(2) 设 $x, y \in X$ 且 $x \neq y$. 则有某个 $\lambda_0 \in \Lambda$ 使得 $x_{\lambda_0} \neq y_{\lambda_0}$. 由于 X_{λ_0} 是 Hausdorff 空间, 故分别有 x_{λ_0} 和 y_{λ_0} 的邻域 U_{λ_0} 及 V_{λ_0} 使得 $U_{\lambda_0} \bigcap V_{\lambda_0} = \varnothing$. 令 $U = P_{\lambda_0}^{-1}(U_{\lambda_0})$, $V = P_{\lambda_0}^{-1}(V_{\lambda_0})$. 则在 X 中, U 是 x 的邻域, V 是 y 的邻域, 并且 $U \bigcap V = \varnothing$. $\square$

关于乘积拓扑空间, 我们还有应用广泛但证明比较复杂的结果如下.

定理 1.1.29 (Tychonoff (吉洪诺夫)) 设 $\{(X_\lambda,\tau_\lambda)\,|\,\lambda\in\Lambda\}$ 是一族拓扑空间, $X=\prod\limits_{\lambda\in\Lambda}X_\lambda$ 为乘积拓扑空间. 若对每个 $\lambda\in\Lambda$, X_λ 是紧空间, 则 X 也是紧空间.

证明 设 $\{F_\alpha\,|\,\alpha\in\Upsilon\}$ 为 X 中具有有限交性质的闭集族. 如能证明 $\bigcap\limits_{\alpha\in\Upsilon}F_\alpha\neq\varnothing$, 则由命题 1.1.19 (1) 得出: X 为紧空间. 下面分三步来证明.

(1) 在 X 中存在包含 $\{F_\alpha\,|\,\alpha\in\Upsilon\}$ 的一个极大的具有有限交性质的子集族 $\mathcal{A}$. 事实上, 令 $\mathbf{A}(X)$ 为 X 中包含 $\{F_\lambda\,|\,\lambda\in\Lambda\}$ 的具有有限交性质的子集族的全体并以包含关系 $\subseteqq$ 为 $\mathbf{A}(X)$ 中的偏序. 任取 $\mathbf{A}(X)$ 中的一列全序子集 $\{\mathcal{B}_\gamma\,|\,\gamma\in\Gamma\}$ 并令 $\mathcal{B}=\bigcup\limits_{\gamma\in\Gamma}\mathcal{B}_\gamma$. 任取 $B_1,\cdots,B_k\in\mathcal{B}$. 则有 $\gamma_1,\cdots,\gamma_k\in\Gamma$ 使得 $B_i\in\mathcal{B}_{\gamma_i}$, $i=1,\cdots,k$. 由于 $\mathcal{B}_{\gamma_1},\cdots,\mathcal{B}_{\gamma_k}$ 是全序集列, 故有某个 γ_j 使得 $\mathcal{B}_{\gamma_i}\subseteqq\mathcal{B}_{\gamma_j}$, $i=1,2,\cdots,k$. 于是, $B_1,\cdots,B_k\in\mathcal{B}_{\gamma_j}$, 从而 $\bigcap\limits_{i=1}^{k}B_i\neq\varnothing$. 这表明 $\mathcal{B}$ 具有有限交性质且为 $\{\mathcal{B}_\gamma\,|\,\gamma\in\Gamma\}$ 的上界. 所以由 Zorn (佐恩) 引理, $\mathbf{A}(X)$ 有极大元 $\mathcal{A}$.

(2) 设 $\mathcal{A}=\{A_\delta\,|\,\delta\in\Delta\}$. 我们要证明:

(i) 对任意 $A_1,\cdots,A_k\in\mathcal{A}$, 有 $\bigcap\limits_{i=1}^{k}A_i\in\mathcal{A}$.

(ii) 若 $A\subset X$ 且 $A\bigcap A_\delta\neq\varnothing$, $\forall\,\delta\in\Delta$, 则 $A\in\mathcal{A}$.

对于 (i), 设 $D=\bigcap\limits_{i=1}^{k}A_i$, $\mathcal{A}_1=\mathcal{A}\bigcup\{D\}$. 任取 $C_1,\cdots,C_s\in\mathcal{A}_1$. 若 $C_i\neq D$, $i=1,\cdots,s$, 则 $C_1,\cdots,C_s\in\mathcal{A}$. 故 $\bigcap\limits_{i=1}^{s}C_i\neq\varnothing$; 若有某个 j 使得 $C_j=D$, 则由 $C_1,\cdots,C_{j-1},A_1,\cdots,A_k,C_{j+1},\cdots,C_s\in\mathcal{A}$, 故

$$\bigcap_{i=1}^{s}C_i=C_1\bigcap\cdots\bigcap C_{j-1}\bigcap\left(\bigcap_{r=1}^{k}A_r\right)\bigcap C_{j+1}\bigcap\cdots\bigcap C_s\neq\varnothing,$$

即 $\mathcal{A}_1$ 有有限交性质. 因为 $\mathcal{A}$ 为极大元而 $\mathcal{A}\subseteqq\mathcal{A}_1$, 故 $D\in\mathcal{A}$.

对于 (ii), 令 $\mathcal{A}_0=\mathcal{A}\bigcup\{A\}$. 任取 $B_1,\cdots,B_m\in\mathcal{A}_0$. 若 $B_1,\cdots,B_m$ 中不含 A, 则 $B_1,\cdots,B_m\in\mathcal{A}$, 故 $\bigcap\limits_{i=1}^{m}B_i\neq\varnothing$; 如果 $B_1,\cdots,B_m$ 有一个为 A, 不妨设 $B_m=A$. 由 (i) 的结论, $\bigcap\limits_{i=1}^{m-1}B_i\in\mathcal{A}$, 再由 (ii) 的假设条件, 便得到 $B_1\bigcap\cdots\bigcap B_{m-1}\bigcap A\neq\varnothing$. 于是, $\mathcal{A}_0$ 具有有限交性质. 因为 $\mathcal{A}$ 为极大元而 $\mathcal{A}\subseteqq\mathcal{A}_0$, 故 $A\in\mathcal{A}$.

(3) 对每个 $\lambda\in\Lambda$, $\{P_\lambda(A)\,|\,A\in\mathcal{A}\}$ 在 X_λ 中具有有限交性质. 因为 X_λ 紧, 所以 $\bigcap\limits_{A\in\mathcal{A}}\overline{P_\lambda(A)}\neq\varnothing$, $\forall\,\lambda\in\Lambda$. 取 $x_\lambda\in\bigcap\limits_{A\in\mathcal{A}}\overline{P_\lambda(A)}$, $\lambda\in\Lambda$. 则有 $x\in X$ 使得 $P_\lambda(x)=x_\lambda$, $\forall\,\lambda\in\Lambda$. 我们来证明 $x\in\bigcap\limits_{\alpha\in\Upsilon}F_\alpha$.

对 x 的任一邻域 U, 由 X 中的开集的定义, 可以分别找到 $X_{\lambda_1},\cdots,X_{\lambda_n}$ 中的开集 $U_1,\cdots,U_n$ 使得 $x\in P_{\lambda_1}^{-1}(U_1)\bigcap\cdots\bigcap P_{\lambda_n}^{-1}(U_n)\subset U$, 这里,$\lambda_i\in\Lambda$, $x_{\lambda_i}=P_{\lambda_i}(x)\in U_i$, $i=1,\cdots,n$. 由于 $x_{\lambda_i}\in\overline{P_{\lambda_i}(A)}$, $\forall\,A\in\mathcal{A}$, 故 $P_{\lambda_i}(A)\bigcap U_i\neq\varnothing$, 即得 $A\bigcap P_{\lambda_i}^{-1}(U_i)\neq\varnothing$, $A\in\mathcal{A}$, $i=1,\cdots,n$. 故由 (2) (ii), $P_{\lambda_i}^{-1}(U_i)\in\mathcal{A}$, $i=1,\cdots,n$. 再由 (2) (i), 得

$$P_{\lambda_1}^{-1}(U_1)\bigcap\cdots\bigcap P_{\lambda_n}^{-1}(U_n)\in\mathcal{A},$$

从而

$$U\bigcap F_\delta\supset(P_{\lambda_1}^{-1}(U_1)\bigcap\cdots\bigcap P_{\lambda_n}^{-1}(U_n))\bigcap F_\delta\neq\varnothing,\quad\forall\,\delta\in\Upsilon.$$

因为 F_δ 闭, 故 $x\in F_\delta$, $\forall\,\delta\in\Upsilon$, 即 $\bigcap\limits_{\delta\in\Upsilon}F_\delta\neq\varnothing$. 于是 X 紧. □

1.2 度量空间

度量空间推广了在 $\mathbb{R}^1$ 中由二元函数 $(x,y)\mapsto|x-y|$, $x,y\in\mathbb{R}$ 确定的距离及与之相关的许多性质, 同时它也是拓扑空间的一个具体例子.

定义 1.2.1 设 X 是一个非空集合, 如果存在一个映射 $d\colon X\times X\to\mathbb{R}$, 使得对任何 $x,y,z\in X$ 满足

(1) $d(x,y)\geqslant 0$, 且 $d(x,y)=0$ 当且仅当 $x=y$ (非负性);

(2) $d(x,y)=d(y,x)$ (对称性);

(3) $d(x,y)\leqslant d(x,z)+d(z,y)$ (三角不等式),

则称 $d(x,y)$ 为 x,y 之间的距离而 (X,d) 为度量空间. 在取定 d 时, 以 X 表示 (X,d).

在 (X,d) 中, 对任意 $x_0\in X$, $\delta>0$, $U(x_0,\delta)=\{x\in X\,|\,d(x_0,x)<\delta\}$ 称为 x_0 的 δ–邻域, $B(x_0,\delta)=\{x\in X\,|\,d(x,x_0)\leqslant\delta\}$ 称为以 x_0 为中心, δ 为半径的闭球. 对任意非空集合 $A\subset X$, 称它是开集, 如果对任意 $x\in A$, 都有一个 $\delta_x>0$ 使得 $U(x,\delta_x)\subset A$.

令 $\tau_d=\{\varnothing\}\bigcup\{O\subset X|\,O$ 为 X 中开集$\}$. 容易证明, τ_d 是 X 上的一个拓扑. τ_d 称为由距离 d 诱导出的拓扑.

命题 1.2.2 度量空间 (X,d) 是一个 Hausdorff 空间.

证明 任取 X 中的相异两点 x_1,x_2, 令 $\delta=\dfrac{1}{2}d(x_1,x_2)$. 则 x_1–邻域 $U(x_1,\delta)$ 与 x_2–邻域 $U(x_2,\delta)$ 不相交. □

定义 1.2.3 设 (X,d) 与 (Y,ρ) 是两个度量空间.

(1) 如果 A 是 X 的一个非空子集, (A,d) 称为 (X,d) 的一个子空间.

(2) 如果映射 $f\colon X\to Y$ 满足 $\rho(f(x),f(y))=d(x,y)$, $\forall\, x,y\in X$, 则称 f 为等距映射. 若 f 还是满射, 则称 f 为等距同构映射, 并同时称 X 与 Y 等距同构.

定义 1.2.4 设 X 是度量空间, A 是 X 的一个子集.

(1) 如果 $\overline{A}=X$, 则称 A 在 X 中稠密; 若 A 还是可数集, 则称 X 是可分度量空间.

(2) 如果 $(\overline{A})^\circ=\varnothing$, 就称 A 是无处稠密或疏朗的.

例 1.2.5 设 $\mathbb{Q}$ 为 $\mathbb{R}^1$ 中的有理数全体, 则 $\overline{\mathbb{Q}}=\mathbb{R}^1$. 由于 $\mathbb{Q}$ 是可数集, 故 $\mathbb{R}^1$ 是可分的. 设 $Y=[0,1]$, A 是 Y 中的 Cantor (康托尔) 集, 则 A 在 Y 中是无处稠密的.

命题 1.2.6 设 A 在度量空间 X 中无处稠密. 则 $\overline{X\backslash\overline{A}}=\overline{X\backslash A}=X$.

证明 因 $(\overline{A})^\circ=\varnothing$, 故对任意 $x\in\overline{A}$, x 的任意邻域 U_x 中必含有不属于 $\overline{A}$ 中的点. 从而 $x\in\partial(X\backslash\overline{A})\subset\overline{X\backslash\overline{A}}$. 于是 $X=(X\backslash\overline{A})\bigcup\overline{A}\subset\overline{X\backslash\overline{A}}\subset X$.

因为 $A\subset\overline{A}$, 故 $X\backslash\overline{A}\subset X\backslash A$, 从而 $\overline{X\backslash A}=X$. □

定义 1.2.7 设 $\{x_n\}$ 为度量空间 X 中的一个序列.

(1) $\{x_n\}$ 称为有界, 若存在 $M>0$ 及 $x_0\in X$ 使得 $d(x_n,x_0)\leqslant M, \forall\, n\geqslant 1$;

(2) $\{x_n\}$ 称为在 X 中收敛, 若存在 $x\in X$ 使得 $\lim\limits_{n\to\infty}d(x_n,x)=0$;

(3) 称 $\{x_n\}$ 是 Cauchy (柯西) 列, 若对任意 $\epsilon>0$, 有 $N>0$ 使得对任意 $n,m>N$, 有 $d(x_n,x_m)<\epsilon$.

按定义 1.2.7 (2), 若 $\{x_n\}$ 在 X 中收敛, 则有 $x\in X$ 使得 $\lim\limits_{n\to\infty}d(x_n,x)=0$. 易知, 这样的 x 是唯一的, 称为 $\{x_n\}$ 在 n 趋于 ∞ 时的极限, 记作 $x=\lim\limits_{n\to\infty}x_n$ 或 $x_n\xrightarrow{d}x$.

由定义 1.2.7 (3), 当 $\{x_n\}$ 为 Cauchy 列时, 有 $N\geqslant 1$ 使得 $d(x_n,x_{N+1})<1$, $\forall\, n>N$. 这样, 存在一个正常数 M, 使得 $d(x_n,x_{N+1})\leqslant M$, $\forall\, n\geqslant 1$, 即 $\{x_n\}$ 有界.

定义 1.2.8 如果度量空间 X 中每个 Cauchy 列都收敛到 X 中的一点, 则称 X 完备.

根据 Cauchy 准则, $\mathbb{R}^1$ 是完备的. 而 $\mathbb{Q}$ 作为 $\mathbb{R}^1$ 的子空间是不完备的, 但 $\overline{\mathbb{Q}}=\mathbb{R}^1$. 根据这个情况, 我们有下面的概念.

定义 1.2.9 设 X 是度量空间, 如果有完备的度量空间 X_1, 使得 X 和 X_1 的一个稠密子空间 $\hat{X}$ 等距同构, 则称 X_1 是 X 的完备化空间.

定理 1.2.10 任何一个度量空间都存在完备化空间.

证明 设 (X,d) 是一个度量空间. 令

$$\hat{X}=\{\xi=\{x_n\}\,|\,\{x_n\}\text{ 是 } X \text{ 中的 Cauchy 列}\}.$$

对任意 $\xi=\{x_n\},\eta=\{y_n\}\in\hat{X}$. 由度量的三角不等式得到

$$|d(x_n,y_n)-d(x_m,y_m)|\leqslant d(x_n,x_m)+d(y_m,y_n)\to 0\quad (m,n\to\infty),$$

从而 $\lim\limits_{n\to\infty}d(x_n,y_n)$ 存在. 这样, 在 $\hat{X}$ 中可以规定

$$\{x_n\}=\{y_n\}\text{ 为 }\lim_{n\to\infty}d(x_n,y_n)=0.$$

定义函数 $\hat{d}:\hat{X}\times\hat{X}\to\mathbb{R}$ 为

$$\hat{d}(\{x_n\},\{y_n\})=\lim_{n\to\infty}d(x_n,y_n),\quad \forall\,\{x_n\},\{y_n\}\in\hat{X}.$$

易得, $(\hat{X},\hat{d})$ 是度量空间.

记 $\tilde{X}=\{\{x,x,\cdots,x,\cdots\}\,|\,x\in X\}$. 现在证明 $\tilde{X}$ 在 $\hat{X}$ 中稠密. 任取 $\{x_n\}\in\hat{X}$. 因为 $\{x_n\}$ 为Cauchy列, 故对任何 $\epsilon>0$, 存在 $N\geqslant 1$, 使得当 $m,n>N$ 时, $d(x_n,x_m)<\epsilon$. 记 $\xi_n=\{x_n,x_n,\cdots,x_n,\cdots\}\in\tilde{X}$. 则当$n>N$ 时,

$$\hat{d}(\{x_n\},\xi_n)=\lim_{m\to\infty}d(x_m,x_n)\leqslant\epsilon,$$

因此 $\tilde{X}$ 在 $\hat{X}$ 中稠密.

令 ϕ: $X\to\tilde{X}$ 为 $\phi(x)=\{x,x,\cdots,x,\cdots\}=\{x\}$, $\forall x\in X$. 则 ϕ 是双射且对任何 $x,y\in X$, $d(x,y)=\hat{d}(\{x\},\{y\})$, 即 (X,d) 和 $(\hat{X},\hat{d})$ 的一个稠密子空间 $(\tilde{X},\hat{d})$ 等距同构. 设 $\{\xi_k\}\subset\hat{X}$ 为任意一个 Cauchy 列, 其中$\xi_k=\{x_n^{(k)}\}$. 因为 $\tilde{X}$ 在 $\hat{X}$ 中稠密, 所以在 $U(\xi_1,1)$ 中含有$\tilde{X}$ 的点 $\phi(y_1)$. 一般地, 对每个 k, $U\left(\xi_k,\dfrac{1}{k}\right)$ 中含有 $\tilde{X}$ 的点$\phi(y_k)$, 这里, $y_k\in X$, $k=1,2,\cdots$. 由于$\{\xi_k\}$ 是 $\hat{X}$ 中的Cauchy列, 故对任何$\epsilon>0$, 存在自然数 N, 使得 $\dfrac{1}{N}<\dfrac{\epsilon}{3}$ 且当 $s,t>N$ 时, $\hat{d}(\xi_s,\xi_t)<\dfrac{\epsilon}{3}$. 这样, 当$s,t>N$ 时,

$$d(y_s,y_t)=\hat{d}(\phi(y_s),\phi(y_t))\leqslant\hat{d}(\phi(y_s),\xi_s)+\hat{d}(\xi_s,\xi_t)+\hat{d}(\xi_t,\phi(y_t))<\epsilon.$$

因此 $\{y_n\}$ 是 X 中的 Cauchy 列, 而且当 $k>N$ 时,

$$\hat{d}(\xi_k,\{y_n\})\leqslant\hat{d}(\xi_k,\phi(y_k))+\hat{d}(\phi(y_k),\{y_n\})<\frac{4\epsilon}{3},$$

即 $\xi_k\to\{y_n\}$ $(k\to\infty)$, 于是 $\hat{X}$ 是完备的, 从而 $\hat{X}$ 是 X 的完备化空间. □

定理 1.2.11 距离空间 X 的任何两个完备化空间是等距同构的, 即 X 的完备化空间在等距同构的意义下是唯一的.

证明 设 (X,d) 的两个完备化空间为 (X_1,d_1) 和 (X_2,d_2). 于是分别有 X_1 及 X_2 的稠密子集 Y_1 和 Y_2 以及等距同构 $\phi_1\colon X\to Y_1$ 和 $\phi_2\colon X\to Y_2$. 令 $\rho=\phi_2\circ\phi_1^{-1}$. 则 ρ 是 Y_1 到 Y_2 的双射而且

$$d_2(\rho(y_1),\rho(y_2))=d_1(y_1,y_2),\quad \forall\, y_1,y_2\in Y_1. \tag{1.1}$$

由 $\overline{Y_1}=X_1$, 对任意 $x\in X_1$, 存在 $\{x_n\}\subset Y_1$ 使得 $\lim\limits_{n\to\infty}d_1(x,x_n)=0$. 由 (1.1) 式知: $\{\rho(x_n)\}$ 是 X_2 中的Cauchy列. 因为 X_2 完备, 所以 $\lim\limits_{n\to\infty}\rho(x_n)$ 存在而且不依赖于 $\{x_n\}$ 的选取. 从而可令 $\hat\rho(x)=\lim\limits_{n\to\infty}\rho(x_n)$. 则 $\hat\rho$ 为 X_1 到 X_2 的映射而且还满足 $d_2(\hat\rho(x),\hat\rho(y))=d_1(x,y),\forall\, x,y\in X_1$ (用 (1.1) 式可得).

因 $\overline{Y_2}=X_2$, 故对任意 $y\in X_2$ 可取 $\{y_n\}\subset Y_2$ 使得 $\lim\limits_{n\to\infty}d_2(y,y_n)=0$. 又 ρ 是满射, 故有 $\{z_n\}\subset X_1$ 使得 $\rho(z_n)=y_n$, $n\geqslant 1$. 于是由 (1.1) 式得: $\{z_n\}$ 是Cauchy列. 因 X_1 完备, 故有 $z\in X_1$ 使得 $z_n\xrightarrow{d_1}z$. 从而 $\hat\rho(z)=y$.

由上述的证明, 我们得到了: X_1 与 X_2 是等距同构的. □

定义 1.2.12 设 S 是度量空间的子集. 如果 S 是一列无处稠密集的并, 则称 S 为第一纲的集合; 否则, 则称 S 为第二纲的集合.

定理 1.2.13 (Baire (贝尔)) 完备度量空间是第二纲集合.

证明 设 (X,d) 是完备度量空间. 若 X 是第一纲集合, 则存在 X 中一列子集 $\{X_n\}$ 使得 $X=\bigcup\limits_{n=1}^{\infty}X_n$, $(\overline{X_n})^\circ=\varnothing$, $n\geqslant 1$. 则当然也有 $X=\bigcup\limits_{n=1}^{\infty}\overline{X_n}$. 根据命题 1.2.6, $U_n=X\backslash\overline{X_n}$ 是 X 中的稠密开子集, $n\geqslant 1$ 而且 $\bigcap\limits_{n=1}^{\infty}U_n=\varnothing$.

任取 $x_0\in X$ 及 $r_0>0$. 因为 U_1 在 X 中稠密, 故有 $x_1\in U_1\bigcap U(x_0,r_0)$. 又 U_1 和 $U(x_0,r_0)$ 为开集, 故存在 $r_1\in(0,1)$ 满足 $B(x_1,r_1)\subset U_1\bigcap U(x_0,r_0)$. 因为 U_2 在 X 中稠密, 从而有 $x_2\in U_2\bigcap U(x_1,r_1)$. 但 $U_2\bigcap U(x_1,r_1)$ 是开集, 因此存在数 $r_2\in\left(0,\dfrac{1}{2}\right)$ 使得 $B(x_2,r_2)\subset U_2\bigcap U(x_1,r_1)$. 如此进行下去, 我们得到了 X 的一个点列 $\{x_n\}$ 和一列正数 $\{r_n\}$ 满足性质: 对每个 $n\geqslant 1$,

$$0<r_n<\frac{1}{n}\quad 和\quad B(x_n,r_n)\subset U_n\bigcap U(x_{n-1},r_{n-1}).$$

由此构造, 可见当 $m\geqslant n$ 时, $x_m\in U(x_n,r_n)$. 因此

$$d(x_m,x_n)<r_n<\frac{1}{n}\quad (m\geqslant n), \tag{1.2}$$

即 $\{x_n\}$ 是 X 中的Cauchy列, 又因为 X 完备, 故 x_n 收敛到 X 中的一个元素 x.

在 (1.2) 式中, 令 $m \to \infty$, 得 $d(x, x_n) \leqslant r_n$, 因此对每个 n, $x \in B(x_n, r_n)$, 因而 $x \in U_n$, $n \geqslant 1$, 即得 $x \in \bigcap\limits_{n=1}^{\infty} U_n = \varnothing$, 矛盾. 故 X 是第二纲集合. □

定义 1.2.14 设 K 是度量空间 X 的子集.

(1) 称 K 是致密的, 如果 K 中每个序列都有在 X 中收敛的子列.

(2) 对 $\epsilon > 0$, 若存在 $\{x_1, x_2, \cdots, x_n\} \subset X$, 使得 $K \subset \bigcup\limits_{i=1}^{n} U(x_i, \epsilon)$, 则称 K 是完全有界的, 在此 $x_1, \cdots, x_n$ 及 n 都随不同的 ϵ 而变化.

(3) 称 X 是列紧空间, 如果集合 X 是致密的.

根据定义 1.2.14, 容易推出下面的命题. 我们留下它的证明作为习题.

命题 1.2.15 设 K 是度量空间 (X, d) 中的一个非空子集.

(1) 如果 K 是致密集或完全有界集, 则 K 是有界集.

(2) 如果 K 完全有界, 则对任意 $\epsilon > 0$, 可以选择 $x_1, \cdots, x_s \in K$ 使得 $K \subset \bigcup\limits_{i=1}^{s} U(x_i, \epsilon)$.

(3) 如果 K 是紧集, 则 (K, d) 是完备的.

定理 1.2.16 设 (X, d) 是度量空间, K 是 X 中的无限子集.

(1) K 是致密集 $\Rightarrow K$ 完全有界的;

(2) 当 X 完备时, K 是完全有界的 $\Rightarrow K$ 是致密集;

(3) K 是紧的 $\Leftrightarrow K$ 是致密的而且是闭的.

证明 (1) 如果 K 不是完全有界的, 则存在 $\alpha > 0$ 和序列 $\{x_n\} \subset K$ 使得对任何 m, n 只要 $m \neq n$, 就有 $d(x_m, x_n) \geqslant \alpha$. 这是因为如果 K 不是完全有界的, 则对某一个 $\alpha > 0$, 及任意 $y_1, \cdots, y_s \in K$, 使得 $K \subset \bigcup\limits_{j=1}^{s} U(y_j, \alpha)$ 不成立. 任取 $x_1 \in K$. 因为 $U(x_1, \alpha)$ 不能包含整个 K, 故有 $x_2 \in K \backslash U(x_1, \alpha)$; 同理, 由于 $U(x_1, \alpha) \bigcup U(x_2, \alpha)$ 不能包含整个 K, 故有 $x_3 \in K \backslash U(x_1, \alpha) \bigcup U(x_2, \alpha)$. 一般地, 可取 $x_k \in K \backslash \bigcup\limits_{n=1}^{k-1} U(x_n, \alpha)$. 这样, 就得到一列 $\{x_n\} \subset K$, 使得 $d(x_n, x_m) \geqslant \alpha$ $(m \neq n)$. 显然如此选得的序列 $\{x_n\}$ 没有收敛的子序列, 这和 K 是致密的矛盾.

(2) 设 $\{x_n\}$ 为 K 中的无限点列. 对任意 $n \geqslant 1$, 存在 $z_1^{(n)}, \cdots, z_{k_n}^{(n)} \in X$ 使得 $K \subset \bigcup\limits_{j=1}^{k_n} U\left(z_j^{(n)}, \dfrac{1}{n}\right)$. 则有 $z_{m_1}^{(1)}$ 使得 $\{x_n\}$ 中的一个无限子列 $\{x_{n,1}\}$ 含在 $U(z_{m_1}^{(1)}, 1)$ 中. 因为 $\{x_{n,1}\} \subset \bigcup\limits_{j=1}^{k_2} U\left(z_j^{(2)}, \dfrac{1}{2}\right)$, 故有 $z_{m_2}^{(2)}$ 使得 $\{x_{n,1}\}$ 中的一个无

限子列$\{x_{n,2}\}$含在$U\left(z_{m_2}^{(2)},\dfrac{1}{2}\right)$中. 由此下去, 存在$z_{m_k}^{(k)}$及$\{x_{n,k-1}\}$的一个无限子列$\{x_{n,k}\}$使得$\{x_{n,k}\}\subset U\left(z_{m_k}^{(k)},\dfrac{1}{k}\right)$, $k=1,2,\cdots$. 于是$\{x_{k,k}\}$是$\{x_k\}$的一个 Cauchy 子列. 事实上, 对任意$p\geqslant 1$, $x_{k+p,k+p}$是$\{x_{j,k+p}\}$中的一项, $x_{k,k}$是$\{x_{j,k}\}$中的一项而$\{x_{j,k+p}\}\subset\{x_{j,k}\}$, 故

$$d(x_{k+p,k+p},x_{k,k})\leqslant d(x_{k+p,k+p},z_{m_k}^{(k)})+d(x_{k,k},z_{m_k}^{(k)})<\frac{2}{k}.$$

因为X完备, 故$\{x_{k,k}\}$收敛.

(3) 设K是紧子集. 由于度量空间X是 Hausdorff 空间, 故由命题 1.1.22 (2), K是闭子集. 设$\{x_n\}$是K中的无限点列. 由推论 1.1.20 知, $\{x_1,\cdots,x_n,\cdots\}$有聚点$\xi\in X$. 于是存在$\{x_n\}$的一个子列$\{x_{n_k}\}$使得$x_{n_k}\xrightarrow{d}\xi\in K$. 从而$K$是致密集.

现设K是致密的而且是闭的. 设$\{U_\lambda|\,\lambda\in\Lambda\}$为$K$的任意一个开覆盖.

(i) 存在一个正数δ使得对任意$E\subset K$且$d(E)<\delta$时, 必有某个$\lambda_0\in\Lambda$使得$E\subset U_{\lambda_0}$, 这里, $d(E)=\sup\{d(x,y)|\,x,y\in E\}$.

若无这样的δ, 则对$n=1,2,\cdots$, 有K中的子集E_n使得$d(E_n)<\dfrac{1}{n}$且E_n不包含在U_λ, $\forall\,\lambda\in\Lambda$中. 任取$x_n\in E_n$, $n\geqslant 1$. 由于K是致密的, 故$\{x_n\}\subset K$中有一个收敛子列$\{x_{n_k}\}$. 设它收敛于$x_0\in X$. 而K是闭的, 故$x_0\in K$. 于是存在$\lambda_1\in\Lambda$使得$x_0\in U_{\lambda_1}$, 进而有$\epsilon_0>0$使得$U(x_0,\epsilon_0)\subset U_{\lambda_1}$. 由$d(E_{n_k})<\dfrac{1}{n_k}$, $k\geqslant 1$及$d(x_{n_k},x_0)\to 0$, $k\to\infty$, 我们可取$K>0$使得$k>K$时, $d(E_{n_k})<\dfrac{\epsilon_0}{2}$, $d(x_{n_k},x_0)<\dfrac{\epsilon_0}{2}$. 从而$x_{n_k}\in U\left(x_0,\dfrac{\epsilon_0}{2}\right)$并且对任意$x\in E_{n_k}$, $k>K$有

$$d(x,x_0)\leqslant d(x,x_{n_k})+d(x_0,x_{n_k})<\frac{\epsilon_0}{2}+\frac{\epsilon_0}{2}=\epsilon_0,$$

即得$E_{n_k}\subset U_{\lambda_1}$. 这与$E_n$不包含在$U_\lambda$, $\forall\,\lambda\in\Lambda$中矛盾.

(ii) 由 (1), K是完全有界的. 于是对 (i) 中的δ, 存在$y_1,\cdots,y_s\in K$使得$K\subset\bigcup\limits_{j=1}^{s}U\left(y_j,\dfrac{\delta}{3}\right)$. 令$K_j=K\bigcap U\left(y_j,\dfrac{\delta}{3}\right)$, $j=1,\cdots,s$. 则对任意$x,y\in K_j$, 有

$$d(x,y)\leqslant d(x,y_j)+d(y,y_j)<\frac{\delta}{3}+\frac{\delta}{3}=\frac{2\delta}{3}<\delta,$$

故$d(K_j)<\delta$, $j=1,\cdots,s$. 于是由 (i) 中的结论, 存在$\lambda_j\in\Lambda$使得$K_j\subset U_{\lambda_j}$,

$j=1,\cdots,s$. 最终, $K\subset\bigcup\limits_{j=1}^{s}U_{\lambda_j}$. □

推论 1.2.17 在度量空间 (X,d) 中, 致密集的闭包是紧集.

证明 设 M 是致密集. 由定理 1.2.16 (3), 我们只需证明 $\overline{M}$ 是致密集即可. 设 $\{x_n\}\subset\overline{M}$, 则对每个 n, 可取 $y_n\in M$ 使得 $d(x_n,y_n)<\dfrac{1}{n}$. 由于 M 是致密的, 故有 $\{y_n\}$ 的一个子列 $\{y_{n_k}\}$, 使得 $y_{n_k}\xrightarrow{d}x_0\in\overline{M}$ $(k\to\infty)$. 这样, 当 $k\to\infty$ 时,

$$d(x_{n_k},x_0)\leqslant d(x_{n_k},y_{n_k})+d(y_{n_k},x_0)<\frac{1}{n_k}+d(y_{n_k},x_0)\to 0,$$

即得 $\overline{M}$ 是致密集. □

1.3 线性赋范空间和内积空间

距离空间推广了 $\mathbb{R}^n$ 的分析和拓扑性质, 但是并没有为推广 $\mathbb{R}^n$ 的代数性质提供一个自然的框架, 而线性赋范空间则包含了这方面的内容. 在线性空间中, 引入向量内积的概念, 以形成内积空间, 从而 $\mathbb{R}^n$ 中向量的夹角、勾股定理、正交投影等概念和结论在内积空间中都得到了体现.

定义 1.3.1 设 X 是数域 $\mathbb{K}$ 上的线性空间, 这里, $\mathbb{K}=\mathbb{R}$ 或 $\mathbb{C}$. X 到 $\mathbb{R}$ 上的一个映射: $x\mapsto\|x\|$, 称为 X 上的范数, 若对任意的 $x,y\in X$ 和 $\lambda\in\mathbb{K}$, 它满足:

(1) $\|x\|\geqslant 0$, $\|x\|=0$ 当且仅当 $x=0$;

(2) $\|\lambda x\|=|\lambda|\cdot\|x\|$;

(3) $\|x+y\|\leqslant\|x\|+\|y\|$ (三角不等式).

$(X,\|\cdot\|)$ 称为 $\mathbb{K}$ 上的线性赋范空间或简称赋范空间. 按照 $\mathbb{K}$ 是 $\mathbb{R}$ 或 $\mathbb{C}$ 而称此赋范空间是实的或复的. 当上下文已明确范数时, 常简称赋范空间 X 而省略范数.

在赋范空间 X 中, 若定义 $d(x,y)=\|x-y\|$, $\forall\, x,y\in X$. 则从定义 1.3.1 知, d 为 X 上一个度量, 并称此度量为由范数导出的度量. 度量空间中的邻域、开集、闭集、收敛、紧集等概念在赋范空间中都有明确的意义, 比如 $x_0\in X$ 的 ϵ 邻域为 $O(x_0,\epsilon)=\{x\in X\,|\,\|x-x_0\|<\epsilon\}$; $x_n\xrightarrow{d}x_0$ 意味着 $\lim\limits_{n\to\infty}\|x_n-x_0\|=0$ (记为 $x_n\xrightarrow{\|\cdot\|}x_0$) 等等.

定义 1.3.2 如果一个赋范空间按其由范数导出的度量是一个完备的度量空间, 则称此赋范空间为 Banach (巴拿赫) 空间.

定义 1.3.3 设 X 是 $\mathbb{K}$ 上的线性空间, X 上的内积是 $X\times X$ 到 $\mathbb{K}$ 的一个映射: $(x,y)\mapsto\langle x,y\rangle$, 使得对任意 $x,y,z\in X$ 和 $\lambda,\mu\in\mathbb{K}$ 满足:

(1) $\langle x,x\rangle\geqslant 0$, 且 $\langle x,x\rangle=0$ 当且仅当 $x=0$;

(2) $\langle x,y\rangle=\overline{\langle y,x\rangle}$, 这里, $\overline{\alpha}$ 表示 α 的共轭复数;

(3) $\langle \lambda x+\mu y,z\rangle=\lambda\langle x,z\rangle+\mu\langle y,z\rangle$.

数 $\langle x,y\rangle$ 就称为 x 和 y 的内积, 而 $(X,\langle\cdot,\cdot\rangle)$ 则称为内积空间.

由 (3) 可知内积关于第一个变量是线性的; 而由 (2) 和 (3) 可知, 它关于第二个变量是共轭线性的, 即 $\langle x,\lambda y+\mu z\rangle=\overline{\lambda}\langle x,y\rangle+\overline{\mu}\langle x,z\rangle$. 另外, 当 x 和 y 中至少有一个是零向量时, $\langle x,y\rangle=0$.

例 1.3.4 (1) 对 $x=(x_1,\cdots,x_n)$, $y=(y_1,\cdots,y_n)\in\mathbb{K}^n$, 令 $\langle x,y\rangle=\sum\limits_{k=1}^{n}x_k\bar{y_k}$, 则 $\mathbb{K}^n$ 是一个内积空间; 而按范数 $\|x\|_2=\langle x,x\rangle^{1/2}$, $\forall\, x\in\mathbb{K}^n$, $(\mathbb{K}^n,\|\cdot\|_2)$ 是 Banach 空间.

(2) 记 $C[a,b]=\{f:[a,b]\to\mathbb{C}\mid f\text{ 连续}\}$. 按函数通常的加法以及数乘运算, $C[a,b]$ 成为线性空间. 定义 $C[a,b]$ 上的范数为 $\|f\|=\max\limits_{t\in[a,b]}|f(t)|,\forall f\in C[a,b]$. 则 $(C[a,b],\|\cdot\|)$ 为 Banach 空间.

当然, 将 $[a,b]$ 换成 $\mathbb{R}^n$ 或 $\mathbb{C}^n$ 中的有界闭子集, 结论仍然成立.

(3) 设 $c_0=\left\{\{x_n\}\subset\mathbb{K}\,\middle|\,\lim\limits_{n\to\infty}|x_n|=0\right\}$. 按数列的加法和数乘, c_0 为 $\mathbb{K}$ 上的线性空间. 按范数 $\|\{x_n\}\|=\sup\limits_{n\geqslant 1}|x_n|$, c_0 成为 Banach 空间.

(4) 设 $l^1=\left\{\{x_n\}\subset\mathbb{K}\,\middle|\,\sum\limits_{n=1}^{\infty}|x_n|<+\infty\right\}$. 按数列的加法和数乘, l^1 为 $\mathbb{K}$ 上的线性空间. 易知, 按范数 $\|\{x_n\}\|=\sum\limits_{n=1}^{\infty}|x_n|$, l^1 成为 Banach 空间.

(5) 设 $l^\infty=\left\{\{x_n\}\subset\mathbb{K}\,\middle|\,\sup\limits_{n\geqslant 1}|x_n|<+\infty\right\}$. 按数列的加法和数乘, l^∞ 为 $\mathbb{K}$ 上的线性空间. 按范数 $\|\{x_n\}\|=\sup\limits_{n\geqslant 1}|x_n|$, l^∞ 成为 Banach 空间.

(6) $C([a,b])$ 按内积 $\langle f,g\rangle=\int_a^b f(x)\overline{g(x)}\,dx$, $\forall\, f,g\in C([a,b])$ 成为一个内积空间.

命题1.3.5 设 $(X,\langle\cdot,\cdot\rangle)$ 为内积空间, 则 $\|x\|=\langle x,x\rangle^{1/2}$ 定义了 X 上的一个范数, 这个范数和内积满足 Cauchy–Schwarz (柯西–施瓦茨) 不等式和 Minkowski (闵可夫斯基) 不等式

$$|\langle x,y\rangle|\leqslant\|x\|\|y\|,\quad \langle x+y,x+y\rangle^{1/2}\leqslant\langle x,x\rangle^{1/2}+\langle y,y\rangle^{1/2},\quad \forall\, x,y\in X.$$

证明 由内积的定义, 对任意 $x, y \in X$ 和 $\lambda \in \mathbb{K}$ 有

$$0 \leqslant \langle x+\lambda y, x+\lambda y\rangle = \langle x, x\rangle + \langle x, \lambda y\rangle + \langle \lambda y, x\rangle + \langle \lambda y, \lambda y\rangle,$$

因此

$$\|x\|^2 + \bar{\lambda}\langle x, y\rangle + \lambda\overline{\langle x, y\rangle} + \lambda\bar{\lambda}\|y\|^2 \geqslant 0. \tag{1.3}$$

当 $\|y\| \neq 0$ 时, 以 $\lambda = -\dfrac{\langle x, y\rangle}{\|y\|^2}$ 代入 (1.3) 式, 就得到 $|\langle x, y\rangle| \leqslant \|x\|\|y\|$.

如果 $\|y\| = 0$, 则由定义 1.3.3 (1) 得到 $y = 0$, 因此 $\langle x, y\rangle = 0$, 不等式成立.

对任意 $x, y \in X$, 由定义 1.3.3 及 Cauchy–Schwarz 不等式得到

$$\begin{aligned}\langle x+y, x+y\rangle &= \langle x, x\rangle + 2\mathrm{Re}\,\langle x, y\rangle + \langle y, y\rangle \\ &\leqslant \langle x, x\rangle + 2|\langle x, y\rangle| + \langle y, y\rangle \\ &\leqslant \left(\langle x, x\rangle^{1/2} + \langle y, y\rangle^{1/2}\right)^2,\end{aligned}$$

即得 Minkowski 不等式. 由此不难证明 $\langle x, x\rangle^{1/2}$ 是 X 上的一个范数. □

由命题 1.3.5, 在讨论内积空间时, 应将其内积与关联的范数联系起来.

定义 1.3.6 如果一个内积空间按与其内积相关的范数是一完备的赋范空间, 则称此内积空间为 Hilbert (希尔伯特) 空间.

$\mathbb{K}^n$ 是有限维的 Hilbert 空间. 具体的无限维的 Hilbert 空间见第 4 章. 根据内积空间中的内积与范数的关系, 容易得到下面的结论.

命题 1.3.7 设 $(X, \langle\cdot,\cdot\rangle)$ 是内积空间, 则对任何 $x, y \in X$ 有

(1) $\|x+y\|^2 + \|x-y\|^2 = 2(\|x\|^2 + \|y\|^2)$ (平行四边形公式);

(2) $\langle x, y\rangle = \dfrac{1}{4}(\|x+y\|^2 - \|x-y\|^2)$, 若 X 是实内积空间;

(3) $\langle x, y\rangle = \dfrac{1}{4}\sum\limits_{k=1}^{4} i^k\|x+i^k y\|^2$, 若 X 是复内积空间.

命题 1.3.7 中的 (2) 和 (3) 称为极化恒等式.

命题 1.3.8 设 X 是 $\mathbb{K}$ 上的一个赋范空间, 则 X 中的加法和乘数运算都是连续的, 即对任意 $x, y \in X$, $\alpha \in \mathbb{K}$ 及任意 $\{x_n\}$, $\{y_n\} \subset X$, $\{\alpha_n\} \subset \mathbb{K}$ 且 $x_n \xrightarrow{\|\cdot\|} x$, $y_n \xrightarrow{\|\cdot\|} y$ 和 $\alpha_n \xrightarrow{|\cdot|} \alpha$, 都有 $x_n + y_n \xrightarrow{\|\cdot\|} x+y$, $\alpha_n x_n \xrightarrow{\|\cdot\|} \alpha x$.

如果 X 还是内积空间, 则内积 $\langle\cdot,\cdot\rangle$ 是二元连续函数.

证明 根据下列不等式

$$\|(x_n+y_n)-(x+y)\| \leqslant \|x_n - x\| + \|y_n - y\|,$$

$$\|\alpha_n x_n - \alpha x\| \leqslant |\alpha|\|x_n - x\| + |\alpha_n - \alpha|\|x\| + |\alpha_n - \alpha|\|x_n - x\|,$$

可以得出结论.

当 X 是内积空间时, 设 $x_n\to x$, $y_n\to y\ (n\to\infty)$. 由 Cauchy–Schwarz 不等式得

$$|\langle x_n,y_n\rangle-\langle x,y\rangle|=|\langle x_n-x,y_n\rangle+\langle x,y_n-y\rangle|\leqslant\|x_n-x\|\|y_n\|+\|x\|\|y_n-y\|.$$

又因为收敛序列是有界的, 从而得到 $\lim\limits_{n\to\infty}\langle x_n,y_n\rangle=\langle x,y\rangle$. □

定义 1.3.9 设 S 是赋范空间 X 的一个非空子集.

(1) 如果存在常数 $K>0$ 使得 $\|x\|\leqslant K$, $\forall x\in S$, 则称 S 是 X 中的有界集.

(2) 如果 S 关于 X 中的加法运算和数乘运算都封闭, 则称 S 是 X 的一个子空间; 如果 S 还是闭的, 则称 S 是 X 的闭子空间.

(3) 如果对任意 $x_1,x_2\in S$, $\lambda\in[0,1]$, 都有 $\lambda x_1+(1-\lambda)x_2\in S$, 则称 S 为凸集; 如果 S 还是闭的, 则称 S 是 X 的闭凸集.

(4) $D(X)=\{x\in X\,|\,\|x\|\leqslant 1\}$ 称为 X 的单位球, $S(X)=\{x\in X\,|\,\|x\|=1\}$ 表示 X 的单位球面.

根据命题 1.3.8, 如果 S 为赋范空间 X 的子空间 (或凸子集), 则它的闭包 $\overline{S}$ 是 X 的闭子空间 (或闭凸子集).

定义 1.3.10 设 X 为 $\mathbb{K}$ 上赋范空间, $x_1,\cdots,x_n\in X$, $A=\{y_1,\cdots,y_n,\cdots\}\subset X$.

(1) $\operatorname{span}\{x_1,\cdots,x_n\}=\left\{\sum\limits_{i=1}^{n}\lambda_ix_i\,\middle|\,\lambda_i\in\mathbb{K},\ i=1,\cdots,n\right\}$ 称为由 $\{x_1,\cdots,x_n\}$ 张成的线性空间.

(2) $\left\{\sum\limits_{i=1}^{n}\lambda_ix_i\,\middle|\,\lambda_i\in[0,1],\ i=1,\cdots,n,\ \sum\limits_{i=1}^{n}\lambda_i=1\right\}$ 称为由 $\{x_1,\cdots,x_n\}$ 张成的凸集, 记作 $\operatorname{co}\{x_1,\cdots,x_n\}$.

(3) $\operatorname{span}(A)=\bigcup\limits_{n=1}^{\infty}\operatorname{span}\{y_1,\cdots,y_n\}$ 为由 A 生成的线性空间, $\overline{\operatorname{span}}(A)$ 是它的闭包. $\operatorname{co}(A)=\bigcup\limits_{n=1}^{\infty}\operatorname{co}\{y_1,\cdots,y_n\}$ 为由 A 生成的凸集, $\overline{\operatorname{co}}(A)$ 是它的闭包.

定义 1.3.11 $(X,\|\cdot\|_1)$ 和 $(Y,\|\cdot\|_2)$ 为 $\mathbb{K}$ 上的两个线性赋范空间.

(1) $T\colon X\to Y$ 称为 X 到 Y 的线性算子或线性映射, 如果

$$T(\alpha x+\beta y)=\alpha T(x)+\beta T(y),\quad \forall\, x,y\in X,\ \alpha,\beta\in\mathbb{K}.$$

(2) 称 $T\colon X\to Y$ 为 X 到 Y 的有界线性算子, 如果 T 是线性算子并且将 X 中的有界集映成 Y 中的有界集.

(3) 在 (2) 中, 如果 $Y=\mathbb{K}$, 则称 T 为 X 上的有界线性泛函.

注 1.3.12 设 X,Y 是线性空间, T 是 X 到 Y 的线性算子.

(1) 则有 $T(0)=0$, 这是因为 $T(0)=T(2\cdot 0)=2T(0)$, 所以 $T(0)=0$.

(2) 分别称 $\operatorname{Ker}(T)=\{x\in X\,|\,Tx=0\}$, $\operatorname{Ran}(T)=\{Tx\,|\,x\in X\}$ 为 T 的零空

间和值域. 于是 T 是单射 $\Leftrightarrow \operatorname{Ker}(T)=\{0\}$; T 是满射 $\Leftrightarrow \operatorname{Ran}(T)=Y$.

定理 1.3.13 设 T 是 $(X,\|\cdot\|_1)$ 到 $(Y,\|\cdot\|_2)$ 的线性算子, 则下列等价:

(1) T 在 0 点连续;

(2) T 在 X 上连续;

(3) T 将 X 中的任何一个有界集映成为 Y 中的有界集.

证明 (1)⇒(2) 因为 T 在 0 点连续, 所以对任意 $\epsilon>0$, 有 $\delta>0$, 使得当 $\|x\|_1<\delta$ 时, $\|Tx\|_2\leqslant\epsilon$. 则对任意 $x_0,x\in X$ 且 $\|x-x_0\|_1<\delta$ 就有

$$\|Tx-Tx_0\|_2=\|T(x-x_0)\|_2<\epsilon,$$

即 T 在 x_0 处连续.

(2)⇒(3) 设 $S\subset X$ 是有界集, 即有常数 $M>0$, 使得 $\|x\|_1\leqslant M, \forall x\in S$. 由于 T 在 $x=0$ 处连续, 故有 $r>0$, 使得当 $\|x\|_1<r$ 时, $\|Tx\|_2<1$. 从而对任意 $x\in S$, 由 $\left\|\dfrac{r}{2M}x\right\|_1<r$ 得

$$\left\|T\left(\frac{r}{2M}x\right)\right\|_2<1, \text{ 即 } \|Tx\|_2<\frac{2M}{r}\|x\|_1.$$

所以 TS 为 Y 中的有界集.

(3)⇒(1) 根据假设, $T(D(X))$ 是 Y 中的有界集, 即有常数 $K>0$ 使得 $\|Tx\|_2\leqslant K, \forall x\in D(X)$. 则对任意 $x\in X\backslash\{0\}$, $\left\|T\left(\dfrac{x}{\|x\|_1}\right)\right\|_2\leqslant K$, 从而 $\|Tx\|_2\leqslant K\|x\|_1, \forall x\in X$. 从而 T 在 $x=0$ 处连续. □

例 1.3.14 设 $X=C^1[0,1]=\{x\in C[0,1]\mid x'\in C[0,1]\}$, $Y=C[0,1]$. 分别在 X,Y 上取范数 $\|x\|=\max\limits_{0\leqslant t\leqslant1}|x(t)|, \forall x\in X$ 或 $x\in Y$.

定义映射 $D\colon X\to Y$ 为 $(Dx)(t)=\dfrac{dx}{dt}$. 则由求导运算的性质知 D 为线性算子. 然而 D 不是有界的, 这是因为若取 $x_n(t)=t^n\in C^1[0,1]$, 则 $\|x_n\|=1$, 即 $\{x_n\}$ 是 X 中有界集, 而 $\|Dx_n\|=\max\limits_{0\leqslant t\leqslant1}|nt^{n-1}|=n$, 即 $\{Dx_n\}$ 是 Y 中的无界集.

在 X 上定义新的范数 $\|x\|_1=\max\limits_{0\leqslant t\leqslant1}|x(t)|+\max\limits_{0\leqslant t\leqslant1}|x'(t)|, \forall x\in X$. 则有

$$\|Dx\|=\max_{0\leqslant t\leqslant1}|(Dx)(t)|=\max_{0\leqslant t\leqslant1}|x'(t)|\leqslant\|x\|_1,\quad \forall x\in X,$$

所以 $D\colon(X,\|\cdot\|_1)\to(Y,\|\cdot\|)$ 是有界线性算子.

定义 1.3.15 设 T 为赋范空间 X 到赋范空间 Y 的有界线性算子. 正数 $\|T\|=\sup\limits_{x\neq0}\dfrac{\|Tx\|}{\|x\|}$ 称为 T 的范数.

注 1.3.16 由 $\|T\|$ 的定义立即可得: 对任何 $x\in X$ 有 $\|Tx\|\leqslant\|T\|\|x\|$.

命题 1.3.17 设 T 是赋范空间 X 到赋范空间 Y 的有界线性算子. 则

$$\|T\| = \sup\{\|Tx\| \mid x \in X,\ \|x\| \leqslant 1\} = \sup\{\|Tx\| \mid x \in X,\ \|x\| = 1\}.$$

证明 事实上, 由数集的包含关系

$$\{\|Tx\| \mid \|x\| \leqslant 1\} \supset \{\|Tx\| \mid \|x\| = 1\} = \left\{\frac{\|Tx\|}{\|x\|} \,\middle|\, x \neq 0\right\},$$

得到 $\sup\limits_{\|x\|\leqslant 1} \|Tx\| \geqslant \sup\limits_{\|x\|=1} \|Tx\| = \|T\|$.

另一方面, 若 $\|x\|\leqslant 1$, 则 $\|Tx\|\leqslant\|T\|\|x\| \leqslant \|T\|$, 即 $\sup\limits_{\|x\|\leqslant 1} \|Tx\| \leqslant \|T\|$.

综上所述, 命题成立. □

记 $B(X,Y)$ 是从赋范空间 X 到赋范空间 Y(均在 $\mathbb{K}$ 上) 内的有界线性算子全体所成的集合. 当 $Y = \mathbb{K}$ 时, $B(X,\mathbb{K})$ 为 X 的共轭空间, 记为 X^*.

对有界线性算子可以定义加法、数乘和乘法如下: 设 X, Y, Z 是赋范空间, A, $B \in B(X,Y)$, $C \in B(Z,X)$, $\lambda \in \mathbb{K}$ 和 $x \in X$, $z \in Z$, 定义

$$(A+B)x = Ax + Bx, \quad (\lambda A)x = \lambda(Ax), \quad (AC)z = A(Cz).$$

下面的命题保证了上述定义的 $A+B$, λA 和 AC 是有界线性算子.

命题 1.3.18 设 X,Y,Z 为赋范空间, $A,B \in B(X,Y)$ 并且 $C \in B(Z,X)$, $\lambda \in \mathbb{K}$, 则

(1) $\|A\| \geqslant 0$, $\|A\| = 0$ 当且仅当 $A = 0$;

(2) $\lambda A, A+B \in B(X,Y)$ 且 $\|\lambda A\| = |\lambda|\|A\|, \|A+B\| \leqslant \|A\| + \|B\|$;

(3) $\|AC\| \leqslant \|A\|\|C\|$.

由命题 1.3.18 (1)、(2) 可知, $B(X,Y)$ 按算子范数成为一个赋范空间.

定理 1.3.19 设 X,Y 是赋范空间且 Y 完备. 则 $B(X,Y)$ 是 Banach 空间.

证明 须证 $B(X,Y)$ 按算子范数 $\|\cdot\|$ 完备. 设 $\{T_n\}$ 是 $B(X,Y)$ 中的一个 Cauchy 列, 即对任何 $\epsilon > 0$, 存在 $N > 0$, 使得 $\|T_n - T_m\| < \epsilon, \forall n,m > N$. 故当 n, $m > N$ 时有

$$\|T_nx - T_mx\| = \|(T_n - T_m)x\| \leqslant \|T_n - T_m\|\|x\| < \epsilon\|x\|, \quad \forall x \in X.$$

于是对每个 $x \in X$, $\{T_nx\}$ 是 Y 中的 Cauchy 列. 由于 Y 完备, 故存在 Y 中的元素 T_x 使得 $\lim\limits_{n\to\infty} T_nx = T_x$. 当 x 在 X 中变动时, 得到 X 到 Y 的一个映射 $T\colon x \mapsto T_x$.

对任意 x, $y \in X$ 和 $\lambda, \mu \in \mathbb{K}$, 我们有

$$T_{(\lambda x+\mu y)} = \lim_{n\to\infty} T_n(\lambda x + \mu y) = \lim_{n\to\infty} (\lambda T_nx + \mu T_ny) = \lambda T_x + \mu T_y.$$

因此 $T\colon X\to Y$ 是线性算子.

因为 $\{T_n\}$ 是 Cauchy 列, 故 $\{T_n\}$ 有界, 即存在 $M>0$ 使得 $\|T_n\|\leqslant M$, $n\geqslant 1$. 由于 $\|Tx\|=\lim\limits_{n\to\infty}\|T_nx\|$, $\|T_nx\|\leqslant M\|x\|$, $\forall x\in X$, 故 $\|Tx\|\leqslant M\|x\|$, $\forall x\in X$, 从而 $T\in B(X,Y)$.

在 $\|T_nx-T_mx\|<\epsilon\|x\|$ 中, 令 $m\to\infty$, 则有 $\|T_nx-Tx\|\leqslant\epsilon\|x\|$, $\forall x\in X$ 及 $n>N$ 成立. 这表明: 对任给的 $\epsilon>0$, 当 $n>N$ 时, $\|T_n-T\|\leqslant\epsilon$, 因此 $\|T_n-T\|\to 0\ (n\to\infty)$, 即 $B(X,Y)$ 是完备的. □

推论 1.3.20 设 X 是 $\mathbb{K}$ 上的赋范空间, 则 $X^*=B(X,\mathbb{K})$ 是 Banach 空间.

定义 1.3.21 设 X,Y 为赋范空间, $T\in B(X,Y)$ 是一对一到上的, 即 $\operatorname{Ker}(T)=\{0\}$ 并且 $\operatorname{Ran}(T)=Y$. 若逆映射 $T^{-1}\colon Y\to X$ 也连续, 则称 T 有有界逆, 而 T^{-1} 为 T 的逆算子, 并同时称 X 和 Y(线性拓扑) 同构.

注 1.3.22 易知, $T\in B(X,Y)$ 有有界逆当且仅当存在 $B\in B(Y,X)$ 使得 $TB=I_Y$, $BT=I_X$, 这里 I_X, I_Y 分别是 X 和 Y 上恒等算子, 且当后者成立时, $B=T^{-1}$.

$\mathbb{K}$ 上的线性空间 X 中的一组向量 $\{e_1,\cdots,e_n\}$ (n 有限) 称为 X 的基, 如果向量组 $\{e_1,\cdots,e_n\}$ 线性无关且 $X=\operatorname{span}\{e_1,\cdots,e_n\}$. 我们把构成 X 的一组基的向量的个数定义为 X 的维数, 记作 $\dim X$.

定义 1.3.23 设 $(X,\|\cdot\|)$ 是 $\mathbb{K}$ 上的赋范空间. 如果 $\dim X=n<+\infty$, 则称此赋范空间为 n 维赋范空间. 对所有自然数 $n\geqslant 1$, n 维的赋范空间都称为有限维赋范空间.

定理 1.3.24 设 $(X,\|\cdot\|)$ 为 $\mathbb{K}$ 上的 n 维赋范空间, $\{e_1,\cdots,e_n\}$ 是 X 的一组基. 则映射 $Tx=\sum\limits_{k=1}^n x_ke_k$, $\forall\, x=(x_1,\cdots,x_n)\in\mathbb{K}^n$ 是 $\mathbb{K}^n$ 映到 X 上的一对一的有界线性算子并且 T^{-1} 连续. 由此得到: $(X,\|\cdot\|)$ 与 $(\mathbb{K}^n,\|\cdot\|_2)$ 同构.

证明 显然, T 是一对一到上的线性算子. 下证 T 和 T^{-1} 都是有界的.

设 $M=\left(\sum\limits_{k=1}^n\|e_k\|^2\right)^{1/2}$. 对任意 $x=(x_1,\cdots,x_n)\in\mathbb{K}^n$, 由不等式

$$\|Tx\|\leqslant\sum_{k=1}^n|x_k|\|e_k\|\leqslant\left(\sum_{k=1}^n\|e_k\|^2\right)^{1/2}\left(\sum_{k=1}^n|x_k|^2\right)^{1/2}=M\|x\|_2$$

可知 T 是有界的.

记 $S=\{x\in\mathbb{K}^n\,|\,\|x\|_2=1\}$. 则 S 在 $\mathbb{K}^n$ 中有界闭. 因为

$$|\|Tx\|-\|Ty\||\leqslant\|Tx-Ty\|\leqslant M\|x-y\|_2,$$

所以 $x \mapsto \|Tx\|$ 是定义在 S 上的连续函数, 于是存在 $x_0 \in S$ 使得 $\|Tx\| \geqslant \|Tx_0\|$, $\forall x \in S$. 如果 $\|Tx_0\| = 0$, 则由 $\operatorname{Ker}(T) = \{0\}$ 知, $x_0 = 0$, 这和 $x_0 \in S$ 矛盾, 所以 $\|Tx_0\| > 0$. 现在设 x 是 $\mathbb{K}^n$ 中任一非零元, 则 $\dfrac{x}{\|x\|_2} \in S$, 于是

$$\|Tx_0\| \leqslant \left\|T\left(\frac{x}{\|x\|_2}\right)\right\| = \frac{\|Tx\|}{\|x\|_2},$$

$$\|T^{-1}y\|_2 \leqslant \frac{1}{\|Tx_0\|}\|y\|, \quad y = Tx,$$

而 $\|T^{-1}y\|_2 \leqslant \dfrac{1}{\|Tx_0\|}\|y\|$ 对任意 $y \in X$ 成立, 因此 $T^{-1} \in B(X, \mathbb{K}^n)$. □

推论 1.3.25 下面是关于有限维空间的一些性质:

(1) $\mathbb{K}$ 上的任何 n 维线性赋范空间都同构;

(2) $\mathbb{K}$ 上的任何有限维线性赋范空间都是完备的;

(3) 任何线性赋范空间 X 中的有限维子空间都是闭的.

证明 (1) 设 X, Y 是两个 n 维线性赋范空间, $T_1\colon \mathbb{K}^n \to X$, $T_2\colon \mathbb{K}^n \to Y$ 是两个同构映射, 则 $T_2 \circ T_1^{-1}$ 是 $X \to Y$ 的同构映射.

(2) 设 X 是 n 维赋范空间, 则 X 和 $\mathbb{K}^n$ 同构. 因同构映射将 Cauchy 列映为 Cauchy 列, 将收敛点列映为收敛点列, 又因 $\mathbb{K}^n$ 完备, 所以 X 也完备.

(3) 由 (2), X 的有限维子空间是完备的, 而完备的子空间是闭的. □

由于在 $\mathbb{K}^n$ 中, 致密集与有界集一致; 紧集与有界闭集一致. 因此, $\mathbb{K}^n$ 中的单位闭球是紧集. 实际上, 这个性质正是有限维赋范空间的特征.

定理 1.3.26 $\mathbb{K}$ 上的赋范空间 X 是有限维的当且仅当 $D(X)$ 是紧的.

证明 设 $n = \dim X$, $\{e_1, \cdots, e_n\}$ 是 X 的一组基. 则 $Tx = \sum\limits_{k=1}^{n} x_k e_k$ 是 $\mathbb{K}^n \to X$ 的同构映射, 这里 $x = (x_1, \cdots, x_n) \in \mathbb{K}^n$. 由于 T^{-1} 是 X 到 $\mathbb{K}^n$ 的同构, 它将有界集映为有界集, 将闭集映为闭集. 于是 $T^{-1}(D(X))$ 是 $\mathbb{K}^n$ 中的有界闭集, 因而是 $\mathbb{K}^n$ 中的紧集. 因为连续映射将紧集映为紧集, 故 $D(X) = T \circ T^{-1}(D(X))$ 是 X 中的紧集.

现设 $D(X)$ 紧. 由定理 1.2.16 和命题 1.2.15 (2) 知, $D(X)$ 完全有界而且有 $\xi_1, \cdots, \xi_n \in D(X)$ 使得 $\bigcup\limits_{k=1}^{n} U\left(\xi_k, \dfrac{1}{2}\right) \supset D(X)$. 记 $V = \operatorname{span}\{\xi_1, \cdots, \xi_n\}$. 显然 V 是 X 中的有限维子空间, 由推论 1.3.25 (3), V 在 X 中闭. 如果 $V \neq X$, 取 $x_0 \in X \backslash V$ 并设

$$d = d(x_0, V) = \inf\{\|x_0 - y\| \mid y \in V\} > 0.$$

由下确界的定义, 取 $y_0 \in V$, 使得 $d \leqslant \|x_0 - y_0\| < \dfrac{3}{2}d$. 因 $\dfrac{x_0 - y_0}{\|x_0 - y_0\|} \in D(X)$, 故存在某个 k 使得 $\dfrac{x_0 - y_0}{\|x_0 - y_0\|} \in U\left(\xi_k, \dfrac{1}{2}\right)$. 于是

$$\|x_0 - (y_0 + \|x_0 - y_0\|\,\xi_k)\| < \frac{1}{2}\,\|x_0 - y_0\| < \frac{3}{4}\,d.$$

注意到 $y_0 + \|x_0 - y_0\|\,\xi_k \in V$, 所以 $\|x_0 - (y_0 + \|x_0 - y_0\|\,\xi_k)\| \geqslant d$. 这和前一不等式矛盾, 所以 $X = V$ 是一有限维的赋范空间. □

1.4 紧集与连续函数

本节讨论紧集上连续函数或函数列的性质. 以下两个命题都是数学分析中的闭区间上连续函数性质的推广.

命题 1.4.1 设 $f(x)$ 为紧空间 X 上的实值连续函数. 则 f 在 X 上取到最大和最小值.

证明 由命题 1.1.18, $f(X)$ 是 $\mathbb{R}^1$ 中的紧子集, 从而 $f(X)$ 有界. 这样, $\alpha = \sup\limits_{x\in X} f(x)$, $\beta = \inf\limits_{x\in X} f(x)$ 都存在且为有限数. 因为 $\mathbb{R}^1$ 是 Hausdorff 空间, 故由命题 1.1.22 (2), $f(X)$ 是 $\mathbb{R}^1$ 中的闭子集. 设有 $\{\alpha_n\}, \{\beta_n\} \subset f(X)$ 使得 $\lim\limits_{n\to\infty} \alpha_n = \alpha$, $\lim\limits_{n\to\infty} \beta_n = \beta$. 由于 $f(X)$ 闭, 故 $\alpha, \beta \in f(X)$, 即有 X 中两个元素 x_1, x_2 使得 $f(x_1) = \alpha$, $f(x_2) = \beta$. □

设 M 是紧空间. 记 $C(M)$ 为定义在 M 上的 $\mathbb{K}$ 值连续函数全体. 按函数通常的加法和数乘运算, $C(M)$ 成为 $\mathbb{K}$ 上的线性空间. 由命题 1.4.1, 对 $x \in C(M)$, 可定义范数 $\|x\| = \max\limits_{t\in M} |x(t)|$. 易知, $(C(M), \|\cdot\|)$ 是一个 Banach 空间.

命题 1.4.2 (Dini(迪尼)) 设 $\{f_n\}$ 是紧空间 X 上的连续实值函数列. 如果在 X 上, f_n 逐点单调收敛于 X 上的连续函数 f, 则 $\lim\limits_{n\to\infty} \max\limits_{x\in X} |f_n(x) - f(x)| = 0$ (即 $\{f_n\}$ 一致收敛于 f).

证明 不妨设 $f_1(x) \leqslant f_2(x) \leqslant \cdots \leqslant f_n(x) \leqslant f(x)$, $\forall x \in X$, $n \geqslant 1$. 令 $g_n = f - f_n$, $n \geqslant 1$. 则 $g_n(x) \geqslant 0$, $\forall x \in X$, $n \geqslant 1$, $\{g_n\}$ 单调递减且逐点收敛于 0. 对任意 $\epsilon > 0$, 令 $F_n = \{x \in X \mid g_n(x) \geqslant \epsilon\}$. 则每个 F_n 都是闭集而且 $\{F_n\}$ 单调递减. 若每个 F_n 都非空, 则 $\{F_n\}$ 具有有限交性质, 于是由命题 1.1.19 (1) 得 $\bigcap\limits_{n=1}^{\infty} F_n \neq \varnothing$, 从而有 $x_\epsilon \in \bigcap\limits_{n=1}^{\infty} F_n$, 亦即 $g_n(x_\epsilon) \geqslant \epsilon, \forall n \geqslant 1$. 但这与 $\lim\limits_{n\to\infty} g_n(x_\epsilon) = 0$ 矛盾. 所以必有某个 $N \geqslant 1$ 使得 $F_N = \varnothing$. 这样, 对任意 $n > N$ 及任意 $x \in X$, 都有 $0 \leqslant f(x) - f_n(x) < \epsilon$. 再结合命题 1.4.1, 便得 $\lim\limits_{n\to\infty} \max\limits_{x\in X} |f_n(x) - f(x)| = 0$. □

定理 1.4.3 (Urysohn(乌雷松)) 设 F, K 为紧 Hausdorff 空间 X 中的两个非空不相交的闭子集. 则有连续函数 $f\colon X \to [0,1]$ 使得 $f(x) = 0, \forall x \in F$; $f(x) = 1, \forall x \in K$.

证明 由命题1.1.25, 有 X 中的开集 V 使得 $F \subset V \subset \overline{V} \subset X\backslash K$. 令 $V(1/2) = V$. 则

$$F \subset V(1/2) \subset \overline{V(1/2)} \subset X\backslash K.$$

对 $F, V(1/2)$ 和 $\overline{V(1/2)}, X\backslash K$ 用命题 1.1.25, 有开集 $V(1/2^2), V(3/2^2)$ 使得

$$F \subset V(1/2^2) \subset \overline{V(1/2^2)} \subset V(1/2), \quad \overline{V(1/2)} \subset V(3/2^2) \subset \overline{V(3/2^2)} \subset X\backslash K.$$

如此下去, 得到一族开集 $V(r), r \in E_q = \left\{ \frac{i}{2^j} \,\middle|\, 1 \leqslant i \leqslant 2^j - 1, j \geqslant 1 \right\}$ 使得

$$F \subset V(r) \subset \overline{V(r)} \subset V(s) \subset \overline{V(s)} \subset X\backslash K, \quad \forall r < s,\ r, s \in E_q.$$

令 $V_0 = \bigcup\limits_{r \in E_q} V(r)$, $f(x) = \begin{cases} \inf\{r \in E_q | x \in V(r)\}, & x \in V_0, \\ 1, & x \in X\backslash V_0. \end{cases}$

当 $x \in F$ 时, $x \in V(1/2^n)$, $n = 1, 2, \cdots$, 故 $f(x) \leqslant \frac{1}{2^n}, \forall n \geqslant 1$. 从而 $f(x) = 0$. 当 $x \in K$ 时, 由 $V_0 \subset X\backslash K$, 得 $x \in K \subset X\backslash V_0$, 故 $f(x) = 1$.

对 $f(x)$ 及 $r \in E_q$, 我们有

(I) 显然, 当 $x \in V(r)$ 时, $f(x) \leqslant r$.

(II) 当 $x \notin \overline{V(r)}$ 时, $f(x) \geqslant r$. 事实上, 若 $x \in X\backslash V_0$, 则 $f(x) = 1 \geqslant r$; 若 $x \in V_0$, 则有 s 使得 $x \in V(s)$. 注意到: 当 $s \leqslant r$ 时, $V(s) \subset \overline{V(r)}$, 故 $x \notin V(s)$, 矛盾. 从而 $s > r$. 设有 $\{r_k\}$ 使得 $r_k \to f(x)$, $x \in V(r_k)$, k 充分大. 因 $r_k > r$, $k \geqslant 1$, 故 $f(x) \geqslant r$.

现任取 $x_0 \in X$. 如果 $f(x_0) = 0$, 则 $x_0 \in V_0$. 于是对任意 $\epsilon > 0$, 存在 $r_\epsilon \in E_q$ 使得 $x_0 \in V(r_\epsilon)$ 并且

$$0 = f(x_0) \leqslant r_\epsilon < f(x_0) + \epsilon = \epsilon.$$

于是, $V(r_\epsilon)$ 是 x_0 的邻域而且由 (I), 得

$$|f(x_0) - f(x)| = f(x) \leqslant r_\epsilon < \epsilon, \quad \forall x \in V(r_\epsilon).$$

设 $f(x_0) = 1$, 则必有 $x_0 \in X\backslash V_0$ 即 $x_0 \notin V(r), \forall r \in E_q$. 而 $V(r) \subset \overline{V(r)} \subset V(r'), \forall r' \in E_q$ 且 $r < r'$, 故 $x_0 \notin \overline{V(r)}, \forall r \in E_q$.

对任意 $\epsilon > 0$, 取 $n_0 \geqslant 1$, 使得 $\frac{1}{2^{n_0}} < \epsilon$. 令 $U = X\backslash\overline{V(1 - 1/2^{n_0})}$. 则 $x_0 \in U$, 即 U 是 x_0 的邻域. 对任意 $x \in U$, 由 (II), 得

$$1 \geqslant f(x) \geqslant 1 - \frac{1}{2^{n_0}} > 1 - \epsilon \Rightarrow |f(x_0) - f(x)| \leqslant \epsilon.$$

设 $f(x_0) \in (0,1)$. 则 $x_0 \in V_0 \backslash F$. 因为 $(0,1)$ 中的每个有理数通过二进制表示后可以由 E_q 中的元素逼近, 故对任意 $0 < \epsilon < \min\{f(x_0), 1 - f(x_0)\}$, 可取 $r_0, r_1 \in E_q$ 使得

$$f(x_0) - \epsilon < r_1 < f(x_0) < r_0 < f(x_0) + \epsilon. \tag{1.4}$$

令 $s_n = r_0 - \dfrac{1}{2^n}$, $t_n = r_1 + \dfrac{1}{2^n}$. 则当 n 充分大时, $s_n, t_n \in E_q$. 于是

$$V(s_n) \subset \overline{V(s_n)} \subset V(r_0), \quad V(r_1) \subset \overline{V(r_1)} \subset V(t_n) \quad (n \text{ 充分大}).$$

如果 $x_0 \notin V(r_0)$, 则由 (II), $f(x_0) \geqslant s_n$. 令 $n \to \infty$, 则 $f(x_0) \geqslant r_0$, 与 (1.4) 式矛盾. 如果 $x_0 \in \overline{V(r_1)}$, 则由 (I), $f(x_0) \leqslant t_n$. 令 $n \to \infty$, 则 $f(x_0) \leqslant r_1$, 与 (1.4) 式矛盾. 故 $x_0 \in V(r_0) \backslash \overline{V(r_1)} = W$ 且 W 是 x_0 的一个邻域. 对任意 $x \in W$, $r_1 \leqslant f(x) \leqslant r_0$. 将此不等式与 (1.4) 式结合, 得到 $|f(x_0) - f(x)| < \epsilon$, $\forall x \in W$. □

设 X 是拓扑空间, f 是定义在 X 上的函数. 集合 $\{x \in X \mid f(x) \neq 0\}$ 在 X 中的闭包称为 f 的支撑, 记作 $\mathrm{supp}(f)$. 若 $\mathrm{supp}(f)$ 是 X 中的紧子集, 则称 f 具有紧支撑. 记 $C_c(X)$ 为在 X 上连续且具有紧支撑的复值函数全体.

推论 1.4.4 设 X 为局部紧的 Hausdorff 空间. 设 K 为 X 中的紧子集, V 为 X 中包含 K 的开集. 则存在 $f \in C_c(X)$ 使得 $f(X) \subset [0,1]$, $f(x) = 1, \forall x \in K$ 及 $\mathrm{supp}(f) \subset V$.

证明 由命题 1.1.25, 存在 X 中的一个开集 U 使得 $K \subset U \subset \overline{U} \subset V$ 且 $\overline{U}$ 是 X 中的紧集. 由于在紧 Hausdorff 空间 $\overline{U}$ 中, K 与闭子集 $\overline{U} \backslash U$ 不相交, 故由定理 1.4.3, 存在连续函数 $f_0 \colon \overline{U} \to [0,1]$ 使得 $f_0(x) = 1, \forall x \in K$; $f_0(x) = 0$, $\forall x \in \overline{U} \backslash U$. 再令

$$f(x) = \begin{cases} f_0(x), & x \in \overline{U}, \\ 0, & x \in X \backslash \overline{U}. \end{cases}$$

容易验证 $f(x)$ 满足我们的要求. □

定理 1.4.5 (Tietze (蒂茨)) 设 A 是紧 Hausdorff 空间 X 的闭子集, $f \colon A \to [-a,a]$ $(a > 0)$ 连续. 则存在连续函数 $g \colon X \to [-a,a]$ 使得 $g(x) = f(x), \forall x \in A$.

证明 设 $F = f^{-1}\left(\left[-a, -\dfrac{a}{3}\right]\right)$, $K = f^{-1}\left(\left[\dfrac{a}{3}, a\right]\right)$. 由于 f 在 A 上连续, 所以 F 和 K 是 A 中互不相交的闭子集. 由于 A 是闭的, 从而 F, K 是 X 中互不相交的闭子集. 由定理 1.4.3, 存在连续函数 $h \colon X \to [0,1]$ 使得 $h(x) = 0, \forall x \in F$; $h(x) = 1, \forall x \in K$. 令 $g_1(x) = \dfrac{2a}{3}h(x) - \dfrac{a}{3}, \forall x \in X$. 则

$$g_1(x) = -\frac{a}{3},\ \forall x \in F, \quad g_1(x) = \frac{a}{3},\ \forall x \in K, \quad |g_1(x)| \leqslant \frac{a}{3},\ \forall x \in X.$$

注意到, 当 $x \notin F \bigcup K$ 时, $|f(x)| < \dfrac{a}{3}$, 于是 $|f(x) - g_1(x)| \leqslant \dfrac{2a}{3}, \forall x \in A$.

设 $f_1(x) = f(x) - g_1(x), \forall x \in A$. 则 $f_1\colon A \to \left[-\dfrac{2a}{3}, \dfrac{2a}{3}\right]$ 连续. 对 f_1 重复上述过程, 并以 $\dfrac{2a}{3}$ 代替 a, 得到 $g_2\colon X \to \left[-\dfrac{2a}{3^2}, \dfrac{2a}{3^2}\right]$ 连续且

$$|f_1(x) - g_2(x)| \leqslant \left(\frac{2}{3}\right)^2 a, \quad \forall x \in A.$$

再继续下去得到 A 上的实值连续函数 f_{i-1}, X 上的实值连续函数 g_i, 满足下列条件:

(1) $f_0 = f$, $f_i = f_{i-1} - g_i|_A$, $i = 1, 2, \cdots$;

(2) $|f_{i-1}(x) - g_i(x)| \leqslant \left(\dfrac{2}{3}\right)^i a, \forall x \in A, i = 1, 2, \cdots$;

(3) $|g_i(x)| \leqslant \dfrac{1}{3}\left(\dfrac{2}{3}\right)^{i-1} a \leqslant \left(\dfrac{2}{3}\right)^i a, \forall x \in X, i = 1, 2, \cdots$.

由 (3), $g(x) = \sum\limits_{i=1}^{\infty} g_i(x)$ 在 X 上一致收敛, 故 $g(x)$ 在 X 上连续且 $|g(x)| \leqslant a$, $\forall x \in X$.

由 (1), $f_{i-1}(x) - f_i(x) = g_i(x)$, $x \in A$, $i = 1, 2, \cdots$, 从而

$$f(x) - f_n(x) = \sum_{i-1}^{n} g_i(x), \quad \forall x \in A,\ n = 1, 2, \cdots. \tag{1.5}$$

由 (3) 和 (2) 可得 $\lim\limits_{n\to\infty} g_n(x) = 0, \forall x \in X$, $\lim\limits_{n\to\infty} f_n(x) = 0, \forall x \in A$. 进而由 (1.5) 式得到 $f(x) = \sum\limits_{i=1}^{\infty} g_i(x) = g(x), \forall x \in A$. □

推论 1.4.6 设 A 为局部紧 Hausdorff 空间 X 中的紧子集, U 为 X 中的开集且 $A \subset U$. 设 $f\colon A \to [-a, a]$ $(a > 0)$ 连续. 则存在 $g \in C_c(X)$ 使得 $g(X) \subset [-a, a]$ 且 $\mathrm{supp}(g) \subset U$, $g(x) = f(x), \forall x \in A$.

证明 由命题 1.1.25, 存在 X 中的开集 V, 使得 $\overline{V}$ 紧且 $A \subset V \subset \overline{V} \subset U$. 由定理 1.4.5, 存在连续函数 $g_0\colon \overline{V} \to [-a, a]$ 使得 $g_0(x) = f(x), \forall x \in F$. 同时, 由推论 1.4.4, 存在 $h \in C_c(X)$ 使得 $h(X) \subset [0, 1]$, $h(x) = 1, \forall x \in A$ 且 $\mathrm{supp}(h) \subset V$. 令

$$g_1(x) = \begin{cases} g_0(x), & x \in \overline{V}, \\ 0, & x \in X \backslash \overline{V}, \end{cases} \qquad g(x) = h(x) g_1(x), \quad \forall x \in X.$$

显然, $g(x)$ 在 V 和 $X\backslash\overline{V}$ 上连续. 注意到, 当 $x_0 \in \overline{V}\backslash V$ 时, $h(x_0) = 0$, 故 $g(x_0) = 0$. 因为 $g(x)$ 限制在 $\overline{V}$ 上时, 在 x_0 处连续, 故对任意 $\epsilon > 0$ 存在 x_0 的一个邻域U_{x_0}(在 X 中) 使得 $|g(x)| = |g(x) - g(x_0)| < \epsilon, \forall x \in U_{x_0} \bigcap \overline{V}$. 当 $x \in U_{x_0} \bigcap (X\backslash\overline{V})$ 时, $g(x) = 0$. 于是 $|g(x) - g(x_0)| < \epsilon, \forall x \in U_{x_0}$. 这样, $g(x)$ 便在 X 上连续.

易证: $g(X) \subset [-a, a]$, $\operatorname{supp}(g) \subset U$ 及 $g(x) = f(x), \forall x \in A$. □

$\mathbb{R}^n$ 的子集的致密性与有界性是等价的, 而这也是有限维赋范空间的特征. 因此刻画无限维赋范空间中的致密集是很有意义的. 对连续函数空间, 我们有如下的结果.

定理 1.4.7 (Arzelà–Ascoli(阿尔泽拉–阿斯科利)) 设 Ω 为局部紧的可分度量空间 (X, d) 中的开集. 设 $C^0(\Omega)$ 为 Ω 上复值连续函数全体, S 为 $C^0(\Omega)$ 中的无限集. 则 S 中的任何点列 $\{f_n\}$ 都存在一个子列 $\{f_{n_k}\}$ 使得它在 Ω 中的每个紧子集上都一致收敛的充要条件是

(1) 对每个 $x \in \Omega$, 存在常数 $C_x > 0$ 使得 $|f(x)| \leqslant C_x, \forall f \in S$;

(2) 对 Ω 中的每个紧集 K, $\{f\big|_K \mid f \in S\}$ 在 K 上等度连续, 即对任意 $\epsilon > 0$ 存在 $\delta > 0$ 使得对任意 $f \in S$, 有 $|f(x_1) - f(x_2)| < \epsilon, \forall x_1, x_2 \in K$ 且 $d(x_1, x_2) < \delta$.

证明 $(\Leftarrow)$ 设 $D = \{x_1, x_2, \cdots\}$ 为 Ω 中的可数稠子集. 因为 $|f_n(x_1)| \leqslant C_{x_1}$, $n \geqslant 1$, 故 $\{f_n(x_1)\}$ 有一个收敛的子列 $\{f_{n_{1m}}(x_1)\}$ 并将它记为 $\{f_{1m}(x_1)\}$. 又 $|f_{1m}(x_2)| \leqslant C_{x_2}, \forall m \geqslant 1$, 故 $\{f_{1m}(x_2)\}$ 也有一个收敛子列, 记为 $\{f_{2m}(x_2)\}$. 依次下去, 得到一个子列 $\{f_{km}(x_k)\}$, $k = 1, 2, \cdots$, 满足以下条件:

$$\{f_{km}\} \subset \{f_{k-1m}\}, \quad \lim_{m \to \infty} f_{km}(x_k) \text{ 存在}, \quad k = 2, 3, \cdots.$$

选取子列 $\{f_{mm}\}$. 则对每个 x_k, 当 $m > k$ 时, $f_{mm} \in \{f_{km}\}$, $\lim\limits_{m \to \infty} f_{km}(x_k)$ 存在, 从而对 $k = 1, 2, \cdots$, $\lim\limits_{m \to \infty} f_{mm}(x_k)$ 存在.

任取 Ω 中的紧子集 E. 由命题1.1.25, 存在 X 中的开集 V 使得 $\overline{V}$ 紧且 $E \subset V \subset \overline{V} \subset \Omega$. 由 (2), 对任意 $\epsilon > 0$, 存在 $\delta(\overline{V}) > 0$ 使得对任意 $x, y \in \overline{V}$ 且 $d(x, y) < \delta(\overline{V})$, 都有 $|f_{mm}(x) - f_{mm}(y)| < \epsilon$, $m = 1, 2, \cdots$.

任取 $z \in E$, 有 $r_z > 0$ 使得 $U(z, r_z) \subset V$. 设 $\delta_z = \min\left\{r_z, \dfrac{1}{2}\delta(\overline{V})\right\}$, $\forall z \in E$. 由于 E 紧而且 $E \subset \bigcup\limits_{z \in E} U(z, \delta_z)$, 所以存在 $z_1, \cdots, z_k \in E$ 使得 $E \subset \bigcup\limits_{j=1}^{k} U(z_j, \delta_{z_j})$. 注意到, 对每个 $j = 1, 2, \cdots, k$, $U(z_j, \delta_{z_j}) \subset V$ 并且 $U(z_j, \delta_{z_j}) \bigcap D \neq \varnothing$. 则取

$$x_{n_j} \in U(z_j, \delta_{z_j}) \bigcap D \subset V, \quad j = 1, 2, \cdots, k.$$

因为 $\{f_{mm}(x_{n_j})\}$ 收敛, $j=1,2,\cdots,k$, 故对任意 $\epsilon>0$, 存在 $N>0$ 使得

$$|f_{mm}(x_{n_j})-f_{m'm'}(x_{n_j})|<\epsilon,\quad \forall m,m'>N,\ j=1,2,\cdots,k.$$

任取 $x\in E\subset V$, 则有 z_{j_0} 使得 $x\in U(z_{j_0},\delta_{z_{j_0}})$. 则 $d(x,x_{n_{j_0}})<2\delta_{z_{j_0}}<\delta(\overline{V})$. 从而对 $m,m'=1,2,\cdots,$

$$|f_{mm}(x)-f_{mm}(x_{n_{j_0}})|<\epsilon,\quad |f_{m'm'}(x)-f_{m'm'}(x_{n_{j_0}})|<\epsilon,$$

即得 $|f_{mm}(x)-f_{m'm'}(x)|<3\epsilon,\forall m,m'>N$. 故 $\{f_{mm}\}$ 在 E 上一致收敛.

($\Rightarrow$) 任取 $x\in\Omega$, 则 $K_1=\{x\}$ 是 Ω 中的紧子集, 同样也是 X 中的紧集. 由假设条件, $S_1=\{f\big|_{K_1}\,|\,f\in S\}$ 是 $C(K_1)$ 中的致密集. 则由命题 1.2.15, S_1 有界, 即有常数 $C_x>0$ 使得 $\|f\|\leqslant C_x,\forall f\in S_1$, 即 $|f(x)|\leqslant C_x$, $f\in S$.

设 K 为 Ω 中的紧集. 则 K 也在 X 中紧. 由假设条件, $S_2=\{f\big|_K\,|\,f\in S\}$ 是 $C(K)$ 中的致密集. 若 S_2 不等度连续, 则有 $\epsilon_0>0$, $\{\xi_n\}$, $\{\eta_n\}\subset K$ 及 $\{g_n\}\subset S_2$, 使得 $\lim\limits_{n\to\infty}d(\xi_n,\eta_n)=0$ 且 $|g_n(\xi_n)-g_n(\eta_n)|\geqslant\epsilon_0,\forall n\geqslant 1$. 取 $\{g_{n_k}\}\subset\{g_n\}$ 且有 $g\in C(K)$ 使得 $\lim\limits_{k\to\infty}\|g_{n_k}-g\|=0$. 则 $\varliminf\limits_{k\to\infty}|g(\xi_{n_k})-g(\eta_{n_k})|\geqslant\epsilon_0$. 设 $\{\xi_{n_k}\}$ 有子列 $\{\xi_{n_{k_p}}\}$ 使得它收敛于 $\xi_0\in K$. 故 $\lim\limits_{p\to\infty}d(\eta_{n_{k_p}},\xi_0)=0$. 又 $g(x)$ 在 K 上连续, 故 $\lim\limits_{p\to\infty}|g(\xi_{n_{k_p}})-g(\eta_{n_{k_p}})|=0$, 与 $\varliminf\limits_{k\to\infty}|g(\xi_{n_k})-g(\eta_{n_k})|\geqslant\epsilon_0$ 矛盾. 所以, S_2 等度连续. □

如果定理 1.4.7 中的 X 是紧度量空间而 $\Omega=X$, 则有如下常见的结论.

推论 1.4.8 设 (X,d) 为紧度量空间. 则 $A\subset C(X)$ 是致密的充要条件是

(1) A 一致有界, 即存在 $K>0$ 使得 $|x(t)|\leqslant K,\forall x\in A$ 及 $t\in X$;

(2) A 在 X 上等度连续.

我们已经知道闭区间 $[a,b]$ 上的多项式在 $C[a,b]$ 中一致稠密, 即对任意 $\epsilon>0$ 及任意 $f\in C[a,b]$, 存在一个多项式 $p(x)$ 使得 $\max\limits_{a\leqslant x\leqslant b}|f(x)-p(x)|<\epsilon$. 下面我们给出这个定理的一般形式.

定理 1.4.9 (Stone–Weierstrass) 设 M 是紧 Hausdorff 空间, $\mathcal{A}$ 是 $C(M)$ 中的闭子代数. 对 $f\in C(M)$, 令 $f^*(x)=\overline{f(x)},\forall x\in M$. 如果 $\mathcal{A}$ 满足条件:

(1) $1\in\mathcal{A}$ 且 $f\in\mathcal{A}\Longrightarrow f^*\in\mathcal{A}$;

(2) 对 M 中任意相异两点 x_1,x_2, 存在 $f\in\mathcal{A}$ 使得 $f(x_1)\neq f(x_2)$, 此时称 $\mathcal{A}$ 分离 M,

则 $\mathcal{A}=C(M)$.

证明 设 $C_{\mathbb{R}}(M)=\{f\in C(M)\,|\,f^*=f\}$, $\mathcal{A}_{sa}=\mathcal{A}\bigcap C_{\mathbb{R}}(M)$. 下面证明:

(I) $f\in\mathcal{A}_{sa}\Rightarrow|f|\in\mathcal{A}_{sa}$.

先设 $\|f\| \leqslant 1$. 作 $\mathcal{A}_{sa}$ 中点列 $\{f_n\}$ 如下:

$$f_0(x) = 0,\ f_n(x) = f_{n-1}(x) + \frac{1}{2}\left[f^2(x) - f_{n-1}^2(x)\right], \quad n \geqslant 1, \forall x \in M. \tag{1.6}$$

由数学归纳法得到 $0 \leqslant f_{n-1} \leqslant f_n \leqslant |f|$, $n \geqslant 1$. 故对每个 $x \in M$, $\lim\limits_{n\to\infty} f_n(x)$ 存在且由 (1.6) 式, $\lim\limits_{n\to\infty} f_n(x) = |f(x)|$. 于是由命题 1.4.2 得到 $\lim\limits_{n\to\infty} \|f_n - |f|\| = 0$. 由于 $\mathcal{A}_{sa}$ 闭以及 $\{f_n\} \subset \mathcal{A}_{sa}$, 故 $|f| \in \mathcal{A}_{sa}$.

对任意 $f \in \mathcal{A}_{sa} \backslash \{0\}$, 令 $h = \dfrac{f}{\|f\|}$. 则 $|h| \in \mathcal{A}_{sa}$. 又 $\|f\| = \|f\| \cdot 1 \in \mathcal{A}$, 所以 $|f| = \|f\||h| \in \mathcal{A}_{sa}$.

设 $f, g \in \mathcal{A}_{sa}$. 令 $f \vee g = \max\{f, g\}$, $f \wedge g = \min\{f, g\}$. 因为

$$f \vee g = \frac{1}{2}(f + g + |f - g|), \quad f \wedge g = \frac{1}{2}(f + g - |f - g|),$$

所以由 (I) 的结论, $f \vee g,\ f \wedge g \in \mathcal{A}_{sa}$.

(II) $\mathcal{A}_{sa}$ 分离 M.

因为 $\mathcal{A}$ 分离 M, 所以对任意 $x_1, x_2 \in M$, $x_1 \neq x_2$, 存在 $f \in \mathcal{A}$ 使得 $f(x_1) \neq f(x_2)$. 设 $f_1 = \dfrac{1}{2}(f + f^*)$, $f_2 = \dfrac{1}{2\mathrm{i}}(f - f^*)$. 则 $f_1, f_2 \in \mathcal{A}_{sa}$,

$$f_1(x_1) + \mathrm{i} f_2(x_1) \neq f_1(x_2) + \mathrm{i} f_2(x_2).$$

故必有 $f_1(x_1) \neq f_1(x_2)$ 或 $f_2(x_1) \neq f_2(x_2)$. 所以 $\mathcal{A}_{sa}$ 分离 M.

任取 $\epsilon > 0$, $f \in \mathcal{A}_{sa}$. 对任意 $x, y \in \mathcal{A}$, 若 $x \neq y$, 则由 (II), 存在 $h \in \mathcal{A}_{sa}$, 使得 $h(x) \neq h(y)$. 令

$$g_{x,y}(z) = f(x) + \frac{f(y) - f(x)}{h(y) - h(x)}[h(z) - h(x)], \quad z \in M.$$

则 $g_{x,y} \in \mathcal{A}_{sa}$, $g_{x,y}(x) = f(x)$, $g_{x,y}(y) = f(y)$. 再规定 $g_{x,x} = f(x) \cdot 1$. 固定 $y \in M$. 对任意 $x \in M$, 因 $g_{x,y}(z) - f(z)$ 在 x 处连续, 故有 x 的一个邻域 $U(x)$ 使得

$$f(x) - \epsilon < g_{x,y}(z) < f(z) + \epsilon, \quad \forall z \in U(x).$$

由于 M 是紧的并且 $M = \bigcup\limits_{x \in M} U(x)$, 所以存在 $x_1, \cdots, x_n \in M$ 使得 $M = \bigcup\limits_{i=1}^{n} U(x_i)$. 令 $g_y = g_{x_1,y} \wedge \cdots \wedge g_{x_n,y}$. $g_y \in \mathcal{A}_{sa}$, $g_y(y) = f(y)$ (因为 $g_{x_i,y}(y) = f(y)$, $i = 1, \cdots, n$). 而当 $z \in M$ 时, 有某个 i_0 使得 $g_{x_{i_0},y}(z) < f(z) + \epsilon$, 于是

$$g_y(z) \leqslant g_{x_{i_0},y}(z) < f(z)+\epsilon, \quad \forall\, z \in M.$$

又 $g_y(z)-f(z)$ 在 $z=y$ 处连续, 故存在 y 的一个邻域 $V(y)$, 使得

$$\epsilon > g_y(z)-f(z) > -\epsilon, \quad \forall\, z \in V(y).$$

因为 $M=\bigcup\limits_{y\in M} V(y)$, 于是存在 $y_1,\cdots,y_k$ 使得 $M=\bigcup\limits_{j=1}^{k} V(y_j)$. 令 $g=g_{y_1}\vee\cdots\vee g_{y_k}$. 则 $g\in\mathcal{A}_{sa}$ 且 $g(z)<f(z)+\epsilon, \forall\, z\in M$. 注意到, 对任意 $z\in M$, 存在 j_0 使得 $z\in V(y_{j_0})$. 于是, $g_{y_{j_0}}(z)>f(z)-\epsilon$, 从而

$$f(z)+\epsilon > g(z) \geqslant g_{y_{j_0}}(z) > f(z)-\epsilon,$$

即 $|g(z)-f(z)|<\epsilon, \forall\, z\in M$. 最终, $\|g-f\|\leqslant\epsilon$. 由此得到 $\mathcal{A}_{sa}=C_{\mathbb{R}}(M)$.

对任意 $f\in C(M)$, 令 $f_1=\dfrac{1}{2}(f+f^*), f_2=\dfrac{1}{2\mathrm{i}}(f-f^*)$. 则 $f_1,f_2\in C_{\mathbb{R}}(M)=\mathcal{A}_{sa}$. 故 $f=f_1+\mathrm{i}f_2\in\mathcal{A}$, 即得 $\mathcal{A}=C(M)$. □

根据定理 1.4.9, 马上可以得到以下推论.

推论 1.4.10 设 Ω 为 $\mathbb{R}^n$ (或 $\mathbb{C}^n$) 中的紧子集. 以 $\mathcal{P}_{\mathbb{R}}$ 或 $\mathcal{P}_{\mathbb{C}}$ 表示 Ω 上实 (或复) 系数多项式全体. 则 $\mathcal{P}_{\mathbb{R}}$ 在 $C_{\mathbb{R}}(\Omega)$ 中稠密; $\mathcal{P}_{\mathbb{C}}$ 在 $C(\Omega)$ 中稠密.

推论 1.4.11 设 (M,d) 是紧度量空间. 则 $C(M)$ 可分.

证明 对任意 $n\geqslant 1$, $\left\{U\left(x,\dfrac{1}{n}\right)\,\middle|\, x\in M\right\}$ 是 M 的开覆盖. 由于 M 紧, 故存在 M 中的有限个点 $\{x_1^{(n)},\cdots,x_{k(n)}^{(n)}\}$, 使得 $M\subset\bigcup\limits_{j=1}^{k(n)}U\left(x_j^{(n)},\dfrac{1}{n}\right)$. 令 $n=1,2,\cdots$, 便得到 M 中的一个点列, 不妨设为 $A=\{x_1,\cdots,x_n,\cdots\}$. 则 $\overline{A}=M$. 设 $\{r_n\}$ 是正有理数全体. 令

$$f_{nm}(x)=d(x,X\backslash U(x_n,r_m)), \quad \forall\, x\in M,\ n,m=1,2,\cdots.$$

则 $\{f_{nm}\}\subset C(M)$(见第 1 章习题13). 任取 $\{f_{nm}\}$ 中的有限个元素相乘, 得到可数个实值连续函数, 再将它们与函数 $p(x)=1, \forall\, x\in M$ 生成一个 $\mathbb{C}$ 上的闭子空间 $\mathcal{A}$. 则 $\mathcal{A}$ 是可分的闭子代数而且 $1\in\mathcal{A}$, $f\in\mathcal{A}\Longrightarrow f^*\in\mathcal{A}$. 下证 $\mathcal{A}$ 分离 M.

设 $y_1,y_2\in M$ 且 $y_1\neq y_2$. 令 $\delta=\dfrac{1}{2}d(y_1,y_2)$. 则 $U(y_1,\delta)\bigcap U(y_2,\delta)=\varnothing$. 取正有理数 r_k 使得 $2r_k<\delta$. 因为 A 在 M 中稠密, 故有 $x_{n_1},x_{n_2}\in A$ 使得 $x_{n_1}\in U(y_1,r_k)$, $x_{n_2}\in U(y_2,r_k)$. 则 $y_j\in U(x_{n_j},r_k)\subset U(y_j,\delta)$, $j=1,2$, 即 $U(x_{n_1},r_k)\bigcap U(x_{n_2},r_k)=\varnothing$. 从而 $f_{n_1k}(y_1)>0$, $f_{n_1k}(y_2)=0$. 故 $\mathcal{A}$ 分离 M.

这样, 将定理 1.4.9 运用于 $\mathcal{A}$, 便得到 $C(M)=\mathcal{A}$. 于是 $C(M)$ 可分. □

1872 年, Weierstrass (魏尔斯特拉斯) 构造了一个在 $[0,1]$ 上连续, 但处处不可微的函数. 这在当时是让人觉得不可思议的. 但下面的定理表明: $C[0,1]$ 中这样的元素是非常多的.

定理 1.4.12 $C[0,1]$ 中处处不可微的函数全体是 $C[0,1]$ 中的第二纲集合.

证明 设 $C[0,1]$ 中处处不可微的函数全体为 $\mathfrak{D}[0,1]$. 令 $E=\bigcup\limits_{n=1}^{\infty}E_n$, 其中

$$E_n=\left\{f\in C[0,1]\,\middle|\,\text{存在 } a\in[0,1] \text{ 使得} \sup_{\substack{h\neq 0\\ h\in(-a,1-a)}}\left|\frac{f(a+h)-f(a)}{h}\right|\leqslant n\right\},$$

$n\geqslant 1$. 设 $f\in C[0,1]\backslash\mathfrak{D}[0,1]$. 则 f 在某点 $a\in[0,1]$ 处可微. 于是, 存在 $\delta>0$ 使得

$$\left|\frac{f(a+h)-f(a)}{h}-f'(a)\right|<1,\quad \forall h\in(-a,1-a)\bigcap(-\delta,+\delta) \text{ 且 } h\neq 0.$$

于是,

$$\left|\frac{f(a+h)-f(a)}{h}\right|<1+|f'(a)|,\quad \forall h\in(-a,1-a)\bigcap(-\delta,+\delta) \text{ 且 } h\neq 0;$$

$$\left|\frac{f(a+h)-f(a)}{h}\right|\leqslant\frac{2\|f\|}{\delta},\quad \forall h\in(-a,1-a) \text{ 且 } |h|\geqslant\delta,$$

从而有 $n_0\geqslant 1$ 使得 $\sup\limits_{h\in(-a,1-a)\backslash\{0\}}\left|\dfrac{f(a+h)-f(a)}{h}\right|\leqslant n_0$, 即得 $f\in E_{n_0}\subset E$.

再证 E_n 闭且 $(E_n)^{\circ}=\varnothing$, $\forall n\geqslant 1$. 设 $f\in\overline{E_n}$. 则有 $\{a_k\}\subset[0,1]$ 及 $\{f_k\}\subset E_n$ 使得 $\|f-f_k\|\to 0$ $(k\to\infty)$. 于是对任意 $k\geqslant 1$ 便有

$$|f_k(a_k+h)-f_k(a_k)|\leqslant n|h|,\quad \forall h\in(-a_k,1-a_k) \text{ 且 } h\neq 0. \tag{1.7}$$

设 $\{a_k\}$ 有子列 $\{a_{k_p}\}$ 收敛到 $a\in[0,1]$. 对任意 $h\in(-a,1-a)$, $h\neq 0$, 存在 $P\geqslant 1$, 使得对任意 $p>P$ 有 $-a_{k_p}<h<1-a_{k_p}$. 因 f_{k_p} 在 $[0,1]$ 上一致收敛于 f, 故由 (1.7) 式得到 $\dfrac{|f(a+h)-f(a)|}{|h|}\leqslant n$, $\forall h\in(-a,1-a)$, $h\neq 0$, 即 $f\in E_n$.

任取 $n\geqslant 1, f\in E_n$ 及 $\epsilon>0$. 由推论 1.4.10, 有 $[0,1]$ 上的多项式 p 使得 $\|f-p\|<\dfrac{\epsilon}{2}$. 设 $A=\|p'\|$ 并取自然数 N 使得 $N\geqslant\dfrac{2}{\epsilon}(A+n+1)$. 将 $[0,1]$ N 等分, 在每个 $\left[\dfrac{k-1}{N},\dfrac{k}{N}\right]$ $(k=1,\cdots,N)$ 作与 $\left[0,\dfrac{1}{N}\right]$ 上相同形状的函数, 于是就形

成形如图 1-1 所示的 $[0,1]$ 上锯齿函数 $g(x)$. 令 $q=p+g$. 则

$$\|f-q\| \leqslant \|f-q\|+\|g\| \leqslant \frac{\epsilon}{2}+\frac{\epsilon}{4}<\epsilon,$$

即 $q \in U(f,\epsilon)$. 而对任意 $a\in[0,1]$ 及 $h\in(-a,1-a)$ 且 $h\neq 0$, 有

$$\frac{|q(a+h)-q(a)|}{|h|} \geqslant \frac{|g(a+h)-g(a)|}{|h|}-\frac{|p(a+h)-p(a)|}{|h|} \geqslant \frac{\epsilon N}{2}-A \geqslant n+1,$$

即得 $q\notin E_n$. 从而 $(E_n)^\circ=\varnothing, \forall n\geqslant 1$.

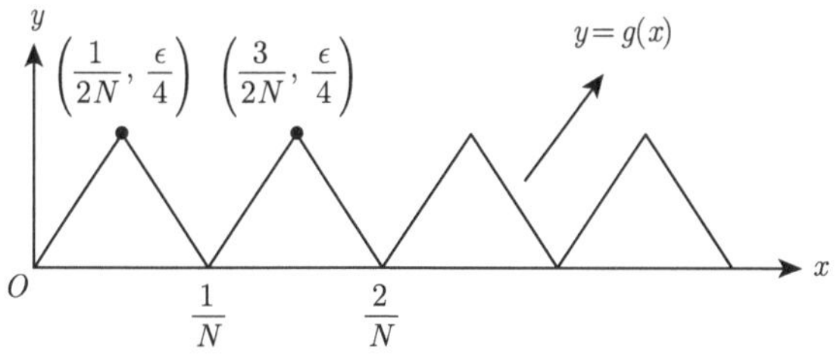

图 1-1

因为 $C[0,1]\backslash\mathfrak{D}[0,1]=\bigcup\limits_{n=1}^{\infty}F_n$, 其中 $F_n=E_n\bigcap(C[0,1]\backslash\mathfrak{D}[0,1])$, 而且 $(\overline{F_n})^\circ\subset(E_n)^\circ=\varnothing$, 故 $C[0,1]\backslash\mathfrak{D}[0,1]$ 是 $C[0,1]$ 中的第一纲集合. 又 $C[0,1]$ 完备, 是第二纲集合, 所以 $\mathfrak{D}[0,1]$ 必为第二纲集合. □

习　题

1. 设 A,B 为拓扑空间 X 中的两个非空子集. 证明:

$$\overline{A}\bigcap B^\circ\subset\overline{A\bigcap B}\subset\overline{A}\bigcap\overline{B},\quad (A\bigcup B)'=A'\bigcup B'.$$

2. 设 Y 为拓扑空间 X 的非空子空间, A 为 Y 中的非空子集. 设 A 关于 Y 的拓扑的内部、导集和边界分别为 $i(A)$, $d(A)$ 及 $b(A)$. 证明:

$$A^\circ=Y^\circ\bigcap i(A),\quad b(A)\subset Y\bigcap\partial A,\quad d(A)=Y\bigcap A'.$$

3. 设 Y,Z 是拓扑空间 X 中的两个连通子集并且 $Y\bigcap Z\neq\varnothing$. 证明: $Y\bigcup Z$ 连通.

4. 设 Y 为拓扑空间 X 中的非空子集. 证明: Y 不连通的充要条件是存在 X 中的非空子集 A,B 使得 $\overline{A}\bigcap B=\varnothing$, $A\bigcap\overline{B}=\varnothing$ 而且 $Y=A\bigcup B$. (注: A,B 称为可分离集.)

5. 设 X 为连通拓扑空间, Y 为 X 的非空连通子集. 如果存在 X 中的可分离子集 A,B 使得 $X\backslash Y=A\bigcup B$, 证明: $A\bigcup Y$ 连通.

6. 设 A 为Hausdorff空间 X 中的非空子集. 证明: A' 是闭集.

7. 设 X 为拓扑空间, Y 为 Hausdorff 空间, 再设 $f, g\colon X \to Y$ 连续. 证明: $\{x \in X \mid f(x) = g(x)\}$ 是 X 中的闭子集.

8. 设 X 为局部紧的 Hausdorff 空间. 取一个不属于 X 的元素 $*$, 并在集合 $X^+ = X \bigcup \{*\}$ 取集族 τ 为

$$\tau = \{U \subset X^+ \mid U \text{ 为 } X \text{ 中开集, 或 } X^+ \backslash U \text{ 为 } X \text{ 中的紧子集}\}.$$

证明: (X^+, τ) 是紧 Hausdorff 空间. ((X^+, τ) 称为 X 的单点紧化空间.)

9. 设 X 和 Y 是两个拓扑空间, $A \subset X$, $B \subset Y$. 证明:

$$\overline{A \times B} = \overline{A} \times \overline{B}, \quad (A \times B)^\circ = A^\circ \times B^\circ, \quad \partial(A \times B) = (\partial A \times \overline{B}) \bigcup (\overline{A} \times \partial B).$$

10. 设 X, Y 是两个连通的拓扑空间. 证明: $X \times Y$ 是连通的.

11. 设 (X, d) 是可分度量空间, Y 是 X 的非空子集. 证明: (Y, d) 也是可分的.

12. 设 (X, d) 是可分度量空间, A 是 X 中的可数稠密子集.

(1) 证明: $\mathcal{B} = \{U(a, r) \mid a \in A,\ r \in \mathbb{Q},\ r > 0\}$ 是 X 的一个拓扑基.

(2) 设 $\{U_\gamma \mid \gamma \in \Gamma\}$ 为 X 的一个开覆盖. 证明: 存在 Γ 中的可数集 Γ_0 使得 $X = \bigcup\limits_{\gamma \in \Gamma_0} U_\gamma$.

13. 设 (X, d) 是度量空间, A 为 X 中的非空闭子集. 令 $f(x) = \inf\{d(x, y) \mid y \in A\}$, $\forall x \in X$. 证明: 对任意 $x_1, x_2 \in X$ 有 $|f(x_1) - f(x_2)| \leqslant d(x_1, x_2)$.

14. 设 (X, d) 是度量空间, A, B 是 X 中两个不相交的非空闭子集. 证明: 存在连续函数 $f\colon X \to [0, 1]$ 使得 $f(x) = 0, \forall x \in A$; $f(x) = 1, \forall x \in B$.

15. 设 (X, d), (Y, ρ) 为度量空间. 映射 $f\colon X \to Y$ 称为在 X 上一致连续, 如果对任意 $\epsilon > 0$, 存在 $\delta > 0$ 使得对任意 $x, x' \in X$ 且 $d(x, x') < \delta$, 都有 $\rho(f(x), f(x')) < \epsilon$. 证明: 当 (X, d) 为紧度量空间, f 为连续映射时, f 在 X 上一致连续.

16. 证明命题 1.2.15 的三个结论.

17. 设 (X, d) 为度量空间, (Y, ρ) 为紧度量空间. 设 $f\colon X \times Y \to \mathbb{R}$ 为连续映射. 令 $\phi(x) = \sup\limits_{y \in Y} f(x, y)$, $\forall x \in X$. 证明: ϕ 是 X 上的连续函数.

18. 定义 $\mathbb{R}^\infty = \{\{x_n\} \mid x_n \in \mathbb{R}, n \geqslant 1\}$ 上度量为

$$d(\{x_n\}, \{y_n\}) = \sum_{i=1}^{\infty} \frac{1}{2^i} \frac{|x_i - y_i|}{1 + |x_i - y_i|}, \quad \forall \{x_n\}, \{y_n\} \in \mathbb{R}^\infty.$$

(1) 证明: $(\mathbb{R}^\infty, d)$ 是完备度量空间.

(2) 证明: $\mathbb{R}^\infty$ 中的子集 A 是致密集的充要条件是: 存在一个正数列 $\{c_n\}$ 使得对任何 $x = \{x_n\} \in A$, 有 $|x_n| \leqslant c_n$, $n \geqslant 1$.

19. 设 (X, d) 为紧度量空间, 映射 $f\colon X \to X$ 满足条件:

$$d(f(x), f(y)) < d(x, y), \quad \forall x, y \in X \text{ 且 } x \neq y.$$

证明: 存在唯一的 $x_0 \in X$ 使得 $f(x_0) = x_0$.

20. 证明: $C[a, b]$ 中的多项式全体是 $C[a, b]$ 中的第一纲集合.

21. 设 Ω 是赋范空间 X 中的开集. 证明:

(1) Ω 是局部连通空间.

(2) Ω 的每个 (道路) 连通分支都是 X 中的开集.

(3) Ω 的每个连通分支都是道路连通分支.

22. 设 V 是赋范空间 X 中的真闭子空间. 证明: 对任意 $\epsilon \in (0,1)$, 存在 $y_\epsilon \in X$ 且 $\|y_\epsilon\| = 1$ 使得 $d(y_\epsilon, V) > 1 - \epsilon$.

23. 定义 l^∞ 到 l^∞ 的线性算子 A 为 $A(\{x_n\}) = \left\{\frac{1}{n}x_n\right\}$, $\forall \{x_n\} \in l^\infty$. 求 $\|A\|$ 以及 $\inf\{\|Ax\|_\infty \,|\, \|x\|_\infty = 1\}$.

24. 设 X_1, X_2, Y 是三个赋范空间, $G\colon X_1 \times X_2 \to Y$ 是双线性映射 (即 $G(x_1, x_2)$ 关于变量 x_1 及 x_2 都是线性映射), 证明: G 在 $X_1 \times X_2$ 上连续的充要条件是: 存在正常数 c 使得 $\|G(x_1, x_2)\| \leqslant c\|x_1\|\|x_2\|$, $\forall x_1 \in X_1$, $x_2 \in X_2$.

25. 设 M 为无限维赋范空间 X 中的紧子集. 证明: M 是疏朗集.

26. 设 X 是 Banach 空间, M 为 X 中的闭子空间, N 为 X 中的有限维子空间使得 $M \bigcap N = \{0\}$. 证明: $M + N = \{m + n \,|\, m \in M,\ n \in N\}$ 是 X 中的闭子空间.

27. 设 X, Y 是 Banach 空间, $T \in B(X, Y)$. 若有正数 M 使得对任意 $x \in X$, 都有 $\|Tx\| \geqslant M\|x\|$, 证明: $\mathrm{Ran}(T)$ 闭.

28. 设 $\{x_n\}$ 为内积空间 $(X, \langle\cdot,\cdot\rangle)$ 中的一个点列, $x \in X$. 设 $\lim\limits_{n\to\infty} \|x_n\| = \|x\|$. 证明: $\lim\limits_{n\to\infty} \|x_n - x\| = 0$ 当且仅当 $\langle x_n, y\rangle \to \langle x, y\rangle$, $n \to \infty$, 对任意 $y \in X$ 成立.

29. 设 $(X, \|\cdot\|)$ 为实赋范空间. 如果对任意 $x, y \in X$ 成立等式:

$$\|x + y\|^2 + \|x - y\|^2 = 2(\|x\|^2 + \|y\|^2),$$

证明: 在 X 上可以定义一个内积 $\langle\cdot,\cdot\rangle$ 使得 $\langle x, x\rangle = \|x\|^2$, $\forall x \in X$.

30. 设 X 和 Y 是两个实内积空间, 映射 $T\colon X \to Y$ 满足条件:

$$T(0) = 0, \quad \|Tx - Ty\| = \|x - y\|, \quad \forall x, y \in X.$$

证明: T 是有界线性算子.

31. 设 M, N 是 Hilbert 空间 H 中的两个闭子空间. 如果

$$\theta = \sup\{|\langle m, n\rangle| \,|\, m \in M,\ n \in N,\ \|m\| = 1,\ \|n\| = 1\} < 1,$$

证明: $M + N$ 是 H 中的闭子空间.

32. 设 M 为紧度量空间, A 为 $C(M)$ 中的一个非空子集. 如果 A 满足下列条件:

(1) 对每个 $x \in M$ 存在正数 C_x 使得 $|f(x)| \leqslant C_x$, $\forall f \in A$;

(2) A 在 M 上等度连续,

证明: 此时 A 在 M 上一致有界.

33. 在 $C^1[a, b] = \{f \in C[a, b] \,|\, f' \in C[a, b]\}$ 上定义范数

$$\|f\|_1 = \max_{x\in[a,b]} |f(x)| + \max_{x\in[a,b]} |f'(x)|, \quad \forall f \in C^1[a, b].$$

(1) 证明: $(C^1[a, b], \|\cdot\|_1)$ 是 Banach 空间.

(2) 设 $M \subset C^1[a, b]$. 请给出 M 是致密集的充分必要条件.

34. 设 $M \subset l^1$. 证明: M 是致密集当且仅当:

(1) 存在 $K > 0$ 使得 $\|x\|_1 \leqslant M$, $\forall x \in M$;

(2) 对任意 $\epsilon > 0$, 存在 $n(\epsilon) > 0$ 使得 $\sum\limits_{n=n(\epsilon)}^{\infty} |x_n| < \epsilon, \forall x = \{x_n\} \in M$.

35. 设 X, Y 是紧Hausdorff空间. 证明: 对任意 $\epsilon > 0$, $f \in C(X \times Y)$, 存在 $u_1, \cdots, u_n \in C(X)$, $v_1, \cdots, v_n \in C(Y)$ 使得

$$\max_{(x,y)\in X\times Y} \left| f(x, y) - \sum_{k=1}^{n} u_i(x) v_i(y) \right| < \epsilon.$$

36. 设 a 为紧Hausdorff空间 M 中一点, $\mathcal{A} = \{f \in C(M) \mid f(a) = 0\}$. 如果 $\mathcal{A}$ 中有一个闭子代数 $\mathcal{B}$ 满足条件:

(1) $f \in \mathcal{B} \Rightarrow f^* \in \mathcal{B}$;

(2) $\mathcal{B}$ 分离 $M\backslash\{a\}$ 并且对任意 $b \in M\backslash\{a\}$, 存在 $f \in \mathcal{B}$ 使得 $f(b) \neq 0$,

证明: $\mathcal{B} = \mathcal{A}$.

37. 设 M 为紧Hausdorff空间, $\mathcal{A}$ 为 $C_{\mathbb{R}}(M)$ 中的闭子代数且分离 M 中的点. 证明: 或者 $\mathcal{A} = C_{\mathbb{R}}(M)$, 或者存在某个 $x_0 \in M$ 使得 $\mathcal{A} = \{f \in C_{\mathbb{R}}(M) \mid f(x_0) = 0\}$.

第2章

抽象测度与积分

在本章中, 我们建立一般的测度理论、讨论测度空间 $(X,\mathfrak{F},\mu)$ 上的可测函数的性质、可测函数的积分、可测函数列的收敛性以及符号测度和复测度的性质.

2.1 测 度 空 间

在实变函数中, 我们建立了 $\mathbb{R}^n$ 上的 Lebesgue (勒贝格) 可测集、Lebesgue 测度. 在这一节中, 要引进一般的测度空间.

定义 2.1.1 设 X 为非空集合, $\mathfrak{F}$ 为 X 中的某些子集所成的集族. 考虑下列条件:

(1) 若 $A,B\in\mathfrak{F}$. 则 $A\bigcup B\in\mathfrak{F}$;

(1′) 若 $\{A_n\}\subset\mathfrak{F}$, 则 $\bigcup\limits_{n=1}^{\infty}A_n\in\mathfrak{F}$;

(2) 若 $A,B\in\mathfrak{F}$, 则 $A\backslash B\in\mathfrak{F}$;

(3) $X\in\mathfrak{F}$;

若 $\mathfrak{F}$ 满足 (1) 和 (2), 则称 $\mathfrak{F}$ 是 X 上的一个环; 若 $\mathfrak{F}$ 满足 (1′) 和 (2), 则称 $\mathfrak{F}$ 是 X 上的一个 σ–环; 若 $\mathfrak{F}$ 满足 (1′)、(2) 和 (3), 则称 $\mathfrak{F}$ 是 X 上的一个 σ–代数.

注 2.1.2 (1) 当 $\mathfrak{F}$ 为环或 σ–环时, 任取 $A\in\mathfrak{F}$, 则 $\varnothing=A\backslash A\in\mathfrak{F}$.

(2) 当 $\mathfrak{F}$ 为环时, 对任意 $A,B\in\mathfrak{F}$, $A\bigcap B=A\backslash(A\backslash B)\in\mathfrak{F}$.

(3) 当 $\mathfrak{F}$ 为 σ–环时, 对 $\{A_n\}\subset\mathfrak{F}$, 令 $B_k=\bigcap\limits_{j=1}^{k}A_j\in\mathfrak{F}$, $k\geqslant 1$. 则有 $B_k\subset B_{k-1}$, $k\geqslant 2$, $\bigcap\limits_{k=1}^{\infty}B_k=\bigcap\limits_{j=1}^{\infty}A_j$ 及 $B_1\backslash(\bigcap\limits_{k=2}^{\infty}B_k)=\bigcup\limits_{k=2}^{\infty}(B_1\backslash B_k)\in\mathfrak{F}$. 从而

$$\bigcap_{k=1}^{\infty}B_k=B_1\Big\backslash\left(B_1\Big\backslash\left(\bigcap_{k=2}^{\infty}B_k\right)\right)\in\mathfrak{F}.$$

(4) X 上任意多个 σ–代数 (或环) 的交仍为 σ–代数 (或环).

定义 2.1.3 设 $\mathfrak{B}$ 为非空集合 X 中某些子集组成的集合. 称 X 上所有包含 $\mathfrak{B}$ 的 σ–代数 (或 σ–环) 的交称为由 $\mathfrak{B}$ 生成的 σ–代数 (或 σ–环), 并分别记为 $\sigma_A(\mathfrak{B})$ 和 $\sigma_R(\mathfrak{B})$.

例如, 设 (X,τ) 为拓扑空间. 由 τ 生成的 σ–代数称为 X 上的Borel代数, 并把它记为 $\mathfrak{B}(X,\tau)$ 或 $\mathfrak{B}(X)$.

定义 2.1.4 设 $\mathfrak{D}$ 为由非空集合 X 中的某些子集组成的集合. 如果对 $\mathfrak{D}$ 的任何单调递增列 $\{E_n\}$ 及单调递减列 $\{F_n\}$ 都有 $\bigcup\limits_{n=1}^{\infty} E_n$, $\bigcap\limits_{n=1}^{\infty} F_n \in \mathfrak{D}$, 则称 $\mathfrak{D}$ 一个单调类.

设 $\mathfrak{B}$ 为 X 中某些子集组成的集族. 称 X 上所有包含 B 的单调类的交称为由 $\mathfrak{B}$ 生成的单调类, 并记为 $d(\mathfrak{B})$.

下面的命题在一些问题的证明中会用到.

命题 2.1.5 设 $\mathfrak{E}$ 为 X 中某些子集组成的一个环, 则 $\sigma_R(\mathfrak{E}) = d(\mathfrak{E})$.

证明 对任意 $\{E_n\} \subset \sigma_R(\mathfrak{E})$ 且 $E_n \subset E_{n+1}$(或 $E_{n+1} \subset E_n$), $n \geqslant 1$, 因为 $\sigma_R(\mathfrak{E})$ 是 σ–环, 故 $\bigcup\limits_{n=1}^{\infty} E_n \in \sigma_R(\mathfrak{E})$(或 $\bigcap\limits_{n=1}^{\infty} E_n \in \sigma_R(\mathfrak{E})$), 即 $\sigma_R(\mathfrak{E})$ 是一个单调类. 又 $\mathfrak{E} \subset \sigma_R(\mathfrak{E})$, 故 $d(\mathfrak{E}) \subset \sigma_R(\mathfrak{E})$.

下证 $d(\mathfrak{E})$ 是 σ–环. 对 $A \in d(\mathfrak{E})$, 令

$$\mathfrak{K}(A) = \{B \in d(\mathfrak{E}) | A \backslash B, B \backslash A, A \bigcup B \in d(\mathfrak{E})\}.$$

易知 $B \in \mathfrak{K}(A) \Rightarrow A \in \mathfrak{K}(B)$. 设 $\{B_n\} \subset \mathfrak{K}(A)$ 且 $B_n \subset B_{n+1}$, $n \geqslant 1$. 由于

$$A \backslash B_{n+1} \subset A \backslash B_n, \quad B_n \backslash A \subset B_{n+1} \backslash A, \quad A \bigcup B_n \subset A \bigcup B_{n+1}, \quad n \geqslant 1,$$

且它们都在 $d(\mathfrak{E})$ 中, 于是 $\bigcap\limits_{n=1}^{\infty} (A \backslash B_n)$, $\bigcup\limits_{n=1}^{\infty} (B_n \backslash A)$, $\bigcup\limits_{n=1}^{\infty} (A \bigcup B_n)$ 都在 $d(\mathfrak{E})$ 中, 故 $\bigcup\limits_{n=1}^{\infty} B_n \in \mathfrak{K}(A)$. 同理, 对于 $\mathfrak{K}(A)$ 中的单调递减列 $\{B_n\}$, 有 $\bigcap\limits_{n=1}^{\infty} B_n \in \mathfrak{K}(A)$.

由此可知, $\mathfrak{K}(A)$ 是一个单调类.

对 $A \in \mathfrak{E}$, 对任意 $B \in \mathfrak{E}$, 则 $A \backslash B$, $B \backslash A$, $A \bigcup B$ 都在 $\mathfrak{E} \subset d(\mathfrak{E})$ 中, 故 $B \in \mathfrak{K}(A)$, 从而 $\mathfrak{E} \subset \mathfrak{K}(A)$ 进而 $d(\mathfrak{E}) \subset \mathfrak{K}(A)$.

设 $A \in d(\mathfrak{E})$. 则对任意 $C \in \mathfrak{E}$, $A \in d(\mathfrak{E}) \subset \mathfrak{K}(C)$. 于是 $C \in \mathfrak{K}(A)$, 从而 $d(\mathfrak{E}) \subset \mathfrak{K}(A)$. 这样, 对任意 $A, B \in d(\mathfrak{E})$, 有 $B \in \mathfrak{K}(A)$, 从而 $A \bigcup B$, $A \backslash B \in d(\mathfrak{E})$, 即 $d(\mathfrak{E})$ 是一个环. 由于 $d(\mathfrak{E})$ 是一个单调类, 故 $d(\mathfrak{E})$ 是 σ–环. 进而 $\sigma_R(\mathfrak{E}) \subset d(\mathfrak{E})$. □

定义 2.1.6 设 X 为非空集合, $\mathfrak{F}$ 为 X 上的某个环.

(1) 若函数 $\mu: \mathfrak{F} \to [0, +\infty]$ 满足下列条件:

(i) $\mu(\varnothing) = 0$;

(ii) μ 具有可数可加性, 即对任意 $\{A_n\} \subset \mathfrak{F}$ 且 $A_n \bigcap A_m = \varnothing$, $n \neq m$ 又 $\bigcup\limits_{n=1}^{\infty} A_n \in \mathfrak{F}$, 有 $\mu\left(\bigcup\limits_{n=1}^{\infty} A_n\right) = \sum\limits_{n=1}^{\infty} \mu(A_n)$,

则称 μ 为 $\mathfrak{F}$ 上的一个测度, 同时对每个 $E \in \mathfrak{F}$, $\mu(E)$ 称为 E 的测度.

(2) 若 $X = \bigcup\limits_{A\in\mathfrak{F}} A$, 则称 $(X,\mathfrak{F})$ 是可测空间并且 $\mathfrak{F}$ 中的每个元素称为关于 $\mathfrak{F}$ 可测. 若 $\mathfrak{F}$ 上有测度 μ, 则称 $(X,\mathfrak{F},\mu)$ 为 X 上的一个测度空间.

定义 2.1.7 设 $(X,\mathfrak{F},\mu)$ 为测度空间. 若 $\mu(E) < +\infty$, $\forall E \in \mathfrak{F}$, 则称 μ 为有限测度; 若有 $\{E_n\} \subset \mathfrak{F}$, 使得 $X = \bigcup\limits_{n=1}^{\infty} E_n$ 且 $\mu(E_n) < +\infty$, $n \geqslant 1$, 则称 μ 为 σ–有限测度.

若测度为零的可测集的所有子集都可测, 则称 μ 是完全测度, $(X,\mathfrak{F},\mu)$ 为完全测度空间.

例 2.1.8 设 $(X,\mathfrak{F},\mu)$ 为测度空间, $Y\in\mathfrak{F}\backslash\{\varnothing\}$. 令 $\mathfrak{F}_Y=\{E\bigcap Y \mid E\in\mathfrak{F}\}$. 则当 $\mathfrak{F}$ 是环、σ–环或是 σ–代数时, 相应地, $\mathfrak{F}_Y$ 也是. 定义 $\mathfrak{F}_Y$ 上的测度为 $\mu_Y(A) = \mu(A_0\bigcap Y)$, 其中 $A = A_0\bigcap Y$, 对某个 $A_0 \in \mathfrak{F}$ 成立. 于是, $(Y,\mathfrak{F}_Y,\mu_Y)$ 是测度空间. 我们把它称为由 $(X,\mathfrak{F},\mu)$ 所诱导的测度空间.

例 2.1.9 设 X 为非空集合, $\mathfrak{F}(X)$ 为 X 中所有子集组成的集族.

(1) 定义 μ: $\mathfrak{F}(X) \to [0,+\infty]$ 为 $\mu(E) = \begin{cases} \mathrm{card}(E), & E \neq \varnothing, \\ 0, & E = \varnothing, \end{cases}$ 这里 $\mathrm{card}(E)$ 表示 E 中的元素个数. 则 $(X,\mathfrak{F}(X),\mu)$ 为完全测度空间.

(2) 给定 $x \in X$, 定义 $\mu_x(A) = \begin{cases} 1, & x \in A, \\ 0, & x \notin A. \end{cases}$ 则 μ_x 为 $\mathfrak{F}(X)$ 上的测度. $\mu_x(A)$ 称为 A 在 x 点的 Dirac (狄拉克) 测度.

命题 2.1.10 设 $\mathfrak{F}$ 为非空集合 X 上的某个环, μ 为 $\mathfrak{F}$ 上的一个测度.

(1) 若 $A, B \in \mathfrak{F}$ 且 $A \subset B$, 则 $\mu(A) \leqslant \mu(B)$;

(2) 对任意 $\{A_n\} \subset \mathfrak{F}$ 且 $\bigcup\limits_{n=1}^{\infty} A_n \in \mathfrak{F}$, 有 $\mu\left(\bigcup\limits_{n=1}^{\infty} A_n\right) \leqslant \sum\limits_{n=1}^{\infty} \mu(A_n)$;

(3) 若 $\{A_n\}$ 为 $\mathfrak{F}$ 中的单调递增列且 $\bigcup\limits_{n=1}^{\infty} A_n \in\mathfrak{F}$, 则 $\lim\limits_{n\to\infty} \mu(A_n)=\mu\left(\bigcup\limits_{n=1}^{\infty} A_n\right)$;

(4) 设 $\{A_n\}$ 为 $\mathfrak{F}$ 中的单调递减列而且 $\bigcap\limits_{n=1}^{\infty} A_n \in \mathfrak{F}$. 如果 $\mu(A_1) < +\infty$, 则 $\lim\limits_{n\to\infty} \mu(A_n) = \mu\left(\bigcap\limits_{n=1}^{\infty} A_n\right)$.

证明 (1) 由 $B = A\bigcup(B\backslash A)$ 得到 $\mu(B) = \mu(A) + \mu(B\backslash A) \geqslant \mu(A)$.

(2) 令 $B_1 = A_1$, $B_k = A_k \backslash (\bigcup\limits_{j=1}^{k-1} A_j) \in \mathfrak{F}$, $k \geqslant 2$. 则 $\{B_k\}$ 两两互不相交且 $\bigcup\limits_{k=1}^{\infty} B_k = \bigcup\limits_{k=1}^{\infty} A_k \in \mathfrak{F}$. 于是

$$\mu\left(\bigcup_{k=1}^{\infty} A_k\right) = \mu\left(\bigcup_{k=1}^{\infty} B_k\right) = \sum_{k=1}^{\infty} \mu(B_k) \leqslant \sum_{k=1}^{\infty} \mu(A_k).$$

(3) 若有 n_0 使得 $\mu(A_{n_0}) = +\infty$, 则

$$\sum_{k=1}^{\infty} \mu(A_k) = +\infty, \quad \mu(A_n) \geqslant \mu(A_{n_0}) = +\infty, \quad \forall n \geqslant n_0.$$

于是结论成立.

现设 $\mu(A_n) < +\infty$, $\forall n \geqslant 1$. 由于 $A_1\backslash A_0, \cdots, A_k\backslash A_{k-1}, \cdots$ 两两互不相交, 其中 $A_0 = \varnothing$, 以及 $\bigcup\limits_{k=1}^{\infty} A_k = \bigcup\limits_{k=1}^{\infty} (A_k\backslash A_{k-1})$, $A_n = \bigcup\limits_{k=1}^{n} (A_k\backslash A_{k-1})$, 故

$$\begin{aligned}\mu\left(\bigcup_{k=1}^{\infty} A_k\right) &= \sum_{k=1}^{\infty} \mu(A_k\backslash A_{k-1}) = \lim_{n\to\infty} \sum_{k=1}^{n} \mu(A_k\backslash A_{k-1}) \\ &= \lim_{n\to\infty} \left(\bigcup_{k=1}^{n} (A_k\backslash A_{k-1})\right) = \lim_{n\to\infty} \mu(A_n).\end{aligned}$$

(4) 因 $\{A_1\backslash A_k\}$ 单调增, $A_1\backslash A_k \in \mathfrak{F}$, $k \geqslant 1$ 且 $\bigcup\limits_{k=1}^{\infty} (A_1\backslash A_k) = A_1\backslash (\bigcap\limits_{k=1}^{\infty} A_k)$ 在 $\mathfrak{F}$ 中, 故由 (3) 得 $\lim\limits_{n\to\infty} \mu(A_1\backslash A_n) = \mu\big(A_1\backslash (\bigcap\limits_{k=1}^{\infty} A_k)\big)$. 因为 $\mu(A_1) < +\infty$, 故

$$\mu(A_1\backslash A_k) = \mu(A_1) - \mu(A_k), \quad \mu\left(A_1 \Big\backslash \left(\bigcap_{k=1}^{\infty} A_k\right)\right) = \mu(A_1) - \mu\left(\bigcap_{k=1}^{\infty} A_k\right),$$

从而 $\lim\limits_{n\to\infty} \mu(A_n) = \mu\left(\bigcap\limits_{n=1}^{\infty} A_n\right)$. □

2.2 环上测度的扩张

下面研究一个环上的测度是如何扩张为一个 σ–代数的测度的.

设 $\mathfrak{R}$ 为 X 上的一个环, μ 为 $\mathfrak{R}$ 上的一个测度. 令

$$\mathfrak{A}(\mathfrak{R}) = \left\{A \in X \,\middle|\, 存在 \{E_n\} \subset \mathfrak{R} 使得 A \subset \bigcup_{n=1}^{\infty} E_n\right\}.$$

则 $\mathfrak{A}(\mathfrak{R})$ 是一个包含 $\mathfrak{R}$ 的 σ–环. 定义 $\lambda^*: \mathfrak{A}(\mathfrak{R}) \to [0,+\infty]$ 为

$$\lambda^*(A) = \inf\left\{\sum_{n=1}^{\infty}\mu(E_n)\Big| A \subset \bigcup_{n=1}^{\infty} E_n,\ \{E_n\} \subset \mathfrak{R}\right\}.$$

易知, $\lambda^*(\varnothing) = \varnothing$. λ^* 的进一步性质如下.

命题 2.2.1 $X, \mathfrak{R}, \mathfrak{A}(\mathfrak{R}), \mu$ 和 λ^* 如上所述.

(1) 若 $A, B \in \mathfrak{A}(\mathfrak{R})$ 且 $A \subset B$, 则 $\lambda^*(A) \leqslant \lambda^*(B)$;

(2) 若 $\{A_n\} \in \mathfrak{A}(\mathfrak{R})$, 则 $\lambda^*(\bigcup\limits_{n=1}^{\infty} A_n) \leqslant \sum\limits_{n=1}^{\infty} \lambda^*(A_n)$;

(3) 若 $A \in \mathfrak{R}$, 则 $\lambda^*(A) = \mu(A)$.

证明 (1) 由于对任意 $\{E_n\} \subset \mathfrak{A}(\mathfrak{R})$ 且 $B \subset \bigcup\limits_{n=1}^{\infty} E_n$ 的 $\{E_n\}$, 有 $A \subset \bigcup\limits_{n=1}^{\infty} E_n$. 故 $\lambda^*(A) \leqslant \sum\limits_{n=1}^{\infty} \mu(E_n)$. 从而

$$\lambda^*(A) \leqslant \inf\left\{\sum_{n=1}^{\infty}\mu(E_n)\Big| A \subset \bigcup_{n=1}^{\infty} E_n,\ \{E_n\} \in \mathfrak{R}\right\} = \lambda^*(B).$$

(2) 若有 n_0 使得 $\lambda^*(A_{n_0}) = +\infty$, 则 $\lambda^*\left(\bigcup\limits_{n=1}^{\infty} A_n\right) \geqslant \lambda^*(A_{n_0}) = +\infty$, 即

$$\lambda^*\left(\bigcup_{n=1}^{\infty} A_n\right) = \sum_{n=1}^{\infty} \lambda^*(A_n) = +\infty.$$

现设 $\lambda^*(A_n) < +\infty$, $n \geqslant 1$. 对每个 A_n 及任意 $\epsilon > 0$, 存在 $\{E_k^{(n)}\} \subset \mathfrak{R}$ 使得

$$A_n \subset \bigcup_{k=1}^{\infty} E_k^{(n)} \text{ 且 } \lambda^*(A_n) > \sum_{n=1}^{\infty} \mu(E_k^{(n)}) - \frac{\epsilon}{2^n}, \quad n \geqslant 1.$$

由于 $\bigcup\limits_{n=1}^{\infty} A_n \subset \bigcup\limits_{n=1}^{\infty} \bigcup\limits_{k=1}^{\infty} E_k^{(n)}$, 故

$$\lambda^*\left(\bigcup_{n=1}^{\infty} A_n\right) \leqslant \sum_{n=1}^{\infty}\sum_{k=1}^{\infty} \mu(E_k^{(n)}) \leqslant \sum_{n=1}^{\infty}\left(\lambda^*(A_n) + \frac{\epsilon}{2^n}\right) = \sum_{n=1}^{\infty} \lambda^*(A_n) + \epsilon.$$

令 $\epsilon \to 0^+$, 得 $\lambda^*\left(\bigcup\limits_{n=1}^{\infty} A_n\right) \leqslant \sum\limits_{n=1}^{\infty} \lambda^*(A_n)$.

(3) 设 $A \in \mathfrak{R}$. 首先, 由 λ^* 的定义知 $\lambda^*(A) \leqslant \mu(A)$.

任取 $\{E_n\}\subset\mathfrak{R}$ 且 $A\subset\bigcup\limits_{n=1}^{\infty}E_n$. 令 $B_1=E_1,\ B_n=E_n\setminus\bigcup\limits_{k=1}^{n-1}E_k,\ n\geqslant 2$. 则 $\{B_n\}\subset\mathfrak{R},\ B_n\bigcap B_m=\varnothing,\ n\neq m$ 且 $\bigcup\limits_{n=1}^{\infty}B_n=\bigcup\limits_{n=1}^{\infty}E_n\supset A$. 由于 $A=\bigcup\limits_{n=1}^{\infty}(B_n\bigcap A)$, μ 是 $\mathfrak{R}$ 上的测度, 故

$$\mu(A)=\mu\left(\bigcup_{n=1}^{\infty}(B_n\bigcap A)\right)=\sum_{n=1}^{\infty}\mu(A\cap B_n)\leqslant\sum_{n=1}^{\infty}\mu(B_n)\leqslant\sum_{n=1}^{\infty}\mu(E_n).$$

对上述不等式取 inf, 得 $\mu(A)\leqslant\lambda^*(A)$. □

满足命题 2.2.1 中性质的 $\mathfrak{A}(\mathfrak{R})$ 上的函数 λ^* 称为 $\mathfrak{A}(\mathfrak{R})$ 上的外测度.

定义 2.2.2 $\mathfrak{A}(\mathfrak{R})$ 和 λ^* 同上. 设 $A\in\mathfrak{A}(\mathfrak{R})$. 称 A 关于 λ^*–满足 Carathéodory (卡拉泰奥多里) 条件是指下列等式成立:

$$\lambda^*(E)=\lambda^*(E\bigcap A^c)+\lambda^*(E\bigcap A),\quad\forall E\in\mathfrak{A}(\mathfrak{R}).$$

记 $\mathfrak{F}(\mathfrak{R})$ 为 $\mathfrak{A}(\mathfrak{R})$ 中关于 λ^*–满足 Carathéodory 条件的子集全体.

命题 2.2.3 设 $\mathfrak{R}$ 是集合 X 上的一个环, μ 是 $\mathfrak{R}$ 上的测度. 则 $\mathfrak{R}\subset\mathfrak{F}(\mathfrak{R})$.

证明 设 $A\in\mathfrak{R}$. 对任意 $E\in\mathfrak{A}(\mathfrak{R})$ 及 $\epsilon>0$, 存在 $\{E_n\}\subset\mathfrak{R}$ 使得

$$E\subset\bigcup_{n=1}^{\infty}E_n\ \text{且}\ \lambda^*(E)>\sum_{n=1}^{\infty}\mu(E_n)-\epsilon.$$

由于

$$\mu(E_n)=\mu(E_n\bigcap A)+\mu(E_n\bigcap A^c),\quad\forall n\geqslant 1,$$

故

$$\begin{aligned}\lambda^*(E)+\epsilon&>\sum_{n=1}^{\infty}\big(\mu(E_n\bigcap A)+\mu(E_n\bigcap A^c)\big)\\&\geqslant\lambda^*\left(\left(\bigcup_{n=1}^{\infty}E_n\right)\bigcap A\right)+\lambda^*\left(\left(\bigcup_{n=1}^{\infty}E_n\right)\bigcap A^c\right)\\&\geqslant\lambda^*(E\cap A)+\lambda^*(E\bigcap A^c)\geqslant\lambda^*(E),\end{aligned}$$

$$\lambda^*(E\bigcap B_n)=\lambda^*\left(\bigcup_{k=1}^{n}(E\bigcap A_k)\right)\leqslant\sum_{k=1}^{n}\lambda^*(E\bigcap A_k),$$

令 $\epsilon\to 0^+$, 得到 $\lambda^*(E\bigcap A)+\lambda^*(E\bigcap A^c)=\lambda^*(E)$, 所以 $A\in\mathfrak{F}(\mathfrak{R})$. □

定理 2.2.4 上述的 $\mathfrak{F}(\mathfrak{R})$ 是一个 σ–环, 并且

(1) 对 $E\in\mathfrak{A}(\mathfrak{R})$, $\{A_n\}\subset\mathfrak{F}(\mathfrak{R})$ 且 $A_n\bigcap A_m=\varnothing$, $n\neq m$, 有

$$\lambda^*\left(E\bigcap\bigcup_{n=1}^{\infty}A_n\right)=\sum_{n=1}^{\infty}\lambda^*(E\bigcap A_n);$$

(2) λ^* 限制在 $\mathfrak{F}(\mathfrak{R})$ 上是一个完全测度, 称为由外测度 λ^* 导出的测度, 记为 λ.

证明 (1) 对 $A,B\in\mathfrak{F}(\mathfrak{R})$ 及任意 $E\in\mathfrak{A}(\mathfrak{R})$, 由

$$(E\bigcap A^c\bigcap B)\bigcup(E\bigcap A\bigcap B^c)\bigcup(E\bigcap A\bigcap B)\supset E\bigcap(A\bigcup B)$$

和

$$\begin{aligned}\lambda^*(E)&=\lambda^*(E\bigcap A^c)+\lambda^*(E\bigcap A)\\&=\lambda^*(E\bigcap A^c\bigcap B^c)\\&\quad+\lambda^*(E\bigcap A^c\bigcap B)+\lambda^*(E\bigcap A\bigcap B^c)+\lambda^*(E\bigcap A\bigcap B),\end{aligned}\tag{2.1}$$

得到

$$\lambda^*(E\bigcap(A\bigcup B))\leqslant\lambda^*(E\bigcap A^c\bigcap B)+\lambda^*(E\bigcap A\bigcap B^c)+\lambda^*(E\bigcap A\bigcap B),$$

从而

$$\lambda^*(E)\geqslant\lambda^*(E\bigcap(A\bigcup B)^c)+\lambda^*(E\bigcap(A\bigcup B))\geqslant\lambda^*(E),$$

即得 $A\bigcup B\in\mathfrak{F}(\mathfrak{R})$. 再由

$$(E\bigcap A^c\bigcap B^c)\bigcup(E\bigcap A^c\bigcap B)\bigcup(E\bigcap A\bigcap B)\supset E\bigcap(A^c\bigcup B)$$

及 (2.1) 式得

$$\lambda^*(E)\geqslant\lambda^*(E\bigcap(A\bigcap B^c)^c)+\lambda^*(E\bigcap(A\bigcap B^c))\geqslant\lambda^*(E),$$

即得 $A\backslash B=A\bigcap B^c\in\mathfrak{F}(\mathfrak{R})$.

上述表明: $\mathfrak{F}(\mathfrak{R})$ 是一个环. 下面再证明: $\mathfrak{F}(\mathfrak{R})$ 是一个 $\sigma-$ 环.

设 $\{A_n\}\in\mathfrak{F}(\mathfrak{R})$ 且 $A_n\bigcap A_m=\varnothing$, $n\neq m$. 令 $B_n=\bigcup\limits_{k=1}^{n}A_k$, $B=\bigcup\limits_{n=1}^{\infty}A_n$. 对任意 $E\in\mathfrak{A}(\mathfrak{R})$ 有

$$\lambda^*(E\bigcap B_n)=\lambda^*\left(\bigcup_{k=1}^{n}(E\bigcap A_k)\right)\leqslant\sum_{k=1}^{n}\lambda^*(E\bigcap A_k),$$

$$\begin{aligned}\lambda^*(E\bigcap B_n)&=\lambda^*(E\bigcap B_n\bigcap A_n)+\lambda^*(E\bigcap B_n\bigcap A_n^c)\\&=\lambda^*(E\bigcap A_n)+\lambda^*(E\bigcap B_{n-1}),\quad\forall n\geqslant 1.\end{aligned}$$

于是, 无论 $\lambda^*(E\bigcap B_n)=+\infty$, 还是 $\lambda^*(E\bigcap B_n)<+\infty$, 都有 $\lambda^*(E\bigcap B_n)=\sum\limits_{k=1}^{n}\lambda^*(E\bigcap A_k)$, 从而

$$\lambda^*(E)=\lambda^*(E\bigcap B_n)+\lambda^*(E\bigcap B_n^c)\geqslant\sum_{k=1}^{n}\lambda^*(E\bigcap A_k)+\lambda^*(E\bigcap B^c). \tag{2.2}$$

在 (2.2) 式中, 令 $n\to\infty$, 得

$$\begin{aligned}\lambda^*(E)&\geqslant\sum_{n=1}^{\infty}\lambda^*(E\bigcap A_n)+\lambda^*(E\bigcap B^c)\geqslant\lambda^*\left(\bigcup_{n=1}^{\infty}(E\bigcap A_n)\right)+\lambda^*(E\bigcap B^c)\\&=\lambda^*(E\bigcap B)+\lambda^*(E\bigcap B^c)\geqslant\lambda^*(E).\end{aligned} \tag{2.3}$$

于是 $B\in\mathfrak{F}(\mathfrak{R})$, 即得 $\mathfrak{F}(\mathfrak{R})$ 是 σ–环.

在 (2.3) 中分别以 B 代替 E 及以 $E\bigcap B$ 代替 E, 可以得到

$$\lambda^*\left(\bigcup_{n=1}^{\infty}A_n\right)=\sum_{n=1}^{\infty}\lambda^*(A_n),\quad \lambda^*\left(E\bigcap\bigcup_{n=1}^{\infty}A_n\right)=\sum_{n=1}^{\infty}\lambda^*(E\bigcap A_n).$$

(2) 在 (1) 中已证: λ^* 在 $\mathfrak{F}(\mathfrak{R})$ 上具有可数可加性, 故 λ^* 是 $\mathfrak{F}(\mathfrak{R})$ 上的一个测度.

设 $A\in\mathfrak{F}(\mathfrak{R})$ 且 $\lambda^*(A)=0$. 对任意 $A_1\subset A$, 有 $\lambda^*(A_1)\leqslant\lambda^*(A)=0$. 于是, 对任何 $E\in\mathfrak{A}(\mathfrak{R})$, $\lambda^*(E\bigcap A_1)\leqslant\lambda^*(A_1)=0$. 故

$$\lambda^*(E)\leqslant\lambda^*(E\bigcap A_1)+\lambda^*(E\bigcap A_1^c)\leqslant\lambda^*(E),$$

即得 $A_1\in\mathfrak{F}(\mathfrak{R})$. 所以 λ 是 $\mathfrak{F}(\mathfrak{R})$ 上的完全测度. □

定义 2.2.5 设 μ 为 X 上的环 $\mathfrak{E}$ 上的测度, $\mathfrak{R}$ 为包含 $\mathfrak{E}$ 的一个 σ–环. 若存在 $\mathfrak{R}$ 上的测度 λ 使得对每个 $A\in\mathfrak{E}$, 有 $\lambda(A)=\mu(A)$, 则称 λ 为 μ 到 σ–环 $\mathfrak{R}$ 上的一个扩张.

设 $\mathfrak{R}$ 是 X 上一个环, μ 为 $\mathfrak{R}$ 上的测度. 由命题 2.2.1(3)、命题 2.2.3 和定理 2.2.4, λ 为 μ 到 σ–环 $\mathfrak{F}(\mathfrak{R})$ 上的一个扩张. 由于 $\sigma_R(\mathfrak{R})\subset\mathfrak{F}(\mathfrak{R})$, 故当 λ 限制在 $\sigma_R(\mathfrak{R})$ 上时, 为 μ 到 $\sigma_R(\mathfrak{R})$ 上的一个扩张. 下面的定理表明: 这种扩张是唯一的.

定理 2.2.6 设 $\mathfrak{R}$ 是 X 上一个环, μ 为 $\mathfrak{R}$ 上的一个 σ–有限测度. 则 μ 到 σ–环 $\sigma_R(\mathfrak{R})$ 的扩张是唯一的.

证明 设 μ_1,μ_2 是 μ 到 $\sigma_R(\mathfrak{R})$ 的两个扩张. 由于 μ 是 σ–有限的, 故存在 $\mathfrak{R}$ 中的一列单调递增序列 $\{A_n\}$ 使得 $\mu(A_n)<+\infty$, $n\geqslant 1$, $X=\bigcup\limits_{n=1}^{\infty}A_n\in\sigma_R(\mathfrak{R})$. 令 $\mu_{jn}(A)=\mu_j(A\bigcap A_n)$, $\forall\, A\in\sigma_R(\mathfrak{R})$, $j=1,2$, $n\geqslant 1$. 于是 $\mu_{jn}(X)=\mu(A_n)<+\infty$, $j=1,2$, $n\geqslant 1$. 令

$$\mathfrak{G}_n=\{A\in\sigma_R(\mathfrak{R})|\,\mu_{1n}(A)=\mu_{2n}(A)\},\quad n\geqslant 1.$$

显然, $\mathfrak{R}\subset\mathfrak{G}_n\subset\sigma_R(\mathfrak{R})$. 由于 μ_{1n} 和 μ_{2n} 在 $\mathfrak{G}_n$ 上是有限测度, $n\geqslant 1$, 故由命题 2.1.10 (3) 和 (4), $\mathfrak{G}_n$ 是一个单调类. 由命题 2.1.5, $\mathfrak{R}$ 生成的单调类 $d(\mathfrak{R})$ 为 $\mathfrak{R}$ 生成的 σ–环 $\sigma_R(\mathfrak{R})$, 而 $d(\mathfrak{R})\subset\mathfrak{G}_n$, 故 $\mathfrak{G}_n=\sigma_R(\mathfrak{R})$, $n\geqslant 1$, 即得

$$\mu_1(A\bigcap A_n)=\mu_2(A\bigcap A_n),\quad \forall A\in\sigma_R(\mathfrak{R}),\ n\geqslant 1.$$

进而, 对任意 $A\in\sigma_R(\mathfrak{R})$, 有

$$\mu_1(A)=\lim_{n\to\infty}\mu_1(A\bigcap A_n)=\lim_{n\to\infty}\mu_2(A\bigcap A_n)=\mu_2(A).$$ □

下面我们举一例来说明测度的扩张.

例 2.2.7 设 $\mathfrak{R}_{\mathbb{R}}$ 为 $\mathbb{R}^1$ 中所有左开右闭区间有限并所成的集合并规定: 当 $a\geqslant b$ 时,$(a,b]=\varnothing$. 对于 $(a,b],(c,d]\in\mathfrak{R}_{\mathbb{R}}$, 我们有

$$(a,b]\bigcap(c,d]=\begin{cases}\varnothing, & b\leqslant c\text{或}d\leqslant a,\\ (c,b], & a<c\leqslant b<d,\\ (c,d], & a<c<d\leqslant b,\\ (a,d], & c<a<d\leqslant b,\end{cases}$$

$$(a,b]\backslash(c,d]=\begin{cases}(a,b], & b\leqslant c\text{或}d\leqslant a,\\ (a,c], & a\leqslant c\leqslant b\leqslant d,\\ (a,c]\bigcup(d,b], & a\leqslant c<d\leqslant b,\\ (d,b], & c\leqslant a<d,\end{cases}$$

即 $(a,b]\bigcap(c,d],(a,b]\backslash(c,d]\in\mathfrak{R}_{\mathbb{R}}$. 设 $A=\bigcup\limits_{i=1}^{n}(a_i,b_i],B=\bigcup\limits_{j=1}^{m}(c_j,d_j]\in\mathfrak{R}_{\mathbb{R}}$, 则

$$A\bigcap B=\bigcup_{i=1}^{n}\bigcup_{j=1}^{m}((a_i,b_i]\bigcap(c_j,d_j]),\quad A\backslash B=\bigcup_{i=1}^{n}\bigcap_{j=1}^{m}((a_i,b_i]\backslash(c_j,d_j])\in\mathfrak{R}_{\mathbb{R}}.$$

于是 $A\bigcup B=(A\backslash B)\bigcup B\in\mathfrak{R}_{\mathbb{R}}$. 这样, $\mathfrak{R}_{\mathbb{R}}$ 为 $\mathbb{R}^1$ 上的一个环.

设 F 为 $\mathbb{R}^1$ 上非减右连续的实值函数. 对任意 $a,b\in\mathbb{R}^1$, 令

$$F((a,b])=\begin{cases}F(b)-F(a), & a<b,\\ 0, & a\geqslant b.\end{cases}$$

(1) 对 $(a,b]=\bigcup\limits_{j=1}^{n}(a_j,b_j]$, 其中, $(a_1,b_1],\cdots,(a_n,b_n]$ 互不相交, 不妨设 $a_i<b_i\leqslant a_j<b_j$, $1\leqslant i<j\leqslant n$, $a_1=a$, $b=b_n$. 则必有 $a_{i+1}=b_i$, $i=1,2,\cdots,n-1$. 于是

$$\sum_{k=1}^{n}F((a_k,b_k])=\sum_{k=1}^{n}(F(b_k)-F(a_k))=F(b)-F(a)=F((a,b]).\tag{2.4}$$

对 $(a,b]=\bigcup\limits_{j=1}^{\infty}(a_j,b_j]$, 其中 $(a_1,b_1],\cdots,(a_n,b_n],\cdots$ 互不相交, 不妨设 $a_i<b_i\leqslant a_j<b_j$, $j\geqslant 1$. 则必有 $a=a_1$, $a_{i+1}=b_i$, $i\geqslant 1$. 故对任意 $n\geqslant 1$,

$$\begin{aligned}\sum_{k=1}^{n}F((a_k,b_k])&=\sum_{k=1}^{n}(F(b_k)-F(a_k))=F(b_n)-F(a_1)\\&\leqslant F(b)-F(a)=F((a,b]).\end{aligned}$$

令 $n\to\infty$, 则得 $F((a,b])\geqslant\sum\limits_{k=1}^{\infty}F((a_k,b_k])$.

(2) 验证: 当 $(a,b]\subset\bigcup\limits_{j=1}^{n}(a_j,b_j]$ 时, $F((a,b])\leqslant\sum\limits_{j=1}^{n}F((a_j,b_j])$, $n\geqslant 1$.

当 $n=1$ 时, 结论显然成立, 假定当 $n=k$ 时, 结论也成立. 设 $n=k+1$, 即 $(a,b]\subset\bigcup\limits_{j=1}^{k+1}(a_j,b_j]$. 取 $1\leqslant i\leqslant k+1$, 使得 $b_i=\max\limits_{1\leqslant j\leqslant k+1}b_j$. 则 $b\leqslant b_i$. 当 $a\geqslant a_i$ 时,

$$\begin{aligned}F((a,b])&=F(b)-F(a)\leqslant F(b_i)-F(a_i)\\&\leqslant\sum_{j=1}^{k+1}(F(b_j)-F(a_j))=\sum_{j=1}^{k+1}F((a_j,b_j]).\end{aligned}$$

当 $a<b\leqslant a_i$ 时, $(a,b]\bigcap(a_i,b_i]=\varnothing$, 故 $(a,b]\subset\bigcup\limits_{j\neq i}(a_j,b_j]$. 由归纳假设得

$$F((a,b])\leqslant\sum_{j\neq i}F((a_j,b_j])\leqslant\sum_{j=1}^{k+1}F((a_j,b_j]);$$

当 $a<a_i\leqslant b\leqslant b_i$ 时, $(a,a_i]\bigcap(a_i,b_i]=\varnothing$. 于是由 $(a,b]\subset\bigcup\limits_{j=1}^{k+1}(a_j,b_j]$ 得到

$$(a_i,b]\subset\bigcup_{j=1}^{k+1}(a_j,b_j],\quad (a,a_i]\subset\bigcup_{j\neq i}(a_j,b_j],$$

从而由归纳假设得到

$$\begin{aligned}F((a,b])&=F(b)-F(a)\leqslant F(b_i)-F(a_i)+F(a_i)-F(a)\\&\leqslant F((a_i,b_i])+\sum_{j\neq i}F((a_j,b_j])=\sum_{j=1}^{k+1}F((a_j,b_j]).\end{aligned}$$

于是结论对任意 $n \geqslant 1$ 成立.

现在设 $(a,b] \subset \bigcup\limits_{j=1}^{\infty}(a_j,b_j]$. 对任意 $\epsilon > 0$, 由 $F(x)$ 在 b_j 处的右连续性, 存在 $\delta_j > 0$ 使得 $F(b_j+\delta_j) - F(b_j) < \dfrac{\epsilon}{2^j}$, $j = 1, 2, \cdots$. 由于 $[a+\epsilon, b]$ 紧且

$$[a+\epsilon,b] \subset (a,b] \subset \bigcup_{j=1}^{\infty}(a_j,b_j] \subset \bigcup_{j=1}^{\infty}(a_j,b_j+\delta_j) \quad (\epsilon < b-a),$$

故有 $j_1, \cdots, j_n$ 使得 $[a+\epsilon,b] \subset \bigcup\limits_{k=1}^{n}(a_{j_k}, b_{j_k}+\delta_j)$, 故 $(a+\epsilon,b] \subset \bigcup\limits_{k=1}^{n}(a_{j_k}, b_{j_k}+\delta_j]$. 再由上述的结论, 可得

$$\begin{aligned}F(b) - F(a+\epsilon) &\leqslant \sum_{k=1}^{n}(F(b_{j_k}+\delta_{j_k}) - F(a_{j_k})) \\ &\leqslant \sum_{k=1}^{n}(F(b_{j_k}) - F(a_{j_k})) + \sum_{k=1}^{n}\frac{\epsilon}{2^{j_k}} < \sum_{k=1}^{\infty}F((a_k,b_k]) + \epsilon.\end{aligned}$$

在上式中令 $\epsilon \to 0^+$, 便得到 $F((a,b]) \leqslant \sum\limits_{k=1}^{\infty}F((a_k,b_k])$.

由 (1) 和 (2) 可知, 当 $(a,b] = \bigcup\limits_{j=1}^{n}(a_j,b_j]$ 时, 其中, $(a_1,b_1], \cdots, (a_n,b_n]$ 两两互不相交, n 可以为有限或 ∞, 必有 $F((a,b]) = \sum\limits_{j=1}^{n}F((a_j,b_j])$.

定义 $\mu_F\colon \mathfrak{R}_{\mathbb{R}} \to [0,+\infty)$ 为 $\mu_F(E) = \sum\limits_{j=1}^{k}F((a_j,b_j])$, 若 $E = \bigcup\limits_{j=1}^{k}(a_j,b_j]$, 其中 $a_i < b_i < a_j < b_j$, $1 \leqslant i < j \leqslant k$. 显然 $\mu_F(\varnothing) = 0$. 下面验证 $\mu(E)$ 与 E 的表示方式无关.

事实上, 如果 $E = \bigcup\limits_{i=1}^{m}(c_i,d_i]$, 其中 $(c_i,d_i]$, $i = 1, \cdots, m$ 两两互不相交, 并令 $(e_{ij},f_{ij}] = (c_j,d_j] \bigcap (a_j,b_j]$, 则有

$$(a_j,b_j] = \bigcup_{i=1}^{m}(e_{ij},f_{ij}], \quad (c_i,d_i] = \bigcup_{j=1}^{n}(e_{ij},f_{ij}], \quad j = 1, \cdots, n,\ i = 1, \cdots, m.$$

注意到 $(e_{ij},f_{ij}] = (c_j,d_j] \bigcap (a_j,b_j]$, $1 \leqslant j \leqslant n$, $1 \leqslant i \leqslant m$ 两两互不相交, 故

$$\sum_{j=1}^{n}F((a_j,b_j]) = \sum_{j=1}^{n}\sum_{i=1}^{m}F((e_{ij},f_{ij}]) = \sum_{i=1}^{m}\sum_{j=1}^{n}F((e_{ij},f_{ij}]) = \sum_{i=1}^{m}F((c_i,d_i]).$$

再验证 μ_F 具有可数可加性. 设 $\{E_j\}\subset\mathfrak{R}_{\mathbb{R}}$, $E_1,\cdots,E_n,\cdots$ 两两互不相交且 $E=\bigcup\limits_{j=1}^{\infty}E_j\in\mathfrak{R}_{\mathbb{R}}$. 按 $\mathfrak{R}_{\mathbb{R}}$ 中元素的表示形式, 令 $E=\bigcup\limits_{s=1}^{k}(a_s,b_s]$, $E_j=\bigcup\limits_{i=1}^{m_j}(c_i^{(j)},d_i^{(j)}]$, $\forall j\geqslant 1$, 其中, $(a_1,b_1],\cdots,(a_k,b_k]$ 两两互不相交, $(c_i^{(j)},d_i^{(j)}]$, $i=1,\cdots,m_j$, $\forall j\geqslant 1$ 两两互不相交. 故由

$$(a_s,b_s]=\bigcup_{j=1}^{\infty}\bigcup_{i=1}^{m_j}((c_i^{(j)},d_i^{(j)}]\bigcap(a_s,b_s]),\quad s=1,\cdots,k$$

得到

$$\begin{aligned}\mu_F(E)&=\sum_{s=1}^{k}F((a_s,b_s])=\sum_{s=1}^{k}\sum_{j=1}^{\infty}\sum_{i=1}^{m_j}F((c_i^{(j)},d_i^{(j)}]\bigcap(a_s,b_s])\\&=\sum_{j=1}^{\infty}\sum_{i=1}^{m_j}\sum_{s=1}^{k}F((c_i^{(j)},d_i^{(j)}]\bigcap(a_s,b_s])=\sum_{j=1}^{\infty}\sum_{i=1}^{m_j}\mu_F((c_i^{(j)},d_i^{(j)}]\bigcap E)\\&=\sum_{j=1}^{\infty}\sum_{i=1}^{m_j}\mu_F((c_i^{(j)},d_i^{(j)}])=\sum_{j=1}^{\infty}\mu_F(E_j).\end{aligned}$$

这样, μ_F 就是 $\mathfrak{R}_{\mathbb{R}}$ 上的测度. 根据定理 2.2.4, $\mathfrak{A}(\mathfrak{R}_{\mathbb{R}})$ 上的外测度 λ^* 限制在 $\mathfrak{F}(\mathfrak{R}_{\mathbb{R}})$ 上为测度而且在 $\mathfrak{R}$ 上时, $\lambda^*=\mu_F$. $\mathfrak{F}(\mathfrak{R}_{\mathbb{R}})$ 称为 $\mathbb{R}^1$ 上的 Lebesgue–Stieltjes (勒贝格–斯蒂尔切斯) 可测集全体, $\lambda^*|_{\mathfrak{F}(\mathfrak{R}_{\mathbb{R}})}$ 是 Lebesgue–Stieltjes 测度. 而当 $F(x)=x$ 时, $\mathfrak{F}(\mathfrak{R}_{\mathbb{R}})$ 为 $\mathbb{R}^1$ 上的 Lebesgue 可测集全体, $\lambda^*|_{\mathfrak{F}(\mathfrak{R}_{\mathbb{R}})}$ 是 Lebesgue 测度.

2.3 可测函数的性质

由于可测实值函数允许取值 $+\infty$ 和 $-\infty$, 所以首先约定以 $+\infty$ 和 $-\infty$ 作为数时的运算规则如下:

(1) $(\pm\infty)+\alpha=\alpha+(\pm\infty)=\alpha-(\mp\infty)=\pm\infty$, $\alpha\in\mathbb{R}$.

(2) $(\pm\infty)+(\pm\infty)=(\pm\infty)-(\mp\infty)=\pm\infty$.

(3) $\dfrac{\alpha}{\pm\infty}=0,\quad \alpha\cdot(\pm\infty)=(\pm\infty)\cdot\alpha=\begin{cases}\pm\infty, & \alpha>0,\\ 0, & \alpha=0,\ \alpha\in\mathbb{R}.\\ \mp\infty, & \alpha<0,\end{cases}$

(4) 运算 $(\pm\infty)-(\pm\infty)$, $(\pm\infty)+(\mp\infty)$, $\dfrac{\pm\infty}{\pm\infty}$, $\dfrac{\pm\infty}{\mp\infty}$, $\dfrac{\alpha}{0}(\alpha\in\mathbb{R})$ 无意义.

在本节中, 可测空间 $(X,\mathfrak{F})$ 中的 $\mathfrak{F}$ 总是假设为 σ–代数.

定义 2.3.1 设 $(X,\mathfrak{F})$ 为可测空间, $f\colon X\to[-\infty,+\infty]$ 称为可测, 若对任意 $\alpha\in\mathbb{R}$, $\{x\in X\,|\,f(x)<\alpha\}\in\mathfrak{F}$. $f\colon X\to\mathbb{C}$ 称为可测的, 若 f 的实部和虚部皆可测.

可测函数的性质如下:

命题 2.3.2 设 $(X,\mathfrak{F})$ 为可测空间, f,g 为 X 上的有限实值 (即值域在 $\mathbb{R}$ 中) 可测函数. 则

(1) 对 $\mathbb{R}^1$ 中的任意开集 V, $f^{-1}(V)\in\mathfrak{F}$;

(2) 对任意 $c\in\mathbb{R}$, $\{x\in X\,|\,f(x)=c\}\in\mathfrak{F}$;

(3) $|f|$, f^2 可测;

(4) $f+g$, fg, $\dfrac{f}{g}(g(x)\neq 0)$ 可测;

(5) $\max\{f,g\}$, $\min\{f,g\}$ 可测;

(6) 若 $\{f_n\}$ 为可测实函数列, 则 $\sup\limits_{n\geqslant 1} f_n$, $\inf\limits_{n\geqslant 1} f_n$, $\varliminf\limits_{n\to\infty} f_n$, $\varlimsup\limits_{n\to\infty} f_n$ 都可测.

证明 (1) 对任意 $a,b\in\mathbb{R}$ 且 $a<b$, 有

$$f^{-1}((a,b))=\{x\in X\,|\,f(x)>a\}\bigcap\{x\in X\,|\,f(x)<b\}.$$

由于

$$\{x\in X\,|\,f(x)\leqslant a\}=\bigcap_{n=1}^{\infty}\left\{x\in X\,\middle|\,f(x)<a+\frac{1}{n}\right\},$$

故 $\{x\in X\,|\,f(x)>a\}=X\backslash\{x\in X\,|\,f(x)\leqslant a\}$ 可测, 从而 $f^{-1}((a,b))\in\mathfrak{F}$.

对于开集 V, 我们可以找到有限或可数个互不相交的开区间集列 $\{I_n\}$, 使得 $V=\bigcup\limits_{n} I_n$. 于是, $f^{-1}(V)=\bigcup\limits_{n=1}^{\infty} f^{-1}(I_n)\in\mathfrak{F}$.

(2) 因 $(-\infty,c)$, $(c,+\infty)$ 为 $\mathbb{R}^1$ 中开集, 故 $f^{-1}((-\infty,c)), f^{-1}((c,+\infty))$ 在 $\mathfrak{F}$ 中, 从而

$$f^{-1}([c,+\infty))=X\backslash f^{-1}((-\infty,c)),\quad f^{-1}((-\infty,c])=X\backslash f^{-1}((c,+\infty))\in\mathfrak{F},$$

于是

$$\{x\in X\,|\,f(x)=c\}=f^{-1}([c,+\infty))\bigcap f^{-1}((-\infty,c])\in\mathfrak{F}.$$

(3) 对 $c\in\mathbb{R}$, $\{x\in X\,|\,|f(x)|<c\}=\begin{cases}f^{-1}((-c,c)), & c\geqslant 0,\\ \varnothing, & c<0\end{cases}\in\mathfrak{F}$. 所以 $|f|$ 可测.

对 $c \in \mathbb{R}$, $\{x \in X|\, f^2(x) < c\} = \begin{cases} f^{-1}((-\sqrt{c}, \sqrt{c})), & c \geqslant 0, \\ \varnothing, & c < 0 \end{cases} \in \mathfrak{F}$. 所以 f^2 可测.

(4) 对任意 $c \in \mathbb{R}$ 及 $\mathbb{R}$ 上的全部有理数 $\{r_n\}$, 我们有

$$\{x \in X|\, f(x) + g(x) < c\} = \bigcup_{n=1}^{\infty} \left[\{x \in X|\, f(x) < r_n\} \bigcap \{x \in X|\, g(x) < c - r_n\}\right],$$

从而 $f + g$ 可测.

注意到 $fg = \dfrac{1}{4}((f+g)^2 - (f-g)^2)$. 而由上述, $f+g$, $f-g$ 可测以及 $(f+g)^2$, $(f-g)^2$ 皆可测, 于是 fg 可测.

设 $E = \{x \in X|\, g(x) = 0\}$. 对任意 $c \in \mathbb{R}$, 由于

$$\left\{x \in X\backslash E \,\middle|\, \frac{f(x)}{g(x)} < c\right\} = \{x \in X|\, f(x) - cg(x) < 0\}\backslash E,$$

而 $\{x \in X|\, f(x) - cg(x) < 0\}$ 和 E 都可测, 所以 $\dfrac{f}{g}$ 可测.

(5) 由于

$$\max\{f, g\} = \frac{1}{2}(f + g + |f - g|), \quad \min\{f, g\} = \frac{1}{2}(f + g - |f - g|),$$

故由 (3) 和 (4), $\max\{f, g\}$ 和 $\min\{f, g\}$ 可测.

(6) 设 $\lambda(x) = \sup\limits_{n \geqslant 1} f_n(x)$, $\mu(x) = \inf\limits_{n \geqslant 1} f_n(x)$, $\forall\, x \in X$. 则对任意 $c \in \mathbb{R}$,

$$\{x \in X|\, \lambda(x) \leqslant c\} = \bigcap_{n=1}^{\infty} \{x \in X|\, f_n(x) \leqslant c\},$$

$$\{x \in X|\, \mu(x) \geqslant c\} = \bigcap_{n=1}^{\infty} \{x \in X|\, f_n(x) \geqslant c\},$$

从而 $\lambda(x)$ 和 $\mu(x)$ 可测.

注意到

$$\varliminf_{n \to \infty} f_n(x) = \sup_{n \geqslant 1}(\inf_{m \geqslant n} f_m(x)), \quad \varlimsup_{n \to \infty} f_n(x) = \inf_{n \geqslant 1}(\sup_{m \geqslant n} f_m(x)),$$

于是重复运用刚才所得到的结论, 可得所要结果. □

由命题 2.3.2 (4)、(5), 易知如下结论.

推论 2.3.3 设 $(X, \mathfrak{F})$ 为可测空间, $f(x)$ 为 X 上的有限实值函数. 令

$$f^+ = f \vee 0, \quad f^- = -(f \wedge 0).$$

则有

(1) $f = f^+ - f^-$, $|f| = f^+ + f^-$, $f^+ f^- = 0$.

(2) f 可测当且仅当 f^+, f^- 可测.

注 2.3.4 (1) 推论 2.3.3 中的非负函数 f^+, f^- 分别称为 f 的正部和负部.

(2) 设 $(X, \mathfrak{F})$ 为可测空间. 记 $F_{\mathbb{R}}(X, \mathfrak{F})$ 为 X 上有限实值可测函数全体. 则由命题 2.3.2, 在可测函数的加法、乘法和数乘下, $F_{\mathbb{R}}(X, \mathfrak{F})$ 成为 $\mathbb{R}$ 上的代数. 以 $F(X, \mathfrak{F})$ 表示 X 上的复值可测函数全体.

(3) 设 $f\colon X \to [-\infty, +\infty]$ 为可测函数. 由

$$\{x \in X \mid f(x) = +\infty\} = \bigcap_{n=1}^{\infty} \{x \in X \mid f(x) > n\},$$

$$\{x \in X \mid f(x) = -\infty\} = \bigcap_{n=1}^{\infty} \{x \in X \mid f(x) < -n\}$$

可知, $\{x \in X \mid f(x) = +\infty\}$ 和 $\{x \in X \mid f(x) = -\infty\}$ 都是可测集. 于是, f^+, f^- 都可测, 同时推论 2.3.3 中的 (1) 和 (2) 也成立. 进一步, 对于可测函数 $f, g\colon X \to [-\infty, +\infty]$, 只要 $f \pm g$, fg 及 $\dfrac{f}{g}$ 有定义, 它们也是可测的.

设 E 为可测空间 $(X, \mathfrak{F})$ 中的可测集, 则 E 的特征函数 $\chi_E(t)$ 可测, 这是因为, 对任意 $c \in \mathbb{R}$,

$$\{t \in X \mid \chi_E(t) < c\} = \begin{cases} X, & c > 1, \\ X \backslash E, & 0 < c \leqslant 1, \\ \varnothing, & c \leqslant 0 \end{cases}$$

是可测集. 反之, 如果 χ_E 可测, 可推出 E 可测.

定义 2.3.5 设 $(X, \mathfrak{F})$ 为可测空间, $E_1, \cdots, E_n$ 为 X 中 n 个两两互不相交的可测集使得 $X = \bigcup\limits_{i=1}^{n} E_n$. 设 $a_1, \cdots, a_n$ 为 n 个数. 函数 $f(t) = \sum\limits_{i=1}^{n} a_i \chi_{E_i}(t)$, $\forall\, t \in X$, 称为 X 上的简单函数.

易知, X 上的任何简单函数都是可测的.

命题 2.3.6 设 $(X, \mathfrak{F})$ 为可测空间, $f(x)$ 为 X 上的可测函数.

(1) 如果 f 非负, 则存在 X 上非负简单函数列 $\{\phi_n\}$ 使得 $\phi_n(x) \leqslant \phi_{n+1}(x)$, $n \geqslant 1$ 且 $\lim\limits_{n\to\infty} \phi_n(x) = f(x)$, $\forall\, x \in X$.

(2) 对复值可测函数 f, 存在 X 上的简单函数列 $\{\phi_n\}$ 使得 $\lim\limits_{n\to\infty} \phi_n(x) = f(x)$, $\forall\, x \in X$.

(3) 若 f 在 X 上还是有界的, 则上述的收敛可以是一致的.

证明 (1) 对自然数 $k \geqslant 1$, 将 $[0,k]$ 分成 $k2^k$ 等份, 令

$$X_{k,j}=\left\{x \in X \left| \frac{j-1}{2^k} \leqslant f(x)<\frac{j}{2^k}\right.\right\}, \quad X_k=\{x \in X \mid f(x) \geqslant k\},$$

$j=1,2,\cdots,k2^k$, $k \geqslant 1$. 则 $X_{k,j}$ 和 X_k 可测而且 $X_{k,i} \cap X_{k,j}=\varnothing$, $i \neq j$, $X_{k,j} \bigcap X_k=\varnothing$, $X=\left(\bigcup\limits_{j=1}^{k2^k} X_{k,j}\right) \bigcup X_k$, $i,j=1,2,\cdots,k2^k$, $k=1,2,\cdots$. 令

$$\phi_k(x)=\sum_{j=1}^{k2^k} \frac{j-1}{2^k} \chi_{X_{k,j}}(x)+k \chi_{X_k}(x),\ \forall x \in X, \quad k=1,2,\cdots.$$

则 $\{\phi_k\}$ 是非负简单函数并且 $\phi_k(x) \leqslant f(x)$, $\forall x \in X$, $k \geqslant 1$.

给定 $k \geqslant 1$. 设 $x \in X$. 如果 $x \in X_{k+1}$, 则 $f(x) \geqslant k+1>k$, 即 $x \in X_k$, 从而 $\phi_{k+1}(x)>\phi_k(x)$. 设 $x \in X_{k+1,j}$, 则 $\frac{j-1}{2^{k+1}} \leqslant f(x)<\frac{j}{2^{k+1}}$. 若 $j=2s$, $s=1,2,\cdots,(k+1)2^k$, 则当 $s>k2^k$ 时, $x \in X_k$; $s \leqslant k2^k$ 时, $x \in X_{k,s}$. 故

$$\phi_{k+1}(x)=\frac{j-1}{2^{k+1}}>\frac{s-1}{2^k}=\phi_k(x).$$

若 $j=2s-1$, $1 \leqslant s \leqslant(k+1)2^k$, 则当 $s>k2^k$ 时, $x \in X_k$; $s \leqslant k2^k$ 时, $x \in X_{k,s}$. 故

$$\phi_{k+1}(x)=\frac{j-1}{2^{k+1}}=\frac{s-1}{2^k}=\phi_k(x).$$

从而 $\{\phi_k(x)\}$ 单调递增.

设 $x \in X$. 如果 $f(x)<+\infty$, 则对任何 $k>f(x)$, 存在某个 j 使得 $x \in X_{k,j}$, 于是

$$\phi_k(x)=\frac{j-1}{2^k} \leqslant f(x)<\frac{j}{2^k}=\phi_k(x)+\frac{1}{2^k}, \tag{2.5}$$

故 $\lim\limits_{k \rightarrow \infty} \phi_k(x)=f(x)$.

若 $f(x)=+\infty$, 则 $\phi_k(x)>k$, $\forall k \geqslant 1$, 故 $\lim\limits_{k \rightarrow \infty} \phi_k(x)=f(x)=+\infty$.

(2) 设 $f=f_1+\mathrm{i} f_2$, f_1 与 f_2 为实值函数. 设 $f_j=f_j^{+}-f_j^{-}$, $j=1,2$. 由于 f_j^{+}, f_j^{-} 非负可测, $j=1,2$, 利用 (1) 的结论可得 (2).

(3) 设 f 为非负有界可测函数. 则对任意 $k>\sup\limits_{x \in X} f(x)$ 及任意 $x \in X$, 存在 j 使得 $x \in X_{k,j}$(此时 $X_k=\varnothing$). 于是由 (2.5) 式, $0 \leqslant f(x)-\phi_k(x)<\frac{1}{2^k}$, $\forall x \in X$, 故 ϕ_k 在 X 上一致收敛于 f.

一般地, 若 f 有界可测, 将 f 写成非负有界可测函数的线性组合, 再对这些非负可测函数用上述结论即可. □

定义 2.3.7 设 $(X,\mathfrak{F},\mu)$ 为测度空间. 命题 $P(x)$ 称为在集合 $A\subset X$ 上 μ 几乎处处成立, 如果存在 $E\subset A$ 以及 $E\in\mathfrak{F}$ 并且 $\mu(E)=0$ 使得 $P(x)$ 对任意 $x\in A\backslash E$ 成立, 此时记 $P(x)$, μ–a.e. 于 A.

定义 2.3.8 设 $(X,\mathfrak{F},\mu)$ 为测度空间, f,f_n 为 X 上的可测函数, $n\geqslant 1$.

(1) 若 $\mu(\{x\in X||f(x)|=+\infty\})=0$, 则称 f 是 μ–a.e. (或几乎处处) 有限的;

(2) 若有 $A\in\mathfrak{F}$ 且 $\mu(A)=0$, 使得 $f_n(x)\to f(x)$, $\forall x\in X\backslash A$, 则称 f_n 几乎处处收敛于 f, 记为 $f_n\overset{\mu\text{–a.e}}{\longrightarrow}f$;

(3) 若 f,f_n μ–a.e. 有限, $n\geqslant 1$, 且 $\lim\limits_{n\to\infty}\mu(\{x\in X||f_n(x)-f(x)|\geqslant\delta\})=0$ 对任意 $\delta>0$ 成立, 则称 f_n 依测度收敛于 f, 记为 $f_n\overset{\mu}{\longrightarrow}f$.

如同实变函数中的函数列收敛的几个著名定理以及 Lusin (卢津) 定理, 我们都可以在一般测度空间上建立相应的定理.

定理 2.3.9 (Egoroff (叶戈罗夫)) 设 $(X,\mathfrak{F},\mu)$ 为有限测度空间. f,f_n $(n\geqslant 1)$ 为定义在 X 上的 μ–a.e. 有限的可测函数且 $f_n\overset{\mu-\text{a.e.}}{\longrightarrow}f$. 则对任给 $\delta>0$, 存在可测集 F_δ 使得 $\mu(X\backslash F_\delta)<\delta$ 且 f_n 在 F_δ 上一致收敛于 f.

证明 设 $X_0=\bigcup\limits_{n=1}^{\infty}\{x\in X||f_n(x)|=+\infty\}\bigcup\{x\in X||f(x)|=+\infty\}$. 则有 $X_0\subset\mathfrak{F}$ 且 $\mu(X_0)=0$. 设 $X_1=X\backslash X_0$. 令

$$X_2=\bigcap_{k=1}^{\infty}\bigcup_{N=1}^{\infty}\bigcap_{n=N}^{\infty}\left\{x\in X_1\middle||f_n(x)-f(x)|<\frac{1}{k}\right\}.$$

于是容易得到

$$\begin{aligned}X_1\backslash X_2&=\left\{x\in X_1\middle|\lim_{n\to\infty}f_n(x)\neq f(x)\right\}\\&=\bigcup_{k=1}^{\infty}\bigcap_{N=1}^{\infty}\bigcup_{n=N}^{\infty}\left\{x\in X_1\middle||f_n(x)-f(x)|\geqslant\frac{1}{k}\right\}.\end{aligned}$$

由 $\mu(X_1\backslash X_2)=0$, 可得

$$\mu\left(\bigcap_{N=1}^{\infty}\bigcup_{n=N}^{\infty}\left\{x\in X_1\middle||f_n(x)-f(x)|\geqslant\frac{1}{k}\right\}\right)=0,\quad\forall k\geqslant 1.$$

因 $A_N=\bigcup\limits_{n=N}^{\infty}\left\{x\in X_1\middle||f_n(x)-f(x)|\geqslant\dfrac{1}{k}\right\}$ 单调减且 $\mu(X_1)=\mu(X)<+\infty$, 故

由命题 2.1.10 (4), $\lim\limits_{N\to\infty}\mu(A_N)=\mu\left(\bigcap\limits_{N=1}^{\infty}A_N\right)=0$. 则对任意 $\delta>0$, 有 N_k 使得 $\mu(A_{N_k})<\dfrac{\delta}{2^k}$, $k\geqslant 1$. 令 $F_\delta=\bigcap\limits_{k=1}^{\infty}\bigcap\limits_{n=N_k}^{\infty}\left\{x\in X_1\,\middle|\,|f_n(x)-f(x)|<\dfrac{1}{k}\right\}$. 则得

$$X\backslash F_\delta=X_0\bigcup(X_1\backslash F_\delta)=X_0\bigcup\left(\bigcup_{k=1}^{\infty}\bigcup_{n=N_k}^{\infty}\left\{x\in X_1\,\middle|\,|f_n(x)-f(x)|\geqslant\frac{1}{k}\right\}\right),$$

从而 $\mu(X\backslash F_\delta)\leqslant\sum\limits_{k=1}^{\infty}\mu(A_{N_k})<\delta$ 并且显然在 F_δ 上, f_n 一致收敛于 f. □

定理 2.3.10 (Lusin) 设 (X,τ) 为拓扑空间, $(X,\mathfrak{F},\mu)$ 是 σ–有限测度空间而且 $\mathfrak{F}\supset\mathfrak{B}(X)$. 设 μ 满足条件:

$$\mu(E)=\inf\{\mu(G)\,|\,G\in\tau,E\subset G\},\quad\forall\,E\in\mathfrak{F}.$$

设 f 是可测集 $Y\subset X$ 上的 μ–a.e. 有限的可测函数. 则对任意 $\delta>0$, 存在 X 中的闭子集 F_δ 使得 $F_\delta\subset Y$, $\mu(Y\backslash F_\delta)<\delta$ 以及 $f(x)$ 在 F_δ 上连续.

证明 我们首先证明: 对任意 $\epsilon>0$ 和 $E\in\mathfrak{F}$, 存在 X 中的闭子集 F 使得 $F\subset E$ 并且 $\mu(E\backslash F)<\epsilon$.

如果 $\mu(X\backslash E)<+\infty$, 则由假设条件, 存在 $G\in\tau$ 使得 $X\backslash E\subset G$ 以及

$$\mu(X\backslash E)\leqslant\mu(G)<\mu(X\backslash E)+\epsilon<+\infty. \tag{2.6}$$

令 $F=X\backslash G$. 则 F 是 X 中的闭集而且 $E\supset F$. 则由 (2.6) 式得到

$$\mu(E\backslash F)=\mu(G\backslash(X\backslash E))=\mu(G)-\mu(X\backslash E)<\epsilon.$$

现设 $\mu(X\backslash E)=+\infty$. 由于 μ 是 σ–有限的, 故存在 $\{X_n\}\subset\mathfrak{F}$ 使得 $\mu(X_n)<+\infty$, $n\geqslant 1$ 及 $X=\bigcup\limits_{n=1}^{\infty}X_n$. 令 $E_n=X\backslash((X\backslash E)\bigcap X_n)$, $n\geqslant 1$. 则 $\mu(X\backslash E_n)<+\infty$, $n\geqslant 1$ 且 $E=\bigcap\limits_{n=1}^{\infty}E_n$. 于是, 由上述的结论, 得到: 存在 X 中的闭集 F_n, 使得 $F_n\subset E_n$ 并且 $\mu(E_n\backslash F_n)<\dfrac{\epsilon}{2^n}$, $n=1,2,\cdots$. 令 $F=\bigcap\limits_{n=1}^{\infty}F_n$. 则 F 是 X 中的闭集而且 $E\supset F$. 于是

$$\mu(E\backslash F)=\mu\left(\bigcap_{k=1}^{\infty}E_k\Big\backslash\left(\bigcap_{n=1}^{\infty}F_n\right)\right)\leqslant\mu\left(\bigcup_{n=1}^{\infty}(E_n\backslash F_n)\right)\leqslant\sum_{n=1}^{\infty}\mu(E_n\backslash F_n)<\epsilon.$$

接下来, 我们分三步来证明这个定理.

(I) 设 f 为 Y 上的简单函数, 即 $Y=\bigcup\limits_{j=1}^{n}E_j$, $E_j\in\mathfrak{F}$, $E_i\bigcap E_j=\varnothing$, $i\neq j$, 且 f 在 E_j 上恒为常数, $i,j=1,2,\cdots$. 由上述结论, 对任意 $\delta>0$, 存在 X 中的闭集 $F_j\subset E_j$ 使得 $\mu(E_j\backslash F_j)<\dfrac{\delta}{n}$, $j=1,2,\cdots,n$. 令 $F_\delta=\bigcup\limits_{j=1}^{n}F_j\subset Y$. 则 F_δ 在 X 中闭且 $\mu(Y\backslash F_\delta)<\delta$. 由于 f 在 F_j 上连续, $j=1,2,\cdots,n$, 而 $F_1,F_2,\cdots,F_n$ 互不相交, 故在 F_δ 上连续.

(II) 现在设 $f(x)$ 在 Y 上有界. 由命题 2.3.6 (3), 存在一列简单函数 $\{\phi_k\}$ 使得 $\{\phi_k\}$ 在 Y 上一致收敛于 f. 对任意 $\delta>0$, 由 (I), 存在闭子集 $F_k\subset Y$, 使得 $\mu(Y\backslash F_k)<\dfrac{\delta}{2^k}$ 且 $\phi_k(x)$ 在 F_k 上连续, $k\geqslant 1$. 令 $F_\delta=\bigcap\limits_{k=1}^{\infty}F_k$. 则 F_δ 是闭集而且

$$\mu(Y\backslash F_\delta)=\mu\left(\bigcup_{k=1}^{\infty}(Y\backslash F_k)\right)\leqslant\sum_{k=1}^{\infty}\mu(Y\backslash F_k)<\delta.$$

因 $\phi_k(x)$ 在 F_δ 上连续且 $\phi_k(x)$ 在 F_δ 上一致收敛于 $f(x)$, 故 $f(x)$ 在 F_δ 上连续.

(III) 一般地, 设 $f(x)$ 在 Y 上可测. 由于 $\mu(\{x\in Y\,|\,|f(x)|=+\infty\})=0$, 不妨设 $f(x)$ 在 Y 上取有限值. 令 $g(x)=\dfrac{f(x)}{1+|f(x)|}$, $\forall\, x\in Y$. 则 $g(x)$ 在 Y 上可测且 $|g(x)|<1$, $\forall\, x\in Y$. 由 (II), 存在闭子集 F_δ 使得 $\mu(Y\backslash F_\delta)<\delta$ 及 $g(x)$ 在 F_δ 上连续. 由于 $f(x)=\dfrac{g(x)}{1-|g(x)|}$, $|g(x)|<1$, $\forall\, x\in Y$, 因而 $f(x)$ 在 F_δ 上连续. □

定理 2.3.11 (Lusin) 设 (X,τ) 是局部紧的 Hausdorff 空间, $(X,\mathfrak{F},\mu)$ 是测度空间使得 $\mathfrak{B}(X)\subset\mathfrak{F}$ 而且 $\mathfrak{F}$, μ 还满足下列条件:

(1) 对任意 $E\in\mathfrak{F}$, 有 $\mu(E)=\inf\{\mu(G)\,|\,G\in\tau, E\subset G\}$;

(2) 对任意 $E\in\mathfrak{F}$ 且 $\mu(E)<+\infty$, 有 $\mu(E)=\sup\{\mu(F)\,|\,F$ 为紧子集, $F\subset E\}$.

设 f 在 X 上 μ–a.e. 有限可测且 $\mu(\{x\in X\,|\,f(x)\neq 0\})<+\infty$. 则对任意 $\delta>0$, 存在 X 中的闭子集 F_δ 及 $g\in C_c(X)$ 使得 $\mu(X\backslash F_\delta)<\delta$ 且 $f(x)=g(x)$, $\forall\, x\in F_\delta$.

如果 f 在 X 上有界, 则上述的 g 还可以满足 $\max\limits_{x\in X}|g(x)|\leqslant\sup\limits_{x\in X}|f(x)|$.

证明 设 $Y=\{x\in X\,|\,f(x)\neq 0\}$. 由条件 (1), 对任意 $\delta>0$, 有开集 $W\subset X$ 使得 $Y\subset W$, $\mu(W)<\mu(Y)+\dfrac{\delta}{3}$. 由定理 2.3.10, 对任意 $\delta>0$ 存在 X 中的闭子集 $F_{1\delta}\subset Y$ 使得 $\mu(Y\backslash F_{1\delta})<\dfrac{\delta}{3}$ 且 $f(x)$ 在 $F_{1\delta}$ 上连续. 因为 $\mu(F_{1\delta})\leqslant\mu(Y)<+\infty$, 故由条件 (2), 存在 X 中的紧子集 $F_{2\delta}$ 使得 $F_{2\delta}\subset F_{1\delta}$ 且 $\mu(F_{2\delta})>\mu(F_{1\delta})-\dfrac{\delta}{3}$. 由于 $f(x)$ 在紧集 $F_{2\delta}$ 上连续, 故由命题 1.4.1, $|f(x)|$ 在 F_δ

上有界. 设 $M_\delta = \max\limits_{x\in F_{2\delta}} |f(x)|$.

首先设 f 为实值函数. 则由推论 1.4.6, 存在 $g \in C_c(X)$ 使得

$$g(X) \subset [-M_\delta, M_\delta], \quad \mathrm{supp}(g) \subset W \text{ 且 } g(x) = f(x), \quad \forall\, x \in F_{2\delta},$$

(因为 $F_{2\delta} \subset F_{1\delta} \subset Y \subset W$). 令 $F_\delta = (X\backslash W)\bigcup F_{2\delta}$. 则 F_δ 是闭子集且 $g|_{F_\delta} = f$ (因为 f 和 g 的支撑在 W 内),

$$\sup_{x\in X} |g(x)| \leqslant M_\delta = \max_{x\in F_{2\delta}} |f(x)| = \sup_{x\in F_\delta} |f(x)| < +\infty.$$

另外, 从 $X\backslash F_\delta = W\backslash F_{2\delta}$ 和 $W\backslash F_{2\delta}$ 可表为三个不相交的可测集 $W\backslash Y$, $Y\backslash F_{1\delta}$, $F_{1\delta}\backslash F_{2\delta}$ 的并, 可以得到

$$\mu(X\backslash F_\delta) = \mu(W\backslash Y) + \mu(Y\backslash F_{1\delta}) + \mu(F_{1\delta}\backslash F_{2\delta}) < \frac{\delta}{3} + \frac{\delta}{3} + \frac{\delta}{3} = \delta.$$

如果 f 是复值, 设 $f = f_1 + \mathrm{i}\, f_2$, 其中 f_1, f_2 实值可测. 则根据上述的证明, 存在 $g_1, g_2 \in C_c(X)$ 和 X 中的闭子集 $F_\delta^{(1)}$, $F_\delta^{(2)}$ 使得对 $j = 1, 2$, 有

$$\sup_{x\in X} |g_j(x)| \leqslant \sup_{x\in F_\delta^{(j)}} |f_j(x)|, \quad \mu(X\backslash F_\delta^{(j)}) < \frac{\delta}{2}, \quad g_j(x) = f_j(x), \quad \forall\, x \in F_\delta^{(j)}.$$

令 $F_\delta = F_\delta^{(1)} \bigcap F_\delta^{(2)}$, $g_0 = g_1 + \mathrm{i}\, g_2$, $N_\delta = \sup\limits_{x\in F_\delta} |f(x)| < +\infty$. 则 F_δ 是闭集且

$$\mu(X\backslash F_\delta) \leqslant \mu(X\backslash F_\delta^{(1)}) + \mu(X\backslash F_\delta^{(2)}) < \delta, \quad g_0|_{F_\delta} = f, \quad g_0 \in C_c(X).$$

定义 $\mathbb{C}$ 上连续函数 ϕ 为

$$\phi(z) = \begin{cases} z, & |z| \leqslant N_\delta, \\ \dfrac{N_\delta\, z}{|z|}, & |z| > N_\delta, \end{cases}$$

并令 $g = \phi \circ g_0$. 则

$$g \in C_c(X), \quad g|_{F_\delta} = f \text{ 且 } \sup_{x\in X} |g(x)| \leqslant N_\delta = \sup_{x\in F_\delta} |f(x)|.$$

当 f 有界时, 设 $M = \sup\limits_{x\in X} |f(x)|$ 并在上述证明中, 以 M 代替 M_δ 或 N_δ (M_δ 和 N_δ 均小于 M). 则当 f 为实值或复值时, 皆有 $|g(x)| \leqslant M, \forall\, x \in X$. □

我们留下下面两个定理及一个推论的证明作为习题.

定理 2.3.12 (Riesz(里斯)) 设 $(X, \mathfrak{F}, \mu)$ 是测度空间, f, f_n $(n \geqslant 1)$ 为定义在 X 上的 μ-a.e. 有限的可测函数且 $f_n \xrightarrow{\mu} f$. 则存在 $\{f_n\}$ 的一个子列 $\{f_{n_k}\}$ 使得 $f_{n_k} \xrightarrow{\mu\text{-a.e.}} f$.

定理 2.3.13 设 $(X,\mathfrak{F},\mu)$ 为有限测度空间, f, f_n $(n\geqslant 1)$ 为定义在 X 上的 μ–a.e. 有限的可测函数且 f_n 几乎处处收敛于 f. 则 $f_n \xrightarrow{\mu} f$.

结合定理 2.3.11 和定理 2.3.12, 我们可以得到如下有用的结论.

推论 2.3.14 设 $(X,\mathfrak{F},\mu)$ 为有限测度空间, f_n, f 在 X 上 μ–a.e. 有限可测, $n\geqslant 1$. 则 $f_n \xrightarrow{\mu} f$ 的充要条件是: $\{f_n\}$ 中的任何子列 $\{f_{n_k}\}$ 中必有一个几乎处处收敛于 f 的子列.

2.4 抽象积分

实变函数在 $\mathbb{R}^n$ 的 Lebesgue 可测集上定义了 Lebesgue 积分. 相类似地, 在这节中, 我们将建立测度空间 $(X,\mathfrak{F},\mu)$ 上的积分理论.

在本节中, $(X,\mathfrak{F},\mu)$ 总是表示测度空间而 $\mathfrak{F}$ 是 X 上的一个 σ–代数, μ 是 $\mathfrak{F}$ 上的测度. 设 $E\in\mathfrak{F}$. 令 $\mathfrak{F}_E=\{E\bigcap A\,|\,A\in\mathfrak{F}\}$. 易知, $\mathfrak{F}_E$ 是 E 上的 σ–代数且 $(E,\mathfrak{F}_E,\mu)$ 是测度空间. 从而, f 在 X 上可测可推出 f 限制在 E 上时, 在 E 上可测 (关于 $\mathfrak{F}_E$).

定义 2.4.1 设 $E\in\mathfrak{F}$, f 为 E 上的实或复值可测函数.

(1) 设 f 为非负简单函数, 即 $f=\sum\limits_{k=1}^{n}a_k\chi_{E_k}$, $E=\bigcup\limits_{k=1}^{n}E_k$, $E_k\in\mathfrak{F}$ 且 $E_k\bigcap E_j=\varnothing$, $k\neq j$, $j,k=1,\cdots,n$, $a_1,\cdots,a_n\geqslant 0$. 定义

$$\int_E f\,d\mu=\sum_{k=1}^{n}a_k\mu(E_k).$$

(2) 设 f 为 E 上的非负可测函数, f 在 E 上的积分定义为

$$\int_E f\,d\mu=\sup\left\{\int_E \phi\,d\mu\,\middle|\,\phi\in\Phi(f,E)\right\},$$

其中 $\Phi(f,E)=\{\phi\,|\,0\leqslant\phi\leqslant f, \phi$ 为 E 上简单函数$\}$.

若 $\displaystyle\int_E f\,d\mu<+\infty$, 则称 f 在 E 上可积. 以 $L^+(E,\mu)$ 表示 E 上非负 μ–可积函数的全体.

(3) 如果 f 为 E 上的实值函数, 可将 f 分解为 $f=f^+-f^-$. 若 $\displaystyle\int_E f^+\,d\mu$ 及 $\displaystyle\int_E f^-\,d\mu$ 中至少有一个是有限的, 则称 f 在 E 上的积分确定, 并定义 f 在 E 上的积分 $\displaystyle\int_E f\,d\mu$ 为

$$\int_E f\,d\mu = \int_E f^+\,d\mu - \int_E f^-\,d\mu.$$

若 $\int_E f^+\,d\mu$ 和 $\int_E f^-\,d\mu$ 都有限, 则称 f 在 E 上可积. 以 $L_{\mathbb{R}}(E,\mu)$ 表示 E 上的 μ–可积实函数全体.

(4) 若 f 在 E 上取复值, 令 $f=\operatorname{Re} f+\mathrm{i}\operatorname{Im} f$ 并且假设 $\operatorname{Re} f, \operatorname{Im} f\in L_{\mathbb{R}}(E,\mu)$, 则称 f 在 E 上可积而 f 在 E 上的积分 $\int_E f\,d\mu$ 定义为

$$\int_E f\,d\mu = \int_E \operatorname{Re} f\,d\mu + \mathrm{i}\int_E \operatorname{Im} f\,d\mu.$$

记 $L(E,\mu)$ 为 E 上的复值 μ–可积函数全体.

2.4.1 非负可测函数的积分性质

命题 2.4.2 设 f,g 在 X 上非负可测. 又设 $A,B,E\in\mathfrak{F}$. 则有以下结论:

(1) 若 $f\leqslant g$, 则 $\int_E f\,d\mu\leqslant\int_E g\,d\mu$;

(2) 若 $A\subset B$, 则 $\int_A f\,d\mu\leqslant\int_B f\,d\mu$;

(3) 若 c 为正常数, 则 $\int_E (cf)\,d\mu = c\int_E f\,d\mu$;

(4) 若 $\mu(E)=0$, 则 $\int_E f\,d\mu=0$;

(5) 若 $\int_E f\,d\mu=0$, 则 f 在 E 上几乎处处为零 (即 $f=0$, μ–a.e. 于 E);

(6) $\int_E f\,d\mu=\int_X f\chi_E\,d\mu$.

证明 (1) 任取 $\phi\in\Phi(f,E)$. 由 $\phi\leqslant f\leqslant g$ (在 E 上) 得 $\int_E\phi\,d\mu\leqslant\int_E g\,d\mu$. 从而 $\int_E f\,d\mu\leqslant\int_E g\,d\mu$.

(2) 对任意 $\phi\in\Phi(f,A)$, 令 $\psi(x)=\begin{cases}\phi(x), & x\in A,\\ 0, & x\in B\backslash A.\end{cases}$ 则 $\psi\in\Phi(f,B)$ 且

$$\int_A\phi\,d\mu=\int_B\psi\,d\mu\leqslant\int_B f\,d\mu,$$

于是 $\int_A f\,d\mu\leqslant\int_B f\,d\mu$.

(3) 设 $c>0$. 对任意 $\phi\in\Phi(f,E)$, 易得

$$c\int_E \phi\,d\mu=\int_E (c\phi)\,d\mu\leqslant\int_E (cf)\,d\mu.$$

故 $c\int_E f\,d\mu\leqslant\int_E (cf)\,d\mu$. 另一方面, 对任意 $\phi\in\Phi(cf,E)$, 有 $c^{-1}\phi\in\Phi(f,E)$. 所以,

$$c^{-1}\int_E \phi\,d\mu=\int_E (c^{-1}\phi)\,d\mu\leqslant\int_E f\,d\mu,$$

即得 $\int_E (cf)\,d\mu\leqslant c\int_E f\,d\mu$.

(4) 任取 $\phi\in\Phi(f,E)$. 设 $\phi=\sum\limits_{j=1}^n c_j\chi_{E_j}$, 其中, $c_j\geqslant 0$, $E_i\bigcap E_j=\varnothing$, $E_j\in\mathfrak{F}$, $i\neq j$, $1\leqslant i,j\leqslant n$ 而且 $E=\bigcup\limits_{j=1}^n E_j$. 由 $\mu(E)=0$ 得出 $\mu(E_j)=0$, $j=1,\cdots,n$. 于是 $\int_E\phi\,d\mu=0$. 故由定义 2.4.1 (2) 得 $\int_E f\,d\mu=0$.

(5) 令 $E_n=\left\{x\in E\,\middle|\,f(x)\geqslant\dfrac{1}{n}\right\}\in\mathfrak{F}$, $n\geqslant 1$. 则 $\{x\in E|\,f(x)>0\}=\bigcup\limits_{n=1}^\infty E_n$. 由于

$$\frac{1}{n}\mu(E_n)\leqslant\int_{E_n} f\,d\mu\leqslant\int_E f\,d\mu=0,$$

即 $\mu(E_n)=0$, $n\geqslant 1$, 故 $\mu(\{x\in E|\,f(x)>0\})\leqslant\sum\limits_{n=1}^\infty\mu(E_n)=0$, 即 $f=0$, μ–a.e. 于 E.

(6) 由 (2) 得 $\int_X f\chi_E\,d\mu\geqslant\int_E f\chi_E\,d\mu=\int_E f\,d\mu$.

任取 $\phi\in\Phi(f\chi_E,X)$. 则 $\phi(x)=0$, $\forall x\in X\backslash E$ 且 $\phi|_E\in\Phi(f,E)$. 设 $\phi=\sum\limits_{j=1}^n c_j\chi_{E_j}$, 其中 $c_j\geqslant 0$, $E_i\bigcap E_j=\varnothing$, $E_j\in\mathfrak{F}$, $i\neq j$, $1\leqslant i,j\leqslant n$, $X=\bigcup\limits_{j=1}^n E_j$. 由 $\phi(x)=0$, $\forall x\in X\backslash E$, 可得 $c_j=0$ 或 $E_j\bigcap(X\backslash E)=\varnothing$, $1\leqslant j\leqslant n$. 于是

$$\begin{aligned}\int_E f\,d\mu&\geqslant\int_E\phi|_E\,d\mu=\sum_{j=1}^n c_j\mu(E_j\cap E)\\&=\sum_{j=1}^n c_j\mu(E_j\cap E)+\sum_{j=1}^n c_j\mu(E_j\cap(X\backslash E))=\int_X\phi\,d\mu,\end{aligned}$$

从而 $\int_E f\,d\mu\geqslant\int_X f\chi_E\,d\mu\geqslant\int_E f\,d\mu$. □

引理 2.4.3 设 ϕ, ψ 是测度空间 $(X, \mathfrak{F}, \mu)$ 上的非负简单函数. 则

(1) $\nu(E) = \int_E \phi\, d\mu, \forall E \in \mathfrak{F}$ 定义了 $\mathfrak{F}$ 上的一个测度;

(2) $\int_X (\phi + \psi)\, d\mu = \int_X \phi\, d\mu + \int_X \psi\, d\mu$.

证明 设 $\phi = \sum\limits_{i=1}^{n} a_i \chi_{E_i}, \psi = \sum\limits_{j=1}^{m} b_j \chi_{F_j}$, 其中, $E_i, F_j \in \mathfrak{F}$, $E_i \bigcap E_s = \varnothing$, $i \neq s$, $F_j \bigcap F_t = \varnothing$, $j \neq t$, $i, s = 1, 2, \cdots, n$, $j, t = 1, 2, \cdots, m$, $\bigcup\limits_{i=1}^{n} E_i = \bigcup\limits_{j=1}^{m} F_j = X$.

(1) $\nu(E) = \sum\limits_{i=1}^{n} a_i \mu(E_i \bigcap E)$. 对每个 i, $E \mapsto \mu(E_i \bigcap E)$ 是 $\mathfrak{F}$ 上的测度, $i = 1, 2, \cdots, n$. 故 ν 为 $\mathfrak{F}$ 上的测度.

(2) 设 $A_{ij} = E_i \bigcap F_j \in \mathfrak{F}$, $1 \leqslant i \leqslant n$, $1 \leqslant j \leqslant m$. 则 $X = \bigcup\limits_{i=1}^{n} \bigcup\limits_{j=1}^{m} A_{ij}$, $A_{ij} \bigcap A_{st} = \varnothing$, $i \neq s$ 或 $j \neq t$, $1 \leqslant i, s \leqslant n$, $1 \leqslant j, t \leqslant m$ 及 $\phi = \sum\limits_{i=1}^{n} \sum\limits_{j=1}^{m} a_i \chi_{A_{ij}}$, $\psi = \sum\limits_{i=1}^{n} \sum\limits_{j=1}^{m} b_j \chi_{A_{ij}}$. 故

$$\begin{aligned}\int_X (\phi + \psi)\, d\mu &= \sum_{i=1}^{n} \sum_{j=1}^{m} (a_i + b_j) \mu(A_{ij}) = \sum_{i=1}^{n} a_i \mu(E_i) + \sum_{j=1}^{m} b_j \mu(F_j) \\ &= \int_X \phi\, d\mu + \int_X \psi\, d\mu.\end{aligned}$$

□

定理 2.4.4 (Levi (莱维)) 设 $(X, \mathfrak{F}, \mu)$ 为测度空间, $\{f_n\}$ 为 X 上的非负可测函数列且对每个 $x \in X$, $\{f_n(x)\}$ 单调递增. 令 $f(x) = \lim\limits_{n \to \infty} f_n(x), \forall x \in X$. 则

$$\lim_{n \to \infty} \int_X f_n\, d\mu = \int_X f\, d\mu.$$

证明 首先, f 非负可测. 将命题 2.4.2 (1) 用于 $f_n \leqslant f_{n+1} \leqslant f$, 得到

$$\int_X f_n\, d\mu \leqslant \int_X f_{n+1}\, d\mu \leqslant \int_X f\, d\mu, \quad n \geqslant 1. \tag{2.7}$$

由 (2.7) 式, 可设 $\alpha = \lim\limits_{n \to \infty} \int_X f_n\, d\mu$. 若 $\alpha = +\infty$, 则由 (2.7) 式得 $\int_X f\, d\mu = \alpha$. 下设 $\alpha < +\infty$.

对任意 $\phi \in \Phi(f, X)$, $c \in (0, 1)$, 令 $E_n = \{x \in X \mid f_n(x) - c\phi(x) \geqslant 0\}$, $n \geqslant 1$. 则 E_n 可测且 $E_n \subset E_{n+1}$, $n \geqslant 1$.

设 $x_0 \in X$. 若 $f(x_0)=0$, 则 $\phi(x_0)=0$, 从而 $x_0 \in E_1$; 若 $f(x_0)>0$, 则 $f(x_0) \geqslant \phi(x_0) > c\phi(x_0)$. 因 $f(x_0)=\lim\limits_{n\to\infty} f_n(x_0)$, 故存在 n_0 使得

$$0 \leqslant f(x_0) - f_{n_0}(x_0) < f(x_0) - c\phi(x_0),$$

即得 $x_0 \in E_{n_0}$. 于是 $X = \bigcup\limits_{n=1}^{\infty} E_n$. 进而,

$$\int_X f_n \, d\mu \geqslant \int_{E_n} f_n \, d\mu \geqslant c\int_{E_n} \phi \, d\mu = c\,\nu(E_n), \quad n \geqslant 1.$$

由引理 2.4.3 (1), 得到

$$\alpha \geqslant c \lim_{n\to\infty} \nu(E_n) = c\,\nu(X) = c\int_X \phi \, d\mu.$$

令 $c \to 1^-$, 则 $\alpha \geqslant \int_X f \, d\mu \geqslant \alpha$. □

推论 2.4.5 设 $(X, \mathfrak{F}, \mu)$ 是测度空间, f, g 是 X 上的非负可测函数. 则

$$\int_X (f+g) \, d\mu = \int_X f \, d\mu + \int_X g \, d\mu.$$

证明 由命题 2.3.6 (1), 存在非负单调递增的简单函数列 $\{s_n\}$ 和 $\{t_n\}$ 使得 $\lim\limits_{n\to\infty} s_n(x) = f(x)$, $\lim\limits_{n\to\infty} t_n(x) = g(x)$, $\forall\, x \in X$. 由引理 2.4.3 (2),

$$\int_X (t_n + s_n) \, d\mu = \int_X t_n \, d\mu + \int_X s_n \, d\mu.$$

最后由定理 2.4.4 得到结论. □

推论 2.4.6 设 $(X, \mathfrak{F}, \mu)$ 是测度空间, $\{f_n\}$ 是 X 上的非负可测函数列. 则

(1) $\int_X \left(\sum\limits_{n=1}^{\infty} f_n\right) d\mu = \sum\limits_{n=1}^{\infty} \int_X f_n \, d\mu$;

(2) $\int_X \left(\varliminf\limits_{n\to\infty} f_n\right) d\mu \leqslant \varliminf\limits_{n\to\infty} \int_X f_n \, d\mu$ (Fatou (法图) 引理).

证明 (1) 令 $g_n = \sum\limits_{k=1}^{n} f_k$, 则 $\{g_n\}$ 非负可测且单调递增, 同时 $\lim\limits_{n\to\infty} g_n(x) = \sum\limits_{n=1}^{\infty} f_n(x)$. 于是由定理 2.4.4 得到结论.

(2) 令 $h_n(x)=\inf\limits_{k\geqslant n} f_k(x), \forall x\in X$. 则对每个 $x\in X$, $\{h_n(x)\}$ 是单调递增且非负可测的函数列, 并且 $h_n\leqslant f_n$, $n\geqslant 1$, $\varliminf\limits_{n\to\infty} f_n=\lim\limits_{n\to\infty} h_n$. 于是由定理 2.4.4, 得到

$$\int_X \left(\varliminf_{n\to\infty} f_n\right) d\mu=\int_X \lim_{n\to\infty} h_n\, d\mu=\lim_{n\to\infty}\int_X h_n\, d\mu.$$

由于 $\int_X h_n\, d\mu\leqslant\int_X f_n\, d\mu$, 故 $\int_X \left(\varliminf\limits_{n\to\infty} f_n\right) d\mu\leqslant\varliminf\limits_{n\to\infty}\int_X f_n\, d\mu$. □

2.4.2 一般可测函数的积分性质

根据命题 2.4.2 和推论 2.4.5 对一般的实值可测函数的可积性, 我们有如下结论.

推论 2.4.7 设 $E\in\mathfrak{F}$, f 为 X 上的实值可测函数. 则 $f\in L_{\mathbb{R}}(E,\mu)$ 当且仅当 $f^+, f^-\in L^+(E,\mu)$ 当且仅当 $|f|\in L^+(E,\mu)$.

下面我们讨论一般实值或复值可测函数的积分性质.

命题 2.4.8 设 $(X,\mathfrak{F},\mu)$ 为测度空间, $E\in\mathfrak{F}$, f,g 在 X 上实值可测且在 E 上的积分确定.

(1) 对任意 $\alpha\in\mathbb{R}$, 有 αf 在 E 上积分确定且 $\int_E (\alpha f)\, d\mu=\alpha\int_E f\, d\mu$;

(2) 如果 $\mu(E)=0$, 则 $\int_E f\, d\mu=0$;

(3) 如果对任意 $F\subset E$ 且 $F\in\mathfrak{F}$, 有 $\int_F f\, d\mu=0$, 则 $f=0$ μ–a.e. 于 E;

(4) 如果 $E=A\bigcup B$ 且 $A\bigcap B=\varnothing$, 则 f 在 A 和 B 上的积分都确定而且

$$\int_E f\, d\mu=\int_A f\, d\mu+\int_B f\, d\mu;$$

(5) 若在 E 上, 有 $f\leqslant g$, μ–a.e., 则 $\int_E f\, d\mu\leqslant\int_E g\, d\mu$, 如果 $f\in L(E,\mu)$ 并且对任意 $F\in\mathfrak{F}$ 且 $F\subset E$, 有 $\int_F f\, d\mu=0$, 则 f 在 E 上几乎处处为零;

(6) 若 $\int_E f\, d\mu+\int_E g\, d\mu$ 和 $f+g$ 有意义, 则 $f+g$ 在 E 上积分确定且

$$\int_E (f+g)\, d\mu=\int_E f\, d\mu+\int_E g\, d\mu. \tag{2.8}$$

证明 (1) $\alpha=0$ 时, 等式成立. 对 $\alpha\neq 0$, 我们有

$$(\alpha f)^+=\begin{cases}\alpha f^+, & \alpha>0,\\ -\alpha f^-, & \alpha<0,\end{cases}\qquad (\alpha f)^-=\begin{cases}\alpha f^-, & \alpha>0,\\ -\alpha f^+, & \alpha<0,\end{cases}$$

所以, 由命题 2.4.2 (3) 得

$$\int_E (\alpha f)^+ \, d\mu = \begin{cases} \alpha \int_E f^+ \, d\mu, & \alpha > 0, \\ -\alpha \int_E f^- \, d\mu, & \alpha < 0, \end{cases} \quad \int_E (\alpha f)^- \, d\mu = \begin{cases} \alpha \int_E f^- \, d\mu, & \alpha > 0, \\ -\alpha \int_E f^+ \, d\mu, & \alpha < 0. \end{cases}$$

又 $\int_E f^+ \, d\mu$ 和 $\int_E f^- \, d\mu$ 中, 至少有一个是有限的, 故 αf 在 E 上积分确定且

$$\int_E (\alpha f) \, d\mu = \int_E (\alpha f)^+ \, d\mu - \int_E (\alpha f)^- \, d\mu = \alpha \int_E f \, d\mu.$$

(2) 设 $f = f^+ - f^-$. 由命题 2.4.2 (4), $\int_E f^+ \, d\mu = \int_E f^- \, d\mu = 0$. 所以, f 在 E 上积分确定而且 $\int_E f \, d\mu = \int_E f^+ \, d\mu - \int_E f^- \, d\mu = 0$.

(3) 设 $f = f^+ - f^-$ 并令

$$F_1 = \{x \in E \mid f(x) \geqslant 0\}, \quad F_2 = \{x \in E \mid f(x) \leqslant 0\}.$$

则 $F_1, F_2 \in \mathfrak{F}$. 从而由 $\int_F f \, d\mu = 0, \forall F \subset E$ 且 $F \in \mathfrak{F}$, 得到

$$\int_E f^+ \, d\mu = \int_{F_1} f \, d\mu = 0, \quad \int_E (-f^-) \, d\mu = \int_{F_2} f \, d\mu = 0.$$

因此由命题 2.4.2 (5) $f^+ = 0$, $f^- = 0$, μ–a.e. 于 E, 即 $f = 0$, μ–a.e. 于 E.

(4) 设 $f = f^+ - f^-$. 则由命题 2.4.2 (2) 得

$$\int_A f^\pm \, d\mu \leqslant \int_E f^\pm \, d\mu, \quad \int_B f^\pm \, d\mu \leqslant \int_E f^\pm \, d\mu.$$

由此可知, f 在 A 和 B 上的积分确定.

由命题 2.4.2 (6), 得到

$$\int_A f^\pm \, d\mu = \int_E f^\pm \chi_A \, d\mu, \quad \int_B f^\pm \, d\mu = \int_E f^\pm \chi_B \, d\mu,$$

于是, 由推论 2.4.5 可得

$$\int_A f^+ \, d\mu + \int_B f^+ \, d\mu = \int_E (f^+ \chi_A + f^+ \chi_B) \, d\mu = \int_E f^+ \, d\mu,$$

$$\int_A f^- \, d\mu + \int_B f^- \, d\mu = \int_E (f^- \chi_A + f^- \chi_B) \, d\mu = \int_E f^- \, d\mu.$$

于是,

$$\int_A f \, d\mu + \int_B f \, d\mu = \int_A f^+ \, d\mu + \int_B f^+ \, d\mu - \left(\int_A f^- \, d\mu + \int_B f^- \, d\mu \right)$$

有意义, 而且

$$\begin{aligned}\int_A f \, d\mu + \int_B f \, d\mu &= \int_A f^+ \, d\mu - \int_A f^- \, d\mu + \int_B f^+ \, d\mu - \int_B f^- \, d\mu \\ &= \int_A f^+ \, d\mu + \int_B f^+ \, d\mu - \left(\int_A f^- \, d\mu + \int_B f^- \, d\mu \right) \\ &= \int_E f^+ \, d\mu - \int_E f^- \, d\mu = \int_E f \, d\mu.\end{aligned}$$

(5) 设 $E_0 = \{x \in X \mid f(x) \leqslant g(x)\} \bigcap E$. 则 E_0 可测而且 $\mu(E \backslash E_0) = 0$. 在 E_0 上, 由 $f(x) \leqslant g(x)$ 知, 当 $f(x) \geqslant 0$ 时, $f^+(x) = f(x) \leqslant g(x) = g^+(x)$, 而当 $f(x) \leqslant 0$ 时, $f^+(x) = 0$. 于是在 E_0 上, $f^+ \leqslant g^+$. 同理可得: 在 E_0 上, $f^- \geqslant g^-$. 从而

$$\int_{E_0} f^+ \, d\mu \leqslant \int_{E_0} g^+ \, d\mu, \quad \int_{E_0} f^- \, d\mu \geqslant \int_{E_0} g^- \, d\mu.$$

由此就可以推出

$$\int_{E_0} f \, d\mu = \int_{E_0} f^+ \, d\mu - \int_{E_0} f^- \, d\mu \leqslant \int_{E_0} g^+ \, d\mu - \int_{E_0} g^- \, d\mu = \int_{E_0} g \, d\mu.$$

再用 (2) 和 (4) 的结论得到

$$\begin{aligned}\int_E f \, d\mu &= \int_{E \backslash E_0} f \, d\mu + \int_{E_0} f \, d\mu = \int_{E_0} f \, d\mu \\ &\leqslant \int_{E_0} g \, d\mu = \int_{E_0} g \, d\mu + \int_{E \backslash E_0} g \, d\mu = \int_E g \, d\mu.\end{aligned}$$

(6) 设 $h = f + g = h^+ - h^-$, $f = f^+ - f^-$, $g = g^+ - g^-$, 这里 $h, h^+, h^-, f^+, f^-, g^+, g^-$ 都在 X 上可测. 于是由推论 2.4.5 得

$$\int_E (h^+ + f^- + g^-) \, d\mu = \int_E (h^- + f^+ + g^+) \, d\mu,$$

$$\int_E h^+ d\mu + \int_E f^- d\mu + \int_E g^- d\mu = \int_E h^- d\mu + \int_E f^+ d\mu + \int_E g^+ d\mu. \tag{2.9}$$

要使 $\int_E f\,d\mu + \int_E g\,d\mu$ 有意义, $\int_E f^+\,d\mu$ 与 $\int_E g^-\,d\mu$ 不能同时为 $+\infty$, 或者 $\int_E f^-\,d\mu$ 与 $\int_E g^+\,d\mu$ 不能同时为 $+\infty$. 另外,

$$\begin{aligned}
h^+ &= \frac{1}{2}(f+g+|f+g|) \leqslant \frac{1}{2}(f+|f|) + \frac{1}{2}(g+|g|) = f^+ + g^+,\\
h^- &= \frac{1}{2}(|f+g|-(f+g)) \leqslant \frac{1}{2}(|f|-f) + \frac{1}{2}(|g|-g) = f^- + g^-.
\end{aligned}$$

于是根据 f, g 在 E 上积分确定的条件, 可以推出 $\int_E h^+\,d\mu$ 及 $\int_E h^-\,d\mu$ 中至少有一个有限, 故 $f+g$ 在 E 上积分确定并由 (2.9) 式得出 (2.8) 式. □

推论 2.4.9 设 $E \in \mathfrak{F}$, $f, g \in L(X,\mu)$, $\alpha, \beta \in \mathbb{C}$. 则

(1) $\alpha f + \beta g \in L(X,\mu)$ 且 $\int_X (\alpha f + \beta g)\,d\mu = \alpha \int_X f\,d\mu + \beta \int_X g\,d\mu$;

(2) $\left|\int_X f\,d\mu\right| \leqslant \int_X |f|\,d\mu$;

(3) $\int_F f\,d\mu = \int_X f\chi_E\,d\mu$.

证明 (1) 由于 $|\alpha f + \beta g| \leqslant |\alpha||f| + |\beta||g|$, 故由命题 2.4.2 (1) 和 (3) 得

$$\int_X |\alpha f + \beta g|\,d\mu \leqslant |\alpha| \int_X |f|\,d\mu + |\beta| \int_X |g|\,d\mu < +\infty,$$

从而由推论 2.4.7 得 $\alpha f + \beta g \in L(X,\mu)$.

设 $f = f_1 + \mathrm{i}\,f_2$, $g = g_1 + \mathrm{i}\,g_2$, 其中 f_1, f_2, g_1, g_2 是 X 上实值可测函数. 设 $\alpha = \alpha_1 + \mathrm{i}\,\alpha_2$, $\beta = \beta_1 + \mathrm{i}\,\beta_2$, 其中 $\alpha_1, \alpha_2, \beta_1, \beta_2 \in \mathbb{C}$. 注意到:

$$\alpha f + \beta g = (\alpha_1 f_1 - \alpha_2 f_2 + \beta_1 g_1 - \beta_2 g_2) + \mathrm{i}\,(\alpha_1 f_2 + \alpha_2 f_1 + \beta_1 g_2 + \beta_2 g_1),$$

故由命题 2.4.8 (1)、(6) 得

$$\begin{aligned}
&\int_X (\alpha_1 f_1 - \alpha_2 f_2 + \beta_1 g_1 - \beta_2 g_2)\,d\mu\\
=&\alpha_1 \int_X f_1\,d\mu - \alpha_2 \int_X f_2\,d\mu + \beta_1 \int_X g_1\,d\mu - \beta_2 \int_X g_2\,d\mu,
\end{aligned}$$

$$
\begin{aligned}
&\int_X (\alpha_1 f_2+\alpha_2 f_1+\beta_1 g_2+\beta_2 g_1)\,d\mu \\
&=\alpha_1\int_X f_2\,d\mu+\alpha_2\int_X f_1\,d\mu+\beta_1\int_X g_2\,d\mu+\beta_2\int_X g_1\,d\mu.
\end{aligned}
$$

由此得出

$$
\begin{aligned}
\int_X (\alpha f+\beta g)\,d\mu &= \int_X (\alpha_1 f_1-\alpha_2 f_2+\beta_1 g_1-\beta_2 g_2)\,d\mu \\
&\quad +\mathrm{i}\int_X (\alpha_1 f_2+\alpha_2 f_1+\beta_1 g_2+\beta_2 g_1)\,d\mu \\
&=\alpha\int_X f\,d\mu+\beta\int_X g\,d\mu.
\end{aligned}
$$

(2) 设 $c=\int_X f\,d\mu$. 若 $c=0$, 则结论成立.

设 $c\neq 0$. 则有某个 $\theta\in\mathbb{R}$, 使得 $c=\mathrm{e}^{\mathrm{i}\theta}|c|$. 则 $|c|=\int_X \mathrm{e}^{-\mathrm{i}\theta} f\,d\mu$. 令 $\mathrm{e}^{-\mathrm{i}\theta}f=u+\mathrm{i}v$, $u,v\in L_{\mathbb{R}}(X,\mu)$. 则

$$
|c|=\int_X u\,d\mu+\mathrm{i}\int_X v\,d\mu=\int_X u\,d\mu,\quad \int_X v\,d\mu=0.
$$

所以,

$$
\left|\int_X f\,d\mu\right|=\int_X u\,d\mu\leqslant\int_X |u|\,d\mu\leqslant\int_X |f|\,d\mu.
$$

(3) 设 $f=f_1+\mathrm{i}\,f_2$, $f_j=f_j^+-f_j^-$ 而 $f_j^{\pm}\in L^+(X,\mu)$, $j=1,2$. 由于

$$
\int_E f_j^+\,d\mu=\int_X f_j^+\chi_E\,d\mu,\quad \int_E f_j^-\,d\mu=\int_X f_j^-\chi_E\,d\mu,\quad j=1,2,
$$

所以, 对 $j=1,2$,

$$
\int_E f_j\,d\mu=\int_E f_j^+\,d\mu-\int_E f_j^-\,d\mu=\int_X (f_j^+\chi_E-f_j^-\chi_E)\,d\mu=\int_X f_j\chi_E\,d\mu.
$$

从而

$$
\int_E f\,d\mu=\int_E f_1\,d\mu+\mathrm{i}\int_E f_2\,d\mu=\int_X (f_1\chi_E+\mathrm{i}\,f_2\chi_E)\,d\mu=\int_X f\chi_E\,d\mu. \qquad \square
$$

注 2.4.10 设 $f, g \in L(X,\mu)$ 且 $f = g$, μ–a.e. 于 X, 即 $\{x \in X | f(x) \neq g(x)\}$ 是一个零测度集. 设此集为 E. 则根据命题 2.4.8 (2) 和 (6),

$$\int_X f\,d\mu = \int_{X\setminus E} f\,d\mu + \int_E f\,d\mu = \int_{X\setminus E} g\,d\mu = \int_X g\,d\mu.$$

因而, 在 $L(X,\mu)$ 中, 可将 $f = g$ 规定为 f 与 g 在 X 上 μ–a.e. 相等. 甚至对函数可以用 "μ–a.e. 可测" 来代替 "可测". 而这样做, 对积分没有任何影响.

定理 2.4.11 (积分绝对连续性) 设 $(X,\mathfrak{F},\mu)$ 是测度空间, $f \in L(X,\mu)$. 则对任意 $\epsilon > 0$ 存在 $\delta > 0$ 使得对任意 $E \in \mathfrak{F}$ 且 $\mu(E) < \delta$ 都有 $\int_E |f|\,d\mu < \epsilon$.

证明 对任意 $\epsilon > 0$, 存在 $\phi \in \Phi(|f|, X)$ 使得

$$\int_X |f|\,d\mu - \frac{\epsilon}{2} < \int_X \phi\,d\mu \leqslant \int_X |f|\,d\mu.$$

令 $M = 1 + \max\limits_{x\in X} \phi(x)$, $\delta = \dfrac{\epsilon}{2M}$. 则对任意 $E \in \mathfrak{F}$ 且 $\mu(E) < \delta$, 就有

$$\begin{aligned}\int_E |f|\,d\mu &= \int_E (|f| - \phi)\,d\mu + \int_E \phi\,d\mu \\ &\leqslant \int_X (|f| - \phi)\,d\mu + (M-1)\mu(E).\end{aligned}$$

□

以下是著名的Lebesgue控制收敛定理.

定理 2.4.12 (Lebesgue) 设 $(X,\mathfrak{F},\mu)$ 是测度空间, $\{f_n\}$ 是 X 上的可测复值函数列. 又设 $f_n \xrightarrow{\mu\text{–a.e.}} f$ 且有 $F \in L^+(X,\mu)$ 使得 $|f_n(x)| \leqslant F(x)$, μ–a.e. 于 X, $n = 1, \cdots$. 则 $f \in L(X,\mu)$ 且 $\lim\limits_{n\to\infty} \int_X |f_n - f|\,d\mu = 0$.

证明 易知, f 是 μ–a.e. 可测且 $|f(x)| \leqslant F(x)$, μ–a.e. 于 X. 故 $f \in L(X,\mu)$. 进一步, 由于 $|f_n - f| \leqslant 2F$, μ–a.e. 于 X, $n \geqslant 1$, 令 $g_n = 2F - |f_n - f|$, $n \geqslant 1$. 则 $\{g_n\}$ 是非负函数列且 g_n 几乎处处收敛于 $2F$. 由推论 2.4.6 (2),

$$\begin{aligned}\int_X (2F)\,d\mu &\leqslant \varliminf_{n\to\infty} \int_X g_n\,d\mu = \varliminf_{n\to\infty} \int_X (2F - |f_n - f|)\,d\mu \\ &= \int_X (2F)\,d\mu - \varlimsup_{n\to\infty} \int_X |f_n - f|\,d\mu,\end{aligned}$$

于是 $\varlimsup\limits_{n\to\infty} \int_X |f_n - f|\,d\mu = 0$, 即 $\lim\limits_{n\to\infty} \int_X |f_n - f|\,d\mu = 0$. □

定理 2.4.13 设 $(X,\mathfrak{F},\mu)$ 为测度空间, $\{f_n\}$ 是一列在 X 上 μ–a.e. 有定义的复值可测函数且 $\sum\limits_{n=1}^{\infty}\int_X |f_n|\,d\mu<+\infty$. 则 $\sum\limits_{n=1}^{\infty} f_n(x)$ 在 X 几乎处处收敛, 而且

$$\int_X \left(\sum_{n=1}^{\infty} f_n\right) d\mu=\sum_{n=1}^{\infty}\int_X f_n\,d\mu.$$

证明 设 $S_n\in\mathfrak{F}$, f_n 在 S_n 上有定义且 $\mu(S_n^c)=0$, $n\geqslant 1$. 令 $S=\bigcap\limits_{n=1}^{\infty} S_n\in\mathfrak{F}$. 则 $\mu(S^c)=0$. 令 $F(x)=\sum\limits_{n=1}^{\infty}|f_n(x)|$, $x\in S$. 由推论 2.4.6 (1),

$$\int_S F\,d\mu=\sum_{n=1}^{\infty}\int_S |f_n|\,d\mu<+\infty.$$

令 $E_n=\{x\in S|\,F(x)\geqslant n\}\in\mathfrak{F}$, $n=1,2,\cdots$. 则 $E_{n+1}\subset E_n$, $\forall\, n\geqslant 1$ 且 $\bigcap\limits_{n=1}^{\infty} E_n=\{x\in S|\,F(x)=+\infty\}$. 于是

$$n\mu(E_n)\leqslant\int_{E_n} F\,d\mu\leqslant\int_S F\,d\mu,\quad \forall\, n\geqslant 1.$$

由此得到: $\mu(\{x\in S|\,F(x)=+\infty\})=\lim\limits_{n\to\infty}\mu(E_n)=0$, 即 $F(x)$ 是 μ–a.e. 有限的, 也即 $\sum\limits_{n=1}^{\infty} f_n(x)$ 几乎处处收敛.

令 $S_n(x)=\sum\limits_{j=1}^{n} f_j(x)$, $\forall\, n\geqslant 1$. 则 $S_n(x)\overset{\mu\text{–a.e.}}{\longrightarrow}\sum\limits_{n=1}^{\infty} f_n(x)$ 且 $|S_n(x)|\leqslant F(x)$, μ–a.e. 于 X. 因此, 由定理 2.4.12 得到

$$\sum_{n=1}^{\infty}\int_X f_n\,d\mu=\lim_{n\to\infty}\int_X S_n\,d\mu=\int_X\sum_{n=1}^{\infty} f_n\,d\mu. \qquad \square$$

注 2.4.14 从这个定理的证明过程中, 我们得到了一个很有用的性质. **如果 $f\in L(X,\mu)$, 则 f 是 μ–a.e. 有限的.**

2.5 乘积测度与 Fubini 定理

在本节中, 设 $(X,\mathfrak{F}_X)$ 和 $(Y,\mathfrak{F}_Y)$ 是两个可测空间, 其中 $\mathfrak{F}_X$ 和 $\mathfrak{F}_Y$ 分别是 X 和 Y 上的 σ–代数. 设 $A\in\mathfrak{F}_X$, $B\in\mathfrak{F}_Y$. $A\times B$ 称为 $X\times Y$ 中的矩形. 令 $\mathfrak{R}(X\times Y)$ 为 $X\times Y$ 中可以写成有限个互不相交的矩形的并的集合的全体.

引理 2.5.1 $\mathfrak{R}(X\times Y)$ 是 $X\times Y$ 上的一个环.

证明 设 $E_1=A\times B$, $E_2=C\times D$, $A,C\in\mathfrak{F}_X$, $B,D\in\mathfrak{F}_Y$. 由于

$$E_1\bigcap E_2=(A\bigcap C)\times(B\bigcap D),$$

$$E_1\backslash E_2=((A\backslash C)\times(B\backslash D))\bigcup((A\bigcap C)\times(B\backslash D))\bigcup((A\backslash C)\times(B\bigcap D)),$$

因此 $E_1\bigcap E_2$ 是一个矩形而 $E_1\backslash E_2$ 则是三个不相交的矩形之并, 即

$$E_1\backslash E_2,\quad E_1\bigcap E_2\in\mathfrak{R}(X\times Y).$$

设 $E=\bigcup\limits_{i=1}^{n}(A_i\times B_i)$, $F=\bigcup\limits_{j=1}^{m}(C_j\times D_j)$, 其中 $A_i,C_j\in\mathfrak{F}_X$, $B_i,D_j\in\mathfrak{F}_Y$, $1\leqslant i\leqslant n$, $1\leqslant j\leqslant m$ 且 $A_1\times B_1,\cdots,A_n\times B_n$ 两两互不相交, $C_1\times D_1,\cdots,C_m\times D_m$ 两两互不相交. 则 $E\backslash F=\bigcup\limits_{i=1}^{n}K_i$, 其中, 对每个 $i=1,\cdots,n$,

$$\begin{aligned}K_i&=\bigcap_{j=1}^{m}((A_i\times B_i)\backslash(C_j\times D_j))\\&=\left(\bigcap_{j=1}^{m}(A_i\backslash C_j)\times\left(B_i\cap\bigcap_{j=1}^{m}D_j\right)\right)\\&\quad\bigcup\left(\bigcap_{j=1}^{m}(A_i\backslash C_j)\times\bigcap_{j=1}^{m}(B_i\backslash D_j)\right)\bigcup\left((A_i\cap\bigcap_{j=1}^{m}C_j)\times\left(\bigcap_{j=1}^{m}(B_i\backslash D_j)\right)\right).\end{aligned}$$

注意到 $K_1,\cdots,K_n$ 两两互不相交, 而每个 K_i 可以表示为三个互不相交的矩形的并, 于是 $E\backslash F\in\mathfrak{R}(X\times Y)$. 又因为 $(E\backslash F)\bigcap F=\varnothing$, 故

$$E\bigcup F=(E\backslash F)\bigcup F\in\mathfrak{R}(X\times Y).$$

根据上述的证明, 我们得到: $\mathfrak{R}(X\times Y)$ 是一个环. □

现在记 $K(X\times Y)=\{A\times B\mid A\in\mathfrak{F}_X,B\in\mathfrak{F}_Y\}$ 并令 $\mathfrak{F}_{X\times Y}=\sigma_A(K(X\times Y))$. 则 $\mathfrak{R}(X\times Y)$ 生成的 σ–代数 $\sigma_A(\mathfrak{R}(X\times Y))$ 等于 $\mathfrak{F}_{X\times Y}$.

定义 2.5.2 $(X\times Y,\mathfrak{F}_{X\times Y})$ 称为可测空间 $(X,\mathfrak{F}_X)$ 与 $(Y,\mathfrak{F}_Y)$ 的乘积空间.

定义 2.5.3 设 $E\subset X\times Y$. 对 $x\in X$, $E_x=\{y\in Y\mid(x,y)\in E\}$ 称为 E 的 x–截面; 对 $y\in Y$, $E^y=\{x\in X\mid(x,y)\in E\}$ 称为 E 的 y–截面.

设 $f(x,y)$ 为 $X\times Y$ 上的实值函数. 对 $x\in X$, 关于 y 的函数 $f_x(y)=f(x,y)$ 为 f 的 x–截面; 对 $y\in Y$, x 的函数 $f^y(x)=f(x,y)$ 为 f 的 y–截面.

引理 2.5.4 设 $(X,\mathfrak{F}_X)$, $(Y,\mathfrak{F}_Y)$ 为可测空间, $(x,y)\in X\times Y$. 则

(1) $E\in\mathfrak{F}_{X\times Y}\Longrightarrow E_x\in\mathfrak{F}_Y$, $E^y\in\mathfrak{F}_X$;

(2) $f\colon X\times Y\to\mathbb{R}$ 可测 $\Longrightarrow f_x$ 和 f^y 都可测.

证明 (1) 设 $\mathfrak{G} = \{E \subset X \times Y \mid E_x \in \mathfrak{F}_Y,\ E^y \in \mathfrak{F}_X\}$. 对 $A \in \mathfrak{F}_X$, $B \in \mathfrak{F}_Y$,

$$(A \times B)_x = \begin{cases} B, & x \in A, \\ \varnothing, & x \notin A; \end{cases} \quad (A \times B)^y = \begin{cases} A, & y \in B, \\ \varnothing, & y \notin B, \end{cases}$$

于是 $A \times B \in \mathfrak{G}$. 从而 $X \times Y \in \mathfrak{G}$.

设 $E, F \in \mathfrak{G}$. 由于 $(E \backslash F)_x = E_x \backslash F_x$, $(E \backslash F)^y = E^y \backslash F^y$, $\forall x \in X$, $y \in Y$, 而 $E_x, F_x \in \mathfrak{F}_Y$, $E^y, F^y \in \mathfrak{F}_X$, 故 $E \backslash F \in \mathfrak{G}$.

设 $\{E_n\} \subset \mathfrak{G}$ 并令 $E = \bigcup\limits_{n=1}^{\infty} E_n$. 由于 $E_x = \bigcup\limits_{n=1}^{\infty} (E_n)_x$, $E^y = \bigcup\limits_{n=1}^{\infty} (E_n)^y$, 而 $\mathfrak{F}_X$ 和 $\mathfrak{F}_Y$ 是 σ–代数, 所以 $E \in \mathfrak{G}$.

以上说明 $\mathfrak{G}$ 是 σ–代数. 注意到 $\mathfrak{R}(X, Y) \subset \mathfrak{G}$, 故 $\mathfrak{F}_{X \times Y} \subset \mathfrak{G}$.

(2) 对 $\alpha \in \mathbb{R}$, $E(f) = \{(x, y) \in X \times Y \mid f(x, y) > \alpha\} \in \mathfrak{F}_{X \times Y}$. 由于

$$(E(f))_x = \{y \in Y \mid f_x(y) > \alpha\}, \quad (E(f))^y = \{x \in X \mid f^y(x) > \alpha\},$$

故由 (1) 可得, f_x 和 f^y 都可测. □

定理 2.5.5 设 $(X, \mathfrak{F}_X, \mu)$, $(Y, \mathfrak{F}_Y, \nu)$ 为 σ–有限测度空间. 对 $E \in \mathfrak{F}_{X \times Y}$, 令

$$f_E(x) = \nu(E_x), \quad x \in X, \quad g_E(y) = \mu(E^y), \quad y \in Y.$$

则 f_E, g_E 可测并且

$$\int_X f_E \, d\mu = \int_Y g_E \, d\nu. \tag{2.10}$$

证明 首先假设 $\mu(X) < +\infty$, $\nu(Y) < +\infty$.

设 $\mathfrak{R}$ 为 $\mathfrak{F}_{X \times Y}$ 中子集 E 使得 f_E 和 g_E 可测且 (2.10) 成立的全体. 先设 $E = A \times B$, $A \in \mathfrak{F}_X$, $B \in \mathfrak{F}_Y$. 则 $f_E = \nu(B)\chi_A$, $g_E = \mu(A)\chi_B$. 可知这两个函数都可测而且

$$\int_X f_E \, d\mu = \int_Y g_E \, d\nu = \mu(A)\nu(B).$$

设 $E = \bigcup\limits_{k=1}^{n} (A_k \times B_k)$, $A_k \in \mathfrak{F}_X$, $B_k \in \mathfrak{F}_Y$, $(A_k \times B_k) \bigcap (A_j \times B_j) = \varnothing$, $k \neq j$, $j, k = 1, \cdots, n$. 于是, 对任意 $x \in X$, $y \in Y$ 及 $k \neq j$, $j, k = 1, \cdots, n$,

$$(A_k \times B_k)_x \bigcap (A_j \times B_j)_x = \varnothing, \quad (A_k \times B_k)^y \bigcap (A_j \times B_j)^y = \varnothing.$$

易得 $f_E = \sum\limits_{i=1}^{n} \nu(B_i)\chi_{A_i}$, $g_E = \sum\limits_{i=1}^{n} \mu(A_i)\chi_{B_i}$ 可测, 而且

$$\int_X f_E \, d\mu = \sum_{i=1}^{n} \nu(B_i)\mu(A_i) = \int_Y g_E \, d\nu.$$

于是, $\mathfrak{R}(X\times Y)\subset\mathfrak{R}$.

设 $E,F\in\mathfrak{R}$ 且 $F\subset E$. 由于对任意 $x\in X$ 和 $y\in Y$,

$$\nu(F_x)\leqslant\nu(E_x)\leqslant\nu(Y) \text{ 及 } \mu(F^y)\leqslant\mu(E^y)\leqslant\mu(X),$$

所以

$$\begin{aligned}\int_X \nu((E\backslash F)_x)\,d\mu &= \int_X \nu(E_x\backslash F_x)\,d\mu = \int_X \nu(E_x)\,d\mu - \int_X \nu(F_x)\,d\mu \\ &= \int_Y \mu(E^y)\,d\nu - \int_Y \mu(F^y)\,d\nu = \int_Y \mu(E^y\backslash F^y)\,d\mu \\ &= \int_Y \mu((E\backslash F)^y)\,d\nu,\end{aligned}$$

即得 $E\backslash F\in\mathfrak{R}$.

设 $\{E_n\}$ 为 $\mathfrak{R}$ 中的单调递增列. 令 $E=\bigcup\limits_{n=1}^{\infty}E_n$. 则对任意 $x\in X$, $y\in Y$ 及 $n\geqslant 1$, 有

$$E_x=\bigcup_{n=1}^{\infty}(E_n)_x,\quad E^y=\bigcup_{n=1}^{\infty}(E_n)^y,\quad (E_n)_x\subset(E_{n+1})_x,\quad (E_n)^y\subset(E_{n+1})^y.$$

于是, $\nu(E_x)=\lim\limits_{n\to\infty}\nu((E_n)_x)$ 及 $\mu(E^y)=\lim\limits_{n\to\infty}\mu((E_n)^y)$. 这样, f_E 和 g_E 都可测. 再由定理 2.2.4 可得

$$\int_X f_E\,d\mu=\lim_{n\to\infty}\int_X \nu((E_n)_x)\,d\mu=\lim_{n\to\infty}\int_Y \mu((E_n)^y)\,d\nu=\int_Y g_E\,d\nu.$$

于是, $E\in\mathfrak{R}$.

设 $\{E_n\}\subset\mathfrak{R}$ 且 $E_n\supset E_{n+1}$, $\forall n\geqslant 1$. 令 $E=\bigcap\limits_{n=1}^{\infty}E_n$. 则

$$E_1\backslash E_{n+1}\subset E_1\backslash E_n,\ n\geqslant 1,\quad E_1\backslash E=\bigcup_{n=2}^{\infty}(E_1\backslash E_n)=E_1\backslash\bigcap_{n=2}^{\infty}E_n.$$

由上述的结论, 得 $E=E_1\backslash(E_1\backslash\bigcap\limits_{n=2}^{\infty}E_n)=E_1\backslash(\bigcup\limits_{n=2}^{\infty}(E_1\backslash E_n))\in\mathfrak{R}$. 由此, $\mathfrak{R}$ 是单调类且包含 $\mathfrak{R}(X\times Y)$. 由命题 2.1.5, $\mathfrak{F}_{X\times Y}=d(\mathfrak{R}(X\times Y))\subset\mathfrak{R}$.

设 ν,μ 是 σ–有限测度, 则有单调递增的可测集列 $\{X_n\}\subset X$ 和 $\{Y_n\}\subset Y$ 使得 $X=\bigcup\limits_{n=1}^{\infty}X_n$, $Y=\bigcup\limits_{n=1}^{\infty}Y_n$ 且 $\mu(X_n)<+\infty$, $\nu(Y_n)<+\infty$, $\forall n\geqslant 1$. 于是,

$$X \times Y = \bigcup_{i=1}^{\infty}\bigcup_{j=1}^{\infty}(X_i \times Y_j), \quad X_i \times Y_j \in \mathfrak{F}_{X\times Y}, \quad \forall i, j \geqslant 1.$$

设 $E \in \mathfrak{F}_{X\times Y}$, 则 $E = \bigcup\limits_{i=1}^{\infty}\bigcup\limits_{j=1}^{\infty} E\bigcap(X_i \times Y_j)$. 在 $(X_i, \mathfrak{F}_{X_i}, \mu_{X_i})$ 和 $(Y_j, \mathfrak{F}_{Y_j}, \nu_{Y_j})$ 的乘积测度空间 $(X_i \times Y_j, \mathfrak{F}_{X_i\times Y_j})$ 上, 由于 $\mathfrak{F}_{X_i\times Y_j} = (X_i \times Y_j)\bigcap\mathfrak{F}_{X\times Y}$(本章习题 2 可得), 故利用前述的证明, 对 $i, j \geqslant 1$, 得到

$$\int_{X_i} \nu((E\bigcap(X_i \times Y_j))_x)\, d\mu = \int_{Y_j} \mu((E\bigcap(X_i \times Y_j))^y)\, d\nu.$$

注意到

$$(E\bigcap(X_i \times Y_j))_x = \begin{cases} E_x\bigcap Y_j, & x \in X_i, \\ \varnothing, & x \notin X_i, \end{cases}$$

$$(E\bigcap(X_i \times Y_j))^y = \begin{cases} E^y\bigcap X_i, & y \in Y_j, \\ \varnothing, & y \notin Y_j, \end{cases}$$

于是对任意 $i, j = 1, 2, \cdots$, 上式变为

$$\int_X \nu(E_x\bigcap Y_j)\,\chi_{X_i}\, d\mu = \int_Y \nu(E^y\bigcap X_i)\,\chi_{Y_j}\, d\nu.$$

在上式中, 分别令 $i \to \infty$, $j \to \infty$, 得到 $\int_X \nu(E_x)\, d\mu = \int_Y \nu(E^y)\, d\nu.$ □

现在, 对任意 $E \in \mathfrak{F}_{X\times Y}$, 定义

$$(\mu \times \nu)(E) = \int_X \nu(E_x)\, d\mu = \int_Y \mu(E^y)\, d\nu. \tag{2.11}$$

易得, $\mu \times \nu$ 是 $\mathfrak{F}_{X\times Y}$ 上的一个测度, 它称为 μ 与 ν 的乘积测度.

定理 2.5.6 (Fubini (富比尼)) 设 $(X, \mathfrak{F}_X, \mu)$ 与 $(Y, \mathfrak{F}_Y, \nu)$ 为两个 σ–有限的测度空间.

(1) 设 f 为 $X \times Y$ 上的非负可测函数. 则

$$g(x) = \int_Y f_x d\nu, \quad h(y) = \int_X f^y d\mu$$

分别是 X, Y 上的非负可测函数且

$$\int_{X\times Y} f\, d(\mu \times \nu) = \int_X g\, d\mu = \int_Y h\, d\nu. \tag{2.12}$$

当 $f \in L^+(X \times Y, \mu \times \nu)$ 时, 对几乎处处的 $x \in X$ 及 $y \in Y$, 有 $f_x \in L^+(Y, \nu)$, $f^y \in L^+(X, \mu)$.

(2) 若 $f \in L(X \times Y, \mu \times \nu)$, 则对几乎处处的 $x \in X$, f_x 是 Y 上的可积函数, 并且对几乎处处的 $y \in Y$, f^y 是 X 上的可积函数并且对几乎处处定义的函数

$$g(x) = \int_Y f_x \, d\nu, \quad h(y) = \int_X f^y \, d\mu,$$

成立等式

$$\int_{X \times Y} f \, d(\mu \times \nu) = \int_X g \, d\mu = \int_Y h \, d\nu. \tag{2.13}$$

证明 (1) 当 $f = \chi_E$, $E \in \mathfrak{F}_{X \times Y}$ 时, 由定理 2.5.5, $g(x)$, $h(y)$ 非负可积而且 (2.12) 式成立. 同样, 容易验证: 当 f 是非负简单函数时, 结论照样成立.

对一般 $X \times Y$ 上的非负可测函数 f, 取一列非负单调递增的简单函数列 $\{f_n\}$ 使得 $\lim\limits_{n \to \infty} f_n(x, y) = f(x, y)$, $\forall\, x \in X$, $\forall\, y \in Y$. 令

$$g_n(x) = \int_Y (f_n)_x \, d\nu, \quad h_n(y) = \int_X (f_n)^y \, d\mu, \quad \forall\, x \in X, y \in Y,\ n \geqslant 1. \tag{2.14}$$

则 g_n, h_n 分别在 X 和 Y 上非负可测, $n \geqslant 1$ 而且

$$\int_X g_n \, d\mu = \int_Y h_n \, d\nu = \int_{X \times Y} f_n \, d(\mu \times \nu) \leqslant \int_{X \times Y} f \, d(\mu \times \nu), \quad n \geqslant 1. \tag{2.15}$$

由于对任意 $x \in X$, $y \in Y$, $n \geqslant 1$,

$$(f_n)_x(y) \leqslant (f_{n+1})_x(y), \quad \lim_{n \to \infty} (f_n)_x(y) = f_x(y)$$
$$(f_n)^y(x) \leqslant (f_{n+1})^y(x), \quad \lim_{n \to \infty} (f_n)^y(x) = f^y(x),$$

故 g_n, h_n 单调递增. 将定理 2.4.4 分别用于 (2.14) 式, 得到

$$g(x) = \lim_{n \to \infty} g_n(x) = \lim_{n \to \infty} \int_Y (f_n)_x \, d\mu = \int_Y f_x \, d\nu,$$
$$h(y) = \lim_{n \to \infty} h_n(y) = \lim_{n \to \infty} \int_X (f_n)^y \, d\mu = \int_X f^y \, d\mu.$$

于是, $g(x)$, $h(y)$ 分别在 X 和 Y 上非负可测. 再将定理 2.4.4 用于上式和 (2.15) 式, 得到

$$\int_X g \, d\mu = \int_Y h \, d\nu = \int_{X \times Y} f \, d(\mu \times \nu). \tag{2.16}$$

由 (2.16) 式可知, 当 $f \in L^+(X \times Y, \mu \times \nu)$ 时, $g \in L^+(X, \mu)$, $h \in L^+(Y, \nu)$ 且 (2.12) 式成立. 而当 $g \in L^+(X, \mu)$ 时, $g(x) < +\infty$, μ-a.e. 于 X, 从而对几乎处处的 x, $f_x \in L^+(Y, \nu)$. 同理可得, 对几乎处处的 y, $f^y \in L^+(X, \mu)$.

(2) 将 f 写成 $f = f_1 + \mathrm{i}\, f_2$, $f_1 = f_1^+ - f_1^-$, $f_2 = f_2^+ - f_2^-$. 由 $f \in L(X \times Y, \mu \times \nu)$ 可知, $f_1^+, f_1^-, f_2^+, f_2^- \in L^+(X \times Y, \mu \times \nu)$. 并利用 (1) 的结论可推出所要证明的结论. □

2.6 符号测度与复测度

设 $(X, \mathfrak{F}, \mu)$ 为测度空间, $f \in L_{\mathbb{R}}(X, \mu)$, $g \in L(X, \mu)$. 分别定义 $\mathfrak{F}$ 上的实值函数 ν 及复值函数 λ 为

$$\nu(A) = \int_A f \, d\mu, \quad \lambda(A) = \int_A g \, d\mu, \quad \forall A \in \mathfrak{F}.$$

显然, $\nu(\varnothing) = \lambda(\varnothing) = 0$. 设 $\{A_n\} \subset \mathfrak{F}$ 且两两互不相交. 令 $A = \bigcup\limits_{n=1}^{\infty} A_n$. 由于

$$\sum_{n=1}^{\infty} \int_X |f\chi_{A_n}| \, d\mu = \int_X |f|\chi_A \, d\mu < +\infty,$$

$$\sum_{n=1}^{\infty} \int_X |g\chi_{A_n}| \, d\mu = \int_X |g|\chi_A \, d\mu < +\infty,$$

所以, 由推论 2.4.9 和定理 2.4.13 得

$$\sum_{n=1}^{\infty} \nu(A_n) = \sum_{n=1}^{\infty} \int_X f\chi_{A_n} \, d\mu = \int_X \sum_{n=1}^{\infty} (f\chi_{A_n}) \, d\mu = \int_X f\chi_A \, d\mu = \nu(A),$$

$$\sum_{n=1}^{\infty} \lambda(A_n) = \sum_{n=1}^{\infty} \int_X g\chi_{A_n} \, d\mu = \int_X \sum_{n=1}^{\infty} (g\chi_{A_n}) \, d\mu = \int_X g\chi_A \, d\mu = \lambda(A),$$

即 ν, λ 满足可数可加性.

设 $f = f^+ - f^-$, $g = g_1 + \mathrm{i} g_2$, $f^+, f^- \in L^+(X, \mu)$, $g_1, g_2 \in L_{\mathbb{R}}(X, \mu)$. 令

$$\nu^+(A) = \int_A f^+ \, d\mu, \quad \nu^-(A) = \int_A f^- \, d\mu,$$

$$\lambda_1(A) = \int_A g_1 \, d\mu, \quad \lambda_2(A) = \int_A g_2 \, d\mu, \quad \forall A \in \mathfrak{F}.$$

则 ν^+,ν^- 是 $\mathfrak{F}$ 上的测度, λ_1,λ_2 与 ν 性质相同, 且 $\nu=\nu^+-\nu^-$, $\lambda=\lambda_1+\mathrm{i}\lambda_2$. 像 ν 这样, 在 $\mathfrak{F}$ 上既取正值又取负值且满足可数可加性的函数, 称为符号测度或实测度; 而在 $\mathfrak{F}$ 上取复数值且满足可数可加性的函数 λ 称为复测度. 其严格的定义如下.

定义 2.6.1 设 $(X,\mathfrak{F})$ 为可测空间.

(1) $\nu\colon \mathfrak{F}\to[-\infty,+\infty]$ 称为符号测度, 如果 $\nu(\varnothing)=0$ 并且对 $\mathfrak{F}$ 中任何两两互不相交的集列 $\{E_n\}$, $\sum\limits_{n=1}^{\infty}\nu(E_n)$ 都有定义且 $\nu\Big(\bigcup\limits_{n=1}^{\infty}E_n\Big)=\sum\limits_{n=1}^{\infty}\nu(E_n)$.

(2) $\nu\colon\mathfrak{F}\to\mathbb{C}$ 称为复测度, 如果 $\nu(\varnothing)=0$ 而且对 $\mathfrak{F}$ 中任何两两互不相交的集列 $\{E_n\}$, 都有

$$\sum_{n=1}^{\infty}\nu(E_n)\ \text{收敛且}\ \nu\left(\bigcup_{n=1}^{\infty}E_n\right)=\sum_{n=1}^{\infty}\nu(E_n).$$

注 2.6.2 根据定义 2.6.1 (1), 符号测度 ν 不能 $+\infty$ 和 $-\infty$ 都取得. 事实上, 若有 $A,B\in\mathfrak{F}$ 使得 $\nu(A)=+\infty$, $\nu(B)=-\infty$. 则由

$$A\bigcup B=(A\backslash B)\bigcup B=(B\backslash A)\bigcup A$$

得到

$$\nu(A\bigcup B)=\nu(A\backslash B)+\nu(B),\quad \nu(A\bigcup B)=\nu(B\backslash A)+\nu(A).$$

要使上述的两个等式有意义, 必须要有 $\nu(A\backslash B)<+\infty$, $\nu(B\backslash A)>-\infty$. 从而得到 $\nu(A\bigcup B)=-\infty$ 和 $\nu(A\bigcup B)=+\infty$, 这是不可能的.

定义 2.6.3 设 $(X,\mathfrak{F})$ 为可测空间.

(1) 设 $E\in\mathfrak{F}$. $\mathfrak{F}$ 中的一个集列 $\{E_n\}$ 称为 E 的一个划分, 若 $E=\bigcup\limits_{n}E_n$ 且 $E_i\bigcap E_j=\varnothing$, $i\neq j$, $i,j=1,2,\cdots$.

(2) 设 ν 为 $\mathfrak{F}$ 上的一个符号测度或复测度. ν 的全变差 $|\nu|$ 定义为

$$|\nu|(E)=\sup\left\{\sum_{n}|\nu(E_n)|\,\middle|\,\{E_n\}\ \text{为}\ E\ \text{的划分}\right\},\quad \forall E\in\mathfrak{F}.$$

设 ν 为 $\mathfrak{F}$ 上的符号 (或复) 测度, $E\in\mathfrak{F}$. 则由定义 2.6.3, $|\nu|(E)\geqslant|\nu(E)|$.

定理 2.6.4 设 $(X,\mathfrak{F})$ 为可测空间, ν 是 $\mathfrak{F}$ 上的符号或复测度. 则 $|\nu|$ 是 $\mathfrak{F}$ 上的测度.

证明 设 $\{E_i\}\subset\mathfrak{F}$, $E_i\bigcap E_j=\varnothing$, $i\neq j$, $i,j\geqslant 1$. 令 $E=\bigcup\limits_{i=1}^{\infty}E_i$. 因 $\{E_i\}$ 是 E 的一个划分, 故 $|\nu|(E)\geqslant\sum\limits_{i=1}^{\infty}|\nu(E_i)|$. 若有某个 i_0 使得 $|\nu(E_{i_0})|=+\infty$, 则

$$|\nu|(E_{i_0})=+\infty,\quad |\nu|(E)=+\infty=\sum_{i=1}^{\infty}|\nu|(E_i).$$

设 $|\nu(E_i)| < +\infty, i \geqslant 1$. 对任意 $\epsilon > 0$, 存在 E_i 的一个划分 $\{A_{ij}\}$ 使得

$$\sum_{j=1}^{\infty} |\nu(A_{ij})| > |\nu|(E_i) - \frac{\epsilon}{2^i}, \quad i = 1, 2, \cdots.$$

又 $\{A_{ij}\}$ 也是 E 的划分, 故 $\nu(E) = \sum\limits_{i,j=1}^{\infty} \nu(A_{ij})$, $|\nu|(E) \geqslant \sum\limits_{i,j=1}^{\infty} |\nu(A_{ij})|$. 所以

$$\sum_{i=1}^{\infty} |\nu|(E_i) \leqslant \sum_{i=1}^{\infty}\sum_{j=1}^{\infty} |\nu(A_{ij})| + \sum_{i=1}^{\infty} \frac{\epsilon}{2^i} \leqslant \epsilon + |\nu|(E),$$

即得 $\sum\limits_{i=1}^{\infty} |\nu|(E_i) \leqslant |\nu|\Big(\bigcup\limits_{i=1}^{\infty} E_i\Big)$.

设 $\{A_i\}$ 为 E 的任意一个划分. 则对每个 j, $\{A_j \bigcap E_i\}$ 为 A_j 的一个划分; 对每个 i, $\{A_j \bigcap E_i\}$ 是 E_i 的一个划分. 于是

$$\begin{aligned}\sum_j |\nu(A_j)| &= \sum_j \left|\sum_{i=1}^{\infty} \nu(A_j \bigcap E_i)\right| \leqslant \sum_j \sum_{i=1}^{\infty} |\nu(A_j \bigcap E_i)| \\ &= \sum_{i=1}^{\infty} \sum_j |\nu(A_j \bigcap E_i)| \leqslant \sum_{i=1}^{\infty} |\mu|(E_i),\end{aligned}$$

进而对上式中的 $\{A_j\}$, 取 sup, 得到 $|\nu|\Big(\bigcup\limits_{i=1}^{\infty} E_i\Big) \leqslant \sum\limits_{i=1}^{\infty} |\nu|(E_i)$.

又 $\nu(\varnothing) = 0$, 故 $|\nu|(\varnothing) = 0$. 从而 $|\nu|$ 是 $\mathfrak{F}$ 上的测度. □

对于 $\mathfrak{F}$ 上的符号测度 ν, 由定理 2.6.4,

$$\nu^+ = \frac{1}{2}(|\nu| + \nu), \quad \nu^- = \frac{1}{2}(|\nu| - \nu)$$

是 $\mathfrak{F}$ 上的测度. 如果有 $E \in \mathfrak{F}$ 使得 $\nu(E) = +\infty$, 则 $\nu(A) > -\infty, \forall A \in \mathfrak{F}$(注 2.6.2). 则 $|\nu|(E) = +\infty$, 于是 $\nu^+(E) = +\infty$, 并规定 $\nu^-(E) = 0$; 如果是另一种情况, 即存在 $F \in \mathfrak{F}$ 使得 $\nu(F) = -\infty$, 则 $\nu(A) < +\infty, \forall A \in \mathfrak{F}$. 于是, $|\nu|(F) = +\infty$, $\nu^-(F) = +\infty$ 并规定 $\nu^+(F) = 0$. 总之, 我们有 $|\nu| = \nu^+ + \nu^-$,$\nu = \nu^+ - \nu^-$.

利用符号测度的全变差, 可以定义符号测度的有限性或 σ–有限性如下.

定义 2.6.5 设 $(X, \mathfrak{F})$ 是可测空间, ν 是 $\mathfrak{F}$ 上的符号测度. 如果 $|\nu|$ 是有限或 σ–有限, 则称 ν 是有限或 σ–有限.

下面的定理揭示了复测度与符号测度的本质差别.

定理 2.6.6 设 $(X, \mathfrak{F})$ 为可测空间, μ 为 $\mathfrak{F}$ 上的复测度. 则 $|\mu|(X) < +\infty$.

为了证明这个定理, 我们需要下面的一个引理.

引理 2.6.7 设 $z_1, \cdots, z_n$ 为 n 个非零复数. 则存在 $S_n = \{1, 2, \cdots, n\}$ 中的一个子集 S 使得 $\left|\sum\limits_{k\in S} z_k\right| \geqslant \dfrac{1}{\pi}\sum\limits_{k=1}^{n}|z_k|$.

证明 记 $z_k = |z_k|\mathrm{e}^{\mathrm{i}\alpha_k}$, $\alpha_k \in [-\pi, \pi]$, $k \in S_n$. 对每个 $\theta \in [-\pi, \pi]$, 设

$$S(\theta) = \{k \in S_n |\cos(\alpha_k - \theta) > 0\}.$$

则

$$\begin{aligned}\left|\sum_{k\in S(\theta)} z_k\right| &= \left|\sum_{k\in S(\theta)} \mathrm{e}^{-\mathrm{i}\theta} z_k\right| = \left|\sum_{k\in S(\theta)} |z_k|\mathrm{e}^{\mathrm{i}(\alpha_k-\theta)}\right| \\ &\geqslant \sum_{k\in S(\theta)} |z_k|\cos(\alpha_k - \theta) = \sum_{k=1}^{n}|z_k|\cos^+(\alpha_k - \theta),\end{aligned}$$

这里 $\cos^+(\alpha_k - \theta) = \max\{\cos(\alpha_k - \theta), 0\}$. 因 $f(\theta) = \sum\limits_{k=1}^{n}|z_k|\cos^+(\alpha_k - \theta)$ 在 $[-\pi, \pi]$ 上连续, 故存在 $\theta_0 \in [-\pi, \pi]$ 使得 $f(\theta) \leqslant f(\theta_0)$, $\forall\,\theta \in [-\pi, \pi]$. 令 $S = S(\theta_0) \subset S_n$. 则对任意 $\theta \in [-\pi, \pi]$,

$$\left|\sum_{k\in S} z_k\right| \geqslant \sum_{k=1}^{n}|z_k|\cos^+(\alpha_k - \theta_0) \geqslant \sum_{k=1}^{n}|z_k|\cos^+(\alpha_k - \theta). \tag{2.17}$$

于是, 由 (2.17) 式得

$$\left|\sum_{k\in S} z_k\right| \geqslant \sum_{k=1}^{n}|z_k|\frac{1}{2\pi}\int_{-\pi}^{\pi}\cos^+(\alpha_k - \theta)\,d\theta = \frac{1}{\pi}\sum_{k=1}^{n}|z_k|. \qquad (\square)$$

定理 2.6.6 的证明 如果存在某个 $E \in \mathfrak{F}$ 使得 $|\mu|(E) = +\infty$. 则有 E 的一个划分 $\{E_k\}$ 使得 $\sum\limits_{k=1}^{\infty}|\mu(E_k)| = +\infty$. 不妨设, 存在某个 n 使得 $\mu(E_k) \neq 0$, $k = 1, \cdots, n$ 且

$$\sum_{k=1}^{n}|\mu(E_k)| > \pi(1 + |\mu(E)|) = t.$$

对于 $z_k = \mu(E_k)$, $k \in S_n$, 应用引理 2.6.7 得存在 $S \subset S_n$ 使得

$$|\mu(A)| = \left|\sum_{k\in S} z_k\right| \geqslant \frac{1}{\pi}\sum_{k=1}^{n}|z_k| = \frac{1}{\pi}\sum_{k=1}^{n}|\mu(E_k)| > \frac{t}{\pi} > 1,$$

这里 $A=\bigcup\limits_{k\in S}E_k\subset E$. 令 $B=E\backslash A$. 则

$$|\mu(B)|=|\mu(E)-\mu(A)|\geqslant|\mu(A)|-|\mu(E)|>\frac{t}{\pi}-|\mu(E)|=1.$$

注意到 $E=A\bigcup B$, $A\bigcap B=\varnothing$, $|\mu|$ 是正测度 (定理 2.6.4), 故由

$$|\mu|(A)+|\mu|(B)=|\mu|(E)=+\infty$$

知 $|\mu|(A)$ 与 $|\mu|(B)$ 中至少有一个取 $+\infty$, 不妨设 $|\mu|(B)=+\infty$.

设 $|\mu|(X)=+\infty$. 如上所述, 存在 $A_1,B_1\in\mathfrak{F}$ 使得

$$X=A_1\bigcup B_1,\quad A_1\bigcap B_1=\varnothing,\quad |\mu(A_1)|>1,\quad |\mu|(B_1)=+\infty.$$

再对 B_1 重复上述过程; 这样一直下去, 可得一列两两互不相交的可测集列 $\{A_k\}$ 使得 $|\mu(A_k)|>1$, $k\geqslant1$. 因 μ 是复测度, 故 $\mu\left(\bigcup\limits_{k=1}^{\infty}A_k\right)=\sum\limits_{k=1}^{\infty}\mu(A_k)$ 收敛. 从而 $\lim\limits_{k\to\infty}\mu(A_k)=0$. 这与 $|\mu(A_k)|>1$, $k\geqslant1$, 矛盾. □

注 2.6.8 设 $(X,\mathfrak{F})$ 为可测空间, 记 $M(X,\mathfrak{F})$ 为 $\mathfrak{F}$ 上复测度全体.

(1) 对每个 $\mu\in M(X,\mathfrak{F})$, 令 $\mu_1(E)=\operatorname{Re}\mu(E)$, $\mu_2(E)=\operatorname{Im}\mu(E)$, $\forall\,E\in\mathfrak{F}$. 则由全变差的定义知, $|\mu_1|\leqslant|\mu|$, $|\mu_2|\leqslant|\mu|$. 于是, μ_1, μ_2 为 $\mathfrak{F}$ 上的有限符号测度. 再将 μ_1,μ_2 分解为 $\mu_1=\mu_1^+-\mu_1^-$, $\mu_2=\mu_2^+-\mu_2^-$, 其中 $\mu_1^{\pm},\mu_2^{\pm}$ 是 $\mathfrak{F}$ 上的测度. 这样, 复测度 μ 就可以分解为 $\mu=(\mu_1^+-\mu_1^-)+\mathrm{i}(\mu_2^+-\mu_2^-)$.

(2) 定义 $M(X,\mathfrak{F})$ 中的加法和数乘分别为

$$(\mu_1+\mu_2)(E)=\mu_1(E)+\mu_2(E),\quad (c\mu)(E)=c\mu(E),\quad \forall\,E\in\mathfrak{F},$$

其中 $\mu,\mu_1,\mu_2\in M(X,\mathfrak{F})$, $c\in\mathbb{C}$. 则 $M(X,\mu)$ 成为一个 $\mathbb{C}$ 上的线性空间.

任取 $\lambda,\mu\in M(X,\mathfrak{F})$. 对任意 $E\in\mathfrak{F}$ 及 E 的任意一个划分 $\{E_i\}$, 由于

$$\sum_i|(\lambda+\mu)(E_i)|\leqslant\sum_i|\lambda(E_i)|+\sum_i|\mu(E_i)|\leqslant|\lambda|(E)+|\mu|(E),$$

所以 $|\lambda+\mu|(E)\leqslant|\lambda|(E)+|\mu|(E)$. 又 $|c\mu|(E)=|c||\mu|(E)$, $\forall\,c\in\mathbb{C}$. 从而 $\|\mu\|=|\mu|(X)$ 定义了 $M(X,\mathfrak{F})$ 上的一个范数. 因而 $M(X,\mathfrak{F})$ 是赋范空间.

习 题

本章某些习题中的可测空间 $(X,\mathfrak{F})$ 中的 $\mathfrak{F}$ 为 σ–代数.

1. 设 X 为不可数集, $\mathfrak{F}$ 是 X 中一切有限子集、可数子集及有限子集或可数子集的余集所成的集类. 证明: $\mathfrak{F}$ 是 σ–代数.

2. 设 $\mathfrak{R}$ 是非空集合 X 中某些子集组成的集合. 给定 $A\subset X$, 令

$$A\bigcap\mathfrak{R}=\{A\bigcap B\,|\,B\in\mathfrak{R}\}.$$

证明: $\sigma_R(A\bigcap\mathfrak{R})=A\bigcap\sigma_R(\mathfrak{R})$.

3. 设 X, Y 是两个拓扑空间, $f: X \to Y$ 是连续映射. 证明: 对 Y 中每个Borel集 B, $f^{-1}(B)$ 是 X 中的 Borel 集.

4. $\mathfrak{R}$ 是集合 X 上一个环. 设 $\mu: \mathfrak{R} \to [0, +\infty)$ 满足有限可加性, 即对 $\mathfrak{R}$ 中互不相交的 n 个元素 $A_1, \cdots, A_n$, 有 $\mu\left(\bigcup\limits_{i=1}^{n} A_i\right) = \sum\limits_{i=1}^{n} \mu(A_i)$. 证明:

(1) 对任意 $A, B \in \mathfrak{R}$ 且 $B \subset A$, 有 $\mu(B) \leqslant \mu(A)$, $\mu(A \backslash B) = \mu(A) - \mu(B)$;

(2) 对任意 $\{A_n\} \subset \mathfrak{R}$, $A \in \mathfrak{R}$ 且 $\bigcup\limits_{n=1}^{\infty} A_n \subset A$, 有 $\sum\limits_{n=1}^{\infty} \mu(A_n) \leqslant \mu(A)$.

5. $(X, \mathfrak{F}, \mu)$ 为有限测度空间. 对 $A \in \mathfrak{F}$, 定义 $\hat{A} = \{B \in \mathfrak{F} \,|\, \mu(B) = \mu(A)\}$ 以及 $\hat{\mathfrak{F}} = \{\hat{A} \,|\, A \in \mathfrak{F}\}$. 再定义 $d(\hat{A}, \hat{B}) = \mu(A \backslash B) + \mu(B \backslash A)$, $\forall A, B \in \mathfrak{F}$. 证明:

(1) 函数 d 在 $\hat{\mathfrak{F}} \times \hat{\mathfrak{F}}$ 上有定义 ($\hat{A} = \hat{B} \Leftrightarrow \mu(A) = \mu(B)$, $A, B \in \mathfrak{F}$);

(2) $(\hat{\mathfrak{F}}, d)$ 是完备度量空间;

(3) $|\mu(A) - \mu(B)| \leqslant d(\hat{A}, \hat{B})$, $\forall A, B \in \mathfrak{F}$.

6. 设 $(X, \mathfrak{F}, \mu)$ 是有限测度空间. 设 $A_1, \cdots, A_n \in \mathfrak{F}$ 使得 $\sum\limits_{i=1}^{n} \mu(A_i) > (n-1)\mu(X)$, 其中 $n \geqslant 2$, 证明: $\mu\left(\bigcap\limits_{i=1}^{n} A_i\right) > 0$.

7. 在测度空间 $(X, \mathfrak{F}, \mu)$ 中, $\{A_n\} \subset \mathfrak{F}$ 满足 $\sum\limits_{n=1}^{\infty} \mu(A_n) < +\infty$. 证明: $\mu\left(\bigcap\limits_{n=1}^{\infty} \bigcup\limits_{k=n}^{\infty} A_k\right) = 0$.

8. 设 $(X, \mathfrak{F}, \mu)$ 为测度空间且 $\mu(X) = 1$. 设 $\{A_n\} \subset \mathfrak{F}$ 使得 $\lim\limits_{n \to \infty} \mu(A_n) = 1$. 证明: 对任意 $\eta \in (0, 1)$, 存在 $\{A_{n_k}\} \subset \{A_n\}$ 使得 $\mu\left(\bigcap\limits_{k=1}^{\infty} A_{n_k}\right) > 1 - \eta$.

9. 在可测空间 $(X, \mathfrak{F})$ 上有两个测度 μ_1 和 μ_2 使得 $\mu_1(X) = \mu_2(X) = 1$. 如果对任意 $\epsilon > 0$, 存在 $A_\epsilon \in \mathfrak{F}$ 使得 $\mu_1(A_\epsilon) > 1 - \epsilon$, $\mu_2(A_\epsilon) < \epsilon$, 证明: 此时存在 $A \in \mathfrak{F}$ 使得 $\mu_1(A) = 1$ 和 $\mu_2(A) = 0$.

10. 设 f 为 $\mathbb{R}^1$ 的上实值可微函数, $\alpha \in \mathbb{R}$. 证明: $\{x \in \mathbb{R}^1 \,|\, f'(x) < \alpha\}$ 是Borel集.

11. 设 $(X, \mathfrak{F}, \mu)$ 为测度空间, f, g 为 X 上的两个可测函数. 称 f 与 g 等度可测, 如果对任意 $a \in \mathbb{R}$, 有

$$\mu(\{x \in X \,|\, f(x) > a\}) = \mu(\{x \in X \,|\, g(x) > a\}).$$

证明: 若 f, g 在 X 上等度可测, 则 $\mu(f^{-1}(A)) = \mu(g^{-1}(A))$, $\forall A \in \mathfrak{B}(\mathbb{R}^1)$.

12. 证明定理 2.3.12 和定理 2.3.13.

13. 设 $(X, \mathfrak{F}, \mu)$ 是完全有限测度空间, $\{f_n\}$ 是 X 上 μ–a.e. 有限的实值可测函数列并且依测度收敛于 X 上 μ–a.e. 有限的可测实值函数 f. 证明:

(1) $\varliminf\limits_{n \to \infty} f_n \leqslant f \leqslant \varlimsup\limits_{n \to \infty} f_n$, μ–a.e.

(2) f_n^2 依测度收敛于 f^2.

14. 设 $(X, \mathfrak{F}, \mu)$ 是完全有限测度空间, 记 $M(X, \mathfrak{F}, \mu)$ 为 X 上几乎处处有限的可测函数全体. 对 $f, g \in M(X, \mathfrak{F}, \mu)$, $f = g$ 定义为 $f(x) = g(x)$, μ–a.e. 于 X. 定义

$$\rho(f, g) = \inf_{r > 0} \left\{ r + \mu(\{x \in X \,|\, |f(x) - g(x)| \geqslant r\}) \right\}, \quad \forall f, g \in M(X, \mathfrak{F}, \mu).$$

证明:

(1) 对 $f_n, f \in M(X,\mathfrak{F},\mu)$, $n \geqslant 1$, $\lim\limits_{n\to\infty}\rho(f_n,f)=0$ 当且仅当 $f_n \xrightarrow{\mu} f$.

(2) ρ 是 $M(X,\mathfrak{F},\mu)$ 上的度量.

(3) $(M(X,\mathfrak{F},\mu),\rho)$ 是完备的度量空间.

15. 设 $(X,\mathfrak{F},\mu)$ 为测度空间, f_n 在 X 上非负可测, $n \geqslant 1$, $f \in L^+(X,\mu)$. 如果 $f_n \xrightarrow{\mu\text{-a.e.}} f$ 且 $\lim\limits_{n\to\infty}\int_X f_n\,d\mu = \int_X f\,d\mu$, 证明: $\lim\limits_{n\to\infty}\int_A f_n\,d\mu = \int_A f\,d\mu$, $\forall\, A \in \mathfrak{F}$.

16. 设 $(X,\mathfrak{F},\mu)$ 是有限测度空间, $f \in F(X,\mathfrak{F})$. 证明: $f \in L(X,\mu)$ 当且仅当

$$\sum_{n=1}^{\infty}\mu(\{x\in X\,|\,|f|\geqslant n\}) < +\infty.$$

17. 设 $(X,\mathfrak{F},\mu)$ 是有限测度空间, $\{f_n\}$ 是 X 上的一列有界可测的复值函数. 假设 f_n 在 X 上一致收敛于一个函数 f, 证明: $f \in L(X,\mu)$ 且 $\lim\limits_{n\to\infty}\int_X f_n\,d\mu = \int_X f\,d\mu$.

18. 设 $p > -1$. 证明:

$$\int_0^1 \frac{x^p}{1-x}\ln\frac{1}{x}\,d\mu = \sum_{n=1}^{\infty}\frac{1}{(n+p)^2}.$$

19. 计算下列 Lebesgue 积分的极限:

$$\lim_{n\to\infty}\int_0^{+\infty}\frac{nx\sin x}{1+n^2x^3}\,dx,\quad \lim_{n\to\infty}\int_0^{+\infty}\exp(-x^n)\,dx,\quad \lim_{n\to\infty}\int_0^{+\infty}\left(1+\frac{x^2}{n}\right)^{-n}dx.$$

20. 设 $(X,\mathfrak{F},\mu)$ 是测度空间, $\{f_n\} \subset F_{\mathbb{R}}(X,\mathfrak{F})$, $g \in L_{\mathbb{R}}(X,\mu)$. 设对几乎处处的 $x \in X$, 有 $f_n(x) \geqslant g(x)$ 及 $f_{n+1}(x) \geqslant f_n(x)$, $\forall\, n \geqslant 1$. 证明: $\lim\limits_{n\to\infty}\int_X f_n\,d\mu = \int_X\left(\lim\limits_{n\to\infty} f_n\right)d\mu$.

21. 设 $(X,\mathfrak{F},\mu)$ 为测度空间. 设 $f, f_n \in L(X,\mu)$, $n \geqslant 1$ 使得 $\sum\limits_{n=1}^{\infty}\int_X |f_n - f|\,d\mu < +\infty$, 证明: $f_n \xrightarrow{\mu\text{-a.e.}} f$.

22. 设 $(X,\mathfrak{F},\mu)$ 为有限测度空间, f 为 X 上的非负可测函数且 $f > 0$, μ–a.e. 于 X. 设 $q \in (0,\mu(X)]$, $\mathcal{A} = \{E \in \mathfrak{F}\,|\,\mu(E) \geqslant q\}$. 证明 $\inf\limits_{E\in\mathcal{A}}\int_E f d\mu > 0$.

23. 设 $(X,\mathfrak{F},\mu)$ 为测度空间, g 在 X 上非负可测. 令 $\nu(A) = \int_A g\,d\mu$, $\forall\, A \in \mathfrak{F}$. 则 ν 是 X 上的一个测度. 证明: 对 X 上的任意非负可测函数 f, 都有 $\int_X f\,d\nu = \int_X fg\,d\mu$.

24. 设 $(X,\mathfrak{F},\mu)$ 为测度空间, Y 为非空集合, f 为 X 到 Y 的映射. 定义

$$\mathfrak{F}_f = \{A \subset Y\,|\,f^{-1}(A) \in \mathfrak{F}\},\quad \nu(A) = \mu(f^{-1}(A)),\quad \forall\, A \in \mathfrak{F}_f.$$

(1) 证明: $(Y,\mathfrak{F}_f,\nu)$ 是测度空间;

(2) 设 $\phi \in F(Y,\mathfrak{F}_f)$. 证明: $\phi \in L(Y,\nu)$ 的充要条件是 $\phi\circ f \in L(X,\mu)$. 在此情况下, 有 $\int_Y \phi\,d\nu = \int_X \phi\circ f\,d\mu$.

25. 设 $\alpha, \beta > 0$. 计算 Lebesgue 积分: $\displaystyle\int_0^{+\infty} (\mathrm{e}^{-\alpha x} - \mathrm{e}^{-\beta x}) \frac{\cos x}{x} \mathrm{d}x$.

26. 设 $(X, \mathfrak{F}_X, \mu)$, $(Y, \mathfrak{F}_Y, \nu)$ 是 σ–有限测度空间, $f \in L(X, \mu)$ 且 $g \in L(Y, \nu)$. 设 $h(x, y) = f(x)g(y)$, $\forall\, x \in X$, $y \in Y$. 证明: $h \in L(X \times Y, \mu \times \nu)$ 且

$$\int_{X \times Y} h\, d(\mu \times \nu) = \Big(\int_X f\, d\mu\Big)\Big(\int_Y g\, d\mu\Big).$$

27. 设 $(X, \mathfrak{F}, \mu)$ 为 σ–有限测度空间, f, g 是 X 上非负可测函数而且

$$\mu(\{x \in X \mid f(x) > t\}) \leqslant \mu(\{x \in X \mid g(x) > t\}), \quad \forall\, t \geqslant 0.$$

证明: $\displaystyle\int_X f\, d\mu \leqslant \int_X g\, d\mu$.

28. 设 $(X, \mathfrak{F}, \mu)$ 为 σ–有限测度空间, f 为 X 上非负可测. 证明:

$$\int_X f^3\, d\mu = 3 \int_{[0, +\infty)} t^2 \mu(\{x \in X \mid f(x) > t\}) dt.$$

29. 设 $(X, \mathfrak{F})$ 为可测空间, ν 为 $\mathfrak{F}$ 上的实测度且有 $\nu(X) = 0$. 证明: ν 是有限测度.

30. 设 $(X, \mathfrak{F})$ 为可测空间, ν, ν_n 为 $\mathfrak{F}$ 上的有限符号测度, $n \geqslant 1$.

(1) 如果 $\lim\limits_{n \to \infty} |\nu_n - \nu|(X) = 0$, 证明: ν_n 在 $\mathfrak{F}$ 上一致收敛于 ν.

(2) 设 ν_n 在 $\mathfrak{F}$ 上一致收敛于 ν. 证明: 存在 $\{\nu_{n_k}\} \subset \{\nu_n\}$ 使得 $\lim\limits_{k \to \infty} |\nu_{n_k} - \nu|(X) = 0$.

31. 设 $(X, \mathfrak{F})$ 是可测空间, μ 为 $\mathfrak{F}$ 上的复测度. 证明:

$$|\mathrm{Re}\, \mu| \leqslant |\mu|, \quad |\mathrm{Im}\, \mu| \leqslant |\mu|; \quad |\mu| \leqslant |\mathrm{Re}\, \mu| + |\mathrm{Im}\, \mu|.$$

32. 设 $(X, \mathfrak{F})$ 是可测空间, $M(X, \mathfrak{F})$ 同注 2.6.8. 证明: $M(X, \mathfrak{F})$ 是 Banach 空间.

第3章

L^p-空间、Fourier 变换

经典函数 Banach 空间 $L^p(X,\mu)(p\in[1,+\infty])$ 在许多领域中有着广泛的应用. 本章首先讨论 $L^p(X,\mu)$ 的完备性和稠密子集, 然后研究 $L^p(\mathbb{R}^n)(p\in[1,+\infty))$ 中的可微函数的逼近性质, 接着再讨论 $L^1(\mathbb{R})$ 和速降函数空间上的 Fourier (傅里叶) 变换. 由于广义函数及其 Fourier 变换是研究偏微分方程、信息论等领域中的主要工具, 于是在本章最后一节中, 引进广义函数和缓和分布的 Fourier 变换的概念并讨论它们的一些基本性质.

3.1 $L^p(X,\mu)$ 空间

在本节中, $(X,\mathfrak{F},\mu)$ 总是测度空间, 而 $\mathfrak{F}$ 是 X 上的一个 σ–代数.

设 I 为 $\mathbb{R}$ 中的一个开区间, ϕ 为定义在 I 上的实值函数. 称 ϕ 是 I 上的凸函数, 如果对任意 $x_1,x_2\in I$ 及任意 $\lambda\in[0,1]$, 有

$$\phi(\lambda x_1+(1-\lambda)x_2)\leqslant\lambda\phi(x_1)+(1-\lambda)\phi(x_2).$$

称 ϕ 在 I 上严格凸, 如果 ϕ 在 I 上凸, 而且当 $\lambda\in(0,1)$ 和 $x_1,x_2\in I$, $x_1\neq x_2$ 时, 有

$$\phi(\lambda x_1+(1-\lambda)x_2)<\lambda\phi(x_1)+(1-\lambda)\phi(x_2).$$

我们都知道:

(1) 若 ϕ 在 I 上两阶可导而且 $\phi''(x)>0,\forall x\in I$, 则 ϕ 在 I 上严格凸且

$$\phi(x)\geqslant\phi(x_0)+\phi'(x_0)(x-x_0),\quad\forall x,x_0\in I.$$

(2) 若 ϕ 在 I 上凸, 则对任意 $x_1,\cdots,x_n\in I$ 及 $\lambda_1,\cdots,\lambda_n\in[0,1]$ 使得 $\sum\limits_{k=1}^n\lambda_k=1$, 有 $\phi\left(\sum\limits_{k=1}^n\lambda_kx_k\right)\leqslant\sum\limits_{k=1}^n\lambda_k\phi(x_k)$.

引理 3.1.1 设 f,g 在 X 上非负可测. 设 $p,q\in(1,+\infty)$ 满足 $\dfrac{1}{p}+\dfrac{1}{q}=1$. 则

(1) (Hölder (赫尔德) 不等式) $\int_X fg d\mu \leqslant \left(\int_X f^p d\mu\right)^{1/p}\left(\int_X g^q d\mu\right)^{1/q}$;

(2) $\int_X (f+g)^p d\mu < +\infty$ 如果 $\int_X f^p d\mu < +\infty$ 且 $\int_X g^p d\mu < +\infty$;

(3) (Minkowski 不等式) $\left(\int_X (f+g)^p d\mu\right)^{1/p} \leqslant \left(\int_X f^p d\mu\right)^{1/p} + \left(\int_X g^p d\mu\right)^{1/p}$.

证明 (1) 设 $A = \left(\int_X f^p d\mu\right)^{1/p}$, $B = \left(\int_X g^q d\mu\right)^{1/q}$. 如果 $A = 0$ 或 $B = 0$, 则 $f = 0$ 或 $g = 0$, μ–a.e., 此时结论成立. 同样, 当 $A = +\infty$ 或 $B = +\infty$ 时, 结论也成立.

现设 $A, B \in (0, +\infty)$. 令 $F = A^{-1}f$, $G = B^{-1}g$. 则

$$\int_X F^p d\mu = \int_X G^q d\mu = 1.$$

设 $x \in X$ 使得 $0 < F(x) < +\infty$, $0 < G(x) < +\infty$. 则存在 $s, t \in \mathbb{R}$ 使得 $\mathrm{e}^{\frac{s}{p}} = F(x)$, $\mathrm{e}^{\frac{t}{q}} = G(x)$. 由于 e^x 在 $(-\infty, +\infty)$ 上凸, $\dfrac{1}{p} + \dfrac{1}{q} = 1$, 故

$$F(x)G(x) = \mathrm{e}^{\frac{s}{p}+\frac{t}{q}} \leqslant \frac{1}{p}\mathrm{e}^s + \frac{1}{q}\mathrm{e}^t = \frac{1}{p}F^p(x) + \frac{1}{q}G^q(x).$$

而对于 $F(x) = 0$ 或 $G(x) = 0$ 或 $F(x) = +\infty$ 或 $G(x) = +\infty$ 的 x, 上述的不等式仍成立. 所以 $\int_X FG\, d\mu \leqslant \dfrac{1}{p} + \dfrac{1}{q} = 1$. 于是

$$\int_X fg\, d\mu \leqslant AB = \left(\int_X f^p\, d\mu\right)^{1/p}\left(\int_X g^q\, d\mu\right)^{1/q}.$$

(2) 在 $p > 1$ 时, t^p 在 $[0, +\infty)$ 上凸, 故

$$\left(\frac{f(x)+g(x)}{2}\right)^p \leqslant \frac{1}{2}f^p(x) + \frac{1}{2}g^p(x), \quad \forall x \in X.$$

于是当 $\int_X f^p\, d\mu < +\infty$ 且 $\int_X g^p\, d\mu < +\infty$ 时, $\int_X (f+g)^p\, d\mu < +\infty$.

(3) 由 $(f+g)^p = f(f+g)^{p-1} + g(f+g)^{p-1}$ 及 (1) 得

$$\begin{aligned}\int_X (f+g)^p\, d\mu &= \int_X f(f+g)^{p-1}\, d\mu + \int_X g(f+g)^{p-1}\, d\mu \\ &\leqslant \left[\left(\int_X f^p\, d\mu\right)^{1/p} + \left(\int_X g^p\, d\mu\right)^{1/p}\right]\left(\int_X (f+g)^p\, d\mu\right)^{1/q}.\end{aligned}$$

最后由上述不等式得到

$$\left(\int_X (f+g)^p\,d\mu\right)^{1/p} \leqslant \left(\int_X f^p\,d\mu\right)^{1/p} + \left(\int_X g^p\,d\mu\right)^{1/p}. \qquad \square$$

定义 3.1.2 设 $p\in[1,+\infty)$, $f\in F(X,\mathfrak{F})$. 定义 $\|f\|_p=\left(\int_X |f|^p\,d\mu\right)^{1/p}$. 设 $L^p(X,\mu)=\{f\in F(X,\mathfrak{F})\mid \|f\|_p<+\infty\}$. $L^p(X,\mu)$ 称为 L^p–空间.

由引理 3.1.1 知: 当 $p\in(1,+\infty)$ 时, $L^p(X,\mu)$ 按照通常的函数加法和数乘成为线性空间, 而 $\|\cdot\|_p$ 为 $L^p(X,\mu)$ 上的一个范数, 因而 $(L^p(X,\mu),\|\cdot\|_p)$ 是赋范空间.

定义 3.1.3 设 f 为 $X\setminus E$ 上复值可测函数. 如果存在 $E\in\mathfrak{F}$ 使得 $\mu(E)=0$ 且 $f(x)$ 在 $X\setminus E$ 上有界, 则称 f 在 X 上本性有界.

对 $f\in F(X,\mathfrak{F})$, 记

$$X_f=\{E\in\mathfrak{F}\mid f\text{ 在 }X\setminus E\text{ 上有界且 }\mu(E)=0\},\quad \|f\|_\infty=\inf_{E\in X_f}\sup\{|f(x)|\mid x\in X\setminus E\}.$$

令 $L^\infty(X,\mu)=\{f\in F(X,\mathfrak{F})\mid \|f\|_\infty<+\infty\}$.

设 $f,g\in L^\infty(X,\mu)$. 则有 $E_1,F_1\in\mathfrak{F}$ 使得 $\mu(E_1)=\mu(F_1)=0$ 且 $f(x)$ 在 $X\setminus E_1$ 上有界, $g(x)$ 在 $X\setminus F_1$ 上有界. 令 $E=E_1\bigcup F_1$. 则 $\mu(E)=0$. 注意到 $X\setminus E\subset X\setminus E_1$, $X\setminus E\subset X\setminus F_1$, 故 $f+g\in L^\infty(X,\mu)$. 从而 $L^\infty(X,\mu)$ 是线性空间, $\|\cdot\|_\infty$ 定义了 $L^\infty(X,\mu)$ 上的一个范数.

当 $X=\mathbb{N}$, $\mathfrak{F}=\{A\mid A\subset\mathbb{N}\}$ 而 μ 为 $\mathfrak{F}$ 上的计数测度时, $L^\infty(X,\mu)=l^\infty$,

$$L^p(X,\mu)=l^p=\left\{\{x_n\}\,\middle|\,\sum_{n=1}^\infty |x_n|^p<+\infty\right\},\quad 1\leqslant p<+\infty.$$

定理 3.1.4 对于 $1\leqslant p\leqslant+\infty$, $L^p(X,\mu)$ 是 Banach 空间.

证明 先设 $p\in[1,+\infty)$. 任取 $L^p(X,\mu)$ 中的一个 Cauchy 列 $\{f_n\}$. 则对任意 $\epsilon>0$, 存在 $N>0$ 使得对任意 $n,m>N$ 都有 $\|f_n-f_m\|_p<\epsilon$. 分别取 $\epsilon=1,\dfrac{1}{2},\cdots,\dfrac{1}{2^k},\cdots$, 则存在 $\{f_{n_k}\}\subset\{f_n\}$ 满足 $\|f_{n_{k+1}}-f_{n_k}\|_p<\dfrac{1}{2^k}$, $k=1,2,\cdots$. 令

$$g_k(x)=\sum_{i=1}^k |f_{n_{i+1}}(x)-f_{n_i}(x)|,\quad g(x)=\sum_{i=1}^\infty |f_{n_{i+1}}(x)-f_{n_i}(x)|,\quad \forall x\in X.$$

则 $\lim\limits_{k\to\infty} g_k(x)=g(x)$, $x\in X$. 由于

$$\|g_k\|_p\leqslant\sum_{i=1}^k \|f_{n_{i+1}}-f_{n_i}\|_p<\sum_{i=1}^k \frac{1}{2^i}<1,$$

即 $\int_X g_k^p\,d\mu<1$, $k=1,2,\cdots$, 故由 Fatou 引理得

$$\int_X g^p\,d\mu = \int_X (\lim_{k\to\infty} g_k^p)\,d\mu \leqslant \varliminf_{k\to\infty}\int_X g_k^p\,d\mu \leqslant 1,$$

即得 $g\in L^p(X,\mu)$. 则 $g(x)<+\infty$, μ–a.e., 即 $\sum\limits_{i=1}^{k}(f_{n_{i+1}}(x)-f_{n_i}(x))$ 几乎处处收敛于 $\sum\limits_{i=1}^{\infty}(f_{n_{i+1}}(x)-f_{n_i}(x))$, 即得 $f_{n_k}\xrightarrow{\mu\text{–a.e.}} f_{n_1}(x)+g(x)=f(x)$. 于是再由 Fatou 引理得

$$\int_X |f-f_m|^p\,d\mu \leqslant \varliminf_{k\to\infty}\int_X |f_{n_k}-f_m|^p\,d\mu \leqslant \varliminf_{k\to\infty}\|f_{n_k}-f_m\|_p^p.$$

取 k 充分大, 使得 $n_k>N$, 取 $m>N$, 则 $\|f_{n_k}-f_m\|_p<\epsilon$, 即 $\int_X |f-f_m|^p\,d\mu \leqslant \epsilon^p$. 于是 $f-f_m\in L^p(X,\mu)$, $f\in L^p(X,\mu)$ 且 $\|f-f_m\|_p\leqslant\epsilon$.

设 $\{f_n\}$ 为 $L^\infty(X,\mu)$ 中的 Cauchy 列. 则对任意 $\epsilon>0$, 存在 $N>0$ 使得对任意 $n,m\geqslant N$ 都有

$$\inf_{E\in X_{(f_n-f_m)}}\ \sup_{x\in X\setminus E}|f_n(x)-f_m(x)| = \|f_n-f_m\|_\infty<\epsilon.$$

取 $\{f_n\}$ 的一个子列 $\{f_{n_k}\}$ 使得 $\|f_{n_{k+1}}-f_{n_k}\|_\infty<\dfrac{1}{2^k}$, $k=1,2,\cdots$. 于是存在 $E_k\in X_{(f_{n_{k+1}}-f_{n_k})}$, $k=1,2,\cdots$, 使得

$$\begin{aligned}\|f_{n_{k+1}}-f_{n_k}\|_\infty &\leqslant \sup_{x\in X\setminus E_k}|f_{n_{k+1}}(x)-f_{n_k}(x)|\\ &<\frac{1}{2^k}-\|f_{n_{k+1}}-f_{n_k}\|_\infty+\|f_{n_{k+1}}-f_{n_k}\|_\infty=\frac{1}{2^k}.\end{aligned}$$

令 $E=\bigcup\limits_{k=1}^{\infty}E_k$. 则 $E\in\mathfrak{F}$ 且 $\mu(E)\leqslant\sum\limits_{k=1}^{\infty}\mu(E_k)=0$ 及

$$\sup_{x\in X\setminus E}|f_{n_{k+1}}(x)-f_{n_k}(x)| \leqslant \sup_{x\in X\setminus E_k}|f_{n_{k+1}}(x)-f_{n_k}(x)|<\frac{1}{2^k},\quad k=1,2,\cdots,$$

从而 $\sum\limits_{k=1}^{\infty}|f_{n_{k+1}}(x)-f_{n_k}(x)|\leqslant\sum\limits_{k=1}^{\infty}\dfrac{1}{2^k}=1$, $\forall x\in X\setminus E$. 这表明 $\{f_{n_k}\}$ 在 $X\setminus E$ 上一致收敛于函数

$$f(x)=f_{n_1}(x)+\sum_{k=1}^{\infty}(f_{n_{k+1}}(x)-f_{n_k}(x)).$$

又 $|f(x)-f_{n_1}(x)|\leqslant 1$, $\forall x\in X\setminus E$, 故 $f\in L^\infty(X,\mu)$ 且 $\lim\limits_{k\to\infty}\|f_{n_k}-f\|_\infty=0$. 再由 $\{f_n\}$ 是 Cauchy 列得到 $\lim\limits_{n\to\infty}\|f_n-f\|_\infty=0$. □

于是, 由引理 3.1.1 和定理 3.1.4 可知, $L^2(X,\mu)$ 按内积

$$\langle f,g\rangle=\int_X f\overline{g}\,d\mu,\quad f,g\in L^2(X,\mu)$$

成为 Hilbert 空间.

设 ϕ 为 X 上的简单函数, 即有 $E_1,\cdots,E_s\in\mathfrak{F}$ 使得 $E_i\bigcap E_j=\varnothing$, $X=\bigcup_{j=1}^{s}E_j$, $i,j=1,\cdots,s$ 且 $i\neq j$ 满足 $\phi=\sum_{j=1}^{s}\alpha_j\chi_{E_j}$, 其中 $\alpha_1,\cdots,\alpha_s$ 是复数. 当某个 $\alpha_j=0$ 及 $\mu(E_j)$ 为有限或无限时, $\alpha_j\mu(E_j)=0$. 不妨设在 $\alpha_1,\cdots,\alpha_s$ 中不为零的数是 $\alpha_1,\cdots,\alpha_k$, $k=1,\cdots,s$. 对 $p\in[1,+\infty)$, 由积分的定义知

$$\int_X|\phi|^p\,d\mu=\sum_{j=1}^{s}|\alpha_j|^p\mu(E_j)=\sum_{j=1}^{k}|\alpha_j|^p\mu(E_j).\tag{3.1}$$

由 (3.1) 式得到, $\mu(E_j)<+\infty$, $j=1,\cdots,k\Leftrightarrow\phi\in L^p(X,\mu)$ 或等价地,

$$\phi\in L^p(X,\mu)\Leftrightarrow\mu(\{x\in X\mid\phi(x)\neq0\})<+\infty.$$

记 $S(X,\mu)$ 为在 X 上满足 $\mu(\{x\in X\mid\phi(x)\neq0\})<+\infty$ 的简单函数 ϕ 的全体. 则当 $p\in[1,+\infty)$ 时, $S(X,\mu)\subset L^p(X,\mu)$. 进一步, 我们有如下命题.

命题 3.1.5 记 $M(X)$ 为 X 上有界简单函数全体. 则

(1) 对 $p\in[1,+\infty)$, $S(X,\mu)$ 在 $L^p(X,\mu)$ 中稠密.

(2) $M(X)$ 在 $L^\infty(X,\mu)$ 中稠密.

证明 (1) 对 $f\in L^p(X,\mu)$ 并且 f 非负, 有一列非负的单调递增的简单函数列 $\{\phi_n\}$ 使得 $\lim\limits_{n\to\infty}\phi_n(x)=f(x)$, $\forall\,x\in X$. 由于 $\phi_n\leqslant f$, $n=1,2,\cdots$, 故

$$\int_X\phi_n^p\,d\mu\leqslant\int_X f^p\,d\mu<+\infty,\quad n=1,2,\cdots,$$

从而 $\phi_n\in S(X,\mu)$, $n=1,2,\cdots$. 又 $0\leqslant f-\phi_n\leqslant f$, 故 $|f-\phi_n|^p\leqslant|f|^p$, $n=1,2,\cdots$. 注意到 $\lim\limits_{n\to\infty}|f(x)-\phi_n(x)|^p=0$, $\forall\,x\in X$, 从而由 Lebesgue 控制收敛定理得 $\int_X|f-\phi_n|^p\,d\mu\to0(n\to\infty)$, 即 $\|f-\phi_n\|_p\to0$, $n\to\infty$.

如果 $f\in L^p(X,\mu)$ 且为复值, 将 f 写成 $f=(f_1^+-f_1^-)+\mathrm{i}(f_2^+-f_2^-)$, 其中 f_j^+, f_j^- 非负可测, $j=1,2$. 由于 $f_j^\pm\leqslant|f_j|\leqslant|f|$, 故 $f_j^\pm\in L^+(X,\mu)$, $j=1,2$. 由上述得到的结论, 对任意 $\epsilon>0$, 存在 $\phi_j^+,\phi_j^-\in S(X,\mu)$ 使得

$$\|f_j^+-\phi_j^+\|_p<\frac{\epsilon}{4},\quad\|f_j^--\phi_j^-\|_p<\frac{\epsilon}{4},\quad j=1,2.$$

令 $\phi = (\phi_1^+ - \phi_1^-) + \mathrm{i}(\phi_2^+ - \phi_2^-)$. 则 $\phi \in S(X,\mu)$ 且 $\|f-\phi\|_p < \epsilon$.

(2) 对 $f \in L^\infty(X,\mu)$, 存在 $E \in \mathfrak{F}$ 且 $\mu(E) = 0$ 使得 f 在 $X\backslash E$ 上有界. 于是存在 $X\backslash E$ 上一列有界简单函数 $\{\psi_n\}$ 使得 ψ_n 在 $X\backslash E$ 上一致收敛于 f. 定义 $\psi_n(x)$ 在 $x \in E$ 时为零, $n = 1,2,\cdots$. 由于 $\sup\limits_{x\in X\backslash E} |\psi_n(x) - f(x)| = 0$, 故 $\|\psi_n - f\|_\infty \to 0$, $n\to\infty$, 即 $M(X)$ 在 $L^\infty(X,\mu)$ 中稠密. □

命题 3.1.6 设 (X,τ) 是局部紧 Hausdorff 空间, $(X,\mathfrak{F},\mu)$ 是 σ–有限测度空间使得 $\mathfrak{B}(X) \subset \mathfrak{F}$. 如果 μ 满足条件:

(1) 对任意 $E \in \mathfrak{F}$, 有 $\mu(E) = \inf\{\mu(G) \,|\, G \in \tau, E \subset G\}$;

(2) 对任意 $E \in \mathfrak{F}$ 且 $\mu(E) < +\infty$, 有 $\mu(E) = \sup\{\mu(F) \,|\, F$ 紧子集$, F \subset E\}$,

则对每个 $p \in [1,+\infty)$, $C_c(X)$ 在 $L^p(X,\mu)$ 中稠密.

证明 对任意 $\epsilon > 0$, $f \in L^p(X,\mu)$, 由命题 3.1.5 存在 $\phi \in S(X,\mu)$ 使得 $\|f-\phi\|_p < \epsilon$. 设 $M = \sup\limits_{x\in X} |\phi(x)|$. 由定理 2.3.11, 对 $\delta = \dfrac{\epsilon^p}{1+2^pM^p}$, 存在 X 中一个闭子集 F_δ 及 $g \in C_c(X)$ 使得 $\phi(x) = g(x)$, $\forall\, x \in F_\delta$, $|g(x)| \leqslant M$, $\forall\, x \in X$ 以及 $\mu(X\backslash F_\delta) < \delta$. 于是

$$\begin{aligned}\int_X |\phi - g|^p\, d\mu &= \int_{X\backslash F_\delta} |\phi - g|^p\, d\mu \leqslant \int_{X\backslash F_\delta} 2^{p-1}(|\phi|^p + |g|^p)\, d\mu \\ &< 2^pM^p\mu(X\backslash F_\delta) < \epsilon^p,\end{aligned}$$

即 $\|\phi - g\|_p < \epsilon$, 从而

$$\|f-g\|_p \leqslant \|f-\phi\|_p + \|\phi - g\|_p < 2\epsilon,$$

即得 $C_c(X)$ 按范数 $\|\cdot\|_p$ 在 $L^p(X,\mu)$ 中稠密. □

3.2 $L^p(\mathbb{R}^n)$ 中的逼近

本节中, 设 $p \in [1,+\infty)$, m 为 $\mathbb{R}^n$ 上的 Lebesgue 测度. $L^p(\mathbb{R}^n, m)$ 是应用非常广泛的 L^p–空间. 习惯上, 以 $dx = dx_1\cdots dx_n (x = (x_1,\cdots,x_n) \in \mathbb{R}^n)$ 表示 dm; 以 $L^p(\mathbb{R}^n)$ 表示 $L^p(\mathbb{R}^n, m)$. 为了研究 $L^p(\mathbb{R}^n)$ 中的逼近性质, 我们需要下面的引理.

引理 3.2.1 (积分平均连续性) 设 $f \in L^p(\mathbb{R}^n)$. 则

$$\lim_{h\to 0} \int_{\mathbb{R}^n} |f(x+h) - f(x)|^p dx = 0.$$

证明 因为 $\mathbb{R}^n$ 是局部紧的 Hausdorff 空间, 且 Lebesgue 测度 m 满足由命题 3.1.6 中的 (1)、(2) 这两个条件, 所以对任意 $\epsilon > 0$, 存在 $g \in C_c(\mathbb{R}^n)$ 使得

$\|f-g\|_p<\epsilon$. 由于 $\mathrm{supp}(g)$ 是 $\mathbb{R}^n$ 中的紧集, 故有 $a>0$ 使得 $\mathrm{supp}(g)\subset B(0,a)$. 因为 $g(x)$ 在 $B(0,2a)$ 上一致连续, 故有 $\delta\in(0,a)$ 使得

$$|g(x+h)-g(x)|<(V(a))^{-1/p}\epsilon,\quad \forall\, x\in B(0,a) \text{ 且 } h\in U(0,\delta),$$

其中 $V(a)=\displaystyle\int_{B(0,a)}dx$. 注意到, 对任意 $h\in U(0,\delta)$,

$$\begin{aligned}\int_{\mathbb{R}^n}|g(x+h)-g(x)|^p\,dx&=\int_{\mathbb{R}^n\setminus B(0,a)}|g(x+h)-g(x)|^p\,dx\\&\quad+\int_{B(0,a)}|g(x+h)-g(x)|^p\,dx\\&<\int_{B(-h,a)\setminus B(0,a)}|g(x+h)|^p dx+\epsilon^p\\&\leqslant M^p m(B(-h,a)\setminus B(0,a))+\epsilon^p,\end{aligned}\tag{3.2}$$

这里, $M=\max\limits_{x\in B(0,2a)}|g(x)|$(因为 $B(-h,a)\setminus B(0,a)\subset B(0,2a)$).

令 $f_h(x)=f(x+h)$, $g_h(x)=g(x+h)$, $\forall\, x,h\in\mathbb{R}^n$. 于是由 (3.2) 式,

$$\begin{aligned}\left(\int_{\mathbb{R}^n}|f(x+h)-f(x)|^p dx\right)^{1/p}&=\|(f_h-g_h)+(g-f)+(g_h-g)\|_p\\&\leqslant\|f_h-g_h\|_p+\|g-f\|_p+\|g_h-g\|_p\\&<2\epsilon+\left[M^p m(B(-h,a)\setminus B(0,a))+\epsilon^p\right]^{1/p}.\end{aligned}$$

注意到 $\lim\limits_{h\to 0}m(B(-h,a)\setminus B(0,a))=0$, 故由上式得

$$\overline{\lim_{h\to 0}}\int_{\mathbb{R}^n}|f(x+h)-f(x)|^p\,dx\leqslant(3\epsilon)^p.$$

再由 ϵ 的任意性得到结论. □

引理 3.2.2 设 $f(x)$ 在 $\mathbb{R}^n$ 上复值 Lebesgue 可测. 则二元函数 $g(x,y)=f(x-y)$ 在 $\mathbb{R}^n\times\mathbb{R}^n$ 上 Lebesgue 可测.

证明 仅需考虑 f 为实值的情况. 任取 $\alpha\in\mathbb{R}$. 令 $E=\{x\in\mathbb{R}^n\mid f(x)<\alpha\}$. 则 E 是 $\mathbb{R}^n$ 中的Lebesgue 可测集. 于是,

$$W=\{(x,y)\in\mathbb{R}^n\times\mathbb{R}^n\mid g(x,y)<\alpha\}=\{(x,y)\in\mathbb{R}^n\times\mathbb{R}^n\mid x-y\in E\}.$$

令 $\phi(x,y)=x-y$, $\forall\, x,y\in\mathbb{R}^n$. 设 $E=F\bigcup E_0$, 其中 $F\in\mathfrak{B}(\mathbb{R}^n)$, E_0 是 $\mathbb{R}^n$ 中的Lebesgue 零测度集. 由于 ϕ 连续, 故 $\phi^{-1}(F)$ 是 $\mathbb{R}^n\times\mathbb{R}^n$ 中的Borel 子集 (见第 2 章习题 3). 从而还需证明 $W_0=\phi^{-1}(E_0)$ 是 $\mathbb{R}^n\times\mathbb{R}^n$ 中的Lebesgue零测度集.

由于 $m(E_0)=0$, 故对任意 $\epsilon>0$, 存在 $\mathbb{R}^n$ 中的开集列 $\{U_k\}$ 使得 $E_0\subset\bigcup\limits_{k=1}^{\infty}U_k$ 且 $\sum\limits_{m=1}^{\infty}m(U_k)<\epsilon$. 令 $V_k=\phi^{-1}(U_k)$, $k\geqslant 1$. 则 V_k 为开集, $k\geqslant 1$ 且 $W_0\subset\bigcup\limits_{k=1}^{\infty}V_k$.

设 $C_j=\mathbb{R}^n\times B(0,j)$, $D_{j,k}=V_k\bigcap C_j$, $j,k=1,2,\cdots$. 则 $D_{j,k}$ 是Lebesgue可测且

$$D_{j,k}=\{(x,y)\in\mathbb{R}^n\times B(0,j)\,|\,x-y\in U_k\},\quad j,k=1,2,\cdots.$$

由于 m 具有平移不变性, 而乘积测度 $m\times m$ 仍是 $\mathbb{R}^n\times\mathbb{R}^n$ 上的Lebesgue测度 m, 又 $(D_{j,k})^y=\begin{cases}y+U_k, & y\in B(0,j),\\ \varnothing, & y\notin B(0,j),\end{cases}$ 故由 (2.11) 式得

$$m(D_{j,k})=\int_{\mathbb{R}^n}m\big((D_{j,k})^y\big)\,dy=m(U_k)m(B(0,j)),\quad j,k=1,2,\cdots.$$

设 m^* 是 $\mathbb{R}^n\times\mathbb{R}^n$ 上的外测度. 因为 $W_0\bigcap C_j\subset\bigcup\limits_{k=1}^{\infty}D_{j,k}$, 故

$$m^*(W_0\bigcap C_j)\leqslant\sum_{k=1}^{\infty}m(U_k)m(B(0,j))<\epsilon\,m(B(0,j)),\quad j=1,2,\cdots,$$

令 $\epsilon\to 0^+$, 则有 $m^*(W_0\bigcap C_j)=0$, $j=1,2,\cdots$. 又 $W_0=\bigcup\limits_{j=1}^{\infty}(W_0\bigcap C_j)$, 所以 $m(W_0)\leqslant\sum\limits_{j=1}^{\infty}m(W_0\bigcap C_j)=0$. 于是, $W=\phi^{-1}(F)\bigcup W_0$ Lebesgue可测. □

设 f,g 为 $\mathbb{R}^n$ 上的实值可测函数. 因为 $E=\{x\in\mathbb{R}^n\,|\,g(x)<\alpha\}$ 可测,

$$\{(x,y)\in\mathbb{R}^n\times\mathbb{R}^n\,|\,g(y)<\alpha\}=\mathbb{R}^n\times E,$$

故由引理 3.2.2, $(x,y)\mapsto f(x-y)g(y)$ 可测. 如果 f,g 为 $\mathbb{R}^n$ 上的复值可测函数, 利用 $f=\mathrm{Re}\,(f)+\mathrm{i}\,\mathrm{Im}\,(f)$, $g=\mathrm{Re}\,(g)+\mathrm{i}\,\mathrm{Im}\,(g)$, 便可推出: $(x,y)\mapsto f(x-y)g(y)$ 可测.

设 $\alpha=(\alpha_1,\cdots,\alpha_n)\in\mathbb{Z}_+^n$. 记 $|\alpha|=\sum\limits_{i=1}^{n}\alpha_i$. 对 $x=(x_1,\cdots,x_n)\in\mathbb{R}^n$, 令 $x^\alpha=x_1^{\alpha_1}\cdots x_n^{\alpha_n}$ 并定义 $\mathbb{R}^n$ 上的 $|\alpha|$ 阶偏微分算子 D_x^α 为 $D_x^\alpha=\dfrac{\partial^{|\alpha|}}{\partial x_1^{\alpha_1}\cdots\partial x_n^{\alpha_n}}$.

设 $k\in\mathbb{Z}_+$, Ω 为 $\mathbb{R}^n$ 中的开集, $f(x)$ 为 Ω 上的复值函数. 如果对任意 $\alpha\in\mathbb{Z}_+^n$ 并且 $|\alpha|\leqslant k$, $D_x^\alpha f$ 存在且连续, 则称 f 有直到 k 阶的连续偏导数. 记 $C^k(\Omega)$ 为 Ω 上具有直到 k 阶的连续偏导数的复值函数全体; $C^0(\Omega)$ 为 Ω 上连续复值函数全体; $C^\infty(\Omega)$ 则为 Ω 上无限次可微的复值函数全体. 再记 $\mathfrak{D}(\Omega)$ 或者 $C_c^\infty(\Omega)$ 为 $C^\infty(\Omega)$ 中具有紧支集的元素的全体.

对任意 $f,g\in C^\infty(\Omega)$, $\beta=(\beta_1,\cdots,\beta_n)\in\mathbb{Z}_+^n$, 由于

$$\operatorname{supp}(f+g)\subset\operatorname{supp}(f)\bigcup\operatorname{supp}(g),\ \operatorname{supp}(fg)\subset\operatorname{supp}(f)\bigcap\operatorname{supp}(g),$$

$$D_x^\beta(fg)(x)=\sum_{\gamma\leqslant\beta}\binom{\gamma}{\beta}(D_x^\gamma f)(x)(D_x^{\beta-\gamma}g)(x),\quad \forall\, x\in\Omega, \tag{3.3}$$

其中, $\gamma=(\gamma_1,\cdots,\gamma_n)\in\mathbb{Z}_+^n$, $\binom{\gamma}{\beta}=\binom{\gamma_1}{\beta_1}\cdots\binom{\gamma_n}{\beta_n}$, 而 $\gamma\leqslant\beta$ 则表示 $\gamma_j\leqslant\beta_j$, $j=1,2,\cdots,n$, 故 $\mathfrak{D}(\Omega)$ 是一个代数.

设 $a\in\Omega$. 则有 $r>0$ 使得 $U(a,r)\subset B(a,r)\subset\Omega$. 令

$$C=\int_{U(a,r)}\exp\left(\frac{1}{\|x-a\|_2^2-r^2}\right)dx,$$

$$\sigma(x)=\begin{cases}\dfrac{1}{C}\exp\left(\dfrac{1}{\|x-a\|_2^2-r^2}\right), & x\in U(a,r),\\ 0, & x\notin U(a,r).\end{cases}$$

则 $\sigma\geqslant 0$, $\sigma\in\mathfrak{D}(\mathbb{R}^n)$ 且 $\operatorname{supp}(\sigma)=B(a,r)$ 以及 $\displaystyle\int_{\mathbb{R}^n}\sigma(x)\,dx=1$.

定理 3.2.3 设 $f\in L^p(\Omega)(p\in[1,+\infty))$ 并设 $f(x)=0$, $\forall\, x\in\mathbb{R}^n\backslash\Omega$. 对每个 $k\geqslant 1$, 令

$$f_k(x)=\int_{\mathbb{R}^n}f(y)[k^n\sigma(k(x-y))]\,dy,\quad \forall\, x\in\mathbb{R}^n, \tag{3.4}$$

根据引理 3.2.2, $(x,y)\mapsto f(y)\sigma(k(x-y))$ 在 $\mathbb{R}^n\times\mathbb{R}^n$ 上可测. 则有下面的结论:

(1) $f_k(x)$ 是 $\mathbb{R}^n$ 上的无限次可微函数, $k=1,2,\cdots$.

(2) 当 $f(x)$ 具有紧支撑时, $f_k\in\mathfrak{D}(\Omega)$, k 充分大.

(3) $\lim\limits_{k\to\infty}\|f_k-f\|_p=0$ 及 $\lim\limits_{k\to\infty}\|f_k|_\Omega-f\|_p=0$.

证明 (1) 因为对任意 $m\geqslant 1$, $\alpha\in\mathbb{Z}_+^n$ 且 $|\alpha|\leqslant m$, 以及 $x\in\mathbb{R}^n$,

$$\int_{\mathbb{R}^n}|f(y)|(D_x^\alpha\sigma)(k(x-y))\,dy\leqslant\frac{1}{k^n}\|f\|_p\|\|D_x^\alpha\sigma\|_q<+\infty,\quad k=1,2,\cdots,$$

这里 $\dfrac{1}{p}+\dfrac{1}{q}=1$, $p=1$ 时, $q=+\infty$. 故 $f_k(x)$ 在 $\mathbb{R}^n$ 上有直到 m 阶的连续偏导数, 而且

$$D_x^\alpha f_k(x)=\int_{\mathbb{R}^n}f(y)k^{n+|\alpha|}(D_x^\alpha\sigma)(k(x-y))\,dy,\quad k=1,2,\cdots.$$

(2) 设 $A=\operatorname{supp}(f)$ 为 Ω 中的紧子集. 则由 (3.4) 式得

$$f_k(x)=\int_A f(y)[k^n\sigma(k(x-y))]\,dy,\quad \forall\, x\in\mathbb{R}^n. \tag{3.5}$$

若 $\Omega\subsetneqq\mathbb{R}^n$, 则 $\rho=\dfrac{1}{2}\,d\,(A,\mathbb{R}^n\backslash\Omega)>0$. 设 $C_\rho=\{x\in\mathbb{R}^n\,|\,d(x,A)\leqslant\rho\}$. 如果 $\Omega=\mathbb{R}^n$, C_ρ 中的 ρ 可取任意一个正数. 易知, C_ρ 是 $\mathbb{R}^n$ 中的有界闭集, 因而是紧集. 当 $\Omega\subsetneqq\mathbb{R}^n$ 时, 可得 $C_\rho\subset\Omega$. 不然, 存在 $b\in C_\rho$ 且 $b\notin\Omega$. 于是 $d(b,A)\geqslant d(\mathbb{R}^n\backslash\Omega,A)=\dfrac{\rho}{2}$. 而这与 $b\in C_\rho$ 矛盾. 现设 $x\in\Omega\backslash C_\rho$. 由 (3.5) 式, $y\in A$. 故当 $k>(\|a\|_2+r)\rho^{-1}$ 时,

$$\|k(x-y)-a\|_2\geqslant k\|x-y\|_2-\|a\|_2\geqslant k\,d(x,A)-\|a\|_2>r,$$

进而由 σ 的定义和 (3.5) 式得 $f_k(x)=0$, 即得 $\operatorname{supp}(f_k)\subset C_\rho$, k 充分大. 又 $\operatorname{supp}(f_k)$ 是 Ω 中的闭子集, 故当 k 充分大时, $\operatorname{supp}(f_k)$ 是 Ω 中的紧子集.

(3) 对 (3.4) 式进行变量代换, 得

$$f_k(x)=\int_{\mathbb{R}^n} f\left(x-\frac{t}{k}\right)\sigma(t)\,dt,\quad \forall\, x\in\mathbb{R}^n,\ k\geqslant 1.$$

于是, 对任意 $x\in\mathbb{R}^n$, $k\geqslant 1$, 就有

$$f_k(x)-f(x)=\int_{\mathbb{R}^n}\left[f\left(x-\frac{t}{k}\right)-f(x)\right]\sigma(t)\,dt,$$

$$|f_k(x)-f(x)|\leqslant\int_{\mathbb{R}^n}\left|f\left(x-\frac{t}{k}\right)-f(x)\right|(\sigma(t))^{1/p}(\sigma(t))^{1/q}\,dt$$

$$\leqslant\left(\int_{\mathbb{R}^n}\left|f\left(x-\frac{t}{k}\right)-f(x)\right|^p\sigma(t)\,dt\right)^{1/p}\left(\int_{\mathbb{R}^n}\sigma(t)\,dt\right)^{1/q},$$

$$\int_{R^n}|f_k(x)-f(x)|^p\,dx\leqslant\int_{\mathbb{R}^n}\sigma(t)\,dt\int_{\mathbb{R}^n}\left|f\left(x-\frac{t}{k}\right)-f(x)\right|^p dx\ \text{(定理 2.5.6)},$$

其中 $\dfrac{1}{p}+\dfrac{1}{q}=1$. 令

$$h_k(t)=\int_{\mathbb{R}^n}\left|f\left(x-\frac{t}{k}\right)-f(x)\right|^p dx,\quad \forall\, t\in\mathbb{R}^n,\ k\geqslant 1.$$

于是就有, $\lim\limits_{k\to\infty}h_k(t)=0$ (引理 3.2.1), $|h_k(t)|\leqslant(2\|f\|_p)^p$ 以及 $\forall\, t\in\mathbb{R}^n$, $k\geqslant 1$. 从而, 由定理 2.4.12 可得 $\lim\limits_{k\to\infty}\|f_k-f\|_p=0$. 同时, $\lim\limits_{k\to\infty}\|f_k|_\Omega-f\|_p=0$. □

在 Lebesgue 测度空间 $(\Omega, \mathfrak{L}(\Omega), m)$ 中，$\mathfrak{B}(\Omega) \subset \mathfrak{L}(\Omega)$. 同时，$m$ 也满足命题 3.1.6 中的 (2) 和 (3)，这里 $\mathfrak{L}(\Omega)$ 表示 Ω 中 Lebesgue 可测集组成的 σ–代数，于是 $C_c(\Omega)$ 在 $L^p(\Omega)$ 中稠密. 从而根据定理 3.2.3 (2) 和 (3)，便有如下结论.

推论 3.2.4 设 Ω 为 $\mathbb{R}^n$ 中开子集，$p \in [1, +\infty)$. 则 $\mathfrak{D}(\Omega)$ 在 $L^p(\Omega)$ 中稠密.

利用引理 3.2.1，我们还可以刻画 $L^p(\mathbb{R})$ $(1 \leqslant p < +\infty)$ 中的致密集.

定理 3.2.5 (Fréchet–Kolmogorov (弗雷歇–柯尔莫哥洛夫)) 设 A 是 $L^p(\mathbb{R})$ $(p \in [1, +\infty))$ 中的非空子集，并设 $J_\alpha = \mathbb{R} \backslash (-\alpha, \alpha)$, $\forall \alpha \in (0, +\infty)$. 则 A 是致密集的充要条件是

(1) 存在 $K > 0$ 使得 $\|f\|_p \leqslant K$, $\forall f \in A$;

(2) 对任意 $\epsilon > 0$，存在 $\delta > 0$，使得 $\displaystyle\int_{\mathbb{R}} |f(t+s) - f(t)|^p \, dt < \epsilon^p$, $\forall f \in A$ 及 $|s| < \delta$;

(3) 对任意 $\epsilon > 0$，有 $\alpha_0 > 0$，使得 $\displaystyle\int_{J_\alpha} |f(x)|^p dx < \epsilon^p$, $\forall f \in A$ 及 $\alpha > \alpha_0$.

证明 设 A 是 $L^p(\mathbb{R})$ 中的致密集. 则 A 是完全有界集. 于是 A 有界，即存在 $K > 0$ 使得 $\|f\|_p \leqslant K$, $\forall f \in A$; 同时对任意 $\epsilon > 0$，存在 $f_1, \cdots, f_s \in A$ 使得 $A \subset \displaystyle\bigcup_{j=1}^n U(f_j, \epsilon)$. 由引理 3.2.1，存在 $\delta > 0$ 使得 $\displaystyle\int_{\mathbb{R}} |f_j(t+s) - f_j(t)|^p \, dx < \epsilon^p$, $\forall |s| < \delta$, $j = 1, 2, \cdots, n$.

对任意 $f \in A$，存在 f_{j_0} 使得 $\|f - f_{j_0}\|_p < \epsilon$. 故对任意 $s \in \mathbb{R}$ 且 $|s| < \delta$，有

$$
\begin{aligned}
&\left(\int_{\mathbb{R}} |f(t+s) - f(t)|^p dt\right)^{1/p} \\
\leqslant &\left(\int_{\mathbb{R}} |f(t+s) - f_{j_0}(t+s)|^p dt\right)^{1/p} + \left(\int_{\mathbb{R}} |f_{j_0}(t+s) - f_{j_0}(t)|^p \, dt\right)^{1/p} \\
&+ \left(\int_{\mathbb{R}} |f(t) - f_{j_0}(t)|^p \, dt\right)^{1/p} \\
< &3\epsilon.
\end{aligned}
$$

由于对每个 f_j $(j = 1, 2, \cdots, s)$，存在 $\alpha_j > 0$ 使得对于任意 $\alpha > \alpha_j$，有

$$
\int_{\mathbb{R}\backslash(-\alpha,\alpha)} |f(x)|^p \, dx = \int_{(-\infty,-\alpha]} |f_j(x)|^p \, dx + \int_{[\alpha,+\infty)} |f_j(x)|^p \, dx < \epsilon^p,
$$

故取 $\alpha_0 = \max\{\alpha_1, \cdots, \alpha_s\}$ 时，便有 $\displaystyle\int_{J_\alpha} |f_j(x)|^p dx < \epsilon^p$, $\forall \alpha > \alpha_0$ 及 $j = 1, 2, \cdots, s$. 因 $\left(\displaystyle\int_{J_\alpha} |f(x) - f_{j_0}(x)|^p \, dx\right)^{1/p} \leqslant \|f - f_{j_0}\|_p < \epsilon$，于是

$$\left(\int_{J_\alpha}|f(x)|^p\,dx\right)^{1/p}\leqslant\left(\int_{J_\alpha}|f(x)-f_{j_0}(x)|^p\,dx\right)^{1/p}+\left(\int_{J_\alpha}|f_{j_0}(x)|^p\,dx\right)^{1/p}<2\epsilon.$$

现设 (1) 到 (3) 成立. 任取 $\epsilon>0$, 取 $\beta>0$ 使得 $\int_{\mathbb{R}\setminus(-\beta,\beta)}|f(x)|^p dx<\epsilon^p$, $\forall f\in A$. 对任意 $f\in L^p(\mathbb{R})$, $f\in L^p([-2\beta,2\beta])$. 于是由 Hölder 不等式得 $f\in L^1([-2\beta,2\beta])$. 令 $f^{(h)}(s)=\dfrac{1}{2h}\displaystyle\int_{s-h}^{s+h}f(t)\,dt$, $\forall h\in(0,\beta]$, $s\in[-\beta,\beta]$. 任取 $s,s_0\in[-\beta,\beta]$. 则

$$\begin{aligned}
f^{(h)}(s)-f^{(h)}(s_0)&=\frac{1}{2h}\left(\int_{-h}^{h}f(t+s)dt-\int_{-h}^{h}f(t+s_0)dt\right),\\
|f^{(h)}(s)-f^{(h)}(s_0)|&\leqslant\frac{1}{2h}\int_{-h}^{h}|f(t+s)-f(t+s_0)|dt\\
&\leqslant\frac{1}{2h}\left(\int_{-h}^{h}|f(t+s)-f(t+s_0)|^p dt\right)^{1/p}(2h)^{1/q}\\
&\leqslant\left(\frac{1}{2h}\right)^{1/p}\left(\int_{\mathbb{R}}|f(t+s)-f(t+s_0)|^p dt\right)^{1/p},
\end{aligned}\tag{3.6}$$

其中 $\dfrac{1}{p}+\dfrac{1}{q}=1$. 于是将引理 3.2.1 用于 (3.6) 式, 便有 $\lim\limits_{s\to s_0}f^{(h)}(s)=f^{(h)}(s_0)$, 即 $f^{(h)}(s)$ 在 $[-\beta,\beta]$ 上连续, $\forall h\in(0,\beta]$.

由于 $f^{(h)}(s)-f(s)=\dfrac{1}{2h}\displaystyle\int_{-h}^{h}(f(t+s)-f(s))\,dt$, $\forall s\in[-\beta,\beta]$, 故有

$$|f^{(h)}(s)-f(s)|\leqslant\left(\frac{1}{2h}\right)^{1/p}\left(\int_{-h}^{h}|f(t+s)-f(s)|^p dt\right)^{1/p},$$

$$\begin{aligned}
\int_{-\beta}^{\beta}|f^{(h)}(s)-f(s)|^p ds&\leqslant\frac{1}{2h}\int_{-\beta}^{\beta}ds\int_{-h}^{h}|f(t+s)-f(s)|^p dt\\
&\leqslant\frac{1}{2h}\int_{-h}^{h}dt\int_{\mathbb{R}}|f(t+s)-f(s)|^p ds.
\end{aligned}\tag{3.7}$$

从而由条件 (2), 当 $0<h<\delta$ 时, $\displaystyle\int_{-\beta}^{\beta}|f^{(h)}(s)-f(s)|^p ds<\epsilon^p$.

对任意 $f\in A$, $h>0$, $s,s_1,s_2\in[-\beta,\beta]$ 且 $|s_1-s_2|<\delta$, 由条件 (1) 得

$$|f^{(h)}(s)|\leqslant\frac{1}{2h}\left(\int_{s-h}^{s+h}|f(t)|^p\,dt\right)^{1/p}(2h)^{1/q}\leqslant\left(\frac{1}{2h}\right)^{1/p}\|f\|_p\leqslant\left(\frac{1}{2h}\right)^{1/p}K,$$

即 $\{f_h \mid f \in A\}$ 在 $C([-\beta,\beta])$ 中一致有界; 由 (3.6) 式和条件 (2) 得

$$
\begin{aligned}
|f^{(h)}(s_1)-f^{(h)}(s_2)| &\leqslant \left(\frac{1}{2h}\right)^{1/p}\left(\int_{\mathbb{R}}|f(t+s_1)-f(t+s_2)|^p dt\right)^{1/p}\\
&\leqslant \left(\frac{1}{2h}\right)^{1/p}\left(\int_{\mathbb{R}}|f(t+s_1-s_2)-f(t)|^p dt\right)^{1/p} < \left(\frac{1}{2h}\right)^{1/p}\epsilon,
\end{aligned}
$$

即 $\{f_h \mid f \in A\}$ 在 $C([-\beta,\beta])$ 中等度连续.

这样, 根据推论 1.4.8, $\{f^{(h)} | f \in A\}$ 在 $C([-\beta,\beta])$ 中致密. 所以有 $f_1^{(h)},\cdots,f_k^{(h)} \in \{f^{(h)} \mid f \in A\}$, 使得 $\{f^{(h)} \mid f \in A\} \subset \bigcup_{j=1}^{k} U\left(f_j^{(h)}, \dfrac{\epsilon}{\sqrt[p]{2\beta}}\right)$. 故对任意 $f \in A$, 存在 $j_0 \in \{1,2,\cdots,k\}$ 使得 $\max\limits_{s\in[-\beta,\beta]} |f^{(h)}(s) - f_{j_0}^{(h)}(s)| < \dfrac{\epsilon}{\sqrt[p]{2\beta}}$.

取 $h = \dfrac{\delta}{2}$. 则由上述证明, 知

$$
\int_{-\beta}^{\beta}|f^{(h)}(s)-f(s)|^p < \epsilon^p, \quad \forall f \in A, \quad \int_{-\beta}^{\beta}|f_j^{(h)}(s)-f_j(s)|^p < \epsilon^p, \quad j=1,\cdots,k.
$$

由此得到

$$
\begin{aligned}
&\left(\int_{-\beta}^{\beta}|f(s)-f_{j_0}(s)|^p ds\right)^{1/p}\\
\leqslant &\left(\int_{-\beta}^{\beta}|f(s)-f^{(h)}(s)|^p ds\right)^{1/p} + \left(\int_{-\beta}^{\beta}|f^{(h)}(s)-f_{j_0}^{(h)}(s)|^p ds\right)^{1/p}\\
&+\left(\int_{-\beta}^{\beta}|f_{j_0}^{(h)}(s)-f_{j_0}(s)|^p ds\right)^{1/p}\\
< &\, 3\epsilon.
\end{aligned}
$$

又由于 $\displaystyle\int_{J_\beta}|g(x)|^p dx < \epsilon^p, \forall g \in A$, 所以

$$
\begin{aligned}
\|f-f_{j_0}\|_p^p &= \int_{-\beta}^{\beta}|f(s)-f_{j_0}(s)|^p ds + \int_{J_\beta}|f(s)-f_{j_0}(s)|^p ds\\
&< (3\epsilon)^p + (2\epsilon)^p \leqslant (5\epsilon)^p.
\end{aligned}
$$

由此可推出 $A \subset \bigcup_{j=1}^{k} U(f_j, 5\epsilon)$, 即 A 是致密集. □

3.3 $L^1(\mathbb{R})$ 上的 Fourier 变换

设 $f \in L^1(\mathbb{R})$. $\hat{f}(\xi) = \dfrac{1}{\sqrt{2\pi}}\displaystyle\int_{-\infty}^{+\infty} f(x)\mathrm{e}^{-\mathrm{i}\xi x}\,dx, \forall\,\xi \in \mathbb{R}$, 称为 $f(x)$ 的 Fourier 变换. Fourier 变换的应用领域非常广泛.

根据 Fourier 变换的定义及 Lebesgue 测度的平移不变性, 容易得到下面的性质.

命题 3.3.1 设 $f \in L^1(\mathbb{R})$, $\alpha, \lambda \in \mathbb{R}$.

(1) 若 $g(x) = f(x)\mathrm{e}^{\mathrm{i}\alpha x}, \forall\,x \in \mathbb{R}$, 则 $\hat{g}(\xi) = \hat{f}(\xi - \alpha), \forall\,\xi \in \mathbb{R}$;

(2) 设 $f_\alpha(x) = f(x-\alpha), \forall\,x \in \mathbb{R}$, 则 $\hat{f}_\alpha(\xi) = \hat{f}(\xi)\mathrm{e}^{-\mathrm{i}\alpha\xi}, \forall\,\xi \in \mathbb{R}$;

(3) 如果 $g(x) = \overline{f(-x)}, \forall\,x \in \mathbb{R}$, 则 $\hat{g} = (\hat{f})^*$;

(4) 如果 $g(x) = f(\lambda^{-1}x)\,(\lambda \neq 0), \forall\,x \in \mathbb{R}$, 则 $\hat{g}(\xi) = |\lambda|\hat{f}(\lambda\xi), \forall\,\xi \in \mathbb{R}$.

命题 3.3.2 设 $f \in L^1(\mathbb{R})$, $g(x) = xf(x), \forall\,x \in \mathbb{R}$. 如果 $g \in L^1(\mathbb{R})$, 则 $\hat{f}(\xi)$ 在 $\mathbb{R}$ 上可微, 而且 $\hat{f}'(\xi) = -\mathrm{i}\,\hat{g}(\xi), \forall\,\xi \in \mathbb{R}$.

证明 任取 $\xi_0 \in \mathbb{R}$ 及 $\{\xi_n\} \subset \mathbb{R}$ 使得 $\xi_n \neq \xi_0$ 且 $\lim\limits_{n\to\infty} \xi_n = \xi_0$. 则

$$\frac{\hat{f}(\xi_n) - \hat{f}(\xi_0)}{\xi_n - \xi_0} + \mathrm{i}\hat{g}(\xi_0) = \frac{1}{\sqrt{2\pi}}\int_{-\infty}^{+\infty} f(x)\mathrm{e}^{-\mathrm{i}\xi_0 x}\left[\frac{\mathrm{e}^{-\mathrm{i}(\xi_n-\xi_0)x} - 1}{\xi_n - \xi_0} + \mathrm{i}x\right] dx. \tag{3.8}$$

令 $h_n(x) = f(x)\mathrm{e}^{-\mathrm{i}\xi_0 x}\left[\dfrac{\mathrm{e}^{-\mathrm{i}(\xi_n-\xi_0)x} - 1}{\xi_n - \xi_0} + \mathrm{i}x\right], \forall\,x \in \mathbb{R}, n = 1, 2, \cdots$. 则

$$\lim_{n\to\infty} h_n(x) = 0 \text{ 且 } |h_n(x)| \leqslant 2|xf(x)| = 2|g(x)|, \quad \forall\,x \in \mathbb{R},\ n \geqslant 1.$$

于是对 (3.8) 式运用定理 2.4.12, 得到 $\lim\limits_{n\to\infty} \dfrac{\hat{f}(\xi_n) - \hat{f}(\xi_0)}{\xi_n - \xi_0} = -\mathrm{i}\hat{g}(\xi_0)$. 从而 $\hat{f}(\xi)$ 在 ξ_0 处可微且 $\hat{f}'(\xi_0) = -\mathrm{i}\hat{g}(\xi_0)$. □

命题 3.3.3 设 $f, g \in L^1(\mathbb{R})$ 并令 $k(x,y) = f(y)g(x-y)$ 及 $k_x(y) = k(x,y)$, $\forall\,x, y \in \mathbb{R}$.

(1) 则 $k_x \in L^1(\mathbb{R})$ 对几乎所有的 $x \in \mathbb{R}$ 成立.

(2) 令 $h(x) = \displaystyle\int_{\mathbb{R}} k_x(y)\,dy$. 则 $h \in L^1(\mathbb{R})$ 且 $\|h\|_1 \leqslant \|f\|_1\|g\|_1$.

证明 (1) 由引理 3.2.2, $k(x,y)$ 在 $\mathbb{R}^2$ 上 Lebesgue 可测. 根据定理 2.5.6 (1),

$$\int_{\mathbb{R}^2} |k(x,y)|\,dx\,dy = \int_{\mathbb{R}} \left(\int_{\mathbb{R}} |f(y)||g(x-y)|\,dx\right) dy$$

$$=\int_{\mathbb{R}}\Big(\int_{\mathbb{R}}|k_x(y)|\,dy\Big)dx=\|f\|_1\|g\|_1<+\infty,$$

于是 $s(x)=\int_{\mathbb{R}}|k_x(y)|dy$ 在 $\mathbb{R}$ 上 a.e. 有限, 即对几乎所有 $x\in\mathbb{R}$, $k_x\in L^1(\mathbb{R})$.

(2) 由 (1), $|h(x)|\leqslant s(x)$, $\forall\, x\in\mathbb{R}$. 故

$$\int_{\mathbb{R}}|h(x)|\,dx\leqslant\int_{\mathbb{R}}s(x)\,dx=\|f\|_1\|g\|_1<+\infty,$$

即得 $h\in L^1(\mathbb{R})$ 且 $\|h\|_1\leqslant\|f\|_1\|g\|_1$. □

由命题 3.3.3, 我们有下面的定义.

定义 3.3.4 设 $f,g\in L^1(\mathbb{R})$. $l(x)=\int_{-\infty}^{+\infty}f(y)g(x-y)\,dy$, $\forall\, x\in\mathbb{R}$, 称为 $f(x)$ 与 $g(x)$ 的卷积, 记作 $f\star g(x)$.

卷积满足下面的性质.

命题 3.3.5 设 $f,g,r\in L^1(\mathbb{R})$, $\lambda\in\mathbb{C}$. 则有

(1) $f\star g=g\star f$, $\lambda(f\star g)=(\lambda f)\star g=f\star(\lambda g)$;

(2) $(f\star g)\star r=f\star(g\star r)$, $f\star(g+r)=f\star g+f\star r$;

(3) $\widehat{f\star g}=\sqrt{2\pi}\hat{f}\hat{g}$.

证明 我们只证明 (3). 根据 Fourier 变换和卷积的定义, 对任意 $\xi\in\mathbb{R}$,

$$\widehat{f\star g}(\xi)=\frac{1}{\sqrt{2\pi}}\int_{\mathbb{R}}(f\star g)(x)\mathrm{e}^{-\mathrm{i}\xi x}\,dx=\frac{1}{\sqrt{2\pi}}\int_{\mathbb{R}}\Big(\int_{\mathbb{R}}f(y)g(x-y)\,dy\Big)\mathrm{e}^{-\mathrm{i}\xi x}\,dx.$$

因为对每个 $\xi\in\mathbb{R}$,

$$\int_{\mathbb{R}^2}|f(y)g(x-y)\mathrm{e}^{-\mathrm{i}\xi x}|dx\,dy=\|f\|_1\|g\|_1<+\infty,$$

所以由定理 2.5.6 (2) 得

$$\widehat{f\star g}(\xi)=\frac{1}{\sqrt{2\pi}}\int_{\mathbb{R}}f(y)\mathrm{e}^{-\mathrm{i}\xi y}\Big(\int_{\mathbb{R}}g(x-y)\mathrm{e}^{-\mathrm{i}\xi(x-y)}\,dx\Big)dy=\sqrt{2\pi}\hat{f}(\xi)\hat{g}(\xi),$$

即 $\widehat{f\star g}=\sqrt{2\pi}\hat{f}\hat{g}$. □

下面的定理刻画了 $\hat{f}$ 的进一步性质.

定理 3.3.6 设 $f\in L^1(\mathbb{R})$. 则

(1) $\sup\limits_{x\in\mathbb{R}}|\hat{f}(\xi)|\leqslant\dfrac{1}{\sqrt{2\pi}}\|f\|_1$;

(2) $\hat{f}(\xi)$ 在 $\mathbb{R}$ 上连续且 $\lim\limits_{\xi\to\infty}\hat{f}(\xi)=0$.

证明 (1) 由 $\hat{f}$ 的定义, 得 $|\hat{f}(\xi)| \leqslant \dfrac{1}{\sqrt{2\pi}}\displaystyle\int_{\mathbb{R}} |f(x)|\,dx$, $\forall\,\xi \in \mathbb{R}$, 故得结论.

(2) 任取 $\xi \in \mathbb{R}$ 并任取 $\{\xi_n\} \subset \mathbb{R}$ 使得 $\lim\limits_{n\to\infty} \xi_n = \xi$. 则

$$\hat{f}(\xi_n) - \hat{f}(\xi) = \frac{1}{\sqrt{2\pi}}\int_{-\infty}^{+\infty} f(x)(\mathrm{e}^{-\mathrm{i}x\xi_n} - \mathrm{e}^{-\mathrm{i}x\xi})\,dx. \tag{3.9}$$

令 $g_n(x) = f(x)(\mathrm{e}^{-\mathrm{i}x\xi_n} - \mathrm{e}^{-\mathrm{i}x\xi})$, $\forall\,x \in \mathbb{R}$, $n \geqslant 1$. 则 $g_n(x)$ 在 $\mathbb{R}$ 上Lebesgue可测, $|g_n(x)| \leqslant 2|f(x)|$, $\forall\,x \in \mathbb{R}$, $n \geqslant 1$ 并且 $\lim\limits_{n\to\infty} g_n(x) = 0$, $\forall\,x \in \mathbb{R}$. 于是将Lebesgue控制收敛定理运用于 (3.9) 式, 得到 $\lim\limits_{n\to\infty}(\hat{f}(\xi_n) - \hat{f}(\xi)) = 0$, 即得 $\hat{f}(\xi)$ 在 $\mathbb{R}$ 上连续.

任取 $\xi \in \mathbb{R}\backslash\{0\}$. 由于

$$\begin{aligned}
\hat{f}(\xi) &= \frac{1}{\sqrt{2\pi}}\int_{\mathbb{R}} f(x)\mathrm{e}^{-\mathrm{i}x\xi}dx = -\frac{1}{\sqrt{2\pi}}\int_{\mathbb{R}} f(x)\mathrm{e}^{-\mathrm{i}(x+\pi\xi^{-1})\xi}dx \\
&= -\frac{1}{\sqrt{2\pi}}\int_{\mathbb{R}} f(t-\pi\xi^{-1})\mathrm{e}^{-\mathrm{i}t\xi}dt \quad (t = x + \pi\xi^{-1}), \\
2\hat{f}(\xi) &= \frac{1}{\sqrt{2\pi}}\int_{\mathbb{R}} (f(x) - f(x-\pi\xi^{-1}))\mathrm{e}^{-\mathrm{i}x\xi}dx, \\
2|\hat{f}(\xi)| &\leqslant \frac{1}{\sqrt{2\pi}}\int_{\mathbb{R}} |f(x) - f(x-\pi\xi^{-1})|dx.
\end{aligned}$$

从而由引理 3.2.1, 得到 $\lim\limits_{\xi\to\infty} \hat{f}(\xi) = 0$. □

设 $f \in L^1(\mathbb{R})$. 记 $\check{f}(x) = \dfrac{1}{\sqrt{2\pi}}\displaystyle\int_{-\infty}^{+\infty} f(\xi)\mathrm{e}^{\mathrm{i}x\xi}\,d\xi$, $\forall\,x \in \mathbb{R}$.

设 $H(x) = \mathrm{e}^{-|x|}$, $h_\lambda(x) = \dfrac{1}{\sqrt{2\pi}}\displaystyle\int_{-\infty}^{+\infty} H(\lambda\xi)\mathrm{e}^{\mathrm{i}x\xi}\,d\xi\ (\lambda > 0)$, $\forall\,x \in \mathbb{R}$. 则 $0 < H \leqslant 1$, $\lim\limits_{\lambda\to 0} H(\lambda x) = 1$. 进一步还有 $h_\lambda(x) = \dfrac{2}{\sqrt{2\pi}}\dfrac{\lambda}{\lambda^2+x^2}$, $\forall\,x \in \mathbb{R}$, $\displaystyle\int_{-\infty}^{+\infty} h_\lambda(x)\,dx = \sqrt{2\pi}$.

引理 3.3.7 设 $f \in L^1(\mathbb{R})$. 则

(1) $\lim\limits_{\lambda\to 0}\left\|\dfrac{1}{\sqrt{2\pi}} f \star h_\lambda - f\right\|_1 = 0$.

(2) $(f \star h_\lambda)(x) = \displaystyle\int_{-\infty}^{+\infty} H(\lambda\xi)\hat{f}(\xi)\mathrm{e}^{\mathrm{i}x\xi}\,d\xi$, $\forall\,x \in \mathbb{R}$.

证明 (1) 根据卷积的定义和 $\int_{-\infty}^{+\infty} h_\lambda(x)\,dx = \sqrt{2\pi}$, $\lambda > 0$, 得

$$\frac{1}{\sqrt{2\pi}} f \star h_\lambda(x) - f(x) = \frac{1}{\sqrt{2\pi}} \int_{-\infty}^{+\infty} (f(x-y) - f(x)) h_\lambda(y)\,dy$$

$$\left|\frac{1}{\sqrt{2\pi}} f \star h_\lambda(x) - f(x)\right| \leqslant \frac{1}{\sqrt{2\pi}} \int_{-\infty}^{+\infty} |f(x-y) - f(x)| h_\lambda(y)\,dy.$$

从而利用 Fubini 定理 (定理 2.5.6), 得到

$$\left\|\frac{1}{\sqrt{2\pi}} f \star h_\lambda - f\right\|_1 \leqslant \frac{1}{\sqrt{2\pi}} \int_{\mathbb{R}} h_\lambda(y) dy \int_{\mathbb{R}} |f(x-y) - f(x)|\,dx. \tag{3.10}$$

令 $g(y) = \int_{\mathbb{R}} |f(x-y) - f(x)|\,dx$, $\forall\, y \in \mathbb{R}$. 则 $g(y) \leqslant 2\|f\|_1$, $\forall\, y \in \mathbb{R}$ 且 $\lim\limits_{y\to 0} g(y) = 0$ (引理 3.2.1), 故对任意 $\epsilon > 0$, 存在 $\delta > 0$, 使得 $g(y) < \epsilon$, $\forall\, y \in B(0,\delta)$. 这样,

$$\begin{aligned}\int_{\mathbb{R}} h_\lambda(y) g(y) dy &= \int_{\mathbb{R}\setminus[-\delta,\delta]} h_\lambda(y) g(y) dy + \int_{[-\delta,\delta]} h_\lambda(y) g(y) dy \\ &\leqslant \int_{\mathbb{R}\setminus[-\delta,\delta]} h_\lambda(y) g(y) dy + \sqrt{2\pi}\epsilon.\end{aligned}$$

当 $y \in \mathbb{R}\setminus[-\delta,\delta]$ 以及 $\lambda \in (0,1)$ 时, $h_\lambda(y) g(y) \leqslant \frac{4\|f\|_1}{\sqrt{2\pi}} \frac{1}{y^2}$. 又 $\int_{\mathbb{R}\setminus[-\delta,\delta]} \frac{1}{y^2}\,dy = \frac{2}{\delta}$, $\lim\limits_{\lambda\to 0} h_\lambda(y) g(y) = 0$, 故由定理 2.4.12, $\lim\limits_{\lambda\to 0} \int_{\mathbb{R}\setminus[-\delta,\delta]} h_\lambda(y) g(y) dy = 0$. 再由 ϵ 的任意性, 得到 $\lim\limits_{\lambda\to 0} \int_{\mathbb{R}} h_\lambda(y) g(y) dy = 0$. 从而由 (3.10) 式得到

$$\lim_{\lambda\to 0} \left\|\frac{1}{\sqrt{2\pi}} f \star h_\lambda - f\right\|_1 = 0.$$

(2) 利用卷积的定义和 h_λ 的表达式, 对任意 $\forall\, x \in \mathbb{R}$, 得到

$$\begin{aligned}(f \star h_\lambda)(x) &= \int_{-\infty}^{+\infty} f(x-y) h_\lambda(y)\,dy = \frac{1}{\sqrt{2\pi}} \int_{\mathbb{R}} f(x-y)\,dy \int_{\mathbb{R}} H(\lambda\xi) \mathrm{e}^{\mathrm{i}y\xi}\,d\xi \\ &= \frac{1}{\sqrt{2\pi}} \int_{\mathbb{R}} H(\lambda\xi)\,d\xi \int_{\mathbb{R}} f(x-y) \mathrm{e}^{\mathrm{i}y\xi}\,dy = \int_{-\infty}^{+\infty} H(\lambda\xi) \hat{f}(\xi) \mathrm{e}^{\mathrm{i}x\xi}\,d\xi.\end{aligned}$$

($\iint_{\mathbb{R}^2} |f(x-y)| H(\lambda\xi) dy d\xi < +\infty$, 故在上式用 Fubini 定理.) □

利用引理 3.3.7, 我们可以导出以下的 Fourier 逆变换定理.

定理 3.3.8 设 $f \in L^1(\mathbb{R})$ 且 $\hat{f} \in L^1(\mathbb{R})$. 设 $g(x) = \dfrac{1}{\sqrt{2\pi}} \displaystyle\int_{\mathbb{R}} \hat{f}(\xi) \mathrm{e}^{\mathrm{i}x\xi}\, d\xi$. 则

(1) $g(x)$ 在 $\mathbb{R}$ 上连续且 $\lim\limits_{x \to \infty} g(x) = 0$;

(2) $f(x)$ 与 $g(x)$ 在 $\mathbb{R}$ 上几乎处处相等.

证明 (1) 由于 $g(x) = \widehat{(\hat{f})}(-x)$, $\forall\, x \in \mathbb{R}$, 故由定理 3.3.6 得到结论.

(2) 设 $\lambda_n = \dfrac{1}{n}$. 由引理 3.3.7 (1), $\left\| \dfrac{1}{\sqrt{2\pi}} f \star h_{\lambda_n} - f \right\|_1 \to 0 (n \to \infty)$. 对任意 $\delta > 0$, 令 $E_n = \left\{ x \in \mathbb{R} \,\middle|\, \left| \dfrac{1}{\sqrt{2\pi}} (f \star h_{\lambda_n})(x) - f(x) \right| \geqslant \delta \right\}$, $n \geqslant 1$. 则有

$$\left\| \frac{1}{\sqrt{2\pi}} f \star h_{\lambda_n} - f \right\|_1 \geqslant \int_{E_n} \left| \frac{1}{\sqrt{2\pi}} (f \star h_{\lambda_n})(x) - f(x) \right| dx \geqslant \delta\, m(E_n), \quad n \geqslant 1,$$

即得 $\dfrac{1}{\sqrt{2\pi}} (f \star h_{\lambda_n}) \xrightarrow{m} f$. 从而根据定理 2.3.12, 存在 $\{\lambda_n\}$ 的一个子列 $\{\lambda_{n_k}\}$ 使得 $\dfrac{1}{\sqrt{2\pi}} (f \star h_{\lambda_{n_k}}) \xrightarrow{m\text{-a.e.}} f$.

另一方面, 设 $k_n(\xi) = H(\lambda_n \xi) \hat{f}(\xi) \mathrm{e}^{\mathrm{i}x\xi}$, $\forall\, \xi \in \mathbb{R}$, $n \geqslant 1$. 则

$$\lim_{n \to \infty} k_n(\xi) = \hat{f}(\xi) \mathrm{e}^{\mathrm{i}x\xi} \text{ 及 } |k_n(\xi)| \leqslant |\hat{f}(\xi)|, \quad \forall\, \xi \in \mathbb{R},\ n \geqslant 1.$$

所以由引理 3.3.7 (2) 中的等式得到 $f(x) = g(x)$, m–a.e. 于 $\mathbb{R}$. □

3.4 $\mathfrak{S}(\mathbb{R}^n)$ 上的 Fourier 变换

在 3.3 节中, 我们讨论了 $L^1(\mathbb{R})$ 上的经典 Fourier 变换和逆变换. 为了引进广义函数的 Fourier 变换和在微分方程上的运用, 我们需要在速降函数空间上讨论 Fourier 变换.

定义 3.4.1 设 $f \in C^\infty(\mathbb{R}^n)$. 若对任意 $\alpha, \beta \in \mathbb{Z}_+^n$ 有 $\lim\limits_{\|x\|_2 \to \infty} x^\alpha D_x^\beta f(x) = 0$, 则称 f 为速降函数. 以 $\mathfrak{S}(\mathbb{R}^n)$ 表示 $C^\infty(\mathbb{R}^n)$ 中速降函数全体.

显然, $\mathfrak{D}(\mathbb{R}^n) \subset \mathfrak{S}(\mathbb{R}^n)$. 当 $f, g \in \mathfrak{S}(\mathbb{R}^n)$ 时, $f + g \in \mathfrak{S}(\mathbb{R}^n)$, 同时由 (3.3) 式可以导出 $fg \in \mathfrak{S}(\mathbb{R}^n)$. 所以, $\mathfrak{S}(\mathbb{R}^n)$ 不仅是 $C^\infty(\mathbb{R}^n)$ 的子空间而且还是一个代数.

命题 3.4.2 设 $f \in C^\infty(\mathbb{R}^n)$, 则下列命题等价:

(1) $f \in \mathfrak{S}(\mathbb{R}^n)$;

(2) 对任意 $\alpha, \beta \in \mathbb{Z}_+^n$, $\sup\limits_{x\in\mathbb{R}^n} |x^\alpha D_x^\beta f(x)| < +\infty$;

(3) 对任意 $k \in \mathbb{Z}_+$, $\beta \in \mathbb{Z}_+^n$, $\sup\limits_{x\in\mathbb{R}^n} (1+\|x\|_2^2)^k |D_x^\beta f(x)| < +\infty$.

证明 (1)⇒(2) 显然.

(2)⇒(3) 对任意 $k \in \mathbb{Z}_+$, $x = (x_1, \cdots, x_n) \in \mathbb{R}^n$, 当 $\|x\|_2 > 1$ 时,

$$(1+\|x\|_2^2)^k \leqslant 2^k \|x\|_2^{2k} \leqslant (2n)^k \max_{1\leqslant i\leqslant n} \{|x_i|_2^{2k}\}. \tag{3.11}$$

由于 $\sup\limits_{x\in\mathbb{R}^n} |x_i|^{2k} |D_x^\beta f(x)| < +\infty$, $\forall\, \beta \in \mathbb{Z}_+^n$, $i = 1, \cdots, n$, 故由 (3.11) 式得到

$$\sup_{\|x\|_2>1} (1+\|x\|_2^2)^k |D_x^\beta f(x)| < +\infty.$$

注意到 $\sup\limits_{\|x\|_2\leqslant 1} (1+\|x\|_2^2)^k |D_x^\beta f(x)| < +\infty$, 故 $\sup\limits_{x\in\mathbb{R}^n} (1+\|x\|_2^2)^k |D_x^\beta f(x)| < +\infty$.

(3)⇒(1) 对任意 $\alpha = (\alpha_1, \cdots, \alpha_n) \in \mathbb{Z}_+^n$,

$$\begin{aligned} |x^\alpha| &= |x_1|^{\alpha_1} \cdots |x_n|^{\alpha_n} \leqslant (|x_1| + \cdots + |x_n|)^{|\alpha|} \\ &\leqslant \left(n^{\frac{1}{2}} (|x_1|^2 + \cdots + |x_n|^2)^{\frac{1}{2}}\right)^{|\alpha|} = n^{\frac{|\alpha|}{2}} \|x\|_2^{|\alpha|}. \end{aligned}$$

由于 $\lim\limits_{\|x\|_2\to\infty} \dfrac{\|x\|_2}{1+\|x\|_2^2} = 0$ 及 $\sup\limits_{x\in\mathbb{R}^n} (1+\|x\|_2^2)^{|\alpha|} |D_x^\beta f(x)| < +\infty$, $\forall\, \beta \in \mathbb{Z}_+^n$, 故由下面的不等式

$$|x^\alpha| |D_x^\beta f(x)| \leqslant n^{\frac{|\alpha|}{2}} \left(\frac{\|x\|_2}{1+\|x\|_2^2}\right)^{|\alpha|} (1+\|x\|_2^2)^{|\alpha|} |D_x^\beta f(x)|,$$

得到 $\lim\limits_{\|x\|_2\to\infty} (1+\|x\|_2^2)^k |D_x^\beta f(x)| = 0$. □

例 3.4.3 设 $f(x) = \exp(-\|x\|_2^2)$, $\forall\, x \in \mathbb{R}^n$. 则 $f \in \mathfrak{S}(\mathbb{R}^n)$.

由于对任意 $\alpha, \beta \in \mathbb{Z}_+^n$, $x^\alpha D^\beta \exp(-\|x\|_2^2)$ 是形如 $x^\gamma \exp(-\|x\|_2^2)$ 的项的线性组合. 而对任意 $\rho \in \mathbb{Z}_+^n$, $\lim\limits_{\|x\|_2\to+\infty} x^\rho \exp(-\|x\|_2^2) = 0$. 所以, $f \in \mathfrak{S}(\mathbb{R}^n)$.

例 3.4.4 设 $f, g \in \mathfrak{S}(\mathbb{R}^n)$. f 与 g 的卷积 $f * g$ 定义为

$$f * g(x) = \int_{\mathbb{R}^n} f(x-y) g(y)\, dy, \quad \forall\, x \in \mathbb{R}^n.$$

由命题 3.4.2, 对任意 $k \in \mathbb{Z}_+$, $\beta \in \mathbb{Z}_+^n$, 存在常数 A, $B > 0$ 使得

$$|g(y)| \leqslant \frac{A}{(1+\|y\|_2^2)^{k+n}}, \quad |D_x^\beta f(x-y)| \leqslant \frac{B}{(1+\|x-y\|_2^2)^k}, \quad \forall\, x, y \in \mathbb{R}^n.$$

于是, 对任意 $x \in \mathbb{R}^n$, 有

$$\begin{aligned}|(1+\|x\|_2^2)^k D_x^\beta (f*g)(x)| &= \left|\int_{\mathbb{R}^n} (1+\|x\|_2^2)^k (D_x^\beta f(x-y))g(y)\,dy\right| \\ &\leqslant \int_{\mathbb{R}^n} \frac{AB(1+\|x\|_2^2)^k\,dy}{(1+\|x-y\|_2^2)^k(1+\|y\|_2^2)^{k+n}}.\end{aligned}$$

由于当 $\|y\|_2 \leqslant \dfrac{1}{2}\|x\|_2$ 时, $\|x-y\|_2 \geqslant \dfrac{1}{2}\|x\|_2$, 故 $\dfrac{1+\|x\|_2^2}{1+\|x-y\|_2^2} \leqslant 4$; 当 $\|y\|_2 > \dfrac{1}{2}\|x\|_2$ 时, $1+\|x\|_2^2 \leqslant 4(1+\|y\|_2^2)$, 从而上述不等式化为

$$\begin{aligned}|(1+\|x\|_2^2)^k D_x^\beta (f*g)(x)| &\leqslant \int_Z \frac{AB(1+\|x\|_2^2)^k\,dy}{(1+\|x-y\|_2^2)^k(1+\|y\|_2^2)^{k+n}} \\ &\quad + \int_{\mathbb{R}^n\setminus Z} \frac{AB(1+\|x\|_2^2)^k\,dy}{(1+\|x-y\|_2^2)^k(1+\|y\|_2^2)^{k+n}} \\ &\leqslant \int_{\mathbb{R}^n} \frac{2^{2k}AB}{(1+\|y\|_2^2)^n} dy < +\infty,\end{aligned}$$

这里 $Z = \{y \in \mathbb{R}^n |\, \|x\|_2 \geqslant 2\|y\|_2\}$. 所以由命题 3.4.2 可得 $f*g \in \mathfrak{S}(\mathbb{R}^n)$.

下面的命题表明: 在某种意义下, $\mathfrak{D}(\mathbb{R}^n)$ 在 $\mathfrak{S}(\mathbb{R}^n)$ 中稠密.

命题 3.4.5 对任意 $f \in \mathfrak{S}(\mathbb{R}^n)$ 及任意 $\epsilon > 0$, 存在 $f_\epsilon \in \mathfrak{D}(\mathbb{R}^n)$ 使得对任意 $k \in \mathbb{Z}_+$, $\beta \in \mathbb{Z}_+^n$ 有 $\lim\limits_{\epsilon\to 0^+} \sup\limits_{x\in\mathbb{R}^n} (1+\|x\|_2^2)^k |D_x^\beta (f-f_\epsilon)(x)| = 0$.

证明 设 $C = \displaystyle\int_{U(0,1)} \exp\left(\frac{1}{\|x\|_2^2-1}\right) dx$, $\eta(x) = \begin{cases} \dfrac{1}{C}\exp\left(\dfrac{1}{\|x\|_2^2-1}\right), & \|x\|_2 < 1, \\ 0, & \|x\|_2 \geqslant 1. \end{cases}$

则 $\eta \in \mathfrak{D}(\mathbb{R}^n)$. 令

$$\phi(x) = \int_{B(0,2)} \eta(x-t)\,dt = \int_{B(x,2)} \eta(y)\,dy, \quad \forall\, x \in \mathbb{R}^n. \tag{3.12}$$

易知 $\phi \in C^\infty(\mathbb{R}^n)$. 因为当 $\|x\| > 3$ 且 $t \in B(0,2)$ 时, $\|x-t\|_2 > \|x\|_2 - \|t\|_2 > 1$, 故 $\mathrm{supp}(\phi) \subset B(0,3)$. 又当 $y \notin B(x,2)$ 时, $\|y\|_2 \geqslant \|y-x\|_2 - \|x\|_2 > 1$, 故由 (3.12) 式得

$$\phi(x) = \int_{B(x,2)} \eta(y)\,dy + \int_{\mathbb{R}^n\setminus B(x,2)} \eta(y)\,dy = \int_{\mathbb{R}^n} \eta(y)\,dy = 1, \quad \forall\, x \in B(0,1).$$

令 $f_\epsilon(x) = f(x)\phi(\epsilon x)$. 则 $f_\epsilon \in \mathfrak{D}(\mathbb{R}^n)$. 对任意 $\beta \in \mathbb{Z}_+^n$, 我们有

$$D_x^\beta (f-f_\epsilon)(x) = D_x^\beta ((f(x)(\phi(\epsilon x)-1))$$

$$= (D_x^\beta f)(x)(\phi(\epsilon x)-1) + \sum_{\substack{\gamma\leqslant\beta\\ \gamma\neq\beta}} \binom{\beta}{\gamma} (D_x^\gamma f)(x) D_x^{\beta-\gamma}(\phi(\epsilon x)-1)$$

$$= (D_x^\beta f)(x)(\phi(\epsilon x)-1) + \sum_{\substack{\gamma\leqslant\beta\\ \gamma\neq\beta}} \binom{\beta}{\gamma} \epsilon^{|\beta-\gamma|} (D_x^\gamma f)(x)(D_x^{\beta-\gamma}\phi)(\epsilon x).$$

由于

$$\phi(\epsilon x)-1 = \phi(\epsilon x)-\phi(0) = \epsilon\Big(x_1 \frac{\partial\phi}{\partial x_1}\Big|_{x=\zeta} + \cdots + x_n \frac{\partial\phi}{\partial x_n}\Big|_{x=\zeta}\Big),$$

其中 $\zeta=(\zeta_1,\cdots,\zeta_n)$, ζ_i 介于 0 与 ϵx_i 之间, $1\leqslant i\leqslant n$. 由于 $D_x^\gamma\phi(x)$ 在 $\mathbb{R}^n$ 上有界, $0\leqslant\gamma\leqslant\beta$, 故令 $M_0=\sup\limits_{\substack{x\in\mathbb{R}^n\\ 0\leqslant\gamma\leqslant\beta}} |D_x^\gamma\phi(x)|<+\infty$. 则

$$|\phi(\epsilon x)-1| \leqslant M_0(|x_1|+\cdots+|x_n|)\epsilon \leqslant \epsilon(\sqrt{n}M_0)\|x\|_2.$$

由命题 3.4.2, $\sup\limits_{\substack{x\in\mathbb{R}^n\\ 0\leqslant\gamma\leqslant\beta}} (1+\|x\|_2^2)^{k+1}|D_x^\gamma f(x)| = M < +\infty, \forall k\in\mathbb{Z}_+$. 于是,

$$(1+\|x\|_2^2)^k |D_x^\beta(f-f_\epsilon)(x)| \leqslant \Big[2\sqrt{n} + \sum_{\substack{\gamma\leqslant\beta\\ \gamma\neq\beta}} \binom{\beta}{\gamma} \epsilon^{|\beta-\gamma|-1}\Big] M_0 M\epsilon, \quad \forall x\in\mathbb{R}^n.$$

这样 $\lim\limits_{\epsilon\to0^+}\sup\limits_{x\in\mathbb{R}^n}(1+\|x\|_2^2)^k|D_x^\beta(f-f_\epsilon)(x)|=0$. □

下面我们讨论速降函数的 Fourier 变换和 Fourier 逆变换的性质.

定义 3.4.6 设 $f\in\mathfrak{S}(\mathbb{R}^n)$, f 的 Fourier 变换 $\hat{f}=\mathcal{F}(f)$ 定义为

$$\hat{f}(\xi) = \frac{1}{(\sqrt{2\pi})^n}\int_{\mathbb{R}^n} f(x)\,\mathrm{e}^{-\mathrm{i}\langle x,\xi\rangle}\,dx, \quad \forall \xi\in\mathbb{R}^n,$$

这里 $x=(x_1,\cdots,x_n)$, $\xi=(\xi_1,\cdots,\xi_n)\in\mathbb{R}^n$, $\langle x,\xi\rangle=\sum\limits_{j=1}^n x_j\xi_j$.

如果 $g\in\mathfrak{S}(\mathbb{R}^n)$, 定义 g 的 Fourier 逆变换 $\tilde{g}=\mathcal{F}^{-1}(g)$ 为

$$\tilde{g}(x) = \frac{1}{(\sqrt{2\pi})^n}\int_{\mathbb{R}^n} g(\xi)\,\mathrm{e}^{\mathrm{i}\langle x,\xi\rangle}\,d\xi, \quad \forall x\in\mathbb{R}^n.$$

命题 3.4.7 设 $f\in\mathfrak{S}(\mathbb{R}^n)$, 则 $\hat{f}$, $\tilde{f}\in\mathfrak{S}(\mathbb{R}^n)$.

证明 设 α, $\beta\in\mathbb{Z}_+^n$. 由命题 3.4.2, 存在常数 $M>0$ 使得对任意 $x\in\mathbb{R}^n$ 及 $\gamma\leqslant\alpha$, 有 $|D_x^\gamma f(x)|\leqslant\dfrac{M}{(1+\|x\|_2^2)^{|\beta|+n}}$. 由于

$$\int_{\mathbb{R}^n} |x^\beta||f(x)|\,dx \leqslant \int_{\mathbb{R}^n} \frac{M|x^\beta|}{(1+\|x\|_2^2)^{|\beta|+n}}\,dx < +\infty,$$

所以 $D_\xi^\beta \hat{f}(\xi)$ 存在, 而且对任意 $\xi \in \mathbb{R}^n$,

$$D_\xi^\beta \hat{f}(\xi) = \frac{1}{(\sqrt{2\pi})^n}\int_{\mathbb{R}^n} (-\mathrm{i})^{|\beta|} x^\beta f(x)\,\mathrm{e}^{-\mathrm{i}\langle x,\xi\rangle}\,dx = \mathrm{i}^{-|\beta|}\widehat{x^\beta f}(\xi). \tag{3.13}$$

利用 $\lim\limits_{\|x\|_2\to\infty} |D_x^\gamma f(x)| = 0, \forall\, \gamma \leqslant \alpha$ 及分部积分法, 可得

$$\frac{1}{(\sqrt{2\pi})^n}\int_{\mathbb{R}^n} D_x^\alpha f(x)\,\mathrm{e}^{-\mathrm{i}\langle x,\xi\rangle}\,dx = \mathrm{i}^{|\alpha|}\xi^\alpha \hat{f}(\xi), \quad \forall\, \xi \in \mathbb{R}^n. \tag{3.14}$$

于是由 (3.13) 和 (3.14) 得到

$$\xi^\alpha D_\xi^\beta \hat{f}(\xi) = \mathrm{i}^{-|\beta|}\xi^\alpha \widehat{x^\beta f}(\xi) = \frac{(-\mathrm{i})^{|\alpha+\beta|}}{(\sqrt{2\pi})^n}\int_{\mathbb{R}^n} D_x^\alpha(x^\beta f(x))\,\mathrm{e}^{-\mathrm{i}\langle x,\xi\rangle}dx. \tag{3.15}$$

因为 $D_x^\alpha(x^\beta f(x)) \in \mathfrak{S}(\mathbb{R}^n)$, 所以

$$\sup_{x\in\mathbb{R}^n} |\xi^\alpha D_\xi^\beta \hat{f}(\xi)| \leqslant \frac{1}{(\sqrt{2\pi})^n}\int_{\mathbb{R}^n} |D_x^\alpha(x^\beta f(x))|\,dx < +\infty,$$

即得 $\hat{f} \in \mathfrak{S}(\mathbb{R}^n)$(定义 3.4.1).

类似地, 可以得到 $\tilde{f} \in \mathfrak{S}(\mathbb{R}^n)$. □

引理 3.4.8 设 $p(x) = \exp\left(-\dfrac{\|x\|_2^2}{2}\right)$, $x \in \mathbb{R}^n$. 则 $\mathcal{F}(p) = p$.

证明 设 $x = (x_1, \cdots, x_n)$, $\xi = (\xi_1, \cdots, \xi_n) \in \mathbb{R}^n$, 并令

$$\psi(\eta) = \int_{-\infty}^{+\infty} \exp\left(-\frac{y^2}{2}\right)\cos(y\eta)\,dy, \quad \forall\, \eta \in \mathbb{R}.$$

则

$$\begin{aligned}\hat{p}(\xi) &= \frac{1}{(\sqrt{2\pi})^n}\int_{\mathbb{R}^n} p(x)\,\mathrm{e}^{-\mathrm{i}\langle x,\xi\rangle}\,dx = \prod_{j=1}^n \left[\frac{1}{\sqrt{2\pi}}\int_{-\infty}^{+\infty} \exp\left(-\frac{x_j^2}{2}\right)\mathrm{e}^{-\mathrm{i}\,x_j\xi_j}\,dx_j\right] \\ &= \frac{1}{(\sqrt{2\pi})^n}\psi(\xi_1)\cdots\psi(\xi_n). \end{aligned} \tag{3.16}$$

因 $\psi'(\eta) = -\eta\psi(\eta), \forall\, \eta \in \mathbb{R}$ 及 $\psi(0) = \sqrt{2\pi}$, 则得 $\psi(\eta) = \sqrt{2\pi}\exp\left(-\dfrac{\eta^2}{2}\right)$, $\forall\, \eta \in \mathbb{R}$. 再将此代入 (3.16) 式即可. □

下面我们来叙述并证明 Fourier 变换的主要定理.

定理 3.4.9 (Fourier 积分定理) 设 $f\in\mathfrak{S}(\mathbb{R}^n)$, 则 $\tilde{\hat{f}}=f$, $\hat{\tilde{f}}=f$.

证明 设 $g\in\mathfrak{S}(\mathbb{R}^n)$, 则

$$\begin{aligned}\int_{\mathbb{R}^n} g(\xi)\hat{f}(\xi)\,\mathrm{e}^{\mathrm{i}\langle x,\xi\rangle}\,d\xi &= \frac{1}{(\sqrt{2\pi})^n}\int_{\mathbb{R}^n} g(\xi)\,\mathrm{e}^{\mathrm{i}\langle x,\xi\rangle}\,d\xi\int_{\mathbb{R}^n} f(y)\,\mathrm{e}^{-\mathrm{i}\langle y,\xi\rangle}\,dy\\ &= \frac{1}{(\sqrt{2\pi})^n}\int_{\mathbb{R}^n}\left[\int_{\mathbb{R}^n} g(\xi)\,\mathrm{e}^{-\mathrm{i}\langle y-x,\xi\rangle}\,d\xi\right]f(y)\,dy\\ &= \int_{\mathbb{R}^n}\hat{g}(y-x)f(y)\,dy=\int_{\mathbb{R}^n}\hat{g}(y)f(x+y)\,dy. \end{aligned}\tag{3.17}$$

注意到: 对任意 $\epsilon>0$, 有

$$\frac{1}{(\sqrt{2\pi})^n}\int_{\mathbb{R}^n} g(\epsilon\eta)\,\mathrm{e}^{-\mathrm{i}\langle y,\eta\rangle}\,d\eta=\frac{1}{(\sqrt{2\pi}\epsilon)^n}\int_{\mathbb{R}^n} g(z)\,\mathrm{e}^{-\mathrm{i}\langle \epsilon^{-1}y,\eta\rangle}\,dz=\epsilon^{-n}\hat{g}(\epsilon^{-1}y).$$

于是用 $g(\epsilon\xi)$ 代替 (3.17) 中的 $g(\xi)$, 得

$$\begin{aligned}\int_{\mathbb{R}^n}\widehat{g(\epsilon\xi)}(y)f(x+y)\,dy &= \int_{\mathbb{R}^n}\epsilon^{-n}\hat{g}(\epsilon^{-1}y)f(x+y)\,dy\\ &= \int_{\mathbb{R}^n}\hat{g}(y)f(x+\epsilon y)\,dy=\int_{\mathbb{R}^n} g(\epsilon\xi)\hat{f}(\xi)\,\mathrm{e}^{\mathrm{i}\langle x,\eta\rangle}\,d\xi. \end{aligned}\tag{3.18}$$

在 (3.18) 中, 令 $\epsilon\to 0^+$, 则由 Lebesgue 控制收敛定理可得

$$\int_{\mathbb{R}^n} g(0)\hat{f}(\xi)\,\mathrm{e}^{\mathrm{i}\langle x,\eta\rangle}\,d\xi=\int_{\mathbb{R}^n}\hat{g}(y)f(x)\,dy=f(x)\int_{\mathbb{R}^n}\hat{g}(y)\,dy.$$

现取 $g(y)=\exp\left(-\dfrac{\|y\|_2^2}{2}\right)$, $y\in\mathbb{R}^n$. 则由引理 3.4.8 得到 $\hat{g}(\xi)=g(\xi)$, 进而

$$\int_{\mathbb{R}^n}\hat{g}(y)\,dy=\int_{\mathbb{R}^n} g(y)\,\mathrm{e}^{-\mathrm{i}\langle 0,y\rangle}\,dy=(2\pi)^{n/2}\hat{g}(0)=(2\pi)^{n/2}.$$

于是

$$f(x)=\frac{1}{(\sqrt{2\pi})^n}\int_{\mathbb{R}^n}\hat{f}(\xi)\,\mathrm{e}^{\mathrm{i}\langle x,\xi\rangle}\,d\xi=\tilde{\hat{f}}(x),\quad \forall\, x\in\mathbb{R}^n.$$

类似 (3.17) 式的推导, 对 $f, g\in\mathfrak{S}(\mathbb{R}^n)$, 也有

$$\int_{\mathbb{R}^n} g(\xi)\tilde{f}(\xi)\,\mathrm{e}^{-\mathrm{i}\langle x,\xi\rangle}\,d\xi=\int_{\mathbb{R}^n}\tilde{g}(y-x)f(y)\,dy=\int_{\mathbb{R}^n}\tilde{g}(y)f(x+y)\,dy.$$

由于对任意 $\epsilon > 0$, $y \in \mathbb{R}^n$, $\frac{1}{(\sqrt{2\pi})^n}\int_{\mathbb{R}^n} g(\epsilon\eta)\,\mathrm{e}^{\mathrm{i}\langle y,\eta\rangle}\,d\eta = \epsilon^{-n}\tilde{g}(\epsilon^{-1}y)$, 故以 $g(\epsilon\xi)$ 代替上式中的 $g(\xi)$, 可得

$$\begin{aligned}\int_{\mathbb{R}^n} \widetilde{g(\epsilon\xi)}(y) f(x+y)\,dy &= \int_{\mathbb{R}^n} \epsilon^{-n}\tilde{g}(\epsilon^{-1}y) f(x+y)\,dy \\ &= \int_{\mathbb{R}^n} \tilde{g}(y) f(x+\epsilon y)\,dy = \int_{\mathbb{R}^n} g(\epsilon\xi)\tilde{f}(\xi)\,\mathrm{e}^{\mathrm{i}\langle x,\eta\rangle}\,d\xi.\end{aligned}$$

最后, 取 $g(y) = \exp\left(-\frac{\|y\|_2^2}{2}\right)$ 并令 $\epsilon \to 0^+$, 则可得 $f(x) = \tilde{\hat{f}}(x)$, $\forall x \in \mathbb{R}^n$. □

推论 3.4.10 设 $f, g \in \mathfrak{S}(\mathbb{R}^n)$, 则

(1) $\int_{\mathbb{R}^n} \hat{f}(\xi) g(\xi)\,d\xi = \int_{\mathbb{R}^n} f(x)\hat{g}(x)\,dx$;

(2) $\widehat{f*g} = (\sqrt{2\pi})^n \hat{f}\hat{g}$, $\widetilde{f*g} = (\sqrt{2\pi})^n \tilde{f}\tilde{g}$;

(3) $\widehat{fg} = \frac{1}{(\sqrt{2\pi})^n}\hat{f}*\hat{g}$, $\widetilde{fg} = \frac{1}{(\sqrt{2\pi})^n}\tilde{f}*\tilde{g}$.

证明 (1) 在 (3.17) 中, 令 $x = 0$, 即可得出结论.

(2) 对任意 $\xi \in \mathbb{R}^n$, 我们有

$$\begin{aligned}\widehat{f*g}(\xi) &= \frac{1}{(\sqrt{2\pi})^n}\int_{\mathbb{R}^n} (f*g)(x)\,\mathrm{e}^{-\mathrm{i}\langle x,\xi\rangle}\,dx \\ &= \frac{1}{(\sqrt{2\pi})^n}\int_{\mathbb{R}^n}\left[\int_{\mathbb{R}^n} f(x-y)\,\mathrm{e}^{-\mathrm{i}\langle x-y,\xi\rangle}\,dx\right] g(y)\,\mathrm{e}^{-\mathrm{i}\langle y,\xi\rangle}\,dy \\ &= \frac{1}{(\sqrt{2\pi})^n}\int_{\mathbb{R}^n} g(y)\,\mathrm{e}^{-\mathrm{i}\langle y,\xi\rangle}\,dy \int_{\mathbb{R}^n} f(x)\,\mathrm{e}^{-\mathrm{i}\langle x,\xi\rangle}\,dx = (\sqrt{2\pi})^n(\hat{f}\hat{g})(\xi).\end{aligned}$$

同理可得 $\widetilde{f*g} = (\sqrt{2\pi})^n \tilde{f}\tilde{g}$.

(3) 由 $\widetilde{\hat{f}*\hat{g}} = (\sqrt{2\pi})^n \tilde{\hat{f}}\tilde{\hat{g}} = (\sqrt{2\pi})^n fg$, 得

$$\widehat{fg} = \frac{1}{(\sqrt{2\pi})^n}\widehat{\widetilde{\hat{f}*\hat{g}}} = \frac{1}{(\sqrt{2\pi})^n}\hat{f}*\hat{g}.$$

由于 $\widehat{\tilde{f}*\tilde{g}} = (\sqrt{2\pi})^n \hat{\tilde{f}}\hat{\tilde{g}} = (\sqrt{2\pi})^n fg$, 故 $\widetilde{fg} = \frac{1}{(\sqrt{2\pi})^n}\tilde{f}*\tilde{g}$. □

3.5 缓和分布的 Fourier 变换

在本节中, 设 Ω 是 $\mathbb{R}^n$ 中的开子集.

定义 3.5.1 设 $\{\phi_k\} \subset \mathfrak{D}(\Omega)$, $\phi \in \mathfrak{D}(\Omega)$. 称 ϕ_k 在 $\mathfrak{D}(\Omega)$ 中收敛于 ϕ, 记作 $\phi_k \xrightarrow{\mathfrak{D}} \phi$, 若存在 Ω 中的一个紧集 K, 使得 $\text{supp}(\phi) \subset K$ 及 $\text{supp}(\phi_k) \subset K$, $k \geqslant 1$ 且对任意 $\alpha \in \mathbb{Z}_+^n$, $D_x^\alpha \phi_k(x)$ 在 K 上一致收敛于 $D_x^\alpha \phi(x)$.

定义 3.5.2 设 $\{\phi_k\} \subset \mathfrak{S}(\mathbb{R}^n)$, $\phi \in \mathfrak{S}(\mathbb{R}^n)$. 称 ϕ_k 在 $\mathfrak{S}(\mathbb{R}^n)$ 中收敛于 ϕ, 记作 $\phi_k \xrightarrow{\mathfrak{S}} \phi$, 若对任何 $\alpha, \beta \in \mathbb{Z}_+^n$, $\lim\limits_{k\to\infty} \sup\limits_{x\in\mathbb{R}^n} |x^\alpha D_x^\beta(\phi_k - \phi)(x)| = 0$.

注 3.5.3 (1) 由命题 3.4.2 的证明过程可知: 对 $\{\phi_m\} \subset \mathfrak{S}(\mathbb{R}^n)$, $\phi \in \mathfrak{S}(\mathbb{R}^n)$, $\phi_m \xrightarrow{\mathfrak{S}} \phi$ 当且仅当对任意 $k \in \mathbb{Z}_+$, $\beta \in \mathbb{Z}_+^n$,

$$\lim_{m\to\infty} \sup_{x\in\mathbb{R}^n} (1 + \|x\|_2^2)^k |D_x^\beta(\phi_m - \phi)(x)| = 0.$$

(2) 由定义 3.4.1 及定义 3.5.1 可知, 当 $\{\phi_k\} \subset \mathfrak{D}(\mathbb{R}^n)$, $\phi \in \mathfrak{D}(\mathbb{R}^n)$ 且 $\phi_k \xrightarrow{\mathfrak{D}} \phi$ 时, 必有 $\phi_k \xrightarrow{\mathfrak{S}} \phi$.

定义 3.5.4 设 T 为 $\mathfrak{D}(\Omega)$ (或 $\mathfrak{S}(\mathbb{R}^n)$) 上的线性泛函. 称 T 在 $\phi \in \mathfrak{D}(\Omega)$ (或 $\mathfrak{S}(\mathbb{R}^n)$) 处连续, 若对任何 $\{\phi_k\} \subset \mathfrak{D}(\Omega)$ (或 $\mathfrak{S}(\mathbb{R}^n)$) 且 $\phi_k \xrightarrow{\mathfrak{D}} \phi$ (或 $\phi_k \xrightarrow{\mathfrak{S}} \phi$) 都有 $\lim\limits_{k\to\infty} T(\phi_k) = T(\phi)$.

若 T 在 $\mathfrak{D}(\Omega)$ (或 $\mathfrak{S}(\mathbb{R}^n)$) 上的每一点都连续, 则称 T 在 $\mathfrak{D}(\Omega)$ (或 $\mathfrak{S}(\mathbb{R}^n)$) 上连续.

因为 T 是线性的, 故 T 在 $\mathfrak{D}(\Omega)$ (或 $\mathfrak{S}(\mathbb{R}^n)$) 上连续当且仅当 T 在 $\phi = 0$ 处连续.

定义 3.5.5 $\mathfrak{D}(\Omega)$ 上的连续线性泛函称为一个广义函数或分布. 以 $\mathfrak{D}'(\Omega)$ 表示 $\mathfrak{D}(\Omega)$ 上的广义函数全体.

以 $\mathfrak{S}'(\mathbb{R}^n)$ 表示 $\mathfrak{S}(\mathbb{R}^n)$ 上的连续线性泛函全体. $\mathfrak{S}'(\mathbb{R}^n)$ 中的元素称为缓和分布.

例 3.5.6 对任意 $a \in \Omega$, 定义 $\mathfrak{D}(\Omega)$ 上的线性泛函 δ_a 为 $\delta_a(\phi) = \phi(a)$, $\forall\, \phi \in \mathfrak{D}(\Omega)$. 易知 $\delta_a \in \mathfrak{D}'(\Omega)$. δ_a 称为 a 的 Dirac 函数.

定义 3.5.7 设 $p \in [1, +\infty)$, f 在 Ω 上 Lebesgue 可测. 若对 Ω 中的任何一个紧子集 K, 有 $\int_K |f(x)|^p\, dx < +\infty$, 则称 f 在 Ω 上 p–局部可积. 记 $L_{loc}^p(\Omega)$ 为这些函数全体.

例 3.5.8 设 $p \in [1, +\infty)$. 任给 $f \in L_{loc}^p(\Omega)$, 定义 $\mathfrak{D}(\Omega)$ 上的线性泛函 F_f 为

$$F_f(\phi) = \int_\Omega f(x)\phi(x)\, dx, \quad \forall\, \phi \in \mathfrak{D}(\Omega).$$

则 $F_f \in \mathfrak{D}'(\Omega)$. 事实上, 设 $\{\phi_n\} \subset \mathfrak{D}(\Omega)$ 且 $\phi_k \xrightarrow{\mathfrak{D}} 0$. 则由定义 3.5.1, 存在 Ω 中的紧集 K 使得 $\text{supp}(\phi_k) \subset K$, $k \geqslant 1$ 且 ϕ_k 在 K 上一致收敛于 0.

当 $p=1$ 时, 由

$$|F_f(\phi_k)| \leqslant \int_\Omega |f(x)||\phi(x)|\,dx \leqslant \left(\int_K |f(x)|\,dx\right)\sup_{x\in K}|\phi_k(x)|,$$

得到 $\lim\limits_{k\to\infty} F_f(\phi_k)=0$. 所以 $F_f\in\mathfrak{D}'(\Omega)$.

当 $1<p<+\infty$ 时, 设 $q\in(1,+\infty)$ 使得 $\dfrac{1}{p}+\dfrac{1}{q}=1$. 则由

$$\begin{aligned}|F_f(\phi_k)| &\leqslant \left(\int_K |f(x)|^p dx\right)^{1/p}\left(\int_K |\phi_k(x)|^q dx\right)^{1/q}\\ &\leqslant (m(K))^{1/q}\left(\int_K |f(x)|^p dx\right)^{1/p}\max_{x\in K}|\phi_k(x)|\end{aligned}$$

得到 $\lim\limits_{k\to\infty} F_f(\phi_k)=0$. 所以 $F_f\in\mathfrak{D}'(\Omega)$.

例 3.5.9 设 $f\in L^p(\mathbb{R}^n)$, $p\in[1,+\infty]$. 令 $T_f(\phi)=\displaystyle\int_{\mathbb{R}^n} f(x)\phi(x)\,dx$, $\forall\,\phi\in\mathfrak{S}(\mathbb{R}^n)$. 则

$$|T_f(\phi)| \leqslant \sup_{x\in\mathbb{R}^n}(1+\|x\|_2^2)^{n+1}|\phi(x)|\int_{\mathbb{R}^n}\frac{|f(x)|\,dx}{(1+\|x\|_2^2)^{n+1}},\quad \forall\,\phi\in\mathfrak{S}(\mathbb{R}^n). \tag{3.19}$$

当 $p=1$ 时, $\displaystyle\int_{\mathbb{R}^n}\frac{|f(x)|\,dx}{(1+\|x\|_2^2)^{n+1}}\leqslant\|f\|_1$; 当 $p=+\infty$ 时,

$$\int_{\mathbb{R}^n}\frac{|f(x)|\,dx}{(1+\|x\|_2^2)^{n+1}}\leqslant\int_{\mathbb{R}^n}\frac{\|f\|_\infty\,dx}{(1+\|x\|_2^2)^{n+1}}<+\infty;$$

当 $1<p<+\infty$ 时, $1<q<+\infty$, 于是

$$\int_{\mathbb{R}^n}\frac{|f(x)|\,dx}{(1+\|x\|_2^2)^{n+1}}\leqslant\left[\int_{\mathbb{R}^n}\frac{\|f\|_p^q\,dx}{(1+\|x\|_2^2)^{(n+1)q}}\right]^{1/q}\leqslant\left[\int_{\mathbb{R}^n}\frac{\|f\|_p^q\,dx}{(1+\|x\|_2^2)^{n+1}}\right]^{1/q}<+\infty.$$

从而由 (3.19) 式和注 3.5.3 (1) 可知, $T_f\in\mathfrak{S}(\mathbb{R}^n)$.

进一步, 我们还有如下命题.

命题 3.5.10 例 3.5.8 中的线性映射 $f\mapsto F_f$ 是 $L^p_{loc}(\Omega)$ 到 $\mathfrak{D}'(\Omega)$ 的单射. 同样, 例 3.5.9 中的线性映射 $f\mapsto F_f$ 是 $L^p(\mathbb{R}^n)$ 到 $\mathfrak{S}'(\Omega)$ 的单射.

证明 任取 $a\in\Omega$. 因 Ω 为开集, 故有 $r_a>0$ 使得 $B(a,r_a)\subset\Omega$. 定义 $\eta\colon\Omega\to\mathbb{R}$ 为

$$\eta(x)=\begin{cases}\exp\left(\dfrac{1}{\|x-a\|_2^2-r_a^2}\right), & x\in U(a,r_a),\\ 0, & x\in\Omega\backslash U(a,r_a).\end{cases}$$

则 $\eta \in \mathfrak{D}(\Omega)$ 且 $\mathrm{supp}(\eta) \subset B(a, r_a)$.

设 $f \in L^p_{loc}(\Omega)$ 使得

$$\int_\Omega f(x)\phi(x)dx = 0, \quad \forall \phi \in \mathfrak{D}(\Omega). \tag{3.20}$$

设 $u(x) = \begin{cases} \dfrac{|f(x)|}{f(x)}, & f(x) \neq 0, \\ 1, & f(x) = 0, \end{cases}$ $\forall x \in \Omega$. 因为 Lebesgue 测度空间 $(\mathbb{R}^n, \mathfrak{L}, m)$ 满足定理 2.3.11 的条件, 所以存在一列 $\{g_k\} \subset C_c(\mathbb{R}^n)$ 以及 $\mathbb{R}^n$ 中的闭子集 F_k 使得 $u(x) = g_k(x), \forall x \in F_k$ 而且

$$m(\mathbb{R}^n \backslash F_k) < \frac{1}{k}, \quad \sup_{x \in \mathbb{R}^n} |g_k(x)| \leqslant \sup_{x \in \mathbb{R}^n} |u(x)| = 1, \quad k \geqslant 1.$$

任取 $\delta > 0$, 由 $\{x \in \mathbb{R}^n \,|\, |u(x) - g_k(x)| \geqslant \delta\} \subset \mathbb{R}^n \backslash F_k$, $k = 1, 2, \cdots$, 得到

$$\lim_{k \to \infty} m(\{x \in \mathbb{R}^n \,|\, |u(x) - g_k(x)| \geqslant \delta\}) = 0, \text{ 即 } g_k \xrightarrow{m} u.$$

于是, 由定理 2.3.12, 存在 $\{g_k\}$ 的一个子列 $\{g_{k_j}\}$ 使得 $g_{k_j} \xrightarrow{m\text{–a.e.}} u$, $j \to \infty$.

由推论 1.4.10, $\mathbb{R}^n$ 上多项式全体在 $C(B(a, r_a))$ 中稠密. 故存在一列多项式 $\{p_j\}$ 使得 $\|g_{k_j} - p_j\| < \dfrac{1}{j}$(在 $C(B(a, r_a))$ 中), $j \geqslant 1$. 这样, 在 $B(a, r_a)$ 上, $p_j \xrightarrow{m\text{–a.e.}} u$. 同时还有 $|p_j(x)| < 2, \forall x \in B(a, r_a)$, $j \geqslant 1$. 由于 $\{p_j \eta\} \subset \mathfrak{D}(\Omega)$, 故由 (3.20) 式得到

$$\int_{B(a, r_a)} f(x) p_j(x) \eta(x)\, dx = \int_\Omega f(x) p_j(x) \eta(x)\, dx = 0, \quad \forall j \geqslant 1.$$

令 $f_0 = f\big|_{B(a, r_a)}$. 则 $f_0 \in L^1(B(a, r_a))$. 因 $f_0 \eta \in L^1(B(a, r_a))$, $f_0 p_j \eta \xrightarrow{m\text{–a.e.}} |f_0|\eta$ 且在 $B(a, r_a)$ 上, 还有 $|f_0 p_j \eta| < 2|f_0|\eta$, 于是应用 Lebesgue 控制收敛定理于上式中, 便有 $\displaystyle\int_{B(a, r_a)} |f_0(x)|\eta(x)\, dx = 0$. 从而 $f_0(x) = 0$, m–a.e. 于 $B(a, r_a)$.

由于 $\Omega = \displaystyle\bigcup_{a \in \Omega} U(a, r_a)$, 故由第 1 章习题 12, 存在 $\{a_1, \cdots, a_n, \cdots\} \subset \Omega$ 使得 $\Omega = \displaystyle\bigcup_{n=1}^{\infty} U(a_n, r_{a_n})$. 于是 $f(x) = 0$, m–a.e. 于 Ω.

由于 $\mathfrak{D}(\mathbb{R}^n) \subset \mathfrak{S}(\mathbb{R}^n)$, 所以可以用上述的方法证明后一个结论. □

根据命题 3.5.10, 例 3.5.8 及例 3.5.9 中的线性映射 $f \mapsto T_f$ 分别是 $L^p_{loc}(\mathbb{R}^n)$ 到 $\mathfrak{D}'(\mathbb{R}^n)$ 及 $L^p(\mathbb{R}^n)$ 到 $\mathfrak{S}'(\mathbb{R}^n)$ 的一个单射. 因此为了方便起见, 我们直接将 T_f 写成 f.

定义 3.5.11 设 $f \in C^\infty(\Omega)$, $T \in \mathfrak{D}'(\Omega)$. f 与 T 的乘积 fT 定义为

$$fT(\phi) = T(f\phi), \quad \forall\, \phi \in \mathfrak{D}(\Omega).$$

由于对任意 $f \in C^\infty(\Omega)$, $\phi \in \mathfrak{D}(\Omega)$, 有 $f\phi \in \mathfrak{D}(\Omega)$ 且

$$D^\alpha(f\phi) = \sum_{\beta \leqslant \alpha} \binom{\alpha}{\beta} (D^\beta f)(D^{\alpha-\beta}\phi), \quad \forall \alpha \in \mathbb{Z}^n_+,$$

所以, 当 $\{\phi_k\} \subset \mathfrak{D}(\Omega)$ 且 $\phi_k \xrightarrow{\mathfrak{D}} 0$ 时, $f\phi_n \xrightarrow{\mathfrak{D}} 0$. 由此可得 $fT \in \mathfrak{D}'(\Omega)$, $\forall T \in \mathfrak{D}'(\Omega)$.

定义 3.5.12 设 $\{T_k\} \subset \mathfrak{D}'(\Omega)$, $T \in \mathfrak{D}'(\Omega)$. 如果对任意 $\phi \in \mathfrak{D}(\Omega)$, $\lim\limits_{k\to\infty} T_k(\phi) = T(\phi)$, 则称 T_k 收敛于 T.

例 3.5.13 设 $a \in \mathbb{R}$. 对任意 $k \geqslant 1$, 定义

$$f_k(x) = \begin{cases} \dfrac{k}{2}, & |x-a| \leqslant \dfrac{1}{k}, \\ 0, & |x-a| > \dfrac{1}{k}. \end{cases}$$

则有 $\{f_k\} \subset L^1_{loc}(\mathbb{R})$. 令

$$\delta_{a,k}(\phi) = \int_{-\infty}^{+\infty} f_k(x)\phi(x)\,dx, \quad \forall\, \phi \in \mathfrak{D}(\mathbb{R}),\ k \geqslant 1.$$

则对任意 $\phi \in \mathfrak{D}(\mathbb{R})$ 有

$$\lim_{k\to\infty} \delta_{a,k}(\phi) = \lim_{k\to\infty} \int_{-\frac{1}{k}+a}^{\frac{1}{k}+a} \frac{k}{2}\,\phi(x)\,dx = \lim_{k\to\infty} \frac{1}{2}\left[\phi\left(\frac{1}{k}+a\right) + \phi\left(-\frac{1}{k}+a\right)\right] = \delta_a(\phi).$$

于是从形式上看, $\delta_a(x) = \begin{cases} +\infty, & x = a, \\ 0, & x \neq a. \end{cases}$

在数学分析中, 对于 $\mathbb{R}$ 上具有紧支集的连续可微函数 f, g 有

$$\int_{-\infty}^{+\infty} f'(x)g(x)\,dx = g(x)f(x)\Big|_{-\infty}^{+\infty} - \int_{-\infty}^{+\infty} f(x)g'(x)\,dx = \int_{-\infty}^{+\infty} f(x)g'(x)\,dx.$$

根据这个公式, 我们定义广义函数的偏导数如下.

定义 3.5.14 设 $f \in \mathfrak{D}'(\Omega)$. 对 $j=1,\cdots,n$, 定义 f 关于 x_j 的偏导数 $\dfrac{\partial f}{\partial x_j}$ 为

$$\frac{\partial f}{\partial x_j}(\phi) = -f\left(\frac{\partial \phi}{\partial x_j}\right), \quad \forall\, \phi \in \mathfrak{D}(\Omega).$$

由于 $\phi \mapsto f\left(\dfrac{\partial \phi}{\partial x_j}\right)$ 是 $\mathfrak{D}(\Omega)$ 上的连续线性泛函, 故 $\dfrac{\partial f}{\partial x_j} \in \mathfrak{D}'(\Omega)$. 实际上, 对任意 $\alpha \in \mathbb{Z}_+^n$, $\phi \mapsto f(D^\alpha \phi)$ 都是 $\mathfrak{D}(\Omega)$ 上的连续线性泛函, 因而由

$$D^\alpha f(\phi) = (-1)^{|\alpha|} f(D^\alpha \phi), \quad \forall\, \phi \in \mathfrak{D}(\Omega)$$

定义的线性泛函 $D^\alpha f$ 在 $\mathfrak{D}(\Omega)$ 上连续. 我们称 $D^\alpha f$ 为 f 的 α 阶偏导数.

注 3.5.15 (1) 由于 $\mathfrak{D}(\mathbb{R}^n) \subset \mathfrak{S}(\mathbb{R}^n)$, 故当 $T \in \mathfrak{S}'(\mathbb{R}^n)$ 时, T 在 $\mathfrak{D}(\mathbb{R}^n)$ 上的限制 $T\big|_{\mathfrak{D}(\mathbb{R}^n)}$ 为 $\mathfrak{D}(\mathbb{R}^n)$ 上的广义函数.

(2) 设 $T \in \mathfrak{S}'(\mathbb{R}^n)$, $\alpha \in \mathbb{Z}_+^n$. 根据 (1), $D^\alpha T(\phi) = (-1)^{|\alpha|} T(D^\alpha \phi)$, $\forall\, \phi \in \mathfrak{D}(\mathbb{R}^n)$. 由命题 3.4.5, 对任意 $\phi \in \mathfrak{S}(\mathbb{R}^n)$, 存在 $\{\phi_k\} \subset \mathfrak{D}(\mathbb{R}^n)$ 使得 $\phi_k \xrightarrow{\mathfrak{S}} \phi$. 于是 $D^\alpha \phi_k \xrightarrow{\mathfrak{S}} D^\alpha \phi$ 及 $T(D^\alpha \phi_k) \to T(D^\alpha \phi)$. 这样, $D^\alpha T$ 就可以定义为

$$D^\alpha T(\phi) = (-1)^{|\alpha|} T(D^\alpha \phi), \quad \forall\, \phi \in \mathfrak{S}(\mathbb{R}^n).$$

例 3.5.16 设 $H(x) = \begin{cases} 1, & x \geqslant 0, \\ 0, & x < 0 \end{cases}$ 为 Heaviside (赫维赛德) 函数. 则 $H(x)$ 在 $\mathbb{R}$ 上局部可积. 于是 $F_H(\phi) = \displaystyle\int_{\mathbb{R}} H(x)\phi(x)\,dx$, $\forall\, \phi \in \mathfrak{D}(\mathbb{R})$ 定义了 $\mathfrak{D}(\mathbb{R})$ 上的一个广义泛函. 于是对任意 $\phi \in \mathfrak{D}(\mathbb{R})$,

$$\begin{aligned}\frac{dF_H}{dx}(\phi) &= -F_H\left(\frac{d\phi}{dx}\right) = -\int_{-\infty}^{+\infty} H(x)\phi'(x)\,dx \\ &= -\int_0^{+\infty} \phi'(x)\,dx = \phi(0) = \delta_0(\phi).\end{aligned}$$

若记 $\dfrac{dH}{dx} = \dfrac{dF_H}{dx}$, 则 $\dfrac{dH}{dx} = \delta_0$.

命题 3.5.17 给定 $T \in \mathfrak{S}'(\mathbb{R}^n)$, 令

$$\hat{T}(\phi) = T(\hat{\phi}), \quad \tilde{T}(\phi) = T(\tilde{\phi}), \quad \forall\, \phi \in \mathfrak{S}(\mathbb{R}^n).$$

则有 $\hat{T}, \tilde{T} \in \mathfrak{S}'(\mathbb{R}^n)$.

证明 对任意 $\alpha, \beta \in \mathbb{Z}_+^n$ 及 $\phi \in \mathfrak{S}(\mathbb{R}^n)$, 由 (3.15) 式得

$$\xi^\alpha D_x^\beta \hat{\phi}(\xi) = \frac{(-\mathrm{i})^{|\alpha+\beta|}}{(\sqrt{2\pi})^n} \int_{\mathbb{R}^n} (D_x^\alpha (x^\beta \phi(x)))\, \mathrm{e}^{-\mathrm{i}\langle x,\xi\rangle} dx, \quad \xi \in \mathbb{R}^n,$$

所以

$$\sup_{\xi\in\mathbb{R}^n} |\xi^\alpha D_x^\beta \hat{\phi}(\xi)| \leqslant \frac{1}{(\sqrt{2\pi})^n} \int_{\mathbb{R}^n} |D_x^\alpha (x^\beta \phi(x))|\, dx.$$

设 $\{\phi_k\} \subset \mathfrak{S}(\mathbb{R}^n)$ 且 $\phi_k \xrightarrow{\mathfrak{S}} 0$, 则对任何满足条件 $\gamma \in \mathbb{Z}_+^n$ 且 $\gamma \leqslant \alpha$ 的 γ, 可以得出 $\lim\limits_{k\to\infty} \sup\limits_{x\in\mathbb{R}^n} (1+\|x\|_2^2)^{|\beta|+n} |D_x^\gamma \phi_k(x)| = 0$.

由于对任意 $\rho, \gamma \in \mathbb{Z}_+^n$ 且 $\rho \leqslant \beta$ 及 $\gamma \leqslant \alpha$,

$$\int_{\mathbb{R}^n} |x^\rho D_x^\gamma \phi_k(x)|\, dx \leqslant \left[\int_{\mathbb{R}^n} \frac{|x^\rho|\, dx}{(1+\|x\|_2^2)^{|\beta|+n}}\right] \sup_{x\in\mathbb{R}^n} (1+\|x\|_2^2)^{|\beta|+n} |D_x^\gamma \phi_k(x)|,$$

故通过对 $D_x^\alpha (x^\beta \phi_k(x))$ 的展开, 可得 $\lim\limits_{k\to\infty} \sup\limits_{\xi\in\mathbb{R}^n} |\xi^\alpha D_x^\beta \hat{\phi}_k(\xi)| = 0$, 即 $\hat{\phi}_k \xrightarrow{\mathfrak{S}} 0$. 因为 T 连续, 故 $\hat{T}(\phi_k) = T(\hat{\phi}_k) \to 0\ (k \to \infty)$, 从而 $\hat{T} \in \mathfrak{S}'(\mathbb{R}^n)$.

注意到 $\tilde{\phi}(x) = \hat{\phi}(-x)$, $\forall\, \phi \in \mathfrak{S}(\mathbb{R}^n)$ 及 $x \in \mathbb{R}^n$, 所以当 $\hat{\phi}_k \xrightarrow{\mathfrak{S}} 0$ 时, 必可推出 $\tilde{\phi}_k \xrightarrow{\mathfrak{S}} 0$. 这样就得到 $\tilde{T} \in \mathfrak{S}'(\mathbb{R}^n)$. □

根据命题 3.5.17, 我们定义缓和分布的 Fourier 变换及 Fourier 逆变换如下.

定义 3.5.18 设 $T \in \mathfrak{S}'(\mathbb{R}^n)$. T 的 Fourier 变换及 Fourier 逆变换分别定义为

$$\hat{T}(\phi) = T(\hat{\phi}), \quad \tilde{T}(\phi) = T(\tilde{\phi}), \quad \forall\, \phi \in \mathfrak{S}(\mathbb{R}^n).$$

由于 $\tilde{\hat{\phi}} = \phi = \hat{\tilde{\phi}}$, $\forall\, \phi \in \mathfrak{S}(\mathbb{R}^n)$(定理 3.4.9), 所以我们有如下定理.

定理 3.5.19 设 $T \in \mathfrak{S}'(\mathbb{R}^n)$. 则 $\tilde{\hat{T}} = T = \hat{\tilde{T}}$.

下面, 我们用定理 3.5.19 来计算几个缓和分布的 Fourier 变换.

例 3.5.20 (1) 设 $a \in \mathbb{R}^n$, 则 $\delta_a(\phi) = \phi(a)$, $\forall\, \phi \in \mathfrak{S}(\mathbb{R}^n)$ 定义了 $\mathfrak{S}(\mathbb{R}^n)$ 上的一个连续线性泛函, 即 $\delta_a \in \mathfrak{S}'(\mathbb{R}^n)$. 于是

$$\hat{\delta}_a(\phi) = \delta_a(\hat{\phi}) = \hat{\phi}(a) = \frac{1}{(\sqrt{2\pi})^n} \int_{\mathbb{R}^n} \phi(x) \mathrm{e}^{-\mathrm{i}\langle a,x\rangle}\, dx, \quad \forall\, \phi \in \mathfrak{S}(\mathbb{R}^n).$$

我们约定 $\hat{\delta}_a(x) = \dfrac{1}{(\sqrt{2\pi})^n} \mathrm{e}^{-\mathrm{i}\langle a,x\rangle}$, $\forall\, x \in \mathbb{R}^n$. 当 $a = 0$ 时, $\hat{\delta}_0 = \dfrac{1}{(\sqrt{2\pi})^n}$.

(2) 设 $a \in \mathbb{R}$ 为常数. 则 $\mathrm{e}^{\mathrm{i}ax}$ 的 Fourier 变换 $\widehat{\mathrm{e}^{\mathrm{i}ax}}$ 为

$$\widehat{\mathrm{e}^{\mathrm{i}ax}}(\phi) = \mathrm{e}^{\mathrm{i}ax}(\hat{\phi}) = \frac{1}{\sqrt{2\pi}} \int_{-\infty}^{+\infty} \mathrm{e}^{\mathrm{i}ax} \hat{\phi}(x)\, dx = \tilde{\hat{\phi}}(a) = \delta_a(\phi), \quad \forall\, \phi \in \mathfrak{S}(\mathbb{R}^n).$$

所以, $\widehat{\mathrm{e}^{\mathrm{i}ax}} = \delta_a$.

例 3.5.21 设 $f, g \in L^1(\mathbb{R}^n)$. 对任意 $x, \xi \in \mathbb{R}^n$, 令

$$\hat{f}(\xi) = \frac{1}{(\sqrt{2\pi})^n} \int_{\mathbb{R}^n} f(x)\mathrm{e}^{-\mathrm{i}\langle x,\xi\rangle}\,dx, \quad \tilde{g}(x) = \frac{1}{(\sqrt{2\pi})^n} \int_{\mathbb{R}^n} g(\xi)\mathrm{e}^{-\mathrm{i}\langle x,\xi\rangle}\,d\xi.$$

令 $T_f(\phi) = \int_{\mathbb{R}^n} f(x)\phi(x)\,dx, \forall\,\phi \in \mathfrak{S}(\mathbb{R}^n)$. 则 $T_f \in \mathfrak{S}'(\mathbb{R}^n)$ (见例 3.5.9) 并且

$$\hat{T}_f(\phi) = T_f(\hat{\phi}) = \int_{\mathbb{R}^n} f(x)\hat{\phi}(x)\,dx.$$

由于 $\hat{\phi}(x) = \frac{1}{(\sqrt{2\pi})^n} \int_{\mathbb{R}^n} \phi(x)\mathrm{e}^{-\mathrm{i}\langle x,y\rangle}\,dy$, 故对任意 $\phi \in \mathfrak{S}(\mathbb{R}^n)$,

$$\int_{\mathbb{R}^n} f(x)\hat{\phi}(x)\,dx = \frac{1}{(\sqrt{2\pi})^n} \int_{\mathbb{R}^n} \phi(x)\left(\int_{\mathbb{R}^n} f(x)\mathrm{e}^{-\mathrm{i}\langle x,y\rangle}\,dx\right)dy = T_{\hat{f}}(\phi).$$

同理可得 $\tilde{T}_g(\phi) = T_{\tilde{g}}(\phi), \forall\,\phi \in \mathfrak{S}(\mathbb{R}^n)$.

设 $\hat{f} \in L^1(\mathbb{R}^n)$. 则对任意 $\phi \in \mathfrak{S}(\mathbb{R}^n)$, 由定理 3.5.19 得

$$T_f(\phi) = \tilde{\hat{T}}_f(\phi) = \tilde{T}_{\hat{f}}(\phi) = T_{\tilde{\hat{f}}}(\phi).$$

从而由命题 3.5.10, $f = \tilde{\hat{f}}$.

习　题

以下某些习题中的测度空间 $(X, \mathfrak{F}, \mu)$ 中的 $\mathfrak{F}$ 是 σ–代数.

1. 设 $(X, \mathfrak{F}, \mu)$ 是测度空间, $p, q \in (1, +\infty)$ 满足 $\frac{1}{p} + \frac{1}{q} = 1$. 证明:

(1) 设 $f \in L^p(X, \mu)$, $g \in L^q(X, \mu)$. 如果 $\|fg\|_1 = \|f\|_p\|g\|_q$, 则 $\|g\|_q^q|f|^p = \|f\|_p^p|g|^q$.

(2) 设 $f, g \in L^p(X, \mu)$. 如果 $\|f+g\|_p = \|f\|_p + \|g\|_p$, 则 $\|g\|_q f = \|f\|_p g$.

2. 设 $(X, \mathfrak{F}, \mu)$ 是测度空间, $p, q, r \in (1, +\infty)$ 且 $\frac{1}{p} + \frac{1}{q} + \frac{1}{r} = 1$. 设 $f \in L^p(X, \mu)$, $g \in L^q(X, \mu)$, $h \in L^r(X, \mu)$. 证明:

$$fgh \in L^1(X, \mu), \quad \|fgh\|_1 \leqslant \|f\|_p\|g\|_q\|h\|_r.$$

3. 设 $(X, \mathfrak{F}, \mu)$ 为有限测度空间, $1 \leqslant p \leqslant q < +\infty$. 证明: $L^p(X, \mu) \subset L^q(X, \mu)$.

4. 设 $(X, \mathfrak{F}, \mu)$ 为测度空间, $f \in L^p(X, \mu)\ (p \in [1, +\infty))$. 设

$$f_n(x) = \begin{cases} n, & f(x) > n, \\ f(x), & |f(x)| \leqslant n, \\ -n, & f(x) < -n, \end{cases} \quad n \geqslant 1.$$

证明: $\lim\limits_{n\to\infty}\|f_n-f\|_p=0$.

5. 设 $(X,\mathfrak{F},\mu)$ 为测度空间, $\{f_n\}$ 是 $L^p(X,\mu)$ 中的有界序列, 这里, $p\in(1,+\infty)$. 如果存在 $f\in L^p(X,\mu)$ 使得 $f_n \xrightarrow{\mu-\text{a.e.}} f$, 证明: 对任意 $g\in L^q(X,\mu)$ 都有 $\lim\limits_{n\to\infty}\int_X f_n g\,d\mu=\int_X fg\,d\mu$, 其中 $q=\dfrac{p}{p-1}$.

6. 设 $(X,\mathfrak{F},\mu)$ 为测度空间, $p\in[1,+\infty)$, $f\in L^p(X,\mu)$, $\{f_n\}\subset L^p(X,\mu)$ 且 $f_n \xrightarrow{\mu-\text{a.e.}} f$, $\lim\limits_{n\to\infty}\|f_n\|_p=\|f\|_p$. 证明: $\lim\limits_{n\to\infty}\|f_n-f\|_p=0$.

7. 设 $(X,\mathfrak{F},\mu)$ 为 σ–有限测度空间, $p\in[1,+\infty)$. 设 $f_n,f\in L^p(X,\mu)$, $n=1,2,\cdots$ 且 $\lim\limits_{n\to\infty}\|f_n-f\|_p=0$. 证明: 对任意 $\epsilon>0$,

(1) 存在 $\delta>0$, 使得对任意 $E\in\mathfrak{F}$ 且 $\mu(E)<\delta$ 都有 $\int_E|f_n|^p\,d\mu<\epsilon$, $\forall n\geqslant1$.

(2) 存在 $A\in\mathfrak{F}$ 使得 $\mu(A)<+\infty$ 且 $\int_A|f_n|^p\,d\mu<+\infty$, $\forall n\geqslant1$.

8. 设 $f(x)=\dfrac{1}{2}-x$, $\forall x\in[0,1)$. 将 f 延拓为 $\mathbb{R}$ 上的周期函数. 证明:

$$\hat{f}(0)=0,\quad \hat{f}(k)=\frac{1}{2k\pi\mathrm{i}}\ (k\neq0),\quad \sum_{n=1}^{\infty}\frac{1}{n^2}=\frac{\pi^2}{6}.$$

9. 设 $A>0$, $f\in L^1(\mathbb{R})$. 令 $f_A(x)=\dfrac{1}{\sqrt{2\pi}}\displaystyle\int_{-A}^{A}\hat{f}(t)\mathrm{e}^{\mathrm{i}tx}dt$, $\forall x\in\mathbb{R}$. 证明:

$$f_A(x)=\int_{-\infty}^{+\infty}f(y)\,\frac{\sin A(x-y)}{x-y}dy,\quad \forall x\in\mathbb{R}.$$

10. 设 $f\in L^1(\mathbb{R})$ 且 $f>0$. 证明: $|\hat{f}(\xi)|<\hat{f}(0)$, $\forall \xi\in\mathbb{R}\backslash\{0\}$.

11. 设 $f,\hat{f}\in L^1(\mathbb{R})$. 令 $\widetilde{f}(x)=\dfrac{1}{\sqrt{2\pi}}\displaystyle\int_{-\infty}^{+\infty}f(\xi)\mathrm{e}^{\mathrm{i}x\xi}\,d\xi$. 证明: $\widetilde{f}\in L^1(\mathbb{R})$ 且 $\widehat{\widetilde{f}}=f$.

12. 证明: 在 $L^1(\mathbb{R})$ 中, 卷积运算没有单位元, 即: 不存在 $h\in L^1(\mathbb{R})$ 使得 $f\star h=f$ 对任意 $f\in L^1(\mathbb{R})$ 成立.

13. 设 $f\in L^1(\mathbb{R})$ 满足: $\int_{\mathbb{R}}|f(x+t)-f(x)|dx\leqslant t^2$, $\forall t\in\mathbb{R}$. 证明: $f=0$, a.e. 于 $\mathbb{R}$.

14. 设 $f,\hat{f}\in L^1(\mathbb{R})$. 证明:

(1) $f,\hat{f}\in L^2(\mathbb{R})$.

(2) $\dfrac{1}{\sqrt{2\pi}}\displaystyle\int_{-\infty}^{+\infty}\widetilde{f}(\xi)\mathrm{e}^{-\mathrm{i}x\xi}\,d\xi=f(x)$, $\forall x\in\mathbb{R}$.

(3) $\|f\|_2^2=\|\hat{f}\|_2^2\leqslant\dfrac{1}{\sqrt{2\pi}}\|f\|_1\|\hat{f}\|_1$.

15. 设 $f\in\mathfrak{S}(\mathbb{R}^n)$, $\hat{f}$, $\widetilde{f}$ 分别是 f 的 Fourier 变换及其逆变换. 证明:

$$\int_{\mathbb{R}^n}|f(x)|^2dx=\int_{\mathbb{R}^n}|\hat{f}(x)|^2dx=\int_{\mathbb{R}^n}|\widetilde{f}(x)|^2dx.$$

16. 证明: $\{f \in L^1(\mathbb{R}) \,|\, \hat{f} \in L^1(\mathbb{R})\}$ 在 $L^1(\mathbb{R})$ 中稠密.

17. 对任意 $\epsilon > 0$, 设 $f_\epsilon(x) = \dfrac{1}{\pi}\dfrac{1}{x^2+\epsilon^2}$. 证明: 在 $\mathfrak{D}'(\mathbb{R}^1)$ 中, $T_{f_\epsilon} \xrightarrow{\mathfrak{D}} \delta_0$.

18. 设 Ω 是 $\mathbb{R}^n$ 中的开集, $\{x_n\} \subset \Omega$ 及 $\{a_n\} \subset l^1$. 定义

$$T(\phi) = \sum_{n=1}^{\infty} a_n \phi(x_n), \quad \forall \phi \in \mathfrak{D}(\Omega).$$

证明: $T \in \mathfrak{D}'(\Omega)$.

19. 设 $f(x) = |x|, \forall x \in \mathbb{R}$. 证明: $f'(x) = 2H(x) - 1, \forall x \in \mathbb{R}$ (广义导数).

20. 设 $f(x)$ 在除了点 $a \in \mathbb{R}$ 外, 连续可微. 假设 $f(a+0)$, $f(a-0)$ 都存在. 证明: $f \in L^1_{loc}(\mathbb{R}^1)$, 而且 $\dfrac{d}{dx}T_f = T_{f'} + (f(a+0) - f(a-0))\delta_a$.

21. 设 $f \in C^\infty(\Omega)$, $T \in \mathfrak{D}'(\Omega)$. 证明:

$$D^\alpha(fT) = \sum_{\beta \leqslant \alpha} \binom{\alpha}{\beta} (D^\beta f)(D^{\alpha-\beta}T).$$

22. 设 $T \in \mathfrak{S}(\mathbb{R}^n)$, $\alpha \in \mathbb{Z}^n_+$. 求 $D^\alpha \hat{T}$ 和 $\widehat{D^\alpha T}$.

23. 设 $a \in \mathbb{R}$. 求 $f(x) = \sin ax$ 的 Fourier 变换.

24. 求 $f(x) = \dfrac{1}{x}$ 的 Fourier 变换.

25. 设 $\Delta = \dfrac{\partial^2}{\partial x^2} + \dfrac{\partial^2}{\partial y^2}$. 证明: 在 $\mathfrak{S}'(\mathbb{R}^2)$ 上, $\Delta f = f$ 无非零解.

26. 设 Δ 同上题. 在 $\mathfrak{S}(\mathbb{R}^2)$ 上, 求方程 $\Delta f = \delta_0$ 的解.

第4章

Hilbert 空间中的基本定理与应用

本章从引入内积空间中向量的正交性开始，导出了 Hilbert 空间的正交投影算子、有界线性泛函的 Riesz 表示定理，然后利用它来证明 Plancherel (普兰切热尔) 定理和 Radon–Nikodym (拉东–尼科迪姆) 定理. 最后, 利用 Plancherel 定理, 证明了 Sobolev (索伯列夫) 空间中的两个基本定理: Sobolev 嵌入定理和 Rellich 定理.

4.1 正交与投影

和欧氏空间 $\mathbb{R}^n$ 一样, 对内积空间 $(X,\langle\cdot,\cdot\rangle)$ 中的两个非零向量 x 和 y, 以 $\theta(x,y)=\arccos\left(\dfrac{|\langle x,y\rangle|}{\|x\|\|y\|}\right)$ 表示它们之间的夹角. 则当 $\langle x,y\rangle=0$ 时, $\theta(x,y)=\dfrac{\pi}{2}$. 于是就有如下定义.

定义 4.1.1 设 $(X,\langle\cdot,\cdot\rangle)$ 为内积空间, S, W 为 X 中的两个子集.

(1) 设 $x,y\in X$, 若 $\langle x,y\rangle=0$, 则称 x, y 正交, 用 $x\perp y$ 表示.

(2) 设 $x\in X$. 如果 x 和 S 中任何一个元素正交, 称向量 x 和 S 正交, 记作 $x\perp S$.

(3) 集合 $\{x\in X\,|\,x\perp S\}$ 称为 S 的正交补, 表示为 $S^{\perp}$.

(4) 称 S 和 W 是互相正交的, 记为 $S\perp W$, 如果对任意 $x\in S, y\in W$ 都有 $x\perp y$.

由定义知: 0 与任何向量都正交; “正交” 关系是对称的, 即 $x\perp y$ 当且仅当 $y\perp x$.

元素或集合间的正交关系的基本性质如下.

命题 4.1.2 设 $(X,\langle\cdot,\cdot\rangle)$ 是内积空间, S, W 是 X 中的非空子集.

(1) 如果 $x, y\in X$ 且 $x\perp y$, 则 $\|x+y\|^2=\|x\|^2+\|y\|^2$(勾股定理);

(2) 如果 $S\subset W$, 则 $S^{\perp}\supset W^{\perp}$; 若 $S\perp W$, 则 $\overline{S}\perp\overline{W}$;

(3) 如果 S 在 X 中稠密, $x\in X$ 且 $x\perp S$, 则 $x=0$;

(4) $S\cap S^{\perp}\neq\varnothing$ 当且仅当 $0\in S$, 此时 $S\bigcap S^{\perp}=\{0\}$;

(5) $S^{\perp}$ 是 X 中的闭子空间且 $\overline{S}^{\perp}=S^{\perp}$.

下面的定理在泛函分析、最优化理论等领域中有着非常重要的地位.

定理 4.1.3(极小化向量定理) 设 S 是 Hilbert 空间 H 中的闭凸子集, $x\in X$. 则存在唯一的向量 $s\in S$, 使得 $\|x-s\|=d(x,S)=\inf\limits_{t\in S}\|x-t\|$ 并且当 S 为闭子空间时, 还有 $x-s\in S^{\perp}$.

证明 记 $d=d(x,S)$. 选取 $\{s_n\}\subset S$ 使得 $\|x-s_n\|\to d$. 由于 S 是凸集, 故由 $d(x,S)$ 的定义可得, 对任何 m, n, $\left\|\frac{1}{2}(s_n+s_m)-x\right\|\geqslant d$, 进而由命题 1.3.7 (1) 得到

$$\begin{aligned}\frac{1}{4}\|s_m-s_n\|^2&=\left\|\frac{1}{2}(s_m-x)-\frac{1}{2}(s_n-x)\right\|^2\\&=\frac{1}{2}\|s_m-x\|^2+\frac{1}{2}\|s_n-x\|^2-\left\|\frac{(s_m+s_n)}{2}-x\right\|^2\\&\leqslant\frac{1}{2}\|s_m-x\|^2+\frac{1}{2}\|s_n-x\|^2-d^2\ \to 0\quad(m,\,n\to\infty),\end{aligned}$$

故 $\{s_n\}$ 是 Cauchy 序列. 因为 H 完备, S 在 H 中闭, 故有 $s\in S$ 使得 $s_n\to s$. 于是有 $\|x-s\|=\lim\limits_{n\to\infty}\|x-s_n\|=d(x,S)$.

另一方面, 若还有 $s'\in S$ 满足 $\|x-s'\|=d$, 则有

$$\begin{aligned}||s-s'||^2&=2\|s-x\|^2+2\|s'-x\|^2-4\left\|\frac{1}{2}(s+s')-x\right\|^2\\&=4\left(d^2-\left\|\frac{1}{2}(s+s')-x\right\|^2\right)\leqslant 0,\end{aligned}$$

因此 $s=s'$.

当 S 为子空间时, 任取 $y\in S\backslash\{0\}$, 则对任何 $\lambda\in\mathbb{K}$ 有 $s+\lambda y\in S$. 于是

$$\begin{aligned}d^2&\leqslant\|x-(s+\lambda y)\|^2=\big\langle(x-s)-\lambda y,(x-s)-\lambda y\big\rangle\\&=d^2-2\mathrm{Re}\,[\bar{\lambda}\langle x-s,y\rangle]+|\lambda|^2\|y\|^2.\end{aligned}$$

以 $\lambda=\dfrac{\langle x-s,y\rangle}{\|y\|^2}$, 代入上式得

$$d^2\leqslant d^2-2\frac{\overline{\langle x-s,y\rangle}\langle x-s,y\rangle}{\|y\|^2}+\frac{|\langle x-s,y\rangle|^2}{\|y\|^4}\|y\|^2=d^2-\frac{|\langle x-s,y\rangle|^2}{\|y\|^2},$$

故有 $\langle x-s,y\rangle=0$ 进而 $(x-s)\perp S$. □

推论 4.1.4 设 V 是 Hilbert 空间 H 的子空间. 则 $\overline{V}=(V^{\perp})^{\perp}$.

证明 由于 $V\subset(V^{\perp})^{\perp}$, $(V^{\perp})^{\perp}$ 是 H 中的闭子空间, 故 $\overline{V}\subset(V^{\perp})^{\perp}$.

现设 $\overline{V}\subsetneqq(V^{\perp})^{\perp}$. 则有 $x\in(V^{\perp})^{\perp}$ 且 $x\notin\overline{V}$. 于是由定理 4.1.3, 存在 $y\in\overline{V}$, $z\in\overline{V}^{\perp}$, 使得 $x=y+z$. 注意到 $V^{\perp}=\overline{V}^{\perp}$, 从而 $z=x-y\in(\overline{V}^{\perp})^{\perp}\bigcap\overline{V}^{\perp}=\{0\}$, 即得 $x=y$. 而这与假设矛盾. □

设 S 为 Hilbert 空间 H 中的闭凸子集. 由定理 4.1.3, 对任意 $x\in H$, 存在唯一的 $s\in S$ 使得 $\|x-s\|=d(x,S)$. 这样就可以定义 H 到 S 的映射 P_S 为 $P_Sx=s$. P_S 称为 H 到 S 的投影算子.

由定理 4.1.3, 当 S 是闭子空间时, 由于 $x-P_Sx\in S^{\perp}$, $\forall x\in H$, 我们称 P_S 为正交投影算子. 此时, H 可分解为两个闭子空间 S 和 $S^{\perp}$ 的和, 即

$$H=S+S^{\perp}=\{x_1+x_2\,|\,x_1\in S,\ x_2\in S^{\perp}\}\quad 且\quad S\perp S^{\perp},\quad S\bigcap S^{\perp}=\{0\}.$$

这时就称 H 是两个闭子空间 S 和 $S^{\perp}$ 的正交分解, 记为 $H=S\oplus S^{\perp}$.

对于 H 到闭凸子集 S 的投影算子P_S, 有下面的一些性质.

命题 4.1.5 设 S 为 Hilbert 空间 H 中的闭凸子集. 则有

(1) $P_Sx=x, \forall x\in S$, 即 $P_S^2=P_S$, 这里 $P_S^2(x)=P_S(P_S(x))$, $\forall x\in H$.

(2) $\|P_S(x)-P_S(y)\|\leqslant\|x-y\|, \forall x,y\in H$, 即得 P_S 在 H 上连续.

当 S 为 H 中的闭子空间时, 还有

(3) $P_S\in B(H,H)$ 且 $\|P_S\|=1$.

(4) $\|P_Sx\|^2=\langle P_Sx,x\rangle, \forall x\in H$.

(5) $\langle P_Sx,y\rangle=\langle x,P_Sy\rangle$, $\forall x,y\in H$.

证明 (1) 因为 $0=d(x,S)=\|x-P_Sx\|$, $\forall x\in S$, 故 $x=P_Sx$. 从而 $P_S^2=P_S$.

(2) 对任意 $\lambda\in[0,1]$, 由 $\lambda P_Sx+(1-\lambda)P_Sy\in S$, 得

$$\|x-\lambda P_Sx-(1-\lambda)P_Sy\|^2\geqslant\|x-P_Sx\|^2,$$

$$\|y-\lambda P_Sx-(1-\lambda)P_Sy\|^2\geqslant\|y-P_Sy\|^2.$$

由此, 分别得到

$$2\,\mathrm{Re}\,\langle x-P_Sx,P_Sx-P_Sy\rangle+(1-\lambda)\|P_Sx-P_Sy\|^2\geqslant 0, \tag{4.1}$$

$$2\,\mathrm{Re}\left\langle y-P_Sy, P_Sy-P_Sx\right\rangle+\lambda\|P_Sy-P_Sx\|^2\geqslant 0. \tag{4.2}$$

在 (4.1) 式中, 令 $\lambda\to 1^-$; 在 (4.2) 式中, 令 $\lambda\to 0^+$, 便得到

$$\mathrm{Re}\left\langle x-P_Sx, P_Sx-P_Sy\right\rangle\geqslant 0,\quad \mathrm{Re}\left\langle y-P_Sy, P_Sy-P_Sx\right\rangle\geqslant 0.$$

将这两个不等式相加, 便有 $\mathrm{Re}\left\langle x-y-(P_Sx-P_Sy), P_Sx-P_Sy\right\rangle\geqslant 0$. 进而

$$\|P_Sx-P_Sy\|^2\leqslant \mathrm{Re}\left\langle x-y, P_Sx-P_Sy\right\rangle\leqslant\|x-y\|\|P_Sx-P_Sy\|,$$

即得 $\|P_Sx-P_Sy\|\leqslant\|x-y\|$.

(3) 对任意 $x, y\in H$ 和 $\lambda,\mu\in\mathbb{K}$, 由定理 4.1.3 可得 $x=x_1+x_2$, $y=y_1+y_2$, 其中 $x_1, y_1\in S$, $x_2, y_2\in S^\perp$. 于是

$$\lambda x+\mu y=\lambda(x_1+x_2)+\mu(y_1+y_2)=(\lambda x_1+\mu y_1)+(\lambda x_2+\mu y_2).$$

因为 S 和 $S^\perp$ 都是线性空间, 所以 $\lambda x_1+\mu y_1\in S$, $\lambda x_2+\mu y_2\in S^\perp$,

$$P_S(\lambda x+\mu y)=\lambda x_1+\mu y_1=\lambda P_S(x)+\mu P_S(y).$$

由 $\|x\|^2=\|x_1\|^2+\|x_2\|^2$ 得 $\|P_Sx\|\leqslant\|x\|$, 于是 P_S 有界且 $\|P_S\|\leqslant 1$. 当 $x\in S$ 且 $x\neq 0$ 时, $\|x\|=\|P_Sx\|\leqslant\|P_S\|\|x\|$, 故 $\|P_S\|\geqslant 1$.

(4) 设 $x=x_1+x_2$, 其中 $x_1\in S$, $x_2\in S^\perp$, 则

$$\|P_Sx\|^2=\left\langle x_1, x_1\right\rangle=\left\langle x_1, x_1+x_2\right\rangle=\left\langle P_Sx, x\right\rangle.$$

(5) 设 $x=x_1+x_2$, $y=y_1+y_2$ 同 (3) 中所设, 则

$$\left\langle P_Sx, y\right\rangle=\left\langle x_1, y_1+y_2\right\rangle=\left\langle x_1, y_1\right\rangle=\left\langle x_1+x_2, y_1\right\rangle=\left\langle x, P_Sy\right\rangle.$$

结论证毕. □

本节最后, 我们利用定理 4.1.3 求一个极值问题.

例 4.1.6 求数 a 和 b 使得 $\displaystyle\int_{-\pi}^{\pi}|\mathrm{e}^t-a\sin t-b\cos t|^2\,dt$ 达到最小.

解 考虑 Hilbert 空间 $L^2[-\pi,\pi]$. 令 $p_1(t)=\sin t$, $p_2(t)=\cos t$ 以及 $f(t)=\mathrm{e}^t$, $\forall\, t\in[-\pi,\pi]$. 令 $V=\mathrm{span}\{p_1,p_2\}$. 由定理 4.1.3, 存在唯一 $f_0\in V$ 使得 $f-f_0\perp V$,

$$\int_{-\pi}^{\pi}|\mathrm{e}^t-a\sin t-b\cos t|^2\,dt=d^2(f,V)=\|f-f_0\|^2.$$

设 $f_0(t)=a\sin t+b\cos t$, $\forall\, t\in[-\pi,\pi]$. 因为 $\left\langle f-f_0, p_j\right\rangle=0$, $j=1,2$, 故

$$\begin{cases}\left\langle p_1,p_1\right\rangle a+\left\langle p_2,p_1\right\rangle b=\left\langle f,p_1\right\rangle.\\ \left\langle p_1,p_2\right\rangle a+\left\langle p_2,p_2\right\rangle b=\left\langle f,p_2\right\rangle.\end{cases}$$

从而 $a=\dfrac{1}{2\pi}(\mathrm{e}^{\pi}-\mathrm{e}^{-\pi})$, $b=\dfrac{1}{2\pi}(\mathrm{e}^{-\pi}-\mathrm{e}^{\pi})$.

4.2 可分 Hilbert 空间的分类

因为 $\mathbb{R}^n$ 中的向量都可以按一组规范正交基展开, 所以许多问题的讨论可以直接在规范正交基上进行. 因而在内积空间中引入规范正交系的概念是很有必要的. 在本节中, H 总是被设为Hilbert空间.

定义 4.2.1 称内积空间 X 的子集 $\{e_i\}_{i\in I}$ 为正交系, 如果 $e_i \perp e_j$ $i \neq j$, $i,j \in I$. 特别地, 如果 $\langle e_i, e_j\rangle = \delta_{ij}$, $i,j\in I$, 则称 $\{e_i\}_{i\in I}$ 为规范正交系.

例 4.2.2 (1) 在 $\mathbb{K}^n$ 中, 记 e_k 为第 k 个坐标为 1、其余坐标为 0 的 n 维向量, $k=1,\cdots,n$, 则 $\{e_1,\cdots,e_k\}$ 是 $\mathbb{K}^n$ 的一个规范正交系.

(2) 在 l^2 中, 令 $e_k = (\underbrace{0,\cdots,0}_{k-1},1,0,\cdots)$, $k\geqslant 1$. 则 $\{e_k\}$ 是规范正交系.

(3) 在 $L^2([0,2\pi])$ 中, 定义内积 $\langle f,g\rangle = \dfrac{1}{2\pi}\displaystyle\int_0^{2\pi} f(t)\overline{g(t)}dt, \forall f,g\in L^2([0,2\pi])$. 设 $e_n(t) = \mathrm{e}^{\mathrm{i}nt}, \forall t\in[0,2\pi]$, $n\in\mathbb{Z}$. 则 $\{e_n \,|\, n\in\mathbb{Z}\}$ 为 $L^2([-\pi,\pi])$ 中的规范正交系.

设 $\{x_1,\cdots,x_n\}$ 是内积空间 X 的线性无关组. 则 $\mathrm{span}\{x_1,\cdots,x_n\}$ 是一个 n 维的空间, 但因 $\{x_1,\cdots,x_n\}$ 不是规范正交系, 故它不能构成一个直角坐标系. 为此我们需要将它"正交化".

命题 4.2.3 (Gram–Schmidt (格拉姆–施密特) 正交化原理) 设 $\{x_1,\cdots,x_l\}$ (l 有限或为 ∞) 是可分 Hilbert 空间 H 中一个任意有限个元素都是线性无关的向量组. 则存在 H 中的一个规范正交系 $\{e_1,\cdots,e_l\}$ 使得对任何 $n\leqslant l$ 都有

$$\mathrm{span}\,\{x_1,\cdots,x_n\} = \mathrm{span}\,\{e_1,\cdots,e_n\}$$

并且当 $l=\infty$ 时, 同时还有

$$\overline{\mathrm{span}}\,\{x_1,\cdots,x_n,\cdots\} = \overline{\mathrm{span}}\,\{e_1,\cdots,e_n,\cdots\}.$$

证明 对 $n=1,2,\cdots$, 记 $H_n = \mathrm{span}\,\{x_1,\cdots,x_n\}$, P_n 为 H 到 H_n 上的投影算子. 令 $e_1 = \dfrac{x_1}{\|x_1\|}$, 则 $\mathrm{span}\,\{e_1\} = H_1$. 假设已找到 $\{e_1,\cdots,e_n\}$ 满足:

(i) $\{e_1,\cdots,e_n\}$ 是规范正交系;

(ii) 对每个 $m\leqslant n$ 有 $\mathrm{span}\,\{e_1,\cdots,e_m\} = H_m$.

因为 $x_{n+1}\notin H_n$(否则 $\{x_1,\cdots,x_{n+1}\}$ 是线性相关的), 所以由定理 4.1.3,

$$b_{n+1} = x_{n+1} - P_n x_{n+1} \in H_n^{\perp}.$$

令 $e_{n+1} = \dfrac{b_{n+1}}{\|b_{n+1}\|}$. 于是, $\mathrm{span}\,\{e_1,\cdots,e_{n+1}\} = H_{n+1}$. 这就完成了用归纳法对规范正交系 $\{e_1,\cdots,e_l\}$ 的构造.

当 l 有限时, 上述构造过程在有限步后停止. 因而得到由有限个元构成的规范正交系; 若 $l=\infty$, 因 $\{e_1,\cdots,e_n,\cdots\}$ 满足条件: 对任何 $n\geqslant 1$, 有 $H_n=\operatorname{span}\{e_1,\cdots,e_n\}$ 而 $\bigcup\limits_{n=1}^{\infty}H_n$ 在 $\overline{\operatorname{span}}\{x_1,\cdots,x_n,\cdots\}$ 中稠密, 故命题得证. □

命题 4.2.4 设 $\{e_1,\cdots,e_l\}$ (l 有限或 $l=\infty$) 是 H 的一组规范正交系, $x\in H$. 则

(1) $\sum\limits_{k=1}^{l}|\langle x,e_k\rangle|^2\leqslant\|x\|^2$(Bessel (贝塞尔) 不等式).

(2) $\left\|x-\sum\limits_{k=1}^{l}\langle x,e_k\rangle e_k\right\|^2=\|x\|^2-\sum\limits_{k=1}^{l}|\langle x,e_k\rangle|^2$.

证明 当 $l=n<\infty$ 时,

$$\left\|\sum_{k=1}^{n}\langle x,e_k\rangle e_k\right\|^2=\sum_{k,m=1}^{n}\langle x,e_k\rangle\overline{\langle x,e_m\rangle}\langle e_k,e_m\rangle=\sum_{k=1}^{n}|\langle x,e_k\rangle|^2,$$

因此对 $\left\|x-\sum\limits_{k=1}^{n}\langle x,e_k\rangle e_k\right\|^2$ 进行展开, 便得到

$$\left\|x-\sum_{k=1}^{n}\langle x,e_k\rangle e_k\right\|^2=\|x\|^2-\sum_{k=1}^{n}|\langle x,e_k\rangle|^2. \tag{4.3}$$

于是由 (4.3) 式得到结论 (1) 和 (2).

当 $l=\infty$ 时, 由 (4.3) 式得到 $\sum\limits_{k=1}^{n}|\langle x,e_k\rangle|^2\leqslant\|x\|^2$ 对任意自然数 n 成立. 令 $n\to\infty$, 得 $\sum\limits_{k=1}^{\infty}|\langle x,e_k\rangle|^2\leqslant\|x\|^2$, 即得 (1).

当 $l=\infty$ 时, 记 $x_n=\sum\limits_{k=1}^{n}\langle x,e_k\rangle e_k$. 则当 $m>n$ 时,

$$\begin{aligned}\|x_n-x_m\|^2=\left\|\sum_{k=n+1}^{m}\langle x,e_k\rangle e_k\right\|^2&=\sum_{i,k=n+1}^{m}\langle x,e_k\rangle\overline{\langle x,e_i\rangle}\langle e_k,e_i\rangle\\&=\sum_{k=n+1}^{m}|\langle x,e_k\rangle|^2.\end{aligned}$$

将 Bessel 不等式应用于上述等式可得 $\|x_n-x_m\|\to 0$ $(n,m\to 0)$, 即 $\{x_n\}$ 是一个 Cauchy 列, 我们记此序列的极限为 $x_0=\sum\limits_{k=1}^{\infty}\langle x,e_k\rangle e_k$. 由于 (4.3) 式对任意 n

成立, 故令 $n \to \infty$ 时, 便有

$$\left\| x - \sum_{k=1}^{\infty} \langle x, e_k \rangle e_k \right\|^2 = \|x\|^2 - \sum_{k=1}^{\infty} |\langle x, e_k \rangle|^2.$$

这就在 $l = \infty$ 时证明了 (2). □

推论 4.2.5 设 $\{e_1, \cdots, e_l\}$ (l 有限或 $l = \infty$) 是 H 的规范正交系, 设 V 是由 $\{e_1, \cdots, e_l\}$ 张成的闭子空间, P_V 是 H 到 V 上的投影算子. 则

$$P_V x = \sum_{k=1}^{l} \langle x, e_k \rangle e_k, \quad \|x - P_V x\|^2 = \|x\|^2 - \sum_{k=1}^{l} |\langle x, e_k \rangle|^2, \quad \forall\, x \in H.$$

证明 证明留作习题. □

下面讨论规范正交系 $\{e_1, \cdots, e_l\}$ 何时有 $\sum\limits_{n=1}^{l} |\langle x, e_n \rangle|^2 = \|x\|^2, \forall\, x \in H$.

定义 4.2.6 设 $\{e_1, \cdots, e_l\}$ (l 有限或为 ∞) 是 H 的规范正交系, $x \in H$. 称 $\sum\limits_{k=1}^{l} \langle x, e_k \rangle e_k$ 为 x 关于 $\{e_1, \cdots, e_l\}$ 的 Fourier 级数; $\langle x, e_i \rangle$ 为 x 的第 i 个 Fourier 系数.

由推论 4.2.5, 我们会想到如果 $\{e_1, \cdots, e_l\}$ 中的向量"足够多", 可否使 H 中任何一个向量都等于它的 Fourier 级数. 为了回答这个问题, 我们给出下面的定义.

定义 4.2.7 称 H 的规范正交系 $\{e_1, \cdots, e_l\}$ 为规范正交基, 如果对任意 $x \in H$ 成立 Parseval (帕塞瓦尔) 等式 $\sum\limits_{k=1}^{l} |\langle x, e_k \rangle|^2 = \|x\|^2$.

在上述情况下, 如果 l 是一自然数, 则 H 就是一个 l 维空间; 如果 l 为无穷, 则 H 就是一个无穷维的 Hilbert 空间.

根据定义 4.2.7, 我们有如下定理.

定理 4.2.8 设 $\{e_1, \cdots, e_l\}$ 是 H 中的规范正交系, 则下述等价:

(1) $\{e_1, \cdots, e_l\}$ 是 H 的规范正交基;

(2) 对每个 $x \in H$, 有 $x = \sum\limits_{k=1}^{l} \langle x, e_k \rangle e_k$;

(3) $\overline{\operatorname{span}}\{e_1, \cdots, e_l\} = H$;

(4) 对任何 $x, y \in H$ 有 $\langle x, y \rangle = \sum\limits_{k=1}^{l} \langle x, e_k \rangle \overline{\langle y, e_k \rangle}$.

证明 (1)⇒(2) 由命题 4.2.4 (2) 可立即推出. (2)⇒(3) 显然.

(3)⇒(4) 由推论 4.2.5, $x = \sum\limits_{k=1}^{l} \langle x, e_k \rangle e_k$, $y = \sum\limits_{k=1}^{l} \langle y, e_k \rangle e_k$, $\forall\, x, y \in H$. 故

$$\langle x,y\rangle=\sum_{i,j=1}^{l}\langle\langle x,e_i\rangle e_i,\langle y,e_j\rangle e_j\rangle=\sum_{k=1}^{l}\langle x,e_k\rangle\overline{\langle y,e_k\rangle}.$$

(4)⇒(1) 在 (4) 中取 $x=y$ 即可得到 (1). □

然后, 由下面的定理, 我们可以构造出可分 Hilbert 空间的规范正交基.

定理 4.2.9 可分 Hilbert 空间必存在一组规范正交基.

这里我们只描述证明的大概想法. 设 $\{x_n\}$ 是 Hilbert 空间 H 中的可数稠子集, 我们用归纳法构造 $\{x_n\}$ 的子集合 $G=\{g_1,g_2,\cdots\}$, 使 G 中任何有限个向量是线性无关的, 而且每个 x_n 是 G 中有限个元素的线性组合.

记 $\{x_n\}$ 中第一个线性无关向量 (即非零向量) 为 x_{n_1}, 并记 $g_1=x_{n_1}$. 设对某个 k, 已经选好了 $g_1,g_2,\cdots,g_k$, 使它们分别等于 $x_{n_1},x_{n_2},\cdots,x_{n_k}$, 这里 $n_1<n_2<\cdots<n_k$. 同时 $\{g_1,g_2,\cdots,g_k\}$ 线性无关并且当 $n\leqslant n_k$ 时, x_n 是 $g_1,g_2,\cdots,g_k$ 的线性组合. 若对任意 $n>n_k$, x_n 也都是 $g_1,g_2,\cdots,g_k$ 的线性组合的话, 那么 $G=\{g_1,g_2,\cdots g_k\}$ 满足我们的要求. 如若不然, 考察向量集 $\{x_{n_k+1},x_{n_k+2},\cdots\}$. 设其中第一个不能用 $g_1,g_2,\cdots,g_k$ 的线性组合表示的向量是 $x_{n_{k+1}}$ 并记 $g_{k+1}=x_{n_{k+1}}$. 此时显然 $n_k<n_{k+1}$, 而且对一切 $n\leqslant n_{k+1}$, x_n 可由 $g_1,g_2,\cdots,g_{k+1}$ 线性表示.

这样依次下去, 就能得到满足要求的 $G=\{g_1,g_2,\cdots\}$. 注意到 $\operatorname{span}G$ 在 H 中稠密, 我们可用命题 4.2.3 来构造 H 的一组规范正交基.

定理 4.2.10 设 $\{e_1,\cdots,e_l\}$ 是数域 $\mathbb{K}$ 上的可分 Hilbert 空间 H 的一组规范正交基. 则存在一个一对一映上的线性映射 $\rho\colon H\to\begin{cases}\mathbb{K}^l, & l\text{ 为自然数},\\ l^2, & l=\infty,\end{cases}$ 使得对任意 $x,y\in H$, 有 $\langle x,y\rangle=\langle\rho(x),\rho(y)\rangle$.

证明 只对 $l=\infty$ 的情形证明此定理.

对任何 $x\in H$, 设 $x=\sum\limits_{k=1}^{\infty}\langle x,e_k\rangle e_k$. 则 $\|x\|^2=\sum\limits_{k=1}^{\infty}|\langle x,e_k\rangle|^2$. 定义线性映射 $\rho\colon H\to l^2$ 为 $\rho(x)=\{\langle x,e_k\rangle\}\in l^2$. 易知, ρ 是一对一而且满足定理 4.2.8 (4), 即

$$\langle\rho(x),\rho(y)\rangle=\sum_{k=1}^{\infty}\langle x,e_k\rangle\overline{\langle y,e_k\rangle},\quad\forall x,y\in H.$$

设 $\{y_n\}\in l^2$ 并令 $z_n=\sum\limits_{j=1}^{n}y_je_j$, $\forall n\geqslant 1$. 则当 $n>m$ 时, $\|z_n-z_m\|^2=\sum\limits_{j=m+1}^{n}|y_j|^2$. 又 $\sum\limits_{n=1}^{\infty}|y_n|^2<+\infty$, 故 $\{z_n\}$ 是 H 中的 Cauchy 列, 从而存在 $z\in H$,

使得

$$z=\lim_{n\to\infty}z_n=\sum_{k=1}^{\infty}y_ke_k,$$

而且 $\langle z,e_k\rangle=y_k,\ k=1,2,\cdots$. 故 $\rho(z)=\{y_n\}$, 即 ρ 是到上的. □

4.3 Hilbert 上的有界线性泛函和线性算子

在本节中, 设 H,K 是复数域上的 Hilbert 空间. 对于 Hilbert 空间上的有界线性泛函的一般形式, 我们有下面的定理.

定理 4.3.1 (Riesz 表示定理) 设 $f\in H^*$. 则必有唯一的向量 $y\in H$, 使得对任何 $x\in H$, 都有 $f(x)=\langle x,y\rangle$ 并且 $\|f\|=\|y\|$.

证明 当 $f=0$ 时, 取 $y=0$ 即可. 当 $f\neq 0$ 时, 因 f 是线性且连续的, 故 $\operatorname{Ker}f$ 是 H 中的真闭子空间, 从而 $(\operatorname{Ker}f)^{\perp}\neq\{0\}$. 取 $z\in(\operatorname{Ker}f)^{\perp}\backslash\{0\}$. 则 $f(z)\neq 0$.

由 $f\left(x-\dfrac{f(x)}{f(z)}z\right)=0$, 得 $x-\dfrac{f(x)}{f(z)}z\in\operatorname{Ker}f$, 故 $\left\langle x-\dfrac{f(x)}{f(z)}z,z\right\rangle=0$, 即 $f(x)=\dfrac{f(z)}{\|z\|^2}\langle x,z\rangle,\ \forall x\in H$. 令 $y=\dfrac{\overline{f(z)}}{\|z\|^2}z$, 则 $f(x)=\langle x,y\rangle,\ \forall x\in H$.

因 $|f(x)|\leqslant\|x\|\|y\|,\ \forall x\in H$, 故 $\|f\|\leqslant\|y\|$. 又 $\|y\|^2\leqslant\|f\|\|y\|$, 于是得 $\|f\|=\|y\|$.

若另有 $h\in H$, 使得 $f(x)=\langle x,h\rangle$, 则对一切 $x\in H$ 有 $\langle x,y-h\rangle=0$. 取 $x=y-h$, 则得 $y-h=0$, 即 $y=h$, 所以 $f(x)=\langle x,y\rangle$ 中的 y 是唯一的. □

在定理 4.3.1 中, 若以 $Vf=y$ 定义为 H^* 到 H 的映射, 则易证 V 是一对一映上等距的共轭线性映射, 即对任给的 $f,g\in H^*$, $\lambda,\mu\in\mathbb{K}$ 有

$$V(\lambda f+\mu g)=\overline{\lambda}Vf+\overline{\mu}Vg,\quad \operatorname{Ker}(V)=\{0\},\quad \operatorname{Ran}(V)=H.$$

在此意义下, 我们就认为 $H^*=H$ 并称 H 是自共轭空间.

设 $T\in B(H,K)$, 则对每个 $y\in K$, $f(x)=\langle Tx,y\rangle,\ \forall x\in H$ 是 H 上的有界线性泛函. 于是由定理 4.3.1, 存在唯一的元素 $y_1\in H$ 使得 $f(x)=\langle x,y_1\rangle$, $\forall x\in H$. 这样, $y\mapsto y_1$ 定义了一个由 K 到 H 的映射 T^*.

定义 4.3.2 设 $T\in B(H,K)$. 称满足等式

$$\langle Tx,y\rangle=\langle x,T^*y\rangle,\quad \forall x\in H,y\in K$$

的映射 T^* 为 T 的共轭算子.

Hilbert 空间上的有界线性算子和它的共轭算子的一些基本性质如下.

命题 4.3.3 设 $S,T\in B(H,K)$, L 为 Hilbert 空间, $B\in B(K,L)$. 则

(1) $T^* \in B(K,H)$ 且 $(T^*)^* = T$;

(2) $\|T^*\| = \|T\|$ 且 $\|T^*T\| = \|T\|^2$;

(3) $(\lambda S + \mu T)^* = \bar{\lambda} S^* + \bar{\mu} T^*$, 其中 $\lambda, \mu \in \mathbb{K}$ 且 $(BT)^* = T^*B^*$;

(4) 若 T 有界可逆, 则 T^* 也是有界可逆的且 $(T^*)^{-1} = (T^{-1})^*$.

证明 (1) 对任何 $x \in H$, y, $z \in K$, $\lambda, \mu \in \mathbb{K}$, 有

$$\begin{aligned}\langle x, T^*(\lambda y + \mu z)\rangle &= \langle Tx, \lambda y + \mu z\rangle = \overline{\lambda}\langle Tx, y\rangle + \overline{\mu}\langle Tx, z\rangle \\ &= \overline{\lambda}\langle x, T^*y\rangle + \overline{\mu}\langle x, T^*z\rangle = \langle x, \lambda T^*y + \mu T^*z\rangle.\end{aligned}$$

由此得到 $T^*(\lambda y + \mu z) = \lambda T^*y + \mu T^*z$, 即 T^* 是线性算子.

当 $T^*y \neq 0$ 时, 在 $\langle Tx, y\rangle = \langle x, T^*y\rangle$ 中取 $x = \dfrac{T^*y}{\|T^*y\|}$ 得

$$\|T^*y\| = |\langle Tx, y\rangle| \leqslant \|Tx\|\|y\| \leqslant \|T\|\|y\|,$$

因此 T^* 有界且 $\|T^*\| \leqslant \|T\|$.

对任何 $x \in H$, $y \in K$, 因为 $\langle Tx, y\rangle = \langle x, T^*y\rangle$, 所以

$$\langle (T^*)^*x, y\rangle = \langle x, T^*y\rangle = \langle Tx, y\rangle,$$

从而 $(T^*)^* = T$.

(2) 在 (1) 中已证 $\|T^*\| \leqslant \|T\|$, 故 $\|T\| = \|(T^*)^*\| \leqslant \|T^*\| \leqslant \|T\|$.

由命题 1.3.18 (3), $\|T^*T\| \leqslant \|T^*\|\|T\| = \|T\|^2$. 由于

$$\|Tx\|^2 = \langle T^*Tx, x\rangle \leqslant \|T^*Tx\|\|x\| \leqslant \|T^*T\|\|x\|^2, \quad \forall x \in H,$$

故 $\|T\|^2 \leqslant \|T^*T\|$. 于是 $\|T^*T\| = \|T\|^2$.

(3) 对任何 $x \in H$, $y \in K$, $\lambda, \mu \in \mathbb{K}$, 由

$$\begin{aligned}\langle x, (\lambda T_1 + \mu T_2)^*y\rangle &= \langle (\lambda T_1 + \mu T_2)x, y\rangle = \lambda\langle T_1x, y\rangle + \mu\langle T_2x, y\rangle \\ &= \lambda\langle x, T_1^*y\rangle + \mu\langle x, T_2^*y\rangle = \langle x, (\bar{\lambda} T_1^* + \bar{\mu} T_2^*)y\rangle\end{aligned}$$

得 $(\lambda T_1 + \mu T_2)^* = \bar{\lambda} T_1^* + \bar{\mu} T_2^*$.

对任何 $x \in H$, $y \in L$, 由

$$\langle x, (BT)^*y\rangle = \langle BTx, y\rangle = \langle Tx, B^*y\rangle = \langle x, T^*B^*y\rangle$$

得 $(BT)^* = T^*B^*$.

(4) 对任何 x, $y \in H$, $\langle x, y\rangle = \langle I_Hx, y\rangle = \langle x, (I_H)^*y\rangle$, 故 $(I_H)^* = I_H$. 则由 (3), 得 $(T^{-1})^*T^* = (TT^{-1})^* = I_K$, $T^*(T^{-1})^* = I_H$. 因此 T^* 可逆且 $(T^*)^{-1} = (T^{-1})^*$. □

定义 4.3.4 设 $T \in B(H,H)$. 如果 $T^* = T$, 则称 T 是自共轭算子; 若 $T^*T = TT^*$, 则称 T 是正常算子; 特别地, 若 $T^*T = TT^* = I_H$, 则称 T 是酉算子.

由命题 4.1.5 (5) 可知: Hilbert 空间上的正交投影算子是自共轭的.

下面的定理刻画了 Hilbert 空间上的有界线性算子与它的共轭算子的零空间与值域之间的关系.

定理 4.3.5 设 $T \in B(H, K)$, 则

$$\mathrm{Ker}\,(T) = \mathrm{Ran}(T^*)^{\perp}, \quad \mathrm{Ker}\,(T^*) = \mathrm{Ran}(T)^{\perp},$$
$$\overline{\mathrm{Ran}(T)} = \mathrm{Ker}\,(T^*)^{\perp}, \quad \overline{\mathrm{Ran}(T^*)} = \mathrm{Ker}\,(T)^{\perp}.$$

证明 设 $x \in \mathrm{Ker}\,(T)$, 则 $\langle x, T^*y\rangle = \langle Tx, y\rangle = 0$, $\forall\, y \in K$, 即得 $x \in \mathrm{Ran}(T^*)^{\perp}$.

另一方面, 若 $x \in \mathrm{Ran}(T^*)^{\perp}$, 则 $\langle Tx, y\rangle = \langle x, T^*y\rangle = 0$, $\forall\, y \in K$. 从而 $Tx = 0$. 总之, $\mathrm{Ker}\,(T) = \mathrm{Ran}(T^*)^{\perp}$.

用推论 4.1.4 于 $\mathrm{Ker}\,(T) = \mathrm{Ran}(T^*)^{\perp}$, 得到 $\overline{\mathrm{Ran}(T^*)} = \mathrm{Ker}\,(T)^{\perp}$.

以 T^* 代替 $\mathrm{Ker}\,(T) = \mathrm{Ran}(T^*)^{\perp}$ 中的 T. 因 $T = (T^*)^*$, 故 $\mathrm{Ker}\,(T^*) = \mathrm{Ran}(T)^{\perp}$. 再由推论 4.1.4 得到 $\overline{\mathrm{Ran}(T)} = \mathrm{Ker}\,(T^*)^{\perp}$. □

4.4 $L^2(\mathbb{R}^n)$ 上的 Fourier 变换

在本节中, 我们要证明 $L^2(\mathbb{R}^n)$ 上的 Fourier 变换的 Plancherel 定理如下.

定理 4.4.1 (Plancherel) *若 $f \in L^2(\mathbb{R}^n)$, 则存在 $\hat{f}, \tilde{f} \in L^2(\mathbb{R}^n)$ 使得*

$$\hat{T}_f = T_{\hat{f}}, \quad \tilde{T}_f = T_{\tilde{f}} \text{ 且 } \|f\|_2 = \|\hat{f}\|_2 = \|\tilde{f}\|_2.$$

证明 对任意 $g \in L^2(\mathbb{R}^n)$, 令 $g^*(x) = \overline{g(x)}$, $\forall\, x \in \mathbb{R}^n$. 易知 $\|g^*\|_2 = \|g\|_2$. 此外, 对任意 $\phi \in \mathfrak{S}(\mathbb{R}^n)$, $\|\hat{\phi}\|_2 = \|\phi\|_2$ (第 3 章习题 15). 进而 $\|\tilde{\phi}\|_2 = \|\hat{\hat{\phi}}\|_2 = \|\phi\|_2$.

现在对任意 $\phi \in \mathfrak{S}(\mathbb{R}^n)$, 由

$$\hat{T}_f(\phi) = T_f(\hat{\phi}) = \int_{\mathbb{R}^n} f(x)\hat{\phi}(x)\,dx$$

可得

$$|\hat{T}_f(\phi)| = |\langle \hat{\phi}, f^*\rangle| \leqslant \|\hat{\phi}\|_2 \|f^*\|_2 = \|f\|_2 \|\phi\|_2. \tag{4.4}$$

由于 $\mathfrak{D}(\mathbb{R}^n) \subset \mathfrak{S}(\mathbb{R}^n)$, $\mathfrak{D}(\mathbb{R}^n)$ 在 $L^2(\mathbb{R}^n)$ 中稠密 (推论 3.2.4), 故由 (4.4) 式, $\hat{T}_f$ 可以延拓为 $L^2(\mathbb{R}^n)$ 上有界线性泛函 G (即 $G(h) = \lim\limits_{k\to\infty} T_f(\phi_k)$, 其中 $h \in L^2(\mathbb{R}^n)$, $\{\phi_k\} \subset \mathfrak{S}(\mathbb{R}^n)$ 使得 $\lim\limits_{k\to\infty} \|h - \phi_k\|_2 = 0$). 由 Riesz 表示定理 (定理 4.3.1), 存在

$L^2(\mathbb{R}^n)$ 中的唯一一个元素 g 使得 $G(h) = \langle h, g\rangle$, $\forall\, h \in L^2(\mathbb{R}^n)$ 且 $\|G\| = \|g\|_2$. 令 $\hat{f} = g^*$. 则由 (4.4) 式得到 $\|\hat{f}\|_2 = \|g\|_2 \leqslant \|f\|_2$. 同时, 对任意 $\phi \in \mathfrak{S}(\mathbb{R}^n)$, 有

$$\hat{T}_f(\phi) = \langle \phi, (\hat{f})^* \rangle = \int_{\mathbb{R}^n} \phi(x)\hat{f}(x)\, dx = T_{\hat{f}}(\phi),$$

即得 $\hat{T}_f = T_{\hat{f}}$.

注意到, 对任意 $\phi \in \mathfrak{S}(\mathbb{R}^n)$,

$$\langle \tilde{\phi}, g \rangle = \hat{T}_f(\tilde{\phi}) = T_f(\hat{\tilde{\phi}}) = T_f(\phi) = \int_{\mathbb{R}^n} f(x)\phi(x)\, dx = \langle \phi, f^* \rangle,$$

于是 $|\langle \phi, f^* \rangle| \leqslant \|\tilde{\phi}\|_2\|g\|_2 = \|\phi\|_2\|g\|_2$. 因 $\mathfrak{S}(\mathbb{R}^n)$ 在 $L^2(\mathbb{R}^n)$ 中稠密, 故又得到 $|\langle f^*, f^* \rangle| \leqslant \|f^*\|_2\|g\|_2$, 即 $\|f\|_2 \leqslant \|g\|_2$, 也即 $\|f\|_2 = \|\hat{f}\|_2$.

设 $f_0(x) = f(-x)$, $\forall\, x \in \mathbb{R}^n$, $\tilde{f} = \hat{f}_0$. 则 $\tilde{f} \in L^2(\mathbb{R}^n)$ 且 $\|\tilde{f}\|_2 = \|f_0\|_2 = \|f\|_2$. 又对任意 $\phi \in \mathfrak{S}(\mathbb{R}^n)$,

$$\begin{aligned}\tilde{T}_f(\phi) = T_f(\tilde{\phi}) &= \int_{\mathbb{R}^n} f(x)\tilde{\phi}(x)\, dx = \int_{\mathbb{R}^n} f_0(x)\hat{\phi}(x)\, dx \\ &= T_{f_0}(\hat{\phi}) = \hat{T}_{f_0}(\phi) = T_{\hat{f}_0}(\phi) = T_{\tilde{f}}(\phi),\end{aligned}$$

故 $\tilde{T}_f = T_{\tilde{f}}$. □

推论 4.4.2 设 $f \in L^2(\mathbb{R}^n)$. 令 $f_k(x) = \begin{cases} f(x), & x \in B(0,k), \\ 0, & x \notin B(0,k), \end{cases}$ $k \geqslant 1$. 则

$$\lim_{k\to\infty} \|f_k - f\|_2 = \lim_{k\to\infty} \|\hat{f} - \hat{f}_k\|_2 = \lim_{k\to\infty} \|\tilde{f} - \tilde{f}_k\|_2 = 0,$$

其中, 对任意 $\xi \in \mathbb{R}^n$, $k = 1, 2, \cdots$, 有

$$\hat{f}_k(\xi) = \frac{1}{(\sqrt{2\pi})^n}\int_{B(0,k)} f(x)\, \mathrm{e}^{-\mathrm{i}\langle x,\xi\rangle}\, dx, \quad \tilde{f}_k(\xi) = \frac{1}{(\sqrt{2\pi})^n}\int_{B(0,k)} f(x)\, \mathrm{e}^{\mathrm{i}\langle x,\xi\rangle}\, dx.$$

证明 设 $\mu(E) = \displaystyle\int_E |f(x)|^2\, dx$, $\forall\, E \in \mathfrak{L}$. 则 μ 为 $\mathfrak{L}$ 上的有限测度. 因 $\{\mathbb{R}^n \backslash B(0,k)\}$ 单调减且 $\displaystyle\bigcap_{k=1}^{\infty}(\mathbb{R}^n \backslash B(0,k)) = \varnothing$, 故 $\displaystyle\lim_{k\to\infty} \mu(\mathbb{R}^n \backslash B(0,k)) = 0$. 从而

$$\lim_{k\to\infty} \|f - f_k\|_2^2 = \lim_{k\to\infty} \int_{\mathbb{R}^n \backslash B(0,k)} |f(x)|^2\, dx = 0.$$

注意到 $f_k \in L^1(\mathbb{R}^n)\bigcap L^2(\mathbb{R}^n)$, $k=1,2,\cdots$. 故由定理 4.4.1 得

$$\|\hat{f}-\hat{f}_k\|_2=\|\widehat{f-f_k}\|_2=\|f-f_k\|_2=\|\widetilde{f-f_k}\|_2=\|\tilde{f}-\tilde{f}_k\|_2,$$

于是 $\lim\limits_{k\to\infty}\|\hat{f}_k-\hat{f}\|_2=\lim\limits_{k\to\infty}\|\tilde{f}_k-\tilde{f}\|_2=0$.

由于对任意 $\phi\in\mathfrak{S}(\mathbb{R}^n)$, $k=1,2,\cdots$,

$$\begin{aligned}\int_{\mathbb{R}^n}\hat{f}_k(x)\phi(x)\,dx&=\int_{\mathbb{R}^n}f_k(x)\hat{\phi}(x)\,dx\\&=\frac{1}{(\sqrt{2\pi})^n}\int_{\mathbb{R}^n}f_k(x)\,dx\int_{\mathbb{R}^n}\phi(y)\mathrm{e}^{-\mathrm{i}\langle x,y\rangle}dy\\&=\frac{1}{(\sqrt{2\pi})^n}\int_{\mathbb{R}^n}\phi(x)\Big(\int_{B(0,k)}f(y)\mathrm{e}^{-\mathrm{i}\langle x,y\rangle}\,dy\Big)dx,\end{aligned}$$

所以 $\hat{f}_k(\xi)=\dfrac{1}{(\sqrt{2\pi})^n}\displaystyle\int_{B(0,k)}f(x)\,\mathrm{e}^{-\mathrm{i}\langle x,\xi\rangle}dx,\ \forall\,\xi\in\mathbb{R}^n$.

同理可得 $\tilde{f}_k, k=1,2,\cdots$, 的表示式. □

推论4.4.3 Fourier 变换 $f\mapsto\hat{f}$ 将 $L^2(\mathbb{R}^n)$ 1–1 映 $L^2(\mathbb{R}^n)$ 到上而且 $\langle f,g\rangle=\langle\hat{f},\hat{g}\rangle$, 对任意 $f, g\in L^2(\mathbb{R}^n)$ 成立.

证明 由定理 4.4.1 和推论 4.4.2 可知: $f\mapsto\hat{f}$ 是 $L^2(\mathbb{R}^n)$ 到自身的线性算子而且 $\|f\|_2=\|\hat{f}\|_2, \forall\,f\in L^2(\mathbb{R}^n)$. 因此它是一个单射.

现在证明: $f\mapsto\hat{f}$ 是满射. 对任意 $g\in L^2(\mathbb{R}^n)$, 令 $f(x)=\tilde{g}(x), \forall\,x\in\mathbb{R}^n$. 则对任意 $\phi\in\mathfrak{S}(\mathbb{R}^n)$, 由定理 4.4.1 可以得到

$$T_{\hat{f}}(\phi)=\hat{T}_f(\phi)=T_{\tilde{g}}(\hat{\phi})=\tilde{T}_g(\hat{\phi})=T_g(\tilde{\hat{\phi}})=T_g(\phi),$$

即 $\hat{f}=g$, 所以 $f\mapsto\hat{f}$ 是满射.

对任意 $f, g\in L^2(\mathbb{R}^n)$, 由 $\|f+\mathrm{i}^kg\|_2=\|\hat{f}+\mathrm{i}^k\hat{g}\|_2$, $k=0,1,2,4$ 并用极化恒等式

$$\langle f,g\rangle=\sum_{k=0}^{3}\mathrm{i}^k\|f+\mathrm{i}^kg\|_2^2,\quad \langle\hat{f},\hat{g}\rangle=\sum_{k=0}^{3}\mathrm{i}^k\|\hat{f}+\mathrm{i}^k\hat{g}\|_2^2,$$

可得 $\langle f,g\rangle=\langle\hat{f},\hat{g}\rangle$. □

4.5 Radon–Nikodym 定理

本节中, 我们要用定理 4.3.1 来证明测度论中著名的Radon–Nikodym 定理. 在这一节中, 设 $(X,\mathfrak{F},\mu)$ 为测度空间, $\mathfrak{F}$ 是 σ–代数, μ 是 $\mathfrak{F}$ 上 (正) 测度.

定义 4.5.1 设 μ 是 $\mathfrak{F}$ 上的正测度, λ 为 $\mathfrak{F}$ 上的正测度、实测度或复测度. 若对 $\mathfrak{F}$ 中每个 E 且 $\mu(E)=0$ 可以推出 $\lambda(E)=0$, 则称 λ 关于 μ 绝对连续, 记作 $\lambda \ll \mu$.

例 4.5.2 设 $f \in L(X,\mu)$. 令 $\lambda(E)=\int_E f d\mu, \forall E \in \mathfrak{F}$. 则复测度 λ 关于 μ 绝对连续.

定义 4.5.3 设 λ 为 $\mathfrak{F}$ 上的正测度、实测度或复测度. 如有 $A \in \mathfrak{F}$ 使得 $\lambda(E)=\lambda(E\bigcap A)$ 对任意 $E \in \mathfrak{F}$ 成立, 则称 λ 集中在 A 上.

因为 $\lambda(E)=\lambda(E\bigcap(X\backslash A))+\lambda(E\bigcap A)$, 所以, λ 集中 A 上当且仅当对 $E \in \mathfrak{F}$ 并且 $E\bigcap A=\varnothing$, 有 $\lambda(E)=0$. 事实上, 由 $(E\bigcap(X\backslash A))\bigcap A=\varnothing$, 得到 $\lambda(E\bigcap(X\backslash A))=0$.

定义 4.5.4 设 λ_1,λ_2 为 $\mathfrak{F}$ 上的正测度、实测度或复测度. 若有 $A,B \in \mathfrak{F}$ 使得 $A\bigcap B=\varnothing$ 且 λ_1 集中于 A, λ_2 集中于 B, 则称 λ_1 与 λ_2 互相奇异, 并记作 $\lambda_1 \perp \lambda_2$.

下面的命题描述了测度的绝对连续性和互相奇异性有关性质.

命题 4.5.5 设 $\lambda, \lambda_1, \lambda_2$ 是 $\mathfrak{F}$ 上的正测度、符号测度或复测度, μ 是 $\mathfrak{F}$ 上的正测度. 假设 $\lambda_1+\lambda_2$ 有意义.

(1) 如果 λ 集中于 A, 则 $|\lambda|$ 也是;

(2) 如果 $\lambda_1 \perp \lambda_2$, 则 $|\lambda_1| \perp |\lambda_2|$;

(3) 如果 $\lambda_1 \perp \mu$, $\lambda_2 \perp \mu$, 则 $(\lambda_1+\lambda_2) \perp \mu$;

(4) 如果 $\lambda_1 \ll \mu$, $\lambda_2 \ll \mu$, 则 $(\lambda_1+\lambda_2) \ll \mu$;

(5) 如果 $\lambda \ll \mu$, 则 $|\lambda| \ll \mu$;

(6) 如果 $\lambda_1 \ll \mu$, $\lambda_2 \perp \mu$, 则 $\lambda_1 \perp \lambda_2$;

(7) 如果 $\lambda \ll \mu$, $\lambda \perp \mu$, 则 $\lambda=0$.

证明 (1) λ 集中于 A 等价于对任意 $F \in \mathfrak{F}$ 且 $F\bigcap A=\varnothing$ 有 $\lambda(F)=0$.

任取 $E \in \mathfrak{F}$ 且 $E\bigcap A=\varnothing$, 任取 E 的划分 $\{E_i\}$. 则 $E_i\bigcap A=\varnothing$, 于是 $\lambda(E_i)=0, i \geqslant 1$. 进而 $|\lambda|(E)=\sup\{\sum\limits_i |\lambda(E_i)|\, \{E_i\}$ 为 E 的划分$\}=0$, 即 $|\lambda|$ 集中于 A.

(2) 设 λ_1 集中于 A, λ_2 集中于 B 且 $A\bigcap B=\varnothing$. 由 (1), $|\lambda_1|$ 集中于 A, $|\lambda_2|$ 集中于 B. 由于 $A\bigcap B=\varnothing$, 故 $|\lambda_1| \perp |\lambda_2|$.

(3) 设 λ_1,μ 分别集中于 A, C_1 并且 $A\bigcap C_1=\varnothing$; 同时 λ_2,μ 分别集中于 B, C_2 且 $B\bigcap C_2=\varnothing$. 则 $\lambda_1+\lambda_2$ 集中于 $A\bigcup B$, μ 集中于 $C_1\bigcap C_2$. 事实上, 对任意 $E \in \mathfrak{F}$ 且 $E\bigcap(A\bigcup B)=\varnothing$ 的 E 有 $E\bigcap A=E\bigcap B=\varnothing$. 故 $\lambda_1(E)=\lambda_2(E)=0$,

$(\lambda_1+\lambda_2)(E)=0$. 由于 $(A\bigcup B)\bigcap(C_1\bigcap C_2)=\varnothing$,

$$\mu(E)=\mu(E\bigcap C_1)=\mu((E\bigcap C_1)\bigcap C_2),\quad \forall E\in\mathfrak{F},$$

故 $(\lambda_1+\lambda_2)\perp\mu$.

(4) 设 $E\in\mathfrak{F}$ 且 $\mu(E)=0$, 则有 $\lambda_1(E)=\lambda_2(E)=0$. 故 $(\lambda_1+\lambda_2)(E)=0$, 即得 $(\lambda_1+\lambda_2)\ll\mu$.

(5) 设 $E\in\mathfrak{F}$ 且 $\mu(E)=0$. 设 $\{E_i\}$ 为 E 的任意一个划分. 则 $\mu(E_i)\leqslant\mu(E)=0$, $i\geqslant 1$. 于是由 $\lambda\ll\mu$ 得到, $\lambda(E_i)=0$, $i\geqslant 1$, 进而 $|\lambda|(E)=0$. 故 $|\lambda|\ll\mu$.

(6) 设 λ_2 集中于 A, μ 集中于 C 且 $A\bigcap C=\varnothing$. 故 $\mu(A)=0$. 对任意 $E\in\mathfrak{F}$ 且 $E\bigcap(X\backslash A)=\varnothing$, 我们有 $E=E\bigcap A$, 于是

$$\mu(E)=\mu(E\bigcap A)\leqslant\mu(A)=0.$$

又 $\lambda_1\ll\mu$, 故 $\lambda_1(E)=0$ 即 λ_1 集中于 $X\backslash A$. 从而 $\lambda_1\perp\lambda_2$.

(7) 由 (6), $\lambda\perp\lambda$, 再由 (2) 得到, $|\lambda|\perp|\lambda|$, 即 $|\lambda|$ 分别集中于 A 和 B 且 $A\bigcap B=\varnothing$. 由此, $|\lambda|(A)=|\lambda|(B)=0$. 这样, 对任意 $E\in\mathfrak{F}$ 就有

$$|\lambda(E)|\leqslant|\lambda|(E)=|\lambda|(E\bigcap A)\leqslant|\lambda|(A)=0,$$

即得 $\lambda=0$. □

引理 4.5.6 如果 μ 是 σ–有限测度, 则存在 $w\in L^+(X,\mu)$ 使得 $w(X)\subset(0,1)$.

证明 设有 $\{E_n\}\subset\mathfrak{F}$ 使得 $X=\bigcup\limits_{n=1}^{\infty}E_n$ 且 $\mu(E_n)<+\infty$, $n=1,2,\cdots$. 令

$$w_n(x)=\begin{cases}\dfrac{1}{2^n(1+\mu(E_n))}, & x\in E_n,\\ 0, & x\notin E_n,\end{cases}\qquad n=1,2,\cdots,$$

以及 $w(x)=\sum\limits_{n=1}^{\infty}w_n(x)$, $\forall x\in X$. 则 $0<w(x)<1$, $\forall x\in X$ 且

$$\int_X wd\mu=\sum_{n=1}^{\infty}\int_X w_nd\mu=\sum_{n=1}^{\infty}\frac{\mu(E_n)}{2^n(1+\mu(E_n))}\leqslant 1,$$

即 $w\in L^+(X,\mu)$. □

引理 4.5.7 设 $\mu(X)<+\infty$ 且 $f\in L^1(X,\mu)$. 令

$$A_f(E)=\frac{1}{\mu(E)}\int_E fd\mu,\quad \forall E\in\mathfrak{F}\text{ 且 }\mu(E)>0.$$

设 S 为 $\mathbb{C}$ 中的闭子集. 如果对任意 $E\in\mathfrak{F}$ 且 $\mu(E)>0$ 有 $A_f(E)\in S$, 则对几乎所有的 $x\in X$, 成立 $f(x)\in S$.

证明 因 $\mathbb{C}\backslash S$ 为开集, 故有 $\{x_n\}\subset\mathbb{C}\backslash S$ 及一列正数 $\{\delta_n\}$ 使得 $\mathbb{C}\backslash S=\bigcup\limits_{n=1}^{\infty}U(x_n,\delta_n)$. 令 $E_n=f^{-1}(U(x_n,\delta_n))$, $n\geqslant 1$. 则 $\{E_n\}\subset\mathfrak{F}$. 如果存在某个 n 使得 $\mu(E_n)>0$, 则

$$|A_f(E_n)-x_n|=\frac{1}{\mu(E_n)}\left|\int_{E_n}(f-x_n)d\mu\right|\leqslant\frac{1}{\mu(E_n)}\int_{E_n}|f-x_n|d\mu<\delta_n,$$

即得 $A_f(E_n)\in U(x_n,\delta_n)\subset\mathbb{C}\backslash S$. 但 $A_f(E_n)\in S$, 得到矛盾. 故 $\mu(E_k)=0$, $k\geqslant 1$. 令 $E=\bigcup\limits_{k=1}^{\infty}E_k$. 则 $\mu(E)=0$ 且 $f(X\backslash E)\subset S$, 即 $f(x)\in S$, μ–a.e. 于 $x\in X$. □

定理 4.5.8 (Radon–Nikodym) 设 μ 是 $\mathfrak{F}$ 上的 σ–有限测度, λ 为 $\mathfrak{F}$ 上的复测度. 则

(1) 在 $\mathfrak{F}$ 存在唯一一对复测度 λ_a 和 λ_s 使得 $\lambda=\lambda_a+\lambda_s$, $\lambda_a\ll\mu$, $\lambda_s\perp\mu$;

(2) 存在唯一 $h\in L(X,\mu)$ 使得 $\lambda_a(E)=\int_E hd\mu$, $\forall\, E\in\mathfrak{F}$.

上述的 (λ_a,λ_s) 称为 λ 关于 μ 的 Lebesgue 分解.

证明 首先设 λ 为 $\mathfrak{F}$ 上的正有限测度. 设 $w(x)$ 为引理 4.5.6 中的函数. 令

$$\nu(E)=\lambda(E)+\int_E wd\mu,\ \forall\, E\in\mathfrak{F}\quad(\text{记作 } d\nu=\lambda+wd\mu).$$

则 ν 是 $\mathfrak{F}$ 上的正有限测度. 对非负简单函数 $f=\sum\limits_{j=1}^{n}a_j\chi_{E_j}$, 其中 $a_1,\cdots,a_n\geqslant 0$, $X=\bigcup\limits_{j=1}^{n}E_j$, $E_i\bigcap E_j=\varnothing$, $i\neq j$, $i,j=1,\cdots,n$, 有

$$\begin{aligned}\int_X fd\nu=\sum_{j=1}^{n}a_j\nu(E_j)&=\sum_{j=1}^{n}a_j\lambda(E_j)+\sum_{j=1}^{n}\int_{E_j}a_jwd\mu\\&=\int_X fd\lambda+\int_X fwd\mu.\end{aligned}$$

对于任意非负可测函数 f, 存在一列单调递增的简单函数列收敛于 f, 于是对上式利用 Levi 定理, 可以得出

$$\int_X fd\nu=\int_X fd\lambda+\int_X fwd\mu. \tag{4.5}$$

对任意 $f\in L^2(X,\nu)$, 由 (4.5) 式及 Cauchy–Schwarz 不等式得

$$\left|\int_X fd\lambda\right|\leqslant\int_X|f|d\lambda\leqslant\int_X|f|d\nu\leqslant\left[\int_X|f|^2d\nu\right]^{1/2}\sqrt{\nu(X)}=\sqrt{\nu(X)}\|f\|_2,$$

$$\left|\int_X fwd\mu\right| \leqslant \int_X |f|d\mu \leqslant \int_X |f|d\nu \leqslant \left[\int_X |f|^2 d\nu\right]^{1/2} \sqrt{\nu(X)} = \sqrt{\nu(X)}\|f\|_2,$$

于是 (4.5) 式对 $f \in L^2(X,\nu)$ 也成立而且 $\rho(f) = \int_X f d\lambda$ 是 $L^2(X,\nu)$ 上的有界线性泛函. 这样就存在唯一一个 $g \in L^2(X,\nu)$ 使得

$$\rho(f) = \int_X f d\lambda = \langle f, g\rangle = \int_X f\overline{g} d\nu, \quad \forall f \in L^2(X,\nu). \tag{4.6}$$

在 (4.6) 式中, 取 $f = \chi_E$, $E \in \mathfrak{F}$, 则得 $\lambda(E) = \int_E \overline{g} d\nu$, $\forall E \in \mathfrak{F}$.

设 $g = g_1 + \mathrm{i}g_2$, $g_1, g_2 \in F_{\mathbb{R}}(X,\nu)$. 因 λ 和 ν 都是正值的, 故 $\int_E g_2 d\nu = 0$, $\forall E \in \mathfrak{F}$. 从而 $g_2 = 0$, ν–a.e., 所以 $g = g_1$, $\lambda(E) = \int_E g_1 d\nu$, $\forall E \in \mathfrak{F}$. 因为

$$A_{g_1}(E) = \frac{1}{\nu(E)} \int_E g_1 d\nu = \frac{\lambda(E)}{\nu(E)} \in [0,1], \quad \forall E \in \mathfrak{F} \text{ 且 } \nu(E) > 0,$$

故由引理 4.5.7, $g_1(x) \in [0,1]$ 对几乎所有 $x \in X$ 成立. 重新定义 $g_1(x)$ 在某个零测度集的值为零, 则 $0 \leqslant g_1(x) \leqslant 1$, $\forall x \in X$.

由 (4.6) 式, $\int_X f d\lambda = \int_X f g_1 d\nu$, $\forall f \in L^2(X,\nu)$, 再结合 (4.5) 式, 对任意 $f \in L^2(X,\nu)$ 得

$$\begin{aligned}\int_X (1-g_1) f d\lambda &= \int_X f d\lambda - \int_X f g_1 d\lambda \\ &= \int_X f g_1 d\nu - \int_X f g_1 d\lambda = \int_X f g_1 w d\mu.\end{aligned} \tag{4.7}$$

令 $A = \{x \in X \mid 0 \leqslant g_1(x) < 1\}$, $B = \{x \in X \mid g_1(x) = 1\}$. 则 $A, B \in \mathfrak{F}$, $X = A \bigcup B$, $A \bigcap B = \varnothing$. 再令

$$\lambda_a(E) = \lambda(A \bigcap E), \quad \lambda_s = \lambda(B \bigcap E), \quad \forall E \in \mathfrak{F}.$$

则 λ_a 和 λ_s 都是 $\mathfrak{F}$ 上正有限测度而且 $\lambda = \lambda_a + \lambda_s$. 取 $f = \chi_B$ 代入 (4.7) 式, 得到

$$0 = \int_B (1-g_1) d\lambda = \int_X \chi_B g_1 w d\mu = \int_B g_1 w d\mu.$$

因 $0 < w(x) < 1$, 故由上式得 $\mu(B) = 0$. 从而对任意 $E \in \mathfrak{F}$, $\mu(E \bigcap B) = 0$,

$$\mu(E) = \mu((A \bigcap E) \bigcup (B \bigcap E)) = \mu(A \bigcap E) + \mu(B \bigcap E) = \mu(A \bigcap E),$$

即 μ 集中于 A. 又 $A \bigcap B = \{0\}$, 所以 $\lambda_s \perp \mu$.

对任意 $E \in \mathfrak{F}$, 以 $f = (1 + g_1 + \cdots + g_1^n)\chi_E$ 代入 (4.7) 式, 得到

$$\int_E (1 - g_1^{n+1}) d\lambda = \int_E (1 + g_1 + \cdots + g_1^n) g_1 w d\mu. \tag{4.8}$$

注意到

$$\begin{aligned}\int_E (1 - g_1^{n+1}) d\lambda &= \int_{E\cap A} (1 - g_1^{n+1}) d\lambda + \int_{E\cap B} (1 - g_1^{n+1}) d\lambda \\ &= \int_{E\cap A} 1 d\lambda - \int_{E\cap A} g_1^{n+1} d\lambda = \lambda_a(E) - \int_{E\cap A} g_1^{n+1} d\lambda,\end{aligned}$$

而当 $x \in E \bigcap A$ 时, $0 \leqslant g_1(x) < 1$, 故 $0 \leqslant g_1^n(x) < 1$, $\forall x \in E \bigcap A$, $n \geqslant 1$, $\lim\limits_{n\to\infty} g_1^n(x) = 0$, $\forall x \in E \bigcap A$, 进而 $\lim\limits_{n\to\infty} \int_E (1 - g_1^{n+1}) d\lambda = \lambda_a(E)$.

由于 $\mu(B) = 0$, 又在 $x \in A$ 时, $h_n = (1 + g_1 + \cdots + g_1^n) g_1 w$ 单调递增收敛到 $h = \sum\limits_{n=1}^{\infty} g_1^n w$, 我们可以定义 $h(x)$ 在 $x \in B$ 时为 0. 于是

$$\lim_{n\to\infty} \int_E (1 + g_1 + \cdots + g_1^n) g_1 w d\mu = \lim_{n\to\infty} \int_{E\cap A} h_n d\mu = \int_{E\cap A} h d\mu = \int_E h d\mu.$$

从而对 (4.8) 式, 令 $n \to \infty$, 得到 $\lambda_a(E) = \int_E h d\mu$, 即得 $\lambda_a \ll \mu$.

因 $\lambda_a(X) = \lambda(A) < +\infty$, 故 $\int_X h d\mu = \lambda_a(X) < +\infty$, 即 $h \in L^+(X, \mu)$.

现在设 λ 为复测度. 由注 2.6.8, 存在 $\mathfrak{F}$ 上的正有限测度 $\lambda_1^+, \lambda_1^-, \lambda_2^+, \lambda_2^-$ 使得 $\lambda = (\lambda_1^+ - \lambda_1^-) + \mathrm{i}(\lambda_2^+ - \lambda_2^-)$. 分别对 $\lambda_1^+, \lambda_1^-, \lambda_2^+, \lambda_2^-$ 运用上述的结果, 得到 λ_{ja}^+, λ_{js}^- 和 $h_j^+, h_j^- \in L^+(X, \mu)$, $j = 1, 2$ 使得

$$\lambda_j^+ = \lambda_{ja}^+ + \lambda_{js}^+, \quad \lambda_{ja}^+(E) = \int_E h_j^+ d\mu, \ \forall E \in \mathfrak{F}, \quad \lambda_{js}^+ \perp \mu, \ j = 1, 2,$$

$$\lambda_j^- = \lambda_{ja}^- + \lambda_{js}^-, \quad \lambda_{ja}^-(E) = \int_E h_j^- d\mu, \ \forall E \in \mathfrak{F}, \quad \lambda_{js}^- \perp \mu, \ j = 1, 2.$$

令 $\lambda_a = (\lambda_{1a}^+ - \lambda_{1a}^-) + \mathrm{i}(\lambda_{2a}^+ - \lambda_{2a}^-)$, $\lambda_s = (\lambda_{1s}^+ - \lambda_{1s}^-) + \mathrm{i}(\lambda_{2s}^+ - \lambda_{2s}^-)$, $h = (h_1^+ - h_1^-) + \mathrm{i}(h_2^+ - h_2^-)$. 则 $\lambda = \lambda_s + \lambda_s$, 且 $h \in L(X, \mu)$, $\lambda_a(E) = \int_E h d\mu$, $\forall E \in \mathfrak{F}$, 即 $\lambda_a \ll \mu$, $\lambda_s \perp \mu$ (命题 4.5.5 (3) 和 (4)).

上述的 h 是唯一的. 如果还有 $h_1 \in L(X,\mu)$ 使得 $\lambda_a(E)=\int_E h_1 d\mu, \forall E\in\mathfrak{F}$, 则有 $\int_E (h-h_1)d\mu=0, \forall E\in\mathfrak{F}$, 于是由命题 2.4.8 (3), 得到 $h=h_1$.

再证分解的唯一性. 设还有 λ_a', λ_s' 满足条件:

$$\lambda_a+\lambda_s=\lambda=\lambda_a'+\lambda_s',\quad \lambda_a'\ll\mu,\ \lambda_s'\perp\mu.$$

由于 $\lambda_a\ll\mu$, $\lambda_s\perp\mu$, 故 $(\lambda_a-\lambda_a')\ll\mu$, $(\lambda_s'-\lambda_s)\perp\mu$. 但是 $\lambda_a-\lambda_a'=\lambda_s'-\lambda_s$, 故由命题 4.5.5 (7), $\lambda_a-\lambda_a'=0$, 即 $\lambda_a=\lambda_a'$, 进而 $\lambda_s=\lambda_s'$. □

注 4.5.9 定理 4.5.8 中的 h 称为 λ_a 关于 μ 的 Radon–Nikodym 导数, 记为 $d\lambda_a=h\,d\mu$ 或 $\dfrac{d\lambda_a}{d\mu}=h$.

推论 4.5.10 设 μ 是 $\mathfrak{F}$ 上的复测度. 则存在唯一一个复值可测函数 h 使得 $|h(x)|=1, \forall x\in X$ 且 $d\mu=hd|\mu|$.

证明 由于 $|\mu(E)|\leqslant|\mu|(E), \forall E\in\mathfrak{F}$, 故 $\mu\ll|\mu|$.

另一方面, 由定理 4.5.8, 存在 μ_a, μ_s 及唯一的 $h\in L^1(X,|\mu|)$ 使得

$$\mu=\mu_a+\mu_s,\quad \mu_a\ll|\mu|,\quad \mu_s\perp|\mu|\quad 及\quad \mu_a(E)=\int_E hd|\mu|,\ \forall E\in\mathfrak{F}.$$

由 $\mu\ll|\mu|$, $\mu_a\ll|\mu|$ 得 $\mu_s=(\mu-\mu_a)\ll|\mu|$. 又 $\mu_s\perp|\mu|$, 故 $\mu_s=0$, 从而 $\mu=\mu_a$.

下面证明 $|h|=1$, $|\mu|$-a.e..

在 $(0,1)$ 中任取一列单调递增的数列 $\{a_n\}$ 使得 $\lim\limits_{n\to\infty}a_n=1$. 设

$$A_n=\{x\in X\,|\,|h(x)|\leqslant a_n\}\subset\mathfrak{F},\quad n\geqslant 1.$$

则 $\bigcup\limits_{n=1}^{\infty}A_n=\{x\in X\,|\,|h(x)|<1\}$.

任取 A_n 的一个划分 $\{E_j\}$. 则 $\mu(E_j)=\int_{E_j}hd|\mu|, j=1,2,\cdots$,

$$\sum_j|\mu(E_j)|\leqslant\sum_j\int_{E_j}|h|d|\mu|=\int_{A_n}|h|\,d|\mu|\leqslant a_n|\mu|(A_n),$$

从而 $|\mu|(A_n)\leqslant a_n|\mu|(A_n)$, 于是 $|\mu|(A_n)=0, n=1,2,\cdots$, 即得 $|h|\geqslant 1$, $|\mu|$-a.e..

由于对任意 $E\in\mathfrak{F}$ 且 $|\mu|(E)>0$, 有

$$A_h(E)=\frac{1}{|\mu|(E)}\int_E hd|\mu|=\frac{\mu(E)}{|\mu|(E)}.$$

故 $|A_h(E)| \leqslant 1, \forall E \in \mathfrak{F}$ 且 $|\mu|(E) > 0$, 从而由引理 4.5.7 得 $|h(x)| \leqslant 1$, $|\mu|$–a.e.. 我们重新定义 $h(x)$ 在某个零测度集上的值为 1, 则 h 满足要求. □

推论 4.5.11 设 μ, ν 为 $\mathfrak{F}$ 上的 σ–有限正测度, $g \in L^+(X, \mu)$.

(1) 若 $\nu \ll \mu$, 则有 X 上的非负可测函数 h 使得 $\nu(E) = \int_E h\, d\mu, \forall E \in \mathfrak{F}$.

(2) 令 $\lambda(E) = \int_E g d\mu, \forall E \in \mathfrak{F}$. 则 $|\lambda|(E) = \int_E |g| d\mu, \forall E \in \mathfrak{F}$.

证明 (1) 取 $\{X_n\} \subset \mathfrak{F}$ 使得 $X = \bigcup\limits_{n=1}^{\infty} X_n$, $\nu(X_n) < +\infty$ 和 $X_n \bigcap X_m = \varnothing$, $n, m \geqslant 1$. 令 $\nu_n(E) = \nu(E \bigcap X_n), \forall E \in \mathfrak{F}, n \geqslant 1$. 则 ν_n 是 X 上的有限测度而且 $\nu_n \ll \mu$, $n \geqslant 1$. 故由定理 4.5.8, $\nu_n = (\nu_n)_a$ 且存在 $h_n \in L^+(X, \mu)$ 使得 $\nu_n(E) = \int_E h_n\, d\mu, \forall E \in \mathfrak{F}, n \geqslant 1$. 令 $h = \sum\limits_{n=1}^{\infty} h_n$. 则 h 在 X 上非负可测. 从而由推论 2.4.6,

$$\nu(E) = \sum_{n=1}^{\infty} \nu(E \bigcap X_n) = \sum_{n=1}^{\infty} \int_E h_n\, d\mu = \int_E h\, d\mu, \quad \forall E \in \mathfrak{F}.$$

(2) 任取 $E \in \mathfrak{F}$ 而 $\{E_j\}$ 为 E 的任一划分. 由 $\lambda(E_j) = \int_{E_j} g d\mu, j \geqslant 1$, 得

$$\sum_j |\lambda(E_j)| \leqslant \sum_j \int_{E_j} |g| d\mu = \int_E |g| d\mu,$$

故 $|\lambda|(E) \leqslant \int_E |g| d\mu$, 从而 $|\lambda| \ll \mu$. 由定理 4.5.8, 存在 $h_0 \in L^+(X, \mu)$, 使得

$$|\lambda|(E) = |\lambda|_a(E) = \int_E h_0 d\mu, \quad \forall E \in \mathfrak{F}.$$

根据推论 4.5.10, 存在 $h \in F(X, \mathfrak{F})$ 使得 $|h| = 1$ 且 $\lambda(E) = \int_E h d|\lambda|, \forall E \in \mathfrak{F}$. 从而

$$\lambda(E) = \int_E (h_0 h) d\mu = \int_E g d\mu, \quad \forall E \in \mathfrak{F}.$$

进而 $h_0 h = g$, 即得 $|g| = h_0$, μ–a.e.. 故 $|\lambda|(E) = \int_E |g| d\mu, \forall E \in \mathfrak{F}$. □

4.6 Sobolev 空间的定义和性质

设 p 为大于等于 1 的自然数, Ω 是 $\mathbb{R}^n$ 中的开集. 设

$$\mathfrak{D}_p(\Omega) = \{(\phi_1, \cdots, \phi_p)^{\mathrm{T}} \mid \phi_i \in \mathfrak{D}(\Omega),\ 1 \leqslant i \leqslant p\},$$

$$C_p^\infty(\Omega)=\{(\phi_1,\cdots,\phi_p)^{\mathrm T}\mid \phi_i\in C^\infty(\Omega),\ 1\leqslant i\leqslant p\},$$

$$L_p^2(\Omega)=\{(f_1,\cdots,f_p)^{\mathrm T}\mid f_i\in L^2(\Omega),\ 1\leqslant i\leqslant p\}.$$

给定 $m\in\mathbb{Z}_+$, 对 $\alpha\in\mathbb{Z}_+^n$ 且 $|\alpha|\leqslant m$, 在 $C_p^\infty(\Omega)$ 上定义内积为

$$\langle f,g\rangle_{m,p}=\int_\Omega\sum_{|\alpha|\leqslant m}\langle D^\alpha f(\xi),D^\alpha g(\xi)\rangle\,d\xi,$$

其中 $f=(f_1,\cdots,f_p)^{\mathrm T}$, $g=(g_1,\cdots,g_p)^{\mathrm T}\in C_p^\infty(\Omega)$. 由此得到 $C_p^\infty(\Omega)$ 上的范数为

$$\|f\|_{m,p}=\Big(\int_\Omega\sum_{|\alpha|\leqslant m}\|D^\alpha f(\xi)\|_2^2\,d\xi\Big)^{1/2},\quad \forall f\in C_p^\infty(\Omega).$$

定义 4.6.1 给定 $m\in\mathbb{Z}_+$ 和自然数 $p\geqslant 1$. $C_p^\infty(\Omega)$ 关于范数 $\|\cdot\|_{m.p}$ 的完备化空间 $W_p^m(\Omega)$ 称为具有指数 m 的 p 重 Sobolev 空间.

当 $p=1$ 时, 以 $W^m(\Omega)$ 表示 $W_1^m(\Omega)$.

注 4.6.2 (1) 由于 $\mathfrak{D}(\Omega)$ 在 $L^2(\Omega)$ 中稠密, $\mathfrak{D}(\Omega)\subset C^\infty(\Omega)$, 所以 $W_p^0(\Omega)=L_p^2(\Omega)$.

(2) 因为 $\mathfrak{D}_p(\Omega)\subset C_p^\infty(\Omega)\subset W_p^m(\Omega)$, $\mathfrak{D}_p(\Omega)$ 在 $W_p^m(\Omega)$ 中的闭包就记作 $\widehat{W}_p^m(\Omega)$.

定义 4.6.3 设 $f\in L^2(\Omega)$. 对 $\alpha\in\mathbb{Z}_+^n$, 如有 $g\in L^2(\Omega)$ 使得 $D^\alpha T_f(\phi)=T_g(\phi)$, $\forall\,\phi\in\mathfrak{D}(\Omega)$, 则记 $g=D^\alpha f\in L^2(\Omega)$ 并称 g 是 f 的 α–阶弱导数.

由此, 我们可以给出 $W_p^m(\Omega)$ 的结构和与 $\widehat{W}_p^m(\Omega)$ 的关系如下:

命题 4.6.4 设 $m\in\mathbb{Z}_+$, $p\in\mathbb{N}$.

(1) $W_p^m(\Omega)\subset\bigcup\limits_{\substack{\alpha\in\mathbb{Z}_+^n\\|\alpha|\leqslant m}}\{(f_1,\cdots,f_p)^{\mathrm T}\in L_p^2(\Omega)\mid D^\alpha f_i\in L^2(\Omega),\ 1\leqslant i\leqslant p\}$;

(2) 对任意 $\phi\in\mathfrak{D}(\Omega)$, $f=(f_1,\cdots,f_p)^{\mathrm T}\in W_p^m(\Omega)$, 令 $\phi f=(\phi f_1,\cdots,\phi f_p)^T$. 则 $\{\phi f\mid f\in W_p^m(\Omega)\}\subset\widehat{W}_p^m(\Omega)$;

(3) $\widehat{W}_p^m(\mathbb{R}^n)=W_p^m(\mathbb{R}^n)$.

证明 (1) 只需对 $p=1$ 证明即可. 设 $\{\phi_k\}$ 是 $C^\infty(\Omega)$ 中关于 $\|\cdot\|_{m,1}$ 的 Cauchy 列. 则对任意 $\epsilon>0$, 存在 $N>0$ 使得

$$\int_\Omega\sum_{|\alpha|\leqslant m}|D^\alpha\phi_s(x)-D^\alpha\phi_t(x)|^2dx<\epsilon^2,\quad\forall\,s,t>N.$$

由于 $L^2(\Omega)$ 完备, 故存在 $g_\alpha\in L^2(\Omega)$ 使得 $\lim\limits_{k\to\infty}\|D^\alpha\phi_k-g_\alpha\|_2=0$, $\forall\,\alpha\in\mathbb{Z}_+^n$ 且 $|\alpha|\leqslant m$.

对任意 $\psi \in \mathfrak{D}(\Omega)$, $\alpha \in \mathbb{Z}_+^n$ 及 $|\alpha| \leqslant m$,

$$\begin{aligned} D^\alpha T_{g_0}(\psi) &= (-1)^{|\alpha|} T_{g_0}(D^\alpha \psi) = (-1)^{|\alpha|} \lim_{k\to\infty} \left\langle \phi_k, (D^\alpha \psi)^* \right\rangle \\ &= \lim_{k\to\infty} \left\langle D^\alpha \phi_k, \psi^* \right\rangle = \left\langle g_\alpha, \psi^* \right\rangle = T_{g_\alpha}(\psi), \end{aligned}$$

故 $g_\alpha = D^\alpha g_0$, $|\alpha| \leqslant m$ 且 $\lim\limits_{k\to\infty} \|\phi_k - g_0\|_{m,1} = 0$, 即得结论.

(2) 只需对 $p=1$ 证明即可. 对 $\phi \in \mathfrak{D}(\Omega)$, $f \in W^m(\Omega)$ 及 $|\alpha| \leqslant m$, 由第 3 章习题 21 得

$$D^\alpha(\phi T_f) = \sum_{\substack{\beta \leqslant \alpha \\ |\alpha| \leqslant m}} \binom{\alpha}{\beta} (D^\beta \phi)(D^{\alpha-\beta} T_f),$$

故对任意 $\psi \in \mathfrak{D}(\Omega)$,

$$D^\alpha T_{\phi f}(\psi) = D^\alpha(\phi T_f)(\psi) = \sum_{\substack{\beta \leqslant \alpha \\ |\alpha| \leqslant m}} \binom{\alpha}{\beta} T_{D^{\alpha-\beta} f}((D^\beta \phi)\psi) = T_{g_\alpha}(\psi),$$

其中 $g_\alpha = \sum\limits_{\beta \leqslant \alpha} \binom{\alpha}{\beta} (D^\beta \phi)(D^{\alpha-\beta} f)$, 所以 $D^\alpha(\phi f) = g_\alpha$.

现在设 $\{\phi_k\} \subset C^\infty(\Omega)$ 使得 $\lim\limits_{k\to\infty} \|f - \phi_k\|_{m,1} = 0$. 由于

$$D^\alpha(\phi\phi_k) = \sum_{\beta \leqslant \alpha} \binom{\alpha}{\beta} (D^\beta \phi)(D^{\alpha-\beta} \phi_k) \in \mathfrak{D}(\Omega), \quad |\alpha| \leqslant m,$$

故 $\|\phi f - \phi\phi_k\|_{m,1} \to 0$, $k \to \infty$, 从而 $\phi f \in \widehat{W}^m(\Omega)$.

(3) 设 $f = (f_1, \cdots, f_p) \in W_p^2(\mathbb{R}^n)$ 且 $f \in (\mathfrak{D}_p(\mathbb{R}^n))^\perp$. 任取 $\phi \in \mathfrak{D}(\mathbb{R}^n)$, 令 $g_j = (\underbrace{0, \cdots, 0}_{j-1}, \phi, \underbrace{0, \cdots, 0}_{p-j})^{\mathrm{T}}$, $j = 1, 2, \cdots, p$. 则有 $\left\langle f, g \right\rangle_{m,p} = 0$, 即得

$$0 = \sum_{|\alpha| \leqslant m} \int_{\mathbb{R}^n} D^\alpha f_j(x) \overline{D^\alpha \phi(x)} dx = \sum_{|\alpha| \leqslant m} (-1)^{|\alpha|} \int_{\mathbb{R}^n} f_j(x) \overline{D^{2\alpha} \phi(x)} dx. \tag{4.9}$$

由命题 3.4.5, 对任意 $\epsilon > 0$, $|\alpha| \leqslant m$ 及 $\phi \in \mathfrak{S}(\mathbb{R}^n)$, 存在 $\{\phi_k\} \subset \mathfrak{D}(\mathbb{R}^n)$ 使得当 k 充分大时,

$$\sup_{x \in \mathbb{R}^n} (1 + \|x\|_2^2)^n |D^{2\alpha} \phi(x) - D^{2\alpha} \phi_k(x)| < \epsilon.$$

故 $\lim\limits_{k\to\infty}\|D^{2\alpha}\phi - D^{2\alpha}\phi_k\|_2 = 0$, $|\alpha|\leqslant m$. 这样, 对任意 $\phi\in\mathfrak{S}(\mathbb{R}^n)$, (4.9) 式也成立. 从而由 (4.9) 式及推论 4.4.3, 对任意 $\phi\in\mathfrak{S}(\mathbb{R}^n)$ 及 $1\leqslant j\leqslant p$, 得

$$\begin{aligned}\sum_{|\alpha|\leqslant m}(-1)^{|\alpha|}\left\langle f_j, D^{2\alpha}\phi\right\rangle &= \sum_{|\alpha|\leqslant m}(-1)^{|\alpha|}\left\langle \hat{f}_j, \widehat{D^{2\alpha}\phi}\right\rangle \\ &= \sum_{|\alpha|\leqslant m}\int_{\mathbb{R}^n}\hat{f}_j(\xi)|\xi^\alpha|^2\overline{\hat{\phi}(\xi)}\,d\xi = 0.\end{aligned}\tag{4.10}$$

对任意 $\psi\in\mathfrak{D}(\mathbb{R}^n)$, 取 $\phi=\widetilde{\psi}^*$ 代入 (4.10) 式. 则有

$$\int_{\mathbb{R}^n}\Big(\sum_{|\alpha|\leqslant m}|\xi^\alpha|^2\Big)\hat{f}_j(\xi)\psi(\xi)\,d\xi = 0,\quad j=1,\cdots,p.$$

从而由命题 3.5.10, $\Big(\sum\limits_{|\alpha|\leqslant m}|\xi^\alpha|^2\Big)\hat{f}_j(\xi)=0, \forall\,\xi\in\mathbb{R}^n, j=1,\cdots,p$. 由于 $\sum\limits_{|\alpha|\leqslant m}|\xi^\alpha|^2 \geqslant 1, \forall\,\xi\in\mathbb{R}^n$, 故 $\hat{f}_j(\xi)=0, \forall\,\xi\in\mathbb{R}^n$, 从而 $\|f_j\|_2=\|\hat{f}_j\|_2=0, j=1,\cdots,p$, 即得 $f=0$. □

以下是 Sobolev 空间 $\widehat{W}_p^m(\Omega)$ 的两个最常用的定理.

定理 4.6.5 (Sobolev 嵌入定理) 如果 $f\in\widehat{W}^m(\Omega)$ 且 $m\geqslant\left[\dfrac{n}{2}\right]+k+1$, 则 $f\in C^k(\Omega)$.

证明 设 $\phi\in\mathfrak{D}(\Omega)$ 并设 $\phi(x)=0, \forall\,x\in\mathbb{R}^n\backslash\Omega$. 则对任意 $\alpha\in\mathbb{Z}_+^n$ 且 $|\alpha|\leqslant m$, 我们有 $\widehat{D^\alpha\phi}(\xi)=(\mathrm{i}\xi)^\alpha\hat{\phi}(\xi), \forall\,\xi\in\mathbb{R}^n$ 及

$$\begin{aligned}\|\phi\|_{m,1}^2 &= \sum_{|\alpha|\leqslant m}\int_{\mathbb{R}^n}D^\alpha\phi(\xi)\overline{D^\alpha\phi(\xi)}\,d\xi = \sum_{|\alpha|\leqslant m}\|\widehat{D^\alpha\phi}\|_2^2 \\ &= \sum_{|\alpha|\leqslant m}\int_{\mathbb{R}^n}\widehat{D^\alpha\phi}(\xi)\overline{\widehat{D^\alpha\phi}(\xi)}\,d\xi = \int_{\mathbb{R}^n}\left(\sum_{|\alpha|\leqslant m}|\xi^\alpha|^2\right)|\hat{\phi}(\xi)|^2\,d\xi.\end{aligned}$$

易知, 存在常数 $c(m), d(m)>0$ 使得

$$c(m)(1+\|\xi\|_2^2)^m\leqslant\sum_{|\alpha|\leqslant m}|\xi^\alpha|^2\leqslant d(m)(1+\|\xi\|_2^2)^m,\quad \forall\,\xi\in\mathbb{R}^n.$$

记 $P_s(x)=(1+\|x\|_2^2)^{s/2}, \forall\,x\in\mathbb{R}^n$. 则由上述的等式和不等式, 得到

$$\frac{1}{d(m)}\|\phi\|_{m,1}^2\leqslant\int_{\mathbb{R}^n}P_m^2(\xi)|\hat{\phi}(\xi)|^2\,d\xi\leqslant\frac{1}{c(m)}\|\phi\|_{m,1}^2.\tag{4.11}$$

设 $\beta \in \mathbb{Z}_+^n$ 且 $|\beta| \leqslant k$. 因为

$$\int_{\mathbb{R}^n} |x^\beta||\hat{\phi}(x)|dx = \int_{\mathbb{R}^n} P_m(x)|\hat{\phi}(x)|\frac{|x^\beta|dx}{P_m(x)} \leqslant \frac{1}{\sqrt{c(m)}}\left[\int_{\mathbb{R}^n} \frac{|x^{2\beta}|dx}{P_m^2(x)}\right]^{1/2} \|\phi\|_{m,1},$$

又当 $\|x\|_2 > 1$ 时, $|x^{2\beta}| \leqslant n^{|\beta|}\|x\|_2^{2|\beta|}$(命题 3.4.2 (3) $\Rightarrow$(1) 的证明), 于是

$$\int_{\mathbb{R}^n\backslash B(0,1)} \frac{|x^{2\beta}|dx}{P_m^2(x)} \leqslant \int_{\mathbb{R}^n\backslash B(0,1)} \frac{n^k(\|x\|_2+1)^k dx}{P_m^2(x)} \leqslant \int_{\mathbb{R}^n\backslash B(0,1)} \frac{n^k dx}{(1+\|x\|_2^2)^{[\frac{n}{2}]+1}},$$

且利用极坐标变换可得 $\displaystyle\int_{\mathbb{R}^n\backslash B(0,1)} \frac{dx}{(1+\|x\|_2^2)^{[\frac{n}{2}]+1}} < +\infty$, 于是存在常数 $C > 0$ 使得 $\displaystyle\int_{\mathbb{R}^n} |x^\beta||\hat{\phi}(x)|dx \leqslant C\|\phi\|_{m,1}$.

设 $f \in \widehat{W}^m(\Omega)$. 则可取 $\mathfrak{D}(\Omega)$ 中一列函数 $\{\phi_k\}$ 使得 $\lim\limits_{s\to\infty} \|f-\phi_s\|_{m,1} = 0$. 再设 $\phi_s(x) = 0, \forall x \in \mathbb{R}^n\backslash\Omega$, $s = 1, 2, \cdots$. 由于对任意 $\beta \in \mathbb{Z}_+^n$ 且 $|\beta| \leqslant k$,

$$D^\beta\phi_s(\xi) - D^\beta\phi_t(\xi) = \frac{\mathrm{i}^{|\beta|}}{(\sqrt{2\pi})^n}\int_{\mathbb{R}^n} x^\beta(\hat{\phi}_s(x) - \hat{\phi}_t(\xi))\mathrm{e}^{\mathrm{i}\langle x,\xi\rangle}\,dx,$$

故

$$\sup_{\xi\in\Omega}|D^\beta\phi_s(\xi) - D^\beta\phi_t(\xi)| \leqslant \frac{C}{(\sqrt{2\pi})^n}\|\phi_s - \phi_t\|_{m,1}, \quad \forall s, t \geqslant 1.$$

从而有 Ω 上的函数 g_β, 使得 $D^\beta\phi_s$ 在 Ω 中内闭一致收敛于 g_β, $|\beta| \leqslant k$. 于是 $D^\beta g_0 = g_\beta$ 在 Ω 上连续, $|\beta| \leqslant k$, 即得 $g_0 \in C^k(\Omega)$.

另一方面, 根据命题 4.6.4 (1) 中的证明过程, 可知: 当 $\lim\limits_{s\to\infty} \|f-\phi_s\|_{m,1} = 0$ 时, $\lim\limits_{s\to\infty} \|D^\beta f - D^\beta\phi_s\|_2 = 0$, $|\beta| \leqslant k$, 所以

$$T_f(\psi) = \lim_{s\to\infty}\langle\phi_s, \psi^*\rangle = \langle g_0, \psi^*\rangle = T_{g_0}(\psi), \quad \forall \psi \in \mathfrak{D}(\Omega).$$

从而由命题 3.5.10 得到 $f = g_0 \in C^k(\Omega)$. □

定理 4.6.6 (Rellich) 设 Ω 是 $\mathbb{R}^n$ 中的有界开集, $0 \leqslant k < m$, 则自然嵌入 $i_{m,k}\colon \widehat{W}^m(\Omega) \to \widehat{W}^k(\Omega)$ 将 $\widehat{W}^m(\Omega)$ 中的有界集映成 $\widehat{W}^k(\Omega)$ 中的致密集.

证明 设 $\{f_q\} \subset \widehat{W}^m(\Omega)$ 且 $\|f_q\|_{m,1} \leqslant 1$, $q \geqslant 1$. 设 $f_q(x) = 0, \forall x \in \mathbb{R}^n\backslash\Omega$, $q = 1, 2, \cdots$. 则 $\{f_q\} \subset L^1(\mathbb{R}^n)$. 于是, 对 $q = 1, 2, \cdots$,

$$\hat{f}_q(\xi) = \frac{1}{(\sqrt{2\pi})^n}\int_{\mathbb{R}^n} f_q(x)\mathrm{e}^{-\mathrm{i}\langle x,\xi\rangle}dx = \frac{1}{(\sqrt{2\pi})^n}\int_\Omega f_q(x)\mathrm{e}^{-\mathrm{i}\langle x,\xi\rangle}dx$$

是 $\mathbb{R}^n$ 上的可微函数并且对任意 $\xi \in \mathbb{R}^n$ 及 $q = 1, 2, \cdots$, 有

$$|\hat{f}_q(\xi)| \leqslant \frac{\sqrt{m(\Omega)}}{(\sqrt{2\pi})^n}\|f_q\|_2 \leqslant \frac{\sqrt{m(\Omega)}}{(\sqrt{2\pi})^n}\|f_q\|_{m,1} \leqslant \frac{\sqrt{m(\Omega)}}{(\sqrt{2\pi})^n},$$

设 $M = \sup\limits_{x\in\Omega}\|x\|_2$. 由于对任意 $\xi_1, \xi_2 \in \mathbb{R}^n$, $x \in \Omega$,

$$|\mathrm{e}^{-\mathrm{i}\langle x,\xi_1\rangle} - \mathrm{e}^{-\mathrm{i}\langle x,\xi_2\rangle}| = |\mathrm{e}^{-\mathrm{i}\langle x,\xi_1-\xi_2\rangle} - 1| \leqslant \|x\|_2\|\xi_1 - \xi_2\|_2,$$

所以, 对 $q = 1, 2, \cdots$, 有

$$|\hat{f}_q(\xi_1) - \hat{f}_q(\xi_2)| \leqslant \frac{\|\xi_1 - \xi_2\|_2}{(\sqrt{2\pi})^n}\int_\Omega |f_q(x)|\|x\|_2\, dx \leqslant \frac{\sqrt{m(\Omega)}M}{(\sqrt{2\pi})^n}\|\xi_1 - \xi_2\|_2.$$

于是由定理 1.4.7, 存在 $\{\hat{f}_q\}$ 的一个子列 $\{\hat{f}_{q_j}\}$, 使得 $\{\hat{f}_{q_j}\}$ 在 $\mathbb{R}^n$ 中的任何一个紧子集上一致收敛.

因为 $\lim\limits_{\|\xi\|_2\to+\infty} P_{k-m}(\xi) = 0$, 所以对任意 $\epsilon > 0$, 存在 $A > 0$ 使得 $P_{k-m}(\xi) < \epsilon$ 对任意 $\|\xi\|_2 > A$ 成立. 由于 $\{\hat{f}_{n_j}\}$ 在紧集 $\overline{U(0,A)} = B$ 上一致收敛, 故有 $N > 0$ 使得对任意 $i, j > N$, $|\hat{f}_{q_i}(\xi) - \hat{f}_{q_j}(\xi)|^2 < \epsilon$, $\forall\, \xi \in B$. 于是, 由 (4.11) 式得到

$$\begin{aligned}
\frac{1}{d(m)}\|f_{q_i} - f_{n_j}\|_{k,1}^2 &\leqslant \int_{\mathbb{R}^n} P_k^2(\xi)|\hat{f}_{q_i}(\xi) - \hat{f}_{q_j}(\xi)|^2\, d\xi \\
&= \int_{\mathbb{R}^n\setminus B} P_{k-m}^2(\xi)P_m^2(\xi)|\hat{f}_{q_i}(\xi) - \hat{f}_{q_j}(\xi)|^2\, d\xi \\
&\quad + \int_B P_k^2(\xi)|\hat{f}_{q_i}(\xi) - \hat{f}_{q_j}(\xi)|^2\, d\xi \\
&< \epsilon^2\int_{\mathbb{R}^n\setminus B} P_m^2(\xi)|\hat{f}_{q_i}(\xi) - \hat{f}_{q_j}(\xi)|^2\, d\xi + \epsilon^2\int_B P_k^2(\xi)\, d\xi \\
&\leqslant \left(\frac{1}{c(m)}\|f_{q_i} - f_{q_j}\|_{m,1}^2 + \int_B P_k^2(\xi)\, d\xi\right)\epsilon^2.
\end{aligned}$$

这样, $\{f_{n_j}\}$ 就是 $\widehat{W}^k(\Omega)$ 中的 Cauchy 列. 因为 $\widehat{W}^k(\Omega)$ 完备, 所以 $\{f_{n_j}\}$ 在 $\widehat{W}^k(\Omega)$ 中收敛. 这就证明了结论. □

习　题

1. 设 X 为 $\mathbb{K}$ 上的内积空间, $x, y \in X$. 证明: $x \perp y \Leftrightarrow \|x + \alpha y\| \geqslant \|x\|$, $\forall\, \alpha \in \mathbb{K}$.

2. 设 P 为 Hilbert H 上的有界线性算子且满足条件: $P^2 = P^* = P$. 证明: P 是 H 到 $\mathrm{Ran}(P)$ 的正交投影算子.

3. 设 $\{P_n\}$ 为 Hilbert 空间 H 上一列投影算子并且满足条件: $P_iP_j = 0,\ i \neq j,$ $i, j = 1, 2, \cdots$. 设 $\{\lambda_n\}$ 是一列趋于零的复数. 证明: $\sum\limits_{n=1}^{\infty} \lambda_n P_n$ 是 H 上的有界线性算子并且 $\|\sum\limits_{n=1}^{\infty} \lambda_n P_n\| \leqslant \sup\limits_{n\geqslant 1} |\lambda_n|$.

4. 求实数 a_0, a_1, a_2, 使 $\int_0^1 |\sin t - a_0 - a_1 t - a_2 t^2|^2 dt$ 为最小.

5. 设 M 为 Hilbert 空间 H 中的闭子空间, $x_0 \in H$. 证明:

$$\min\{\|x - x_0\| : x \in M\} = \max\{|\langle x_0, y\rangle| : y \in M^{\perp},\ \|y\| = 1\}.$$

6. 证明推论 4.2.5.

7. 设 $f \in L^2(\mathbb{R})$ 而且 $\operatorname{supp}(f) \subset [0, 2\pi]$.

(1) 证明: $\{\mathrm{e}^{\mathrm{i}nx} \mid n \in \mathbb{Z}\}$ 是 $L^2[0, 2\pi]$ (见例 4.2.2 (3)) 的规范正交基.

(2) 证明: $\|f\|_2^2 = \sum\limits_{n=-\infty}^{\infty} |\hat{f}(n)|^2$, 这里 $\hat{f}$ 是 f 的 Fourier 变换.

(3) 在上面的等式中, 以 $\mathrm{e}^{-\mathrm{i}x\xi} f(x)$ 代替 $f(x)$, $\forall\, x, \xi \in \mathbb{R}$, 证明:

$$\|f\|_2^2 = \sum_{n=-\infty}^{\infty} |\hat{f}(n+\xi)|^2, \quad \forall\, \xi \in \mathbb{R}.$$

(4) 设 $\hat{f} \in L^2(\mathbb{R})$, 利用 (2) 证明: $\|f\|_2^2 = \|\hat{f}\|_2^2$.

8. 设 $(X, \mathfrak{F}, \mu)$ 为测度空间, $\{\phi_n\}$ 为 $L^2(X, \mu)$ 的一组规范正交基. 令

$$\phi_{n,m}(x, y) = \phi_n(x)\phi_m(y), \quad \forall\, x\, y \in X.$$

证明: $\{\phi_{n,m}\}$ 是 $L^2(X \times X, \mu \times \mu)$ 的一组规范正交基.

9. (Lax–Milgram (拉克斯–米尔格拉姆) 定理) 设 H 为 Hilbert 空间, 映射 ϕ: $H \times H \to \mathbb{C}$ 满足条件:

(1) $\phi(\alpha x_1 + \beta x_2, y) = \alpha\phi(x_1, y) + \beta\phi(x_2, y)$, $\forall\, x_1, x_2, y \in H$, $\alpha, \beta \in \mathbb{C}$.

(2) $\phi(y, x) = \overline{\phi(x, y)}$, $\forall\, x, y \in H$.

(3) 存在常数 $M > 0$ 使得 $|\phi(x, y)| \leqslant M\|x\|\|y\|$, $\forall\, x, y \in H$.

(4) 存在常数 $\delta > 0$ 使得 $|\phi(x, x)| \geqslant \delta\|x\|^2$, $\forall\, x \in H$.

证明: 存在唯一的一个 $A \in B(H, H)$ 使得

(1) $\phi(x, y) = \langle x, Ay\rangle$, $\forall\, x, y \in H$;

(2) A 有有界逆且 $\|A^{-1}\| \leqslant \delta^{-1}$.

10. 设 H 为 Hilbert 空间, $A \in B(H, H)$ 为自共轭算子. 证明: 对任意 $\alpha \in \mathbb{R}\backslash\{0\}$, $A + \mathrm{i}\,\alpha I_H$ 在 H 上有有界逆.

11. 设 H 为 Hilbert 空间, $A \in B(H, H)$ 为正常算子. 证明: 对任意自然数 $n \geqslant 1$, $\|T^{2^n}\| = \|T\|^{2^n}$, 并由此证明: $\|T^n\| = \|T\|^n$.

12. (Poisson (泊松) 求和公式) 设 $\phi \in \mathfrak{S}(\mathbb{R}^1)$, 证明: $\sum\limits_{n=-\infty}^{\infty} \phi(2\pi n) = \sum\limits_{n=-\infty}^{\infty} \hat{\phi}(n)$.

(提示: 设 $f(x) = \sum\limits_{n=-\infty}^{\infty} \phi(x + 2\pi n)$, $\forall\, x \in [0, 2\pi]$. 在 $L^2[0, 2\pi]$ 中对 f 进行 Fourier 展开.)

13. 设 $f \in L^2(\mathbb{R})$, $\hat{f}$ 为 f 的 Fourier 变换. 令 $Uf = \hat{f}$, $\forall\, f \in L^2(\mathbb{R})$. 证明:

(1) U 是 $L^2(\mathbb{R})$ 上的酉算子, 而且 $Uf(t) = U^*f(-t), \forall f \in L^2(\mathbb{R}), t \in \mathbb{R}$.

(2) $U^4 = I$.

(3) $\hat{f}(\xi) = \dfrac{1}{\sqrt{2\pi}} \dfrac{d}{d\xi} \displaystyle\int_{-\infty}^{+\infty} \dfrac{1 - \mathrm{e}^{-\mathrm{i}\xi x}}{\mathrm{i}x} f(x) dx$.

(4) $f(x) = \dfrac{1}{\sqrt{2\pi}} \dfrac{d}{dx} \displaystyle\int_{-\infty}^{+\infty} \dfrac{\mathrm{e}^{\mathrm{i}\xi x} - 1}{\mathrm{i}\xi} \hat{f}(\xi)\, d\xi$.

14. 设 $(X, \mathfrak{F})$ 为可测空间, μ, ν 是 σ–代数 $\mathfrak{F}$ 上的两个正测度. 如果对任意 $\epsilon > 0$, 存在 $E \in \mathfrak{F}$ 使得 $\mu(E) < \epsilon$, $\nu(E^c) < \epsilon$, 证明: $\mu \perp \nu$.

15. 设 $(X, \mathfrak{F})$ 为可测空间, μ, ν 和 λ 是 σ–代数 $\mathfrak{F}$ 上的两个有限正测度.

(1) 如果 $\nu \ll \mu$ 且 $f \in L(X, \nu)$, 证明: $\displaystyle\int_X f\, d\nu = \int_X f \cdot \frac{d\nu}{d\mu}\, d\mu$.

(2) 如果 $\nu \ll \mu$, $\lambda \ll \mu$, 证明: $\dfrac{d\nu + d\lambda}{d\mu} = \dfrac{d\nu}{d\mu} + \dfrac{d\lambda}{d\mu} \quad (\mu\text{–a.e.})$.

(3) 如果 $\nu \ll \mu \ll \lambda$, 证明: $\dfrac{d\nu}{d\lambda} = \dfrac{d\nu}{d\mu} \dfrac{d\mu}{d\lambda} \quad (\mu\text{–a.e.})$.

(4) 如果 $\nu \ll \mu$, $\mu \ll \nu$, 证明: $\dfrac{d\nu}{d\mu} \dfrac{d\mu}{d\nu} = 1 \quad (\mu\text{–a.e.})$.

16. 设 $(X, \mathfrak{F}, \mu)$ 是有限测度空间, $\{E_n\}$ 为 X 的一个分划. 设 $\{a_n\}$ 是一列正数使得 $\sum\limits_{n=1}^{\infty} a_n < +\infty$. 定义 $\nu(E) = \sum\limits_{n=1}^{\infty} a_n \mu(E \bigcap E_n), \forall E \in \mathfrak{F}$. 证明: ν 是有限测度且 $\nu \ll \mu$ 并求出 $\dfrac{d\nu}{d\mu}$.

17. 设 $(X, \mathfrak{F})$ 是可测空间, μ 为 $\mathfrak{F}$ 上的复测度. 如果 $\|\mu\| = \mu(X)$, 证明: μ 是 $\mathfrak{F}$ 上的正测度.

18. 设 $(X, \mathfrak{F}, \mu)$ 是 σ–有限测度空间, $M(X, \mathfrak{F})$ 为注 2.6.8 中所定义. 记

$$C(\mu) = \{\nu \in M(X, \mathfrak{F}) \,|\, \nu \ll \mu\}.$$

证明: $C(\mu)$ 是 $M(X, \mathfrak{F})$ 中的闭子空间.

19. (Hahn (哈恩) 分解定理) 设 $(X, \mathfrak{F})$ 为可测空间, ν 为 σ–代数 $\mathfrak{F}$ 上的有限符号测度. 证明: 存在 $A, B \in \mathfrak{F}$ 使得 $A \bigcap B = \varnothing$, $X = A \bigcup B$ 且 $\nu^+ \perp \nu^-$ 以及

$$\nu^+(E) = \nu(E \bigcap A), \quad \nu^-(E) = -\nu(E \bigcap B), \quad \forall E \in \mathfrak{F}.$$

20. 设 $f \in L^2(\mathbb{R}^n)$, $k \in \mathbb{Z}_+$. 证明: $D^\alpha f \in L^2(\mathbb{R}^n)$, $\forall \alpha \in \mathbb{Z}_+^n$ 且 $|\alpha| \leqslant k$ 当且仅当 $\displaystyle\int_{\mathbb{R}^n} (1 + \|\xi\|_2^2)^k |\hat{f}(\xi)|^2\, d\xi < +\infty$.

21. 对 $s \in \mathbb{R}$, 设 $P_s(\xi) = (1 + \|\xi\|_2^2)^{s/2}, \forall \xi \in \mathbb{R}$. 证明: 对任意 $\alpha \in \mathbb{Z}_+^n$, 存在常数 $C_\alpha > 0$ 使得 $|D^\alpha P_s(\xi)| \leqslant C_\alpha (1 + \|\xi\|_2^2)^{s - |\alpha|}, \forall \xi \in \mathbb{R}$.

22. 设 $\phi \in L^2(\mathbb{R}^n)$ 使得 $\displaystyle\int_{\mathbb{R}^n} (1 + \|\xi\|_2^2)^{k/2} |\hat{\phi}(\xi)|^2\, d\xi < +\infty$. 令 $M_\phi(f) = \phi f$, $\forall f \in W^k(\mathbb{R}^n)$. 证明: M_ϕ 是 $W^k(\mathbb{R}^n)$ 上的有界线性算子.

23. 设 Ω 为 $\mathbb{R}^n$ 中的开集, $f \in L^2(\Omega)$. 证明: $f \in W^1(\Omega)$ 的充分必要条件是: 存在常数 $C > 0$ 使得

$$\left|\int_\Omega f(x)\frac{\partial \phi(x)}{\partial x_j}dx\right| \leqslant C\|\phi\|_2, \quad \forall\, \phi \in \mathfrak{D}(\Omega),\ j =, 2, \cdots, n.$$

24. 设三个正整数 p, q, r 满足: $p < q < r$. 证明: 对任意 $\epsilon > 0$ 存在常数 $C_\epsilon > 0$ 使得对任意 $f \in W^r(\Omega)$, 成立不等式: $\|f\|_{q,1} \leqslant \epsilon\|f\|_{p,1} + C_\epsilon\|f\|_{r,1}$.

第5章

泛函分析的基本定理

在这一章, 我们要给出 Banach 空间上有界线性泛函的延拓定理并由此引入弱拓扑和弱*–拓扑的理论. 同时, 对一些函数空间上的有界线性泛函也进行了刻画.

5.1 线性泛函延拓与共轭空间

非零的赋范空间上是否存在非零的有界线性泛函？下面的 Hahn–Banach 延拓定理就能给出满意的回答. 然而这个定理并不局限于此, 它在其他领域也有重要的应用.

定义 5.1.1 设 X 为 $\mathbb{K}$ 上的线性空间. $p(x)$ 为 X 上的一个实值函数. 考虑下列条件:

(1) $p(x+y) \leqslant p(x)+p(y), \forall\, x, y \in X$.

(2) $p(\alpha x)=\alpha p(x), \forall\, \alpha \in[0,+\infty), x \in X$.

(2′) $p(x) \geqslant 0$ 且 $p(\alpha x)=|\alpha| p(x), \forall\, \alpha \in \mathbb{K}, x \in X$.

若 $p(x)$ 满足 (1)、(2), 则称它是次线性泛函; 若 $p(x)$ 满足 (1)、(2′), 就称其为半范数.

定理 5.1.2 (Hahn–Banach) 设 X_0 是 $\mathbb{R}$ 上线性空间 X 的一个子空间, $p(x)$ 是 X 上的次线性泛函. 设 f_0 为 X_0 上的线性泛函, 使得 $f_0(x) \leqslant p(x), \forall\, x \in X_0$. 则存在 X 上的线性泛函 F 满足条件:

$$F(x)=f_0(x), \quad \forall\, x \in X_0 \text{ 且 } F(x) \leqslant p(x), \quad \forall\, x \in X.$$

证明 设 $X_0 \neq X$. 取 $x_1 \in X \backslash X_0$. 令 $X_1=\{x+\lambda x_1 \mid x \in X_0,\ \lambda \in \mathbb{R}\}$. 则 X_1 是 X 中的子空间. 定义 X_1 上的线性泛函 f_1 为

$$f_1(x+\lambda x_1)=f_0(x)+\lambda \alpha, \quad \forall\, x \in X_0,\ \lambda \in \mathbb{R},$$

这里的 α 要根据 $f_1(y) \leqslant p(y), \forall\, y \in X_1$ 来挑选, 即选取 α 满足下面的不等式

$$f_0(x)+\lambda \alpha=f_1(x+\lambda x_1) \leqslant p(x+\lambda x_1), \quad \forall\, x \in X_0,\ \lambda \in \mathbb{R}. \tag{5.1}$$

任取 $\lambda>0$, $x'\in X_0$, 因 α 满足 (5.1) 式, 故

$$f_0\left(\frac{\lambda x'}{\lambda}\right)+\alpha\leqslant p\left(\frac{\lambda x'}{\lambda}+x_1\right), \text{即 } \alpha\leqslant p(x'+x_1)-f_0(x').$$

再任取 $\lambda<0$, $x''\in X_0$. 由于 α 满足 (5.1), 故

$$f_0\left(\frac{-\lambda x''}{-\lambda}\right)-\alpha\leqslant p\left(\frac{-\lambda x''}{-\lambda}-x_1\right), \text{ 即 } \alpha\geqslant f_0(x'')-p(x''-x_1).$$

注意到, 对任意 $x',x''\in X_0$, 有 $f_0(x'')+f_0(x')=f_0(x'+x'')$ 及

$$f_0(x'+x'')\leqslant p(x'+x_1+x''-x_1)\leqslant p(x'+x_1)+p(x''-x_1),$$

所以

$$f_0(x'')-p(x''-x_1)\leqslant p(x'+x_1)-f_0(x'),\quad \forall\, x',x''\in X_0.$$

由上式可得

$$A=\sup_{x''\in X_0}[f_0(x'')-p(x''-x_1)]<+\infty,$$

$$B=\inf_{x'\in X_0}[p(x'+x_1)-f_0(x')]>-\infty,$$

而且 $A\leqslant B$. 故当 $\alpha\in[A,B]$ 时, (5.1) 式成立. 从而 $f_1(x)=f_0(x), \forall\, x\in X_0$ 并且 $f_1(x)\leqslant p(x), \forall\, x\in X_1$.

设 $\mathcal{A}=\{(g,X_g)\}$, 其中 X_g 是 X 中的子空间且 X_0 真包含于 X_g 中, g 是 X_g 上的有界线性泛函并且满足条件:

$$g(x)=f_0(x),\quad \forall\, x\in X_0,\quad g(x)\leqslant p(x),\quad \forall\, x\in X_g.$$

由上述的证明, 可知 $\mathcal{A}\neq\varnothing$. 现在在 $\mathcal{A}$ 中定义偏序 “ $\prec$ ” 如下:

设 (f,X_f), $(g,X_g)\in\mathcal{A}$. 则 $(f,X_f)\prec(g,X_g)$ 表示:

$$X_g\subset X_f,\quad f(x)=g(x),\quad \forall\, x\in X_g.$$

设 $\mathcal{C}=\{(f,X_f)\,|\,f\in\Lambda\}$ 是 $\mathcal{A}$ 的全序子集. 令 $X_h=\bigcup\limits_{f\in\Lambda}X_f$, $h\colon X_h\to\mathbb{R}$ 为 $h(x)=f(x)$, 若 $x\in X_f$, 对某个 $f\in\Lambda$. 则 (h,X_h) 是 $\mathcal{A}$ 的上界. 事实上, 我们有

(1) X_h 是线性子空间: 若 $x,y\in X_h$, 则存在 $s,t\in\Lambda$ 使得 $x\in X_s$, $y\in X_t$. 因为 $\mathcal{A}$ 是全序集, 不妨设 $(s,X_s)\prec(t,X_t)$. 则由 $X_s\subset X_t$, 得 $x,y\in X_t$, 故 $\lambda x+\mu y\in X_t\subset X_h, \forall\,\lambda,\mu\in\mathbb{R}$.

(2) h 是 X_h 上的线性泛函且 $h(x)\leqslant p(x), \forall\, x\in X_h$: 首先, h 是有定义的, 即若 $x\in X_h$ 时, 可能有 $x\in X_s$ 及 $x\in X_t$, $s,t\in\Lambda$. 设 $(s,X_s)\prec(t,X_t)$. 则 $s(x)=t(x)$, 从而 $h(x)=s(x)=t(x)$. 然后, 对任意 $x,y\in X_h$, 存在 $f,g\in\Lambda$ 使得 $x\in X_f$, $y\in X_g$. 设 $(f,X_f)\prec(g,X_g)$. 则 $x\in X_f\subset X_g$, $f(x)=g(x)$. 所以, $h(x)=f(x)\leqslant p(x), \forall\, x\in X_f\subset X_h$, 而且

$$h(\lambda x+\mu y)=g(\lambda x+\mu y)=\lambda g(x)+\mu g(y)=\lambda h(x)+\mu h(y),\quad \forall\,\lambda,\mu\in\mathbb{R}.$$

故由 (1) 和 (2) 得到 $(h,X_h)\in\mathcal{A}$. 由 (h,X_h) 的定义可知, (h,X_h) 是 $\mathcal{C}$ 的上界. 于是由 Zorn (佐恩) 引理, $\mathcal{A}$ 有一个极大元 (F,X_F).

下证 $X_F=X$. 若 $X_F\neq X$, 则有 $z\in X\backslash X_F$ 及 $Z=\{\lambda z+x|\,x\in X_F,\ \lambda\in\mathbb{R}\}$ 上的线性泛函 F_Z 使得

$$F_Z(x)=F(x),\forall\,x\in X_F \text{ 及 } F_Z(x)\leqslant p(x),\forall\,x\in Z.$$

则 $(F_Z,Z)\in\mathcal{A}$ 且 $(F,X_F)\prec(F_Z,Z)$. 这与 (F,X_F) 是极大元矛盾, 故 $X_F=X$, 而 F 就是我们所要求的. □

定理 5.1.2 有很多的应用. 下面仅举一例来说明它是如何运用的.

例 5.1.3 设 $l_{\mathbb{R}}^{\infty}=\{\{x_n\}\,|\,x_n\in\mathbb{R},n\geqslant 1,\ \sup\limits_{n\geqslant 1}|x_n|<+\infty\}$. 则在 $l_{\mathbb{R}}^{\infty}$ 上存在一个线性泛函 ϕ (称为有界实数列的 Banach 极限) 使得

$$\varliminf_{n\to\infty}x_n\leqslant\phi(\{x_n\})\leqslant\varlimsup_{n\to\infty}x_n,\quad\forall\,\{x_n\}\in l_{\mathbb{R}}^{\infty}.$$

定义 $l_{\mathbb{R}}^{\infty}$ 上的次线性泛函 $p(\cdot)$ 为 $p(\{x_n\})=\varlimsup\limits_{n\to\infty}x_n$, $\forall\,\{x_n\}\in l_{\mathbb{R}}^{\infty}$. 任取 $l_{\mathbb{R}}^{\infty}$ 中的非零元 x_0. 定义 $V_0=\mathrm{span}\{x_0\}$ 上的线性泛函 ϕ_0 为 $\phi_0(\lambda x_0)=\lambda p(x_0)$, $\forall\,\lambda\in\mathbb{R}$. 由定理 5.1.2, 存在 $l_{\mathbb{R}}^{\infty}$ 上的线性泛函 ϕ 使得 $\phi(x)\leqslant p(x)$, $\forall\,x\in l_{\mathbb{R}}^{\infty}$. 由此得到

$$-\phi(x)=\phi(-x)\leqslant p(-x),\ \text{即}\ \phi(x)\geqslant -p(-x),\quad \forall\,x\in l_{\mathbb{R}}^{\infty}.$$

从而对任意 $\{x_n\}\in l_{\mathbb{R}}^{\infty}$, 有

$$\varliminf_{n\to\infty}x_n=-\varlimsup_{n\to\infty}(-x_n)\leqslant\phi(\{x_n\})\leqslant\varlimsup_{n\to\infty}x_n.$$

利用定理 5.1.2, 可导出复线性空间上的线性泛函延拓的相关结论如下.

命题 5.1.4 设 X_0 是 $\mathbb{C}$ 上线性空间 X 的一个子空间, $p(x)$ 是 X 上的一个半范数. 设 f 为 X_0 上的线性泛函, 使得 $|f(x)|\leqslant p(x)$, $\forall\,x\in X_0$. 则存在 X 上的线性泛函 F 满足条件: $F(x)=f(x)$, $\forall\,x\in X_0$ 且 $|F(x)|\leqslant p(x)$, $\forall\,x\in X$.

证明 我们将 X 和 X_0 看成是 $\mathbb{R}$ 上的线性空间. 令

$$f(x)=f_r(x)+\mathrm{i}\,f_i(x),\quad\forall\,x\in X_0,$$

其中, f_r,f_i 是 X_0 上的实值泛函. 于是由

$$f(x+y)=f_r(x+y)+\mathrm{i}\,f_i(x+y)=f_r(x)+f_r(y)+\mathrm{i}\,(f_i(x)+f_i(y)),$$

$$f(\lambda x)=f_r(\lambda x)+\mathrm{i}\,f_i(\lambda x)=\lambda f(x)=\lambda(f_r(x)+\mathrm{i}\,f_i(x)),$$

$$f(ix)=f_r(\mathrm{i}x)+\mathrm{i}\,f_i(\mathrm{i}x)=\mathrm{i}(f_r(x)+\mathrm{i}\,f_i(x)),\quad x,y\in X_0,\ \lambda\in\mathbb{R}$$

得到: f_r, f_i 是 X_0 上的 $\mathbb{R}$–线性泛函且 $f_i(x)=-f_r(\mathrm{i}x)$, $\forall\,x\in X_0$. 故

$$f(x)=f_r(x)-\mathrm{i}\,f_r(\mathrm{i}x),\quad\forall\,x\in X_0.$$

由此得到

$$f_r(x) \leqslant |f_r(x)| \leqslant |f(x)| \leqslant p(x), \quad \forall\, x \in X_0.$$

对 f_r 应用定理 5.1.2, 得到 X 上的 $\mathbb{R}$–线性范函 F_0 使得

$$F_0(x) = f_r(x),\ \forall\, x \in X_0, \quad F_0(x) \leqslant p(x),\ \forall\, x \in X.$$

令 $F(x) = F_0(x) - \mathrm{i}\,F_0(ix), \forall\, x \in X$. 容易验证, F 是 X 上的 $\mathbb{C}$– 线性泛函且 $F(x) = f(x), \forall\, x \in X_0$. 再当 $x \in X$ 且 $F(x) \neq 0$ 时, 有 $\lambda \in \mathbb{C}$ 且 $|\lambda| = 1$ 使得 $|F(x)| = \lambda F(x)$. 于是

$$|F(x)| = F(\lambda x) = F_0(\lambda x) - \mathrm{i}\,F_0(i\,\lambda x) = F_0(\lambda x) \leqslant p(\lambda x) = |\lambda| p(x) = p(x).$$

当 $F(x) = 0$ 时, $|F(x)| \leqslant p(x)$ 当然成立. 所以 $|F(x)| \leqslant p(x), \forall\, x \in X$. □

对于赋范空间上的有界线性泛函的延拓问题, 我们有下面的结果.

推论 5.1.5 设 X_0 是赋范空间 X 中的子空间, f_0 是 X_0 上的有界线性泛函. 则存在 X 上的有界线性泛函 f 使得 $f(x) = f_0(x), \forall\, x \in X_0$ 并且 $\|f\| = \|f_0\|_{X_0}$, 这里,

$$\|f_0\|_{X_0} = \sup\{|f_0(x)| \mid x \in X_0,\ \|x\| = 1\}.$$

证明 设 $p(x) = \|f_0\|_{X_0}\|x\|, \forall\, x \in X$. 则 $p(x)$ 是一个范数而且 $|f_0(x)| \leqslant p(x)$, $\forall\, x \in X_0$. 如果 X 是复赋范空间, 则由命题 5.1.4 得到一个 X 上的线性泛函 f 使得 $f(x) = f_0(x), \forall\, x \in X_0$ 且 $|f(x)| \leqslant p(x), \forall\, x \in X$.

如果 X 是实赋范空间, 则由定理 5.1.2, 存在 X 上的线性泛函 f 使得 $f(x) = f_0(x), \forall\, x \in X_0$ 且 $f(x) \leqslant p(x), \forall\, x \in X$. 由 $f(x) \leqslant p(x), \forall\, x \in X$ 得

$$-f(x) = f(-x) \leqslant p(-x) = p(x), \quad \forall\, x \in X.$$

从而 $|f(x)| \leqslant p(x), \forall\, x \in X$.

故对 $\mathbb{K}$ 上的赋范空间 X, 都有 $f(x) = f_0(x), \forall\, x \in X_0$, $|f(x)| \leqslant p(x)$, $\forall\, x \in X$. 由 $|f(x)| \leqslant p(x), \forall\, x \in X$, 得 $|f(x)| \leqslant \|f_0\|_{X_0}\|x\|, \forall\, x \in X$. 于是 $\|f\| \leqslant \|f_0\|_{X_0}$. 由 $f(x) = f_0(x), \forall\, x \in X_0$, 得 $|f_0(x)| \leqslant \|f\|\|x\|, \forall\, x \in X_0$. 故 $\|f_0\|_{X_0} \leqslant \|f\|$. □

推论 5.1.6 设 X 是赋范空间. 则对任意的 $x_0 \in X\backslash\{0\}$, 必存在 X 上的有界线性泛函 f, 使得 $f(x_0) = \|x_0\|, \|f\| = 1$ (f 称为 x_0 的支撑泛函).

证明 令 $X_0 = \mathrm{span}\,\{x_0\} = \{\lambda x_0 \mid \lambda \in \mathbb{K}\}$. 在 X_0 上定义有界线性泛函 f_0 为 $f_0(\lambda x_0) = \lambda\|x_0\|$. 显然 $\|f_0\|_{X_0} = 1$ 且 $f_0(x_0) = \|x_0\|$. 应用推论 5.1.5, 将 f_0 延拓到 X 上得到 f, 则 f 满足推论的要求. □

注 5.1.7 设 a, b, c, d 为实常数. 对 $\mathbb{R}^3$ 上的线性泛函 $f(x, y, z) = ax + by + cz$,

$$\{(x, y, z) \in \mathbb{R}^3 \mid f(x, , y, z) = d\}$$

正是 $\mathbb{R}^3$ 中的一个平面. 故对实赋范空间 X 和任何给定的非零有界线性泛函 f, 称 $\pi = \{x \in X \mid f(x) = d\}$ 为 X 中的超平面. 设 $d > 0$. 在 π 中任取一向量 x_0, 显然

$\pi = x_0 + \mathrm{Ker}\,(f)$, 即超平面 π 将 f 的核空间平移到 x_0. 超平面 π 将全空间 X 分成两个半空间:

$$H_+ = \{x \in X \mid f(x) \geqslant d\},$$

$$H_- = \{x \in X \mid f(x) \leqslant d\}.$$

推论 5.1.6 指出, 对于 $x_0 \in X$, $\|x_0\| = d$, 存在有界线性泛函 f 使得 $f(x_0) = d$, $\|f\| = 1$, 即 x_0 在 π 上. 当 $x \in B(0,d)$ 时, $|f(x)| \leqslant \|f\|\|x\| \leqslant d$, 即 $B(0,d)$ 全部包含在由超平面 π 所确定的半空间 H_- 内. 这时 π 称为 $B(0,d)$ 的支撑超平面. 推论 5.1.6 的几何意义是: 在球面 $\{x \in X \mid \|x\| = d\}$ 上的任一点都可做一个支撑超平面 (参见图 5-1).

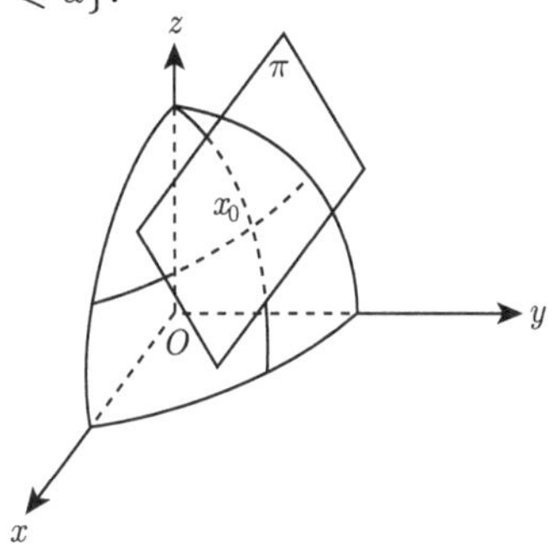

图 5-1

推论 5.1.8 设 X_0 是赋范空间 X 的子空间, $x_0 \in X$. 若 $d = d(x_0, X_0) > 0$, 则有 $f \in X^*$, 使得 $\|f\| = \dfrac{1}{d}$, $f(x_0) = 1$, 且对所有 $x \in X_0$ 有 $f(x) = 0$.

证明 令 $X_1 = \{\lambda x_0 + x \mid x \in X_0\}$. 在 X_1 上作泛函 f 为 $f(\lambda x_0 + x) = \lambda$. 则显然 $f(x_0) = 1$, 且当 $x \in X_0$ 时, 有 $f(x) = 0$. 再由

$$|f(\lambda x_0 + x)| = |\lambda| \leqslant \frac{|\lambda|}{d}\left\|x_0 - \left(-\frac{x}{\lambda}\right)\right\| = \frac{1}{d}\|\lambda x_0 + x\|$$

可得 $\|f\| \leqslant \dfrac{1}{d}$. 现取 $x_n \in X_0\,(n = 1, 2, \cdots)$, 使得 $\lim\limits_{n\to\infty}\|x_n - x_0\| = d$. 于是

$$1 = |f(x_0 - x_n)| \leqslant \|f\|\|x_0 - x_n\| \to \|f\|\,d,$$

从而 $\dfrac{1}{d} = \|f\|$. 最后由推论 5.1.5, 将 f 由 X_1 保范延拓到 X 上即可. □

由推论 5.1.6 知, 若 X 是非零赋范空间, 则 $X^* \neq \{0\}$. 于是, 在研究 X 时, 一般同时将 X^* 联系起来一起研究. 这样对于给定的 X, 求出 X^* 是很有意义的. 比如 $C(M)$ 以及 $L^p(X,\mu)$ 上的有界线性泛函的表示等. 以下是几个赋范空间的共轭空间的例子.

例 5.1.9 设 $(X, \|\cdot\|)$ 是 $\mathbb{K}$ 上的 n 维赋范空间, $\{e_1, \cdots, e_n\}$ 是它的一组基. 因为对任意 $x \in X$ 存在唯一的 $\xi_1, \cdots, \xi_n \in \mathbb{K}$ 使得 $x = \sum\limits_{k=1}^{n} \xi_k e_k$, 所以对任意 $f \in X^*$, $f(x) = \sum\limits_{k=1}^{n} \xi_k f(e_k)$. 则映射 $\tau(f) = (f(e_1), \cdots, f(e_n))$ 给出 X^* 到 $\mathbb{K}^n$ 的线性同构. 这样, $\dim X^* = n$. 从而 τ 是一个拓扑同构.

例 5.1.10 求 $(c_0)^*$. 设 $e_k = \{\delta_{kn}\}$, $k \geqslant 1$. 则 $e_k \in c_0$, $k \geqslant 1$ 且对任意 $x = \{x_n\} \in c_0$, $\left\|x - \sum\limits_{k=1}^{m} x_k e_k\right\| = \sup\limits_{k \geqslant m+1} |x_k|$. 因为 $\lim\limits_{m\to\infty} |x_m| = 0$, 故 $x = \sum\limits_{k=1}^{\infty} x_k e_k$ (按范数 $\|\cdot\|$), 即得 $f(x) = \sum\limits_{k=1}^{\infty} x_k f(e_k)$, $\forall\, f \in (c_0)^*$. 对任意 $m \geqslant 1$, 取

$$\eta_k^{(m)} = \begin{cases} \dfrac{|f(e_k)|}{f(e_k)}, & f(e_k) \neq 0,\ k \leqslant m, \\ 0, & f(e_k) = 0,\ k \leqslant m, \\ 0, & k > m, \end{cases} \quad k = 1, \cdots, m, \quad \eta^{(m)} = \{\eta_n^{(m)}\}.$$

则 $\|\eta^{(m)}\| = 1, \sum\limits_{k=1}^{m} |f(e_k)| = f(\eta^{(m)}) \leqslant \|f\|$, $m \geqslant 1$. 故 $\sum\limits_{k=1}^{\infty} |f(e_k)| \leqslant \|f\| < +\infty$.

定义映射 ρ: $(c_0)^* \to l^1$ 为 $\rho(f) = \{f(e_k)\}$. 易知, ρ 是线性同构且

$$\|\rho(f)\|_1 = \sum_{n=1}^{\infty} |f(e_k)| \leqslant \|f\|, \quad \forall\, f \in (c_0)^*.$$

对 $x = \{x_k\} \in c_0$, $f(x) = \sum\limits_{k=1}^{\infty} x_k f(e_k)$, 故

$$|f(x)| \leqslant \sum_{k=1}^{\infty} |x_k| |f(e_k)| \leqslant \left(\sum_{k=1}^{\infty} |f(e_k)|\right) \|\{x_n\}\| = \|\rho(f)\|_1 \|x\|,$$

从而 $\|\rho(f)\| = \|f\|$, $\forall\, f \in (c_0)^*$. 在线性等距同构意义下, 我们认为 $(c_0)^* = l^1$.

例 5.1.11 求 $(l^1)^*$. 设 $e_k = \{\delta_{kn}\}$, $k \geqslant 1$. 则 $e_k \in l^1$, $k \geqslant 1$ 而且对任意 $x = \{x_n\} \in l^1$, $\left\|x - \sum\limits_{k=1}^{m} x_k e_k\right\|_1 = \sum\limits_{k=m+1}^{\infty} |x_k| \to \infty\, (m \to \infty)$, 即 $x = \sum\limits_{k=1}^{\infty} x_k e_k$(按范数 $\|\cdot\|_1$). 对任意 $f \in (l^1)^*$, $f(x) = \sum\limits_{k=1}^{\infty} x_k f(e_k)$. 则 $|f(e_k)| \leqslant \|f\|$, $\forall\, k \geqslant 1$,

$$|f(x)| \leqslant \sum_{k=1}^{\infty} |x_k| |f(e_k)| \leqslant \|x\|_1 \sup_{n \geqslant 1} \|\{f(e_k)\}\|.$$

定义映射 ρ: $(l^1)^* \to l^\infty$ 为 $\rho(f) = \{f(e_k)\}$. 根据上述的两个不等式, ρ 是线性等距同构映射. 于是 $(l^1)^* = l^\infty$.

任何有界点列必有收敛的子列是有限维赋范空间的特征. 为了将此推广到无限维赋范空间, 我们引进弱收敛和弱* 收敛的概念如下.

定义 5.1.12 设 X 是赋范空间, F 是 X^* 中的任意一个有限子集, $r > 0$. 集合

$$U(0, F, r) = \{x \in X \mid \max_{f \in F} |f(x)| < r\}$$

称为 X 中 0 的一个弱邻域. 而对任意 $x_0 \in X$,

$$x_0 + U(0,F,r) = \{x_0 + x | x \in U(0,F,r)\} = \{y \in X | \max_{f\in F} |f(y-x_0)| < r\}$$

称为 x_0 的一个弱邻域.

定义 5.1.13 设 X 是赋范空间, A 是 X 的一个子集. $x_0 \in A$ 称为弱内点, 如果存在一个有限子集 $F \in X^*$ 及某个 $\delta > 0$ 使得 $x_0 + U(0,F,\delta) \subset A$. 如果 A 中的每一点都是弱内点, 则称 A 为弱开集.

设 $\tau_w(X) = \{O \subset X | O \text{ 为弱开集}\} \bigcup \{\varnothing\}$. 则 $\tau_w(X)$ 为 X 上的一个拓扑, 称为弱拓扑或 w–拓扑.

命题 5.1.14 设 $\tau_w(X)$ 是赋范空间 X 上的 w–拓扑.

(1) 若 $O \in \tau_w(X)$, 则 O 在 X 中按范数为开集;

(2) 若 V 是 X 中的闭 (按范数) 子空间, 则 V 在弱拓扑下是闭的;

(3) 对任意 $x \in X$, $r > 0$ 及 X^* 中的有限子集 F, 我们有 $x + U(0,F,r) \in \tau_w(X)$;

(4) $(X, \tau_w(X))$ 是 Hausdorff 空间.

证明 根据弱拓扑的定义, 容易得到 (1)、(3)、(4).

(2) 设 $x_0 \in \overline{V}^w$(V 的弱闭包). 若 $x_0 \notin V$, 则由推论 5.1.8, 有 $f \in X^*$ 使得 $f(x_0) = 1$, $f(x) = 0$, $\forall x \in V$. 因为 $x_0 \in \overline{V}^w$, 所以, 对任意 $\epsilon > 0$, $U(x_0, f, \epsilon) \bigcap V \neq \varnothing$. 从而有 $x_1 \in V$ 且 $|f(x_1) - f(x_0)| < \epsilon$, 即得 $|0-1| < \epsilon$, 矛盾. 于是 $\overline{V}^w = V$. □

定义 5.1.15 设 X 是赋范空间, $\{x_n\} \subset X$, $x_0 \in X$. 如果对任意 $\epsilon > 0$ 及 X^* 中的任何有限子集 F, 存在 $N > 0$, 使得对任意 $n > N$, 有 $x_n \in U(x_0, F, \epsilon)$, 则称 $\{x_n\}$ 弱收敛于 x_0, 并记为 $x_n \xrightarrow{w} x_0$.

根据定义 5.1.15, X 中的点列 $\{x_n\}$ 弱收敛于 $x_0 \in X$ 的充要条件是 $\lim\limits_{n\to\infty} f(x_n) = f(x_0)$, $\forall f \in X^*$. 因此要研究 X 中的点列的弱收敛, 知道 X^* 的结构是很重要的.

例 5.1.16 (1) 设 $\{x_n\} \subset \mathbb{K}^m$. 设 $\{e_1, \cdots, e_m\}$ 是 $\mathbb{K}^m$ 的一组基. 于是 $x_n = \sum\limits_{k=1}^{m} \xi_k^{(n)} e_k$, 其中, $\xi_k^{(n)} \in \mathbb{K}$, $k = 1, \cdots, m$, $n \geqslant 1$. 对任意 $x = \sum\limits_{k=1}^{m} \xi_k e_k$, 其中 $\xi_1, \cdots, \xi_m \in \mathbb{K}$, 任取 $y = (\eta_1, \cdots, \eta_m) \in \mathbb{K}^m$, 令 $\phi_y(x) = \sum\limits_{k=1}^{m} \xi_k \eta_k$. 则 $\phi_y \in (\mathbb{K}^m)^*$. 所以当 $x_n \xrightarrow{w} 0$ 时, $\phi_y(x_n) \to 0$, 从而 $\xi_k^{(n)} \to 0$, $n \to \infty$, $k = 1, \cdots, m$. 反之, 当 $\xi_k^{(n)} \to 0$, $n \to \infty$, $k = 1, \cdots, m$ 时, 由于对任意 $f \in (\mathbb{K}^m)^*$, $f(x_n) = \sum\limits_{k=1}^{m} \xi_k^{(n)} f(e_k)$, 故有 $f(x_n) \to 0$, $n \to \infty$. 由此得到: 在 $\mathbb{K}^m$ 中, 点列的弱

收敛与按范数收敛等价.

(2) 考虑例 5.1.10 中的 c_0. 设 $e_k = \{\delta_{kn}\}$, $k \geqslant 1$. 则 $e_k \in c_0$, $k \geqslant 1$ 而且对任意 $x = \{x_n\} \in c_0$, $x = \sum\limits_{k=1}^{\infty} x_k e_k$(按范数收敛). 从而 $f(x) = \sum\limits_{k=1}^{\infty} x_k f(e_k)$, $\forall f \in (c_0)^*$ 并且 $\sum\limits_{k=1}^{\infty} |f(e_k)| \leqslant \|f\| < +\infty$, 即得 $\lim\limits_{k\to\infty} f(e_k) = 0$, 即 $e_k \xrightarrow{w} 0$. 但 $\|e_k\| = 1$, $k \geqslant 1$, 所以在 c_0 中, 弱收敛不能推出按范数收敛.

设 X 为赋范空间, 我们现在要在 X^* 上定义一个新的拓扑, 称为弱*–拓扑或 w^*–拓扑如下: 设 $f \in X^*$ 并任取 X 中一个有限子集 G 及数 $r > 0$. 定义 f 的一个弱*–邻域为 $U(f, G, r) = \{g \in X^* | \max\limits_{x\in G} |f(x) - g(x)| < r\}$. 易知, $U(f, G, r) = f + U(0, G, r)$.

设 $A \subset X^*$, $f_0 \in A$. 称 f_0 是 A 的弱*内点, 若存在 $\delta > 0$ 及 X 中的某个有限子集 F 使得 $U(f_0, F, \delta) \subset A$. 称 A 是弱*开集, 如果 A 中的每一点都是弱*内点. 令

$$\tau_{w^*}(X^*) = \{O \in X^* | O \text{ 是 } X^* \text{ 中的弱}^*\text{开集}\} \bigcup \{\varnothing\}.$$

易证, $(X^*, \tau_{w^*}(X^*))$ 是Hausdorff空间. $\tau_{w^*}(X^*)$ 称为 X^* 上的弱*–拓扑或 w^*–拓扑.

定理 5.1.17 (Banach–Alaoglu(巴拿赫–阿劳格鲁)) 设 X 为 Banach 空间, $D(X^*)$ 表示 X^* 中的闭单位球. 则 $D(X^*)$ 在 $(X^*, \tau_{w^*}(X^*))$ 中是紧集.

证明 对每个 $x \in X$, 令 $\mathbb{K}_x = \mathbb{K}$, $D_x = \{\xi \in \mathbb{K} \,|\, |\xi| \leqslant \|x\|\}$. 由于 D_x 是 $\mathbb{K}_x$ 中的紧子集, 故由定理 1.1.29, $\prod\limits_{x\in X} D_x$ 是 $\prod\limits_{x\in X} \mathbb{K}_x$ 中的紧子集, 因而也是闭子集. 设 P_x 为 $\prod\limits_{x\in X} \mathbb{K}_x$ 到 $\mathbb{K}_x$ 的投影, $\forall x \in X$.

对任意 $f \in D(X^*)$, $x \in X$, 因为 $|f(x)| \leqslant \|f\|\|x\| = \|x\|$, 故 $f(x) \in D_x$. 于是定义 $D(X^*)$ 到 $\prod\limits_{x\in X} D_x$ 的映射 ρ 为 $\rho(f) = f$, $\forall f \in D(X^*)$. 易知, ρ 是单射.

任取 $f_0 \in D(X^*)$. 则对 $f_0 = \rho(f_0)$ 在 $\prod\limits_{x\in X} \mathbb{K}_x$ 中的邻域 W, 按照 $\prod\limits_{x\in X} \mathbb{K}_x$ 上拓扑的定义, 存在 $x_1, \cdots, x_k \in X$ 及 $\mathbb{K}_{x_1}, \cdots, \mathbb{K}_{x_k}$ 中的开集 $V_{x_1}, \cdots, V_{x_k}$ 使得 $f_0 \in \bigcap\limits_{j=1}^{k} P_{x_j}^{-1}(V_{x_j})$. 从而 $f_0(x_j) \in V_{x_j}$, $1 \leqslant j \leqslant k$. 又 V_{x_j} 是开集, 故有 $\epsilon_j > 0$ 使得 $U(f_0(x_j), \epsilon_j) \subset V_{x_j}$, $j = 1, \cdots, k$. 设 $\epsilon = \min\limits_{1\leqslant j\leqslant k} \epsilon_j$, $F = \{x_1, \cdots, x_k\}$. 则对任意 $f \in U(f_0, F, \epsilon) \bigcap D(X^*)$, 有

$$P_{x_j}(f) = f(x_j) \in U(f_0(x_j), \epsilon) \subset V_{x_j}, \quad j = 1, \cdots, k.$$

由此得到 $\rho(U(f_0, F, \epsilon) \bigcap D(X^*)) \subset W$, 即 ρ: $(D(X^*), \tau_{w^*}(X^*)) \longrightarrow \prod\limits_{x\in X} \mathbb{K}_x$ 连续.

再任取 $g_0 \in D(X^*)$, $y_1, \cdots, y_n \in X$ 及 $r > 0$. 由于 $U(g_0(y_1), r), \cdots, U(g_0(y_n), r)$ 分别为 $\mathbb{K}_{y_1}, \cdots, \mathbb{K}_{y_n}$ 中的开集, 于是 $W = \bigcap\limits_{j=1}^{n} P_{y_j}^{-1}(U(g_0(y_j), r))$ 为 $\prod\limits_{x \in X} \mathbb{K}_x$ 中的开集, 而 $U = \rho(D(X^*)) \bigcap W$ 为 $\rho(D(X^*))$ 中的开集. 注意到, 对任意 $g \in U$, 有 $P_{y_j}(g) \in U(g_0(y_j), r)$, 即 $|g(y_j) - g_0(y_j)| < r$, $j = 1, \cdots, n$. 从而 $g \in \rho(U(g_0, \{y_1, \cdots, y_n\}, r))$. 这说明: ρ^{-1}: $\rho(D(X^*)) \longrightarrow (D(X^*), \tau_{w^*}(X^*))$ 是连续映射.

最后, 再证明: $\rho(D(X^*))$ 在 $\prod\limits_{x \in X} \mathbb{K}_x$ 中闭. 设 ψ 为 $\rho(D(X^*))$ 的闭包中的任意一个元素 (ψ: $X \to \bigcup\limits_{x \in X} \mathbb{K}_x$). 对任意 $\epsilon > 0$, $x, y \in X$ 及 $\alpha \in \mathbb{K} \backslash \{0\}$, 因 $U(\psi(x), \epsilon)$, $U(\psi(y), \epsilon)$, $U(\psi(x+y), \epsilon)$, $U(\psi(\alpha x), \epsilon)$ 分别是 $\mathbb{K}_x$, $\mathbb{K}_y$, $\mathbb{K}_{x+y}$ 及 $\mathbb{K}_{\alpha x}$ 中的开集, 故

$$\begin{aligned} V = & P_x^{-1}(U(\psi(x), \epsilon)) \bigcap P_y^{-1}(U(\psi(y), \epsilon)) \\ & \bigcap P_{x+y}^{-1}(U(\psi(x+y), \epsilon)) \bigcap P_{\alpha x}^{-1}(U(\psi(\alpha x), \epsilon)) \end{aligned}$$

是 $\prod\limits_{x \in X} \mathbb{K}_x$ 中 ψ 的邻域. 于是存在 $g \in D(X^*)$ 使得 $\rho(g) \in V$, 从而

$$|g(x) - \psi(x)| < \epsilon, \quad |g(x+y) - \psi(x+y)| < \epsilon, \quad |\psi(x+y) - \psi(x) - \psi(y)| < 3\epsilon$$

$$|g(y) - \psi(y)| < \epsilon, \quad |g(\alpha x) - \psi(\alpha x)| < \epsilon, \quad |\psi(\alpha x) - \alpha\psi(x)| < (1 + |\alpha|)\epsilon.$$

令 $\epsilon \to 0^+$, 得出 ψ 是线性泛函. 由 $|g(x) - \psi(x)| < \epsilon$ 得

$$|\psi(x)| < \epsilon + |g(x)| \leqslant \|g\|\|x\| + \epsilon \leqslant \|x\| + \epsilon.$$

在上式中, 令 $\epsilon \to 0^+$, 则得 $|\psi(x)| \leqslant \|x\|$, $\forall x \in X$, 即 $\psi \in D(X^*)$. 故 $\psi = \rho(\psi)$, 即 $\rho(D(X^*))$ 在 $\prod\limits_{x \in X} \mathbb{K}_x$ 中闭, 也在 $\prod\limits_{x \in X} D_x$ 中闭.

由于 ρ: $(D(X^*), \tau_{w^*}) \to \rho(D(X^*))$ 是同胚映射, $\rho(D(X^*))$ 是紧集 $\prod\limits_{x \in X} D_x$ 中的闭子集, 因此 $(D(X^*), \tau_{w^*})$ 是紧空间. □

定义 5.1.18 设 X 为赋范空间, $\{f_n\} \subset X^*$, $f \in X^*$. 如果对任何 $x \in X$, 都有 $\lim\limits_{n \to \infty} f_n(x) = f(x)$, 则称点列 $\{f_n\}$ 弱 * 收敛到 f, 记为 $f_n \xrightarrow{w^*} f$.

注 5.1.19 设 X 为赋范空间, $\{f_n\} \subset X^*$, $f \in X^*$.

(1) 由定义 5.1.18, 若 $\lim\limits_{n \to \infty} \|f_n - f\| = 0$, 则 $f_n \xrightarrow{w^*} f$. 反之就未必成立.

例如: 设 $e_k = \{\delta_{kn}\} \in l^1$. 根据例 5.1.11, $(l^1)^*$ 与 l^∞ 有一个线性等距同构 $\rho(f) = \{f(e_k)\}$ 满足: $f(x) = \sum\limits_{k=1}^{\infty} x_k f(e_k)$, $\forall x = \{x_n\} \in l^1$, $f \in (l^1)^*$. 取

$f_n, f \in (l^1)^*$ 为 $\rho(f_n) = \{a_k^{(n)}\}$, $\rho(f) = \{a_k\}$, 其中 $a_k^{(n)} = \begin{cases} 1, & k \leqslant n, \\ 0, & k > n, \end{cases}$ $a_k = 1$, $\forall\, k, n \geqslant 1$. 故 $\|f_n - f\| = \|\{a_k^{(n)} - a_k\}\|_\infty = 1$, $n \geqslant 1$, 而对任意 $x = \{x_n\} \in l^1$,

$$|f_n(x) - f(x)| = \Big|\sum_{k=n+1}^{\infty} x_k\Big| \leqslant \sum_{k=n+1}^{\infty} |x_k| \to 0 \quad (n \to \infty).$$

(2) 如果 $\{f_n\}$ 有界, 即有 $M > 0$ 使得 $\|f_n\| \leqslant M$, $\forall\, n \geqslant 1$, 则 $\{M^{-1} f_n\} \subset D(X^*)$. 于是由定理 5.1.17 和推论 1.1.20, $\{f_1, \cdots, f_n, \cdots\}$ 中含有一个聚点. 但由于 w^*–邻域的结构, 一般无法在 $\{f_n\}$ 中找到一个子列, 使之 w^*–收敛于此聚点. 但对于可分赋范空间, 我们有如下的结果.

命题 5.1.20 设 X 为可分赋范空间. 则 X^* 中的任何有界点列必有弱*收敛的子列.

证明 设 $\{f_n\} \subset X^*$ 为有界点列, 即有 $M > 0$ 使得 $\|f_n\| \leqslant M$, $\forall\, n \geqslant 1$. 由于对任意 $x, x_1, x_2 \in X$, 有

$$|f_n(x)| \leqslant M\|x\|, \quad |f_n(x_1) - f_n(x_2)| \leqslant M\|x_1 - x_2\|, \quad n \geqslant 1,$$

即 $\{f_n\}$ 满足定理 1.4.7 的条件. 故由定理 1.4.7, 存在 $\{f_n\}$ 的一个子列 $\{f_{n_k}\}$ 使得 $\{f_{n_k}\}$ 在 $\{x\}$ 上一致收敛, 即 $\{f_{n_k}\}$ 是 w^*–收敛的. □

对于非零赋范空间 X, $X^* \neq \{0\}$. X^* 还有共轭空间 $(X^*)^*$. 它称为 X 的二次共轭空间, 记作 X^{**}. 定义 X 到 X^{**} 的映射 J_X 为 $J_X(x)(f) = f(x)$, $\forall\, x \in X$, $f \in X^*$.

命题 5.1.21 设 X 为赋范空间. 则 J_X 是一个线性等距算子.

证明 对任意 $x, y \in X$, $\alpha \in \mathbb{K}$ 和 $f \in X^*$, 我们有

$$J_X(x+y)(f) = f(x+y) = J_X(x)(f) + J_X(y)(f),$$

$$J_X(\alpha x)(f) = f(\alpha x) = \alpha f(x) = \alpha J_X(x)(f),$$

即得 $J_X(x+y) = J_X(x) + J_X(y)$, $J_X(\alpha x) = \alpha J_X(x)$.

又对任意 $x \in X$, $f \in X^*$, $|J_X(x)(f)| = |f(x)| \leqslant \|x\|\|f\|$. 故 $\|J_X(x)\| \leqslant \|x\|$. 当 $x \neq 0$ 时, 由推论 5.1.6, 存在 $f_0 \in X^*$ 使得 $\|f_0\| = 1$, $f_0(x) = \|x\|$. 从而

$$\|x\| = f_0(x) = J_X(x)(f_0) \leqslant \|J_X(x)\|\|f_0\| = \|J_X(x)\|,$$

所以 $\|J_X(x)\| = \|x\|$, $\forall\, x \in X$. □

定义 5.1.22 设 X 为 Banach 空间. 如果 $X^{**} = J_X(X)$, 则称 X 为自反空间.

常见的自反Banach空间有 $\mathbb{K}^n$, $L^p(X,\mu)(p\in(1,+\infty))$ 等. 我们知道 $\mathbb{K}^n$ 中的任何有界无限点列必有收敛子列. 对自反Banach空间, 在弱拓扑下, 也有类似的结果.

定理 5.1.23 设 X 为自反的 Banach空间, $\{x_n\}$ 是 X 中一个有界无限点列. 则有 $\{x_n\}$ 的一个子列 $\{x_{n_k}\}$ 及 $x_0\in X$ 使得 $x_{n_k}\xrightarrow{w}x_0$.

证明 不妨设 $x_n\neq 0, \forall n\geqslant 1$. 令 V 为由 $A=\{x_1,\cdots,x_n,\cdots\}$ 生成的闭子空间. 则 A 是 V 的可数稠密子集. 下面分三步来证明结论.

(1) V 是自反Banach空间. 设 ϕ 为 V^* 上的有界线性泛函. 由于对任意 $f\in X^*$, $f|_V$ 是 V 上的有界线性泛函且 $\|f|_V\|\leqslant\|f\|$. 故 $\psi(f)=\phi(f|_V), \forall f\in X^*$ 定义了 X^* 上的有界线性泛函 ($\|\psi\|\leqslant\|\phi\|_{V^*}$). 因为 X 是自反的, 所以存在 $x_0\in X$ 使得 $\phi(f|_V)=\psi(f)=f(x_0), \forall f\in X^*$. 此时, $x_0\in V$. 不然的话, 由推论 5.1.8, 存在 $f_0\in X^*$ 使得 $f_0(x_0)=1$, $f_0(v)=0, \forall v\in V$. 这样, $1=f_0(x_0)=\phi(f_0|_V)=0$, 即得矛盾. 又对任意 $g\in V^*$, 由推论 5.1.5, 存在 $\hat{g}\in X^*$ 使得 $\hat{g}(x)=g(x),\forall x\in V$, $\|\hat{g}\|=\|g\|_V$. 于是,

$$g(x_0)=\hat{g}(x_0)=\phi(\hat{g}|_V)=\phi(g),\quad \forall g\in V^*.$$

所以, V 自反.

(2) V^* 是可分的. 令 $\phi_n=J_V(\|x_n\|^{-1}x_n)$, $n=1,2,\cdots$. 则由命题 5.1.21, $\phi_n\in V^{**}$, $\|\phi_n\|=1$, $n=1,2,\cdots$. 设 $S(V^{**})=\{\phi\in V^{**}\,|\,\|\phi\|=1\}$. 易知, $\{\phi_1,\cdots,\phi_n,\cdots\}$ 为 $S(V^{**})$ 的稠密子集. 由于 $\sup\{|\phi_n(f)|\,|\,f\in S(V^*)\}=1$, 故可取 $\{f_n\}\subset S(V^*)$ 使得 $|\phi_n(f_n)|>\dfrac{1}{2}$, $n=1,2,\cdots$. 令 $W=\overline{\mathrm{span}}\{f_n\}$. 如果 $W\neq V^*$, 取 $f_0\in V^*\backslash W$. 则有推论 5.1.8, 存在 $\phi_0\in V^{**}$ 使得

$$\|\phi_0\|=1,\quad \phi_0(f_0)=d(f_0,W)>0,\quad \phi_0(f_n)=0,\quad \forall n\geqslant 1.$$

故 $\|\phi_0-\phi_n\|\geqslant|\phi_0(f_n)-\phi_n(f_n)|>\dfrac{1}{2}, \forall n\geqslant 1$. 这与 $\{\phi_n\}$ 在 $S(V^{**})$ 中稠密矛盾. 所以 $V^*=W$ 可分.

(3) 由于 V^* 可分, 故由命题 5.1.20, V^{**} 中的有界无限点列 $\{J_V(x_n)\}$ 中有一个子列 $\{J_V(x_{n_k})\}$ 及一个元素 $\psi\in V^{**}$ 使得 $\lim\limits_{k\to\infty}J_V(x_{n_k})(f)=\psi(f), \forall f\in V^*$. 又 V 自反, 故有 $x_0\in V$ 使得 $\psi(f)=f(x_0), \forall f\in V^*$. 从而 $f(x_0)=\lim\limits_{k\to\infty}f(x_{n_k})$, $\forall f\in V^*$. 注意到 $x_0,x_{n_k}\in V, \forall k\geqslant 1$, 故对任意 $f\in X^*$, 有 $\lim\limits_{k\to\infty}f(x_{n_k})=f(x_0)$, 即 $x_{n_k}\xrightarrow{w}x_0$. □

5.2 Baire 纲定理的应用

在本节中, 我们将利用完备距离空间中的Baire纲定理推导Banach空间之间的有界线性算子的开映射定理、闭图像定理、逆算子定理和一致有界原理.

定义 5.2.1 如果拓扑空间 X 到拓扑空间 Y 的映射 f 将 X 中的每一个开集 O 映为 Y 中的开集 $f(O)=\{f(s)\,|\,s\in O\}$, 则称映射 f 为开映射.

定理 5.2.2 (开映射定理) 设 X,Y 为 Banach 空间, $T\in B(X,Y)$ 且 $\mathrm{Ran}(T)=Y$. 则 T 是开映射.

证明 因为 $X=\bigcup\limits_{n=1}^{\infty}U(0,n)$, 所以 $Y=TX=\bigcup\limits_{n=1}^{\infty}TU(0,n)$. 又 $T(U(0,n))\subset\overline{TB(0,n)}$, 从而 $Y=\bigcup\limits_{n=1}^{\infty}\overline{TB(0,n)}$. 由于 Y 完备, 故由定理 1.2.13, 存在 N 使得 $(\overline{TB(0,N)})^\circ\neq\varnothing$, 即有 $y_1\in Y$ 和 $R>0$ 使得 $B(y_1,R)\subset\overline{T(B(0,N))}$. 令 $z=\dfrac{y_1}{N}$ 和 $r=\dfrac{R}{N}$, 则 $U(z,r)\subset\overline{TB(0,1)}$. 故对任意 $y\in Y$ 且 $\|y\|<r$, 有 $z\pm y\in U(z,r)\subset\overline{TB(0,1)}$. 又 $\overline{TB(0,1)}$ 是闭凸集而且当 $w\in\overline{TB(0,1)}$ 时, $-w\in\overline{TB(0,1)}$, 所以

$$y=\frac{1}{2}(z+y)+\frac{1}{2}[-(z-y)]\in\overline{TB(0,1)},$$

即 $U(0,r)\subset\overline{T(B(0,1))}=\overline{T(D(X))}$.

任取 $y\in U\left(0,\dfrac{r}{2}\right)$. 因为 $2y\in U(0,r)$, 故存在 $x_1\in D(X)$ 使得 $\|2y-Tx_1\|<\dfrac{r}{2}$. 又 $2^2y-2Tx_1\in U(0,r)$, 则有 $x_2\in D(X)$ 使得 $\|2^2y-2Tx_1-Tx_2\|<\dfrac{r}{2}$; 如此进行下去, 便有 $\{x_n\}\subset D(X)$ 使得对每个 N, 有

$$\|2^Ny-2^{N-1}Tx_1-2^{N-2}Tx_2-\cdots-Tx_N\|<\frac{r}{2},$$

即得 $\left\|y-\sum\limits_{n=1}^{N}\dfrac{1}{2^n}Tx_n\right\|<\dfrac{r}{2^{N+1}}$. 故 $\sum\limits_{n=1}^{\infty}\dfrac{1}{2^n}Tx_n=y$. 又 $\sum\limits_{n=1}^{\infty}\dfrac{1}{2^n}\|x_n\|\leqslant1$, 故有 $\sum\limits_{n=1}^{\infty}\dfrac{1}{2^n}x_n=x\in D(X)$. 又由于 T 有界, 所以 $Tx=\sum\limits_{n=1}^{\infty}\dfrac{1}{2^n}Tx_n=y$. 从而 $U\left(0,\dfrac{r}{2}\right)\subset T(B(0,1))$.

设 $S\subset X$ 为开集. 任取 $y_0\in T(S)$. 则可取 $s_0\in S$ 使得 $y_0=Ts_0$. 因 S 为开集, 故 $S-s_0=\{s-s_0\,|\,s\in S\}$ 也是开集. 从而有 $\delta>0$, 使得 $B(0,\delta)\subset U(0,2\delta)\subset$

$S-s_0$. 故

$$T(S)-y_0=T(S-s_0)\supset T(B(0,\delta))\supset U\left(0,\frac{r\delta}{2}\right),$$

即 $T(S)\supset y_0+U\left(0,\dfrac{r\delta}{2}\right)$, 于是 y_0 是 $T(S)$ 的内点. 因此 $T(S)$ 是开集. □

定理 5.2.3 (Banach 逆算子定理) 设 X,Y 为 Banach 空间, $T\in B(X,Y)$. 如果 T 是一对一到上的, 则 $T^{-1}\in B(Y,X)$.

证明 因为 $\operatorname{Ker}(T)=\{0\}$ 和 $\operatorname{Ran}(T)=Y$, 故 $T^{-1}\colon Y\to X$ 为线性映射. 设 U 是 X 中的开子集. 由定理 5.2.2, $(T^{-1})^{-1}(U)=T(U)$ 是 Y 中的开集, 故 T^{-1} 连续. □

定义 5.2.4 设 f 是集合 X 到集合 Y 的映射. $\{(x,f(x))\in X\times Y\mid x\in X\}$ 称为 f 的图像, 记作 $G(f)$.

设 X,Y 是赋范空间, 在 $X\times Y=\{(x,y)\mid x\in X,\ y\in Y\}$ 上定义加法、数乘和范数分别为

$$(x,y)+(u,v)=(x+u,y+v),\quad \lambda(x,y)=(\lambda x,\lambda y),$$

$$\|(x,y)\|=\|x\|+\|y\|,\quad \forall\, x,u\in X,\ y,v\in Y,\lambda\in\mathbb{K}.$$

则 $X\times Y$ 为 $\mathbb{K}$ 上的赋范空间, 并称为 X 和 Y 的乘积空间. 易知, 当 X,Y 都完备时, $X\times Y$ 是 Banach 空间.

定理 5.2.5 (闭图像定理) 设 X,Y 是 Banach 空间, T 为 X 到 Y 的线性算子. 则 T 是有界的充分必要条件是 T 的图像 $G(T)$ 是 $X\times Y$ 中的闭子集.

证明 必要性是显然的. 下证充分性.

$G(T)$ 是 Banach 空间 $X\times Y$ 的子空间. 当 $G(T)$ 闭时, $G(T)$ 完备. 定义 H 到 $G(T)$ 的映射为 $H(x,Tx)=x$, $\forall\,(x,Tx)\in G(T)$. 则 H 线性且一对一到上. 又因为

$$\|H(x,Tx)\|=\|x\|\leqslant\|x\|+\|Tx\|=\|(x,Tx)\|,$$

故 H 是有界的. 于是由 Banach 逆算子定理, $H^{-1}\in B(X,G(T))$. 但

$$\|Tx\|\leqslant\|x\|+\|Tx\|=\|(x,Tx)\|=\|H^{-1}x\|\leqslant\|H^{-1}\|\|x\|$$

对任何 $x\in X$ 成立, 所以 T 是有界的. □

定理 5.2.6 (一致有界原理) 设 X,Y 是赋范空间, $\{T_\lambda\}_{\lambda\in\Lambda}\subset B(X,Y)$. 设 A 是 X 中的第二纲集合使得对任意 $x\in A$, 都有 $\sup\limits_{\lambda\in\Lambda}\|T_\lambda x\|<+\infty$, 则 $\sup\limits_{\lambda\in\Lambda}\|T_\lambda\|<+\infty$.

证明 令 $P(x)=\sup\{\|T_\lambda x\| \mid \lambda\in\Lambda\}$, $\forall\, x\in X$. 则映射 $P\colon X\to[0,+\infty]$ 满足条件:

$$P(x+y)\leqslant P(x)+P(y),\quad P(\alpha x)=|\alpha|P(x),\quad x,y\in X,\ \alpha\in\mathbb{K}.$$

令 $A_n=\{x\in X\mid P(x)\leqslant n\}$, $n\geqslant 1$. 则有 $A\subset\bigcup\limits_{n=1}^{\infty}A_n$. 现在, 对每个 $n\geqslant 1$, 设 $x\in\overline{A_n}$, 则有 $\{x_k\}\subset A_n$ 使得 $\lim\limits_{k\to\infty}\|x_k-x\|=0$. 由于 $\|T_\lambda(x_k)\|\leqslant n$, $\forall\,\lambda\in\Lambda$, $k\geqslant 1$, 故得 $\|T_\lambda(x)\|\leqslant n$, $\forall\,\lambda\in\Lambda$, 即 $P(x)\leqslant n$. 从而 A_n 是 X 中的闭子集.

由于 A 是第二纲的且 $A=\bigcup\limits_{n=1}^{\infty}(A\bigcap A_n)$, 故有某个 n_0 使得 $(\overline{A\bigcap A_{n_0}})^\circ\neq\varnothing$. 又 A_{n_0} 闭, $A\bigcap A_{n_0}\subset A_{n_0}$, 故 $(A_{n_0})^\circ\supset(\overline{A\bigcap A_{n_0}})^\circ\neq\varnothing$. 从而有 $x_0\in A_{n_0}$ 及 $\delta>0$ 使得 $U(x_0,\delta)\subset A_{n_0}$. 进而对任意 $x\in X\backslash\{0\}$, 有 $x_0+\dfrac{\delta x}{2\|x\|}\in U(x_0,\delta)$, 即 $P\Big(x_0+\dfrac{\delta x}{2\|x\|}\Big)\leqslant n_0$. 由此得到 $P(x)\leqslant\dfrac{2}{\delta}(n_0+P(x_0))\|x\|$, $\forall\, x\in X$. 所以, $\sup\limits_{\lambda\in\Lambda}\|T_\lambda\|\leqslant\dfrac{2}{\delta}(n_0+P(x_0))<+\infty$. □

下面的推论是定理 5.2.6 的常用形式.

推论 5.2.7 设 X 为 Banach 空间, Y 为赋范空间. 设 $\{T_\lambda\}_{\lambda\in\Lambda}\subset B(X,Y)$ 使得对任意 $x\in X$, 有 $\sup\limits_{\lambda\in\Lambda}\|T_\lambda x\|<+\infty$. 则 $\sup\limits_{\lambda\in\Lambda}\|T_\lambda\|<+\infty$.

5.3 L^p 上的有界线性泛函

设 $(X,\mathfrak{F})$ 是可测空间, μ 是 σ–代数 $\mathfrak{F}$ 上的正测度. 设 $p\in(1,+\infty)$. 对 $L^q(X,\mu)$ 中任意元素 g,

$$\Phi_g(f)=\int_X fg\,d\mu,\quad \forall\, f\in L^p(X,\mu)$$

定义了 $L^p(X,\mu)$ 上的一个线性泛函, 其中 $\dfrac{1}{p}+\dfrac{1}{q}=1$. 由于 $|\Phi_g(f)|\leqslant\|f\|_p\|g\|_q$, $\forall\, f\in L^p(X,\mu)$, 故 $\|\Phi_g\|\leqslant\|g\|_q$, 即 Φ_g 有界.

当 $p=1$ 时, 任取 $g\in L^\infty(X,\mu)$. 则有 $E\in\mathfrak{F}$, $\mu(E)=0$ 且 $g(x)$ 在 $X\backslash E$ 上有界. 对线性泛函 Φ_g, 我们有

$$|\Phi_g(f)|\leqslant\int_{X\backslash E}|f||g|d\mu\leqslant\Big(\int_X|f|d\mu\Big)\sup_{x\in X\backslash E}|g(x)|=\|f\|_1\sup_{x\in X\backslash E}|g(x)|,$$

故 $\|\Phi_g\|\leqslant\|g\|_\infty$. 反过来, 我们有下面的定理.

定理 5.3.1 (Riesz 表示定理) 设 $p\in[1,+\infty)$. 设 $(X,\mathfrak{F},\mu)$ 是 σ–有限测度空

间. 设 Φ 为 $L^p(X,\mu)$ 上的有界线性泛函. 则存在唯一 $g\in L^q(X,\mu)$ 使得

$$\Phi(f)=\int_X fgd\mu,\quad \forall f\in L^p(X,\mu),\quad \|\Phi\|=\|g\|_q,$$

其中 $\dfrac{1}{p}+\dfrac{1}{q}=1, p>1$; 当 $p=1$ 时, $q=+\infty$.

证明 先证唯一性. 设 $X=\bigcup\limits_{n=1}^{\infty}X_n$, 其中 $X_n\in\mathfrak{F}$ 并且 $\mu(X_n)<+\infty, n\geqslant 1$. 如果有 $g_1\in L^q(X,\mu)$ 使得

$$\int_X fgd\mu=\int_X fg_1d\mu,\quad \forall f\in L^p(X,\mu),\quad \|\Phi\|=\|g\|_q=\|g_1\|_q.$$

取 $f=\chi_E, \forall E\in\mathfrak{F}$ 且 $E\subset X_n$, 则得 $\int_E(g-g_1)d\mu=0$. 由此可得 $g(x)=g_1(x)$, $x\in X_n$, μ–a.e., $n=1,2,\cdots$. 故 $g=g_1$.

现证 g 存在. 设 $\mu(X)<+\infty$. 令 $\lambda(E)=\Phi(\chi_E), \forall E\in\mathfrak{F}$. 设 $\{E_k\}$ 是 E 的任意划分. 令 $A_k=\bigcup\limits_{j=1}^{k}E_j$, $k\geqslant 1$. 则 $\{E\backslash A_k\}$ 单调减且 $\bigcap\limits_{k=1}^{\infty}(E\backslash A_k)=\varnothing$. 故

$$\lim_{k\to\infty}\|\chi_E-\chi_{A_k}\|_p^p=\lim_{k\to\infty}\int_{E\backslash A_k}1d\mu=\lim_{k\to\infty}\mu(E\backslash A_k)=0.$$

从而 $\Phi(\chi_E)=\lim\limits_{k\to\infty}\Phi(\chi_{A_k})=\lim\limits_{k\to\infty}\sum\limits_{j=1}^{k}\Phi(E_j)$, 即 $\lambda(E)=\sum\limits_{j=1}^{\infty}\lambda(E_j)$. 又 $\lambda(\varnothing)=\Phi(\chi_\varnothing)=\Phi(0)=0$, 于是 λ 是 $\mathfrak{F}$ 上的复测度.

注意到, 当 $E\in\mathfrak{F}$ 且 $\mu(E)=0$ 时, $\chi_E=0$, μ–a.e., 故 $\lambda(E)=\Phi(\chi_E)=0$, 即得 $\lambda\ll\mu$. 于是由定理 4.5.8, 存在 $g\in L^1(X,\mu)$ 使得

$$\Phi(\chi_E)=\lambda(E)=\int_E gd\mu=\int_X g\chi_E d\mu,\quad \forall E\in\mathfrak{F}.$$

由此得到, $\Phi(f)=\int_X fgd\mu, \forall f\in M(X)$.

对任意 $f\in L^\infty(X,\mu)$, 存在 $\{f_n\}\subset M(X)$ 使得 $\lim\limits_{n\to\infty}\|f-f_n\|_\infty=0$ (命题 3.1.5 (2)). 任取 $E\in\mathfrak{F}$ 使得 $\mu(E)=0$, $\sup\limits_{x\in X\backslash E}|f(x)-f_n(x)|<+\infty, n=1,2,\cdots$.

由于

$$\|f-f_n\|_p^p=\int_{X\backslash E}|f(x)-f_n(x)|^pd\mu\leqslant\mu(X\backslash E)\sup_{x\in X\backslash E}|f(x)-f_n(x)|^p,$$

故 $\|f-f_n\|_p \leqslant \big(\mu(X)\big)^{1/p}\|f-f_n\|_\infty$. 同理, 由

$$\left|\int_X fgd\mu - \int_X f_ngd\mu\right| \leqslant \int_X |f-f_n||g|d\mu \leqslant \|f-f_n\|_\infty \int_X |g|d\mu$$

以及 $\Phi(f_n)=\int_X f_ngd\mu,\ n\geqslant 1$, 得到 $\Phi(f)=\int_X fgd\mu,\ \forall f\in L^\infty(X,\mu)$.

下证: $g\in L^q(X,\mu)$. 设 $p=1$. 由于对任意 $E\in\mathfrak{F}$ 且 $\mu(E)\neq 0$ 的 E, 有

$$A_g(E)=\frac{1}{\mu(E)}\int_E gd\mu=\frac{\Phi(\chi_E)}{\mu(E)},\quad |A_g(E)|=\frac{|\Phi(\chi_E)|}{\mu(E)}\leqslant\frac{\|\Phi\|\|\chi_E\|_1}{\mu(E)}=\|\Phi\|,$$

故由引理 4.5.7 得 $|g(x)|\leqslant\|\Phi\|$, μ–a.e., 即 $g\in L^\infty(X,\mu)$ 且 $\|g\|_\infty\leqslant\|\Phi\|$.

由于 $S(X,\mu)$ 在 $L^1(X,\mu)$ 中稠密, 所以对任意 $f\in L^1(X,\mu)$ 存在 $\{f_n\}\subset S(X,\mu)$ 使得 $\lim\limits_{n\to\infty}\|f-f_n\|_1=0$. 从而 $\lim\limits_{n\to\infty}\Phi(f_n)=\Phi(f)$,

$$\left|\int_X fgd\mu-\int_X f_ngd\mu\right|\leqslant\|f-f_n\|_1\|g\|_\infty\to 0\quad(n\to\infty).$$

又 $\Phi(f_n)=\int_X f_ngd\mu,\ n=1,2,\cdots$, 故 $\Phi(f)=\int_X fgd\mu,\ \forall f\in L^1(X,\mu)$. 进而 $\|\Phi\|\leqslant\|g\|_\infty$. 故 $\|\Phi\|=\|g\|_\infty$.

当 $1<p<+\infty$ 时, 令 $u(x)=\begin{cases}\dfrac{|g(x)|}{g(x)}, & g(x)\neq 0,\\ 1, & g(x)=0,\end{cases}$ 这里的 g 为上述所得. 则 u 可测且 $|g|=gu$. 令 $F_n=\{x\in X\,|\,|g(x)|\leqslant n\}$, $f_n=u|g|^{q-1}\chi_{F_n}$, $n\geqslant 1$. 则 $F_n\in\mathfrak{F}$ 且

$$f_n\in L^\infty(X,\mu),\quad |f_n(x)|^p=|g(x)|^q,\quad |f_n(x)|\leqslant n^{q-1},\quad \forall x\in F_n,\ n=1,2,\cdots.$$

由于

$$\int_{F_n}|g|^qd\mu=\int_X f_ng_nd\mu=\Phi(f_n)\leqslant\|\Phi\|\|f_n\|_p=\|\Phi\|\Big(\int_{F_n}|g|^qd\mu\Big)^{1/p},$$

故 $\int_{F_n}|g|^qd\mu\leqslant\|\Phi\|^q$. 又 $g\in L^1(X,\mu)$, g 在 X 上 μ–a.e. 有限. 令 $F=\bigcup\limits_{n=1}^{\infty}F_n$. 则 $\mu(X\backslash F)=0$. 注意到 $F_n\subset F_{n+1},\ n=1,2,\cdots$, 所以 $\int_X|g|^qd\mu\leqslant\|\Phi\|^q$.

由于 $S(X,\mu)$ 在 $L^p(X,\mu)$ 中稠密, 故对任意 $f\in L^p(X,\mu)$ 存在 $\{f_n\}\subset S(X,\mu)$ 使得 $\lim\limits_{n\to\infty}\|f-f_n\|_p=0$. 从而 $\lim\limits_{n\to\infty}\Phi(f_n)=\Phi(f)$,

$$\left|\int_X fgd\mu-\int_X f_ngd\mu\right|\leqslant\|f-f_n\|_p\|g\|_q\to 0\quad(n\to\infty).$$

又 $\Phi(f_n)=\int_X f_n g d\mu$, $n\geqslant 1$, 故 $\Phi(f)=\int_X fgd\mu$, $\forall f\in L^p(X,\mu)$. 进而 $\|\Phi\|\leqslant \|g\|_q$. 故 $\|\Phi\|=\|g\|_q$.

设 μ 是 σ–有限且 $\mu(X)=+\infty$. 由引理 4.5.6, 存在 $w\in L^1(X,\mu)$ 且 $0<w(x)<1$, $\forall x\in X$. 设 $\hat{\mu}(E)=\int_E wd\mu$, $\forall E\in\mathfrak{F}$, 即 $d\hat{\mu}=wd\mu$. 则 $\hat{\mu}$ 是 $\mathfrak{F}$ 上的有限测度. 由于对任意 $f\in L^p(X,\hat{\mu})$,

$$\int_X |w^{1/p}f|^p d\mu=\int_X |f|^p w d\mu=\int_X |f|^p d\hat{\mu}<+\infty,$$

即 $w^{1/p}f\in L^p(X,\mu)$, 所以 $\Psi(f)=\Phi(w^{1/p}f)$, $\forall f\in L^p(X,\hat{\mu})$ 定义了 $L^p(X,\hat{\mu})$ 上的有界线性泛函且 $\|\Psi\|\leqslant\|\Phi\|$.

同理可得, 对任意 $f\in L^p(X,\mu)$, $w^{-1/p}f\in L^p(X,\hat{\mu})$ 且

$$\int_X |w^{-1/p}f|^p d\hat{\mu}=\int_X |f|^p d\mu, \quad \Phi(f)=\Psi(w^{-1/p}f),$$

故 $\|\Phi\|\leqslant\|\Psi\|$, 从而 $\|\Psi\|=\|\Phi\|$.

对 Ψ, 由前面的结论, 存在 $g_0\in L^q(X,\hat{\mu})$ 使得

$$\Psi(f)=\int_X fg_0 d\hat{\mu}, \quad \forall f\in L^p(X,\hat{\mu}) \text{ 且 } \|\Psi\|=\|g_0\|_q.$$

令 $g=\begin{cases} w^{1/q}g_0, & p\in(1,+\infty), \\ g_0, & p=1. \end{cases}$ 则 $g\in L^q(X,\mu)$ 且 $\|g\|_q=\|g_0\|_q$. 故 $\|\Phi\|=\|g\|_q$ 且对任意 $f\in L^p(X,\mu)$,

$$\Phi(f)=\Psi(w^{-1/p}f)=\int_X w^{-1/p}fg_0 d\hat{\mu}=\int_X fgd\mu. \qquad \square$$

推论 5.3.2 设 $1<p<+\infty$. 则 $L^p(X,\mu)$ 是自反的 Banach 空间.

证明 设 $X=L^p(X,\mu)$. 由定理 3.1.4, X 是完备的. 设 Φ 是 X^* 上的有界线性泛函. 由定理 5.3.1, $X^*=\{\phi_g\,|\,g\in L^q(X,\mu)\}$, 其中 $\dfrac{1}{p}+\dfrac{1}{q}=1$,

$$\phi_g(f)=\int_X fg\,d\mu, \quad \forall f\in X,\ g\in L^q(X,\mu), \text{ 且 } \|\phi_g\|=\|g\|_q.$$

令 $\rho(g)=\Phi(\phi_g)$, $\forall g\in L^q(X,\mu)$. 则 ρ 是 $L^q(X,\mu)$ 上的有界线性泛函. 于是由定理 5.3.1, 存在唯一的 $h\in X$ 使得 $\rho(g)=\int_X gh\,d\mu$, $\forall g\in L^q(X,\mu)$, 即 $\Phi(\phi_g)=\phi_g(h)$, 也就是 $J_X(h)=\Phi$. 所以, X 自反. $\square$

推论 5.3.3 设 $\{f_n\} \subset L^p(X,\mu)$, $f \in L^p(X,\mu)$ $(1 \leqslant p < +\infty)$. 则 $f_n \xrightarrow{w} f$ 当且仅当下列条件成立:

(1) $\sup\limits_{n\geqslant 1} \|f_n\|_p < +\infty$;

(2) 当 $p > 1$ 时, $\lim\limits_{n\to\infty} \int_E f_n d\mu = \int_E f\, d\mu$, $\forall E \in \mathfrak{F}$ 且 $\mu(E) < +\infty$, 而当 $p = 1$ 时, $\lim\limits_{n\to\infty} \int_E f_n\, d\mu = \int_E f\, d\mu$, $\forall E \in \mathfrak{F}$.

证明 令 $\phi_n(g) = \int_X g f_n\, d\mu$, $\forall g \in L^q(X,\mu)$, $n \geqslant 1$, 这里 $\dfrac{1}{p} + \dfrac{1}{q} = 1$. 则 ϕ_n 是 $L^q(X,\mu)$ 上的线性泛函, $n \geqslant 1$.

当 $p > 1$ 时, 由定理 5.3.1 得 $\|\phi_n\| = \|f_n\|_p$, $n \geqslant 1$. 当 $p = 1$ 时, 由 ϕ_n 的定义可得 $\|\phi_n\| \leqslant \|f_n\|_1$, $n \geqslant 1$. 取 $u_n(x) = \begin{cases} \dfrac{|f_n(x)|}{f_n(x)}, & f_n(x) \neq 0, \\ 1, & f_n(x) = 0, \end{cases}$ $n \geqslant 1$. 则 u_n 可测而且 $|f_n| = f_n u_n$, $\{u_n\} \subset L^\infty(X,\mu)$ 并且 $\|u_n\|_\infty = 1$, $n \geqslant 1$. 于是由 $\phi_n(u_n) = \|f_n\|_1$, 得到 $\|\phi_n\| \geqslant \|f_n\|_1$, 从而 $\|\phi_n\| = \|f_n\|_1$, $n \geqslant 1$.

这样, 根据命题 3.1.5 和本章习题 17 就可以推出结论. □

5.4 $C(M)$ 上的有界线性泛函表示

设 (M,τ) 是紧 Hausdorff 空间并在 $C(M)$ 上取范数 $\|f\| = \max\limits_{x\in M} |f(x)|$. 于是 $(C(M), \|\cdot\|)$ 是 Banach 空间. 本节首先给出 $C(M)$ 上的正线性泛函的表示, 然后给出有界线性泛函的表示.

设 $C_+(M) = \{f \in C(M) \mid f \geqslant 0\}$. 记 $F_b(M,\mathfrak{B}(M))$ 为 M 上有界 Borel 可测函数全体. 按通常函数的加法、数乘及范数 $\|f\| = \sup\limits_{x\in M} |f(x)|$, $\forall f \in F_b(M,\mathfrak{B}(M))$, $F_b(M,\mathfrak{B}(M))$ 成为一个赋范空间.

定义 5.4.1 设 ϕ 是 $C(M)$(或 $F_b(M,\mathfrak{B}(M))$) 上的线性泛函. 称 ϕ 是正泛函, 若 $\phi(f) \geqslant 0$, $\forall f \in C(M)$(或 $F_b(M,\mathfrak{B}(M))$) 且 $f \geqslant 0$.

设 ψ 为 $F_b(M,\mathfrak{B}(M))$ 上的正泛函. 现在构造 $\mathfrak{B}(M)$ 上的一个测度 λ. 设 $\mathcal{F}$ 为 M 中所有闭子集组成的集合. 因为 $\chi_F \in F_b(M,\mathfrak{B}(M))$, $\forall F \in \mathcal{F}$, 故定义 $m\colon \mathcal{F} \to [0,+\infty)$ 为 $m(F) = \psi(\chi_F)$, $\forall F \in \mathcal{F}$. 易知 $m(\cdot)$ 有下列性质:

(1) $m(\varnothing) = 0$ 且 $0 \leqslant m(F) \leqslant \|\psi\| < +\infty$, $\forall F \in \mathcal{F}$;

(2) 若 $F_1, F_2 \in \mathcal{F}$ 且 $F_1 \subset F_2$, 则 $m(F_1) \leqslant m(F_2)$;

(3) $m(F_1 \bigcup F_2) \leqslant m(F_1) + m(F_2)$, $\forall F_1, F_2 \in \mathcal{F}$;

(4) 若 $F_1, F_2 \in \mathcal{F}$ 且 $F_1 \bigcap F_2 = \varnothing$, 则 $m(F_1 \bigcup F_2) = m(F_1) + m(F_2)$.

引理 5.4.2 定义 $\mu\colon \tau \to [0, +\infty)$ 为

$$\mu(G) = \sup\{m(F) \mid F \subset G,\ F \in \mathcal{F}\}, \quad \forall G \in \tau.$$

则 $\mu(\cdot)$ 具有下列性质:

(1) $\mu(\varnothing) = 0$, $\mu(M) \leqslant \|\psi\|$;

(2) 若 $G_1, G_2 \in \tau$ 且 $G_1 \subset G_2$, 则 $\mu(G_1) \leqslant \mu(G_2)$;

(3) 对任意 $G_1, G_2 \in \tau$, 有 $\mu(G_1 \bigcup G_2) \leqslant \mu(G_1) + \mu(G_2)$;

(4) 若 $G_1, G_2 \in \tau$ 且 $G_1 \bigcap G_2 = \varnothing$, 则 $\mu(G_1 \bigcup G_2) = \mu(G_1) + \mu(G_2)$;

(5) 设 $\{G_n\} \subset \tau$, 则 $\mu\left(\bigcup\limits_{n=1}^{\infty} G_n\right) \leqslant \sum\limits_{n=1}^{\infty} \mu(G_n)$.

证明 (1) 因为 $m(\varnothing) = 0$, 故根据 μ 的定义, 得到 $\mu(\varnothing) = 0$. 又 $m(F) \leqslant \|\phi\|$, $\forall F \in \mathcal{F}$, 故 $\mu(M) \leqslant \|\phi\|$.

(2) 对任意 $F \in \mathcal{F}$ 且 $F \subset G_1$, 有 $F \subset G_2$. 所以, $\mu(G_2) \geqslant \lambda(F)$. 再对 F 取上确界, 得到 $\mu(G_1) \leqslant \mu(G_2)$.

(3) 对任意 $F \subset G_1 \bigcup G_2$, $F \backslash G_1$ 和 $F \backslash G_2$ 都是闭集且互不相交而且 $F \backslash G_1 \subset G_2$, $F \backslash G_2 \subset G_1$. 由命题 1.1.25, 存在开集 V, V_1 和 V_2 使得

$$F \backslash G_1 \subset V \subset \overline{V} \subset (F \backslash G_2)^c, \quad F \backslash G_1 \subset V_1 \subset \overline{V_1} \subset G_2, \quad F \backslash G_2 \subset V_2 \subset \overline{V_2} \subset G_1.$$

令 $W_1 = V \bigcap V_1$, $W_2 = V_2 \backslash \overline{V}$, $F_1 = F \backslash W_1$, $F_2 = F \backslash W_2$. 则 $F \subset F_1 \bigcup F_2$, $F_1 \subset G_1$, $F_2 \subset G_2$. 于是由 m 的性质 (3) 及 μ 的定义, 得

$$m(F) \leqslant m(F_1) + m(F_2) \leqslant \mu(G_1) + \mu(G_2),$$

从而 $\mu(G) \leqslant \mu(G_1) + \mu(G_2)$.

(4) 对任意 $F_1, F_2 \in \mathcal{F}$ 且 $F_1 \subset G_1$, $F_2 \subset G_2$, 利用 m 的性质 (4), 得

$$m(F_1) + m(F_2) = m(F_1 \bigcup F_2) \leqslant \mu(G_1 \bigcup G_2).$$

在上式中分别对满足条件: $F_1 \subset G_1$, $F_2 \subset G_2$ 的闭子集 F_1 及 F_2 分别取下确界, 得 $\mu(G_1)$ $+\mu(G_2) \leqslant \mu(G_1 \bigcup G_2)$. 再由 (3) 得 $\mu(G_1 \bigcup G_2) = \mu(G_1) + \mu(G_2)$.

(5) 对任意 $F \in \mathcal{F}$ 且 $F \subset \bigcup\limits_{n=1}^{\infty} G_n$, 由于 X 是紧的而 F 是闭的, 故 F 是紧子集, 于是 $\{G_n\}$ 中的有限个元素 $G_{k_1}, \cdots, G_{k_s}$ 使得 $F \subset \bigcup\limits_{j=1}^{s} G_{k_j}$. 于是

$$m(F) \leqslant \mu\left(\bigcup_{j=1}^{s} G_{k_j}\right) \leqslant \sum_{j=1}^{s} \mu(G_{k_j}) \leqslant \sum_{j=1}^{\infty} \mu(G_j),$$

故得 $\mu\left(\bigcup\limits_{j=1}^{\infty} G_j\right) \leqslant \sum\limits_{j=1}^{\infty} \mu(G_j)$. □

命题 5.4.3 设 (M, τ) 是紧 Hausdorff 空间而 $\mu(\cdot)$ 由引理 5.4.2 所定义. 设 $\mathcal{A}$ 为 M 中所有子集组成的 $\sigma-$ 代数. 定义 $\mathcal{A}$ 到 $[0, +\infty]$ 的函数 λ^* 为

$$\lambda^*(A)=\inf\{\mu(G)\,|\,A\subset G,G\in\tau\},\quad \forall\, A\subset M.$$

则 λ^* 是 $\mathcal{A}$ 上的外测度且 $\lambda^*(O)=\mu(O), \forall\, O\in\tau;\lambda^*(F)\geqslant m(F), \forall\, F\in\mathcal{F}$.

证明 显然, $\lambda^*(\varnothing)=0$. 设 $A,B\subset M$ 而且 $A\subset B$. 于是对任意 $G\in\tau$ 并且 $B\subset G$, 有 $\lambda^*(A)\leqslant\mu(G)$. 从而 $\lambda^*(A)\leqslant\lambda^*(B)$.

设 $\{A_n\}\subset\mathcal{A}$. 则对任意 $\epsilon>0$ 及每个 n 都存在 $G_n\in\tau$ 使得 $A_n\subset G_n$, $\lambda^*(A_n)>\mu(G_n)-\dfrac{\epsilon}{2^n}$. 令 $G=\bigcup\limits_{n=1}^{\infty}G_n$. 则 $G\in\tau$ 且 $\bigcup\limits_{n=1}^{\infty}A_n\subset G$. 于是由引理 5.4.2 (5) 可得

$$\lambda^*\left(\bigcup_{n=1}^{\infty}A_n\right)\leqslant\mu(G)\leqslant\sum_{n=1}^{\infty}\mu(G_n)\leqslant\sum_{n=1}^{\infty}\lambda^*(A_n)+\epsilon.$$

在上式中, 令 $\epsilon\to0^+$, 则有 $\lambda^*\left(\bigcup\limits_{n=1}^{\infty}A_n\right)\leqslant\sum\limits_{n=1}^{\infty}\lambda^*(A_n)$.

当 $O\in\tau$ 时, 由 λ^* 的定义得 $\lambda^*(O)\leqslant\mu(O)$. 另一方面, 对任意 $\epsilon>0$, 存在 $G_\epsilon\in\tau$ 且 $O\subset G_\epsilon$ 使得 $\mu(G_\epsilon)<\lambda^*(O)+\epsilon$. 由引理 5.4.2 (2),

$$\mu(O)\leqslant\mu(G_\epsilon)<\lambda^*(O)+\epsilon,$$

故 $\mu(O)\leqslant\lambda^*(O)$. 从而 $\lambda^*(O)=\mu(O)$.

当 $F\in\mathcal{F}$ 时, 对任意 $G\in\tau$ 而且 $F\subset G$, 有 $\mu(G)\geqslant m(F)$(μ 的定义). 于是由 λ^* 的定义得到 $\lambda^*(F)\geqslant m(F)$. □

注 5.4.4 有了 λ^* 之后, 令

$$\mathfrak{F}=\{A\in\mathcal{A}\,|\,\lambda^*(E)=\lambda^*(E\bigcap A)+\lambda^*(E\bigcap A^c),\ E\in\mathcal{A}\}.$$

则根据定理 2.2.4 的证明方法, 我们可以得到: $\mathfrak{F}$ 是一个 σ–代数 λ^* 限制在 $\mathfrak{F}$ 上时, 是一个完全测度空间. 记 $\lambda=\lambda^*\big|_{\mathfrak{F}}$.

定理 5.4.5 设 (M,τ) 是紧 Hausdorff 空间, 测度空间 $(M,\mathfrak{F},\lambda)$ 如上定义. 则

(1) M 上的 Borel 代数 $\mathfrak{B}(M)$ 包含在 $\mathfrak{F}$ 中;

(2) 对任意 $A\in\mathfrak{F}$, $\lambda(A)=\inf\{\lambda(G)|\ A\subset G,\ G\in\tau\}$, 即 λ 具有外正则性;

(3) 对任意 $G\in\tau$, $\lambda(G)=\sup\{\lambda(K)|\ K\subset G,\ K$ 紧$\}$, 即 λ 具有内正则性.

证明 (1) 只需证明: $\mathcal{F}\subset\mathfrak{F}$ 即可. 设 $F\in\mathcal{F}$. 对任意 $G\in\tau$, 任取 $F_1,F_2\in\mathcal{F}$ 使得 $F_1\subset G\bigcap F^c$, $F_2\subset G\bigcap F_1^c$. 则 $F_1\bigcap F_2=\varnothing$, $F_1\bigcup F_2\subset G$. 于是

$$\mu(G)\geqslant m(F_1\bigcup F_2)=m(F_1)+m(F_2).$$

由于 $G\bigcap F_1^c\in\tau$, 故在上式中对 F_2 取上确界, 得到

$$\mu(G)\geqslant\lambda(F_1)+\mu(G\bigcap F_1^c),\quad \forall\, F_1\subset G\bigcap F^c. \tag{5.2}$$

又 $G\bigcap F_1^c\in\tau, G\bigcap F\subset G\bigcap F_1^c$, 故 $\mu(G\bigcap F_1^c)\geqslant\lambda^*(G\bigcap F)$. 于是由 (5.2) 式, 对 F_1 取下确界, 得到

$$\mu(G)\geqslant\mu(G\bigcap F^c)+\lambda^*(G\bigcup F)=\lambda^*(G\bigcap F^c)+\lambda^*(G\bigcap F),\tag{5.3}$$

(因为 $\lambda^*(O)=\mu(O), \forall O\in\tau$). 现在对任意 $E\in\mathcal{A}$ 及 $G\in\tau$ 且 $E\subset G$, 有

$$\lambda^*(G\bigcap F)\geqslant\lambda^*(E\bigcap F),\ \lambda^*(G\bigcap F^c)\geqslant\lambda^*(E\bigcap F^c).$$

于是由 (5.3) 式得

$$\mu(G)\geqslant\lambda^*(E\bigcap F)+\lambda^*(E\bigcap F^c).$$

最后关于 G 取下确界, 则有

$$\lambda^*(E)\geqslant\lambda^*(E\bigcap F)+\lambda^*(E\bigcap F^c)\geqslant\lambda^*(E).$$

(2) 由 λ^* 及 λ 的定义可得.

(3) 由于 $\mu(M)\leqslant\|\psi\|$, 故 $\lambda^*(M)=\mu(M)<+\infty$. 从而, 对任意 $G\in\tau$,

$$\begin{aligned}\lambda(G)&=\lambda(M)-\lambda(M\backslash G)=\lambda(M)-\inf\{\lambda(O)\,|\,M\backslash G\subset O,\,O\in\tau\}\\&=\sup\{\lambda(M\backslash O)\,|\,M\backslash G\subset O,\,O\in\tau\}=\sup\{\lambda(F)|\,F\subset G,\,F\in\mathcal{F}\}.\end{aligned}$$

由于紧空间 M 中的任何闭子集都是紧的. 故上式表明, λ 是内正则的. □

上述的测度 λ 限制在 $\mathfrak{B}(M)$ 上时, 称为正则 Borel 测度. 一般地, 我们有如下定义.

定义 5.4.6 设 (X,τ) 是 Hausdorff 空间, $(X,\mathfrak{B}(X),\mu)$ 是测度空间. 如果对 X 中的每个紧子集 K, 都有 $\mu(K)<+\infty$, 则称 μ 是 X 上的 Borel 测度.

Borel 测度 μ 称为外正则的, 如果

$$\mu(A)=\inf\{\mu(G)\,|\,A\subset G,\,G\in\tau\},\quad\forall A\in\mathfrak{B}(X);$$

μ 称为内正则的, 如果

$$\mu(G)=\sup\{\mu(K)\,|\,K\subset G, K\text{ 为紧子集}\},\quad\forall G\in\tau.$$

同时是外正则和内正则的 Borel 测度叫正则 Borel 测度或 Radon 测度.

为了导出 $C(M)$ 上的正泛函的表示, 我们需要下面的引理.

引理 5.4.7 设 ϕ 是 $C(M)$ 上的正线性泛函. 则

(1) ϕ 有界且 $\|\phi\|=\phi(1)$;

(2) 存在 ϕ 在 $F_b(M,\mathfrak{B}(M))$ 上的一个保范延拓 ψ 使得 ψ 也是正泛函.

证明 (1) 任取 $f\in C_{\mathbb{R}}(M)$. 因为 $\pm f(x)\leqslant|f(x)|\leqslant\|f\|, \forall x\in M$, 即 $\|f\|\cdot 1\pm f\geqslant 0$, 故 $\phi(\|f\|\cdot 1\pm f)\geqslant 0$, 进而 $|\phi(f)|\leqslant\phi(1)\|f\|$.

设 $f\in C(M)$. 如果 $\phi(f)\neq 0$, 则有 $\alpha\in\mathbb{C}$ 且 $|\alpha|=1$ 使得 $\phi(f)=|\phi(f)|\alpha$. 从而

$$|\phi(f)|=\phi(f)\alpha^{-1}=\phi(\alpha^{-1}f).$$

设 $\alpha^{-1}f = f_1 + \mathrm{i}\, f_2$, 其中 $f_1, f_2 \in C_{\mathbb{R}}(M)$. 由于

$$f_1 = f_1^+ - f_1^-, \quad f_2 = f_2^+ - f_2^-,$$

故 $\phi(f_1), \phi(f_2) \in \mathbb{R}$. 从而

$$|\phi(f)| = \phi(\alpha^{-1}f) = \phi(f_1) + \mathrm{i}\,\phi(f_2) = \phi(f_1), \quad \phi(f_2) = 0,$$

即得 $|\phi(f)| \leqslant \phi(1)\|f_1\| \leqslant \phi(1)\|f\|$, 进而 $\|\phi\| \leqslant \phi(1)$. 又 $\phi(1) \leqslant \|\phi\|$, 故 $\|\phi\| = \phi(1)$.

(2) 由推论 5.1.5, 存在 $F_b(M, \mathfrak{B}(M))$ 上的有界线性泛函 ψ 使得 $\|\phi\| = \|\psi\|$ 及 $\phi(f) = \psi(f), \forall f \in C(M)$. 于是 $\|\psi\| = \|\phi\| = \phi(1) = \psi(1)$.

设 $f \in F_b(M, \mathfrak{B}(M))$ 为实值函数并设 $\psi(f) = \alpha + \mathrm{i}\beta$, $\alpha, \beta \in \mathbb{R}$. 对任意整数 n, 有

$$\psi(f + \mathrm{i}\,n) = \psi(f) + \mathrm{i}\,n\psi(1) = \alpha + \mathrm{i}(n\|\psi\| + \beta)$$

$$\alpha^2 + (n\|\psi\| + \beta)^2 \leqslant \|\psi\|^2\|f + \mathrm{i}\,n\|^2 = \|\psi\|^2(\|f\|^2 + n^2),$$

故 $2\|\psi\|\beta n \leqslant \|\psi\|^2\|f\|^2 - \alpha^2 - \beta^2$. 如果 $\beta > 0$, 令 $n \to +\infty$; 如果 $\beta < 0$, 令 $n \to -\infty$, 都会得到矛盾. 所以 $\beta = 0$.

对任意 $f \in F_b(M, \mathfrak{B}(M))$ 且 $f \geqslant 0$, 令 $g = \|f\| - f$. 则

$$g \geqslant 0 \text{ 且 } \|g\| = \sup_{x\in M}(\|f\| - f(x)) \leqslant \|f\|.$$

因为 $\psi(g) \in \mathbb{R}$, 故

$$\begin{aligned}\psi(\|f\| - f) = \psi(g) &\leqslant |\psi(g)| \leqslant \|\psi\|\|g\| \\ &\leqslant \psi(1)\|f\| = \psi(\|f\|),\end{aligned}$$

从而 $\psi(f) \geqslant 0$. □

定理 5.4.8 (Riesz–Markov (里斯–马尔可夫)) 设 (M, τ) 是紧 Hausdorff 空间, ϕ 是 $C(M)$ 上的正线性泛函. 则存在 M 上的唯一一个正则 Borel 测度 λ 使得 $\|\phi\| = \lambda(M)$ 且

$$\phi(f) = \int_M f d\lambda, \quad \forall f \in C(M).$$

证明 由引理 5.4.7 (1), ϕ 有界. 再由引理 5.4.7 (2), 存在 $F_b(M, \mathfrak{B}(M))$ 上的正泛函 ψ 使得 $\phi(f) = \psi(f), \forall f \in C(M)$ 以及 $\|\phi\| = \|\psi\| = \psi(1)$. 于是 $m(M) = \psi(1) = \|\psi\|$. 再由引理 5.4.2、命题 5.4.3 和注 5.4.4 得, $m(M) = \lambda(M) = \mu(M) = \|\phi\|$.

下面, 我们先对 $C_+(M)$ 中满足条件 $f\leqslant 1$ 的 f, 来证明: $\phi(f)\leqslant\int_M fd\lambda$, 其中 λ 为前面所定义. 对任意自然数 $n\geqslant 1$, 将 $[0,1]$ 分成 2^n 等份, 并令

$$M_{k,n}=\left\{x\in M\,\Big|\,\frac{k-1}{2^n}\leqslant f(x)<\frac{k}{2^n}\right\},\quad M_{2^n,n}=\left\{x\in M\,\Big|\,\frac{2^n-1}{2^n}\leqslant f(x)\leqslant 1\right\},$$

并记 $E_{k,n}=\bigcup\limits_{j=0}^{k}M_{2^n-j,n}$, $k=1,\cdots,2^n-1$. 则 $\sum\limits_{k=1}^{2^n}k\chi_{M_{k,n}}=\sum\limits_{k=0}^{2^n-1}\chi_{E_{k,n}}$. 于是

$$0\leqslant\sum_{k=1}^{2^n}\frac{k}{2^n}\chi_{M_{k,n}}(x)-f(x)\leqslant\frac{1}{2^n}\sum_{k=0}^{2^n-1}\chi_{E_{k,n}}(x)-f(x)\leqslant\frac{1}{2^n},\quad\forall\,x\in M.\tag{5.4}$$

因 $E_{k,n}=\left\{x\in M\,\Big|\,\frac{2^n-k-1}{2^n}\leqslant f(x)\leqslant 1\right\}$ 是 M 中的闭集, $0\leqslant k\leqslant 2^n-1$, 故由命题 5.4.3 得 $\lambda(E_{k,n})\geqslant m(E_{k,n})$, $0\leqslant k\leqslant 2^n-1$, 进而由 (5.4) 式得

$$\begin{aligned}\phi(f)&\leqslant\frac{1}{2^n}\sum_{k=0}^{2^n-1}\psi(\chi_{E_{k,n}})=\frac{1}{2^n}\sum_{k=0}^{2^n-1}m(E_{k,n})\leqslant\frac{1}{2^n}\sum_{k=0}^{2^n-1}\lambda(E_{k,n})\\&=\frac{1}{2^n}\sum_{k=0}^{2^n-1}\sum_{j=0}^{k}\lambda(M_{2^n-j,n})=\sum_{k=1}^{2^n}\frac{k}{2^n}\lambda(M_{k,n})\\&=\int_M\Big(\sum_{j=1}^{2^n}\frac{k}{2^n}\chi_{M_{k,n}}\Big)d\lambda\leqslant\int_M f\,d\lambda+\frac{\lambda(M)}{2^n}.\end{aligned}$$

最后, 在上述的不等式中, 令 $n\to\infty$, 则得 $\phi(f)\leqslant\int_M fd\lambda$.

任取 $f\in C_{\mathbb{R}}(M)\backslash\{0\}$, 令 $g=\dfrac{\|f\|-f}{2\|f\|}$. 则 $0\leqslant g\leqslant 1$, 故 $\phi(g)\leqslant\int_M g\,d\lambda$, 即得

$$\|f\|\phi(1)-\phi(f)=\phi(\|f\|-f)\leqslant\int_M(\|f\|-f)\,d\lambda=\|f\|\lambda(M)-\int_M f\,d\lambda,$$

故 $\phi(f)\geqslant\int_M fd\lambda$. 以 $-f$ 替代此不等式中的 f, 便得 $\phi(f)=\int_M fd\lambda$, $\forall\,f\in C_{\mathbb{R}}(M)$. 于是对任意 $f\in C(M)$, $\phi(f)=\int_M fd\mu$.

设另外存在 M 上的正则 Borel 测度 ν 使得

$$\phi(f)=\int_M fd\mu=\int_M fd\nu,\quad\forall\,f\in C(M).$$

任取 $O \in \tau$. 由于 ν 正则, 故对任意 $\epsilon > 0$ 存在 M 中的闭子集 K 使得 $K \subset O$ 且

$$\nu(K) + \epsilon > \nu(O) \geqslant \nu(K).$$

由定理 1.4.3, 存在连续函数 $f\colon M \to [0,1]$ 使得 $f(x) = 1, \forall x \in K$ 以及 $f(x) = 0$, $\forall x \in M \backslash O$. 于是

$$\begin{aligned}\lambda(O) &\geqslant \int_O f\,d\lambda = \int_M f\,d\lambda = \int_M f\,d\nu \\ &\geqslant \int_K f\,d\nu = \nu(K) > \nu(O) - \epsilon,\end{aligned}$$

从而 $\lambda(O) \geqslant \nu(O)$. 同理可得, $\nu(O) \geqslant \lambda(O), \forall O \in \tau$. 所以 $\nu = \lambda$. □

定义 5.4.9 设 (M,τ) 为紧 Hausdorff 空间. $\mathfrak{B}(M)$ 上的复测度 μ 称为复 Borel 测度. 复 Borel 测度 μ 称为正则的, 如果正 Borel 测度 $|\mu|$ 是正则的.

设 μ 是 $\mathfrak{B}(M)$ 上的复 Borel 测度. 则由推论 4.5.10, 存在 M 上唯一一个复值 Borel 可测函数 h_μ 使得 $|h_\mu| = 1$, $d\mu = h_\mu d|\mu|$. 对于 M 上有界 Borel 可测的复值函数 f, 定义 f 在 E $(E \in \mathfrak{B}(M))$ 上关于 μ 的积分 $\int_E f d\mu$ 为

$$\int_E f d\mu = \int_E (f h_\mu) d|\mu|, \quad E \in \mathfrak{B}(M).$$

设 μ, λ 是 $\mathfrak{B}(M)$ 上的两个复测度. 对任意 $E \in \mathfrak{B}(M)$, 由于

$$\int_M \chi_E d\mu = \int_M (\chi_E h_\mu) d|\mu| = \int_E h_\mu d|\mu| = \mu(E), \quad \int_M \chi_E d\lambda = \lambda(E),$$

故

$$\int_M \chi_E d(\mu + \lambda) = (\mu + \lambda)(E) = \mu(E) + \lambda(E) = \int_M \chi_E d\mu + \int_M \chi_E d\lambda.$$

由此可以推出: 对于简单函数 ϕ,

$$\int_M \phi d(\mu + \lambda) = \int_M \phi d\mu + \int_M \phi d\lambda. \tag{5.5}$$

然后对 $f \in F_b(M, \mathfrak{B}(M))$, 我们可以找到一列 M 上的简单函数 $\{\phi_n\}$ 使得 ϕ_n 在 M 上一致收敛于 f. 对于 $\mathfrak{B}(M)$ 上的任意复测度 ν, 由于

$$\left|\int_M \phi_n d\nu - \int_M f d\nu\right| \leqslant \int_M |\phi_n - f| d|\nu| \leqslant \sup_{x \in M} |\phi_n(x) - f(x)| |\nu|(M) \to 0,$$

故由 (5.5) 式得到

$$\int_M fd(\mu+\lambda)=\int_M fd\mu+\int_M fd\lambda.$$

定理 5.4.10 (Riesz 表示定理) 设 M 为紧 Hausdorff 空间, Φ 为 $C(M)$ 上的有界线性泛函. 则在 M 上存在唯一的复 Borel 正则测度 μ 使得

$$\Phi(f)=\int_M fd\mu,\quad \forall f\in C(M),\quad 且\ \|\Phi\|=|\mu|(M).$$

证明 不妨设 $\|\Phi\|=1$. 对每个 $f\in C_+(M)$, 定义

$$\Lambda f=\sup\{|\Phi(h)|\,|\,h\in C(M),\ |h|\leqslant f\}.$$

则 Λ 是 $C_+(M)$ 到 $\mathbb{R}$ 的非负映射且有性质:

(1) $\Lambda(cf)=c\Lambda(f),\forall f\in C_+(M),c\geqslant 0$;

(2) $\Lambda(f_1)\leqslant\Lambda(f_2)$, 如果 $f_1,f_2\in C_+(M)$ 且 $f_1\leqslant f_2$.

现在证明: 对任意 $f,g\in C_+(M)$, $\Lambda(f+g)=\Lambda(f)+\Lambda(g)$. 由定义, 对任意 $\epsilon>0$, 存在 $h_1,h_2\in C(M)$ 且 $|h_1|\leqslant f$, $|h_2|\leqslant g$ 使得

$$\Lambda(f)<|\Phi(h_1)|+\epsilon,\quad \Lambda(g)<|\Phi(h_1)|+\epsilon.$$

取 α_1,α_2, 使得 $|\alpha_j|=1$, $|\Phi(h_j)|=\Phi(h_j)\alpha_j$, $j=1,2$. 于是

$$\Lambda(f)+\Lambda(g)<|\Phi(h_1)|+|\Phi(h_2)|+2\epsilon=\Phi(\alpha_1h_1+\alpha_2h_2)+2\epsilon,$$

而 $|\alpha_1h_1+\alpha_2h_2|\leqslant|h_1|+|h_2|\leqslant f+g$, 进而

$$\Lambda(f)+\Lambda(g)<|\Phi(\alpha_1h_1+\alpha_2h_2)|+2\epsilon<\Lambda(f+g)+2\epsilon,$$

故得 $\Lambda(f)+\Lambda(g)\leqslant\Lambda(f+g)$.

再任取 $h\in C(M)$ 使得 $|h|\leqslant f+g$. 设 $V=\{x\in M\,|\,f(x)+g(x)>0\}$. 则 V 是 M 中的开集. 定义

$$h_1(x)=\begin{cases}\dfrac{f(x)h(x)}{f(x)+g(x)}, & x\in V,\\ 0, & x\notin V,\end{cases}\qquad h_2(x)=\begin{cases}\dfrac{g(x)h(x)}{f(x)+g(x)}, & x\in V,\\ 0, & x\notin V.\end{cases}$$

显然, $h_j(x)$ 在 V 上连续, $j=1,2$. 由于 $|h_j(x)|\leqslant|h(x)|,\forall x\in M$, $j=1,2$, $h(x)$ 在 M 上连续且 $h(x)=0$, $\forall x\notin V$, 故 $h_j(x)$ 在 $M\backslash V$ 上连续, $j=1,2$. 于是 $h_1,h_2\in C(M)$ 而且 $h=h_1+h_2$, $|h_1|\leqslant f$, $|h_2|\leqslant g$ (因为 $|h|\leqslant f+g$). 从而有

$$|\Phi(h)|=|\Phi(h_1+h_2)|\leqslant|\Phi(h_1)|+|\Phi(h_2)|\leqslant\Lambda(f)+\Lambda(g).$$

由此可得 $\Lambda(f+g)\leqslant\Lambda(f)+\Lambda(g)$.

对 $f\in C_{\mathbb{R}}(M)$, 如果存在 $f_1,f_2\in C_+(M)$ 使得 $f=f_1-f_2$, 我们就定义 $\widetilde{\Lambda}(f)=\Lambda(f_1)-\Lambda(f_2)$. $\widetilde{\Lambda}$ 的定义不依赖 f_1,f_2 的选取. 事实上, 如果有 $g_1,g_2\in C_+(M)$ 使得 $f=g_1-g_2$, 则得 $f_1+g_2=f_2+g_1$. 于是,

$$\Lambda(f_1)+\Lambda(g_2)=\Lambda(f_1+g_2)=\Lambda(f_2+g_1)=\Lambda(f_2)+\Lambda(g_1),$$

即得 $\Lambda(f_1)-\Lambda(f_2)=\Lambda(g_1)-\Lambda(g_2)$. 下面证明 $\widetilde{\Lambda}$ 是 $C_{\mathbb{R}}(M)$ 的线性泛函.

设 $f,g\in C_{\mathbb{R}}(M)$, 则

$$\begin{aligned}\widetilde{\Lambda}(f+g)&=\Lambda(f^++g^+)-\Lambda(f^-+g^-)\\&=\Lambda(f^+)+\Lambda(g^+)-\Lambda(f^-)-\Lambda(g^-)\\&=\widetilde{\Lambda}(f)+\widetilde{\Lambda}(g);\end{aligned}$$

设 $c\in\mathbb{R}$, f 为 M 上的实值连续函数. 则由

$$cf=(c^+-c^-)(f^+-f^-)=(c^+f^++c^-f^-)-(c^+f^-+c^-f^+)$$

得到

$$\begin{aligned}\widetilde{\Lambda}(cf)&=\Lambda(c^+f^++c^-f^-)-\Lambda(c^+f^-+c^-f^+)\\&=c^+\Lambda(f^+)+c^-\Lambda(f^-)-c^+\Lambda(f^-)-c^-\Lambda(f^+)\\&=(c^+-c^-)(\Lambda(f^+)-\Lambda(f^-))=c\widetilde{\Lambda}(f).\end{aligned}$$

这样通过定义 $\widetilde{\Lambda}(f)=\widetilde{\Lambda}(\operatorname{Re}f)+\mathrm{i}\,\widetilde{\Lambda}(\operatorname{Im}f), \forall f\in C(M)$, 就可以将 $\widetilde{\Lambda}$ 延拓为 $C(M)$ 上的线性泛函而且还是 $C(M)$ 上的正泛函. 由此存在 M 上唯一一个正则 Borel 正测度 λ 使得 $\widetilde{\Lambda}(f)=\int_M fd\lambda, \forall f\in C(M)$. 于是

$$|\Phi(f)|\leqslant\Lambda(|f|)=\widetilde{\Lambda}(|f|)=\int_M|f|d\lambda=\|f\|_1,\quad\forall f\in C(M).\tag{5.6}$$

由于 $C(M)$ 在 $L^1(M,\lambda)$ 中稠密, 而 Φ 在 $C(M)$ 上关于 $L^1(M,\lambda)$ 的范数 $\|\cdot\|_1$ 连续, 所以 Φ 可以延拓为 $L^1(M,\lambda)$ 上的有界线性泛函. 于是由定理 5.3.1 知, 存在唯一的 $g\in L^\infty(M,\lambda)$ 使得

$$\Phi(f)=\int_M fgd\lambda,\quad\forall f\in L^1(M,\lambda),\quad\|\Phi\|=\|g\|_\infty=1.\tag{5.7}$$

令 $\mu(E)=\int_E gd\lambda, \forall E\in\mathfrak{B}(M)$. 则由推论 4.5.11 得

$$\Phi(f)=\int_M fd\mu,\quad\forall f\in C(M),\quad|\mu|(E)=\int_E|g|d\lambda,\quad\forall E\in\mathfrak{B}(M).$$

注意到, 对任意 $h\in C(M)$ 且 $|h|\leqslant1$ 时, $|\Phi(h)|\leqslant\|\Phi\|\|h\|\leqslant1$, 故

$$\lambda(M)=\int_M 1d\lambda=\Lambda(1)=\sup\{|\Phi(h)|\,|\,h\in C(M),|h|\leqslant1\}\leqslant1.$$

由 (5.7) 式得

$$|\Phi(f)| \leqslant \int_M |f||g|d\lambda \leqslant \|f\|_\infty \int_M |g|d\lambda, \quad \forall f \in C(M),$$

故

$$1 = \|\Phi\| \leqslant \int_M |g|d\lambda \leqslant \|g\|_\infty \lambda(M) = \lambda(M),$$

从而 $\lambda(M) = 1$, $\int_M (|g|-1)d\lambda \geqslant 0$.

由 $\|g\|_\infty = 1$, 可得: 存在 $\{E_n\} \subset \mathfrak{F}$ 使得 $\mu(E_n) = 0$, $\sup\limits_{x\in M\setminus E_n} |g(x)| \to 1$, $n \to \infty$. 令 $E = \bigcup\limits_{n=1}^{\infty} E_n$. 则 $\mu(E) = 0$,

$$\sup_{x\in M\setminus E} |g(x)| \leqslant \sup_{x\in M\setminus E_n} |g(x)| \to 1, \quad n \to \infty.$$

于是 $|g(x)| \leqslant 1$, μ–a.e., 进而由 $\int_M (|g|-1)d\lambda \geqslant 0$ 得到 $|g(x)| = 1$, μ–a.e.. 所以,

$$|\mu|(E) = \int_E |g|d\lambda = \lambda(E), \quad \forall E \in \mathfrak{B}(M),$$

即 $|\mu| = \lambda$ 是 $\mathfrak{B}(M)$ 上的复正则 Borel 测度, 也即 μ 是 $\mathfrak{B}(M)$ 上的复正则 Borel 测度并且

$$|\mu|(M) = \lambda(M) = 1 = \|\Phi\|.$$

再证 μ 的唯一性. 若存在 $\mathfrak{B}(M)$ 上的复正则 Borel 测度 μ' 使得

$$\int_M f d\mu = \int_M f d\mu', \quad \forall f \in C(M). \tag{5.8}$$

设 $\nu = \mu - \mu'$. 若 $\nu \neq 0$, 则有 M 上的可测函数 h_ν 使得 $|h_\nu(x)| = 1, \forall x \in M$ 且 $d\nu = h_\nu d|\nu|$. 于是由 (5.8) 式得 $\int_M f h_\nu d|\nu| = 0, \forall f \in C(M)$.

因 $C(M)$ 在 $L^1(M,|\nu|)$ 中稠密, 故有 $\{h_n\} \subset C(M)$ 使得 $\lim\limits_{n\to\infty} \|\overline{h_\nu} - h_n\|_1 = 0$. 于是, 当 $n \to \infty$ 时,

$$\left|\int_M |h_\nu|^2 d|\nu| - \int_M h_n h_\nu d|\nu|\right| \leqslant \int_M |\overline{h_\nu} - h_n||h_\nu|d|\nu| = \|\overline{h_\nu} - h_n\|_1 \to 0.$$

但 $\int_M h_n h_\nu d|\nu| = 0$, $n \geqslant 1$, $|h_\nu| = 1$, 则由上式得到 $|\nu|(M) = 0$, 矛盾. 故 $\mu = \mu'$. □

5.5 关于 Fourier 级数的一些问题

本节主要讨论 Fourier 级数的收敛性以及它的系数的一些性质.

设 $S^1=\{z\in\mathbb{C}\,|\,|z|=1\}$. 令 $\mathfrak{F}=\{\sigma\subset S^1\,|\,\{\theta\in[0,2\pi]\,|\,\mathrm{e}^{\mathrm{i}\theta}\in\sigma\}$Lebesgue 可测$\}$. 易知, $(S^1,\mathfrak{F})$ 是可测空间. 设 m 为 $\mathbb{R}^1$ 上的 Lebesgue 测度. 定义 $\mathfrak{F}$ 上的测度 μ 为

$$\mu(\sigma)=\frac{1}{2\pi}m(\{\theta\in[0,2\pi]\,|\,\mathrm{e}^{\mathrm{i}\theta}\in\sigma\}),\quad \forall\,\sigma\in\mathfrak{F}.$$

于是, 当 $f\in L(S^1,\mu)$ 时, $\displaystyle\int_{S^1}f\,d\mu=\frac{1}{2\pi}\int_0^{2\pi}f(\mathrm{e}^{\mathrm{i}\theta})\,d\theta$ (参见第 2 章习题 24).

设 $p\in[1,+\infty)$. 则当 $f\in L^p(S^1,\mu)$ 时, $\|f\|_p=\left(\displaystyle\frac{1}{2\pi}\int_0^{2\pi}|f(\mathrm{e}^{\mathrm{i}\theta})|^p\,d\theta\right)^{1/p}$. 注意到 $L^p(S^1,\mu)\subset L^1(S^1,\mu)$, 所以 f 的第 n 个 Fourier 系数

$$c_n(f)=\frac{1}{2\pi}\int_0^{2\pi}f(\mathrm{e}^{\mathrm{i}\theta})\mathrm{e}^{-in\theta}\,d\theta$$

定义了 $L^p(S^1,\mu)$ 上的有界线性泛函, $n\geqslant 1$.

注 5.5.1 对任意 S^1 上的函数 $f(z)$, $g(t)=f(\mathrm{e}^{\mathrm{i}t})$, $\forall\,t\in\mathbb{R}$ 是 $\mathbb{R}$ 上周期为 2π 的函数. 反之, 对于定义在 $[0,2\pi]$ 上的函数 $g_0(t)$, 我们可以将它延拓为 $\mathbb{R}$ 上且周期为 2π 的函数 $g(t)$. 于是 $f(\mathrm{e}^{\mathrm{i}t})=g(t)$, $\forall\,t\in[0,2\pi]$ 定义了 S^1 上一个函数 $f(z)$, $z=\mathrm{e}^{\mathrm{i}t}$. 因此, 在映射 $f\mapsto g$ 下, 我们就认为

$$C(S^1)=\{f\in C[0,2\pi]\,|\,f(0)=f(2\pi)\},\quad L^p(S^1,\mu)=L^p[0,2\pi],\quad p\in[1,+\infty).$$

对 $n\geqslant 0$, $f\in L^p[0,2\pi]$, 令 $S_n(f)(z)=\sum\limits_{k=-n}^{n}c_n(f)z^k$, $\forall\,z\in S^1$. 设 $e_n(z)=z^n$, $\forall\,z\in S^1$, $n\in\mathbb{Z}$. 再令

$$T(S^1)=\left\{\sum_{k=-n}^{n}c_ne_n\,\middle|\,c_1,c_2,\cdots,c_n\in\mathbb{C},\ n\geqslant 0\right\}.$$

则 $T(S^1)\subset C(S^1)$, $1\in T(S^1)$ 且 e_1 分离 S^1. 由于 $e_n^*=e_{-n}$, $n=0,\pm1,\pm,\cdots$, 所以, $\overline{T(S^1)}$ 是 $C(S^1)$ 中的闭子代数而且 $f\in\overline{T(S^1)}\Longrightarrow f^*\in\overline{T(S^1)}$. 从而由定理 1.4.9, $\overline{T(S^1)}=C(S^1)$.

根据命题 3.1.6, $C(S^1)$ 在 $L^p(S^1,\mu)$ 中稠密 ($p\in[1,+\infty)$). 于是由上述, $T(S^1)$ 在 $L^p(S^1,\mu)$ 中稠密. 从而由定理 4.2.8, $\{e_n\,|\,n\in\mathbb{Z}\}$ 是 Hilbert 空间 $L^2(S^1,\mu)$ 的一组规范正交基. 这样, 我们就有下面的结果.

命题 5.5.2 对任意 $f\in L^2(S^1,\mu)$, $\lim\limits_{n\to\infty}\|S_n(f)-f\|_2=0$, 即有 $f(\mathrm{e}^{\mathrm{i}\theta})=\sum\limits_{k=-\infty}^{\infty}c_k(f)\mathrm{e}^{\mathrm{i}\,n\theta}$, $\forall\,\theta\in[0,2\pi]$(按 $\|\cdot\|_2$ 收敛).

由于 $f\in L^2(S^1,\mu)$, $c_k(f)=\langle f,e_k\rangle$, $n\in\mathbb{Z}$, $\{e_n\,|\,n\in\mathbb{Z}\}$ 是 $L^2(S^1,\mu)$ 的规范正交基, 故 $\lim\limits_{n\to\infty}c_n(f)=0$, 从而对任意 $f\in C(S^1)$, 有

$$\lim_{n\to\infty}\int_0^{2\pi}f(\mathrm{e}^{\mathrm{i}n\theta})\sin(n\theta)\,d\theta=\lim_{n\to\infty}\int_0^{2\pi}f(\mathrm{e}^{\mathrm{i}n\theta})\cos(n\theta)\,d\theta=0. \tag{5.9}$$

由于 $C(S^1)$ 在 $L^2(S^1,\mu)$ 和 $L^1(S^1,\mu)$ 中都稠密, 所以 (5.9) 式对属于 $L^1(S^1,\mu)$ 的函数 f 也成立, 即得 $\lim\limits_{|n|\to\infty}c_n(f)=0$, $\forall\,f\in L^1(S^1,\mu)$. (5.9) 式还有如下的推广.

命题 5.5.3 (Riemann–Lebesgue) 设 $a,b\in\mathbb{R}$, $f\in L^1([a,b])$. 则

$$\lim_{n\to\infty}\int_a^b f(x)\sin(nx)\,dx=\lim_{n\to\infty}\int_a^b f(x)\cos(nx)\,dx=0.$$

证明 设 $g(x)=\begin{cases}f(x), & x\in[a,b],\\ 0, & x\in\mathbb{R}^1\backslash[a,b].\end{cases}$ 则 $g\in L^1(\mathbb{R})$. 于是, $\hat{g}(n)=\dfrac{1}{\sqrt{2\pi}}\displaystyle\int_a^b f(x)\mathrm{e}^{-\mathrm{i}nx}dx$, $n=1,2,\cdots$. 由定理 3.3.6 (2), $\lim\limits_{n\to\infty}\hat{g}(n)=0$. 由此得到结论. □

对于 $f\in L^1(S^1,\mu)$, $\theta\in[0,2\pi]$, 我们有

$$S_n(f)(\mathrm{e}^{\mathrm{i}\theta})=\frac{1}{2\pi}\int_0^{2\pi}f(\mathrm{e}^{\mathrm{i}\xi})\Big(\sum_{k=-n}^{n}\mathrm{e}^{\mathrm{i}k(\theta-\xi)}\Big)\,d\xi=\frac{1}{2\pi}\int_0^{2\pi}f(\mathrm{e}^{\mathrm{i}\xi})D_n(\mathrm{e}^{\mathrm{i}(\theta-\xi)})\,d\xi,$$

其中 $D_n(\mathrm{e}^{\mathrm{i}\theta})=\dfrac{\sin\left(\dfrac{2n+1}{2}\theta\right)}{\sin\left(\dfrac{1}{2}\theta\right)}$, $\forall\,\theta\in\mathbb{R}$, $n=0,1,2,\cdots$. 对于 $\lim\limits_{n\to\infty}S_n(f)(\mathrm{e}^{\mathrm{i}\theta})$ $(\theta\in[0,2\pi])$ 的存在性, 有如下的结论.

定理 5.5.4 设 $f\in L^1(S^1,\mu)$, $\theta_0\in(0,2\pi)$ 使得 $a=\lim\limits_{\theta\to\theta_0^+}f(\mathrm{e}^{\mathrm{i}\theta})$ 和 $b=\lim\limits_{\theta\to\theta_0^-}f(\mathrm{e}^{\mathrm{i}\theta})$ 都存在. 令 $s=\dfrac{1}{2}(a+b)$, $\phi(t)=f(\mathrm{e}^{\mathrm{i}(\theta_0+t)})+f(\mathrm{e}^{\mathrm{i}(\theta_0-t)})-2s$, $\forall\,t\in[0,2\pi]$. 如果下列条件之一满足, 则 $\lim\limits_{n\to\infty}S_n(f)(\mathrm{e}^{\mathrm{i}\theta_0})=s$.

(1) (Dini (迪尼) 判别准则) 存在 $\delta\in(0,\pi)$ 使得 $\displaystyle\int_0^{\delta}\frac{|\phi(t)|}{t}dt<+\infty$;

(2) (Dirichlet (狄利克雷) 判别准则) 存在 $\delta \in (0,\pi)$ 使得 $\phi(t)$ 为 $[0,\delta]$ 上的有界变差函数.

证明 由于 $f(e^{i\theta})$, $D_n(e^{i\theta})$ 是以 2π 为周期的函数, 而 $D_n(e^{i\theta})$ 还是偶函数, $n \geqslant 0$, 于是

$$S_n(f)(e^{i\theta_0}) - s = \frac{1}{2\pi}\int_0^{\pi} \phi(t) D_n(e^{it}) dt = \frac{1}{2\pi}\int_0^{\pi} \frac{\phi(t)}{\sin\dfrac{t}{2}} \sin\left(\frac{2n+1}{2}t\right) dt. \quad (5.10)$$

设条件 (1) 满足. 注意到

$$\int_0^{\delta} \left|\frac{\phi(t)}{\sin\dfrac{t}{2}}\right| dt = \int_0^{\delta} \frac{|\phi(t)|}{t} \frac{t}{\sin\left(\dfrac{t}{2}\right)} dt \leqslant \frac{1}{\pi}\int_0^{\delta} \frac{|\phi(t)|}{t} dt < +\infty,$$

$$\int_{\delta}^{\pi} \left|\frac{\phi(t)}{\sin\dfrac{t}{2}}\right| dt \leqslant \frac{\delta}{\pi}\int_{\delta}^{\pi} |\phi(t)| dt \leqslant \frac{2\delta}{\pi}\left(\int_0^{2\pi} |f(e^{i\theta})| dt + (\pi-\delta)|s|\right) < +\infty,$$

故 $\int_0^{\pi} \left|\frac{\phi(t)}{\sin\frac{t}{2}}\right| dt < +\infty$. 从而对 (5.10) 式运用命题 5.5.3, 便得结论.

现在设条件 (2) 满足. 令 $\psi(t) = \dfrac{t}{\sin\dfrac{t}{2}}$, $\forall\, t \in [0,\delta]$. 则 ψ 是 $[0,\delta]$ 上的连续、单调递增函数. 于是 $\phi\psi$ 在 $[0,\delta]$ 上有界变差. 从而存在 $[0,2\pi]$ 上的单调递增函数 g_1 和 g_2 使得 $\phi\psi = g_1 - g_2$. 由于 $\lim\limits_{t\to 0}\phi(t)\psi(t) = 0$, 故 $\lim\limits_{t\to 0^+} g_1(t) = \lim\limits_{t\to 0^+} g_2(t) = c$. 这样, 通过 $\phi\psi = (g_1 - c) - (g_2 - c)$, 就可设 $c = 0$. 于是对任意 $\epsilon > 0$, 存在 $\delta_0 \in [0,\delta]$ 使得 $|g_j(t)| < \epsilon$, $\forall\, t \in (0,\delta_0]$, $j = 1,2$. 由 (5.10) 式得

$$\begin{aligned} S_n(f)(e^{i\theta_0}) - s =& \frac{1}{2\pi}\int_0^{\delta_0} (g_1(t) - g_2(t)) \frac{\sin\left(n+\dfrac{1}{2}\right)t}{t} dt \\ &+ \frac{1}{2\pi}\int_{\delta_0}^{\pi} \frac{\phi(t)}{\sin\dfrac{t}{2}} \sin\left(n+\frac{1}{2}\right) t dt. \end{aligned} \quad (5.11)$$

由积分第二中值定理知, 存在 $\xi_1, \xi_2 \in (0,\delta_0]$ 使得

$$\int_0^{\delta_0} g_j(t) \frac{\sin\left(n+\dfrac{1}{2}\right)t}{t} dt = g_j(\delta_0)\int_{\xi_j}^{\delta_0} \frac{\sin\left(n+\dfrac{1}{2}\right)t}{t} dt$$

$$= g_j(\delta_0)\int_{\left(n+\frac{1}{2}\right)\xi_j}^{\left(n+\frac{1}{2}\right)\delta_0}\frac{\sin t}{t}dt,\quad j=1,2.$$

由于 $\eta(x)=\int_0^x\frac{\sin t}{t}dt\ (x\in[0,+\infty))$ 在 $[0,+\infty)$ 上连续且 $\lim\limits_{x\to+\infty}\eta(x)=\frac{\pi}{2}$, 于是存在常数 $M>0$ 使得 $|\eta(x)|\leqslant M$, $\forall\, x\in[0,+\infty)$. 这样, 结合上式和 (5.11) 式, 便有

$$|S_n(f)(\mathrm{e}^{\mathrm{i}\theta_0})-s|\leqslant\frac{1}{2\pi}(2M\epsilon+2M\epsilon)+\frac{1}{2\pi}\left|\int_{\delta_0}^{\pi}\frac{\phi(t)}{\sin\frac{t}{2}}\sin\left(n+\frac{1}{2}\right)tdt\right|,\quad n\geqslant 1.$$

由此可得 $\lim\limits_{n\to\infty}(S_n(f)(\mathrm{e}^{\mathrm{i}\theta_0})-s)=0$. □

现在, 任意给定一个复数列 $\{c_n\}_{n\in\mathbb{Z}}$ 而且 $\lim\limits_{|n|\to\infty}c_n=0$, 问: 能否找到 $f\in L^1(S^1,\mu)$ 使得 $c_n(f)=c_n$, $\forall\, n\in\mathbb{Z}$? 为了回答这个问题, 我们需要做一些准备工作.

设 $C_0=\{\{c_n\}_{n\in\mathbb{Z}}\mid\lim\limits_{|n|\to\infty}c_n=0\}$. 按照数列通常的加法、数乘以及范数 $\|\{c_n\}_{n\in\mathbb{Z}}\|=\sup\limits_{n\in\mathbb{Z}}|c_n|$, C_0 成为Banach空间.

引理 5.5.5 $\sup\limits_{n\geqslant 0}\|D_n\|_1=+\infty$.

证明 $D_n(\mathrm{e}^{\mathrm{i}\theta})=\sum\limits_{k=-n}^{n}\mathrm{e}^{\mathrm{i}k\theta}$ 是 $C(S^1)$ 上的连续函数, 于是, 对 $n\geqslant 0$, 有

$$\begin{aligned}\|D_n\|_1&=\frac{1}{2\pi}\int_0^{2\pi}|D_n(\mathrm{e}^{\mathrm{i}\theta})|\,d\theta=\frac{2}{\pi}\int_0^{\frac{\pi}{2}}\left|\frac{\sin(2n+1)x}{\sin x}\right|dx\\&\geqslant\frac{2}{\pi}\int_0^{\frac{\pi}{2}}\left|\frac{\sin(2n+1)x}{x}\right|dx=\frac{2}{\pi}\sum_{k=0}^{2n}\int_{\frac{k\pi}{2(2n+1)}}^{\frac{(k+1)\pi}{2(2n+1)}}\left|\frac{\sin(2n+1)x}{x}\right|dx\\&\geqslant\frac{4}{\pi^2}\sum_{k=0}^{2n}\frac{2n+1}{k+1}\int_{\frac{k\pi}{2(2n+1)}}^{\frac{(k+1)\pi}{2(2n+1)}}|\sin(2n+1)x|\,dx=\frac{4}{\pi^2}\sum_{k=0}^{2n}\frac{1}{k+1},\end{aligned}$$

其中利用了不等式 $0\leqslant\sin x\leqslant x$, $\forall\, x\in\left[0,\frac{\pi}{2}\right]$. 所以 $\sup\limits_{n\geqslant 0}\|D_n\|_1=+\infty$. □

命题 5.5.6 对任意 $\{c_n\}_{n\in\mathbb{Z}}\in C_0$, 不存在 $f\in L^1(S^1,\mu)$ 使得 $c_n(f)=c_n$, $\forall\, n\in\mathbb{Z}$.

证明 定义 $T\colon L^1(S^1,\mu)\to C_0$ 为 $Tf=\{c_n(f)\}_{n\in\mathbb{Z}}$. 由于

$$|c_n(f)|=\left|\frac{1}{2\pi}\int_0^{2\pi} f(\mathrm{e}^{\mathrm{i}\theta})\mathrm{e}^{-\mathrm{i}n\theta}\,d\theta\right|\leqslant\frac{1}{2\pi}\int_0^{2\pi}|f(\mathrm{e}^{\mathrm{i}\theta})|\,d\theta=\|f\|_1,$$

所以 $\|Tf\|\leqslant\|f\|_1, \forall f\in L^1(S^1,\mu)$, 即 T 有界.

再证 T 是单射. 设 $f\in L^1(S^1,\mu)$ 使得 $\int_0^{2\pi} f(\mathrm{e}^{\mathrm{i}\theta})\mathrm{e}^{\mathrm{i}n\theta}\,d\theta=0$, $n\in\mathbb{Z}$. 由于 $T(S^1)$ 在 $C(S^1)$ 中稠密, 所以 $\int_0^{2\pi} f(\mathrm{e}^{\mathrm{i}\theta})g(\mathrm{e}^{\mathrm{i}\theta})\,d\theta=0, \forall g\in C(S^1)$. 由定理 2.4.11, 对任意 $\epsilon>0$, 存在 $\delta>0$, 使得对任意 $E\in\mathfrak{F}$ 且 $\mu(E)<\delta$, 就有 $\int_E|f(\mathrm{e}^{\mathrm{i}\theta})|\,d\theta<\epsilon$. 设 r 为 S^1 上的有界Lebesgue可测函数. 则由定理 2.3.11, 存在 S^1 中的闭子集 E_δ 及 S^1 上的连续函数 h 使得 $r(z)=h(z), \forall z\in E_\delta$ 且 $\mu(S^1\backslash E_\delta)<\delta$. 于是

$$\begin{aligned}\int_0^{2\pi} f(\mathrm{e}^{\mathrm{i}\theta})r(\mathrm{e}^{\mathrm{i}\theta})\,d\theta&=\int_{E_\delta} f(z)h(z)\,d\mu+\int_{S^1\backslash E_\delta} f(z)r(z)\,d\mu\\&=\int_{S^1\backslash E_\delta} f(z)(r(z)-h(z))\,d\mu.\end{aligned}$$

设 $M=\sup\limits_{x\in S^1}|r(x)|$. 则由定理 2.4.11, 得

$$\left|\int_0^{2\pi} f(\mathrm{e}^{\mathrm{i}\theta})r(\mathrm{e}^{\mathrm{i}\theta})\,d\theta\right|\leqslant\int_{S^1\backslash E_\delta}|f(z)||r(z)-h(z)|\,d\mu<2M\epsilon,$$

故对 S^1 中的任意 Lebesgue 可测集 E, $\int_E f\,d\mu=0$. 从而 $f=0$, μ–a.e., 即 T 是单射.

如果命题的结论不成立, 则 T 是满射. 于是由Banach逆算子定理, T^{-1} 有界而且 $\|Tf\|\geqslant\dfrac{1}{\|T^{-1}\|}\|f\|_1, \forall f\in L^1(S^1,\mu)$.

对于 $D_n(\mathrm{e}^{\mathrm{i}\theta})=\dfrac{\sin\left(\dfrac{2n+1}{2}\theta\right)}{\sin\left(\dfrac{1}{2}\theta\right)}, \forall\theta\in[0,2\pi]$, $n\geqslant0$, 因为

$$c_k(D_n)=\begin{cases}1, & |k|\leqslant n,\\0, & |k|>n,\end{cases}$$

故 $\|T(D_n)\| = 1$, 从而 $\|D_n\|_1 \leqslant \|T^{-1}\|$, $\forall\, n \geqslant 0$. 而这与引理 5.5.5 的结论矛盾. □

命题 5.5.7 对任意 $\xi \in S^1$, $\left\{f \in C(S^1) \,\middle|\, \sum\limits_{n=-\infty}^{\infty} c_n(f)\xi^n \text{ 发散}\right\}$ 是第二纲集合.

证明 设 $\xi = \mathrm{e}^{\mathrm{i}\phi}$, $\phi \in [0, 2\pi]$. 任取 $f \in C(S^1)$, 令 $g_\xi(z) = f(\xi z)$, $\forall\, z \in S^1$. 则

$$c_n(g_\xi) = \frac{1}{2\pi}\int_0^{2\pi} f(\mathrm{e}^{\mathrm{i}(\phi+\theta)})\mathrm{e}^{-\mathrm{i}n\theta}\, d\theta \xlongequal{\tau=\phi+\theta} \frac{1}{2\pi}\int_\phi^{\phi+2\pi} f(\mathrm{e}^{\mathrm{i}\tau})\mathrm{e}^{-\mathrm{i}n\tau}\xi^n\, d\tau$$
$$= c_n(f)\xi^n, \quad \forall\, n \in \mathbb{Z}.$$

定义 $\Phi_\xi\colon C(S^1) \to C(S^1)$ 为 $\Phi_\xi(f) = g_\xi$, 则 Φ_ξ 是一对一到上的线性算子而且 $\Phi_\xi^{-1} = \Phi_{\overline{\xi}}$, $\|\Phi_\xi(f)\| = \|f\|$, $\forall\, f \in C(S^1)$. 令

$$M_\xi = \left\{f \in C(S^1) \,\middle|\, \sum_{n=-\infty}^{\infty} c_n(f)\xi^n \text{ 发散}\right\}, \quad M = M_1.$$

利用关系式 $c_n(\Phi_\xi(f)) = c_n(f)\xi^n$, $n = 0, \pm1, \pm2, \cdots$, 容易得到 $\Phi_\xi(M_\xi) = M$.

设 $\xi = 1$. 则

$$S_n(f)(1) = \frac{1}{2\pi}\int_0^{2\pi} f(\mathrm{e}^{\mathrm{i}\theta})D_n(\mathrm{e}^{\mathrm{i}\theta})\, d\theta = \sum_{k=-n}^{n} c_k(f), \quad \forall\, f \in C(S^1),\ n \geqslant 0.$$

令 $\phi_n(f) = S_n(f)(1)$, $\forall\, f \in C(S^1)$, $n \geqslant 0$. 则有 $\|\phi_n\| \leqslant \|D_n\|_1$, $\forall\, n \geqslant 0$.

令 $h_n(\mathrm{e}^{\mathrm{i}\theta}) = \mathrm{sgn}(D_n(\mathrm{e}^{\mathrm{i}\theta}))$, $\forall\, \theta \in [0, 2\pi]$, $\forall\, n \geqslant 0$. 对每个 $n \geqslant 0$, 由积分的绝对连续性知, 对任意 $\epsilon > 0$, 存在 $\delta_n > 0$ 使得 $\int_E |D_n|\, d\mu < \epsilon$ 对任意 $E \in \mathfrak{B}(S^1)$ 且 $\mu(E) < \delta_n$ 成立. 由于 $D_n \in C_{\mathbb{R}}(S^1)$, 故 h_n Borel 可测. 由定理 2.3.11, 存在 S^1 中的闭子集 E_{δ_n} 及 $k_n \in C_{\mathbb{R}}(S^1)$ 使得 $h_n(z) = k_n(z)$, $\forall\, z \in E_{\delta_n}$ 及

$$\mu(S^1 \backslash E_{\delta_n}) < \delta, \quad \max_{z \in S^1} |k_n(z)| \leqslant \sup_{z \in S^1} |h_n(z)| = 1.$$

利用等式

$$\int_{S^1} h_n D_n\, d\mu = \int_{S^1 \backslash E_{\delta_n}} (h_n - k_n)D_n\, d\mu + \int_{S^1} k_n D_n\, d\mu,$$

可以得到

$$\int_{S^1} |D_n|\, d\mu \leqslant 2\int_{S^1 \backslash E_\delta} |D_n|\, d\mu + |\phi_n(k_n)| < 2\epsilon + \|\phi_n\|,$$

从而 $\|\phi_n\| = \|D_n\|_1$, $\forall\, n \geqslant 0$. 进而由引理 5.5.5, $\sup\limits_{n\geqslant 0}\|\phi_n\| = +\infty$. 于是由定理 5.2.6, $M_0 = \left\{f \in C(S^1) \,\middle|\, \sup\limits_{n\geqslant 0}|\phi_n(f)| < +\infty\right\}$ 是 $C(S^1)$ 中的第一纲集合, 故 $C(S^1)\backslash M_0$ 是第二纲集合. 由于

$$M \supset \{f \in C(S^1) \mid \sup_{n\geqslant 0}|\phi_n(f)| = +\infty\} = C(S^1)\backslash M_0,$$

故 M 是第二纲集合, 从而 $M_\xi = \Phi_{\overline{\xi}}(M)$ 是 $C(S^1)$ 中的第二纲集合. □

下面, 我们从另外的角度来考察 Fourier 级数的收敛性.

设 $f \in L^1(S^1, \mu)$, $S_n(f)(\mathrm{e}^{\mathrm{i}\theta}) = \sum\limits_{k=-n}^{n} c_k(f)\mathrm{e}^{\mathrm{i}k\theta}$, $\forall\, \theta \in [0, 2\pi]$, $n \geqslant 0$. 一般, 函数列 $\{S_n(f)(\mathrm{e}^{\mathrm{i}\theta})\}$ 未必收敛. 现在我们考虑 $\{S_n(f)(\mathrm{e}^{\mathrm{i}\theta})\}$ 的 Cesâro (切萨罗) 平均

$$\sigma_n(f)(\mathrm{e}^{\mathrm{i}\theta}) = \frac{1}{n+1}\sum_{k=0}^{n} S_k(f)(\mathrm{e}^{\mathrm{i}\theta}), \quad \forall\, \theta \in [0, 2\pi],\ n \geqslant 0.$$

通过计算, 可以得出

$$\begin{aligned}\sigma_n(f)(\mathrm{e}^{\mathrm{i}\theta}) &= \sum_{k=-n}^{n}\Big(1 - \frac{|k|}{n+1}\Big)c_k(f)\mathrm{e}^{\mathrm{i}k\theta}\\ &= \frac{1}{2\pi(n+1)}\int_0^{2\pi} f(\mathrm{e}^{\mathrm{i}(\theta+\xi)})D_n^2(\mathrm{e}^{\mathrm{i}\xi})\,d\xi. \qquad (5.12)\end{aligned}$$

在 (5.12) 式中, 令 $f(z) = 1$, $\forall\, z \in S^1$, 则得

$$\int_0^{2\pi} D_n^2(\mathrm{e}^{\mathrm{i}\theta})\,d\theta = 2\pi(n+1), \quad n = 0, 1, 2, \cdots.$$

定理 5.5.8 (Fejér(费耶)) 对任意 $f \in C(S^1)$, $\lim\limits_{n\to\infty}\|\sigma_n(f) - f\| = 0$.

证明 对 $f \in C(S^1)$ 及 $\theta \in [0, 2\pi]$, 利用 (5.12) 式得

$$\begin{aligned}\sigma_n(f)(\mathrm{e}^{\mathrm{i}\theta}) - f(\mathrm{e}^{\mathrm{i}\theta}) &= \frac{1}{2\pi(n+1)}\int_0^{2\pi}\big[f(\mathrm{e}^{\mathrm{i}(\theta+\xi)}) - f(\mathrm{e}^{\mathrm{i}\theta})\big]D_n^2(\mathrm{e}^{\mathrm{i}\xi})\,d\xi\\ &= \frac{1}{\pi(n+1)}\int_0^{\frac{\pi}{2}}\big[f(\mathrm{e}^{\mathrm{i}(\theta+2t)}) - f(\mathrm{e}^{\mathrm{i}\theta})\big]\frac{\sin^2(2n+1)t}{\sin^2 t}\,dt\\ &\quad + \frac{1}{\pi(n+1)}\int_0^{\frac{\pi}{2}}\big[f(\mathrm{e}^{\mathrm{i}(\theta-2t)}) - f(\mathrm{e}^{\mathrm{i}\theta})\big]\frac{\sin^2(2n+1)t}{\sin^2 t}\,dt.\end{aligned}$$

因为 f 在 S^1 上一致连续, 故对任意 $\epsilon > 0$, 存在 $\delta \in \left(0, \frac{\pi}{2}\right)$ 使得对任意 $t_1, t_2 \in [0, 2\pi]$ 且 $|t_1 - t_2| < 2\delta$ 就有 $|f(e^{it_1}) - f(e^{it_2})| < \epsilon$. 于是

$$
\begin{aligned}
&\int_0^{\frac{\pi}{2}} \left|f(e^{i(\theta-2t)}) - f(e^{i\theta})\right| \frac{\sin^2(2n+1)t}{\sin^2 t}\, dt \\
&< \epsilon \int_0^{\delta} \frac{\sin^2(2n+1)t}{\sin^2 t}\, dt + \int_\delta^{\frac{\pi}{2}} (2\|f\|) \frac{\sin^2(2n+1)t}{\sin^2 t}\, dt \\
&< \frac{\pi}{2}\epsilon(n+1) + 2\left(\frac{\pi}{2} - \delta\right) \frac{1}{\sin^2 \delta}.
\end{aligned}
$$

同理可得

$$
\int_0^{\frac{\pi}{2}} \left|f(e^{i(\theta+2t)}) - f(e^{i\theta})\right| \frac{\sin^2(2n+1)t}{\sin^2 t}\, dt < \frac{\pi}{2}\epsilon(n+1) + 2\left(\frac{\pi}{2} - \delta\right) \frac{1}{\sin^2 \delta}.
$$

从而得到 $\lim\limits_{n\to\infty} \|\sigma_n(f) - f\| = 0$. □

当 $f \in L^\infty(S^1, \mu)$ 时, 由 (5.12) 式, $\|\sigma_n(f)\|_\infty \leqslant \|f\|_\infty$. 当 $f \in L^1(S^1, \mu)$ 时, 由 (5.12) 式及 Fubini 定理 (定理 2.5.6) 得

$$
\|\sigma_n(f)\|_1 \leqslant \frac{1}{(2\pi)^2(n+1)} \int_0^{2\pi} \left(\int_0^{2\pi} |f(e^{i(\theta+\xi)})|\, d\theta\right) D_n^2(e^{i\xi})\, d\xi = \|f\|_1.
$$

当 $f \in L^p(S^1, \mu)$, $p \in (1, +\infty)$ 时, 由 Hölder 不等式得

$$
\begin{aligned}
&\int_0^{2\pi} |f(e^{i(\theta+\xi)})| D_n^{2/p}(e^{i\xi}) D_n^{2/q}(e^{i\xi})\, d\xi \\
&\leqslant \left[\int_0^{2\pi} |f(e^{i(\theta+\xi)})|^p D_n^2(e^{i\xi})\, d\xi\right]^{1/p} \left[\int_0^{2\pi} D_n^2(e^{i\xi})\, d\xi\right]^{1/q},
\end{aligned}
$$

其中 $\frac{1}{p} + \frac{1}{q} = 1$. 然后再由 (5.12) 式及定理 2.5.6 得到 $\|\sigma_n(f)\|_p \leqslant \|f\|_p$. 于是 $\sigma_n \in B(L^p(S^1, \mu), L^p(S^1, \mu))$ 而且 $\sup\limits_{n\geqslant 0} \|\sigma_n\| \leqslant 1$, $\forall\, p \in [1, +\infty]$.

反过来, 对任意复数列 $\{c_n\}_{n\in\mathbb{Z}}$, 令

$$
S_n(z) = \sum_{k=-n}^{n} c_k z^k, \quad \sigma_n(z) = \frac{1}{n+1} \sum_{k=0}^{n} S_k(z), \quad \forall\, z \in S^1,\ n \geqslant 0.
$$

则我们有如下的结果.

命题 5.5.9 设 $p \in (1,+\infty)$. 如果 $\{\sigma_n\} \subset L^p(S^1,\mu)$ 且 $\sup\limits_{n\geqslant 0}\|\sigma_n\|_p < +\infty$, 则存在 $f \in L^p(S^1,\mu)$ 使得 $c_n(f) = c_n, \forall\, n \in \mathbb{Z}$.

证明 令 $\phi_n(g) = \dfrac{1}{2\pi}\displaystyle\int_0^{2\pi} \sigma_n(\mathrm{e}^{\mathrm{i}\xi})g(\mathrm{e}^{\mathrm{i}\xi})\,d\xi$, $\forall\, g \in L^q(S^1,\mu)$, $n = 0,1,2,\cdots$. 则 $\phi_n \in (L^q(S^1,\mu))^*$ 且 $\|\phi_n\| = \|\sigma_n\|_p$ (定理 5.3.1), $n \geqslant 0$, 这里 $\dfrac{1}{p}+\dfrac{1}{q} = 1$. 因为 $\{\sigma_n\}$ 有界及 $L^p(S^1,\mu)$ 自反 (推论 5.3.3), 故由定理 5.1.23, 存在 $\{\sigma_n\}$ 一个子列 $\{\sigma_{n_k}\}$ 及 $f \in L^p(S^1,\mu)$ 使得 $\sigma_{n_k} \xrightarrow{w} f$. 定义 $L^q(S^1,\mu)$ 上有界线性泛函 ϕ 为

$$\phi(g) = \frac{1}{2\pi}\int_0^{2\pi} f(\mathrm{e}^{\mathrm{i}\xi})g(\mathrm{e}^{\mathrm{i}\xi})\,d\xi, \quad \forall\, g \in L^q(S^1,\mu).$$

由于对任意 $m \in \mathbb{Z}$, $\lim\limits_{k\to\infty}\phi_{n_k}(e_{-m}) = \phi(e_{-m})$ 以及

$$\phi_{n_k}(e_{-m}) = \left(1-\frac{|m|}{n_k+1}\right)c_m, \quad \phi(e_{-m}) = c_m(f),$$

所以 $c_m = c_m(f), \forall\, m \in \mathbb{Z}$. □

习 题

1. 设 $\{x_1, x_2, \cdots, x_n\}$ 是赋范空间 $X(\dim X \geqslant n)$ 中的一个线性无关组. 证明:

(1) 存在 $f_1, f_2, \cdots, f_n \in X^*$ 使得 $f_j(x_i) = \delta_{ij}$, $1 \leqslant i,j \leqslant n$.

(2) 如果 X 是无限维的, 则 X^* 也是无限维的.

2. 设 V 是赋范空间 X 中的可分闭子空间, $\{x_1,\cdots,x_n,\cdots\}$ 为 V 的稠密子集而且 $x_n \neq 0$, $\forall\, n \geqslant 1$. 设 $x \in V$ 且 $x \neq x_n$, f_n 为向量 x_n 的支撑泛函, $\forall\, n \geqslant 1$. 证明: $\|x\| = \sup\limits_{n\geqslant 1}|f_n(x)|$.

3. 设 V 是赋范空间 X 中的闭子空间, $x_0 \in X$. 证明:

$$d(x_0,V) = \sup\{|f(x_0)| \mid f \in S(X^*),\ f|_V = 0\}.$$

4. 设 X 是赋范空间且 X^* 可分, 证明: X 是可分的.

5. 设 X 是可分 Banach 空间. 如果 X^* 是不可分的, 则 X 必不是自反的. 当 $X = l^1$ 时, 证明: l^∞ 不可分. 从而 l^1 不自反.

6. 设 X 为自反的 Banach 空间, V 是 X 中的闭子空间. 证明: 对任意 $x \in X$ 必有 $v \in V$ 使得 $d(x,V) = \|x-v\|$.

7. 设 X,Y 为赋范空间, $T \in B(X,Y)$. 任给 $f \in Y^*$, 令 $g_f(x) = f(Tx)$, $\forall\, x \in X$.

(1) 证明: $g_f \in Y^*$;

(2) 定义 $T^*: Y^* \to X^*$ 为 $T^*f = g_f$. 证明: $T^* \in B(Y^*, X^*)$;

(3) (2) 中的 T^* 称为 T 的共轭算子. 请证明:

(a) $\|T^*\| = \|T\|$;

(b) $(\lambda T_1 + \mu T_2)^* = \lambda T_1^* + \mu T_2^*$, 其中 $T_1, T_2 \in B(X, Y)$, $\mu, \lambda \in \mathbb{K}$;

(c) 设 Z 是赋范空间, $B \in B(Y, Z)$, 则 $(BT)^* = T^*B^*$.

8. (1) 在线性空间 X 上存在两个范数 $\|\cdot\|_1$ 和 $\|\cdot\|_2$. 证明: $(X, \|\cdot\|_1)$ 和 $(X, \|\cdot\|_2)$ 同构 (即单位算子 I 和 I^{-1} 都连续) 当且仅当存在正常数 c_1, c_2 使得

$$c_1\|x\|_1 \leqslant \|x\|_2 \leqslant c_2\|x\|_1, \quad \forall x \in X. \tag{5.13}$$

X 上满足 (5.13) 式的两个范数 $\|\cdot\|_1$ 和 $\|\cdot\|_2$ 称为等价范数.

(2) 设赋范空间 X 关于范数 $\|\cdot\|$ 和 $\|\cdot\|_1$ 都成为Banach空间. 若存在常数 $C > 0$ 使得 $\|x\| \leqslant C\|x\|_1$ 对任何 $x \in X$ 成立, 证明: $\|\cdot\|$ 与 $\|\cdot\|_1$ 等价.

9. 设 X_1, X_2 是Banach空间 X 中的两个闭子空间且满足条件: $X = X_1 + X_2$, $X_1 \bigcap X_2 = \{0\}$. 证明: 存在常数 $c > 0$ 使得对 x 的任何分解 $x = x_1 + x_2$, 其中 $x_1 \in X_1$, $x_2 \in X_2$, 必有 $\|x_1\| \leqslant c\|x\|$, $\|x_2\| \leqslant c\|x\|$.

10. 设 X, Y 是Banach空间, $T \in B(X, Y)$. 假设 $\mathrm{Ker}\,(T) = \{0\}$, $\mathrm{Ran}(T)$ 在 Y 中闭. 证明: $\mathrm{Ran}(T^*) = Y^*$.

11. 设 X, Y 是赋范空间, $\{x_n\} \subset X$, $x_0 \in X$ 且 $x_n \xrightarrow{w} x_0$.

(1) 证明: $\{\|x_n\|\}$ 是有界数列且 $\|x_0\| \leqslant \varliminf\limits_{n\to\infty} \|x_n\|$.

(2) 设 $A \in B(X, Y)$. 证明: $Ax_n \xrightarrow{w} Ax_0$.

12. 设 X, Y 为赋范空间, $\{T_n\} \subset B(X, Y)$, $T \in B(X, Y)$. 如果对每个 $x \in X$, $\|T_nx - Tx\| \to 0$ $(n \to \infty)$, 则称序列 T_n 强收敛到 T 记为$T_n \xrightarrow{s} T$; 若对任何 $f \in Y^*$, $f(T_nx) \to f(Tx)$ $(n \to \infty)$, 则称序列T_n 弱收敛到 T, 记为 $T_n \xrightarrow{w} T$.

设 A, $B \in B(X, X)$, $\{B_n\} \subset B(X, X)$. 证明: 当$B_n \xrightarrow{s} B$(或 $B_n \xrightarrow{w} B$) 时, $AB_n \xrightarrow{s} AB$(或 $AB_n \xrightarrow{w} AB$).

13. 设 X, Y 是Banach空间, $\{A_n\} \subset B(X, Y)$, $A \in B(X, Y)$. 若 $A_n \xrightarrow{w} A$, 则 $\{\|A_n\|\}$ 是有界数列而且 $\|A\| \leqslant \varliminf\limits_{n\to\infty} \|A_n\|$.

14. 设 H 为 Hilbert 空间, $\{A_n\}$ 为 $B(H, H)$ 中的自共轭算子序列使得对任意 $x \in H$, $\{\langle A_nx, x\rangle\}$ 是单调递增的有界数列. 证明: 存在 $A \in B(H, H)$ 使得 $A_n \xrightarrow{w} A$. (提示: 利用极化恒等式)

15. 设 X, Y 是Banach空间, $\{A_n\} \subset B(X, Y)$. 证明: 若 $\sup\limits_n \|A_n\| = +\infty$, 则必有一个 $x_0 \in X$ 使得$\sup\limits_n \|A_nx_0\| = +\infty$.

16. 设 $\{a_n\}$ 是一个复数列.

(1) 假设对任意 $x = \{x_n\} \in l^\infty$, $\sum\limits_{n=1}^{\infty} a_nx_n$ 都收敛. 证明: $\sum\limits_{n=1}^{\infty} |a_n| < +\infty$.

(2) 假设对任意 $x = \{x_n\} \in l^1$, $\sum\limits_{n=1}^{\infty} a_nx_n$ 都收敛. 证明: $\{a_n\} \subset l^\infty$.

17. 设 X 是Banach空间, $\{f_n\} \subset X^*$, $f_0 \in X^*$. 证明: $f_n \xrightarrow{w^*} f_0$ 的充要条件是

(1) $\{\|f_n\|\}$ 有界;

(2) 存在 X 中的一个稠密子集 M, 使得 $\lim\limits_{n\to\infty} f_n(x)=f(x), \forall x\in M$.

18. 设 $(X,\mathfrak{F},\mu)$ 为 σ–有限测度空间, $p\in(1,+\infty)$, g 为 X 上的可测函数而且对任意 $f\in L^p(X,\mu)$, 有 $fg\in L^1(X,\mu)$. 证明: $g\in L^q(X,\mu)$, 其中 $\dfrac{1}{p}+\dfrac{1}{q}=1$.

19. 设 X 是局部紧 Hausdorff 空间, μ 是 X 上的正则 Borel 测度使得 $\mu(\{x\})=0$ 对任意 $x\in X$ 成立. 设 B 是 X 中的一个 Borel 集满足条件: $0<\mu(B)<+\infty$. 证明: 对任意 $\alpha\in(0,\mu(B))$, 存在 X 中的一个紧子集 C 使得 $C\subset B$ 且 $\mu(C)=\alpha$.

20. 设 (M,τ) 为紧 Hausdorff 空间, μ 是 $\mathfrak{B}(M)$ 上的正则 Borel 测度. 设 f 为 M 上的 Borel 可积函数且 $\displaystyle\int_O f\,d\mu=0, \forall O\in\tau$. 证明: $f=0$, μ–a.e. 于 X.

21. 设 M 为紧 Hausdorff 空间, $f\in C(M)$ 及 $\{f_n\}\subset C(M)$. 则下面命题等价:

(1) $f_n\xrightarrow{w} f$;

(2) 对 $C(M)$ 上的任意正泛函 ϕ, 有 $\lim\limits_{n\to\infty}\phi(f_n)=\phi(f)$;

(3) $\{\|f_n\|\}$ 有界且 $\lim\limits_{n\to\infty} f_n(x)=f(x), \forall x\in M$.

22. 设 $\mathcal{A}$ 为 $C(\overline{D})$ 中的一个子空间, 使得 $\mathcal{A}$ 包含 $\overline{D}$ 上的多项式全体而且 $\max\limits_{z\in S^1}|f(z)|=\|f\|, \forall f\in\mathcal{A}$. 设 $\mathcal{A}_1=\{f|_{S^1}\mid f\in\mathcal{A}\}\subset C(S^1)$. 任意给定 $z\in D$, 定义 $\phi_z(f)=f(z)$, $\forall f\in\mathcal{A}_1$.

(1) 证明: ϕ_z 是 $\mathcal{A}_1$ 上的有界线性泛函.

(2) 如果将 ϕ_z 保范延拓到 $C(S^1)$ 上, 延拓后的泛函记为 $\hat{\phi}_z$. 证明: 存在 S^1 上的唯一一个正则 Borel 测度 μ_z 使得 $\hat{\phi}_z(f)=\displaystyle\int_{S^1} f\,d\mu_z, \forall f\in C(S^1)$.

(3) 设 $z=re^{\mathrm{i}\theta}$, 这里 $0<r<1$, $\theta\in[0,2\pi]$ 并设 $e_n(w)=w^n$, $\forall w\in S^1$, $n\geqslant 0$. 证明: $\displaystyle\int_{S^1} e_n\,d\mu_z=r^{|n|}e^{in\theta}$, $n=0,\pm1,\pm2,\cdots$.

(4) 证明:

$$\int_{S^1}\Big(\sum_{k=-\infty}^{\infty} r^{|n|}e^{ik\theta}\xi^{-k}\Big)\xi^n\,d\mu=\int_{S^1}\frac{\xi+z}{\xi-z}\xi^n\,d\mu=r^{|n|}e^{in\theta}\,d\mu,\quad n\in\mathbb{Z},$$

这里 μ 是 S^1 上的测度, 在 5.5 节中定义.

(5) 证明: $\mu_z(E)=\displaystyle\int_E\frac{\xi+z}{\xi-z}\,d\mu, \forall E\in\mathfrak{B}(S^1)$ 并由此得到

$$f(re^{\mathrm{i}\theta})=\int_0^{2\pi}\frac{1-r^2}{1-2\cos(\theta-t)+r^2}f(e^{\mathrm{i}t})\,d\theta,\quad f\in\mathcal{A}.$$

23. 设 M 是局部紧且非紧的 Hausdorff 空间, $f:M\to\mathbb{C}$. 称 f 在无穷远处为零, 如果对任意 $\varepsilon>0$, 存在 M 中的紧子集 K 使得 $|f(x)|<\varepsilon, \forall x\in M\setminus K$. 记 $C_0(M)$ 为在 M 上连续且在无穷远处为零的复值函数合体. 按通常的函数加法和数乘运算, $C_0(M)$ 成为线性空间. 定义 $C_0(M)$ 上的范数为 $\|f\|=\sup\limits_{x\in M}|f(x)|, \forall f\in C_0(M)$.

(1) 证明: $(C_0(M),\|\cdot\|)$ 是 Banach 空间.

(2) 设 $M^+ = M \cup \{*\}$ 是 M 的单点紧化空间 (见第 1 章习题 8). 设

$$A = \left\{ f \in C\left(M^+\right) \mid f(*) = 0 \right\}.$$

证明: 映射 $\rho(f) = \begin{cases} f(x), & x \in M, \\ 0, & x = * \end{cases}$ 是 $C_0(M)$ 到 A 的等距同构.

(3) 设 ϕ 为 $C_0(M)$ 上的有界线性泛函. 证明: 存在 M 上的复正则 Borel 测度 μ 使得

$$\phi(f) = \int_M f d\mu, \quad \forall f \in C_0(M).$$

24. 设 α 为非整数的实数. 令 $f(x) = \dfrac{\pi}{\sin \pi\alpha} \mathrm{e}^{\mathrm{i}(\pi - x)\alpha}$, $\forall x \in [0, 2\pi]$. 证明:

(1) 在 $L^2([0, 2\pi])$ 中, $f(x) = \sum\limits_{n=-\infty}^{\infty} \dfrac{1}{n+\alpha} \mathrm{e}^{\mathrm{i}nx}$, $\forall x \in [0, 2\pi]$.

(2) $\sum\limits_{n=-\infty}^{\infty} \dfrac{1}{(n+\alpha)^2} = \dfrac{\pi^2}{(\sin \pi\alpha)^2}$.

25. 设 $N \geqslant 1$, $\theta \in [-\pi, \pi]$. 证明:

$$\frac{1}{2\mathrm{i}} \sum_{0<|n|<N} \frac{\mathrm{e}^{\mathrm{i}n\theta}}{n} = \sum_{n=1}^{N} \frac{\sin n\theta}{n} = \frac{1}{2} \int_0^\theta (D_N(\mathrm{e}^{\mathrm{i}t}) - 1)\, dt.$$

26. 设 $f \in C(S^1)$ 并且 $g(\theta) = f(\mathrm{e}^{\mathrm{i}\theta})$ 在 $[0, 2\pi]$ 上可微. 如果 $g' \in L^2[0, 2\pi]$, 证明: $\sum\limits_{n=-\infty}^{\infty} c_n(f) \mathrm{e}^{\mathrm{i}n\theta}$ 在 $[0, 2\pi]$ 上一致收敛于 $f(\mathrm{e}^{\mathrm{i}\theta})$.

27. 设函数 $f\colon S^1 \to \mathbb{C}$ 满足条件: $|f(\mathrm{e}^{\mathrm{i}t_1}) - f(\mathrm{e}^{\mathrm{i}t_2})| \leqslant C|t_1 - t_2|^\alpha$, $\forall t_1, t_2 \in [0, 2\pi]$, 其中常数 $C > 0$, $\alpha \in (0, 1]$. 证明:

(1) $\lim\limits_{n\to\infty} S_n(f)(\mathrm{e}^{\mathrm{i}t}) = f(\mathrm{e}^{\mathrm{i}t})$, $\forall t \in [0, 2\pi]$ 且 $|c_n(f)| \leqslant \pi^\alpha C \dfrac{1}{n^\alpha}$, $n = 1, 2, \cdots$;

(2) $\|\sigma_n(f) - f\| \leqslant C \dfrac{1+\pi}{1-\alpha} n^{-\alpha}$, $\quad 0 < \alpha < 1$, $n = 1, 2, \cdots$;

(3) $\|\sigma_n(f) - f\| \leqslant 2\pi C \dfrac{\ln n}{n}$, $\quad \alpha = 1$, $n = 1, 2, \cdots$.

第6章

Riemann 映射定理

本章围绕着 Riemann 映射定理的证明, 将与之相关联的概念和结论一一呈现出来. 本章对于复分析中一些常见的定理和公式采取述而不证的办法, 而对于一些在本科教材中不多出现的一些结论则给出了详尽的证明.

6.1 解析函数基本定理

在本节中, Ω 是 $\mathbb{C}$ 中的区域 (即连通的开集). 有时为了方便起见, 我们也将 Ω 表示为 $\mathbb{R}^2$ 中的区域 $\{(x,y)\in\mathbb{R}^2 \,|\, x+\mathrm{i}y\in\Omega\}$. 映射 $f\colon\Omega\to\mathbb{C}$ 称为复变函数.

定义 6.1.1 设复变函数 $w=f(z)$ 在 Ω 内有定义, 给自变量 $z\in\Omega$ 一个增量 Δz, 使得 $z+\Delta z\in\Omega$. 如果极限 $\lim\limits_{\Delta z\to 0}\dfrac{f(z+\Delta z)-f(z)}{\Delta z}$ 存在, 则称 $f(z)$ 在 z 点可导或可微. 此极限值称为 $f(z)$ 在 z 处的导数, 记作 $f'(z)$ 或 $\dfrac{dw}{dz}$, 即

$$f'(z)=\frac{dw}{dz}=\lim_{\Delta z\to 0}\frac{f(z+\Delta z)-f(z)}{\Delta z}.$$

如果 $f(z)$ 在 Ω 中每点都可导, 则称 $w=f(z)$ 在 Ω 内解析并以 $H(\Omega)$ 表示在 Ω 内解析的函数全体. 另外, $H(\mathbb{C})$ 中的元素称为整函数.

设 $w=f(z)$ 是 Ω 上的复变函数. 则 $f(z)=u(x,y)+\mathrm{i}v(x,y), \forall\, z=x+\mathrm{i}y\in\Omega$, 其中, $u(x,y)$ 是 $f(z)$ 的实部, $v(x,y)$ 是 $f(z)$ 的虚部.

定理 6.1.2 复变函数 $f(z)=u(x,y)+\mathrm{i}v(x,y)$ 在其定义域 Ω 内解析的充要条件是: $u(x,y)$ 与 $v(x,y)$ 在 Ω 内任一点 $z=x+\mathrm{i}y$ 处可微, 而且满足 Cauchy–Riemann 方程:

$$\frac{\partial u}{\partial x}=\frac{\partial v}{\partial y},\quad \frac{\partial u}{\partial y}=-\frac{\partial v}{\partial x}.$$

当 $f(z)$ 在 Ω 内解析时, $f'(z)=\dfrac{\partial u}{\partial x}+\mathrm{i}\dfrac{\partial v}{\partial x}$.

与解析函数的积分有关的结果非常丰富, 最基本的结果如下.

定理 6.1.3 设 Ω 为单连通区域, $f(z)$ 为在 Ω 上定义的复变连续函数. C 为 Ω 内任何一条正向简单闭曲线.

(1) 如果 $f(z)$ 在 Ω 内解析, 则 $\oint_C f(z)dz=0$ (Cauchy–Goursat (柯西–古萨) 定理).

(2) 如果 $\oint_C f(z)dz=0$, 则 $f(z)$ 在 Ω 内解析 (Morera (莫雷拉) 定理).

例 6.1.4 设 D 为 $\mathbb{C}$ 中的单位开圆盘, $H^\infty(D)$ 为 D 上有界解析函数全体. 按解析函数通常的加法、数乘和乘法, $H^\infty(D)$ 成为 $\mathbb{C}$ 上一个代数. 在 $H^\infty(D)$ 上定义范数 $\|\cdot\|_\infty$ 为 $\|f\|_\infty=\sup\limits_{z\in D}|f(z)|, \forall f\in H^\infty(D)$. 则 $(H^\infty(D),\|\cdot\|_\infty)$ 是赋范空间.

设 $\{f_n\}$ 为 $H^\infty(D)$ 中的 Cauchy 列, 即对任意 $\epsilon>0$, 存在 $N>0$ 使得对于任意 $n,m>N$, 有 $|f_n(z)-f_m(z)|<\epsilon, \forall z\in D$. 则 $\{f_n(z)\}$ 是 $\mathbb{C}$ 中的 Cauchy 列, $\forall z\in D$. 这样就有一个函数 $f\colon D\to\mathbb{C}$ 使得 $\lim\limits_{n\to\infty}f_n(z)=f(z), \forall z\in D$. 从而 $|f_m(z)-f(z)|\leqslant\epsilon, \forall m>N$ 及 $z\in D$, 而这意味着 f_n 在 D 上一致收敛于 f. 因为 Cauchy 列 $\{f_n\}$ 是有界的, 故 f 在 D 上有界且在 D 内连续.

任取 D 中的正向简单闭曲线 Γ. 因为 $f_n(z)$ 在 D 解析, 故 $\oint_\Gamma f_n(z)dz=0$, $n\geqslant 1$. 又 $f_n(z)$ 在 Γ 上一致收敛于 $f(z)$, 所以 $\oint_\Gamma f(z)dz=0$, 从而由 Morera 定理, f 在 D 内解析. 所以 $(H^\infty(D),\|\cdot\|_\infty)$ 完备.

由定理 6.1.3 (1) 可得如下定理.

定理 6.1.5 设区域 Ω 的边界 C 由一些互不相交的正向简单闭曲线 $C_1,C_2,\cdots,C_n$ 组成且 $C_2,\cdots,C_n$ 包含在 C_1 的内部. 设 $f(z)$ 在 Ω 内解析, 在 $\overline{\Omega}$ 上连续. 则

$$\oint_{C_1}f(z)dz=\sum_{j=2}^{n}\oint_{C_j}f(z)dz.$$

定理 6.1.6 (Cauchy 积分公式) 设 $f(z)$ 在区域 Ω 内解析, 在 $\overline{\Omega}$ 上连续. 设 Ω 的边界 $\partial\Omega=C$ 是由一些正向简单闭曲线组成. 则 $f(z)$ 在 Ω 内有任何阶导数且

$$f^{(n)}(z)=\frac{n!}{2\pi\mathrm{i}}\oint_C\frac{f(\xi)}{(\xi-z)^{n+1}}d\xi,\quad \forall z\in\Omega,\ n=0,1,2,\cdots.$$

利用定理 6.1.5 可得如下结论.

推论 6.1.7 (Liouville (刘维尔)) 有界整函数必为常数.

对于幂级数 $\sum\limits_{n=0}^{\infty} a_n(z-a)^n$, 其中 $\{a_n\}\subset\mathbb{C}$, $a\in\mathbb{C}$, z 为复变量. 令 $L=\overline{\lim\limits_{n\to\infty}}\sqrt[n]{|a_n|}$, $R=\dfrac{1}{L}$. R 称为此级数的收敛半径: $0<R<+\infty$ 时, 它在 $U(a,R)$ 内绝对收敛, 在 $\{z\in\mathbb{C}\,|\,|z-a|>R\}$ 内发散. 当 $R=0$, 它仅在 $z=a$ 处收敛; 当 $R=+\infty$ 时, 它在 $\mathbb{C}$ 中绝对收敛.

定理 6.1.8 设 $f(z)$ 在 Ω 内解析. 则对任意 $z_0\in\Omega$ 以及使得 $U(z_0,\delta)\subset\Omega$ 的 $\delta>0$ 都有 $f(z)$ 在 z_0 处的 Taylor (泰勒) 级数展开式

$$f(z)=\sum_{n=0}^{\infty}\frac{f^{(n)}(z_0)}{n!}(z-z_0)^n,\quad |z-z_0|<\delta.$$

由定理 6.1.8 可以导出下面的两个推论.

推论 6.1.9 设 $f\in H(\Omega)$. 对 Ω 中任意一点 z_0, 设 $d=\inf\{|z_0-z|\,|\,z\in\partial\Omega\}$. 则 $\sum\limits_{n=0}^{\infty}\dfrac{f^{(n)}(z_0)}{n!}(z-z_0)^n$ 的收敛半径就是 d.

推论 6.1.10 设 $f(z)$ 在 $\mathbb{C}$ 内除了不可导点 $z_1,\cdots,z_k$ 外解析. 设 $f(z)$ 在 $z_0\in\mathbb{C}$ 处解析, 则 $\sum\limits_{n=0}^{\infty}\dfrac{f^{(n)}(z_0)}{n!}(z-z_0)^n$ 的收敛半径 $R=\min\limits_{1\leqslant j\leqslant k}|z_0-z_j|$.

设 D 是 $\mathbb{C}$ 中的单位开圆盘. Hilbert 空间 $L^2(D)=L^2(D,m)$ 的子空间

$$A^2(D)=\left\{f\in H(D)\,\middle|\,\iint_D|f(x+\mathrm{i}y)|^2dxdy<+\infty\right\}$$

称为 Bergman (伯格曼) 空间, 这里 m 是 $\mathbb{R}^2$ 上的 Lebesgue 测度. 下面讨论 $A^2(D)$ 的基本性质.

引理 6.1.11 设 $f\in A^2(D)$, $z\in D$. 则 $|f(z)|\leqslant\dfrac{1}{\sqrt{\pi}(1-|z|)}\|f\|_2$.

证明 任取 $r\in(0,1-|z|)$ 并令 $C_r=\{w\in D\,|\,|w-z|=r\}$. 由 Cauchy 积分公式得

$$f(z)=\frac{1}{2\pi\mathrm{i}}\oint_{C_\rho}\frac{f(w)}{w-z}dw=\frac{1}{2\pi}\int_0^{2\pi}f(z+\rho\mathrm{e}^{\mathrm{i}\theta})d\theta,\quad 0\leqslant\rho\leqslant r.$$

令 $B(z,r)=\{w\in\mathbb{C}\,|\,|w-z|\leqslant r\}$. 于是

$$\iint_{B(z,r)}f(w)dudv=\int_0^r\int_0^{2\pi}f(z+\rho\mathrm{e}^{\mathrm{i}\theta})\rho d\rho d\theta=\pi r^2f(z),\quad w=u+\mathrm{i}v.$$

从而由 Cauchy–Schwarz 不等式, 得

$$|f(z)| \leqslant \frac{1}{\pi r^2}\left(\iint_{B(z,r)} 1^2 dudv\right)^{1/2}\left(\iint_{B(z,r)} |f(w)|^2 dudv\right)^{1/2} \leqslant \frac{1}{\sqrt{\pi} r}\|f\|_2.$$

再令 $r \to 1-|z|$, 则得结论. □

命题 6.1.12 $A^2(D)$ 是 $L^2(D)$ 的闭子空间, 因而也是 Hilbert 空间.

证明 设 $f \in \overline{A^2(D)}$. 则有 $\{f_n\} \subset A^2(D)$ 使得 $\lim\limits_{n\to\infty} \|f_n - f\|_2 = 0$. 于是由引理 6.1.11,

$$|f_n(z) - f_m(z)| \leqslant \frac{\|f_n - f_m\|_2}{\sqrt{\pi}(1-|z|)}, \quad \forall z \in D,\ n, m \geqslant 1.$$

从而在 D 中的任意紧子集 K 上, $\{f_n\}$ 是 Cauchy 列. 于是, 存在 D 上的复值函数 $g(z)$ 使得 $\lim\limits_{n\to\infty} \sup\limits_{z\in K} |f_n(z) - g(z)| = 0$, 进而由 Morera 定理, $g \in H(D)$. 最后, 由 Fatou 引理, 得

$$\iint_D |g(x+\mathrm{i}y) - f(x+\mathrm{i}y)|^2 dxdy \leqslant \varliminf_{n\to\infty} \iint_D |f_n(x+\mathrm{i}y) - f(x+\mathrm{i}y)|^2 dxdy = 0.$$

于是, $f = g \in A^2(D)$, 即 $A^2(D)$ 闭. □

命题 6.1.13 对任意 $f \in A^2(D)$ 及任意 $w \in D$, 有

$$f(w) = \iint_D \frac{f(z)}{\pi(1-w\overline{z})^2} dxdy, \quad z = x + \mathrm{i}y \in D.$$

证明 任取 $w \in D$, 令 $\phi(f) = f(w), \forall f \in A^2(D)$. 由引理 6.1.11,

$$|\phi(f)| = |f(w)| \leqslant \frac{\|f\|_2}{\sqrt{\pi}(1-|w|)}, \quad \forall f \in A^2(D).$$

于是 ϕ 是 Hilbert 空间 $A^2(D)$ 上的有界线性泛函. 由定理 4.3.1, 存在唯一 $k_w \in A^2(D)$ 使得 $f(w) = \phi(f) = \langle f, k_w \rangle, \forall f \in A^2(D)$.

令 $e_n(z) = \left(\dfrac{n}{\pi}\right)^{1/2} z^{n-1}, \forall z \in D,\ n \geqslant 1$. 易得 $\{e_n\}$ 是 $A^2(D)$ 的规范正交系. 对 $f \in A^2(D)$, 由推论 6.1.9 得 $f(z) = \sum\limits_{n=0}^{\infty} a_n z^n, \forall z \in D$ (内闭一致收敛). 令

$b_n = \left(\frac{\pi}{n}\right)^{1/2} a_{n-1}, \forall n \geqslant 1$. 则 $f(z) = \sum\limits_{n=1}^{\infty} b_n e_n(z), \forall z \in D$. 对任意 $\rho \in (0,1)$, 由

$$+\infty > \iint_D |f(z)|^2 dx dy \geqslant \int_0^{\rho} \int_0^{2\pi} |f(r\mathrm{e}^{\mathrm{i}\theta})|^2 r dr d\theta = \sum_{n=1}^{\infty} \frac{\pi}{n} |a_{n-1}|^2 \rho^{2n},$$

令 $\rho \to 1^-$, 得到 $\sum\limits_{n=1}^{\infty} |b_n|^2 < +\infty$. 从而 $g = \sum\limits_{n=1}^{\infty} b_n e_n \in A^2(D)$. 再由引理 6.1.11, 对任意 $z \in D$, 有 $g(z) = \sum\limits_{n=1}^{\infty} b_n e_n(z)$. 所以 $f = g = \sum\limits_{n=1}^{\infty} b_n e_n$ (按 $\|\cdot\|_2$ 收敛). 从而 $\{e_n\}$ 为 $A^2(D)$ 的一组规范正交基. 由此,

$$k_w = \sum_{n=1}^{\infty} \langle k_w, e_n \rangle e_n = \sum_{n=1}^{\infty} \overline{e_n(w)} e_n,$$

故 $k_w(z) = \dfrac{1}{\pi(1 - z\overline{w})^2}, \forall w, z \in D$. 再利用 $f(w) = \langle f, k_w \rangle$, 得出结论. □

注 6.1.14 $k_w(z) = \dfrac{1}{\pi(1 - z\overline{w})^2}, \forall z, w \in D$ 称为 $A^2(D)$ 的再生核.

设 $a \in \mathbb{C}$. 考察 Laurent (洛朗) 级数

$$\sum_{n=-\infty}^{\infty} a_n (z-a)^n = \sum_{n=-\infty}^{-1} a_n (z-a)^n + \sum_{n=0}^{\infty} a_n (z-a)^n. \tag{6.1}$$

令 $R = \dfrac{1}{\overline{\lim\limits_{n\to\infty}} \sqrt[n]{|a_n|}}, r = \overline{\lim\limits_{n\to\infty}} \sqrt[n]{|a_{-n}|}$. 则 Laurent 级数 (6.1) 在 $r < |z-a| < R$ 内内闭一致收敛 (即在该区域的紧子集上一致收敛).

定理 6.1.15 设 $f(z)$ 在 $r < |z - z_0| < R$ 内解析. 则 $f(z)$ 在 $r < |z - z_0| < R$ 内可以展开成 Laurent 级数 $f(z) = \sum\limits_{n=-\infty}^{\infty} a_n (z - z_0)^n, r < |z - z_0| < R$, 其中

$$a_n = \frac{1}{2\pi\mathrm{i}} \oint_C \frac{f(z)}{(z - z_0)^{n+1}} dz, \quad n = 0, \pm 1, \cdots.$$

而 C 为 $r < |z - z_0| < R$ 中任何一条包含 z_0 的正向简单闭曲线.

6.2 最大模原理

下面的最大模原理是复分析中经常要用到的重要定理.

定理 6.2.1 (最大模原理) 设 $\Omega\subset\mathbb{C}$ 为有界区域, $f\in H(\Omega)\bigcap C(\overline{\Omega})$. 则 $\max\limits_{z\in\overline{\Omega}}|f(z)|=\max\limits_{z\in\partial\Omega}|f(z)|$. 如果有 $z_0\in\Omega$ 使得 $|f(z_0)|=\max\limits_{z\in\overline{\Omega}}|f(z)|$, 则 $f(z)$ 恒为常数.

证明 设 $M_1=\max\limits_{z\in\overline{\Omega}}|f(z)|$, $M_2=\max\limits_{z\in\partial\Omega}|f(z)|$. 则 $M_1\geqslant M_2$. 若 $|f(z)|<M_1$, $\forall\,z\in\Omega$, 则结论成立. 不然的话, $G=\{z\in\Omega\,|\,|f(z)|=M_1\}$ 非空. 任取 $a\in G$. 则有 a 的一个邻域 $U(a,R)$ 使得 $\overline{U(a,R)}\subset\Omega$. 对任意 $0<r<R$, 由 $\overline{U(a,r)}$ 上的 Cauchy 积分公式得到 $f(a)=\dfrac{1}{2\pi}\displaystyle\int_0^{2\pi}f(a+r\mathrm{e}^{\mathrm{i}\theta})d\theta$. 于是

$$0\leqslant\frac{1}{2\pi}\int_0^{2\pi}(M_1-|f(a+r\mathrm{e}^{\mathrm{i}\theta})|)d\theta=|f(a)|-\frac{1}{2\pi}\int_0^{2\pi}|f(a+r\mathrm{e}^{\mathrm{i}\theta})|d\theta\leqslant 0.$$

从而 $|f(a+r\mathrm{e}^{\mathrm{i}\theta})|=M_1$, $\forall\,\theta\in[0,2\pi]$, $r\in(0,R)$, 即得 $U(a,R)\subset G$. 所以 G 是 Ω 中的开集. 另一方面, 由于 $|f(z)|$ 在 Ω 上连续, 故 G 也是 Ω 中的闭集. 因为 Ω 连通, 故 $G=\Omega$, 即 $|f(z)|=M_1$, $\forall\,z\in\Omega$. 从而 $f(z)$ 在 Ω 为常数, 即得矛盾. □

与最大模原理相对应的, 有如下的最小模原理.

推论 6.2.2 设 Ω 是 $\mathbb{C}$ 中的有界区域. 设 $f\in H(\Omega)$ 并在 $\overline{\Omega}$ 上连续. 如果 $f(z)$ 在 Ω 内无零点, 则 $\min\limits_{z\in\overline{\Omega}}|f(z)|=\min\limits_{z\in\partial\Omega}|f(z)|$.

证明 设 $g(z)=\dfrac{1}{f(z)}$, $\forall\,z\in\Omega$. 对 $g(z)$ 利用定理 6.2.1 即得结论. □

在下文中, 设 D 为 $\mathbb{C}$ 中的单位开圆盘.

推论 6.2.3 设 $f\in H(D)$ 且 $f(z)$ 在 $\overline{D}$ 上连续. 令 $M(r)=\max\limits_{|z|=r}|f(z)|$, $\forall\,r\in[0,1]$. 则 $M(r)$ 在 $[0,1]$ 上连续.

证明 设 $f(z)$ 非常数. 由最大模原理, $M(r)$ 在 $[0,1]$ 上严格单调递增, 所以要证明 $M(r)$ 在 $[0,1]$ 上左、右连续. 对 $r\in(0,1)$ 及任意 $\{r_n\},\{r_n'\}\subset(0,1)$ 满足 $r_n>r>r_n'$, $n\geqslant 1$ 且 $|r_n-r|\to 0$, $|r_n'-r|\to 0$, $n\to\infty$. 设 $\{z_n\}$, $\{z_n'\}\subset\overline{D}$ 满足

$$|z_n|=r_n,\ |z_n'|=r_n'\quad 及\quad M(r_n)=|f(z_n)|,\ M(r_n')=|f(z_n')|,\quad n=1,2,\cdots.$$

取 $\{z_n\}$ 和 $\{z_n'\}$ 的子列 $\{z_{n_k}\}$ 和 $\{z_{n_k}'\}$ 使得 z_{n_k} 收敛于 z_0, z_{n_k}' 收敛于 z_0'. 则

$$|z_0|=|z_0'|=r,\quad M(r)\leqslant M(r_{n_k})=|f(z_{n_k})|,\quad k=1,2,\cdots.$$

从而 $M(r)\leqslant|f(z_0)|\leqslant M(r)$, 即 $\lim\limits_{k\to\infty}M(r_{n_k})=M(r)$.

现取 $\xi \in \overline{D}$ 使得 $|\xi| = r$, $|f(\xi)| = M(r)$. 令 $\xi_n = \dfrac{r'_n}{r}\xi$, $n = 1, 2, \cdots$. 则 $|\xi_{n_k}| = r'_{n_k}$, $|f(\xi_{n_k})| \leqslant M(r'_{n_k}) = |f(z'_{n_k})|$, $k = 1, 2, \cdots$. 于是

$$M(r) = |f(\xi)| \leqslant \lim_{k\to\infty} M(r'_{n_k}) = |f(z'_0)| \leqslant M(r),$$

即 $\lim\limits_{k\to\infty} M(r'_{n_k}) = M(r)$.

由上述可知, $M(r)$ 在 r 处连续. 当 $r = 0$ 或 $r = 1$ 时, 可用上述的方法, 分别证明 $M(r)$ 在 $r = 0$ 处右连续, 在 $z = 1$ 处左连续. □

定理 6.2.4 (Schwarz 引理) 设 $f \in H(D)$ 满足条件 : $f(0) = 0$ 及 $|f(z)| \leqslant 1$, $\forall z \in D$. 则有 $|f'(0)| \leqslant 1$ 且 $|f(z)| \leqslant |z|$, $\forall z \in D$.

若 $|f'(0)| = 1$ 或存在 $z_0 \in D\backslash\{0\}$ 使得 $|f(z_0)| = |z_0|$, 则有常数 c 使得 $|c| = 1$ 且 $f(z) = cz$, $\forall z \in D$.

证明 设 $r \in (0, 1)$, $D_r = \{z \in D \,|\, |z| \leqslant r\}$. 令 $g(z) = \begin{cases} \dfrac{f(z)}{z}, & z \in D\backslash\{0\}, \\ f'(0), & z = 0. \end{cases}$

则 $g(z)$ 在 Ω 上解析. 对任意 $z \in D$, 任取 $r \in (|z|, 1)$. 在 D_r 上由定理 6.2.1 得

$$|g(z)| \leqslant \max_{\xi \in D_r} |g(\xi)| = \max_{|\xi|=r} |g(\xi)| = \frac{\max\limits_{|\xi|=r} |f(\xi)|}{r} \leqslant \frac{1}{r},$$

从而 $|g(z)| \leqslant \dfrac{1}{r}$, $\forall z \in D_r$. 令 $r \to 1^-$, 则有 $|g(z)| \leqslant 1$, $\forall z \in D$. 由此得到 $|f'(0)| \leqslant 1$ 及 $|f(z)| \leqslant |z|$, $\forall z \in D$.

当 $|f'(0)| = 1$ 时, $|g(0)| = 1$; 当 $|f(z_0)| = |z_0|$ 时, $|g(z_0)| = 1$. 设 $\xi = 0$ 或 z_0. 于是对任意 $r \in (|z_0|, 1)$,

$$1 = |g(\xi)| \leqslant \max_{z \in D_r} |g(z)| = \max_{|z|=r} |g(z)| \leqslant 1,$$

即 $|g(z)|$ 在 $|z| = r$ 上的最大值 1 在 D_r 的内部取到. 从而 $g(z)$ 在 D_r 上恒为常数 c. 进而 $g(z) \equiv c$, $\forall z \in D$. 故 $|c| = 1$, $f(z) = cz$, $\forall z \in D$. □

下面, 我们利用定理 6.2.4 研究 D 到自身的解析同构 (既单又满的解析函数且逆映射也解析) 的表示. 对 $\gamma \in D$, 设 $\phi_\gamma(z) = \dfrac{z - \gamma}{1 - \overline{\gamma} z}$, $\forall z \in D$. 则 ϕ_γ 具有以下性质:

(1) $|\phi_\gamma(z)| < 1$, $\forall z \in D$, $|\phi_\gamma(z)| = 1$, $\forall z \in \partial D$;

(2) ϕ_γ 在 D 内是单射、满射且 $\phi_\gamma^{-1}(z) = \phi_{-\gamma}(z)$, $\forall z \in D$;

(3) $\phi_\gamma'(z)=\dfrac{1-|\gamma|^2}{(1-\overline{\gamma}z)^2}, \forall z\in D$. 于是 $\phi_\gamma'(\gamma)=\dfrac{1}{1-|\gamma|^2}$, $\phi_\gamma'(0)=1-|\gamma|^2$.

由上述, ϕ_γ 是 D 到自身的一个解析同构, 称为解析自同构. 下面的结论则断言: D 的每个解析自同构都具有 ϕ_γ 的这种形式.

推论 6.2.5 设 f 为 D 的一个解析自同构. 如果给定 $\alpha\in D$ 使得 $f(\alpha)=0$, 则存在常数 c 满足 $|c|=1$, 使得 $f(z)=c\phi_\alpha(z), \forall z\in D$.

证明 令 $g=f\circ\phi_{-\alpha}$. 则 g 是 D 的解析自同构而且 $g(0)=f(\alpha)=0$. 由于 $g'(z)=f'(\phi_{-\alpha})\phi_{-\alpha}'(z), \forall z\in D$, 故

$$g'(0)=f'(\alpha)\phi_{-\alpha}'(0)=(1-|\alpha|^2)f'(\alpha).$$

由定理 6.2.4, $|g'(0)|\leqslant 1$, 故 $|f'(\alpha)|\leqslant\dfrac{1}{1-|\alpha|^2}$.

令 $h(z)=\phi_\alpha(f^{-1}(z)), \forall z\in D$. 则 h 是 D 上的解析自同构且 $h(0)=0$. 由于

$$(f^{-1})'(z)=\frac{1}{f'(f^{-1}(z))},\quad h'(z)=\phi_\alpha'(f^{-1}(z))(f^{-1})'(z),\quad \forall z\in D,$$

故 $h'(0)=\dfrac{1}{(1-|\alpha|^2)f'(\alpha)}$. 又 $|h'(0)|\leqslant 1$ (定理 6.2.4), 故 $|f'(\alpha)|\geqslant\dfrac{1}{1-|\alpha|^2}$.

由上述, 便得到 $|f'(\alpha)|=\dfrac{1}{1-|\alpha|^2}$. 从而 $|g'(0)|=(1-|\alpha|^2)|f'(\alpha)|=1$. 故由定理 6.2.4 知: 存在常数 c 使得 $|c|=1$ 且 $g(z)=cz$, 即 $f(z)=c\phi_\alpha(z), \forall z\in D$. □

6.3 与解析函数零点有关的结果

在本节中, 设 $\Omega\subset\mathbb{C}$ 为区域. 设 $f\in H(\Omega)$. 若有 $a\in\Omega$ 使得 $f(a)=0$, 则称 a 为 $f(z)$ 在 Ω 内的零点. 若 $f^{(k)}(a)=0$, $k=0,1,\cdots,n-1$ 而 $f^{(n)}(a)\neq 0$, 则 a 称为 $f(z)$ 的 n 级零点.

命题 6.3.1 设 $f\in H(\Omega)$, $G=\{\xi\in\Omega\,|\,f^{(n)}(\xi)=0, n\geqslant 0\}$. 若 $G\neq\varnothing$, 则 $f(z)\equiv 0$.

证明 由于 $f^{(n)}(z)$ 在 Ω 内连续, 故 G 是 Ω 中的闭子集.

另外, 对任意 $z_0\in G$, 存在 $U(z_0,\delta)\subset\Omega$ 使得

$$f(z)=\sum_{n=0}^{\infty}\frac{f^{(n)}(z_0)}{n!}(z-z_0)^n,\quad \forall z\in U(z_0,\delta).$$

因为 $f^{(n)}(z_0)=0$, $n\geqslant 0$, 所以 $f(z)=0, \forall z\in U(z_0,\delta)$, 即得 $U(z_0,\delta)\subset G$, 从而 G 是 Ω 中的开集. 由于 Ω 在 $\mathbb{C}$ 中连通且 $G\neq\varnothing$, $\Omega=G\bigcup(\Omega\backslash G)$, 所以必有 $\Omega\backslash G=\varnothing$, 即 $f(z)=0, \forall z\in\Omega$. □

由此, 我们可以得到下面三个推论.

推论 6.3.2 设 $f(z)$ 为定义在区域 Ω 上的非零解析函数, 则 $f(z)$ 在 Ω 内的零点的集合 $Z(f)=\{z\in\Omega\mid f(z)=0\}$ 在 Ω 中没有聚点.

证明 如若不然, 设 $\{z_n\}\in Z(f)$ 且有聚点 $a\in\Omega$. 则在 a 的某个邻域 $U(a,r)$ $(\subset\Omega)$ 内, $f(z)=\sum\limits_{n=0}^{\infty}a_n(z-a)^n$. 因为当 n 充分大时, $z_n\in U(a,r)$, 又 $f(z)$ 连续, 故 $f(a)=\lim\limits_{n\to\infty}f(z_n)=0$, 于是 $a_0=0$. 由

$$f(z_n)=0,\quad 0=\frac{f(z_n)}{z_n-a}=a_1+\sum_{k=2}^{\infty}a_k(z_n-a)^{k-1},$$

并令 $n\to\infty$, 得到 $a_1=0$. 依次类推, 可以得到 $a_n=0$, $n\geqslant 2$. 所以 $f^{(n)}(a)=n!a_n=0$, $n=0,1,2,\cdots$. 从而由命题 6.3.1 知结论成立. □

推论 6.3.3 设 $f(z)$ 为 Ω 上非零解析函数, $a\in\Omega$ 为 $f(z)$ 的零点. 则

(1) 存在 $\delta>0$ 使得 $\overline{U(a,\delta)}\subset\Omega$ 而且 $f(z)$ 在 $\overline{U(a,\delta)}\backslash\{a\}$ 上没有零点.

(2) 存在 $n\geqslant 1$ 使得 $f^{(k)}(a)=0$, $k=0,1,\cdots,n-1$ 及 $f^{(n)}(a)\neq 0$.

(3) 存在 a 的一个邻域 $U(a,r)\subset\Omega$ 及 $g\in H(U(a,r))$ 使得

$$g(a)\neq 0,\quad f(z)=(z-a)^n g(z),\quad \forall\, z\in U(a,r).$$

推论 6.3.4 设 $f,g\in H(\Omega)$ 且它们在 Ω 内的一个无穷子集 E 上的值相等. 若存在 $a\in E$ 及 $\{z_n\}\subset E$, 使得 $z_n\neq a$, $\forall\, n\geqslant 1$, $\lim\limits_{n\to\infty}z_n=a$. 则 $f=g$.

定义 6.3.5 设 $\omega=f(z)$ 在 $z=z_0$ 处不可导或无定义. 若存在某个 $\delta>0$, 使得 $f(z)$ 在 $0<|z-z_0|<\delta$ 内解析, 则称 z_0 为 $f(z)$ 的孤立奇点.

现设 z_0 是 $f(z)$ 的孤立奇点, 则在某个环形区域 $0<|z-z_0|<\delta$ 内, $f(z)$ 可以展开为 Laurent 级数 $f(z)=\sum\limits_{n=-\infty}^{\infty}a_n(z-z_0)^n$. 根据这个展开式中的负幂次项是有限个还是无限个, 我们可以给出孤立奇点的分类如下.

定义 6.3.6 设 $z=z_0$, $\omega=f(z)$, $\{a_n\}_{n\in\mathbb{Z}}$ 如上所述.

(1) 若 $a_{-n}=0$, $n=1,2,\cdots$, 则 z_0 称为 $f(z)$ 的可去奇点;

(2) 若存在自然数 $m\geqslant 1$ 使得 $a_{-m}\neq 0$ 且 $a_{-n}=0$, $\forall n<m$, 则 z_0 称为 $f(z)$ 的极点, 而 m 则称为极点 z_0 的级;

(3) 若 $\{a_{-n}\,|\,n\geqslant 1\}$ 中有无限多项不为零, 则称 z_0 为 $f(z)$ 的本性奇点.

命题 6.3.7 设 z_0 是 $f(z)$ 的极点, 则下列命题等价:

(1) z_0 是 $f(z)$ 的 n 级极点;

(2) 存在 z_0 的某个邻域 $U(z_0,r)$ 及 $h\in H(U(z_0,r))$ 使得 $h(z_0)\neq 0$ 并且

$$f(z)=\frac{h(z)}{(z-z_0)^n},\quad \forall\, z\in U(z_0,r)\backslash\{z_0\};$$

(3) 定义 $g(z)=\begin{cases}\dfrac{1}{f(z)}, & z\neq z_0,\\ 0, & z=z_0,\end{cases}$ 则 z_0 是 $g(z)$ 的 n 级零点, 或者可以直接认为 z_0 是 $\dfrac{1}{f(z)}$ 的 n 级零点.

定义 6.3.8 设 $z_0\in\mathbb{C}$ 是 $f(z)$ 的孤立奇点, C 是 $U(z_0,\delta)\backslash\{z_0\}$ 中包含 z_0 的正向简单闭曲线. $\dfrac{1}{2\pi \mathrm{i}}\oint_C f(z)dz$ 称为 $f(z)$ 在 z_0 处的留数, 并记为 $\mathrm{Res}[f(z),z_0]$.

由定理 6.1.5 及留数的定义, 可以推出下面的留数定理.

定理 6.3.9 设 C 是一条正向简单闭曲线. 若 $f(z)$ 在 C 上连续, 在 C 所包围的区域 Ω $(\partial\Omega=C)$ 中除了有有限个孤立奇点 $z_1,\cdots,z_k$ 外解析, 则

$$\oint_C f(z)dz=2\pi \mathrm{i}\sum_{j=1}^{k}\mathrm{Res}[f(z),z_j].$$

设 $f(z)$ 在正向简单闭曲线 C 上解析且不为零, 在 Ω 中, 除了有限个极点外解析. 则在 Ω 内, $f(z)$ 的零点最多是有限个 (推论 6.3.2). 设 $a,b\in\Omega$ 分别是 $f(z)$ 的 n 级零点和 m 级极点. 利用推论 6.3.3 (3) 和命题 6.3.7, 可得

$$\mathrm{Res}\Big[\frac{f'(z)}{f(z)},a\Big]=n,\quad \mathrm{Res}\Big[\frac{f'(z)}{f(z)},b\Big]=-m.$$

设 $f(z)$ 在 Ω 内的零点和极点个数分别为 N 及 P, 则由定理 6.3.9 得到

$$\frac{1}{2\pi \mathrm{i}}\oint_C\frac{f'(z)}{f(z)}dz=N-P. \tag{6.2}$$

于是我们有下面的辐角原理.

定理 6.3.10 设 $f(z)$ 在正向简单闭曲线 C 上解析且不为零, 在 C 的内部除了有限个极点外解析. 设 C 由有限个按段光滑的正向曲线组成. 则 $f(z)$ 在 C 的内部中的零点与极点的差为 $\dfrac{1}{2\pi}\Delta_C\arg f(z)$, 这里 $\dfrac{1}{2\pi}\Delta_C\arg f(z)$ 表示像曲线 $\Gamma=f(C)$ 在 (ω)-平面内绕原点作正向转动时的环绕圈数.

证明 设 $C = C_1 + C_2 + \cdots + C_k$, $a = t_0 < t_1 < \cdots < t_{k-1} < t_k = b$, C_j 为光滑曲线 $\xi(t) = \gamma_j(t)$, $\forall\, t \in [t_{j-i}, t_j]$, $j = 1, 2, \cdots, k$, 而 C 为 $\xi = \xi(t)$, $\forall\, t \in [a, b]$. 则

$$\frac{1}{2\pi \mathrm{i}}\oint_C \frac{f'(z)}{f(z)}dz = \sum_{j=1}^{k} \frac{1}{2\pi \mathrm{i}}\oint_{C_j} \frac{f'(z)}{f(z)}dz$$

$$= \sum_{j=1}^{k} \frac{1}{2\pi \mathrm{i}}\int_{t_{j-1}}^{t_j} \frac{f'(\gamma_j(t))\gamma_j'(t)}{f(\gamma_j(t))}dt. \tag{6.3}$$

定义 $[a, b]$ 上的连续函数 $h(s)$ 为

$$h(s) = \begin{cases} \displaystyle\int_a^s \frac{f'(\gamma_j(t))\gamma_j'(t)}{f(\gamma_j(t))}dt, & a \leqslant s \leqslant t_1, \\ \displaystyle h(t_{j-1}) + \int_{t_{j-1}}^s \frac{f'(\gamma_j(t))\gamma_j'(t)}{f(\gamma_j(t))}dt, & t_{j-1} < s \leqslant t_j,\ j = 2, 3, \cdots, k. \end{cases}$$

易知, $h(t)$ 在 (t_{j-1}, t_j) 上可微而且 $f(\xi(t))\mathrm{e}^{-h(t)}$ 在 (t_{j-1}, t_j) 上的导数为零, $j = 1, \cdots, k$, 于是 $f(\xi(t))\mathrm{e}^{-h(t)}$ 在 $[a, b]$ 上为常数 $c \in \mathbb{C}\backslash\{0\}$. 设 $K = \dfrac{c}{|c|}$ 及

$$h(t) = A(t) + \mathrm{i}\phi(t),\ \rho(t) = |c|\mathrm{e}^{A(t)}, \quad \forall\, t \in [a, b].$$

于是 $f(\xi(t)) = K\rho(t)\mathrm{e}^{\mathrm{i}\phi(t)}$ 且 $\rho(t)$ 和 $\phi(t)$ 在 (t_{j-1}, t_j) 上都可微, $j = 1, \cdots, k$. 注意到 $\rho(b) = |f(\xi(b))| = |f(\xi(a))| = \rho(a)$, 从而由 (6.3) 式得到

$$\begin{aligned} \frac{1}{2\pi \mathrm{i}}\oint_C \frac{f'(z)}{f(z)}dz &= \frac{1}{2\pi \mathrm{i}}\sum_{j=1}^{k}\int_{t_{j-1}}^{t_j} \frac{\rho'(t)\mathrm{e}^{\mathrm{i}\phi(t)} + \mathrm{i}\rho(t)\phi'(t)\mathrm{e}^{\mathrm{i}\phi(t)}}{\rho(t)\mathrm{e}^{\mathrm{i}\phi(t)}}dt \\ &= \frac{1}{2\pi \mathrm{i}}\sum_{j=1}^{k}\int_{t_{j-1}}^{t_j}\left(\frac{\rho'(t)}{\rho(t)} + i\phi'(t)\right)dt \\ &= \frac{1}{2\pi \mathrm{i}}\sum_{j=1}^{k}\left[(\ln\rho(t_j) - \ln\rho(t_{j-1})) + \mathrm{i}(\phi(t_j) - \phi(t_{j-1}))\right] \\ &= \frac{1}{2\pi}(\phi(b) - \phi(a)) = \frac{1}{2\pi}\Delta_C \arg f(z). \end{aligned}$$

于是由 (6.2) 式得出结论. □

在应用时, 下面的 Rouchè 定理比定理 6.3.10 显得更为方便.

定理 6.3.11 设 $f(z), g(z)$ 在正向简单闭曲线 C 上及 C 的内部都解析, 并且 $|f(z)|>|g(z)|, \forall z \in C$. 则 $f(z)$ 与 $f(z)+g(z)$ 在 C 的内部的零点数目相同.

证明 因在 C 上有 $|f(z)|>|g(z)|$, 故 $|f(z)|>0$ 且对任意 $\forall z \in C$, 有

$$|f(z)+g(z)| \geqslant |f(z)|-|g(z)|>0,$$

所以, 在 C 上, $f(z)$ 与 $f(z)+g(z)$ 都没有零点.

设 $f(z)+g(z)$ 和 $f(z)$ 在 C 的内部的零点个数分别为 N 和 P. 约去 $f(z)+g(z)$ 和 $f(z)$ 在 C 的内部的公共零点, 其个数为 k. 则 $\psi(z)=1+\dfrac{g(z)}{f(z)}$ 在 C 的内部的零点和极点的个数分别为 $N-k$ 和 $P-k$. 于是由定理 6.3.10, $N-P=\dfrac{1}{2\pi}\Delta_C \arg\psi(z)$. 因为

$$|1-\psi(z)|=\left|\frac{g(z)}{f(z)}\right|<1, \quad \forall z \in C,$$

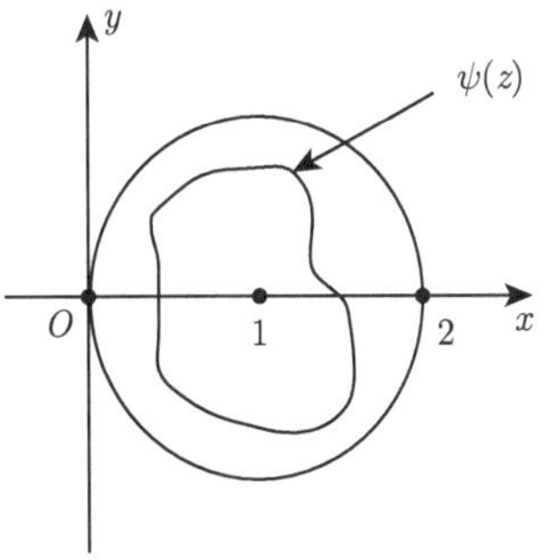

图 6-1

故 C 的像曲线 $\Gamma=\psi(C)$ 不围绕原点 (图 6-1), 从而 $\Delta_C \arg\psi(z)=0$. 于是 $N=P$. □

下面的定理是 Rouchè 定理一个较为精彩的应用.

定理 6.3.12 设 $f \in H(\Omega)$ 且不恒为常数. 则 $f(\Omega)$ 是 $\mathbb{C}$ 中的区域.

证明 因为 $f\colon \Omega \to \mathbb{C}$ 连续, Ω 连通, 故有命题 1.1.14(1), $f(\Omega)$ 在 $\mathbb{C}$ 中连通.

任取 $z_0 \in \Omega$ 并设 $w_0=f(z_0)$. 由于 $z=z_0$ 是 $f(z)-f(z_0)$ 在 Ω 中的零点, 不妨设为 n 级零点, 故存在 $U(z_0,r)\subset\Omega$ 及 $g \in H(U(z_0,r))$ 使得

$$g(z_0)\neq 0 \text{ 及 } f(z)-f(z_0)=(z-z_0)^n g(z), \quad \forall z \in U(z_0,r).$$

设 $G=U\left(z_0,\dfrac{r}{2}\right)$. 则 $\overline{G}\subset U(z_0,r)$, $g(z)$ 在 $\overline{G}$ 上解析且不为零. 于是 $\min\limits_{z\in\overline{G}}|g(z)|=m>0$ 且 $m=\min\limits_{z\in\partial G}|g(z)|$ (推论 6.2.2). 从而, 在 ∂G 上,

$$|f(z)-f(z_0)|=|z-z_0|^n|g(z)|\geqslant\left(\frac{r}{2}\right)^n m. \tag{6.4}$$

设 $\rho=\left(\dfrac{r}{2}\right)^n m$. 则对任意 $w\in U(w_0,\rho)$, 利用 (6.4) 式得

$$|w-f(z_0)|<\left(\frac{r}{2}\right)^n m\leqslant|f(z)-f(z_0)|, \quad \forall z\in\partial G.$$

这样, 由定理 6.3.11 知: $f(z)-f(z_0)$ 与 $w-f(z)$ 在 G 中有相同的零点个数, 即得 $w-f(z)$ 在 G 中有 n 个零点. 于是 $w\in f(\Omega)$, 进而 $U(w_0,\rho)\subset f(\Omega)$. □

6.4 正规族的基本理论

在本节中, 我们总是假设 Ω 为 $\mathbb{C}$ 中的区域.

定义 6.4.1 定义在 Ω 上的一个复值函数族 $\mathcal{G}$ 称为正规的, 若 $\mathcal{G}$ 中的任一序列中必有一个子列在 Ω 中的任一紧集上一致收敛 (在 Ω 内内闭一致收敛).

"正规族" 这个概念是由 Montel 首先引进的. 下面的定理是判断解析函数族正规的最基本的定理.

定理 6.4.2 (Montel) 设 $\mathcal{G}\subset H(\Omega)$. 如果对 Ω 中的任一紧子集 K, 存在常数 $M_K>0$ 使得 $|f(z)|\leqslant M_K$, $\forall f\in\mathcal{G}$, $z\in K$, 则 $\mathcal{G}$ 是 Ω 上的正规族.

证明 任取 $x\in\Omega$. 由于 $K=\{x\}$ 是紧集, 故假设条件知: 存在常数 $C_x>0$ 使得 $|f(x)|\leqslant C_x$, $\forall f\in\mathcal{G}$, 即定理 1.4.7 的条件 (1) 成立.

设 K 为 Ω 中的紧子集, $\Omega\neq\mathbb{C}$. 则 $\delta=\inf\{|s-t|\,|\,s\in K, t\in\Omega^c\}>0$. 不然的话, 存在 $\{s_n\}\subset K$, $\{t_n\}\subset\Omega^c$ 使得 $\lim\limits_{n\to\infty}|s_n-t_n|=0$. 由于 K 是紧子集, 故有 $\{s_n\}$ 的一个收敛子列 $\{s_{n_k}\}$ 使得 $\lim\limits_{k\to\infty}s_{n_k}=\eta\in K$. 于是 $\lim\limits_{k\to\infty}t_{n_k}=\eta$. 因为 Ω^c 闭且 $K\bigcap\Omega^c=\varnothing$, 故得矛盾. 此时, 设 $K_0=\left\{z\in\mathbb{C}\,\middle|\,\inf\limits_{s\in K}|z-s|\leqslant\dfrac{\delta}{2}\right\}$. 则 K_0 有界闭而且 $K\subset K_0\subset\Omega$. 如果 $\Omega=\mathbb{C}$, 可任取 $\delta>0$. 则前述的性质仍成立.

由假设条件, 存在常数 $M_{K_0}>0$ 使得 $|f(z)|\leqslant M_{K_0}$, $\forall f\in\mathcal{G}$, $z\in K_0$. 对任意 $z_1,z_2\in K$ 且 $|z_1-z_2|<\dfrac{\delta}{4}$, 设 $G=U\left(z_1,\dfrac{\delta}{2}\right)$. 则 $z_2\in G$ 且对任意 $z\in\overline{G}$, 由 $\inf\limits_{s\in K}|z-s|\leqslant|z-z_1|\leqslant\dfrac{\delta}{2}$, 得 $\overline{G}\subset K_0$. 于是由 Cauchy 积分公式:

$$f(z_1)=\frac{1}{2\pi\mathrm{i}}\oint_{\partial G}\frac{f(z)}{z-z_1}dz,\quad f(z_2)=\frac{1}{2\pi\mathrm{i}}\oint_{\partial G}\frac{f(z)}{z-z_2}dz,\quad \forall f\in\mathcal{G}$$

得到

$$|f(z_1)-f(z_2)|\leqslant\frac{|z_1-z_2|}{2\pi}\oint_{\partial G}\frac{|f(z)|}{|z-z_1||z-z_2|}ds,\quad \forall f\in\mathcal{G}. \tag{6.5}$$

注意到, 当 $z\in\partial G$ 时, $|z-z_1|=\dfrac{\delta}{2}$,

$$|z-z_2|=|z-z_1-(z_2-z_1)|\geqslant|z-z_1|-|z_1-z_2|>\frac{\delta}{4},$$

故由 (6.5) 式, $|f(z_1)-f(z_2)|\leqslant \dfrac{4M_{K_0}}{\delta}|z_1-z_2|, \forall f\in\mathcal{G}$, 即定理 1.4.7 的条件 (2) 满足.

最后, 将定理 1.4.7 运用于 $\mathcal{G}$, 便得出结论. □

对于内闭一致收敛的解析函数列, 有下面的 Weierstrass 定理.

定理 6.4.3 设 $\{f_n\}\subset H(\Omega)$, f 为 Ω 上的函数. 如果 f_n 在 Ω 内内闭一致收敛于 f, 则 $f\in H(\Omega)$ 且 f_n' 在 Ω 内内闭一致收敛于 f'.

证明 对任意 $z_0\in\Omega$, 存在 $r>0$ 使得 $\overline{U(z_0,r)}\subset\Omega$. 设 Γ 为 $U(z_0,r)$ 中的任一正向简单闭曲线. 由于 f_n 在 $\overline{U(z_0,r)}$ 上一致收敛于 f, 故 f 在 $\overline{U(z_0,r)}$ 上连续而且

$$\lim_{n\to\infty}\oint_\Gamma f_n(z)dz=\oint_\Gamma f(z)dz.$$

因为 f_n 在 $U(z_0,r)$ 内解析, 所以 $\oint_\Gamma f_n(z)dz=0,\ n\geqslant 1$. 从而 $\oint_\Gamma f(z)dz=0$. 由此可得, $f(z)$ 在 $U(z_0,r)$ 内解析, 进而 $f\in H(\Omega)$.

任取 Ω 中的紧子集 K. 由于 Ω 是开集, 故对任意 $z\in K$, 存在 $r_z>0$ 使得 $\overline{U(z,r_z)}\subset\Omega$. 因为 $K\subset\bigcup\limits_{z\in K}U\left(z,\dfrac{r_z}{2}\right)$, 于是存在 $z_1,\cdots,z_n\in K$ 使得 $K\subset\bigcup\limits_{k=1}^{n}U\left(z_k,\dfrac{r_{z_k}}{2}\right)$. 设

$$\delta=\min\{r_{z_1},\cdots,r_{z_n}\},\quad K_0=\bigcup_{k=1}^{n}\overline{U(z_k,r_{z_k})}.$$

则 K_0 在 Ω 中紧且 $K\subset K_0$. 任取 $\xi\in K$, 存在 i 使得 $\xi\in U\left(z_i,\dfrac{r_{z_i}}{2}\right)$. 设 $\Gamma:|z-z_i|=r_{z_i}$. 因为 f_n 在 K_0 上一致收敛于 f 以及

$$\begin{aligned}|f_n'(\xi)-f'(\xi)|&=\frac{1}{2\pi}\left|\int_\Gamma\frac{f_n(z)-f(z)}{(z-\xi)^2}dz\right|\leqslant\frac{4}{r_{z_i}}\max_{z\in\Gamma}|f_n(z)-f(z)|\\&\leqslant\frac{4}{\delta}\max_{z\in K_0}|f_n(z)-f(z)|\ \to 0\quad(n\to\infty),\end{aligned}$$

所以 $f_n'(z)$ 在 K 上一致收敛于 $f'(z)$. □

6.5 Riemann 映射定理

设 Ω 是 $\mathbb{C}$ 中的单连通区域, D 是 $\mathbb{C}$ 中的单位开圆盘. Riemann 映射定理是指: 存在 $f \in H(\Omega)$ 使得 f 为单射而且 $f(\Omega) = D$. 为了证明它, 我们还要做一些准备.

定义 6.5.1 设 $f \in H(\Omega)$. 如果 f 是一个单射, 则称 f 是 Ω 上的单叶函数或称 f 是 Ω 到 $f(\Omega)$ 的共形映射.

我们知道, 如果 $f(t)$ 在 (a, b) 上可微函数且 $f'(t) \neq 0$, 则 f 是一个单射; 反之则不对. 比如: $f(t) = t^3$ 是 $(-1, 1)$ 上的单射, 但 $f'(0) = 0$. 对于解析函数的单叶性与导数的关系, 我们有下面的结论.

命题 6.5.2 设 Ω 是 $\mathbb{C}$ 中的区域, $f \in H(\Omega)$.

(1) 如果 $f(z)$ 在 Ω 上单叶, 则 $f'(z) \neq 0, \forall z \in \Omega$;

(2) 若有 $a \in \Omega$ 使得 $f'(a) \neq 0$, 则有 $\delta > 0$ 使得 $f(z)$ 在 $U(a, \delta) \subset \Omega$ 上单叶.

证明 (1) 设有 $z_0 \in \Omega$ 使得 $f'(z_0) = 0$. 设 $g(z) = f(z) - f(z_0), \forall z \in \Omega$. 则 z_0 是非零解析函数 $g(z)$ 的 n 级零点, 是 $g'(z)$ 的 $n-1$ 级零点 $(n \geqslant 2)$. 由推论 6.3.3 (2), 存在 $\overline{U(z_0, r)} \subset \Omega$ 使得 $g(z)$ 和 $g'(z)$ 在 $\overline{U(z_0, r)} \backslash \{z_0\}$ 上都没有零点.

设 $\sigma \in (0, 1)$, $m = \min\{|g(z)| \mid |z - z_0| = r\} > 0$. 由于在 $|z - z_0| = r$ 上, $|g(z)| > \sigma m$, 故由定理 6.3.11 得: $g(z)$ 与 $g(z) - \sigma m = h(z)$ 在 $U(z_0, r)$ 内有相同的零点个数. 设 z_1, z_2 是 $h(z)$ 在 $U(z_0, r)$ 中的两个零点. 由于 $z_1 \neq z_0$, $z_2 \neq z_0$ 且 $h'(z) \neq 0, \forall z \in U(z_0, r) \backslash \{z_0\}$, 故 $z_1 \neq z_2$. 从而由 $g(z_1) - \sigma m = g(z_2) - \sigma m$ 得 $f(z_1) = f(z_2)$, 而这与 $f(z)$ 在 Ω 内单叶矛盾.

(2) 因 $f'(z)$ 在 Ω 内解析, 即得 $f'(z)$ 在 z_0 处连续, 故存在 $\delta > 0$ 使得

$$U(z_0, \delta) \subset \Omega \text{ 且 } |f'(z) - f'(z_0)| < \frac{1}{2}|f'(z_0)|, \quad \forall z \in U(z_0, \delta).$$

对任意 $z_1, z_2 \in U(z_0, \delta)$ 且 $z_1 \neq z_2$, 有 $f(z_1) - f(z_2) = \displaystyle\int_{z_1}^{z_2} f'(\xi) d\xi$. 因为

$$\begin{aligned} \left| \int_{z_1}^{z_2} f'(\xi) d\xi \right| &\geqslant \left| \int_{z_1}^{z_2} f'(z_0) d\xi \right| - \int_{\overline{z_1 z_2}} |f'(z_0) - f'(\xi)||d\xi| \\ &\geqslant |f'(z_0)||z_1 - z_2| - \frac{1}{2}|f'(z_0)||z_1 - z_2| > 0. \end{aligned}$$

于是 $f(z)$ 在 $U(z_0, \delta)$ 上单叶. □

注意到: 对 $f \in H(\Omega)$ 即使 $f'(z) \neq 0, \forall z \in \Omega$, 也不能得出 $f(z)$ 在 Ω 内单叶. 比如, $f(z) = \mathrm{e}^z$ 就不是 $\mathbb{C}$ 内的单叶函数, 尽管 $f'(z)$ 处处不为零.

引理 6.5.3 设 Ω 为 $\mathbb{C}$ 中的区域, $\{f_n\} \subset H(\Omega)$ 且 f_n 在 Ω 内内闭一致收敛于定义在 Ω 上的非常数函数 f. 如果 f_n 在 Ω 内单叶, $n \geqslant 1$, 则 f 在 Ω 内单叶.

证明 由定理 6.4.3, $f \in H(\Omega)$. 如果 f 在 Ω 内不单叶, 则有 $z_1, z_2 \in \Omega$, $z_1 \neq z_2$ 使得 $f(z_1) = f(z_2)$. 令 $g(z) = f(z) - f(z_1), \forall z \in \Omega$. 则 z_1, z_2 是 $g(z)$ 在 Ω 内的两个不同的零点. 由解析函数零点的孤立性, 存在 $r_1, r_2 > 0$ 使得

$$\overline{U(z_1, r_1)} \bigcap \overline{U(z_2, r_2)} = \varnothing, \quad \overline{U(z_1, r_1)} \subset \Omega, \ \overline{U(z_2, r_2)} \subset \Omega,$$

同时还有 $g(z) \neq 0, \forall z \in (\overline{U(z_1, r_1)} \backslash \{z_1\}) \bigcup (\overline{U(z_2, r_2)} \backslash \{z_2\})$.

设 $\Gamma_j = \{z \in \Omega \,|\, |z - z_j| = r_j\}, j = 1, 2$. 则 $\eta = \min\limits_{z \in \Gamma_1 \cup \Gamma_2} |g(z)| > 0$. 因为 $f_n(z)$ 在 $\Gamma_1 \bigcup \Gamma_2$ 上一致收敛于 $f(z)$, 故有 m 使得 $|f_m(z) - f(z)| < \eta, \forall z \in \Gamma_1 \bigcup \Gamma_2$. 则

$$|f_m(z) - f(z)| < \eta \leqslant |g(z)| = |f(z) - f(z_1)|, \quad \forall z \in \Gamma_1 \bigcup \Gamma_2.$$

由于对任意 $z \in \overline{U(z_1, r_1)} \bigcup \overline{U(z_2, r_2)}$,

$$f_m(z) - f(z_1) = (f_m(z) - f(z)) + g(z),$$

故由定理 6.3.11 得: $f_m(z) - f(z_1)$ 与 $g(z)$ 在 $U(z_1, r_1)$ 及 $U(z_2, r_2)$ 中分别有相同的零点个数. 故 $f_m(z) - f(z_1)$ 在 Ω 内至少有两个不相同的零点, 而这与 $f_m(z)$ 单叶矛盾. □

引理 6.5.4 设 Ω 为 $\mathbb{C}$ 中的单连通区域, $f \in H(\Omega)$. 若 f 在 Ω 内无零点, 则

(1) 存在 $g \in H(\Omega)$ 使得 $\mathrm{e}^{g(z)} = f(z), \forall z \in \Omega$.

(2) 对任意大于 1 的自然数 m, 存在 $h \in H(\Omega)$ 使得 $h^m(z) = f(z), \forall z \in \Omega$.

证明 (1) 任取 $z_0 \in \Omega$. 由于 Ω 单连通, 故 $g_0(z) = \displaystyle\int_{z_0}^{z} \frac{f'(\xi)}{f(\xi)} d\xi, \forall z \in \Omega$ 为 Ω 上的解析函数且 $g_0(z_0) = 0$, $g_0'(z) = \dfrac{f'(z)}{f(z)}, \forall z \in \Omega$. 令 $K(z) = \mathrm{e}^{-g_0(z)} f(z)$, $\forall z \in \Omega$. 则 $K'(z) = 0, \forall z \in \Omega$. 故 $K(z)$ 在 Ω 上恒为常数 C. 从而 $f(z) = C\mathrm{e}^{g_0(z)}$, $\forall z \in \Omega$. 注意到 $C = f(z_0) \neq 0$, 令 $C = \mathrm{e}^c$, $g(z) = c + g_0(z), \forall z \in \Omega$. 则 $f(z) = \mathrm{e}^{g(z)}, \forall z \in \Omega$.

(2) 在 (1) 中取 $h(z) = \mathrm{e}^{\frac{g(z)}{m}}, \forall z \in \Omega$. 则 $h \in H(\Omega)$ 且 $h^m = f$. □

下面我们就正式叙述 Riemann 映射定理并给出证明.

定理 6.5.5 (Riemann 映射定理) 设 Ω 为 $\mathbb{C}$ 中的单连通区域, 其边界多于一点. 又设 z_0 为 Ω 中的任意给定一点. 则存在 Ω 上的唯一一个单叶函数 ϕ 使得下列条件满足:

(1) $\phi(z_0)=0,\ \phi'(z_0)>0$;

(2) $D=\phi(\Omega)$.

证明 设 $\mathcal{M}=\{f\in H(\Omega)\,|\,f(\Omega)\subset D,\ f\ 单叶\}$.

首先说明 $\mathcal{M}$ 非空. 取 $b\in\partial\Omega$. 则 $g(z)=z-b$ 在 Ω 内解析且无零点. 于是由引理 6.5.4, 存在 $\psi\in H(\Omega)$ 使得

$$\psi^2(z)=g(z)=z-b,\quad \forall\, z\in\Omega.$$

显然, $\psi(z)$ 在 Ω 上单叶. 又由定理 6.3.12 知, $\psi(\Omega)$ 是开集. 故对任意 $a\in\psi(\Omega)$, 存在 $r\in(0,|a|)$ 使得 $U(a,r)\subset\psi(\Omega)$. 由此可得 $\psi(\Omega)\bigcap U(-a,r)=\varnothing$. 如若不然, 就有 $w_0\in\psi(\Omega)\bigcap U(-a,r)$. 从而 $-w_0\in U(a,r)$, $w_0=\psi(\xi_0)$ 对某个 $\xi_0\in\Omega$ 成立. 又 $-w_0\in U(a,r)\subset\psi(\Omega)$, 则有 $\xi_1\in\Omega$ 使得 $-w_0=\psi(\xi_2)$, 进而 $\psi(\xi_0)=-\psi(\xi_1)$. 由此得到 $\xi_0=\xi_1$. 故得 $w_0=-w_0$, 所以 $w_0=0\in U(a,r)$. 而这与 $r<|a|$ 矛盾.

因为 $\psi(\Omega)\bigcap U(-a,r)=\varnothing$, 所以 $\psi(z)\notin U(-a,r)$, 亦即 $|\psi(z)+a|\geqslant r$, $\forall\, z\in\Omega$. 令 $\psi_1(z)=\dfrac{r}{\psi(z)+a}$, $\forall\, z\in\Omega$. 则 ψ_1 在 Ω 上单叶而且 $|\psi_1(z)|\leqslant 1$, $\forall\, z\in\Omega$. 如果有 $\eta\in\Omega$ 使得 $|\psi_1(\eta)|=1$, 则取 η 的一个邻域 $U(\eta,\delta)$ 使得 $\overline{U(\eta,\delta)}\subset\Omega$. 因为在 $\overline{U(\eta,\delta)}$ 上,

$$1=|\psi_1(\eta)|\leqslant\max_{|z-\eta|\leqslant\delta}|\psi_1(z)|=\max_{|z-\eta|=\delta}|\psi_1(z)|\leqslant 1,$$

故由定理 6.2.1, ψ_1 在 $\overline{U(\eta,\delta)}$ 为常数. 但与 ψ_1 单叶矛盾. 从而 $|\psi_1(z)|<1$, $\forall\, z\in\Omega$, 即得 $\psi_1\in\mathcal{M}$.

接下来, 我们来找一个 $f_0\in\mathcal{M}$ 使得 $|f_0'(z_0)|=\sup\{|f'(z_0)|\,|\,f\in\mathcal{M}\}$. 取 z_0 的邻域 $U(z_0,\rho)$ 使得 $\overline{U(z_0,\rho)}\subset\Omega$. 由于对任意 $f\in\mathcal{M}$, 有 $|f(z)|\leqslant 1$, $\forall\, z\in\Omega$ 及 $f'(z_0)\neq 0$ (命题 6.5.2 (1)), 故由 $f'(z_0)=\dfrac{1}{2\pi\mathrm{i}}\displaystyle\oint_{|z-z_0|=\rho}\dfrac{f(z)dz}{(z-z_0)^2}$ 得

$$|f'(z_0)|\leqslant\frac{1}{2\pi\rho^2}(2\pi\rho)\max_{|z-z_0|=\rho}|f(z)|\leqslant\frac{1}{\rho}.$$

于是 $\alpha=\sup\{|f'(z_0)|\,|\,f\in\mathcal{M}\}\leqslant\dfrac{1}{\rho}$. 进而 $|\psi_1'(z_0)|\leqslant\alpha$ $(\psi_1\in\mathcal{M})$.

对上述的 $\psi(z)$ 和 $\psi_1(z), \forall z \in \Omega$. 由 $\psi^2(z) = z - b, \forall z \in \Omega$ 得

$$2\psi(z)\psi'(z) = 1, \quad \psi_1'(z) = \frac{-r\psi'(z)}{(\psi^2(z)+a)^2}, \quad \forall z \in \Omega.$$

于是 $\alpha \geqslant |\psi_1'(z_0)| > 0$. 取 $\{f_n\} \subset \mathcal{M}$ 使得 $\alpha \geqslant |f_n'(z_0)| > \alpha - \dfrac{1}{n}, n \geqslant 1$. 根据定理 6.4.2, $\mathcal{M}$ 是 $H(\Omega)$ 中的正规族. 于是在 $\{f_n\}$ 中存在一个子列 $\{f_{n_k}\}$ 使得 $\{f_{n_k}\}$ 在 Ω 内内闭一致收敛于 f_0. 由定理 6.4.3, $f_0 \in H(\Omega)$ 以及 $\{f_{n_k}'\}$ 在 Ω 内内闭一致收敛于 f_0'. 于是 $|f_0'(z_0)| = \alpha > 0$.

又 $\{f_{n_k}\}$ 是单叶函数列且 $|f_{n_k}(z)| < 1, \forall z \in \Omega, k = 1, 2, \cdots$, 而 f_0 在 Ω 上非常数 ($f_0'(z_0) \neq 0$), 所以 $|f_0(z)| \leqslant 1, \forall z \in \Omega$ 且由引理 6.5.3 得 f_0 在 Ω 内单叶. 从而由定理 6.3.12 知, $f_0(\Omega)$ 是一个区域, 即 $|f_0(z)| < 1, \forall z \in \Omega$. 故 $f_0 \in \mathcal{M}$.

现证: $f_0(z_0) = 0$ 和 $f_0(\Omega) = D$. 若 $f_0(z_0) \neq 0, f_0(\Omega) \subsetneqq D$, 令 $\beta = f_0(z_0)$ 并取 $w_1 \in D \backslash f(\Omega)$. 再令

$$g(z) = \frac{f_0(z) - \beta}{1 - \overline{\beta} f_0(z)}, \quad \omega(z) = \frac{f_0(z) - w_1}{1 - \overline{w_1} f_0(z)}, \quad \forall z \in \Omega.$$

则 $|g(z)| < 1, |\omega(z)| < 1, \forall z \in \Omega$ 且 $g(z), \omega(z)$ 在 Ω 内单叶. 于是 $g, \omega \in \mathcal{M}$. 又因为 $g'(z) = \dfrac{(1-|\beta|^2) f_0'(z)}{(1 - \overline{\beta} f_0(z))^2}$, 故 $g'(z_0) = \dfrac{f_0'(z_0)}{1 - |\beta|^2}$, 从而 $|g'(z_0)| > |f_0'(z_0)| = \alpha$. 而这与 α 的定义矛盾. 所以 $f_0(z_0) = 0$. 从而 $0 < |w_1| < 1$.

由于 $\omega(z)$ 在 Ω 内没有零点, 故由引理 6.5.4 知, 存在 $h \in H(\Omega)$ 使得 $h^2 = \omega$. 易知, $h \in \mathcal{M}$. 令 $u(z) = \dfrac{h(z) - h(z_0)}{1 - \overline{h(z_0)} h(z)}, \forall z \in \Omega$. 则易得 $u \in \mathcal{M}$. 利用 $2h(z)h'(z) = \omega'(z)$,

$$u'(z) = \frac{(1 - |h(z_0)|^2) h'(z)}{(1 - \overline{h(z_0)} h(z))^2}, \quad \omega'(z) = \frac{(1 - |w_1|^2) f_0'(z)}{(1 - \overline{w_1} f_0(z))^2}, \quad \forall z \in \Omega,$$

并注意到 $f_0(z_0) = 0$, 则最后可得

$$|u'(z_0)| = \frac{1 + |w_1|}{2\sqrt{|w_1|}} |f_0'(z_0)| > |f_0'(z_0)| = \alpha.$$

这样又得到一个矛盾. 所以 $f_0(\Omega) = D$.

现在设 $\theta = \arg(f_0'(z_0)), \phi(z) = \mathrm{e}^{-\mathrm{i}\theta} f_0(z), \forall z \in \Omega$. 则 $\phi \in \mathcal{M}$ 并且满足 $\phi(z_0) = 0, \phi(\Omega) = D$ 以及 $\phi'(z_0) = |f_0'(z_0)| > 0$.

以上得到的 ϕ 满足要求. 我们还要证明这样的 ϕ 是唯一的. 如果还有一个解析同构映射 $\phi_0\colon \Omega\to D$ 满足 (1) 和 (2), 则 $F=\phi_0\circ\phi^{-1}$ 是 D 到 D 的一个解析自同构映射且 $F(0)=0$. 于是由推论 6.2.5 得: 存在常数 c 使得 $|c|=1$, $F(z)=cz$, $\forall\, z\in D$. 故 $\phi_0(z)=c\phi(z)$, $\forall\, z\in\Omega$. 再由条件: $\phi_0'(z_0)>0$, $\phi'(z_0)>0$, $|c|=1$ 及 $\phi_0'(z_0)=c\phi'(z_0)$, 可推出 $c=1$, 从而 $\phi_0=\phi$. □

习 题

1. 设 $f\in H(D)$ 且 f 在 $\overline{D}$ 上连续. 设 $M=\max\limits_{|z|=1}|f(z)|$. 如果 $f(0)\neq 0$, 证明: $f(z)$ 在 $\left\{z\in D\,\middle|\,|z|<\dfrac{|f(0)|}{M+|f(0)|}\right\}$ 内没有零点.

2. 通过计算 $\displaystyle\oint_{|z|=1}\left(z+\frac{1}{z}\right)^{2n}dz$, 证明:

$$\int_0^{2\pi}\cos^{2n}\theta d\theta=2\pi\frac{(2n-1)!!}{(2n)!!}.$$

3. $p_n(z)=\dfrac{1}{2^n n!}\dfrac{d^n}{dz^n}[(z^2-1)^n]$ 称为 Legendre 多项式. 证明:

$$p_n(z)=\frac{1}{2\pi\mathrm{i}}\oint_\Gamma\frac{(\xi^2-1)^n}{(\xi-z)^{n+1}}d\xi,$$

其中 Γ 为 $\mathbb{C}$ 中其内部包含 z 的正向简单闭曲线.

4. 设 $f\in H(\mathbb{C})$ 且存在常数 $M>0$ 使得 $|f(z)|\leqslant M\mathrm{e}^{|z|}$, $\forall\, z\in\mathbb{C}$. 证明:

$$|f^{(n)}(0)|\leqslant Mn!\Big(\frac{\mathrm{e}}{n}\Big)^n,\quad n=1,2,\cdots.$$

5. 设 $D=\{z\in\mathbb{C}\,|\,|z|<1\}$, $f\in H(D)$ 且 $|f(z)|<\dfrac{1}{1-|z|}$, $\forall\, z\in D$. 证明: 对任意 $r\in(0,1)$, 有 $|f^{(n)}(0)|\leqslant\dfrac{n!}{r^n(1-r)}$, $n=1,2,\cdots$. 特别取 $r=1-\dfrac{1}{n+1}$ 时, 可以推出 $|f^{(n)}(0)|<\mathrm{e}(n+1)!$, $n=1,2,\cdots$.

6. 设 $f\in H(\mathbb{C})$, Γ 是 $\mathbb{C}$ 中的一条正向简单闭曲线. 设 $f(z)$ 在 Γ 上没有零点. 证明: 如果 f 在 Γ 内部有 n 个不同的零点 $z_1,\cdots,z_n$, 其中每个 z_k 的重数为 m_k, 则

$$\oint_\Gamma\frac{zf'(z)}{f(z)}dz=2\pi\mathrm{i}\sum_{k=1}^n m_kz_k.$$

7. 设 C_N 是由下列直线所围的正方形边界:

$$x=\pm\Big(N+\frac{1}{2}\Big)\pi,\quad y=\pm\Big(N+\frac{1}{2}\Big)\pi,\quad N=1,2,\cdots.$$

证明:

$$\oint_{C_N} \frac{dz}{z^2 \sin z} = 2\pi \mathrm{i}\left[\frac{1}{6} + \sum_{n=1}^{N} \frac{(-1)^n}{\pi^2 n^2}\right].$$

并由此证明: $\sum\limits_{n=1}^{\infty} \frac{(-1)^{n+1}}{n^2} = \frac{\pi^2}{12}$.

8. 用留数定理计算积分 $\int_0^{+\infty} \frac{\sin x}{x} dx$.

9. 求方程 $2z^5 - 6z^3 + z + 1 = 0$ 在 $1 \leqslant |z| \leqslant 2$ 内的零点的个数.

10. 证明: 若 $a > \mathrm{e}$, 则方程 $\mathrm{e}^z = az^n$ 在 $|z| < 1$ 内有 n 个根.

11. 设 $P(z) = z^n + a_1 z^{n-1} + \cdots + a_{n-1} z + a_n$, $\forall z \in \mathbb{C}$ 并令 $M = \max\limits_{z \in \overline{D}} |P(z)|$. 证明: $P(z)$ 的零点皆位于 $|z| < 1 + M$ 内.

12. 设 $w = f(z)$ 是 $|z| < 1$ 到 $|w| < 1$ 内的解析映射. 设 $z_1, \cdots, z_n$ 是 $f(z)$ 在 $|z| < 1$ 内 n 个互不相同的零点. 证明: $|f(z)| \leqslant \prod\limits_{k=1}^{n} \left|\frac{z - z_k}{1 - \overline{z_k} z}\right|, \forall |z| < 1$.

13. 设 $a \in \mathbb{C}$, $r > 0$. 设 f 在 $|z - a| < r$ 内解析且存在常数 $M > 0$ 使得 $|f(z)| \leqslant M$, $\forall z \in U(a, r)$. 设 $\alpha \in U(a, r)$ 使得 $f(\alpha) = 0$. 证明:

$$|f(z)| \leqslant \frac{Mr|z - \alpha|}{|r^2 - \overline{(\alpha - a)}(z - a)|}, \quad \forall z \in U(a, r).$$

14. 设 $f(z)$ 为 D 上的单叶解析函数. 如果 $f(z)$ 满足条件: $f(0) = 0$, $f'(0) = 1$, 证明: $f(D) \bigcap (\mathbb{C} \backslash D) \neq \varnothing$.

15. 设 $p_n(z)$ 为 $\mathbb{C}$ 上的 n 次多项式, $M = \max\limits_{|z| \leqslant 1} |p_n(z)|$. 证明: 当 $|z| \geqslant 1$ 时, $|p_n(z)| \leqslant M|z|^n$.

16. 设 $f(z)$ 在 $|z| < R$ 内解析, 在 $|z| \leqslant R$ 上连续. 设 $M(r) = \max\limits_{|z|=r} |f(z)|$, $A(r) = \max\limits_{|z|=r} (\mathrm{Re}\, f(z))$, $0 < r < R$.

(1) 证明: $A(r)$ 是 $[0, R]$ 上的单调递增函数.

(2) 设 $f(z)$ 非常数且 $f(0) = 0$. 令 $g(z) = \frac{f(z)}{2A(R) - f(z)}$, $|z| < R$. 证明: $|g(z)| \leqslant \frac{1}{R}|z|$, $|f(z)| \leqslant \frac{2r}{R - r} A(R)$, $\forall |z| < r$, $r \in (0, R)$.

(3) 证明: 在一般情况下, $M(r) \leqslant \frac{2r}{R - r} A(R) + \frac{R + r}{R - r} |f(0)|$, $\forall r \in (0, R)$.

17. 设 $\mathcal{M} = \{f \in H(D) \,|\, |f^{(n)}(0)| \leqslant nn!,\ n \in \mathbb{Z}_+\}$. 证明: $\mathcal{M}$ 是正规族.

18. 设 M 为正实数. 证明: $\mathcal{M} = \left\{f \in H(D) \,\middle|\, \sup\limits_{0<r<1} \int_0^{2\pi} |f(r\mathrm{e}^{\mathrm{i}\theta})| d\theta \leqslant M\right\}$ 是 D 上的正规族.

19. 设 $\Omega \subsetneqq \mathbb{C}$ 是单连通区域, $z_0 \in \Omega$. 设

$$\mathcal{M} = \{f \in H(\Omega) \,|\, |f(z)| < 1,\ \forall z \in \Omega\}.$$

证明: 存在 $f_0 \in \mathcal{M}$ 使得 $|f_0'(z_0)| = \sup\limits_{f\in\mathcal{M}} |f'(z_0)|$. 再证明: f_0 在 Ω 上单叶且 $f_0(z_0) = 0$.

20. 设 Ω 为 $\mathbb{C}$ 中的单连通区域且边界不止一点, $z_0, z_1 \in \Omega$. 设

$$\mathfrak{F} = \{f \in H(\Omega) \mid f(z_0) = 0,\ |f(z)| < 1,\ \forall\, z \in \Omega\}, \quad d = \sup_{f\in\mathfrak{F}} |f(z_1)|.$$

证明: 存在 $\phi \in \mathfrak{F}$ 使得 $\phi(\Omega) \subset D$ 且 $d = |\phi(z_1)|$.

21. 设 $\Omega \subsetneqq \mathbb{C}$ 是单连通区域且关于实轴对称. 设 $z_0 \in \Omega$ 为实数. 证明: 存在解析同构映射 $f\colon \Omega \to D$ 使得 $f(z_0) = 0$, $f'(z_0) > 0$ 且 $f(\overline{z}) = \overline{f(z)}$, $\forall\, z \in \Omega$.

第7章

整函数与亚纯函数的一些性质

本章首先讨论整函数的 Weierstrass 分解和亚纯函数的 Mittag-Leffler 分解以及 Picard (皮卡) 小定理, 然后讨论 Γ–函数, Riemann ζ–函数的主要性质. 这两个函数在数学与其他领域中, 都有重要的应用.

7.1 整函数的分解

本节的目标是: 对给定的整函数, 我们要将它分解为不含零点部分的整函数和由只含它的零点部分的整函数的乘积. 要实现这个目标, 首先需要来讨论无穷乘积的收敛问题.

引理 7.1.1 设 $z\in\mathbb{C}$. 如果 $|z|<\dfrac{1}{2}$, 则 $|\ln(1+z)|<\dfrac{3}{2}|z|$.

证明 当 $|z|<1$ 时, $\ln(1+z)=\sum\limits_{n=1}^{\infty}\dfrac{(-1)^{n-1}}{n}z^n$. 于是当 $|z|<\dfrac{1}{2}$ 时, 便有

$$|\ln(1+z)|\leqslant\left(\sum_{n=1}^{\infty}\frac{1}{n2^{n-1}}\right)|z|<\left(1+\sum_{n=2}^{\infty}\frac{1}{2^n}\right)|z|=\frac{3}{2}|z|.$$ □

设 $\{a_n\}$ 是复数列, $u_n=\prod\limits_{k=1}^{n}(1+a_k)$, $n\geqslant 1$. 如果 $\{u_n\}$ 收敛于 u, 就称无穷乘积 $\prod\limits_{k=1}^{\infty}(1+a_k)$ 收敛于 u, 而且规定 $u=\prod\limits_{n=1}^{\infty}(1+a_n)$.

引理 7.1.2 设 $\{f_n\}$ 为区域 $G\subset\mathbb{C}$ 上的解析函数列且 $f_n(z)\neq-1$, $\forall z\in G$, $n\geqslant 1$. 如果 $\sum\limits_{n=1}^{\infty}f_n(z)$ 在 G 中内闭一致收敛, 则 $f(z)=\prod\limits_{n=1}^{\infty}(1+f_n(z))$ 在 G 中内闭一致收敛且 $f'(z)=f(z)\sum\limits_{n=1}^{\infty}\dfrac{f_n'(z)}{1+f_n(z)}$, $\forall z\in G$.

证明 设 K 为 Ω 中的任一紧子集. 因为 $\sum\limits_{n=1}^{\infty}f_n(z)$ 在 K 上一致收敛, 所

以可取 $N > 0$ 使得 $|f_n(z)| < \frac{1}{2}$, $\forall z \in K$, $n \geqslant N$. 于是由引理 7.1.1 得到 $|\ln(1+f_n(z))| < \frac{3}{2}|f_n(z)|$, $z \in K$, $n \geqslant N$. 这样, $\sum\limits_{n=N}^{\infty} \ln(1+f_n(z))$ 在 K 上一致收敛.

现令 $g_n(z) = \ln(1+f_n(z))$, $\forall n \geqslant N$, $g(z) = \sum\limits_{n=N}^{\infty} g_n(z)$, $\forall z \in G$. 则有 $1+f_n(z) = \mathrm{e}^{g_n(z)}$, $\forall z \in K$, $n = N, N+1, \cdots$. 从而

$$\prod_{k=1}^{n}(1+f_k(z)) = \mathrm{e}^{g_N(z)+\cdots+g_n(z)}\Big[\prod_{k=1}^{N-1}(1+f_k(z))\Big]$$

在 K 上一致收敛于 $\mathrm{e}^{g(z)}\Big[\prod\limits_{k=1}^{N-1}(1+f_k(z))\Big] = f(z)$, 即得 $\prod\limits_{k=1}^{n}(1+f_k(z))$ 在 G 中内闭一致于 $\prod\limits_{k=1}^{\infty}(1+f_k(z)) = f(z)$. 于是由定理 6.4.3, $f \in H(G)$.

因为对任意 $z \in G$, $n \geqslant 1$, 有

$$\frac{d}{dz}\Big[\prod_{k=1}^{n}(1+f_k(z))\Big] = \Big[\prod_{k=1}^{n}(1+f_k(z))\Big]\Big[\sum_{k=1}^{n}\frac{f_k'(z)}{1+f_k(z)}\Big],$$

所以, 由定理 6.4.3, $\sum\limits_{k=1}^{\infty}\frac{f_k'(z)}{1+f_k(z)}$ 在 Ω 内内闭一致收敛于 $\frac{f'(z)}{f(z)}$. □

设复数域 $\mathbb{C}$ 上 n 次多项式 $p_n(z) = c_0 + c_1 z + \cdots + c_n z^n$ 有 k 个非零的零点 $a_1, \cdots, a_k$ 并且 0 为其 $n-k$ 重零点. 则 $p_n(z)$ 可以表示为

$$p_n(z) = c_n z^{n-k}(a_1 - z)\cdots(a_k - z) = Cz^{n-k}\prod_{j=1}^{k}\left(1 - \frac{z}{a_j}\right),$$

其中 C 为常数. 由此想到, 如果整函数 $f(z)$ 有可数无限的非零零点集 $\{a_n\}$, 同时 0 也是它的一个 m 级零点, 是否也有 $f(z) = Cz^m \prod\limits_{n=1}^{\infty}\left(1 - \frac{z}{a_k}\right)$? 这里, C 为常数. 下面的定理回答了这个问题.

定理 7.1.3 (Weierstrass 因子分解定理) 设整函数 $f(z)$ 的非零零点全体 $\{a_n\}$ 满足条件 : $0 < |a_1| \leqslant |a_2| \leqslant \cdots \leqslant |a_n| \leqslant \cdots$. 如果 $z = 0$ 是 $f(z)$ 的 m 级零点, 则存在整函数 $h(z)$ 使得

$$f(z) = \mathrm{e}^{h(z)} z^m \prod_{n=1}^{\infty}\left(1 - \frac{z}{a_n}\right)\mathrm{e}^{Q_n(z)}, \quad \forall z \in \mathbb{C},$$

其中 $Q_n(z)=\dfrac{z}{a_n}+\dfrac{1}{2}\left(\dfrac{z}{a_n}\right)^2+\cdots+\dfrac{1}{\lambda_n}\left(\dfrac{z}{a_n}\right)^{\lambda_n}$, $n=1,2,\cdots$, 而正整数列 $\{\lambda_n\}$ 使得对任意 $R>0$, $\sum\limits_{n=1}^{\infty}\left(\dfrac{R}{|a_n|}\right)^{\lambda_n+1}$ 都收敛.

特别地, 当 $\sum\limits_{n=1}^{\infty}\dfrac{1}{|a_n|}<+\infty$ 时, 取 $Q_n(z)\equiv 0$, $n\geqslant 1$.

证明 当 $\sum\limits_{n=1}^{\infty}\dfrac{1}{|a_n|}<+\infty$ 时, $\sum\limits_{n=1}^{\infty}\left|-\dfrac{z}{a_n}\right|$ 在 $\mathbb{C}$ 中内闭一致收敛. 于是, 根据引理 7.1.2, $g(z)=z^m\prod\limits_{n=1}^{\infty}\left(1-\dfrac{z}{a_n}\right)$ 在 $\mathbb{C}$ 上解析, 同时 $\dfrac{f(z)}{g(z)}$ 在 $\mathbb{C}$ 上解析且无零点. 从而由引理 6.5.4 (1), 存在 $h\in H(\mathbb{C})$ 使得 $\dfrac{f(z)}{g(z)}=\mathrm{e}^{h(z)}$, 即得

$$f(z)=\mathrm{e}^{h(z)}z^m\prod_{n=1}^{\infty}\left(1-\frac{z}{a_n}\right),\quad \forall z\in\mathbb{C}.$$

一般地, 任取 $R>0$. 因 $\lim\limits_{n\to\infty}a_n=\infty$, $\sum\limits_{n=1}^{\infty}\left(\dfrac{R}{|a_n|}\right)^{\lambda_n+1}<+\infty$, 故有 $N\geqslant 1$ 使得 $|a_n|>2R$, $\left(\dfrac{R}{|a_n|}\right)^{\lambda_n+1}<\dfrac{1}{2}$, $\forall n\geqslant N$. 对任意 $n\geqslant N$, 设

$$k_n(z)=\ln\left(1-\frac{z}{a_n}\right)+Q_n(z),\quad u_n(z)=\left(1-\frac{z}{a_n}\right)\mathrm{e}^{Q_n(z)}-1,\quad \forall |z|\leqslant R.$$

则对任意 $n\geqslant N$, $|z|<R$, 有

$$\begin{aligned}|k_n(z)|&=\left|-\frac{1}{\lambda_n+1}\left(\frac{z}{a_n}\right)^{\lambda_n+1}-\frac{1}{\lambda_n+2}\left(\frac{z}{a_n}\right)^{\lambda_n+2}-\cdots\right|\\&<\left|\frac{z}{a_n}\right|^{\lambda_n+1}\left(1+\frac{1}{2}+\cdots\right)\leqslant 2\left|\frac{R}{a_n}\right|^{\lambda_n+1},\\|u_n(z)|&=|\mathrm{e}^{k_n(z)}-1|\leqslant|k_n(z)|\sum_{j=1}^{\infty}\frac{|k_n(z)|^{j-1}}{j!}<2(\mathrm{e}-1)\left|\frac{R}{a_n}\right|^{\lambda_n+1}.\end{aligned}$$

于是, $\sum\limits_{n=N}^{\infty}u_n(z)$ 在 $|z|<R$ 内内闭一致收敛, 从而由 R 任意性和引理 7.1.2, 可推出 $z^m\prod\limits_{n=1}^{\infty}\left(1-\dfrac{z}{a_n}\right)\mathrm{e}^{Q_n(z)}$ 在 $\mathbb{C}$ 内内闭一致收敛.

由于 $\phi(z) = \dfrac{f(z)}{z^m \prod\limits_{n=1}^{\infty}\left(1-\dfrac{z}{a_n}\right)e^{Q_n(z)}}$ 在 $\mathbb{C}$ 内解析且无零点, 故由引理 6.5.4 (1), 存在 $h \in H(\mathbb{C})$ 使得 $\phi(z) = e^{h(z)}z, \forall z \in \mathbb{C}$. □

下面, 我们来说明如何将 $f(z) = \sin(\pi z)$ 表示为乘积的形式.

例 7.1.4 $f(z) = \sin(\pi z)$ 的零点全体为 $\{\pm n \mid n \in \mathbb{Z}_+\}$ 且都是一级零点. 又

$$\sum_{n\in\mathbb{Z}\setminus\{0\}} \frac{1}{|n|} = +\infty, \quad \sum_{n\in\mathbb{Z}\setminus\{0\}} \frac{1}{|n|^2} < +\infty,$$

故由定理 7.1.3, 存在 $h \in H(\mathbb{C})$ 使得

$$\sin(\pi z) = e^{h(z)} z \prod_{n\in\mathbb{Z}\setminus\{0\}} \left(1-\frac{z}{n}\right) e^{\frac{z}{n}}. \tag{7.1}$$

现在要求 $h(z)$. 易知, $h(0) = \ln \pi$. 对 (7.1) 式两边求导并利用引理 7.1.2, 得

$$\begin{aligned}\pi\cos(\pi z) = &h'(z)\sin(\pi z) + \frac{\sin(\pi z)}{z}\\ &+ \sin(\pi z)\sum_{n\in\mathbb{Z}\setminus\{0\}}\left(\frac{1}{z-n}+\frac{1}{n}\right), \quad \forall z \in \mathbb{C}\setminus\mathbb{Z},\end{aligned}$$

从而便有

$$\pi\cot(\pi z) = h'(z) + \frac{1}{z} + \sum_{n\in\mathbb{Z}\setminus\{0\}}\left(\frac{1}{z-n}+\frac{1}{n}\right), \quad \forall z \in \mathbb{C}\setminus\mathbb{Z}. \tag{7.2}$$

设 $n \geqslant 1$, $C_n = L_1^{(n)} + L_2^{(n)} + L_3^{(n)} + L_4^{(n)}$ (见图 7-1), 其中

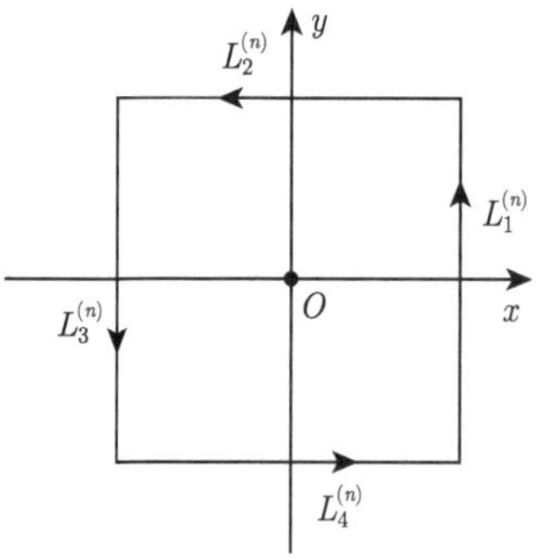

图 7-1

$$L_1^{(n)} = \left\{n+\frac{1}{2}+iy \,\middle|\, -\left(n+\frac{1}{2}\right) \leqslant y \leqslant n+\frac{1}{2}\right\},$$

$$L_2^{(n)} = \left\{x+i\left(n+\frac{1}{2}\right) \,\middle|\, -\left(n+\frac{1}{2}\right) \leqslant x \leqslant n+\frac{1}{2}\right\},$$

$$L_3^{(n)} = \left\{-\left(n+\frac{1}{2}\right)+iy \,\middle|\, -\left(n+\frac{1}{2}\right) \leqslant y \leqslant n+\frac{1}{2}\right\},$$

$$L_4^{(n)} = \left\{x-i\left(n+\frac{1}{2}\right) \,\middle|\, -\left(n+\frac{1}{2}\right) \leqslant x \leqslant n+\frac{1}{2}\right\},$$

而它们的方向如图 7-1 所示.

任取 x–轴一点 x 使得 $x \notin \{n\pi \mid n \in \mathbb{Z}\}$. 取充分大的 n 使得 x 在 C_n 的内部. 令 $g(z) = \pi\left(\dfrac{1}{x - \pi z} + \dfrac{1}{\pi z}\right)\cot(\pi z)$, $\forall\, z \in \mathbb{C}$. 则在 C_n 上, $g(z)$ 连续; 在 C_n 内部, $g(z)$ 有一级极点: $\pm 1, \cdots, \pm n$, $\dfrac{x}{\pi}$ 和二级极点 $z = 0$. 容易计算

$$\operatorname{Res}[g(z), k] = \frac{1}{x - k\pi} + \frac{1}{k\pi}, \quad k = \pm 1, \cdots, \pm n,$$
$$\operatorname{Res}\left[g(z), \frac{x}{\pi}\right] = -\cot x, \quad \operatorname{Res}[g(z), 0] = \frac{1}{x}.$$

于是由定理 6.3.9 得

$$\frac{1}{2\pi \mathrm{i}}\oint_{C_n} g(z)\,dz = \frac{1}{x} - \cot x + \sum_{\substack{k=-n\\ k\neq 0}}^{n}\left(\frac{1}{x - k\pi} + \frac{1}{k\pi}\right). \tag{7.3}$$

设 $z = s + \mathrm{i}t$, $s, t \in \mathbb{R}$. 则

$$|g(z)| \leqslant \frac{1}{\sqrt{(x - \pi s)^2 + \pi^2 t^2}\sqrt{s^2 + t^2}}\left|\frac{\mathrm{e}^{-4\pi t} + \mathrm{e}^{-2\pi t}\cos(2\pi s) + 1}{\mathrm{e}^{-4\pi t} - \mathrm{e}^{-2\pi t}\cos(2\pi s) + 1}\right|^{\frac{1}{2}}.$$

从而

$$|g(z)| \leqslant \frac{1}{\left(\pi\left(n + \dfrac{1}{2}\right) - |x|\right)\left|\left(n + \dfrac{1}{2}\right)\right.}, \quad \forall\, z \in L_2^{(2)} \bigcup L_4^{(4)},$$

$$|g(z)| \leqslant \frac{1}{\pi\left(n + \dfrac{1}{2}\right)^2}\frac{\mathrm{e}^{(2n+1)\pi} + 1}{\left|\mathrm{e}^{(2n+1)\pi} - 1\right|}, \quad \forall\, z \in L_2^{(1)} \bigcup L_4^{(3)}.$$

这样就有 $\lim\limits_{n\to\infty}\oint_{C_n} g(z)\,dz = 0$. 于是由 (7.3) 式得

$$\pi\cot(\pi x) = \frac{1}{x} + \sum_{k\in\mathbb{Z}\setminus\{0\}}\left(\frac{1}{x - k} + \frac{1}{k}\right), \quad \forall\, x \in \mathbb{R}\setminus\mathbb{Z}.$$

因为 $\pi\cot(\pi z)$ 和 $w(z) = \dfrac{1}{z} + \sum\limits_{k\in\mathbb{Z}\setminus\{0\}}\left(\dfrac{1}{z - k} + \dfrac{1}{z}\right)$ 同为区域 $\mathbb{C}\setminus\mathbb{Z}$ 上的解析函数,

并且在 $\mathbb{R}\backslash\mathbb{Z}$ 上相等, 所以由推论 6.3.4 得

$$\pi\cot(\pi z)=\frac{1}{z}+\sum_{k\in\mathbb{Z}\backslash\{0\}}\left(\frac{1}{z-k}+\frac{1}{k}\right),\quad \forall\, z\in\mathbb{C}\backslash\mathbb{Z}. \tag{7.4}$$

比较 (7.2) 式和 (7.4) 式, 得到 $h'(z)=0, \forall\, z\in\mathbb{C}\backslash\mathbb{Z}$. 又 $h(0)=\ln\pi$, 故 $h(z)=\ln\pi$, $\forall\, z\in\mathbb{C}\backslash\mathbb{Z}$. 从而 $\sin(\pi z)=\pi z\prod\limits_{n\in\mathbb{Z}\backslash\{0\}}\left(1-\frac{z}{n}\right)\mathrm{e}^{\frac{z}{n}}$.

注意到 $\sin(\pi z)$ 的乘积可以表示为

$$\begin{aligned}\sin(\pi z)&=\pi z\prod_{n=1}^{\infty}\left(1-\frac{z}{n}\right)\mathrm{e}^{\frac{z}{n}}\prod_{n=-\infty}^{-1}\left(1-\frac{z}{n}\right)\mathrm{e}^{\frac{z}{n}}\\&=\pi z\prod_{n=1}^{\infty}\left(1-\frac{z^2}{n^2}\right).\end{aligned}$$

7.2 亚纯函数的分解

如果 $f(z)$ 在 $\mathbb{C}$ 上除了极点外解析, 则称 $f(z)$ 是亚纯函数. 设 a 为 $f(z)$ 的 m 级极点. 则 $g(z)=(z-a)^m f(z)$ 在某个邻域 $U(a,\delta_a)$ 内解析. 设 $g(z)=\sum\limits_{k=0}^{\infty}a_k(z-a)^k, \forall\, z\in U(a,\delta_a)$, 并令

$$P_m(z)=\sum_{k=0}^{m-1}a_k z^{m-k},\quad h_m(z)=a_m+a_{m+1}(z-a)+\cdots,\quad \forall\, z\in U(a,\delta_a).$$

则有 $f(z)=P_m\left(\frac{1}{z-a}\right)+h_m(z), \forall\, z\in\mathbb{C}$, 这里 $P_m\left(\frac{1}{z-a}\right)$ 称为 $f(z)$ 关于极点 a 的主部. 如果亚纯函数有多个极点, 则有下面的结论.

定理 7.2.1 (Mittag–Leffler (米塔–列夫勒)) 设 $\{b_1,\cdots,b_n,\cdots\}$ 是亚纯函数 $f(z)$ 的极点全体且满足:

$$0\leqslant|b_1|\leqslant|b_2|\leqslant\cdots\leqslant|b_n|\leqslant\cdots,\quad \lim_{n\to\infty}|b_n|=+\infty\ (\text{如果 } n \text{ 无限}).$$

则存在一个多项式序列 $\{p_n(z)\}$ 和一个整函数 $h(z)$ 使得

$$f(z)=\sum_n\left[P_{\alpha_n}\left(\frac{1}{z-b_n}\right)-p_n(z)\right]+h(z) \tag{7.5}$$

在 $\mathbb{C}\backslash\{b_n\,|\,n\geqslant 1\}$ 内内闭一致收敛, 其中 α_n 是极点 b_n 的级数, $n>N$.

注 7.2.2 (7.5) 式称为 $f(z)$ 的部分分解式.

证明 任取 $R>0$. 由于 $\lim\limits_{n\to\infty} b_n=\infty$, 故有 $N=N(R)>0$ 使得 $|b_n|>2R$, $\forall n>N$. 由于 $P_{\alpha_n}\left(\dfrac{1}{z-b_n}\right)$ 在 $|z|<2R$ 内解析 $(b_n\notin U(0,2R))$, 故

$$P_{\alpha_n}\left(\frac{1}{z-b_n}\right)=\sum_{k=0}^{\infty}a_k^{(n)}z^k,\quad n>N,$$

在 $|z|<2R$ 内内闭一致收敛. 设 $M_n(R)=\max\limits_{|z|=2R}\left|P_{\alpha_n}\left(\dfrac{1}{z-b_n}\right)\right|$, $n>N$. 由 Cauchy 积分公式可得 $|a_k^{(n)}|\leqslant\dfrac{M_n(R)}{(2R)^k}$, $k\geqslant 0$, $n>N$. 对每个 $n>N$, 取充分大的 m_n, 使得 $m_n>n$ 并且 $\dfrac{M_n(R)}{2^{m_n-n}}<1$. 令 $p_n(z)=a_0^{(n)}+a_1^{(n)}z+\cdots+a_{m_n-1}^{(n)}z^{m_n-1}$, $\forall |z|<R$. 则有

$$\left|P_{\alpha_n}\left(\frac{1}{z-b_n}\right)-p_n(z)\right|\leqslant\sum_{k=m_n}^{\infty}|a_k^{(n)}||z|^k\leqslant\frac{M_n(R)}{2^{m_n-n}}\frac{1}{2^{n-1}}<\frac{1}{2^{n-1}},\quad |z|<R,\ n>N.$$

则 $g_1(z)=\sum\limits_{n=N+1}^{\infty}\left[P_{\alpha_n}\left(\dfrac{1}{z-b_n}\right)-p_n(z)\right]$ 在 $U(0,R)$ 内内闭一致收敛. 从而 g_1 在 $U(0,R)$ 内解析. 设 $|b_i|<R$, $i=1,\cdots,k$, $R\leqslant|b_j|\leqslant 2R$, $j=k+1,\cdots,N$. 则在 $U(0,R)$ 内,

$$g(z)=\sum_{n=1}^{N}\left[P_{\alpha_n}\left(\frac{1}{z-b_n}\right)-p_n(z)\right]+g_1(z)$$

除了极点 $b_1,\cdots,b_k$ 外解析. 从而 $f(z)$ 与 $g(z)$ 在 $|z|<R$ 内有相同的极点 $b_1,\cdots,b_k$ 且每个极点 b_i 有相同的主部 $P_{\alpha_j}\left(\dfrac{1}{z-b_j}\right)$, $j=1,\cdots,k$. 这样, $h(z)=f(z)-g(z)$ 在 $U(0,R)$ 内解析. 再由 R 的任意性, $h(z)$ 是整函数.

设 K 为 $\mathbb{C}\backslash\{b_n\,|\,n\geqslant 1\}$ 中的任意紧子集. 令 $A=\max\{|z|\,|\,z\in K\}$. 任取 $R>0$ 使得 $R>A$. 则由上述的讨论,

$$g(z)=\sum_{n=1}^{\infty}\left[P_{\alpha_n}\left(\frac{1}{z-b_n}\right)-p_n(z)\right]$$

在 K 上一致收敛. □

下面我们将举例说明亚纯函数 $f(z)=\dfrac{\pi^2}{\sin^2\pi z}$ 是如何分解的.

例 7.2.3 $f(z)=\dfrac{\pi^2}{\sin^2\pi z}$ 的极点为 $b_n=n$, 它的级数 $\alpha_n=2$, $n\in\mathbb{Z}$. 于是

$$P_{\alpha_n}\left(\frac{1}{z-n}\right)=\frac{A_n}{(z-n)^2}+\frac{B_n}{z-n},\quad n\in\mathbb{Z},\ z\in\mathbb{C}\backslash\mathbb{Z},$$

其中 $A_n=\lim\limits_{z\to n}(z-n)^2f(z)=1$, $B_n=\operatorname{Res}[f(z),n]=0$, $n\in\mathbb{Z}$. 这样, 取 $p_n(z)=\dfrac{1}{n^2}$, $n\in\mathbb{Z}\backslash\{0\}$ 及 $p_0(z)=0$. 对任意 $R>0$, 取 n 使得 $|n|>2R$. 从而, 当 $|z|<R$ 时,

$$\left|P_{\alpha_n}\left(\frac{1}{z-n}\right)-p_n(z)\right|\leqslant\frac{1}{n^2\left|1-\dfrac{z}{n}\right|^2}+\frac{1}{n^2}<\frac{5}{n^2}.$$

进而由定理 7.2.1, 存在整函数 $h(z)$ 使得

$$f(z)=\frac{1}{z^2}+\sum_{n\in\mathbb{Z}\backslash\{0\}}\left[\frac{1}{(z-n)^2}-\frac{1}{n^2}\right]+h(z).\tag{7.6}$$

随后, 对 (7.4) 式两边求导, 得

$$-f(z)=-\frac{1}{z^2}-\sum_{n\in\mathbb{Z}\backslash\{0\}}\frac{1}{(z-n)^2},\quad \forall z\in\mathbb{C}\backslash\mathbb{Z},$$

最后由 (7.6) 式得到 $h(z)=\sum\limits_{n=1}^{\infty}\dfrac{2}{n^2}=\dfrac{\pi^2}{3}$. 故 $f(z)=\sum\limits_{n\in\mathbb{Z}}\dfrac{1}{(z-n)^2}$.

7.3 Picard 定理

Liouville 定理说, 有界整函数必是常数. Picard 把 Liouville 定理的条件减弱为: "如果在 $\mathbb{C}$ 中有两个点 α 和 β, 而 $\mathbb{C}$ 上的解析函数 $f(z)$ 取不到这两个点", 则同样可得 $f(z)$ 为常数. 这就是所谓的 Picard 小定理. 在本节中, 我们要证明这个定理. 为此, 需要下面的几个引理和一个定理.

引理 7.3.1 *设 D 为 $\mathbb{C}$ 中单位开圆盘, $f\in H^\infty(D)$. 若 $f(0)=0$, $|f'(0)|=1$, 则 $U\left(0,\dfrac{1}{4\|f\|_\infty}\right)\subset f(D)$.*

证明 如果 $w \notin f(D)$, 则 $1-\dfrac{f(z)}{w}$ 在 D 内没有零点. 于是, 由引理 6.5.4 (2), 存在 $h \in H(D)$ 使得 $h^2(z)=1-\dfrac{f(z)}{w}, \forall z \in D$. 从而 $|h(z)|^2 \leqslant 1+\dfrac{\|f\|_\infty}{|w|}$, $\forall z \in D$.

设 $h(z)=\sum\limits_{n=0}^{\infty} a_n z^n, \forall z \in D$. 则 $|a_0|=|h(0)|=1$. 又因为 $a_1=h'(0)$, $2h(z)h'(z)=-\dfrac{f(z)}{w}, \forall z \in D$, 故 $|a_1|=\dfrac{1}{2|w|}$. 又 $|h(z)|^2 \leqslant 1+\dfrac{\|f\|_\infty}{|w|}, \forall z \in D$, 故对任意 $r \in [0,1)$,

$$1+\frac{\|f\|_\infty}{|w|} \geqslant \frac{1}{2\pi}\int_0^{2\pi}|h(re^{i\theta})|^2 d\theta=\sum_{n=0}^{\infty} r^{2n}|a_n|^{2n} \geqslant |a_0|+|a_1|^2 r^2,$$

即得 $|w| \geqslant \dfrac{r^2}{4\|f\|_\infty}$. 令 $r \to 1^-$, 则有 $|w| \geqslant \dfrac{1}{4\|f\|_\infty}$. 即得结论. □

定理 7.3.2 (Bloch (布洛赫)) 设 $f(z)$ 在 $\overline{D}$ 上解析且 $f(0)=0$, $|f'(0)|=1$. 则存在 $\rho \in (0,1)$ 及 $z_0 \in D$ 使得 $U(z_0,\rho) \subset D$ 及 $f(U(z_0,\rho)) \supset U\left(f(z_0), \dfrac{1}{48}\right)$.

证明 设 $K(r)=\max\limits_{|z|=r}|f'(z)|$, $h(r)=(1-r)K(r), \forall r \in [0,1]$. 则 $h(0)=1$, $h(1)=0$. 令 $r_0=\sup\{r \in [0,1] \mid h(r)=1\}$. 由于 $h(r)$ 在 $[0,1]$ 上连续 (推论 6.2.3), 所以集合 $\{r \in [0,1] \mid h(r)=1\}$ 在 $[0,1]$ 中闭. 于是 $h(r_0)=1$, $0 \leqslant r_0<1$. 当 $1>r>r_0$ 时, 如果 $h(r)>1$ (此时必定 $h(r) \neq 1$), 则令 $g(t)=h(t)-1$, $\forall t \in [r,1]$. 因 $g(r)>0$, $g(1)<0$, 故有 $r_1 \in [r,1)$ 使得 $g(r_1)=0$, 即 $h(r_1)=1$. 则 $r_0>r_1$, 矛盾. 从而 $h(r)<1, \forall r \in (r_0,1]$.

取 $z_0 \in D$ 且 $|z_0|=r_0$ 使得 $|f'(z_0)|=K(r_0)$. 则 $|f'(z_0)|=\dfrac{1}{1-r_0}$. 令 $\rho_0=\dfrac{1-r_0}{2}$, $\rho_1=\dfrac{1+r_0}{2}>r_0$. 则对任意 $z \in U(z_0,\rho_0)$,

$$|z| \leqslant |z-z_0|+|z_0|<\rho_0+r_0=\rho_1<1,$$

$$|f'(z)| \leqslant K(\rho_1)=\frac{h(\rho_1)}{1-\rho_1}<\frac{1}{1-\rho_1}=\frac{1}{\rho_0}.$$

设 $g(z)=f(z+z_0)-f(z_0), \forall z \in U\left(0,\dfrac{\rho_0}{3}\right)$. 则 $g(0)=0$,

$$|g'(0)|=|f'(z_0)|=\frac{1}{1-r_0},$$

$$|g(z)| = \left|\int_{\overline{z_0, z+z_0}} f'(\xi)d\xi\right| \leqslant |z|\frac{1}{\rho_0} < \frac{1}{3}, \quad \forall z \in U\left(0, \frac{\rho_0}{3}\right),$$

这里, 线段 $\overline{z_0, z+z_0}$ 落在 $U\left(z_0, \frac{\rho_0}{3}\right)$. 令 $\psi(z) = 6g\left(\frac{\rho_0}{3}z\right), \forall z \in D$. 则 $\psi \in H(D)$ 且 $\psi(0) = 0$, $|\psi'(0)| = 1$ 及 $\|\psi\|_\infty \leqslant 2$. 从而由引理 7.3.1, $\psi(D) \supset U\left(0, \frac{1}{4\|\psi\|_\infty}\right) \supset U\left(0, \frac{1}{8}\right)$. 由此可得 $f\left(U\left(z_0, \frac{\rho_0}{3}\right)\right) \supset U\left(f(z_0), \frac{1}{48}\right)$. □

引理 7.3.3 设 Ω 为 $\mathbb{C}$ 中的单连通区域, $f \in H(\Omega)$. 如果 $0, 1 \notin f(\Omega)$, 则有 $g \in H(\Omega)$ 使得 $f(z) = -\mathrm{e}^{\mathrm{i}\pi\cosh(2g(z))}, \forall z \in \Omega$.

证明 由引理 6.5.4 (1), 存在 $h \in H(\Omega)$ 使得 $f(z) = \mathrm{e}^{h(z)}, \forall z \in \Omega$. 设 $H(z) = \frac{1}{2\pi\mathrm{i}}h(z), \forall z \in \Omega$. 于是 $H(z) \neq 0, 1, \forall z \in \Omega$. 从而由引理 6.5.4 (2), 存在 $h_1, h_2 \in H(\Omega)$ 使得

$$h_1^2(z) = H(z), \quad h_2^2(z) = H(z) - 1, \quad \forall z \in \Omega.$$

再令 $F(z) = h_1(z) - h_2(z), \forall z \in \Omega$. 由于 $F(z) \neq 0, \forall z \in \Omega$, 故由引理 6.5.4 (1), 有 $g \in H(\Omega)$ 使得 $F(z) = \mathrm{e}^{g(z)}, \forall z \in \Omega$. 从而, 对任意 $z \in \Omega$, 有

$$1 + \cosh(2g(z)) = \frac{1}{2}\left(\mathrm{e}^{g(z)} + \mathrm{e}^{-g(z)}\right)^2 = \frac{1}{2}\left(F(z) + \frac{1}{F(z)}\right)^2 = 2H(z).$$

进而 $f(z) = -\mathrm{e}^{\mathrm{i}\pi\cosh(2g(z))}, \forall z \in \Omega$. □

下面, 我们用 Bloch 定理来证明 Picard 小定理.

定理 7.3.4 (Picard) 设 $f(z)$ 是整函数. 如果存在 $\alpha, \beta \in \mathbb{C}$ 且 $\alpha \neq \beta$, 使得 $f(z) \neq \alpha, \beta, \forall z \in \mathbb{C}$, 则 $f(z)$ 是常数.

证明 设 $f_1(z) = \frac{f(z) - \alpha}{\beta - \alpha}, \forall z \in \mathbb{C}$. 则 $f_1 \in H(\mathbb{C})$ 且 $f_1(z) \neq 0, 1, \forall z \in \mathbb{C}$. 于是, 由引理 7.3.3, 存在 $g \in H(\mathbb{C})$ 使得 $f_1(z) = -\mathrm{e}^{\mathrm{i}\pi\cosh(2g(z))}, \forall z \in \mathbb{C}$.

如果 $f(z)$ 非常数, 则 $g(z)$ 也非常数. 取 $a \in \mathbb{C}$ 使得 $g'(a) \neq 0$. 令

$$\phi(z) = \frac{1}{48}\left[g\left(\frac{48z}{g'(a)} + a\right) - g(a)\right], \quad \forall z \in \mathbb{C}. \tag{7.7}$$

则 ϕ 为整函数并且 $\phi(0) = 0$, $\phi'(0) = 1$. 故由定理 7.3.2, 存在 $z_0 \in D$ 及 $\rho \in (0, 1)$ 使得 $U\left(\phi(z_0), \frac{1}{48}\right) \subset \phi(U(z_0, \rho))$. 令 $w_0 = g(a) + 48\phi(z_0)$. 则由 (7.7) 式得到

$$U(w_0, 1) \subset \left\{g\left(\frac{48z}{g'(a)} + a\right)\middle| z \in U(z_0, \rho)\right\} \subset g(\mathbb{C}). \tag{7.8}$$

在平面上, 以 $x=\pm\ln(\sqrt{n}+\sqrt{n-1})$, $y=\dfrac{\pi}{2}m$, $n\in\mathbb{N}$, $m\in\mathbb{Z}$ 组成的网格中, 设 $w_0=x_0+\mathrm{i}y_0$ 满足:

$$\begin{cases}\ln(\sqrt{n_0}+\sqrt{n_0-1})\leqslant x_0\leqslant\ln(\sqrt{n_0+1}+\sqrt{n_0}),\\ \dfrac{\pi}{2}(m_0-1)\leqslant y_0\leqslant\dfrac{\pi}{2}m_0\end{cases}\quad\text{或}$$

$$\begin{cases}-\ln(\sqrt{n_1+1}+\sqrt{n_1})\leqslant x_0\leqslant-\ln(\sqrt{n_1-1}+\sqrt{n_1}),\\ \dfrac{\pi}{2}(m_1-1)\leqslant y_0\leqslant\dfrac{\pi}{2}m_1,\end{cases}$$

其中 $n_0,n_1\in\mathbb{N}$, $m_0,m_1\in\mathbb{Z}$. 设 $a_m=y_0-\dfrac{\pi}{2}(m-1)$, $b_m=\dfrac{\pi}{2}m-y_0$, $m=m_0,m_1$. 则 $a_m+b_m=\dfrac{\pi}{2}$. 于是 a_m,b_m 中, 至少有一个小于 1. 由于函数

$$\rho(x)=\ln(\sqrt{x+1}+\sqrt{x})-\ln(\sqrt{x}+\sqrt{x-1}),$$

在 $[1,+\infty)$ 单调递减, 所以 $\rho(n)\leqslant f(1)=\ln(\sqrt{2}+1)<1$, $\forall\, n\in\mathbb{N}$. 由此可以得出: 必有某个 $n\in\mathbb{N}$ 和某个 $m\in\mathbb{Z}$, 使得

$$a_{m,n}=\ln(\sqrt{n+1}+\sqrt{n})+\mathrm{i}\frac{\pi}{2}m\quad\text{或}\quad b_{m,n}=-\ln(\sqrt{n+1}+\sqrt{n})+\mathrm{i}\frac{\pi}{2}m$$

在 $U(w_0,1)$ 中. 由 (7.8) 式, 取 $c_{m,n}\in\mathbb{C}$ 使得 $g(c_{m,n})=a_{m,n}$ 或 $b_{m,n}$. 通过计算, 得到 $f_1(c_{m,n})=1$. 这与 $f_1(z)\neq1$, $\forall\, z\in\mathbb{C}$ 矛盾. 所以 $f(z)$ 必为常数. □

7.4 Γ–函数

在数学分析中, 定义了 Γ–函数为 $\Gamma(x)=\displaystyle\int_0^{+\infty}\mathrm{e}^{-t}t^{x-1}dt$, $\forall\, x>0$. 它在 $x>0$ 内任意阶可导且求导运算与积分运算可以交换, 同时还有递推式 $\Gamma(x+1)=x\Gamma(x)$.

现设 $z\in\mathbb{C}$ 且 $x=\mathrm{Re}\,(z)>0$. 由于对任意 $t\in[0,+\infty)$,

$$|\mathrm{e}^{-t}\mathrm{e}^{(z-1)\ln t}|=\mathrm{e}^{-t}t^{x-1},\quad|\mathrm{e}^{-t}\mathrm{e}^{(z-1)\ln t}\ln t|=\mathrm{e}^{-t}t^{x-1}|\ln t|,$$

所以 $\displaystyle\int_0^{+\infty}\mathrm{e}^{-t}\mathrm{e}^{(z-1)\ln t}dt$ 和 $\displaystyle\int_0^{+\infty}\mathrm{e}^{-t}\mathrm{e}^{(z-1)\ln t}\ln t\,dt$ 在 $\mathrm{Re}\,(z)>0$ 内绝对收敛和内闭一致收敛. 这样, 我们就可以定义 Γ–函数 $\Gamma(z)$ 为

$$\Gamma(z)=\int_0^{+\infty}\mathrm{e}^{-t}\mathrm{e}^{(z-1)\ln t}dt=\int_0^{+\infty}\mathrm{e}^{-t}t^{z-1}dt,\quad\mathrm{Re}\,(z)>0,\tag{7.9}$$

且 $\Gamma'(z)$ 在 $\mathrm{Re}\,(z)>0$ 存在并等于 $\int_0^{+\infty}\mathrm{e}^{-t}t^{z-1}\ln t dt$. 从而 $\Gamma(z)$ 在 $\mathrm{Re}\,(z)>0$ 内解析. 另外, 对 (7.9) 式用分部积分, 得到 $\Gamma(z+1)=z\Gamma(z)$, $\mathrm{Re}\,(z)>0$. 由此得到

$$\Gamma(z+n)=z(z+1)\cdots(z+n-1)\Gamma(z),\quad n\geqslant 1,\ \mathrm{Re}\,(z)>0. \tag{7.10}$$

根据 (7.10) 式可得

$$\Gamma(z)=\frac{\Gamma(z+n)}{z(z+1)\cdots(z+n-1)},\quad n\geqslant 1,\ \mathrm{Re}\,(z)>0, \tag{7.11}$$

而 (7.11) 式的左边在 $\mathrm{Re}\,(z)>-n$ 且 $z\neq 0,-1,\cdots,-(n-1)$ 时, 是有意义的. 因而, 借助此式, 我们可将 $\Gamma(z)$ 延拓到 $\mathrm{Re}\,(z)>-n$ 内并具有一级极点 $0,-1,\cdots,-(n-1)$ 的亚纯函数. 由于对任意 $z\in\mathbb{C}$, 总有一个自然数 n 使得 $\mathrm{Re}\,(z)>-n$, 因此, 利用 (7.11) 式, 我们可将 $\Gamma(z)$ 延拓为在 $\mathbb{C}$ 内只有一级极点 $0,-1,\cdots,-n,\cdots$ 的亚纯函数.

命题 7.4.1 设 $n\in\mathbb{Z}_+$. 则 $\mathrm{Res}[\Gamma(z),-n]=\dfrac{(-1)^n}{n!}$.

证明 我们用表示式 $\Gamma(z)=\dfrac{\Gamma(z+n+1)}{z(z+1)\cdots(z+n)}$, $\mathrm{Re}\,(z)>-n-1$. 则

$$\mathrm{Res}[\Gamma(z),-n]=\lim_{z\to -n}(z+n)\frac{\Gamma(z+n+1)}{z(z+1)\cdots(z+n)}=\frac{(-1)^n}{n!}. \qquad \square$$

设 $n\geqslant 1$, $f_n(z)=\int_0^n\left(1-\dfrac{t}{n}\right)^n t^{z-1}dt$, $\mathrm{Re}\,(z)>0$. 通过代换 $s=\dfrac{t}{n}$ 并使用分部积分, 得到

$$f_n(z)=n^z\int_0^1(1-s)^n s^{z-1}ds=\frac{n!n^z}{z(z+1)\cdots(z+n)},\quad \mathrm{Re}\,(z)>0.$$

于是, 我们有下面的 Gauss (高斯) 公式.

定理 7.4.2 在 $\mathbb{C}\backslash\{0,-1,-2,\cdots,-n,\cdots\}$ 内, $f_n(z)$ 内闭一致收敛到 $\Gamma(z)$.

证明 先证: 在 $\mathrm{Re}\,(z)>0$ 内, 结论成立.

设 F 为 $\mathrm{Re}\,(z)>0$ 中的任意一个有界闭集. 则存在常数 $\delta\in(0,1)$ 及 $\alpha\in[1,+\infty)$, 使得 $\delta\leqslant\mathrm{Re}\,(z)\leqslant\alpha$, $\forall z\in F$. 对 $n\geqslant 1$, 设

$$g_n(t,z)=\left(1-\frac{t}{n}\right)^n t^{z-1}\chi_{[0,n]}(t),\quad \forall t\in[0,+\infty),\ \mathrm{Re}\,(z)>0.$$

则 $f_n(z) = \int_0^{+\infty} g_n(t,z)dt$, 而且 $\lim\limits_{n\to\infty} g_n(t,z) = \mathrm{e}^{-t}t^{z-1}$, $\forall t \in [0,+\infty)$ 以及 $\mathrm{Re}\,(z) > 0$.

令 $\phi(t) = \mathrm{e}^{-\frac{t}{n}} - 1 + \dfrac{t}{n}$, $\forall t \in [0,+\infty)$. 由于 $\phi'(t) = \dfrac{1}{n}(1 - \mathrm{e}^{-\frac{t}{n}}) \geqslant 0$, 故 $\mathrm{e}^{-t} \geqslant \left(1 - \dfrac{t}{n}\right)^n$, $\forall t \geqslant 0$. 从而 $|g_n(t,z)| \leqslant \mathrm{e}^{-t}t^{x-1}$, $\forall t \geqslant 0$, $\mathrm{Re}\,(z) = x > 0$. 因为 $\int_0^{+\infty} \mathrm{e}^{-t}t^{x-1}dt$ 在 $x > 0$ 时收敛, 故由定理 2.4.12 得到

$$\lim_{n\to\infty}\int_0^{+\infty} |g_n(t,\delta) - \mathrm{e}^{-t}t^{\delta-1}|dt = \lim_{n\to\infty}\int_0^{+\infty} |g_n(t,\alpha) - \mathrm{e}^{-t}t^{\alpha-1}|dt = 0. \tag{7.12}$$

于是, 对任意 $z \in F$, 便有

$$\begin{aligned}|f_n(z) - \Gamma(z)| &\leqslant \int_0^1 |g_n(t,z) - \mathrm{e}^{-t}t^{z-1}|dt + \int_1^{+\infty} |g_n(t,z) - \mathrm{e}^{-t}t^{z-1}|dt \\ &\leqslant \int_0^1 |g_n(t,\delta) - \mathrm{e}^{-t}t^{\delta-1}|dt + \int_1^{+\infty} |g_n(t,\alpha) - \mathrm{e}^{-t}t^{\alpha-1}|dt,\end{aligned}$$

所以, 利用 (7.12) 式得到: $f_n(z)$ 在 F 上一致收敛到 $\Gamma(z)$.

设 $F \subset \mathbb{C}\backslash\{0,-1,-2,\cdots,-n,\cdots\}$ 为有界闭集. 则有 $m \in \mathbb{N}$, 使得 F 在 $\mathrm{Re}\,(z) > -m$ 中. 在 F 上, $\Gamma(z)$ 有表示式: $\Gamma(z) = \dfrac{\Gamma(z+m)}{z(z+1)\cdots(z+m-1)}$. 因为在 F 上,

$$\frac{n!n^{z+m}}{(z+m)(z+m+1)\cdots(z+m+n)} \text{一致收敛于} \Gamma(z+m) \quad (n\to\infty),$$

而 $\left(\dfrac{n}{n+m}\right)^z$ 在 F 上也一致收敛于 1 且 $\min\limits_{z\in F}|z(z+1)\cdots(z+m-1)| = \beta > 0$, 故由下式

$$\begin{aligned}&\left|\Gamma(z) - \frac{(n+m)!(n+m)^z}{z(z+1)\cdots(z+n+m)}\right| \\ \leqslant\ & \frac{1}{\beta}\left|\Gamma(z+m) - \frac{(n+m)!(n+m)^z}{(z+m)(z+m+1)\cdots(z+m+n)}\right| \\ \leqslant\ & \frac{1}{\beta}\left|\Gamma(z+m) - \frac{n!n^{z+m}}{(z+m)(z+m+1)\cdots(z+m+n)}\right| \\ &+ \frac{1}{\beta}\left|\frac{n!n^{z+m}}{(z+m)(z+m+1)\cdots(z+m+n)}\right|\end{aligned}$$

$$\times\left|1-\frac{(n+1)\cdots(n+m)}{n^m}\left(1+\frac{m}{n}\right)^z\right|$$

可知, $\dfrac{n!n^z}{z(z+1)\cdots(z+n)}$ 在 F 上一致收敛于 $\Gamma(z)$. □

设 $c_n=1+\dfrac{1}{2}+\cdots+\dfrac{1}{n}-\ln n$, $n=1,2,\cdots$, $\lim\limits_{n\to\infty}c_n=c$, c 为 Euler (欧拉) 常数. 对任意 $z\in\mathbb{C}$ 且 $z\neq 0,-1,-2,\cdots,-n,\cdots$, 我们有

$$\frac{z(z+1)\cdots(z+n)}{n!n^z}=z\mathrm{e}^{c_nz}\prod_{k=1}^{n}\left(\frac{z}{k}+1\right)\mathrm{e}^{-\frac{z}{k}}.$$

由此, 可以导出下面的 Weierstrass 公式.

定理 7.4.3 在 $\mathbb{C}\backslash\{-n\,|\,n\in\mathbb{Z}_+\}$ 内, $z\mathrm{e}^{cz}\prod\limits_{n=1}^{\infty}\left(\dfrac{z}{n}+1\right)\mathrm{e}^{-\frac{z}{n}}=\dfrac{1}{\Gamma(z)}$ 内闭一致收敛.

证明 任取 $\mathbb{C}$ 中的有界闭区域 Ω 并令 $f_n(z)=\left(\dfrac{z}{n}+1\right)\mathrm{e}^{-\frac{z}{n}}-1$, $\forall z\in\Omega$, $n\geqslant 1$. 则有

$$f_n(z)=-\left(\frac{z}{n}\right)^2\mathrm{e}^{-\frac{z}{n}}\sum_{k=2}^{\infty}\frac{1}{k!}\left(\frac{z}{n}\right)^{k-2},\quad \forall z\in\Omega,\ n\geqslant 1. \tag{7.13}$$

设有常数 $A>0$ 使得 $|z|\leqslant A$, $\forall z\in\Omega$. 则由 (7.13) 式得到 $|f_n(z)|\leqslant\dfrac{M}{n^2}$, $\forall z\in\Omega$, $n\geqslant 1$, 其中 $M=\mathrm{e}^A(\mathrm{e}^A-A-1)$. 于是 $\sum\limits_{n=1}^{\infty}f_n(z)$ 在 Ω 内一致收敛. 进而由等式

$$\frac{z(z+1)\cdots(z+n)}{n!n^z}=z\mathrm{e}^{c_nz}\prod_{k=1}^{n}\left(\frac{z}{k}+1\right)\mathrm{e}^{-\frac{z}{k}}$$

和定理 7.4.2 得到 $z\mathrm{e}^{cz}\prod\limits_{n=1}^{\infty}\left(\dfrac{z}{n}+1\right)\mathrm{e}^{-\frac{z}{n}}=\dfrac{1}{\Gamma(z)}$ 在 Ω 内一致收敛. □

推论 7.4.4 对任意 $z\in\mathbb{C}\backslash\mathbb{Z}$, 成立 $\Gamma(z)\Gamma(1-z)=\dfrac{\pi}{\sin\pi z}$.

证明 由例 7.1.4, $\sin\pi z=\pi z\prod\limits_{n=1}^{\infty}\left(1-\dfrac{z^2}{n^2}\right)$. 由定理 7.4.3,

$$\frac{1}{\Gamma(z)}=z\mathrm{e}^{cz}\prod_{n=1}^{\infty}\left(\frac{z}{n}+1\right)\mathrm{e}^{-\frac{z}{n}},\quad \frac{1}{\Gamma(-z)}=(-z)\mathrm{e}^{-cz}\prod_{n=1}^{\infty}\left(\frac{-z}{n}+1\right)\mathrm{e}^{\frac{z}{n}}.$$

于是便有

$$\frac{1}{\Gamma(z)\Gamma(-z)}=-z^2\prod_{n=1}^{\infty}\left(1-\frac{z^2}{n^2}\right)=\frac{1}{\pi}(-z)\sin\pi z.$$

因为 $\Gamma(1-z)=(-z)\Gamma(-z)$, 故由上式得到结论. □

7.5 Riemann ζ–函数

Riemann ζ–函数 $\zeta(z)$ 定义为 $\zeta(z)=\sum\limits_{n=1}^{\infty}\dfrac{1}{n^z}$, $\forall\, z\in\mathbb{C}$. 它在解析数论中起着重要的作用. 不仅如此, 它还在其他的领域中也有重要的应用.

由于对任意 $\mathrm{Re}(z)\geqslant\sigma_0>1$,

$$\sum_{n=1}^{\infty}\frac{1}{|n^z|}=\sum_{n=1}^{\infty}\frac{1}{n^{\mathrm{Re}(z)}}\leqslant\sum_{n=1}^{\infty}\frac{1}{n^{\sigma_0}}<+\infty,$$

所以 $\sum\limits_{n=1}^{\infty}\dfrac{1}{n^z}$ 在 $\mathrm{Re}(z)>1$ 内内闭一致收敛, 即得 $\zeta(z)$ 在 $\mathrm{Re}(z)>1$ 内解析.

由 $\Gamma(z)$ 在 $\mathrm{Re}\,(z)>0$ 的表达式, 可得 $\Gamma(z)\overset{t=ns}{=\!=}n^z\displaystyle\int_0^{+\infty}\mathrm{e}^{-ns}s^{z-1}ds$. 于是

$$\zeta(z)\Gamma(z)=\sum_{n=1}^{\infty}\frac{1}{n^z}\Gamma(z)=\int_0^{+\infty}\sum_{n=1}^{\infty}\mathrm{e}^{-ns}s^{z-1}ds=\int_0^{+\infty}\frac{s^{z-1}}{\mathrm{e}^s-1}ds,\quad \mathrm{Re}\,(z)>1.$$

设 $h_1(z)=\displaystyle\int_1^{+\infty}\frac{s^{z-1}}{\mathrm{e}^s-1}ds$, $h_2(z)=\displaystyle\int_0^{1}\frac{s^{z-1}}{\mathrm{e}^s-1}ds$, $\mathrm{Re}\,(z)>1$. 对任意 $z\in\mathbb{C}$, 取自然数 n 使得 $n>\mathrm{Re}\,(z)+1$. 于是, 由 $\mathrm{e}^s-1>\dfrac{s^n}{n!}$ 得到

$$\int_1^{+\infty}\left|\frac{s^{z-1}}{\mathrm{e}^s-1}\right|ds=\int_1^{+\infty}\frac{s^{\mathrm{Re}\,(z)-1}}{\mathrm{e}^s-1}ds\leqslant\int_1^{+\infty}\frac{n!}{s^2}ds<+\infty.$$

因此, $h_1(z)$ 是 $\mathbb{C}$ 上的解析函数. 下面讨论 $h_2(z)$.

由于 $g(z)=\dfrac{z}{\mathrm{e}^z-1}$ 在 $z=0$ 处解析, 而且只有 $\pm2k\mathrm{i}\pi$, $k=1,2,\cdots$ 为其一级极点, 因此, 在 $U(0,2\pi)$ 内, $g(z)$ 可以展开为 Taylor 级数

$$g(z)=1-\frac{1}{2}z+\sum_{k=1}^{\infty}(-1)^k\frac{B_k}{(2k)!}z^{2k},$$

其中 $B_1, B_2, \cdots$ 是 Bernoulli (伯努利) 数. 所以 $\sum\limits_{k=1}^{\infty} \frac{B_k}{(2k)!} = g(\mathrm{i}) - 1 + \frac{\mathrm{i}}{2}$ 及

$$1 - \frac{1}{2}s + \sum_{k=1}^{\infty} (-1)^k \frac{B_k}{(2k)!} s^{2k} = \frac{s}{\mathrm{e}^s - 1}$$

在 $[0,1]$ 上就一致收敛. 这样, 我们就有

$$h_2(z) = \int_0^1 \frac{s}{\mathrm{e}^s - 1} s^{z-2} ds = \frac{1}{z-1} - \frac{1}{2z} + \sum_{k=1}^{\infty} \frac{(-1)^{k-1} B_k}{(2k)!} \frac{1}{z+2k-1}. \tag{7.14}$$

(7.14) 式表明: 在区域 $\mathbb{C} \backslash \{1, 0, -1, \cdots, -(2n-1), \cdots\}$ 内, $h_2(z)$ 解析.

现在由等式 $\zeta(z)\Gamma(z) = h_1(z) + h_2(z)$, $\mathrm{Re}\,(z) > 1$, 得到

$$\zeta(z) = \frac{h_1(z)}{\Gamma(z)} + \frac{h_2(z)}{\Gamma(z)}, \quad \mathrm{Re}\,(z) > 1. \tag{7.15}$$

因为 $\frac{1}{\Gamma(z)}$ 是整函数, 而 $0, -1, \cdots, -n, \cdots$ 是其一级零点, 所以 $\frac{h_1(z)}{\Gamma(z)}$ 是整函数, $\frac{h_2(z)}{\Gamma(z)}$ 则在 $\mathbb{C} \backslash \{1\}$ 内解析, 而 $z = 1$ 是其唯一的一级极点. 这样, 通过 (7.15) 式, 我们可将 $\zeta(z)$ 解析延拓到 $\mathbb{C} \backslash \{1\}$, 而 $z = 1$ 成为 $\zeta(z)$ 在 $\mathbb{C}$ 内的唯一一个极点而且是一级极点. 同时, 易知: $-2, -4, \cdots, -2n, \cdots$ 是 $\zeta(z)$ 的一级零点.

下面我们讨论 $\zeta(z)$ 与素数的关系及它的零点问题.

定理 7.5.1 设 $\{p_n\}$ 是素数全体并且规定: $p_1 < p_2 < \cdots < p_n < \cdots$. 则

$$\prod_{n=1}^{\infty} \left(1 - \frac{1}{p_n^z}\right) = \frac{1}{\zeta(z)} \text{ (Euler 乘积公式)},$$

$$\ln|\zeta(z)| = \sum_{n=1}^{\infty} \sum_{m=1}^{\infty} \frac{\cos(m \ln p_n \mathrm{Im}(z))}{m p_n^{m\mathrm{Re}(z)}}, \quad \mathrm{Re}(z) > 1.$$

证明 当 $\mathrm{Re}(z) > 1$ 时, $\sum\limits_{n=1}^{\infty} \frac{1}{p_n^{\mathrm{Re}\,(z)}} < \sum\limits_{n=1}^{\infty} \frac{1}{n^{\mathrm{Re}\,(z)}} < +\infty$. 又 $\zeta(z)$ 在 $\mathrm{Re}\,(z) > 1$ 中内闭一致收敛, 故由引理 7.1.2, $\prod\limits_{n=1}^{\infty} \left(1 - \frac{1}{p_n^z}\right)$ 在 $\mathrm{Re}(z) > 1$ 中内闭一致收敛.

在 $\mathrm{Re}(z) > 1$ 时, 可以发现

$$\left(1 - \frac{1}{2^z}\right)\zeta(z) = 1 + \frac{1}{3^z} + \cdots + \frac{1}{(2n-1)^z} + \cdots,$$

$$\left(1-\frac{1}{3^z}\right)\left(1-\frac{1}{2^z}\right)\zeta(z)=1+\frac{1}{5^z}+\frac{1}{7^z}+\frac{1}{11^z}+\frac{1}{13^z}+\cdots.$$

一般地, 我们有

$$\zeta(z)\prod_{k=1}^{n}\left(1-\frac{1}{p_k^z}\right)=1+\frac{1}{p_{n+1}^z}+\sum\frac{1}{m^z},\tag{7.16}$$

其中 m 取遍所有不含素因子 $p_1,p_2,\cdots,p_n$ 且大于 p_{n+1} 的数. 当 n 充分大时,

$$\frac{1}{|p_{n+1}^z|}+\sum\frac{1}{|m^z|}\leqslant\frac{1}{p_{n+1}^{\mathrm{Re}\,(z)}}+\frac{1}{(p_{n+1}+1)^{\mathrm{Re}\,(z)}}+\cdots\ \to 0\quad(\mathrm{Re}(z)>1).$$

于是在 (7.16) 式中, 令 $n\to\infty$, 便有 $\prod\limits_{n=1}^{\infty}\left(1-\dfrac{1}{p_n^z}\right)=\dfrac{1}{\zeta(z)}$, $\mathrm{Re}(z)>1$.

由于在 $|z|<1$ 时, $\ln(1-z)=-\sum\limits_{m=1}^{\infty}\dfrac{z^m}{m}$. 又 $\left|\dfrac{1}{p_n^z}\right|=p_n^{-\mathrm{Re}\,(z)}<1$ 对任意 $\mathrm{Re}(z)>1$ 及 $n\geqslant 1$ 成立, 故 $\ln\left(1-\dfrac{1}{p_n^z}\right)=-\sum\limits_{m=1}^{\infty}\dfrac{1}{mp_n^{mz}}$, $n\geqslant 1$, $\mathrm{Re}(z)>1$. 从而当 $\mathrm{Re}(z)>1$ 时,

$$\begin{aligned}\ln|\zeta(z)|&=-\ln\left|\prod_{n=1}^{\infty}\left(1-\frac{1}{p_n^z}\right)\right|=-\sum_{n=1}^{\infty}\mathrm{Re}\left(\ln\left(1-\frac{1}{p_n^z}\right)\right)=\sum_{n=1}^{\infty}\mathrm{Re}\left(\sum_{m=1}^{\infty}\frac{1}{mp_n^{mz}}\right)\\&=\sum_{n=1}^{\infty}\sum_{m=1}^{\infty}\frac{\cos(m\ln p_n\mathrm{Im}(z))}{mp_n^{m\mathrm{Re}(z)}},\quad \mathrm{Re}(z)>1.\end{aligned}$$

结论证明完成. □

$\zeta(z)$ 的零点问题是人们非常关心的. 我们已经知道, 在 $\mathbb{C}$ 内, $-2,-4,\cdots$ 是 $\zeta(z)$ 的零点, 这些零点称为 $\zeta(z)$ 的平凡零点. 由定理 7.5.1 知, $\zeta(z)$ 在 $\mathrm{Re}\,(z)>1$ 内没有零点. 进一步, 我们还有如下定理.

定理 7.5.2 $\zeta(z)$ 在直线 $\{1+\mathrm{i}t\,|\,t\in\mathbb{R}\backslash\{0\}\}$ 上没有零点.

证明 设 $\sigma>1$, $t\in\mathbb{R}\backslash\{0\}$. 由定理 7.5.1 得 $\ln|\zeta(\sigma)|=\sum\limits_{n=1}^{\infty}\sum\limits_{m=1}^{\infty}\dfrac{1}{mp_n^{m\sigma}}$,

$$\ln|\zeta(\sigma+\mathrm{i}t)|=\sum_{n=1}^{\infty}\sum_{m=1}^{\infty}\frac{\cos(m\ln p_n)t}{mp_n^{m\sigma}},\quad \ln|\zeta(\sigma+2\mathrm{i}t)|=\sum_{n=1}^{\infty}\sum_{m=1}^{\infty}\frac{\cos(2m\ln p_n)t}{mp_n^{m\sigma}}.$$

于是

$$\ln|\zeta^3(\sigma)\zeta^4(\sigma+\mathrm{i}t)\zeta(\sigma+2\mathrm{i}t)|=\sum_{n=1}^{\infty}\sum_{m=1}^{\infty}\frac{1}{mp_n^{m\sigma}}\Big(3+4\cos(\alpha_{n,m}t)+\cos(2\alpha_{n,m}t)\Big)$$

$$= 2\sum_{n=1}^{\infty}\sum_{m=1}^{\infty}\frac{1}{mp_n^{m\sigma}}(1+\cos(\alpha_{n,m}t))^2$$

$$\geqslant 0, \tag{7.17}$$

其中 $\alpha_{n,m} = m\ln p_n$. 从而由 (7.17) 得到 $|\zeta^3(\sigma)\zeta^4(\sigma+\mathrm{i}t)\zeta(\sigma+2\mathrm{i}t)| \geqslant 1$.

如果 $z_0 = 1+\mathrm{i}t_0$ ($t_0 \neq 0$) 为 $\zeta(z)$ 的 s ($s \geqslant 1$) 级零点, 则有 z_0 的一个邻域 $U(z_0,\delta) \subset G$ 及 $g \in H(U(z_0,\delta))$ 使得 $\zeta(z) = (z-z_0)^s g(z)$, $\forall\, z \in U(z_0,\delta)$. 于是

$$\left|\frac{\zeta(\sigma+\mathrm{i}t_0)}{\sigma-1}\right| = |\sigma-1|^{s-1}|g(\sigma+\mathrm{i}t_0)|, \quad 0 < |\sigma-1| < \delta,$$

进而由 $|\zeta^3(\sigma)\zeta^4(\sigma+\mathrm{i}t_0)\zeta(\sigma+2\mathrm{i}t_0)| \geqslant 1$ 得

$$\frac{1}{\sigma-1} \leqslant |(\sigma-1)\zeta(\sigma)|^3(\sigma-1)^{4(s-1)}|g(\sigma+\mathrm{i}t_0)|^4|\zeta(\sigma+2\mathrm{i}t_0)|, \quad 0 < \sigma-1 < \delta.$$

根据 (7.14) 式和 (7.15) 式, $\lim\limits_{\sigma\to 1^+}(\sigma-1)\zeta(\sigma) = 1$, 于是在 $\sigma \to 1^+$ 时, 上式的右边为趋于有限数; 而左边则趋于 $+\infty$. 由此得到矛盾. □

著名的 Riemann 猜想说: $\zeta(z)$ 的所有非平凡的零点在直线 $\mathrm{Re}\,(z) = \dfrac{1}{2}$ 上. 但这个猜想至今没有得到肯定或否定的回答.

习 题

1. 证明: $\prod\limits_{n=2}^{\infty}\left(1+\dfrac{(-1)^k}{k}\right)$ 收敛.

2. 将函数 $\cos z$, $\mathrm{e}^{az} - \mathrm{e}^{bz}$ ($a \neq b$) 表示为无穷乘积的形式.

3. 求 $\dfrac{\pi}{\sin\pi z}$ 的部分分解式. (提示: 利用等式 $\cot\dfrac{\pi z}{2} - \cot\dfrac{\pi(z-1)}{2} = \dfrac{2}{\sin\pi z}$.)

4. 证明: $\dfrac{z}{\mathrm{e}^z-1} = 1 - \dfrac{z}{2} + \sum\limits_{n=1}^{\infty}\dfrac{2z^2}{z^2+4n^2\pi^2}$.

5. 设整函数 $f(z)$ 不取正实数值. 证明: $f(z) \equiv$ 常数.

6. 设 f_1, f_2 是两个非常数的整函数. 证明: 在 $\mathbb{C}$ 上, $\mathrm{e}^{f_1(z)} + \mathrm{e}^{f_2(z)} = 1$, 不恒成立.

7. 设整函数 f_1, f_2, f_3 满足方程 $\mathrm{e}^{f_1}+\mathrm{e}^{f_2}+\mathrm{e}^{f_3} \equiv 0$. 证明: 在差 $f_i - f_j$ ($i \neq j$, $i, j = 1, 2, 3$) 中, 至少有一个是常数.

8. 设整函数 f 满足: $f(f(z)) \neq z$, $\forall\, z \in \mathbb{C}$. 证明: $f(z) - z \equiv$ 常数.

9. 设 $f(z)$ 为一个具有非零周期 α 的整函数, 证明: $f(z)$ 有无限多个不动点.

10. 设 $z \neq -n$, $n \in \mathbb{Z}_+$, 证明:

$$\frac{\Gamma'(z)}{\Gamma(z)} = -\frac{1}{z} - c + \sum_{n=1}^{\infty}\left(\frac{1}{n} - \frac{1}{z+n}\right), \quad \left(\frac{\Gamma'(z)}{\Gamma(z)}\right)' = \frac{1}{z^2} + \sum_{n=1}^{\infty}\frac{1}{(z+n)^2}.$$

11. 设 $\phi(z)=\dfrac{\Gamma'(z)}{\Gamma(z)}$, $z\neq -n$, $n\in\mathbb{Z}_+$. 证明: $\phi(1)=-c$ 及

$$\phi(z+1)-\phi(z)=\frac{1}{z},\quad \phi(z)-\phi(1-z)=-\pi\cot\pi z.$$

12. 计算下列积分:

$$\int_0^1 \ln\Gamma(x)dx,\quad \int_a^{a+1}\ln\Gamma(x)dx\quad (a>0).$$

13. 证明下列 Gauss 公式:

$$(2\pi)^{\frac{n-1}{2}}\Gamma(z)=n^{z-\frac{1}{2}}\Gamma\left(\frac{z}{n}\right)\Gamma\left(\frac{z+1}{n}\right)\cdots\Gamma\left(\frac{z+n-1}{n}\right).$$

14. 证明 Legendre 加倍公式: $\sqrt{\pi}\Gamma(2z)=2^{2z-1}\Gamma(z)\Gamma\left(z+\dfrac{1}{2}\right)$.

15. Stirling (斯特林) 公式的证明.

(1) 利用 $\displaystyle\int_0^{+\infty} t\mathrm{e}^{-(z+n)t}dt=\frac{1}{(z+n)^2}$, $\mathrm{Re}\,(z)>0$, $n=0,1,2,\cdots$, 证明:

$$\left(\frac{\Gamma'(z)}{\Gamma(z)}\right)'=\int_0^{+\infty} t\mathrm{e}^{-(z-1)t}\frac{t}{\mathrm{e}^t-1}dt,\quad \mathrm{Re}\,(z)>0.$$

(2) 定义 $(0,+\infty)$ 上的连续函数 $f(t)$ 为 $f(t)=\left(\dfrac{1}{\mathrm{e}^t-1}-\dfrac{1}{t}+\dfrac{1}{2}\right)\dfrac{1}{t}$, $t>0$. 证明: $\displaystyle\lim_{t\to 0^+}f(t)=\frac{1}{12}$, $\displaystyle\lim_{t\to+\infty}f(t)=0$ 及存在常数 $M>0$ 使得 $0<f(t)\leqslant M$, $t>0$.

(3) 设 $g(z)=\displaystyle\int_0^{+\infty}\mathrm{e}^{-zt}f(t)dt$, $\mathrm{Re}\,(z)>0$. 证明: $g(z)$ 在 $\mathrm{Re}\,(z)>0$ 内解析且

$$g'(z)=\int_0^{+\infty}\mathrm{e}^{-zt}tf(t)dt,\quad g''(z)=\int_0^{+\infty}\mathrm{e}^{-zt}t^2f(t)dt,\quad \mathrm{Re}\,(z)>0,$$

同时还有 $\displaystyle\lim_{\mathrm{Re}\,(z)\to 0}g^{(k)}(z)=0$, $k=0,1,2$.

(4) 由 (2) 可得 $\dfrac{t}{\mathrm{e}^t-1}=1-\dfrac{t}{2}+t^2f(t)$, $t>0$. 证明:

$$\left(\frac{\Gamma'(z+1)}{\Gamma(z+1)}\right)'=\frac{1}{z}-\frac{1}{2z^2}+g''(z),\quad \mathrm{Re}\,(z)>0,$$

$$\frac{\Gamma'(z+1)}{\Gamma(z+1)}=\ln z+\frac{1}{2z}-g'(z)+c_1,\quad \mathrm{Re}\,(z)>0,$$

$$\ln\Gamma(z+1)=z(\ln z-1)+\frac{1}{2}\ln z+g(z)+c_1z+c_0,\quad \mathrm{Re}\,(z)>0,$$

其中 c_0, c_1 是待定常数.

(5) 证明: $c_1=\lim\limits_{n\to\infty}\left(\dfrac{\Gamma'(n+1)}{\Gamma(n+1)}-\ln n-\dfrac{1}{2n}\right)=0$.

(6) 由于 $\mathrm{e}^{c_0}\mathrm{e}^{g(z)}\mathrm{e}^{-z}z^{z+\frac{1}{2}}=\Gamma(z+1)$, $\mathrm{Re}\,(z)>0$, 故当 $\mathrm{Re}\,(z)\to+\infty$ 时, 由 $\Gamma(z+1)=z\Gamma(z)$ 得到 $\Gamma(z)\sim\mathrm{e}^{c_0}z^{z-\frac{1}{2}}\mathrm{e}^{-z}$ (Stirling 公式). 由 Legendre 加倍公式得到

$$\Gamma(2z+1)=\pi^{-\frac{1}{2}}2^{2z}\Gamma\left(z+\frac{1}{2}\right)\Gamma(z+1).$$

利用此公式, 并令 $\mathrm{Re}\,(z)\to+\infty$, 求出 c_0.

16. 证明: 对 $\mathrm{Re}(z)>1$, 有恒等式: $(1-2^{1-z})\zeta(z)=1-\sum\limits_{n=2}^{\infty}\dfrac{(-1)^n}{n^z}$.

17. 设 $\mathrm{Re}\,(z)>1$. 证明: $\zeta(z)=z\displaystyle\int_1^{+\infty}[x]x^{-1-z}dx$.

18. 设 $\mathrm{Re}\,(z)>0$. 证明: $\zeta(z)=\dfrac{z}{z-1}-z\displaystyle\int_1^{+\infty}(x-[x])x^{-1-z}dx$.

19. 设 $m=1,2,\cdots$. 证明: $\zeta(2m)=\dfrac{2^{2m-1}\pi^{2m}B_m}{(2m)!}$, 其中 B_m 为 m 阶 Bernoulli 数.

第8章

调和函数

调和函数与次调和函数在数学及物理学中有着极其重要的应用. 本章首先利用解析函数的性质导出调和函数的 Schwarz 公式和 Poisson 公式以及圆域内调和函数的边界性质; 随后, 讨论调和函数列的内闭一致收敛性和次调和函数的一些性质; 最后, 讨论 H^p–空间的一些基本性质.

8.1 调和函数的概念

在本节中, 我们总是假定 Ω 是 $\mathbb{R}^2$ 中的区域. 为了方便起见, 也把 Ω 看成是 $\mathbb{C}$ 中的区域, 即 $\Omega=\{z=x+\mathrm{i}y\,|\,(x,y)\in\Omega\}$. 设 $\Delta=\dfrac{\partial^2}{\partial x^2}+\dfrac{\partial^2}{\partial y^2}$.

定义 8.1.1 设 $u\in C^2(\Omega)$. 如果在 Ω 上, $\Delta u=0$, 则称 $u(x,y)$ 是 Ω 上的调和函数.

设函数 $w=f(z)=u(x,y)+\mathrm{i}v(x,y)$ 在 Ω 内解析. 则它在 Ω 内必满足 C–R 方程

$$\frac{\partial u}{\partial x}=\frac{\partial v}{\partial y},\quad \frac{\partial u}{\partial y}=-\frac{\partial v}{\partial x},\tag{8.1}$$

而且 $f'(z)=\dfrac{\partial u}{\partial x}+\mathrm{i}\dfrac{\partial v}{\partial x}$. 由于 $f(z)$ 在 Ω 内具有任意阶导数, 故 $\dfrac{\partial u}{\partial x},\dfrac{\partial u}{\partial y},\dfrac{\partial v}{\partial x},\dfrac{\partial v}{\partial y}$ 在 Ω 内具有连续偏导数. 将 (8.1) 式中的第一式两边再对 x 求偏导数及第二式两边再对 y 求偏导数, 得到

$$\frac{\partial^2 u}{\partial x^2}=\frac{\partial^2 v}{\partial y\partial x},\quad \frac{\partial^2 u}{\partial y^2}=-\frac{\partial^2 v}{\partial x\partial y}.$$

根据偏导数的连续性, 由上面二式可得到 $\Delta u=0$.

同样对 (8.1) 中第一式再对 y 求偏导数, 第二式再对 x 求偏导数, 可得

$$\frac{\partial^2 u}{\partial x\partial y}=\frac{\partial^2 v}{\partial y^2},\quad \frac{\partial u^2}{\partial y\partial x}=-\frac{\partial^2 v}{\partial x^2}.$$

利用二阶偏导数的连续性及上面二式, 得到 $\Delta v = 0$.

根据上面的讨论, 可以得到调和函数与解析函数的关系如下.

命题 8.1.2 任何一个在 Ω 内解析的函数 $f(z) = u(x,y) + \mathrm{i}v(x,y)$, 这里 $z = x + \mathrm{i}y \in \Omega$, 它的实部 u 与虚部 v 都是调和函数并称它们互为共轭调和函数.

反过来, 我们有下面的结果.

命题 8.1.3 设 Ω 是 $\mathbb{R}^2$ 中的单连通区域, $u(x,y)$ 是 Ω 上的调和函数. 则存在 Ω 内的调和函数 $v(x,y)$, 使得 $f = u + \mathrm{i}v \in H(\Omega)$.

证明 由于 $\dfrac{\partial}{\partial x}\Big(\dfrac{\partial u}{\partial x}\Big) = \dfrac{\partial}{\partial y}\Big(-\dfrac{\partial u}{\partial y}\Big)$, 故 $\Big(-\dfrac{\partial u}{\partial y}\Big)dx + \dfrac{\partial u}{\partial x}dy$ 是 Ω 上的全微分. 任取 $(x_0, y_0) \in \Omega$, 因为 Ω 是单连通的, 所以

$$v(x,y) = \int_{(x_0,y_0)}^{(x,y)} \Big(-\frac{\partial u}{\partial y}\Big)dx + \frac{\partial u}{\partial x}dy, \quad \forall\,(x,y) \in \Omega$$

定义了 Ω 上的一个可微函数而且 $\dfrac{\partial v}{\partial x} = -\dfrac{\partial u}{\partial y}, \dfrac{\partial v}{\partial y} = \dfrac{\partial u}{\partial x}$. 这样, u, v 满足 C–R 方程, 从而 $f(z) = u(x,y) + \mathrm{i}v(x,y), \forall\, z = x + \mathrm{i}y \in \Omega$ 解析. □

解析函数有最大模原理, 对于调和函数同样也有下面的极值原理.

命题 8.1.4 如果 $u(z) = u(x,y)\ (z = x + \mathrm{i}y)$ 是 Ω 上的非常数连续函数. 如果 $u(z)$ 在 Ω 上调和或满足条件: 对任意 $a \in \Omega$, 存在 $r_a > 0$ 使得 $\overline{U(a, r_a)} \subset \Omega$ 且

$$u(a) = \frac{1}{2\pi}\int_0^{2\pi} u(a + r\mathrm{e}^{\mathrm{i}\theta})\,d\theta, \quad \forall\, r \in [0, r_a],$$

则 $u(z)$ 在 Ω 内不可能取到最大或最小值.

证明 如果 $u(z)$ 在 Ω 上调和, 则对任意 $a \in \Omega$, 存在 $r_a > 0$ 使得 $\overline{U(a, r_a)} \subset \Omega$ 及由命题 8.1.3, 存在 $v(z)$ (在 $U(a, r_a)$ 上调和) 使得 $f = u + \mathrm{i}\,v$ 在 $U(a, r_a)$ 内解析. 于是由

$$f(a) = u(a) + \mathrm{i}\,v(a) = \frac{1}{2\pi\mathrm{i}}\int_{|z-a|=r} \frac{f(z)}{z-a}\,dz, \quad 0 < r < r_a,$$

得到 $u(a) = \dfrac{1}{2\pi}\displaystyle\int_0^{2\pi} u(a + r\mathrm{e}^{\mathrm{i}\theta})\,d\theta$.

令 $M = \sup\limits_{z\in\Omega} u(z)$. 如果 $M = +\infty$, 则 $u(z)$ 在 Ω 内取不到 $+\infty$. 现设 $M < +\infty$ 并令 $G = \{z \in \Omega \,|\, u(z) = M\}$. 则 G 是 Ω 中的闭子集. 若 $G \neq \varnothing$, 任取 $z_0 \in G$. 取 $r_0 > 0$ 使得 $\overline{U(z_0, r_0)} \subset \Omega$ 且 $M = u(a) = \dfrac{1}{2\pi}\displaystyle\int_0^{2\pi} u(a + r\mathrm{e}^{\mathrm{i}\theta})\,d\theta$, $\forall\, r \in$

$[0, r_0)$. 又 $M \geqslant u(z_0 + re^{i\theta})$, 则有 $M = u(z_0 + re^{i\theta})$, $\forall\, \theta \in [0, 2\pi]$, $r \in [0, r_0)$, 即得$U(z_0, r_0) \subset G$. 所以G为开集.

由于Ω连通且G非空, 既开又闭, 故$G = \Omega$, 即$u(z) = M$, $\forall\, z \in \Omega$. 即得矛盾.

对 $-u(z)$, $\forall\, z \in \Omega$, 利用上述结论, 可得: $u(z)$ 在 Ω 内不能取到最小值. □

对于解析函数, 利用 Cauchy 积分公式, 可以通过它在区域 Ω 边界上的积分求出其在 Ω 内任一点处的值. 而对于调和函数, 我们也有类似的公式, 即 Poisson 积分公式以及可以通过调和函数在边界上的值确定它所对应的解析函数的 Schwarz 公式.

定理 8.1.5 (Schwarz 公式) 设函数 $f(z) = u(x, y) + iv(x, y)$ 在 $\overline{U(0, \rho)}$ 上连续, 在 $U(0, \rho)$ 内解析. 则

$$f(z) = i\beta_0 + \frac{1}{2\pi}\int_0^{2\pi} u(\rho\cos\phi, \rho\sin\phi)\frac{\rho e^{i\phi} + z}{\rho e^{i\phi} - z}d\phi, \quad |z| < \rho, \tag{8.2}$$

其中 β_0 为实常数.

证明 由于 $f(z)$ 在 $|z| < \rho$ 内解析, 则对圆 $|z| < \rho$ 内任一点 z 有

$$\begin{aligned} f(z) &= \frac{1}{2\pi i}\int_{|\chi|=\rho} \frac{f(\chi)}{\chi - z}d\chi = \frac{1}{2\pi i}\int_0^{2\pi} \frac{f(\rho e^{i\phi})}{\rho e^{i\phi} - z} i\rho e^{i\phi} d\phi, \\ &= \frac{1}{2\pi}\int_0^{2\pi} \left[u(\rho\cos\phi, \rho\sin\phi) + iv(\rho\cos\phi, \rho\sin\phi)\right]\frac{\rho e^{i\phi}}{\rho e^{i\phi} - z}d\phi. \end{aligned} \tag{8.3}$$

令 $z^* = \dfrac{\rho^2}{\bar{z}}$, 显然 z^* 在圆外, 于是由定理 6.1.3 得

$$\begin{aligned} 0 &= \frac{1}{2\pi i}\int_{|\chi|=\rho} \frac{f(\chi)}{\chi - z^*}d\chi = \frac{1}{2\pi i}\int_{|\chi|=\rho} \frac{f(\chi)}{\chi}\frac{\bar{z}\chi}{\chi\bar{z} - \rho^2}d\chi \\ &= \frac{1}{2\pi i}\int_{|\chi|=\rho} \frac{f(\chi)}{\chi}\frac{\bar{z}}{\bar{z} - \bar{\chi}}d\chi = \frac{1}{2\pi i}\int_0^{2\pi} \frac{f(\rho e^{i\phi})}{\rho e^{i\phi}}\frac{\bar{z}}{\bar{z} - \rho e^{-i\phi}} i\rho e^{i\phi} d\phi \\ &= \frac{1}{2\pi}\int_0^{2\pi} f(\rho e^{i\phi})\frac{\bar{z}}{\bar{z} - \rho e^{-i\phi}}d\phi \\ &= \frac{1}{2\pi}\int_0^{2\pi} \left[u(\rho\cos\phi, \rho\sin\phi) + iv(\rho\cos\phi, \rho\sin\phi)\right]\frac{\bar{z}}{\bar{z} - \rho e^{-i\phi}}d\phi. \end{aligned}$$

对上面最后一式两端取共轭后得

$$0=\frac{1}{2\pi}\int_0^{2\pi}\Big[u(\rho\cos\phi,\rho\sin\phi)-\mathrm{i}v(\rho\cos\phi,\rho\sin\phi)\Big]\frac{-z}{\rho\mathrm{e}^{\mathrm{i}\phi}-z}d\phi. \tag{8.4}$$

将式 (8.3) 与 (8.4) 两式相减, 得到

$$f(z)=\frac{1}{2\pi}\int_0^{2\pi}u(\rho\cos\phi,\rho\sin\phi)\frac{\rho\mathrm{e}^{\mathrm{i}\phi}+z}{\rho\mathrm{e}^{\mathrm{i}\phi}-z}d\phi+\frac{\mathrm{i}}{2\pi}\int_0^{2\pi}v(\rho\cos\phi,\rho\sin\phi)d\phi.$$

令 $\beta_0=\frac{1}{2\pi}\int_0^{2\pi}v(\rho\cos\phi,\rho\sin\phi)d\phi\in\mathbb{R}$. 由此可得定理成立. □

将公式 (8.2) 两边取实部, 并以 $z=r\mathrm{e}^{\mathrm{i}\theta}$ 代入, 于是得到

$$\mathrm{Re}\left(\frac{\rho\mathrm{e}^{\mathrm{i}\phi}+z}{\rho\mathrm{e}^{\mathrm{i}\phi}-z}\right)=\frac{\rho^2-r^2}{\rho^2-2\rho r\cos(\phi-\theta)+r^2}.$$

由此可得到 Poisson 公式如下.

定理 8.1.6 (Poisson 公式) 设 $u(z)=u(x,y)$ 在 $\overline{U(0,\rho)}$ 上连续, 在 $U(0,\rho)$ 内调和. 则对 $U(0,\rho)$ 内任一点 z, 记 $z=r\mathrm{e}^{\mathrm{i}\theta}$, $0\leqslant r\leqslant\rho$, $0\leqslant\theta<2\pi$, 有

$$u(r\mathrm{e}^{\mathrm{i}\theta})=\frac{1}{2\pi}\int_0^{2\pi}u(\rho\mathrm{e}^{\mathrm{i}\phi})\frac{\rho^2-r^2}{\rho^2-2r\rho\cos(\phi-\theta)+r^2}d\phi. \tag{8.5}$$

定理 8.1.6 表明: 对于在 $|z|\leqslant\rho$ 内的调和函数 $u(z)$, 其在 $|z|<\rho$ 内任何一点 $z=r\mathrm{e}^{\mathrm{i}\theta}$ 处的函数值由 $u(z)$ 在边界 $|z|=\rho$ 上的值确定. 现在我们考虑反过来的问题, 即给出 $|z|=\rho$ 上的连续函数 $\Phi(\rho\mathrm{e}^{\mathrm{i}\phi})$ $(0\leqslant\phi\leqslant2\pi)$, 然后在 $|z|<\rho$ 上定义一个函数

$$u(r\mathrm{e}^{\mathrm{i}\theta})=\frac{1}{2\pi}\int_0^{2\pi}\Phi(R\mathrm{e}^{\mathrm{i}\phi})\frac{R^2-r^2}{R^2-2Rr\cos(\phi-\theta)+r^2}d\phi. \tag{8.6}$$

我们问: 由 (8.6) 式定义的函数 $u(z)$ 是否在 $|z|<\rho$ 内调和并且是否对 $|z|=\rho$ 上的任意一点 ξ 有 $\lim\limits_{z\to\xi}u(z)=\Phi(\xi)$?

对于第一个问题, 由于通过参数变换

$$\begin{cases}x=r\cos\theta,\\ y=r\sin\theta,\end{cases}\quad 0\leqslant r\leqslant\rho,\ 0\leqslant\theta\leqslant2\pi$$

可以建立起等式

$$\frac{\partial^2 u}{\partial x^2}+\frac{\partial^2 u}{\partial y^2}=\frac{1}{r}\frac{\partial}{\partial r}\left(r\frac{\partial u}{\partial r}\right)+\frac{1}{r^2}\frac{\partial^2 u}{\partial \theta^2}.$$

因此, 利用含参变量积分的求导公式对 (8.6) 式分别关于 r,θ 求偏导数, 我们就可以得出 $u(x,y)$ 为 $|z|<\rho$ 内的调和函数的结论. 对于第二个问题, 我们有下面的定理.

定理 8.1.7 (调和函数边值定理) 设 $\Phi(\xi)=\Phi(\rho \mathrm{e}^{\mathrm{i}\phi})$ 是 $|\xi|\leqslant\rho$ 上的连续函数, 并设 $u(z)=u(r\mathrm{e}^{\mathrm{i}\theta})$ $(0\leqslant r<\rho,\ 0\leqslant\theta\leqslant 2\pi)$ 由 (8.6) 式确定. 则 $u(z)$ 在 $U(0,\rho)$ 上调和而且对任意 $|\xi|=\rho$, $|z|<\rho$, 有 $\lim\limits_{z\to\xi}u(z)=\Phi(\xi)$.

证明 对于 $u(z)$ 在 $U(0,\rho)$ 上的调和性可直接按上述方法验证.

对任意 $r\in[0,\rho)$, 记 Poisson 核 $P_r(\phi,\theta)$ 为

$$P_r(\phi,\theta)=\frac{\rho^2-r^2}{\rho^2-2\rho r\cos(\phi-\theta)+r^2}=\frac{\rho^2-r^2}{|\rho \mathrm{e}^{\mathrm{i}\phi}-r\mathrm{e}^{\mathrm{i}\theta}|^2},\quad \forall\,\phi,\theta\in[0,2\pi].$$

先证 $\lim\limits_{z\to\rho}u(z)=\Phi(\rho)$, $|z|<\rho$. 由于 $\dfrac{1}{2\pi}\displaystyle\int_0^{2\pi}P_r(\phi,\theta)d\phi=1$ (在 (8.5) 式中, 令 $u(z)\equiv 1$ 即可), 故

$$u(r\mathrm{e}^{\mathrm{i}\theta})-\Phi(\rho)=\frac{1}{2\pi}\int_0^{2\pi}\left[\Phi(\rho \mathrm{e}^{\mathrm{i}\phi})-\Phi(\rho)\right]P_r(\phi,\theta)d\phi.$$

由于 $\Phi(\xi)$ 在 $|\xi|=\rho$ 上连续, 故存在正常数 M 使得 $|\Phi(\xi)-\Phi(\rho)|\leqslant M,\ \forall\,|\xi|=\rho$; 同时对任意 $\epsilon>0$, 存在 $\delta\in(0,2\rho)$ 使得当 $|\xi-\rho|\leqslant\delta$, $|\xi|=\rho$ 时, $|\Phi(\xi)-\Phi(\rho)|<2\pi\epsilon$.

令 $E_\delta=\{\phi\in[0,2\pi]\,|\,|\rho \mathrm{e}^{\mathrm{i}\phi}-\rho|\leqslant\delta\}$. 设 $f(\phi)=\Phi(\rho \mathrm{e}^{\mathrm{i}\phi})-\Phi(\rho),\ \forall\,\phi\in[0,2\pi]$,

$$I_1=\frac{1}{2\pi}\int_{E_\delta}f(\phi)P_r(\phi,\theta)d\phi,\quad I_2=\frac{1}{2\pi}\int_{[0,2\pi]\setminus E_\delta}f(\phi)P_r(\phi,\theta)d\phi.$$

则有

$$|I_1|\leqslant\frac{1}{2\pi}\int_{E_\delta}|f(\phi)|P_r(\phi,\theta)d\phi\leqslant\frac{2\pi\epsilon}{2\pi}\int_{E_\delta}P_r(\phi,\theta)d\phi\leqslant\epsilon\int_0^{2\pi}P_r(\phi,\theta)d\phi=\epsilon.$$

设 $z=r\mathrm{e}^{\mathrm{i}\theta}\in U(0,\rho)$ 使得 $|z-\rho|<\dfrac{\delta}{2}$. 再设 $\phi\in[0,2\pi]\setminus E_\delta$. 则

$$|z-\rho \mathrm{e}^{\mathrm{i}\phi}|>|\rho \mathrm{e}^{\mathrm{i}\phi}-\rho|-|z-\rho|>\delta-\frac{\delta}{2}=\frac{\delta}{2}.$$

于是, $P_r(\phi,\theta)<\left(\dfrac{2}{\delta}\right)^2(\rho^2-r^2)$, 从而

$$|I_2|\leqslant M\frac{m([0,2\pi]\backslash E_\delta)}{2\pi}\left(\frac{2}{\delta}\right)^2(\rho^2-r^2)\leqslant M\left(\frac{2}{\delta}\right)^2(\rho^2-r^2). \tag{8.7}$$

于是, 由 (8.7) 式得 $\lim\limits_{z\to\rho}|I_2|=0$. 注意到

$$|u(z)-\Phi(\rho)|=|u(re^{i\theta})-\Phi(\rho)|=|I_1+I_2|\leqslant|I_1|+|I_2|,$$

故 $\overline{\lim\limits_{z\to\rho}}|u(z)-\Phi(\rho)|\leqslant\epsilon$. 再由 ϵ 的任意性得到 $\lim\limits_{z\to\rho}u(z)=\Phi(\rho)$.

对于圆周 $|\xi|=\rho$ 上任意一点 $\xi_0=\rho e^{i\phi_0}$, 令 $u_1(z)=u(ze^{i\phi_0})$, $\forall\, z\in U(0,r)$ 及 $\Phi_1(\xi)=\Phi(\xi e^{i\phi_0})$, $\forall\,\xi\in\partial U(0,\rho)$. 于是,

$$\begin{aligned}&\frac{1}{2\pi}\int_0^{2\pi}\Phi(\rho e^{i\phi}e^{i\phi_0})P_r(\phi,\theta)d\phi\\=&\frac{1}{2\pi}\int_{\phi_0}^{2\pi+\phi_0}\Phi(\rho e^{i\phi})P_r(\phi,\phi_0+\theta)d\phi\\=&\frac{1}{2\pi}\int_{\phi_0}^{2\pi}\Phi(\rho e^{i\phi})P_r(\phi,\theta+\phi_0)d\phi+\frac{1}{2\pi}\int_{2\pi}^{2\pi+\phi_0}\Phi(\rho e^{i\phi})P_r(\phi,\theta+\phi_0)d\phi\\=&\frac{1}{2\pi}\int_0^{2\pi}\Phi(\rho e^{i\phi})P_r(\phi,\theta+\phi_0)d\phi=u_1(z)\quad(z=re^{i\theta},\ r<\rho),\end{aligned}$$

从而由前面所得到的结果, 有 $\lim\limits_{z\to\rho}u_1(z)=\Phi_1(\rho)$, 故 $\lim\limits_{z\to\xi_0}u(z)=\Phi(\xi_0)$. □

定理 8.1.7 在 D 上还有如下的推广.

定理 8.1.8 (调和函数边值定理) 设 $\Phi\in L^1(S^1,\mu)$ 并令

$$u(re^{i\theta})=\frac{1}{2\pi}\int_{-\pi}^{\pi}\frac{1-r^2}{1-2r\cos(\phi-\theta)+r^2}\Phi(e^{i\phi})d\phi,\quad\forall\, r\in[0,1),\ \theta\in[-\pi,\pi],$$

其中 S^1 上测度 μ 在 5.5 节中定义. 则 u 是 D 上的调和函数而且 $\lim\limits_{r\to1^-}u(re^{i\theta})=\Phi(e^{i\theta})$ 对几乎处处的 $\theta\in[-\pi,\pi]$ 成立, 进而对 $[0,2\pi]$ 中的 θ 亦成立.

证明 容易证明, $u(z)$ 是 D 上的调和函数.

由于 $\displaystyle\int_{-\pi}^{\pi}|\Phi(e^{i\phi})|d\phi<+\infty$, 故 $g(\theta)=\displaystyle\int_0^{\theta}\Phi(e^{it})dt$ 是 $[-\pi,\pi]$ 上的绝对连续函数. 于是, 存在一个 Lebesgue 可测集 $E\subset[-\pi,\pi]$ 使得 $[-\pi,\pi]\backslash E$ 为 Lebesgue 零

测度集, 同时 $g'(\theta)=\Phi(\mathrm{e}^{\mathrm{i}\theta})$, $\forall\,\theta\in E$ (请读者参见文献 (程其襄等, 2019) 的第六章). 取定 $\theta\in E$ 并令

$$F(\mathrm{e}^{\mathrm{i}\phi})=\Phi(\mathrm{e}^{\mathrm{i}\phi}\mathrm{e}^{\mathrm{i}\theta})-\Phi(\mathrm{e}^{\mathrm{i}\theta}),\ \forall\,\phi\in[-\pi,\pi],\quad f(t)=\int_0^t F(\mathrm{e}^{\mathrm{i}\phi})d\phi,\ \forall\,t\in[-\pi,\pi].$$

则 $F\in L^1(S^1,\mu)$, $f(0)=0$, $f(t)$ 在 $[-\pi,\pi]$ 上绝对连续且

$$f(t)=g(t+\theta)-g(\theta)-t\Phi(\mathrm{e}^{\mathrm{i}\theta}),\quad \forall\,t\in[-\pi,\pi].$$

于是 $f'(0)=0$. 进而对任意 $\epsilon>0$, 存在 $\delta\in(0,\pi)$ 使得 $|f(t)|<\epsilon|t|$, $\forall\,t\in[-\delta,\delta]$.

设 $P_r(t)=\dfrac{1-r^2}{1-2r\cos t+r^2}$, $\forall\,r\in[0,1)$, $t\in\mathbb{R}$. 则有

$$\begin{aligned}u(r\mathrm{e}^{\mathrm{i}\theta})-\Phi(\mathrm{e}^{\mathrm{i}\theta})&=\frac{1}{2\pi}\int_0^{2\pi}P_r(t)F(\mathrm{e}^{\mathrm{i}t})dt=\frac{1}{2\pi}\int_{-\pi}^{\pi}P_r(t)F(\mathrm{e}^{\mathrm{i}t})dt\\&=\frac{1}{2\pi}\int_{-\delta}^{\delta}P_r(t)df(t)+\frac{1}{2\pi}\int_{\delta}^{\pi}P_r(t)F(\mathrm{e}^{\mathrm{i}t})dt+\frac{1}{2\pi}\int_{-\pi}^{-\delta}P_r(t)F(\mathrm{e}^{\mathrm{i}t})dt.\end{aligned}$$

容易得到

$$\left|\int_{\delta}^{\pi}P_r(t)F(\mathrm{e}^{\mathrm{i}t})dt\right|\leqslant\frac{2\pi(1-r^2)\|F\|_1}{(1-r)^2+4r\sin^2\dfrac{\delta}{2}},$$

$$\left|\int_{-\pi}^{-\delta}P_r(t)F(\mathrm{e}^{\mathrm{i}t})dt\right|\leqslant\frac{2\pi(1-r^2)\|F\|_1}{(1-r)^2+4r\sin^2\dfrac{\delta}{2}}.$$

注意到

$$\begin{aligned}\left|\int_{-\delta}^{\delta}P_r(t)F(\mathrm{e}^{\mathrm{i}t})dt\right|&=\left|P_r(t)f(t)\Big|_{-\delta}^{\delta}-\int_{-\delta}^{\delta}f(t)P_r'(t)dt\right|\\&\leqslant P_r(\delta)|f(\delta)-f(-\delta)|+2\epsilon\int_0^{\delta}t(-P_r'(t))dt\\&\leqslant 2\delta\epsilon P_r(\delta)+2\epsilon\left(\int_0^{\delta}P_r(t)dt-\delta P_r(\delta)\right)\leqslant 4\pi\epsilon.\end{aligned}$$

于是, 由上述的积分估计及 ϵ 的任意性, 可得 $\varlimsup\limits_{r\to1^-}|u(r\mathrm{e}^{\mathrm{i}\theta})-\Phi(\mathrm{e}^{\mathrm{i}\theta})|=0$. □

8.2 调和函数序列和极限

为了研究调和函数序列的极限是否为调和函数, 我们首先建立区域内连续函数调和的判断条件如下.

命题 8.2.1 设 $\Omega \subset \mathbb{C}$ 为区域, $u(z)$ 在 Ω 上连续. 如果对任意 $a \in \Omega$, 存在 $r_a > 0$ 使得 $\overline{U(a, r_a)} \subset \Omega$ 且

$$u(a) = \frac{1}{2\pi}\int_0^{2\pi} u(a + r\mathrm{e}^{\mathrm{i}\theta})d\theta, \quad \forall\, r \in [0, r_a],$$

则 $u(z)$ 为 Ω 上的调和函数.

证明 任取 $a \in \Omega$. 由假设条件, 存在 $U(a, r_a)$ 使得 $\overline{U(a, r_a)} \subset \Omega$ 以及

$$u(a) = \frac{1}{2\pi}\int_0^{2\pi} u(a + r_a\mathrm{e}^{\mathrm{i}\theta})d\theta. \tag{8.8}$$

在 $\overline{U(a, r_a)}$ 上定义函数 $h_a(z)$ 为

$$h_a(a + z) = \frac{1}{2\pi}\int_0^{2\pi} u(a + r_a\mathrm{e}^{\mathrm{i}\phi})\frac{r_a^2 - r^2}{r_a^2 - 2rr_a\cos(\phi - \theta) + r^2}d\phi, \tag{8.9}$$

其中, $z = r\mathrm{e}^{\mathrm{i}\theta}$, $0 \leqslant r < r_a$, $\theta \in [0, 2\pi]$. 由定理 8.1.7, $h_a(z)$ 在 $U(a, r_a)$ 上调和而且当 $|\xi - a| = r_a$ 时, $\lim\limits_{\substack{z \to \xi \\ z \in U(a, r_a)}} h_a(z) = u(\xi)$. 因此, 可设 $h_a(z) = u(z)$, $\forall\, z \in \partial(U(a, r_a))$.

设 $v(z) = u(z) - h_a(z)$, $\forall\, z \in \overline{U(a, r_a)}$, $M = \max\{v(z) \mid z \in \overline{U(a, r_a)}\}$. 由 (8.8) 式和 (8.9) 式得

$$h_a(a) = \frac{1}{2\pi}\int_0^{2\pi} u(a + r_a\mathrm{e}^{r_a\phi})d\phi = u(a),$$

所以 $M \geqslant v(a) = 0$. 又 $v(z) = 0$, $\forall\, z \in \partial(U(a, r_a))$, 若 $M > 0$, 则 $v(z)$ 只能在 $U(a, r_a)$ 内取到 M. 但根据命题 8.1.4, $v(z)$ 在 $U(a, r_a)$ 内是取不到 M 的, 所以 $M = 0$.

对 $-v(z)$, 同上述的讨论, 可以得到, $v(z)$ 在 $\overline{U(a, r_a)}$ 上的最小值也为零.

所以, 在 $\overline{U(a, r_a)}$ 上, $h_a(z) = u(z)$. 又 a 任意, 故 $u(z)$ 在 Ω 上调和. □

推论 8.2.2 设 $\{u_n\}$ 是 $\mathbb{C}$ 中区域 Ω 上的调和函数列. 如果 $\{u_n\}$ 在 Ω 上内闭一致收敛于 u, 则 u 在 Ω 上调和.

证明 任取 $a \in \Omega$. 则存在 $r_a > 0$ 使得 $\overline{U(a, r_a)} \subset \Omega$. 由于 u_n 在 $\overline{U(a, r_a)}$ 上调和, $n = 1, 2, \cdots$, 所以

$$u_n(a) = \frac{1}{2\pi} \int_0^{2\pi} u_n(a + r\mathrm{e}^{\mathrm{i}\theta}) d\theta, \quad \forall r \in [0, r_a], \quad n = 1, 2, \cdots. \tag{8.10}$$

由于 $u_n(z)$ 在 $\overline{U(a, r_a)}$ 上一致收敛于 $u(z)$, 故 u 在 $\overline{U(a, r_a)}$ 上连续. 由 a 的任意性知, u 在 Ω 内连续. 从而由 (8.10) 式得 $u(a) = \dfrac{1}{2\pi} \displaystyle\int_0^{2\pi} u(a + r\mathrm{e}^{\mathrm{i}\theta}) d\theta, \forall r \in [0, r_a]$. 这样, 由命题 8.2.1, 便得到 u 在 Ω 上调和. □

与解析函数的正规族类似, 我们有调和函数族的正规性定理如下.

定理 8.2.3 设 $\{u_n\}$ 是区域 $\Omega \subset \mathbb{C}$ 上的调和函数列. 如果对任意 Ω 中的紧子集 K, $\{u_n\}$ 在 K 上一致有界, 则存在 $\{u_n\}$ 的一个子列 $\{u_{n_k}\}$ 及 Ω 上的调和函数 u 使得 $\{u_{n_k}\}$ 在 Ω 上内闭一致收敛于 u.

证明 对每个 $z \in \Omega$, 由假设, $\{u_n(z)\}$ 在 $\{z\}$ 上有界, 即有正常数 C_z 使得 $|u_n(z)| \leqslant C_z$, $n = 1, 2, \cdots$.

采用定理 6.4.2 的证法. 任取 Ω 中的紧子集 K. 当 $\Omega \neq \mathbb{C}$ 时, 设

$$\delta = \frac{1}{2} \inf\{|s - t| \mid s \in K,\ t \in \Omega^c\} > 0, \quad K_0 = \{z \in \mathbb{C} \mid \inf_{s \in K} |z - s| \leqslant \delta\}.$$

则 K_0 是有界闭子集 (即 K_0 是 Ω 中的紧子集) 而且 $K \subset K_0 \subset \Omega$. 如果 $\Omega = \mathbb{C}$, 可任取 $\delta > 0$. 则上述的性质仍成立.

由假设条件, 存在常数 $M_{K_0} > 0$ 使得 $|u_n(z)| \leqslant M_{K_0}, \forall z \in K_0, n \geqslant 1$. 对任意 $z_1, z_2 \in K$ 且 $z_1 \neq z_2$, $|z_1 - z_2| < \dfrac{\delta}{2}$, 设 $G = U(z_1, \delta)$. 则 $z_2 \in G$ 且对任意 $z \in \overline{G}$, 由 $\inf\limits_{s \in K} |z - s| \leqslant |z - z_1| \leqslant \delta$, 可得 $\overline{G} \subset K_0$. 于是由定理 8.1.6 得

$$u_n(z_1 + r\mathrm{e}^{\mathrm{i}\theta}) = \frac{1}{2\pi} \int_0^{2\pi} u_n(z_1 + \delta\mathrm{e}^{\mathrm{i}\phi}) \mathrm{Re}\left(\frac{\delta\mathrm{e}^{\mathrm{i}\phi} - r\mathrm{e}^{\mathrm{i}\theta}}{\delta\mathrm{e}^{\mathrm{i}\phi} + r\mathrm{e}^{\mathrm{i}\theta}}\right) d\phi, \quad n \geqslant 1, \tag{8.11}$$

对任意 $r \in [0, \delta)$, $\theta \in [0, 2\pi]$ 成立. 设 $r_1 = |z_1 - z_2|$ 并取 $\theta_1 \in [0, 2\pi]$ 使得 $z_2 - z_1 = r_1 \mathrm{e}^{\mathrm{i}\theta_1}$.

在 (8.11) 式中, 分别取 $r = 0$, $r = r_1$, $\theta = \theta_1$, 则有

$$u_n(z_1) - u(z_2) = \frac{1}{2\pi} \int_0^{2\pi} u_n(z_1 + \delta\mathrm{e}^{\mathrm{i}\phi}) \mathrm{Re}\left[1 - \frac{\delta\mathrm{e}^{\mathrm{i}\phi} - (z_2 - z_1)}{\delta\mathrm{e}^{\mathrm{i}\phi} + (z_2 - z_1)}\right] d\phi.$$

由此得到

$$|u_n(z_1) - u_n(z_2)| \leqslant \frac{4M_{K_0}}{\delta} |z_1 - z_2|, \quad n = 1, 2, \cdots,$$

即 $\{u_n\}$ 在 K 上等度连续.

上述的证明表明, $\{u_n\}$ 满足定理 1.4.7 的条件. 于是存在 $\{u_n\}$ 的一个子列 $\{u_{n_k}\}$ 使得 u_{n_k} 在 Ω 上内闭一致收敛于 Ω 上的某个函数 u. 由推论 8.2.2, u 在 Ω 上调和. □

另外, 与紧空间上单调连续函数列的 Dini 定理 (命题 1.4.2) 相类似, 对区域上的单调调和函数列, 有如下的 Harnack (哈纳克) 定理.

定理 8.2.4 (Harnack) 设 $\{u_n\}$ 是区域 $\Omega \subset \mathbb{C}$ 上的单调递增的调和函数列. 则要么 $u_n(z)$ 在 Ω 中的任意紧子集上一致地趋于 $+\infty$, 要么 $\{u_n\}$ 在 Ω 上内闭一致收敛.

证明 设 $v_n(z) = u_n(z) - u_1(z)$, $\forall\, z \in \Omega$, $n = 1, 2, \cdots$. 则 v_n 在 Ω 上非负且单调递增. 设 $u(z) = \sup\limits_{n \geqslant 1} v_n(z)$, $\forall\, z \in \Omega$. 则对任意 $z \in \Omega$, 或者 $u(z) = +\infty$ 或者 $u(z) < +\infty$ 且 $u_n(z) \to u(z)$. 从而我们设

$$A = \{z \in \Omega \mid u(z) = +\infty\}, \quad B = \{z \in \Omega \mid u(z) < +\infty\}.$$

则 $\Omega = A \bigcup B$, $A \bigcap B = \varnothing$. 下证: A, B 都是 Ω 中的开集.

任取 $a \in \Omega$. 则有 $r_a > 0$ 使得 $\overline{U(a, r_a)} \subset \Omega$. 对任意 $z \in U(a, r_a)$, 取 $r_1 = |z - a|$, $\theta_1 \in [0, 2\pi]$ 使得 $z - a = r_1 \mathrm{e}^{\mathrm{i}\theta_1}$. 则由 Harnack 不等式 (本章习题 4) 得

$$\begin{aligned}\frac{r_a - |z-a|}{r_a + |z-a|} v_n(a) &= \frac{r_a - r_1}{r_a + r_1} v_n(a) \leqslant v_n(a + r_1 \mathrm{e}^{\mathrm{i}\theta_1}) \\ &= v_n(z) \leqslant \frac{r_a + r_1}{r_a - r_1} = v_n(a) \frac{r_a + |z-a|}{r_a - |z-a|} \quad (n \geqslant 1). \qquad (8.12)\end{aligned}$$

由 (8.12) 式可知, 当 $a \in A$ 时, $u(z) = +\infty$, 即 $U(a, r_a) \subset A$; 当 $a \in B$ 时, $u(z) < +\infty$, 即 $U(a, r_a) \subset B$. 故 A, B 都是 Ω 中的开集. 又 Ω 连通, 所以必有 $A = \Omega$ 或 $B = \Omega$.

如果有 $a \in \Omega$ 使得 $\lim\limits_{n \to \infty} u_n(a) = +\infty$, 则 $G = A$. 任取 $\rho \in [0, r_a)$, 则由 (8.12) 式得 $v_n(z) > \dfrac{r_a - \rho}{r_a + \rho} v_n(a)$, $\forall\, z \in \overline{U(a, \rho)}$. 从而 $u_n(z)$ 在 $\overline{U(a, \rho)}$ 上一致趋于 $+\infty$. 这样, 对于 Ω 中的任意一个紧子集 K, 存在 $U(z_j, \delta_j) \subset \Omega$, $j = 1, \cdots, s$ 使得 $K \subset \bigcup\limits_{j=1}^{s} U(z_j, \delta_j)$. 因为 $u(z_j) = +\infty$, u_n 在 $U(z_j, \delta_j)$ 上一致趋于 $+\infty$, $j = 1, \cdots, s$, 故 u_n 在 K 上一致趋于 $+\infty$.

如果有 $a \in \Omega$, 使得 $\lim\limits_{n\to\infty} u_n(a) = u(a) + u_1(a) < +\infty$, 则 $B = \Omega$. 任取 $\rho \in [0, r_a)$. 则对任意 $z \in \overline{U(a,\rho)}$, 由 (8.12) 式得

$$0 \leqslant u_n(z) - u_m(z) \leqslant \frac{r_a + \rho}{r_a - \rho}(u_n(a) - u_m(a)), \quad n > m.$$

由此得到, $\{u_n(z)\}$ 在 $\overline{U(a,\rho)}$ 上一致收敛. 再用上述的方法, 可以得到: $\{u_n\}$ 在 Ω 上内闭一致收敛. □

8.3 次调和函数

设 Ω 是 $\mathbb{C}$ 中的一个区域, f 是 $\partial\Omega$ 上的实值连续函数. Dirichlet 问题是指: 找一个 $\overline{\Omega}$ 上的实值连续函数 u 使得 $u(z)$ 在 Ω 上调和并且 $u(z) = f(z)$, $\forall\, z \in \partial\Omega$. 如果 Ω 是开圆盘, 定理 8.1.7 给出了 Dirichlet 问题的解. 如果 Ω 是上半平面, 利用本章的习题 5, 同样可以求出 Dirichlet 问题的解. 为了研究一般区域上的 Dirichlet 问题的解, 人们引进了次调和函数的概念. 本节所讨论的次调和函数性质主要是为第 9 章中证明多复变函数解析性的 Hartogs (哈托格斯) 定理作准备的.

在本节中, 我们总是假定 Ω 是 $\mathbb{C}$ 中的区域.

定义 8.3.1 映射 $f\colon \Omega \to [-\infty, +\infty)$ 称为上半连续的, 如果对任意 $\alpha \in \mathbb{R}$, Ω 中的集合 $\{z \in \Omega \mid f(z) < \alpha\}$ 是 Ω 中的开集.

根据定义 8.3.1, 容易推出下面的性质 (留作习题).

命题 8.3.2 设 f 为 Ω 上的上半连续函数, 则有

(1) 对任意 $z_0 \in \Omega$ 及任意 $\{z_k\} \subset \Omega$ 且 $z_k \to z_0$, 都有 $\overline{\lim\limits_{k\to\infty}} f(z_k) \leqslant f(z_0)$.

(2) 对 Ω 中的任何一个紧子集 K, $f(z)$ 在 K 上有上界.

设 f 是 Ω 上的上半连续函数. 则 $f(z)$ 在 Ω 上 Lebesgue 可测. 如果 K 是 Ω 中的一个紧子集, 则由命题 8.3.2 (2), 存在常数 $M > 0$, 使得 $f(z) \leqslant M$, $\forall\, z \in K$. 于是 $f^+(z) \leqslant M$, $\forall\, z \in K$. 从而 $f(z)$ 在 K 上的积分就有意义 (参见定义 2.4.1(3)).

根据命题 8.1.3, 区域 $\Omega \subset \mathbb{C}$ 上的连续函数 $u(z)$ 调和的充要条件是: 对任意 $a \in \Omega$, 存在 $r_a > 0$ 使得, $\overline{U(a, r_a)} \subset \Omega$ 且 $u(a) = \dfrac{1}{2\pi}\displaystyle\int_0^{2\pi} u(a + r\mathrm{e}^{\mathrm{i}\theta})d\theta, \forall\, r \in [0, r_a]$.

据此, 我们给出次调和函数的概念如下.

定义 8.3.3 设 Ω 为 $\mathbb{C}$ 中的区域. Ω 上的上半连续函数 $u(z)$ 称为次调和的,

如果对任意 $a\in\Omega$ 存在 $U(a,r_a)$ 使得 $\overline{U(a,r_a)}\subset\Omega$ 而且

$$u(a)\leqslant\frac{1}{2\pi}\int_0^{2\pi}u(a+r\mathrm{e}^{\mathrm{i}\theta})d\theta,\quad \forall\, r\in[0,r_a).$$

例 8.3.4 设 $f(z)$ 为 Ω 内的非零解析函数. 于是 $|f(z)|$ 为 Ω 内的连续函数.

(1) 设 $u(z)=\ln|f(z)|$, $\forall\, z\in\Omega$. 则对任意 $\alpha\in\mathbb{R}$,

$$\{z\in\Omega\mid u(z)<\alpha\}=\{z\in\Omega\mid |f(z)|<\mathrm{e}^{\alpha}\}$$

为 Ω 中的开集. 从而 $u(z)$ 在 Ω 上上半连续.

任取 $a\in\Omega$. 则有 $r_a>0$ 使得 $\overline{U(a,r_a)}\subset\Omega$. 任取 $r\in(0,r_a)$. 设 $f(z)$ 在 $U(a,r)$ 内的零点为 $z_1,\cdots,z_p$, 在 $|z-a|=r$ 上的零点为 $z_{p+1},\cdots,z_m$. 它们互不相同且重数分别为 $n_1,\cdots,n_m$. 则

$$g(z)=\frac{f(z)}{(z-a_1)^{n_1}\cdots(z-a_m)^{n_m}}$$

在 $U(a,r_a)$ 内解析. 从而由引理 6.5.4 (1), 存在 $h\in H(U(a,r_a))$ 使得 $g(z)=\mathrm{e}^{h(z)}$, $\forall\, z\in U(a,r_a)$. 于是 $\mathrm{Re}\,(h(z))$ 是 $U(a,r_a)$ 上的调和函数并且

$$\ln|f(z)|=\sum_{j=1}^{m}n_j\ln|z-a_j|+\mathrm{Re}\,(h(z)),\quad \forall\, z\in U(a,r_a). \tag{8.13}$$

在 $|z-a|=r$ 上, 令 $z=a+r\mathrm{e}^{\mathrm{i}\theta}$, $\theta\in[0,2\pi]$. 设 $a_j-a=r_j\mathrm{e}^{\mathrm{i}\theta_j}$, $\theta_j\in[0,2\pi]$, $j=1,2,\cdots,m$. 由于

$$\frac{1}{2\pi}\int_0^{2\pi}\ln|a-a_j+r\mathrm{e}^{\mathrm{i}\theta}|d\theta=\ln r+\frac{1}{2\pi}\int_0^{2\pi}\ln|r^{-1}r_j\mathrm{e}^{\theta_j-\theta}-1|d\theta=\ln r$$

(见本章习题 1), $j=1,2,\cdots,m$, 以及

$$\mathrm{Re}\,(h(a))=\frac{1}{2\pi}\int_0^{2\pi}\mathrm{Re}\,(h(a+r\mathrm{e}^{\mathrm{i}\theta}))d\theta,$$

故当 $f(a)\neq 0$ 时, 由 (8.13) 式得到

$$\ln|f(a)|+\sum_{j=1}^{m}n_j\ln\frac{r}{|a-a_j|}=\frac{1}{2\pi}\int_0^{2\pi}\ln|f(a+r\mathrm{e}^{\mathrm{i}\theta})|d\theta. \tag{8.14}$$

(8.14) 式称为 Jensen (詹森) 公式. 由此可知, 不管 $f(a)$ 是否为零, 我们总有

$$\ln|f(a)| \leqslant \frac{1}{2\pi}\int_0^{2\pi} \ln|f(a+re^{i\theta})|d\theta, \quad \forall r \in [0, r_a).$$

所以, $\ln|f(z)|$ 是次调和函数.

(2) 任取 $a\in\Omega$. 则有 $r_a>0$ 使得 $\overline{U(a,r_a)}\subset\Omega$ 且 $f(z)$ 在 $|z-a|=r_a$ 上无零点. 先设 $f(a)\neq 0$. 因为 $e^t-e^s\geqslant e^s(t-s)$, $\forall s,t\in\mathbb{R}$, 所以对任意 $r\in[0,r_a)$, $\theta\in[0,2\pi]$ 及 $0<p<+\infty$, $s\in\mathbb{R}$, 有

$$\frac{1}{2\pi}\int_0^{2\pi} e^{p\ln|f(a+re^{i\theta})|}d\theta \geqslant e^s + e^s\Big(\frac{1}{2\pi}\int_0^{2\pi} p\ln|f(a+re^{i\theta})|d\theta - s\Big). \tag{8.15}$$

在 (8.15) 式中, 令 $s=\dfrac{1}{2\pi}\displaystyle\int_0^{2\pi} p\ln|f(a+re^{i\theta})|d\theta > -\infty$, 则有

$$\ln\Big(\frac{1}{2\pi}\int_0^{2\pi}|f(a+re^{i\theta})|^p d\theta\Big) \geqslant \frac{1}{2\pi}\int_0^{2\pi} p\ln|f(a+re^{i\theta})|d\theta. \tag{8.16}$$

在 (8.16) 式中运用 (8.14) 式, 可得

$$\frac{1}{2\pi}\int_0^{2\pi}|f(a+re^{i\theta})|^p d\theta \geqslant |f(a)|^p, \quad \forall r\in[0,r_a).$$

当 $f(a)=0$ 时, 上式显然成立.

于是, 对任意 $p\in(0,+\infty)$, $|f(z)|^p$ 是次调和函数.

次调和函数具有以下一些性质.

命题 8.3.5 设 G 为 Ω 中的任一区域. 设 u, u_1, u_2 是 Ω 上的次调和函数.

(1) ku (k 为正数) 及 u_1+u_2 是 Ω 上的次调和函数.

(2) $\max\{u_1,u_2\}$ 是 Ω 上的次调和函数.

(3) 对任意 $\xi\in\Omega$, $u(\xi)\leqslant\sup\limits_{z\in\Omega}u(z)$ 且等号成立当且仅当 $u(z)$ 恒为常数.

证明 (1) ku 在 Ω 上为上半连续. 于是由定义 8.3.3, ku 在 Ω 上次调和.

任取 $\alpha\in\mathbb{R}$ 并设 $\{r_n\}$ 为 $\mathbb{R}$ 中有理数全体, 则

$$\begin{aligned}&\{z\in\Omega\,|\,u_1(z)+u_2(z)<\alpha\}\\ =&\bigcup_{n=1}^{\infty}\big[\{z\in\Omega\,|\,u_1(z)<r_n\}\bigcap\{z\in\Omega\,|\,u_2(z)<\alpha-r_n\}\big].\end{aligned}$$

于是 u_1+u_2 在 Ω 内上半连续. 然后, 直接由次调和函数定义得出结论.

(2) 设 $v=\max\{u_1,u_2\}$. 则对任意 $\alpha\in\mathbb{R}$,

$$\{z\in\Omega\,|\,v(z)<\alpha\}=\{z\in\Omega\,|\,u_1(z)<\alpha\}\bigcap\{z\in\Omega\,|\,u_2(z)<\alpha\}$$

为 Ω 中的开集. 所以 v 在 Ω 上上半连续. 任取 $a\in\Omega$. 则有 $r_a>0$ 使得 $\overline{U(a,r_a)}\subset\Omega$. 不妨设 $u_1(a)\leqslant u_2(a)$. 则对任意 $r\in[0,r_a)$, 有

$$v(a)=u_2(a)\leqslant\frac{1}{2\pi}\int_0^{2\pi}u_2(a+re^{i\theta})d\theta\leqslant\frac{1}{2\pi}\int_0^{2\pi}v(a+re^{i\theta})d\theta.$$

(3) 设 $M=\sup\limits_{z\in\Omega}u(z)$. 若 $M=+\infty$, 则 $u(\xi)<M$, $\forall\,\xi\in\Omega$. 下设 $M<+\infty$.

设有某个 $a\in\Omega$ 使得 $u(a)=M$. 则 $G=\{z\in\Omega\,|\,u(z)=M\}$ 非空. 设 $z_0\in\overline{G}\bigcap\Omega$. 则有 $\{z_n\}\subset G$ 使得 $z_n\to z_0\ (n\to\infty)$. 由于 u 上半连续, 故有命题 8.3.2 (1) 得 $u(z_0)\geqslant M$, 从而 $z_0\in G$. 所以 G 在 Ω 中闭.

又由于 $u(z)\leqslant M$, $\forall\,z\in\Omega$ 并且存在 $r_a>0$ 使得 $\overline{U(a,r_a)}\subset\Omega$ 及

$$M=u(a)\leqslant\frac{1}{2\pi}\int_0^{2\pi}u(a+re^{i\theta})d\theta\leqslant M,\quad \forall\,r\in(0,r_a),$$

故 $u(z)-M=0$, m–a.e. 于 $U(a,r_a)$, 即 $G_0=\{z\in\Omega\,|\,u(z)<M\}\bigcap U(a,r_a)$ 的 Lebesgue 测度为零. 因为 G_0 是开集, 如果 $G_0\neq\varnothing$, 则其 Lebesgue 测度大于零, 故 $G_0=\varnothing$, 即得 $u(z)=M$, $\forall\,z\in U(a,r_a)$, 亦即 $U(a,r_a)\subset G$. 所以 G 是开集.

又 Ω 连通、非空, G 在 Ω 中既开又闭, 故 $G=\Omega$, 即 $u\equiv M$. □

函数 u 在区域 Ω 上具有两次连续偏导数且在 Ω 上 $\Delta u=0$, 则 u 为调和函数. 又如, 对 $f\in H(\Omega)$, $|f(z)|^2$ 是 Ω 上的次调和函数 (例 8.3.4 (2)). 另一方面, 通过计算得到 $\Delta(|f(z)|^2)=4|f'(z)|^2\geqslant 0$, $\forall\,z\in\Omega$. 据此, 我们得到下面的一般结果.

定理 8.3.6 设 $v\in C^2(\Omega)$. 若 $\Delta v(z)\geqslant 0$, $\forall\,z\in\Omega$, 则 v 在 Ω 上次调和.

证明 先设 $\Delta v(z)>0$, $\forall\,z\in\Omega$. 任取 $a\in\Omega$. 则有 $r_a>0$ 使得 $\overline{U(a,r_a)}\subset\Omega$. 对任意 $r\in[0,r_a)$, 定义 $\overline{U(a,r)}$ 上的函数 $h(z)$ 为

$$h(a+\rho e^{i\theta})=\frac{1}{2\pi}\int_0^{2\pi}v(a+re^{i\phi})\frac{r^2-\rho^2}{r^2-2r\rho\cos(\phi-\theta)+\rho^2}d\phi,\quad \forall\,\rho\in(0,r).$$

则 h 在 $U(a,r)$ 上调和且 $v(z)=h(z)$, $\forall\,z\in\partial U(a,r)$. 设

$$u(z)=v(z)-h(z),\quad \forall\,z\in\overline{U(a,r)},\quad M=\max\{u(z)|z\in\overline{U(a,r)}\}.$$

设有 $\xi=\xi_1+i\xi_2\in U(a,r)$ 使得 $u(\xi)=M$. 取 $\delta>0$ 使得 $U(\xi,\delta)\subset U(a,r)$. 令

$$f(t)=u(\xi_1t+(1-t)x,\xi_2t+(1-t)y),\quad \forall\,x+iy\in U(\xi,\delta),\quad t\in[0,1].$$

由于 $f(1)=u(\xi)=M$ 为 $[0,1]$ 上的最大值点, 故 $f'(1)=0$, $f''(1)\leqslant 0$. 由此得到 $u_{xx}(\xi)\leqslant 0$, $u_{yy}(\xi)\leqslant 0$, 故 $\Delta u(\xi)\leqslant 0$. 而这与 $\Delta u>0$ 矛盾. 从而

$$u(z)\leqslant M=\max\{u(z)\,|\,z\in\partial U(a,r)\},\quad \forall\, z\in U(a,r).$$

因为在 $\partial U(a,r)$ 上, $u(z)=0$, 所以 $u(z)\leqslant M=0$, 即 $v(z)\leqslant h(z)$, $\forall\, z\in U(a,r)$. 故

$$v(a)\leqslant h(a)=\frac{1}{2\pi}\int_0^{2\pi}v(a+re^{i\phi})d\phi,\quad \forall\, r\in[0,r_a),$$

从而 v 在 Ω 上次调和.

现设 $\Delta v\geqslant 0$. 对任意 $\epsilon>0$, 令 $u_\epsilon(z)=v(z)+\epsilon|z|^2$, $\forall\, z\in\Omega$. 则 $\Delta u_\epsilon=\Delta v+2\epsilon>0$. 于是对任意 $a\in\Omega$, 存在 $r_a>0$ 使得 $\overline{U(a,r_a)}\subset\Omega$ 且对任意 $r\in[0,r_a)$, 有

$$\begin{aligned}v(a)+\epsilon|a|^2=u_\epsilon(a)&\leqslant\frac{1}{2\pi}\int_0^{2\pi}u_\epsilon(a+re^{i\phi})d\phi\\&=\frac{1}{2\pi}\int_0^{2\pi}v(a+re^{i\phi})d\phi+\frac{\epsilon}{2\pi}\int_0^{2\pi}|a+re^{i\phi}|^2d\phi.\end{aligned}$$

在上式中, 令 $\epsilon\to 0^+$, 则得 $v(a)\leqslant\dfrac{1}{2\pi}\displaystyle\int_0^{2\pi}v(a+re^{i\phi})d\phi$, $\forall\, r\in[0,r_a)$. □

现在, 我们来证明本节的主要定理如下.

定理 8.3.7 (Hartogs) 设 $\alpha,\beta\in\mathbb{R}$, $\{u_n\}$ 为 Ω 上的次调和函数列. 若 $\{u_n\}$ 满足条件:

(1) $u_n(z)\leqslant\beta$, $\forall\, z\in\Omega$, $n\geqslant 1$;

(2) 对每点 $z\in\Omega$, 有 $\overline{\lim\limits_{n\to\infty}}\,u_n(z)\leqslant\alpha$,

则对任意 $\epsilon>0$ 及 Ω 中的紧子集 K, 存在 $N=N(K,\epsilon)>1$ 使得对任意 $z\in K$ 和 $n>N$, 都有 $u_n(z)<\alpha+\epsilon$.

证明 当 $\alpha\geqslant\beta$ 时, 结论显然成立. 下设 $\alpha<\beta$. 令 $v_n=\max\{\alpha,u_n\}$, $n=1,2,\cdots$. 则 $\alpha\leqslant v_n\leqslant\beta$, $\lim\limits_{n\to\infty}v_n(z)=\alpha$, $\forall\, n\geqslant 1$, $z\in\Omega$. 令 $w_n=\sup\limits_{k\geqslant n}v_k$, $n\geqslant 1$. 则有

$$\alpha\leqslant w_n\leqslant\beta,\ w_{n+1}\leqslant w_n,\ w_n\geqslant v_n,\ \forall\, n\geqslant 1\quad 且\quad \lim_{n\to\infty}w_n(z)=\alpha,\ \forall\, z\in\Omega.$$

任取 Ω 中的一个紧子集 K. 根据定理 6.4.2 的证明过程所述, 存在 $r>0$ 使

得 $\overline{U(z,r)} \subset \Omega, \forall z \in K$. 定义 K 上的一个函数列 $\{g_n\}$ 为

$$g_n(z) = \iint_{\overline{U(z,r)}} w_n(x+\mathrm{i}y)dxdy, \quad \forall z \in K,\ n \geqslant 1. \tag{8.17}$$

因为 $|w_n(z)| \leqslant \max\{|\alpha|,|\beta|\}$, $\lim\limits_{n\to\infty} w_n(z) = \alpha$, $\forall z \in \Omega$, 于是对 (8.17) 式用 Lebesgue 控制收敛定理, 得到 $\lim\limits_{n\to\infty} g_n(z) = \pi r^2\alpha, \forall z \in K$. 另外, 由 $w_{n+1}(z) \leqslant w_n(z), \forall z \in \Omega, n \geqslant 1$ 及 (8.17) 式, 得出 $g_{n+1}(z) \leqslant g_n(z), \forall z \in K, n \geqslant 1$.

任取 $z, z' \in K$ 且 $|z-z'| < r$. 设

$$Q = \overline{U(z,r)} \bigcap \overline{U(z',r)}, \quad P(z,z') = \overline{U(z,r)} \backslash \overline{U(z',r)}.$$

则 $P(z,z')$ 的面积 $S(z,z')$ 为

$$S(z,z') = 2\left[\arcsin\frac{|z-z'|}{2r} + \frac{|z-z'|\sqrt{4r^2-|z-z'|^2}}{4r^2}\right]r^2.$$

于是, 对任意 $z, z' \in K$ 且 $|z-z'| < r$ 以及 $n \geqslant 1$, 便有

$$\begin{aligned} g_n(z) - g_n(z') = & \iint_Q w_n(x+\mathrm{i}y)dxdy + \iint_{P(z,z')} w_n(x+\mathrm{i}y)dxdy \\ & - \iint_Q w_n(x+\mathrm{i}y)dxdy - \iint_{P(z',z)} w_n(x+\mathrm{i}y)dxdy, \end{aligned}$$

$$|g_n(z) - g_n(z')| \leqslant 2\max\{|\alpha|,|\beta|\}S(z,z') \leqslant (\pi+2)r\max\{|\alpha|,|\beta|\}|z-z'|,$$

即 $g_n(z)$ 在 K 上连续.

从而根据上述的证明可知, $\{g_n\}$ 满足 Dini 定理的条件. 故 $\{g_n\}$ 在 K 上一致收敛于 $\pi r^2\alpha$, 即得: 对任意 $\epsilon > 0$, 存在 $N = N(K,\epsilon) > 1$, 使得对任意 $n > N$ 和任意 $z \in K$, $g_n(z) < \pi r^2\alpha + \pi r^2\epsilon$ 成立. 又根据 (8.17) 式, 可得

$$g_n(z) = \int_0^r r dr \int_0^{2\pi} w_n(z + re^{\mathrm{i}\theta})d\theta \geqslant \int_0^r (2\pi v_n(z)) r dr = \pi r^2 v_n(z),$$

对任意 $n \geqslant 1$ 及 $z \in K$ 成立. 最后, $v_n(z) < \alpha + \epsilon, \forall z \in K, n > N$. □

8.4 H^p–空间

设 $D = \{z \in \mathbb{C} \mid |z| < 1\}$, $f \in H(D)$. 对任意 $r \in (0,1)$, $p \in [1,+\infty)$, 令

$$m_p(f,r) = \left[\frac{1}{2\pi}\int_0^{2\pi} |f(re^{\mathrm{i}\theta})|^p d\theta\right]^{1/p}, \quad m_\infty(f,r) = \sup_{\theta\in[0,2\pi]} |f(re^{\mathrm{i}\theta})|.$$

然后, 令 $\|f\|_{H^p} = \sup\limits_{0<r<1} m_p(f,r)$, $H^p(D) = \{f \in H(D) | \|f\|_{H^p} < +\infty\}$, $p \in [1,+\infty]$. $p=+\infty$ 时, 注意到对 $f \in H^\infty(D)$,

$$\|f\|_{H^\infty} = \sup_{z\in D}|f(z)| = \|f\|_\infty,$$

因而 $H^\infty(D)$ 在例 6.1.4 中已定义. 易知, $(H^p(D), \|\cdot\|_{H^p})$ 是赋范线性空间, 而且还已知 $(H^\infty(D), \|\cdot\|_{H^\infty})$ 是完备的.

命题 8.4.1 设 $p \in [1,+\infty)$, $f \in H^p(D)$. 则 $m_p(f,r)$ 是 $(0,1)$ 上的单调递增函数.

证明 设 $r_1, r_2 \in (0,1)$ 且 $r_2 < r_1$. 对任意 $r \in (0,r_1)$, $\theta \in [0,2\pi]$, 令

$$h(re^{i\theta}) = \frac{1}{2\pi}\int_0^{2\pi} \frac{r_1^2 - r^2}{r_1^2 - 2r_1 r\cos(\phi-\theta) + r^2}|f(r_1 e^{i\phi})|^p d\phi.$$

由于 $|f(z)|^p$ 是 $\overline{U(0,r_1)}$ 上的连续次调和函数 (例 8.3.4 (2)), $h(z)$ 是 $U(0,r_1)$ 上的调和函数而且 $h(z) = |f(z)|^p$, $|z| = r_1$ (定理 8.1.7), 所以 $v(z) = |f(z)|^p - h(z)$ 在 $U(0,r_1)$ 上次调和且在 $\overline{U(0,r_1)}$ 上连续. 于是由命题 8.3.5 (3), $v(z) \leqslant \max\limits_{|z|=r_1} v(z) = 0$, $\forall\, z \in U(0,r_1)$, 即得 $|f(z)|^p \leqslant h(z)$, $\forall\, z \in \overline{U(0,r_1)}$. 从而

$$m_p^p(f,r_2) \leqslant \frac{1}{2\pi}\int_0^{2\pi} h(r_2 e^{i\phi})d\phi = h(0) = \frac{1}{2\pi}\int_0^{2\pi}|f(r_1 e^{i\phi})|^p d\phi = m_p^p(f,r_1),$$

即得 $m_p(f,r_2) \leqslant m_p(f,r_1)$. □

由命题 8.4.1 可得 $\sup\limits_{0<r<1} m_p(f,r) = \lim\limits_{r\to 1^-} m_p(f,r)$, $\forall\, f \in H^p(D)$.

命题 8.4.2 设 $p \in [1,+\infty)$, $f \in H^p(D)$. 则

(1) 当 $p>1$ 时, 存在 $h \in L^p(S^1,\mu)$ 使得

$$f(re^{i\theta}) = \frac{1}{2\pi}\int_0^{2\pi} \frac{1-r^2}{1-2r\cos(\phi-\theta)+r^2}h(e^{i\phi})d\phi, \qquad \forall\, r \in (0,1), \theta \in [0,2\pi],$$

而且 $\lim\limits_{r\to 1^-}\int_0^{2\pi}|f(re^{i\theta}) - h(e^{i\theta})|^p d\theta = 0$, 其中测度 μ 的定义同 5.5 节.

(2) 当 $p=1$ 时, 存在 S^1 上的复正则 Borel 测度 λ, 使得 $f(z) = \int_{S^1} \frac{1-|z|^2}{|\xi - z|^2}d\lambda$ 对任意 $z \in D$ 成立.

证明 任取 $\{r_n\}\subset(0,1)$ 使得 $\lim\limits_{n\to\infty}r_n=1$. 令 $f_n(z)=f(r_nz)$, $\forall z\in S^1$, $n=1,2,\cdots$. 于是 $\|f_n\|_p=m_p(f,r_n)\leqslant\|f\|_{H^p}$, $n\geqslant1$, 即 $\{f_n\}$ 是 $L^p(S^1,\mu)$ 中的有界点列.

当 $p\in(1,+\infty)$ 时, $L^p(S^1,\mu)$ 是自反的, 于是由定理 5.1.23, 存在 $\{f_n\}$ 中的子列 $\{f_{n_k}\}$ 及 $h\in L^p(S^1,\mu)$ 使得 $f_{n_k}\xrightarrow{w}h$, 即得 $\|h\|_p\leqslant\|f\|_{H^p}$ 以及

$$\lim_{k\to\infty}\int_{S^1}f_{n_k}gd\mu=\int_{S^1}hgd\mu,\quad\forall g\in L^q(S^1,\mu).\tag{8.18}$$

由于 f_n 的实部和虚部都是 D 上的调和函数, 故对任意 $r\in(0,1)$, $\theta\in[0,2\pi]$, 有

$$f_{n_k}(r\mathrm{e}^{\mathrm{i}\theta})=\frac{1}{2\pi}\int_0^{2\pi}\frac{(1-r^2)f_{n_k}(\mathrm{e}^{\mathrm{i}\phi})}{1-2r\cos(\phi-\theta)+r^2}d\phi=\int_{S^1}\frac{1-r^2}{|z-r\mathrm{e}^{\mathrm{i}\theta}|^2}f_{n_k}(z)d\mu.\tag{8.19}$$

在 (8.18) 式中, 取 $g(z)=\dfrac{1-r^2}{|z-r\mathrm{e}^{\mathrm{i}\theta}|^2}$, $\forall z\in S^1$, 再利用 (8.19) 式, 便得到

$$f(r\mathrm{e}^{\mathrm{i}\theta})=\int_{S^1}ghd\mu=\frac{1}{2\pi}\int_0^{2\pi}\frac{1-r^2}{1-2r\cos(\phi-\theta)+r^2}h(\mathrm{e}^{\mathrm{i}\phi})d\phi.\tag{8.20}$$

将 Hölder 不等式用于 (8.20) 可得

$$\begin{aligned}|f(r\mathrm{e}^{\mathrm{i}\theta})-h(r\mathrm{e}^{\mathrm{i}\theta})|^p&\leqslant\frac{1}{2\pi}\int_0^{2\pi}\frac{1-r^2}{1-2r\cos(\phi-\theta)+r^2}|h(\mathrm{e}^{\mathrm{i}\phi})-h(\mathrm{e}^{\mathrm{i}\theta})|^pd\phi\\&=\frac{1}{2\pi}\int_0^{2\pi}\frac{1-r^2}{1-2r\cos t+r^2}|h(\mathrm{e}^{\mathrm{i}\theta}\mathrm{e}^{\mathrm{i}t})-h(\mathrm{e}^{\mathrm{i}\theta})|^pdt.\end{aligned}$$

对上式两边积分, 再利用 Fubini 定理, 得到

$$\int_0^{2\pi}|f(r\mathrm{e}^{\mathrm{i}\theta})-h(\mathrm{e}^{\mathrm{i}\theta})|^pd\theta\leqslant\frac{1}{2\pi}\int_0^{2\pi}\frac{(1-r^2)dt}{1-2r\cos t+r^2}\int_0^{2\pi}|h(\mathrm{e}^{\mathrm{i}\theta}\mathrm{e}^{\mathrm{i}t})-h(\mathrm{e}^{\mathrm{i}\theta})|^pd\theta.\tag{8.21}$$

设 $J(t)=\displaystyle\int_0^{2\pi}|h(\mathrm{e}^{\mathrm{i}\theta}\mathrm{e}^{\mathrm{i}t})-h(\mathrm{e}^{\mathrm{i}\theta})|^pd\theta$, $\forall t\in\mathbb{R}$. 则 $J(t)\leqslant2^p\|f\|_{H^p}$, $\forall t\in\mathbb{R}$, 而且根据引理 3.2.1, $\lim\limits_{t\to0}J(t)=0$, 故对任意 $\epsilon>0$, 存在 $\delta\in(0,\pi)$ 使得 $J(t)<\epsilon$, $\forall t\in[-\delta,+\delta]$. 于是由 (8.21) 式得到

$$\int_0^{2\pi}|f(r\mathrm{e}^{\mathrm{i}\theta})-h(\mathrm{e}^{\mathrm{i}\theta})|^pd\theta\leqslant\frac{1}{2\pi}\int_0^{\pi}\frac{(1-r^2)(J(t)+J(-t))dt}{1-2r\cos t+r^2}.\tag{8.22}$$

由于

$$\frac{1}{2\pi}\int_0^\delta \frac{(1-r^2)(J(t)+J(-t))dt}{1-2r\cos t+r^2} \leqslant \frac{2\epsilon}{2\pi}\int_0^\delta \frac{(1-r^2)dt}{1-2r\cos t+r^2} < 2\epsilon,$$

$$\frac{1}{2\pi}\int_\delta^\pi \frac{(1-r^2)(J(t)+J(-t))dt}{1-2r\cos t+r^2} \leqslant \frac{2^{p+1}\|f\|_{H^p}^p}{2\pi}\int_\delta^\pi \frac{(1-r^2)dt}{(1-r)^2+4r\sin^2\dfrac{t}{2}}$$

$$< \frac{2^{p+1}\|f\|_{H^p}^p}{2\pi}\frac{1-r^2}{4r}\int_\delta^\pi \frac{dt}{\left(\dfrac{2}{\pi}\dfrac{t}{2}\right)^2}$$

$$= 2^{p+1}\pi\|f\|_{H^p}^p\frac{1-r^2}{8r}\left(\frac{1}{\delta}-\frac{1}{\pi}\right),$$

所以, 由 (8.22) 式得到 $\lim\limits_{r\to 1^-}\displaystyle\int_0^{2\pi}|f(r\mathrm{e}^{\mathrm{i}\theta})-h(\mathrm{e}^{\mathrm{i}\theta})|^p d\theta = 0$.

当 $p=1$ 时, 令 $\psi_n(g)=\displaystyle\int_{S^1} f_n g d\mu$, $\forall g\in C(S^1)$, $n=1,2,\cdots$. 则 $\|\psi_n\|\leqslant \|f\|_{H^1}$, $n=1,2,\cdots$. 于是 $\{\psi_n\}$ 是 $(C(S^1))^*$ 中的有界集. 于是由命题 5.1.20 知, 存在 $\{\psi_n\}$ 的一个子列 $\{\psi_{n_k}\}$ 及 $\psi\in(C(S^1))^*$ 使得 $\psi_{n_k}\xrightarrow{w^*}\psi$. 对 ψ, 由定理 5.4.10, 存在 S^1 上的一个复正则 Borel 测度 λ 使得 $\psi(g)=\displaystyle\int_{S^1} g d\lambda$, $\forall g\in C(S^1)$. 取 $g(\xi)=\dfrac{1-|z|^2}{|\xi-z|^2}$, 并令 $k\to\infty$, 便得到 $f(z)=\displaystyle\int_{S^1}\frac{1-|z|^2}{|\xi-z|^2}d\lambda$, $\forall z\in S^1$. □

注 8.4.3 (1) 当 $f\in H^p(D)$, $p\in(1,+\infty)$ 时, $f\in H^1(D)$, 同时由命题 8.4.2 (1), $h\in L^p(S^1,\mu)$, 进而 $h\in L^1(S^1,\mu)$. 再由定理 8.1.8 得到 $h(\mathrm{e}^{\mathrm{i}\theta})=\lim\limits_{r\to 1^-} f(r\mathrm{e}^{\mathrm{i}\theta})$ 对几乎处处的 $\theta\in[0,2\pi]$ 成立, 于是 h 被定义为 $f(z)$ 在 S^1 上的延拓.

(2) 当 $f\in H^\infty(D)$ 时, 必有 $f\in H^2(D)$. 则由 (1) 和命题 8.4.2 (1), $f\big|_{S^1}\in L^2(S^1,\mu)$. 由于对任意 $r\in(0,1)$, $\theta\in[0,2\pi]$, $|f(r\mathrm{e}^{\mathrm{i}\theta})|\leqslant\|f\|_\infty$, 并且当 $r\to 1^-$ 时, $f(r\mathrm{e}^{\mathrm{i}\theta})$ 几乎处处收敛于 $f(\mathrm{e}^{\mathrm{i}\theta})$, 所以 $|f(\mathrm{e}^{\mathrm{i}\theta})|\leqslant\|f\|_\infty$, 对几乎处处的 $\theta\in[0,2\pi]$ 成立.

设 $f\in H^p(D)$, $1\leqslant p\leqslant+\infty$. $\{z_n\}$ 是 $f(z)$ 在 D 内的全部非零零点并且满足条件: $0<|z_1|\leqslant|z_2|\leqslant\cdots\leqslant|z_n|\leqslant\cdots$. 再设 $z=0$ 是 $f(z)$ 的 m 级零点. 于是, $\{z_n\}$ 是 $F(z)=\dfrac{f(z)}{z^m}$ 在 D 的全部零点, 而且 $F(0)=f^{(m)}(0)\neq 0$.

命题 8.4.4 设 $f\in H^p(D)$, $p\in[1,+\infty]$. $\{z_n\}$, $F(z)$ 如上所述. 则

(1) $\sum\limits_{n=1}^{\infty}(1-|z_n|)<+\infty$.

(2) $B(z)=z^m\prod\limits_{n=1}^{\infty}\dfrac{|z_n|}{z_n}\dfrac{z_n-z}{1-z\overline{z_n}}$ 在 D 内内闭一致收敛.

证明 (1) 对任意 $r\in(0,1)$, 设 $z_1,\cdots,z_n$ 为 $F(z)$ 在 $|z|\leqslant r$ 上的全部非零零点. 于是由 Jensen 公式 (在 (8.14) 式中, 取 $a=0$, $p=n$, $n_j=1$, $j=1,\cdots,n$), 得到

$$\ln|F(0)|+\sum_{j=1}^{n}\ln\frac{r}{|z_j|}=\frac{1}{2\pi}\int_0^{2\pi}\ln|F(re^{i\theta})|d\theta=\frac{1}{2\pi}\int_0^{2\pi}\ln|f(re^{i\theta})|d\theta-m\ln r.$$

当 $1\leqslant p<+\infty$ 时, 由 (8.16) 式可得

$$\frac{1}{2\pi p}\int_0^{2\pi}\ln|f(re^{i\theta})|^p d\theta\leqslant\frac{1}{p}\ln\left(\frac{1}{2\pi}\int_0^{2\pi}|f(re^{i\theta})|^p d\theta\right)\leqslant\ln\|f\|_{H^p};\tag{8.23}$$

当 $p=+\infty$ 时, $\dfrac{1}{2\pi}\displaystyle\int_0^{2\pi}\ln|f(re^{i\theta})|d\theta\leqslant\ln\|f\|_{H^\infty}$. 于是就有

$$0\leqslant\sum_{j=1}^{n}\ln\frac{r}{|z_j|}\leqslant\ln\|f\|_{H^p}-m\ln r-\ln|F(0)|<+\infty.$$

在上式中, 令 $r\to1^-$, 则相应地也有 $n\to\infty$, 从而 $\sum\limits_{n=1}^{\infty}\ln\dfrac{1}{|z_n|}<+\infty$.

由于 $e^{\ln|z_n|}\geqslant1+\ln|z_n|$, 故 $1-|z_n|\leqslant\ln\dfrac{1}{|z_n|}$, $n\geqslant1$, 从而 $\sum\limits_{n=1}^{\infty}(1-|z_n|)<+\infty$.

(2) 设 $u_n(z)=\dfrac{|z_n|}{z_n}\dfrac{z_n-z}{1-z\overline{z_n}}-1$, $\forall z\in D$, $n\geqslant1$. 任取 D 中的一个紧子集 K. 令 $r_0=\max\limits_{z\in K}|z|$. 则 $0\leqslant r_0<1$,

$$|u_n(z)|=(1-|z_n|)\frac{|z_n+z|z_n||}{|z_n(1-z\overline{z_n})|}\leqslant(1-|z_n|)\frac{1+r_0}{1-r_0},\quad\forall z\in K.$$

故由 (1), $\sum\limits_{n=1}^{\infty}u_n(z)$ 在 K 上一致收敛, 进而由引理 7.1.2, $z^m\prod\limits_{n=1}^{\infty}(1+u_n(z))=B(z)$ 在 D 内内闭一致收敛. □

注 8.4.5 命题 8.4.4 (2) 中的 $B(z)$ 称为 $f(z)$ 关于零点 $\{0,z_1,\cdots,z_n,\cdots\}$ 的 Blaschke (布拉施克) 乘积. 于是, 对于 $f\in H^p(D)$, $p\in[1,+\infty]$, $g(z)=\dfrac{f(z)}{B(z)}\in H(D)$ 且 $g(z)$ 在 D 内无零点.

根据注 8.4.5, 我们给出 $H^p(D)$ 中元素的分解性质如下.

定理 8.4.6 设 $f \in H^p(D)$, $p \in [1, +\infty]$, $B(z)$ 是 $f(z)$ 的零点的 Blaschke 乘积. 则

(1) $|B(z)| \leqslant 1, \forall z \in D$, 同时 $|B(\mathrm{e}^{\mathrm{i}\theta})| = 1$ 对几乎处处 $\theta \in [0, 2\pi]$ 成立.

(2) 存在 $g \in H^p(D)$ 使得 $g(z) \neq 0$, $f(z) = B(z)g(z)$, $\forall z \in D$ 且 $\|f\|_{H^p} = \|g\|_{H^p}$.

证明 (1) 设 $\{z_n\}$ 是 $f(z)$ 在 D 内的全部非零零点, $z = 0$ 是 $f(z)$ 的 m 级零点. 令

$$B_n(z) = z^m \prod_{j=1}^{n} \frac{|z_j|}{z_j} \frac{z_j - z}{1 - z\overline{z_j}}, \quad \forall z \in \overline{D},\ n \geqslant 1.$$

则 $\lim\limits_{r\to 1^-} |B_n(r\mathrm{e}^{\mathrm{i}\theta})| = |B_n(\mathrm{e}^{\mathrm{i}\theta})| = 1$, 对任意 $\theta \in [0, 2\pi]$ 一致成立, $n = 1, 2, \cdots$, 同时由命题 8.4.4 (2), $B_n(z)$ 在 D 内内闭一致收敛于 $B(z)$.

由于 $|B_n(z)| \leqslant 1, \forall z \in D, n \geqslant 1$, 所以由上述, $|B(z)| \leqslant 1, \forall z \in D$. 进而, 对几乎所有的 $\theta \in [0, 2\pi]$, 有 $|B(\mathrm{e}^{\mathrm{i}\theta})| \leqslant 1$.

任取 $r \in (0, 1)$. 设 $F(z) = \dfrac{B(z)}{z^m}$, $\forall\, z \in D$, $z_1, \cdots, z_n$ 是 $F(z)$ 在 $|z| \leqslant r$ 上的全部非零零点. 任取 $1 \leqslant k < n$. 则由 Jensen 公式和 (8.16) 式得:

$$\ln|F(0)| + \sum_{j=1}^{n} \ln\frac{r}{|z_j|} = \frac{1}{2\pi}\int_0^{2\pi} \ln|F(r\mathrm{e}^{\mathrm{i}\theta})|\, d\theta,$$

$$\begin{aligned}\ln\Big(\prod_{n=1}^{\infty}|z_n|\Big) + \sum_{j=1}^{k}\ln\frac{r}{|z_j|} &\leqslant \frac{1}{4\pi}\int_0^{2\pi}\ln|B(r\mathrm{e}^{\mathrm{i}\theta})|^2\, d\theta - m\ln r \\ &\leqslant \ln\Big(\frac{1}{2\pi}\int_0^{2\pi}|B(r\mathrm{e}^{\mathrm{i}\theta})|^2\, d\theta\Big)^{1/2} - m\ln r.\end{aligned}$$

在上式中, 先令 $r \to 1^-$, 则同时 $n \to \infty$, 再令 $k \to \infty$, 则得 $\ln\|B\|_{H^2} \geqslant 0$, 从而 $\|B\|_{H^2} \geqslant 1$.

根据注 8.4.3 (2) 和 命题 8.4.2 (1), $\lim\limits_{r\to 1^-}\displaystyle\int_0^{2\pi}|B(r\mathrm{e}^{\mathrm{i}\theta}) - B(\mathrm{e}^{\mathrm{i}\theta})|^2 d\theta = 0$. 于是

$$\Big(\frac{1}{2\pi}\int_0^{2\pi}|B(\mathrm{e}^{\mathrm{i}\theta})|^2 d\theta\Big)^{1/2} = \lim_{r\to 1^-} m_2(B, r) = \|B\|_{H^2} \geqslant 1,$$

即 $\displaystyle\int_0^{2\pi}(1 - |B(\mathrm{e}^{\mathrm{i}\theta})|^2)d\theta \leqslant 0$. 注意到 $1 - |B(\mathrm{e}^{\mathrm{i}\theta})| \geqslant 0$, $\forall\theta \in [0, 2\pi]$, 所以 $1 - |B(\mathrm{e}^{\mathrm{i}\theta})| = 0$, 对几乎处处 $\theta \in [0, 2\pi]$ 成立. 这就证明了 (1).

(2) 设 $g(z)=\dfrac{f(z)}{B(z)}$, $\forall z\in D$. 则 $g\in H(D)$, $g(z)\neq 0$ 且 $f(z)=B(z)g(z)$, $\forall z\in D$. 由于 $|B(z)|\leqslant 1$, $\forall z\in D$, 故 $m_p(f,r)\leqslant m_p(g,r)$, $\forall r\in(0,1)$, $p\in[1,+\infty]$, 从而 $\|f\|_{H^p}\leqslant\|g\|_{H^p}$.

对任意 $n\geqslant 1$, 由于 $\lim\limits_{r\to 1^-}|B_n(re^{i\theta})|=|B_n(e^{i\theta})|=1$ 对 $\theta\in[0,2\pi]$ 一致成立, 故对任意 $\epsilon\in(0,1)$, 存在 $\delta\in(0,1)$, 使得对任意 $r\in(1-\delta,1)$, 有 $1-\epsilon<|B_n(re^{i\theta})|\leqslant 1$, $\forall\theta\in[0,2\pi]$. 于是, 对 $p\in[1,+\infty)$, 我们有

$$\frac{|f(re^{i\theta})|^p}{|B_n(re^{i\theta})|^p}<\frac{|f(re^{i\theta})|^p}{(1-\epsilon)^p},\quad m_p\left(\frac{f}{B_n},r\right)\leqslant\frac{m_p(f,r)}{1-\epsilon},\quad 1-\delta<r<1.$$

从而先令 $r\to 1^-$, 再令 $\epsilon\to 0^+$, 便有 $\left\|\dfrac{f}{B_n}\right\|_{H^p}\leqslant\|f\|_{H^p}$.

当 $p=+\infty$ 时, 由 $\dfrac{|f(re^{i\theta})|}{|B_n(re^{i\theta})|}<\dfrac{|f(re^{i\theta})|}{1-\epsilon}$, $1-\delta<r<1$, 可得 $\left\|\dfrac{f}{B_n}\right\|_\infty\leqslant\|f\|_\infty$.

对任意 $r\in(0,1)$ 及 $p\in[1,+\infty]$, 由于 $B_n(z)$ 在 $|z|\leqslant r$ 上一致收敛于 $B(z)$, 所以

$$\lim_{n\to\infty}m_p\left(\frac{f}{B_n},r\right)=m_p\left(\frac{f}{B},r\right)=m_p(g,r).$$

然而

$$m_p\left(\frac{f}{B_n},r\right)\leqslant\left\|\frac{f}{B_n}\right\|_{H^p}\leqslant\|f\|_{H^p},\quad n\geqslant 1,$$

于是 $m_p(g,r)\leqslant\|f\|_{H^p}$, 进而 $\|g\|_{H^p}\leqslant\|f\|_{H^p}$. □

习题

1. 设 $r\in[0,1]$, 证明: $\displaystyle\int_0^{2\pi}\ln(1-2r\cos\theta+r^2)d\theta=0$.

2. 设 $u(z)$ 是 $\mathbb{C}$ 上的有界调和函数. 证明: $u(z)$ 恒为常数.

3. 设整函数 f 满足条件: $\lim\limits_{z\to\infty}\dfrac{\mathrm{Re}\,(f(z))}{z}=0$. 证明: $f(z)$ 为常数.

4. 设 $R>0$, $u(z)$ 为 $\overline{U(0,R)}$ 上的非负调和函数. 证明: 对任意 $r\in(0,R)$, $\theta\in[0,2\pi]$, 成立如下的 Harnack 不等式:

$$\frac{R-r}{R+r}u(0)\leqslant u(re^{i\theta})\leqslant\frac{R+r}{R-r}u(0).$$

5. 设 $u(z)$ 是 $\mathrm{Im}(z) \geqslant 0$ 上的调和函数. 证明:

$$u(z) = \frac{1}{\pi}\int_{-\infty}^{+\infty} u(t)\frac{y\,dt}{(x-t)^2+y^2}, \quad z = x+\mathrm{i}y,\ x>0.$$

(提示: 用分式线性映射, 将上半平面变成单位圆内部.)

6. 设 $u(z)$ 在区域 $\Omega \subset \mathbb{C}$ 上次调和, $p \geqslant 1$. 证明: $|u(z)|^p$ 是 Ω 上的次调和函数.

7. 设 $u(z)$ 是区域 $\Omega \subset \mathbb{C}$ 上的次调和函数. 证明: 对任意 $a \in \Omega$, $u(a) = \varlimsup\limits_{\substack{z\to a\\ z\neq a}} u(z)$.

8. 设 Ω 是 $\mathbb{C}$ 中区域, $u(z)$ 在 $\overline{\Omega}$ 连续. 设 $A = \{z \in \Omega \mid u(z) = 0\}$, $u(z)$ 在 $\Omega\backslash A$ 上调和. 证明: $u(z)$ 在 Ω 上调和. (提示: 考虑次调和函数 $v_\epsilon(z) = u(z) + \epsilon \ln|u(z)|$, $\forall\, z \in \Omega$, 其中 ϵ 为任意正数.)

9. 设 $\{u_n\}$ 是区域 $\Omega \subset \mathbb{C}$ 上的次调和函数列. 如果 u_n 在 Ω 上单调递减收敛到函数 u, 请证明: $u(z)$ 是 Ω 上的次调和函数.

10. 设 $u(z)$ 在区域 $\Omega \subset \mathbb{C}$ 上有两阶连续偏导数且次调和. 证明: $\Delta u \geqslant 0$. (提示: 若有 $a = x_0 + \mathrm{i}y_0 \in \Omega$ 使得 $\Delta u(a) < 0$, 可以考虑 $u(x,y)$ 在 (x_0,y_0) 处的某个邻域内的二阶 Taylor 展开.)

11. 设 $f \in H(D)$ 且 $f(D)$ 在 $\mathbb{C}$ 中不稠密. 证明: 对 ∂D 上的几乎所有点 ξ, $\lim\limits_{r\to 1^-} f(r\xi)$ 存在.

12. 设 $f \in H^1(D)$. 利用定理 8.4.6 和命题 8.4.2, 证明: 存在 $h \in L^1(S^1,\mu)$ 使得 $\lim\limits_{r\to 1^-} f(r\mathrm{e}^{\mathrm{i}\theta}) = h(\mathrm{e}^{\mathrm{i}\theta})$ 对几乎处处的 $\theta \in [0,2\pi]$ 成立, 并且还有

$$\lim_{r\to 1^-}\int_0^{2\pi} |f(r\mathrm{e}^{\mathrm{i}\theta}) - h(\mathrm{e}^{\mathrm{i}\theta})|d\theta = 0.$$

13. 设 λ 是 S^1 上的复 Borel 测度使得 $\displaystyle\int_{S^1} e_n d\lambda = 0$, $n = 0,1,2,\cdots$, 这里, $e_n(z) = z^n$, $\forall\, z \in S^1$, $n \in \mathbb{Z}$. 证明: λ 关于 μ 绝对连续. (提示: 这个结论由 F. Riesz 和 M. Riesz 得到.)

14. 设 $f \in H(D)$ 且 $\lim\limits_{r\to 1^-}\displaystyle\int_0^{2\pi} |\ln|f(r\mathrm{e}^{\mathrm{i}\theta})||d\theta = 0$. 证明: f 是一个 Blaschke 乘积.

15. 设 $f \in H^1(D)$ 且 $f(z) = \sum\limits_{n=0}^{\infty} a_n z^n$, $\forall\, z \in D$. 证明: $\sum\limits_{n=1}^{\infty} \dfrac{|a_{n-1}|}{n} \leqslant \pi\|f\|_{H^1}$.

16. 证明: 当 $p \in [1,+\infty)$ 时, $(H^p(D), \|\cdot\|_{H^p})$ 是可分的.

17. 设 $f \in H^p(D)$, $p \in [1,+\infty]$. 证明: $|f(z)| \leqslant \dfrac{\|f\|_{H^p}}{1-|z|}$, $\forall\, z \in D$. 由此不等式, 证明: $(H^p(D), \|\cdot\|_{H^p})$ 是 Banach 空间.

第9章

复变函数的进一步发展

多元复变函数理论是单变量复变函数在高维空间中的推广. 在本章中, 我们主要讨论多元复变函数中的几个基本定理. 最后, 我们再研究抽象解析函数一些基本性质.

9.1 多复变解析函数的性质

本节中, Ω 是 $\mathbb{C}^n$ 中的开集. 对 $z=(z_1,\cdots,z_n)\in\mathbb{C}^n$, $z_j=x_j+\mathrm{i}y_j$, $x_j,y_j\in\mathbb{R}$, $j=1,2,\cdots,n$ 及 $\alpha=(\alpha_1,\cdots,\alpha_n)\in\mathbb{Z}_+^n$, 令

$$\alpha!=\alpha_1!\cdots\alpha_n!,\quad |z|=\max_{1\leqslant j\leqslant n}|z_j|,\quad z^\alpha=z_1^{\alpha_1}\cdots z_n^{\alpha_n}.$$

设 $f:\Omega\to\mathbb{C}$. 则 $g(x_1,y_1,\cdots,x_n,y_n)=f(x_1+\mathrm{i}y_1,\cdots,x_n+\mathrm{i}y_n)$ 成为 $\mathbb{R}^{2n}$ 中的开集

$$\hat{\Omega}=\{(x_1,y_1,\cdots,x_n,y_n)\in\mathbb{R}^{2n}|(x_1+\mathrm{i}y_1,\cdots,x_n+\mathrm{i}y_n)\in\Omega\}$$

上的 $2n$ 元函数. 如果 $g\in C^k(\hat{\Omega})$, 则对 $z=(z_1,\cdots,z_n)\in\Omega$, $z_j=x_j+\mathrm{i}y_j$, $x_j,y_j\in\mathbb{R}$, $1\leqslant j\leqslant n$ 及对任意 $\alpha=(\alpha_1,\cdots,\alpha_n)\in\mathbb{Z}_+^n$ 且 $|\alpha|\leqslant k$, 分别定义

$$\frac{\partial f}{\partial z_j}=\frac{1}{2}\Big(\frac{\partial g}{\partial x_j}-\mathrm{i}\frac{\partial g}{\partial y_j}\Big)=\frac{1}{2}\Big(\frac{\partial f}{\partial x_j}-\mathrm{i}\frac{\partial f}{\partial y_j}\Big),$$

$$\frac{\partial f}{\partial \bar{z}_j}=\frac{1}{2}\Big(\frac{\partial g}{\partial x_j}+\mathrm{i}\frac{\partial g}{\partial y_j}\Big)=\frac{1}{2}\Big(\frac{\partial f}{\partial x_j}+\mathrm{i}\frac{\partial f}{\partial y_j}\Big);$$

$$D^\alpha f=\frac{\partial^{|\alpha|}f}{\partial z_1^{\alpha_1}\cdots\partial z_n^{\alpha_n}}=\Big(\frac{\partial^{\alpha_1}f}{\partial z_1^{\alpha_1}}\Big)\cdots\Big(\frac{\partial^{\alpha_n}f}{\partial z_n^{\alpha_n}}\Big).$$

定义 9.1.1 设 $f\colon \Omega \to \mathbb{C}$. 称 f 在 Ω 上解析, 如果对任意一点 $a \in \Omega$, 存在 a 的一个邻域 $U(a,r) \subset \Omega$ 及一列复数 $\{c_\alpha \,|\, \alpha \in \mathbb{Z}_+^n\}$ 使得 $\sum\limits_{\alpha\in\mathbb{Z}_+^n} c_\alpha(z-a)^\alpha = f(z)$, $\forall\, z \in U(a,r)$.

以 $H(\Omega)$ 表示定义在 $\mathbb{C}^n$ 中的开集 Ω 上的解析函数全体.

引理 9.1.2 (Abel (阿贝尔)) 给定 $a = (a_1, \cdots, a_n) \in \mathbb{C}^n$ 及 $\{c_\alpha \,|\, \alpha \in \mathbb{Z}_+^n\} \subset \mathbb{C}$. 如果存在正常数 M 及 $\rho_1 > 0, \cdots, \rho_n > 0$ 使得 $|c_\alpha|\rho_1^{\alpha_1}\cdots\rho_n^{\alpha_n} \leqslant M$ 对任意 $\alpha = (\alpha_1, \cdots, \alpha_n) \in \mathbb{Z}_+^n$ 成立, 则幂级数 $\sum\limits_{\alpha\in\mathbb{Z}_+^n} c_\alpha(z-a)^\alpha$ 在紧集

$$K = \{(z_1, \cdots, z_n) \in \mathbb{C}^n \,|\, |z_j - a_j| \leqslant \theta\rho_j, 1 \leqslant j \leqslant n\} \quad (\theta \in [0,1))$$

上绝对收敛和一致收敛并且对任意 $\beta \in \mathbb{Z}_+^n$, 偏导数级数 $\sum\limits_{\alpha\in\mathbb{Z}_+^n} c_\alpha D^\beta(z-a)^\alpha$ 在 K 上也绝对收敛和一致收敛.

结合定义 9.1.1 和引理 9.1.2, 可得如下结论.

推论 9.1.3 设 $f \in H(\Omega)$. 则

(1) $2n$ 元函数 $g(x_1, y_1, \cdots, x_n, y_n) = f(x_1 + \mathrm{i}y_1, \cdots, x_n + \mathrm{i}y_n)$ 在 $\hat{\Omega}$ 上无限次可微.

(2) 对任意 $a \in \Omega$, 存在 a 的一个邻域 $U(a,r) \subset \Omega$ 使得

$$f(z) = \sum_{\alpha\in\mathbb{Z}_+^n} c_\alpha(z-a)^\alpha, \quad \forall\, z \in U(a,r).$$

进而 $c_\alpha = \dfrac{1}{\alpha!}(D^\alpha f)(a)$, $\forall\, \alpha = (\alpha_1, \cdots, \alpha_n) \in \mathbb{Z}_+^n$.

与单变量解析函数的命题 6.3.1、定理 6.1.5 和定理 6.2.1 类似, 对于多变量解析函数, 我们有以下的结果.

命题 9.1.4 设 Ω 是 $\subset \mathbb{C}^n$ 中的连通开集, $f \in H(\Omega)$. 如果存在一个开集 $G \subset \Omega$ 使得 $f(z) = 0$, $\forall\, z \in G$, 则 $f(z) = 0$, $\forall\, z \in \Omega$.

证明 任取 $\alpha \in \mathbb{Z}_+^n$, 因 $D^\alpha f(z)$ 在 Ω 上连续, 故 $F_\alpha = \{z \in \Omega \,|\, D^\alpha f(z) = 0\}$ 是 Ω 中的闭子集, 从而 $F = \bigcap\limits_{\alpha\in\mathbb{Z}_+^n} F_\alpha$ 是 Ω 中的闭子集. 因为 $f \in H(\Omega)$, G 是开集, 故对任意 $z_0 \in G$, 存在 z_0 的一个邻域 $V \subset G$ 使得 $\sum\limits_{\alpha\in\mathbb{Z}_+^n} c_\alpha(z-z_0)^\alpha = f(z) = 0$, $\forall\, z \in V$. 于是, $D^\alpha f(z_0) = c_\alpha \alpha! = 0$, $\forall\, \alpha \in \mathbb{Z}_+^n$, 进而 $G \subset F$.

任取 $a \in F$. 因 $f \in H(\Omega)$, 故由推论 9.1.3, 存在 a 的一个邻域 $U \subset \Omega$ 使得 $f(z) = \sum\limits_{\alpha\in\mathbb{Z}_+^n} \dfrac{(D^\alpha f)(a)}{\alpha!}(z-a)^\alpha$, $\forall\, z \in U$. 从而 $f(z) = 0$, $\forall\, z \in U$. 于是由上述的证明得 $U \subset F$, 即 F 是 Ω 中的开集.

因为 Ω 连通且 $\Omega = F\bigcup(\Omega\backslash F)$, $F \neq \varnothing$, 故 $F = \Omega$, 即得 $f \equiv 0$. □

设 $\mathbb{R}_+^n = \{(x_1, \cdots, x_n) \in \mathbb{R}^n \,|\, x_i > 0, i = 1, \cdots, n\}$. 任取 $a = (a_1, \cdots, a_n) \in \mathbb{C}^n$, $\rho = (\rho_1, \cdots, \rho_2) \in \mathbb{R}_+^n$. $\mathbb{C}^n$ 中的集合

$$P(a, \rho) = \{(z_1, \cdots, z_n) \in \mathbb{C}^n \,|\, |z_1 - a_1| < \rho_1, \cdots, |z_n - a_n| < \rho_n\}$$

称为以 a 为中心, ρ 为半径的多圆柱.

设 $f \in H(\Omega)$. 由于 $z_j \mapsto f(z_1, \cdots, z_j, \cdots, z_n), j = 1, 2, \cdots, n$ 是单变量解析函数, 故由 Cauchy 积分公式 (定理 6.1.6) 可得以下命题.

命题 9.1.5 (Cauchy 积分公式) 设 $f \in H(\Omega)$. 任取 $a \in \Omega$, 再取 $\rho = (\rho_1, \cdots, \rho_n) \in \mathbb{R}_+^n$ 使得 $\overline{P(a, \rho)} \subset \Omega$. 则对任意 $z = (z_1, \cdots, z_n) \in P(a, \rho)$, $\alpha = (\alpha_1, \cdots, \alpha_n) \in \mathbb{Z}_+^n$, 有

$$f(z) = \frac{1}{(2\mathrm{i}\pi)^n} \oint_{|\xi_1 - a_1| = \rho_1} \cdots \oint_{|\xi_n - a_n| = \rho_n} \frac{f(\xi_1, \cdots, \xi_n)}{\prod\limits_{j=1}^{n} (\xi_j - z_j)} d\xi_1 \cdots d\xi_n,$$

$$D^\alpha f(z) = \frac{\alpha!}{(2\mathrm{i}\pi)^n} \oint_{|\xi_1 - a_1| = \rho_1} \cdots \oint_{|\xi_n - a_n| = \rho_n} \frac{f(\xi_1, \cdots, \xi_n)}{\prod\limits_{j=1}^{n} (\xi_j - z_j)^{\alpha_j + 1}} d\xi_1 \cdots d\xi_n.$$

由命题 9.1.5 得到如下结论.

推论 9.1.6 设 $\overline{P(a, \rho)} \subset \Omega$, $f \in H(\Omega)$. 令 $M = \max\limits_{\xi \in \partial P(a, \rho)} |f(\xi)|$. 则

$$f(z) = \sum_{\alpha \in \mathbb{Z}_+^n} \frac{D^\alpha f(a)}{\alpha!} (z - a)^\alpha, \ \forall\, z \in P(a, \rho), \quad |D^\alpha f(a)| \leqslant \frac{M\alpha!}{\rho^\alpha}, \ \forall\, \alpha \in \mathbb{Z}_+^n.$$

命题 9.1.7 Ω 为 $\mathbb{C}^n$ 中的区域, $f \in H(\Omega)$ 且非常数. 则

(1) f 为开映射.

(2) $|f(z)|$ 不能在 Ω 中取到极大值.

证明 (1) 对任意 $z_0 \in \Omega$, 存在 $\delta > 0$ 使得 $U = U(z_0, \delta) \subset \Omega$. 因为 f 非常数, 故由命题 9.1.4, $f\big|_U \neq f(z_0)$. 取 $z_1 \in U$ 使得 $f(z_1) \neq f(z_0)$. 令 $G = \{z \in \mathbb{C} \,|\, z_0 + z(z_1 - z_0) \in U\}$. 则 G 是 C 中的区域 (开凸集). 再令 $g(z) = f(z_0 + z(z_1 - z_0)), \forall\, z \in G$. 易知, $g \in H(G)$. 从而由定理 6.3.12, $g(G)$ 是 $\mathbb{C}$ 的区域, 即 $g(G)$ 是 $f(z_0)$ 的一个邻域.

(2) 设有 $a \in \Omega$ 及 $\rho > 0$ 使得 $\overline{U(a, \rho)} \subset \Omega$ 及 $|f(z)| \leqslant |f(a)|, \forall\, z \in U(a, \rho)$. 任取 $z \in U(a, \rho)$ 且 $z \neq a$. 令 $V = \{\xi \in \mathbb{C} \,|\, a + \xi(z - a) \in U(a, \rho)\}$. 则 V 是有界区域且 $0 \in V$. 令 $h(\xi) = f(a + \xi(z - a)), \forall\, \xi \in \overline{V}$. 则 h 在 $\overline{V}$ 上连续且 $f \in H(V)$

同时, 对任意 $\xi \in V$, $|h(\xi)| \leqslant |h(0)|$. 于是, 由定理 6.2.1, $h(\xi)$ 在 V 上为常数. 从而 $f(z)$ 在 $U(a,\rho)$ 上为常数, 进而由命题 9.1.4, $f(z)$ 在 Ω 上为常数, 矛盾. □

下面的两个命题与单复变函数中的对应结果类似, 它们的证明也类似.

命题 9.1.8 设 $\{f_n\} \subset H(\Omega)$. 如果 $\{f_n\}$ 在 Ω 上内闭一致收敛, 则 $f(z) = \lim\limits_{n\to\infty} f_n(z)$ 在 Ω 上解析且 $\{D^\alpha f_n\}$ 在 Ω 上内闭一致收敛于 $D^\alpha f$, $\forall \alpha \in \mathbb{Z}_+^n$.

命题 9.1.9 设 Ω 为 $\mathbb{C}^n$ 中的开集, $\mathcal{F} \subset H(\Omega)$. 如果对任意 Ω 中的紧子集 K, 存在一个常数 $M_K > 0$ 使得 $|f(z)| \leqslant M_K$, $\forall z \in K$, $f \in \mathcal{F}$, 则在 $\mathcal{F}$ 的任何一个点列 $\{f_n\}$ 中, 必有一个在 Ω 上内闭一致收敛的子列 $\{f_{n_k}\}$.

9.2 多复变解析函数的 Hartogs 定理

设 $\Omega \subset \mathbb{C}^n$ 为开集, f 为 Ω 上的复值函数. 若 $f \in H(\Omega)$, 则 $f(z_1, \cdots, z_n)$ 关于每个变量 z_j $(j = 1, \cdots, n)$ 解析. 反之, 如果 $f(z_1, \cdots, z_n)$ 关于每个变量 z_j 都解析, $j = 1, \cdots, n$, 是否有 $f \in H(\Omega)$? 下面, 我们就来讨论这个问题.

任取 $a = (a_1, \cdots, a_n) \in \mathbb{C}^n$. 对 $j = 1, 2, \cdots, n$, 令

$$\Omega_j(a) = \{z \in \mathbb{C} \,|\, (a_1, \cdots, a_{j-1}, z, a_{j+1}, \cdots, a_n) \in \Omega\},$$

$$f_{j,a}(z) = f(a_1, \cdots, a_{j-1}, z, a_{j+1}, \cdots, a_n), \quad \forall z \in \Omega_j(a).$$

于是, 我们就有下面的定理.

定理 9.2.1 (Hartogs) 设 Ω 为 $\mathbb{C}^n$ 中的开集, f 为定义在 Ω 的复值函数. 如果对任意 $a \in \mathbb{C}^n$, $f_{j,a} \in H(\Omega_j(a))$, $j = 1, 2, \cdots, n$, 则 $f \in H(\Omega)$.

注 9.2.2 由定理 9.2.1 知, $f \in H(\Omega)$ 当且仅当 $\dfrac{\partial f}{\partial \overline{z}_j} = 0$ 在 Ω 上成立, $1 \leqslant j \leqslant n$.

为了证明这个定理, 我们需要下面的几个引理.

引理 9.2.3 设 $a = (a_1, \cdots, a_n) \in \Omega$ 并取 $\rho = (\rho_1, \cdots, \rho_n) \in \mathbb{R}_+^n$ 使得 $\overline{P(a,\rho)} \subset \Omega$. 设 $a' = (a_1, \cdots, a_{n-1})$, $\rho' = (\rho_1, \cdots, \rho_{n-1})$, $z' = (z_1, \cdots, z_{n-1})$. 若 $f \colon \overline{P(a,\rho)} \to \mathbb{C}$ 在 $z' \in \overline{P(a',\rho')}$ 固定时, $z_n \mapsto f(z', z_n)$ 在 $\overline{U(a_n, \rho_n)}$ 上连续; 当 $z_n \in \overline{U(a_n, \rho_n)}$ 固定时, $z' \mapsto f(z', z_n)$ 在 $\overline{P(a', \rho')}$ 上连续, 则存在 $b' = (b_1, \cdots, b_{n-1}) \in \overline{P(a', \rho')}$ 及 $r' = (r_1, \cdots, r_{n-1}) \in \mathbb{R}_+^{n-1}$, 使得 $P(b', r') \subset P(a', \rho')$ 且 $f(z', z_n)$ 在 $\overline{P(b', r')} \times \overline{U(a_n, \rho_n)}$ 上有界.

证明 对每个 $z' \in \overline{P(a', \rho')} \in \mathbb{C}^{n-1}$, 定义

$$\phi(z') = \sup_{z_n \in \overline{U(a_n, \rho_n)}} |f(z', z_n)| < +\infty, \quad F_k = \{z' \in \overline{P(a', \rho')} | \phi(z') \leqslant k\}, \ k \geqslant 1.$$

则 $\overline{P(a',\rho')} = \bigcup\limits_{k=1}^{\infty} F_k$.

对每个 k, 设 $z_0' \in \overline{F_k}$. 则有 $\{z_s'\} \subset F_k$ 使得 $z_s' \to z_0'$ $(s \to \infty)$. 由于 $|f(z_s', z_n)| \leqslant k, \forall z_n \in \overline{U(a_n,\rho_n)}$ 且当 z_n 固定时, $f(z', z_n)$ 关于 z' 在 $\overline{P(a',\rho')}$ 上连续, 故 $|f(z_0', z_n)| \leqslant k, \forall z_n \in \overline{U(a_n,\rho_n)}$, 即 F_k 是 $\overline{P(a',\rho')}$ 中的闭子集.

因为 $\overline{P(a',\rho')}$ 是完备空间 $\mathbb{C}^{n-1}$ 中的闭子集, 故 $\overline{U(a',\rho')}$ 是第二纲集合, 从而有某个 k_0 使得 $F_{k_0}^{\circ} \neq \varnothing$ (定理 1.2.13), 即有 $b' = (b_1, \cdots, b_{n-1}) \in F_{k_0}$ 及 $r = (r_1, \cdots, r_n) \in \mathbb{R}_+^n$ 使得 $P(b', r') \subset F_{k_0} \subset \overline{P(a',\rho')}$ 且 $|f(z', z_n)| \leqslant k_0, \forall (z', z_n) \in \overline{P(b',r')} \times \overline{U(b_n, r_n)}$. □

引理 9.2.4 设 $R > r > 0$, 记 $R = (R, \cdots, R)$, $r = (r, \cdots, r) \in \mathbb{R}_+^n$. 设 $a = (a_1, \cdots, a_n) \in \mathbb{C}^n$, f 为 $P(a, R)$ 上的复值函数. 若它满足:

(1) 对每个 $z_n \in U(a_n, R)$, $z' \mapsto f(z', z_n)$ 在 $P(a', R')$ 上解析, 其中 $a' = (a_1, \cdots, a_{n-1}) \in \mathbb{C}^{n-1}$, $R' = (R, \cdots, R) \in \mathbb{R}_+^{n-1}$;

(2) f 在 $P(a', r') \times U(a_n, R)$ 上解析且有界, 这里 $r' = (r, \cdots, r) \in \mathbb{R}_+^{n-1}$.

则 $f \in H(P(a, R))$.

证明 对任意 $z_n \in U(a_n, R)$, 因 $z' \mapsto f(z', z_n)$ 在 $P(a', R')$ 上解析, 故由推论 9.1.6, 得

$$f(z', z_n) = \sum_{\alpha \in \mathbb{Z}_+^{n-1}} a_\alpha(z_n)(z' - a')^\alpha, \quad \forall z' \in P(a', R'). \tag{9.1}$$

且 $a_\alpha(z_n) = \dfrac{1}{\alpha!} D^\alpha f(a', z_n)$, $\forall \alpha \in \mathbb{Z}_+^{n-1}$, $z_n \in U(a_n, R)$. 由条件 (2), $a_\alpha \in H(U(a_n, R))$, $\forall \alpha \in \mathbb{Z}_+^n$. 任取 $R_1 \in (0, R)$. 因为 (9.1) 式在 $\prod\limits_{j=1}^{n-1} B(a_j, R_1)$ 上绝对收敛, 故由 (9.1) 式知, $\lim\limits_{|\alpha| \to \infty} |a_\alpha(z_n)| R_1^{|\alpha|} = 0$ 对每个 $z_n \in U(a_n, R)$ 成立, 从而对每个 $z_n \in U(a_n, z_n)$, 存在 $N = N(z_n) > 0$ 使得 $|a_\alpha(z_n)| R_1^{|\alpha|} < 1$, 即 $\dfrac{1}{|\alpha|} \ln |a_\alpha(z_n)| < \ln \dfrac{1}{R_1}$, $\forall |\alpha| > N$. 于是

$$\overline{\lim_{|\alpha| \to \infty}} \frac{1}{|\alpha|} \ln |a_\alpha(z_n)| \leqslant \ln \frac{1}{R_1}, \quad \forall z_n \in U(a_n, R).$$

由条件 (2), 存在 $M > 0$ 使得 $|f(z', z_n)| \leqslant M$, $\forall (z', z_n) \in P(a', r') \times U(a_n, R)$. 故由推论 9.1.6, $|a_\alpha(z_n)| \leqslant \dfrac{M}{r^{|\alpha|}}$, 即得

$$\frac{1}{|\alpha|} \ln |a_\alpha(z_n)| \leqslant \frac{1}{|\alpha|} \ln M + \ln \frac{1}{r} \leqslant \ln M + \ln \frac{1}{r}, \quad \forall z_n \in U(a_n, R),\ \alpha \in \mathbb{Z}_+^{n-1} \backslash \{0\}.$$

因为 $\left\{\dfrac{1}{|\alpha|}\ln|a_\alpha(z_n)|\,\middle|\,\alpha\in\mathbb{Z}_+^{n-1}\backslash\{0\}\right\}$ 是 $U(a_n,R)$ 上的次调和函数列 (例 8.3.4 (1)) 且满足定理 8.3.7 的条件 (1) 和 (2), 于是由定理 8.3.7, 对任意 $R_2\in(0,R_1)$ 及紧子集 $K=B(a_n,R_2)$, 存在 $N=N(K)>0$ 使得

$$\frac{1}{|\alpha|}\ln|a_\alpha(z_n)|<\ln\frac{1}{R_1}+\left(\ln\frac{1}{R_2}-\ln\frac{1}{R_1}\right)=\ln\frac{1}{R_2},\quad\forall\,|\alpha|>N,\ z_n\in K,$$

即 $|a_\alpha(z_n)|R_2^{|\alpha|}<1,\forall\,|\alpha|>N,\ z_n\in K$. 故对任意 $\rho\in(0,R_2)$ 及 $z\in\prod\limits_{j=1}^{n}U(a_j,\rho)$,

$$\begin{aligned}\sum_{|\alpha|>N}\left|a_\alpha(z_n)(z'-a')^\alpha\right|&=\sum_{|\alpha|>N}|a_\alpha(z_n)|R_2^{|\alpha|}\left(\frac{|z_1-a_1|}{R_2}\right)^{\alpha_1}\cdots\left(\frac{|z_{n-1}-a_{n-1}|}{R_2}\right)^{\alpha_{n-1}}\\&\leqslant\sum_{|\alpha|>N}\left(\frac{\rho}{R_2}\right)^{\alpha_1}\cdots\left(\frac{\rho}{R_2}\right)^{\alpha_{n-1}}=\sum_{|\alpha|>N}\left(\frac{\rho}{R_2}\right)^{|\alpha|}<+\infty.\end{aligned}$$

于是由 R_1,R_2 的任意性知, $f_\beta(z',z_n)=\sum\limits_{\alpha\leqslant\beta}a_\alpha(z_n)(z'-a')^\alpha$ 在 $P(a,R)$ 内内闭一致收敛于 $f(z',z_n)$, 这里 $\alpha,\beta\in\mathbb{Z}_+^{n-1}$. 又 $f_\beta\in H(P(a,R)),\forall\,\beta\in\mathbb{Z}_+^n$, 故由命题 9.1.8 可知, f 在 $P(a,R)$ 上解析. □

引理 9.2.5 设 $\Omega=P(a,r)$, 其中 $a=(a_1,\cdots,a_n)\in\mathbb{C}^n$, $r=(r_1,\cdots,r_n)\in\mathbb{R}_+^n$. 设 f 在 Ω 上满足定理 9.2.1 的条件. 如果 f 在 Ω 上有界, 则 $f\in H(\Omega)$.

证明 我们仅对 $n=2$ 进行证明. 设有常数 $M>0$ 使得 $|f(z_1,z_2)|\leqslant M$ 对任意 $(z_1,z_2)\in U(a_1,r_1)\times U(a_2,r_2)$ 成立. 对任意 $z=(z_1,z_2)$ 及 $w=(w_1,w_2)\in U(a_1,r_1)\times U(a_2,r_2)=\Omega$, 有等式

$$f(z)-f(w)=[f(z_1,z_2)-f(w_1,z_2)]+[f(w_1,z_2)-f(w_1,w_2)].\tag{9.2}$$

设 $\phi(\xi)=f(\xi,z_2)-f(w_1,z_2),\forall\,\xi\in U(a_1,r_1)$. 则 $\phi\in H(U(a_1,r_1))$, $\phi(w_1)=0$ 及 $|\phi(\xi)|\leqslant 2M,\forall\,\xi\in U(a_1,r_1)$. 于是根据第 6 章的习题 13, 得到

$$|f(z_1,z_2)-f(w_1,z_2)|=|\phi(z_1)|\leqslant\frac{2Mr_1|z_1-w_1|}{|r_1^2-\overline{(w_1-a_1)}(z_1-a_1)|}.\tag{9.3}$$

同理可得

$$|f(w_1,z_2)-f(w_1,w_2)|\leqslant\frac{2Mr_2|z_2-w_2|}{|r_2^2-\overline{(w_2-a_2)}(z_2-a_2)|}.\tag{9.4}$$

最后, 由 (9.2) 式、(9.3) 式和 (9.4) 式知, $f(z)$ 在 $z=w$ 处连续.

对任意 $(z_1,z_2)\in\Omega$, 可取 $\rho_j\in(0,r_j)$, 使得 $z_j\in U(a_j,\rho_j)$, $j=1,2$. 由于对任意 $\alpha=(\alpha_1,\alpha_2)\in\mathbb{Z}_+^2$, 复变函数 $(\xi_1,\xi_2)\mapsto\dfrac{f(\xi_1,\xi_2)}{(\xi_1-z_1)^{\alpha_1}(\xi_2-z_2)^{\alpha_2}}$ 在紧集

$$K=\{(\xi_1,\xi_2)\in\mathbb{C}^2\,|\,|\xi_j-a_j|=\rho_j,\ j=1,2\}$$

上连续, 故它在 K 上可测且可积. 从而由 Fubini 定理和命题 9.1.5 (Cauchy 积分公式) 得到

$$\begin{aligned}\oint\!\!\oint\limits_K\frac{f(\xi_1,\xi_2)d\xi_1d\xi_2}{(\xi_1-z_1)(\xi_2-z_2)}&=\oint_{\partial U(a_1,\rho_1)}\frac{d\xi_1}{\xi_1-z_1}\oint_{\partial U(a_2,\rho_2)}\frac{f(\xi_1,\xi_2)d\xi_2}{\xi_2-z_2}\\&=(2\pi\mathrm{i})^2f(z_1,z_2).\end{aligned}$$

在 $|z_j-a_j|<\rho_j$, $|\xi_j-a_j|=\rho_j$, $j=1,2$ 时,

$$\begin{aligned}\frac{f(\xi_1,\xi_2)}{(\xi_1-z_1)(\xi_2-z_2)}&=\frac{f(\xi_1,\xi_2)}{(\xi_1-a_1)(\xi_2-a_2)}\frac{1}{1-\dfrac{z_1-a_1}{\xi_1-a_1}}\frac{1}{1-\dfrac{z_2-a_2}{\xi_2-a_2}}\\&=\frac{f(\xi_1,\xi_2)}{(\xi_1-a_1)(\xi_2-a_2)}\sum_{m,n=0}^{\infty}\left(\frac{z_1-a_1}{\xi_1-a_1}\right)^m\left(\frac{z_2-a_2}{\xi_2-a_2}\right)^n\end{aligned}$$

在 K 上一致收敛, 于是 $f(z_1,z_2)=\sum\limits_{m,n=0}a_{m,n}(z_1-a_2)^m(z_2-a_2)^n$, 其中

$$a_{m,n}=\frac{1}{(2\pi\mathrm{i})^2}\oint\!\!\oint\limits_K\frac{f(\xi_1,\xi_2)d\xi_1d\xi_2}{(\xi_1-z_1)^{1+m}(\xi_2-z_2)^{1+n}},\quad m,n\geqslant 0.$$

从而 $f(z_1,z_2)$ 在 Ω 上解析. □

定理 9.2.1 的证明 我们对维数 n 进行归纳证明. 当 $n=1$ 时, 结论显然成立. 假设当 $j=1,2,\cdots,n-1$ 时, 结论仍成立. 当 $j=n$ 时, 对固定的 z_n, $(z_1,\cdots,z_{n-1})\mapsto f(z_1,\cdots,z_{n-1},z_n)$ 解析; 同时, $(z_1,\cdots,z_{n-1})$ 固定时, $z_n\mapsto f((z_1,\cdots,z_{n-1}),z_n)$ 解析.

任取 $a=(a_1,\cdots,a_n)\in\Omega$. 则有 $R>0$ 使得 $\prod\limits_{j=1}^{n}B(a_j,2R)\subset\Omega$. 故由引理 9.2.3, 存在 $b'=(b_1,\cdots,b_{n-1})\in\prod\limits_{j=1}^{n-1}U(a_j,R)$, $r'=(r_1,\cdots,r_{n-1})\in\mathbb{R}_+^{n-1}$ 使得 $P(b',r')\subset\prod\limits_{j=1}^{n-1}U(a_j,R)$ 且 $f((z_1,\cdots,z_{n-1}),z_n)$ 在 $\overline{P(b',r')}\times\overline{U(a_n,R)}$ 上有界.

由引理 9.2.5, $f\in H(P(b',r')\times U(a_n,R))$. 令 $Q=\prod\limits_{j=1}^{n-1}U(b_j,R)\times U(a_n,R)$. 注意到: 对任意 $\xi\in U(b_j,R)$, $j=1,2,\cdots,n-1$,

$$|a_j-\xi|=|(a_j-b_j)+(b_j-\xi)|\leqslant|a_j-b_j|+|b_j-\xi|<R+R=2R.$$

故 $Q\subset\prod\limits_{j=1}^{n}B(a_j,2R)\subset\Omega$. 令 $r=\min\{r_1,\cdots,r_{n-1}\}$. 因为 $r_j<R$, $1\leqslant j\leqslant n-1$,

$$\prod_{j=1}^{n-1}U(b_j,r)\times U(a_n,R)\subset P(b',r')\times U(a_n,R)\subset Q,$$

以及 $f(z_1,\cdots,z_n)$ 在 $\prod\limits_{j=1}^{n-1}U(b_j,r)\times U(a_n,R)$ 上解析且有界, 故由引理 9.2.4, $f\in H(Q)$. 由 $|b_j-a_j|<R$, $j=1,\cdots,n-1$, 知 $a\in Q$, 从而 f 在 a 一个邻域 Q 上解析. □

9.3 Reinhardt 域上的多复变解析函数

定义 9.3.1 设 $\Omega\subset\mathbb{C}^n$ 为区域. 若对任意 $(z_1,\cdots,z_n)\in\Omega$ 以及任意的 $\theta_1,\cdots,\theta_n\in\mathbb{R}$, 都有 $(\mathrm{e}^{\mathrm{i}\theta_1}z_1,\cdots,\mathrm{e}^{\mathrm{i}\theta_n}z_n)\in\Omega$, 则称 Ω 是 Reinhardt (赖因哈特) 域.

比如, $\prod\limits_{j=1}^{n}U(0,r_j)$ $(r_1>0,\cdots,r_n>0)$ 是 $\mathbb{C}^n$ 中的 Reinhardt 域.

定理 9.3.2 设 Ω 是 $\mathbb{C}^n$ 中的 Reinhardt 域, $f\in H(\Omega)$. 则存在唯一的复数列 $\{a_\alpha|\alpha\in\mathbb{Z}^n\}$ 使得 $f(z)=\sum\limits_{\alpha\in\mathbb{Z}^n}a_\alpha z^\alpha$ 在 Ω 内内闭一致收敛.

证明 先证明唯一性. 取 $w=(w_1,\cdots,w_n)\in\Omega$ 使得 $w_j\neq0$, $j=1,\cdots,n$. 对任意 $\theta_1,\cdots,\theta_n\in[0,2\pi]$, 由于 $(\mathrm{e}^{\mathrm{i}\theta_1}w_1,\cdots,\mathrm{e}^{\mathrm{i}\theta_n}w_n)\in\Omega$, 故

$$f(\mathrm{e}^{\mathrm{i}\theta_1}w_1,\cdots,\mathrm{e}^{\mathrm{i}\theta_n}w_n)=\sum_{\alpha\in\mathbb{Z}^n}a_\alpha\mathrm{e}^{\mathrm{i}(\alpha_1\theta_1+\cdots+\alpha_n\theta_n)}w^\alpha,\tag{9.5}$$

这里, $\alpha=(\alpha_1,\cdots,\alpha_n)\in\mathbb{Z}^n$. 因为 (9.5) 式在 $\prod\limits_{j=1}^{n}[0,2\pi]=[0,2\pi]^n$ 上一致收敛, 故对任意 $\beta=(\beta_1,\cdots,\beta_n)\in\mathbb{Z}_+^n$, 有

$$\frac{1}{(2\pi)^nw^\beta}\int_0^{2\pi}\cdots\int_0^{2\pi}f(\mathrm{e}^{\mathrm{i}\theta_1}w_1,\cdots,\mathrm{e}^{\mathrm{i}\theta_n}w_n)\mathrm{e}^{-\mathrm{i}(\beta_1\theta_1+\cdots+\beta_n\theta_n)}d\theta_1\cdots d\theta_n$$

$$= \frac{1}{(2\pi)^n w^\beta} \sum_{\alpha \in \mathbb{Z}^n} a_\alpha w^\alpha \int_0^{2\pi} \cdots \int_0^{2\pi} \mathrm{e}^{-\mathrm{i}[(\beta_1-\alpha_1)\theta_1+\cdots+(\beta_n-\alpha_n)\theta_n]} d\theta_1 \cdots d\theta_n = a_\beta.$$

于是系数 $\{a_\alpha \mid \alpha \in \mathbb{Z}^n\}$ 由 f 唯一确定.

再证 $f(z)$ 的展开式成立. 任取 $w = (w_1, \cdots, w_n) \in \Omega$. 则存在 $r > 0$ 使得 $U(w, r) \subset \Omega$. 设 $w_j = |w_j|\mathrm{e}^{\mathrm{i}\phi_j}$, $\phi_j \in [0, 2\pi]$, $j = 1, \cdots, n$. 取 $\epsilon = \dfrac{r}{\sqrt{n}}$ 并令

$$G(w) = \{(z_1, \cdots, z_n) \in \mathbb{C}^n \mid |w_j| - \epsilon < |z_j| < |w_j| + \epsilon,\ 1 \leqslant j \leqslant n\}.$$

对任意 $z = (z_1, \cdots, z_n) \in G(w)$, 令 $z_j = |z_j|\mathrm{e}^{\mathrm{i}\theta_j}$, $\theta_j \in [0, 2\pi]$, $j = 1, \cdots, n$. 则

$$\epsilon > ||w_j| - |z_j|| = |\mathrm{e}^{-i\phi_j} w_j - \mathrm{e}^{-i\theta_j} z_j| = |w_j - \mathrm{e}^{\mathrm{i}(\phi_j - \theta_j)} z_j|,\ 1 \leqslant j \leqslant n,$$

令 $z'_j = \mathrm{e}^{\mathrm{i}(\phi_j - \theta_j)} z_j$, $z' = (z'_1, \cdots, z'_n)$. 则 $\|w - z'\|_2^2 < n\epsilon^2 = r^2$, 于是 $z' \in U(w, r) \subset \Omega$. 因为 Ω 是 Reinhardt 域, 故 $z = (\mathrm{e}^{\mathrm{i}(\theta_1 - \phi_1)} z'_1, \cdots, \mathrm{e}^{\mathrm{i}(\theta_n - \phi_n)} z'_n,) \in \Omega$, 从而 $G(w) \subset \Omega$.

任取 $z = (z_1, \cdots, z_n) \in G(w)$. 取 $r_j, r'_j > 0$ 使得

$$|w_j| - \epsilon < r_j < |z_j| < r'_j < |w_j| + \epsilon, \quad j = 1, \cdots, n.$$

并设 $\Gamma_j = \{\xi_j \in \mathbb{C} \mid |\xi_j| = r'_j\} \bigcup \{\xi_j \in \mathbb{C} \mid |\xi_j| = r_j\}$ (取正向), $1 \leqslant j \leqslant n$. 利用 $f(\xi_1, \cdots, \xi_n)$ 关于每个 ξ_j 在 Γ_j 上的 Cauchy 积分公式以及 Fubini 定理, 可得

$$f(z) = \frac{1}{(2\pi\mathrm{i})^n} \oint_{\Gamma_n} \cdots \oint_{\Gamma_1} \frac{f(\xi_1, \cdots, \xi_n) d\xi_1 \cdots d\xi_n}{(\xi_1 - z_1) \cdots (\xi_n - z_n)} = \sum_{\alpha \in \mathbb{Z}^n} a_\alpha(w) z^\alpha$$

对任意 $z = (z_1, \cdots, z_n) \in \{(z_1, \cdots, z_n) \mid r_j < |z_j| < r'_j,\ j = 1, \cdots, n\}$ 成立而且在此区域中是内闭一致收敛的, 其中对每个 $\alpha = (\alpha_1, \cdots, \alpha_n) \in \mathbb{Z}^n$,

$$a_\alpha(w) = \frac{1}{(2\pi\mathrm{i})^n} \oint_{\Gamma_n} \cdots \oint_{\Gamma_1} \frac{f(\xi_1, \cdots, \xi_n) d\xi_1 \cdots d\xi_n}{(\xi_1 - z_1)^{\alpha_1 + 1} \cdots (\xi_n - z_n)^{\alpha_n + 1}}.$$

故 $f(z)$ 在 $G(w)$ 具有展开式 $f(z) = \sum\limits_{\alpha \in \mathbb{Z}^n} a_\alpha(w) z^\alpha$, 而且它还在 $G(w)$ 内内闭一致收敛.

我们还需证明 $a_\alpha(w)$ 与 w 无关, $\forall \alpha \in \mathbb{Z}^n$. 事实上, 任取 $\xi \in G(w)$, 则在 $G(\xi)$ 中, $f(z)$ 具有展开式 $f(z) = \sum\limits_{\alpha \in \mathbb{Z}^n} a_\alpha(\xi) z^\alpha$. 于是在 Reinhardt 域 $G(w) \bigcap G(\xi)$ 中,

$$f(z) = \sum_{\alpha \in \mathbb{Z}^n} a_\alpha(w) z^\alpha = \sum_{\alpha \in \mathbb{Z}^n} a_\alpha(\xi) z^\alpha,$$

从而由唯一性, 得到 $a_\alpha(\xi)=\alpha(w), \forall\,\alpha\in\mathbb{Z}^n$. 由此可知, $w\mapsto a_\alpha(w)$ 在 Ω 中的每点的一个邻域上为常数, 于是 $a_\alpha(w)$ 在 Ω 上连续, $\forall\,\alpha\in\mathbb{Z}^n$.

任取 $w_0\in\Omega$. 对任意 $\alpha\in\mathbb{Z}^n$, 令

$$F_\alpha=\{w\in\Omega\,|\,a_\alpha(w)=a_\alpha(w_0)\}.$$

则 F_α 为闭子集. 现任取 $w_1\in F_\alpha$, 则在 $G(w_1)$ 内, $a_\alpha(w)=a_\alpha(w_1)=a_\alpha(w_0)$. 于是 F_α 又是 Ω 中的开子集. 因为 Ω 连通, 所以 $F_\alpha=\Omega$, 即 $a_\alpha(w)$ 是 Ω 上的常数, $\forall\,\alpha\in\mathbb{Z}^n$. □

由定理 9.3.2, 我们可以得到以下几个有用的推论.

推论 9.3.3 设 Ω 是 $\mathbb{C}^n$ 中的 Reinhardt 域. 如果对每个 j $(j=1,2,\cdots,n)$, Ω 中都有第 j 个坐标为 0 的点, 则每个 $f\in H(\Omega)$ 都有幂级数展开式 $f(z)=\sum\limits_{\alpha\in\mathbb{Z}_+^n}a_\alpha z^\alpha$, 它在 Ω 内内闭一致收敛.

证明 由定理 9.3.2, $f(z)=\sum\limits_{\alpha\in\mathbb{Z}^n}a_\alpha z^\alpha$ 在 Ω 内内闭一致收敛. 如有某个 $\alpha=(\alpha_1,\cdots,\alpha_n)\in\mathbb{Z}^n$ 中的 $\alpha_k<0$, 则由假设条件, 可取 $\xi=(\xi_1,\cdots,\xi_{k-1},0,\xi_{k+1},\cdots,\xi_n)\in\Omega$, 于是 $f(\xi)$ 有意义而 $\sum\limits_{\alpha\in\mathbb{Z}^n}a_\alpha\xi^\alpha$ 就变得无意义. 于是结论成立. □

推论 9.3.4 设 Ω 是 $\mathbb{C}^n$ 中的 Reinhardt 域而且对每个 j $(j=1,2,\cdots,n)$, Ω 中都有第 j 个坐标为 0 的点. 设

$$\Omega'=\{(\rho_1z_1,\cdots,\rho_nz_n)\in\mathbb{C}^n\,|\,(z_1,\cdots,z_n)\in\Omega,\ \rho_1,\cdots,\rho_n\in[0,1]\}.$$

则存在 $F\in H(\Omega')$ 使得 $F\big|_\Omega=f$.

证明 定义映射 ϕ: $[0,1]^n\times\Omega\to\Omega'$ 为

$$\phi((\rho_1,\cdots,\rho_n),(z_1,\cdots,z_n))=(\rho_1z_1,\cdots,\rho_nz_n).$$

由于 ϕ 连续, $[0,1]^n\times\Omega$ 连通, 故 $\Omega'=\phi([0,1]^n\times\Omega)$ 是 $\mathbb{C}^n$ 中的连通集.

取 $a=(a_1,\cdots,a_n)\in\Omega$, 使得 $c=\min\limits_{i\leqslant j\leqslant n}|a_j|>0$. 设 $a_j=|a_j|\mathrm{e}^{\mathrm{i}\theta_j}$, $\theta_j\in[0,2\pi]$, $j=1,2,\cdots,n$. 由于 Ω 是 Reinhardt 域, 故

$$(|a_1|,\cdots,|a_n|)=(a_1\mathrm{e}^{-\mathrm{i}\theta_1},\cdots,a_n\mathrm{e}^{-\mathrm{i}\theta_n})\in\Omega.$$

对任意 $w=(w_1,\cdots,w_n)\in U(0,c)$, 令 $w_j=|w_j|\mathrm{e}^{\mathrm{i}\tau_j}$, $\tau_j\in[0,2\pi]$, $j=1,2,\cdots,n$. 因为 $|w_j|\leqslant|a_j|$, $j=1,2,\cdots,n$, $(\mathrm{e}^{\mathrm{i}\tau_1}|a_1|,\cdots,\mathrm{e}^{\mathrm{i}\tau_n}|a_n|)\in\Omega$, 所以

$$w=\left(\frac{|w_1|}{|a_1|}(\mathrm{e}^{\mathrm{i}\tau_1}|a_1|),\cdots,\frac{|w_n|}{|a_n|}(\mathrm{e}^{\mathrm{i}\tau_n}|a_n|)\right)\in\Omega',$$

即得 $U(0,c)\subset\Omega'$, 从而 0 是 Ω' 的内点.

任取 $z'\in\Omega'\backslash\{0\}$. 于是就有 $\rho_1,\cdots,\rho_n\in[0,1]$, $z=(z_1,\cdots,z_n)\in\Omega$ 使得 $z'=(\rho_1 z_1,\cdots,\rho_n z_n)$. 为了方便起见, 设

$$\rho_1,\cdots,\rho_k>0,\quad \rho_{k+1}=\cdots=\rho_n=0,$$

$$|z_{k+1}|,\cdots,|z_p|>0,\quad z_{p+1}=\cdots=z_n=0.$$

设 $c_1=\min\limits_{1\leqslant j\leqslant k}\rho_j$, $c_2=\min\limits_{k+1\leqslant j\leqslant p}|z_j|$. 由于 Ω 是 $\mathbb{C}^n$ 中的开集, 故有 $R>0$ 使得 $U(z,R)\subset\Omega$. 令 $r=\min\left\{c_2,\dfrac{c_1R}{\sqrt{2k}},\dfrac{R}{\sqrt{2(n-p)}}\right\}$. 任取 $w=(w_1,\cdots,w_n)\in U(z',r)$. 则有

$$|\rho_j^{-1}w_j-z_j|<\frac{R}{\sqrt{2k}},\quad 1\leqslant j\leqslant k;\quad |w_j|<|z_j|,\quad k+1\leqslant j\leqslant p.$$

令 $w'=(\rho_1^{-1}w_1,\cdots,\rho_k^{-1}w_k,z_{k+1},\cdots,z_p,w_{p+1},\cdots,w_n)\in\mathbb{C}^n$. 则 $\|w'-z\|_2<R$, 即得 $w'\in U(z,R)$. 进而 $(\rho_1^{-1}w_1,\cdots,\rho_k^{-1}w_k,|z_{k+1}|,\cdots,|z_p|,w_{p+1},\cdots,w_n)\in\Omega$. 设 $w_j=|w_j|\mathrm{e}^{\mathrm{i}\psi_j}$, $\psi_j\in[0,2\pi]$, $j=k+1,\cdots,p$ 并令

$$r_j=\begin{cases}\rho_j, & 1\leqslant j\leqslant k,\\ \dfrac{|w_j|}{|z_j|}, & k+1\leqslant j\leqslant p,\\ 1, & p+1\leqslant j\leqslant n.\end{cases}$$

于是

$$\begin{aligned}w=&(r_1(\rho_1^{-1}w_1),\cdots,r_k(\rho_k^{-1}w_k),r_{k+1}(\mathrm{e}^{\mathrm{i}\psi_{k+1}}|z_{k+1}|),\cdots,\\&r_p(\mathrm{e}^{\mathrm{i}\psi_p}|z_p|),r_{p+1}w_{p+1},\cdots,r_nw_n)\end{aligned}$$

为 Ω' 中的元素, 即得 $U(z',r)\in\Omega'$.

由上述的证明, 可知: Ω' 是 $\mathbb{C}^n$ 中的区域.

设 $w'=(w_1',\cdots,w_n')\in\Omega'$. 则有 $\rho_1,\cdots,\rho_n\in[0,1]$, $z=(z_1,\cdots,z_n)\in\Omega$ 使得 $w'=(\rho_1z_1,\cdots,\rho_nz_n)$. 于是 $|w_j'|\leqslant|z_j|, j=1,2,\cdots,n$. 因为 Ω 是 Reinhardt 域, 故 $c_z=(|z_1|,\cdots,|z_n|)\in\Omega$ 而且存在 $r>0$ 使得 $U(c_z,r)\subset\Omega$. 由此可得

$$c_{z,r}=\left(|z_1|+\frac{r}{\sqrt{n+1}},\cdots,|z_n|+\frac{r}{\sqrt{n+1}}\right)\in U(c_z,r)\subset\Omega.$$

由于 $|w_j'| \leqslant |z_j| < |z_j| + \dfrac{r}{\sqrt{n+1}}, j = 1, 2, \cdots, n$, 故由推论 9.3.3 及引理 9.1.2 知, $\sum\limits_{\alpha \in \mathbb{Z}_+^n} a_\alpha (w')^\alpha$ 绝对收敛.

任取 $w^{(0)} = (w_1^{(0)}, \cdots, w_n^{(0)}) \in \Omega'$. 则 $(|w_1^{(0)}|, \cdots, |w_n^{(0)}|) = c_{w^{(0)}} \in \Omega'$. 于是存在 $a, b > 0$, 使得 $U(w^{(0)}, a) \subset \Omega'$, $U(c_{w^{(0)}}, b) \subset \Omega'$. 设 $c = \min\{a, b\}$,

$$V(w^{(0)}) = \left\{(w_1, \cdots, w_n) \in \Omega' \mid |w_j - w_j^{(0)}| < \frac{c}{\sqrt{n+1}}, j = 1, \cdots, n\right\}.$$

于是 $\overline{V(w^{(0)})} \subset U(w^{(0)}, a)$ 并且对任意 $w = (w_1, \cdots, w_n) \in \overline{V(w^{(0)})}$, 有 $|w_j| \leqslant |w_j^{(0)}| + \dfrac{c}{\sqrt{n+1}}, j = 1, \cdots, n$. 因为 $c_{w^{(0)}, c} \in \Omega'$, $\sum\limits_{\alpha \in \mathbb{Z}_+^n} |a_\alpha| (c_{w^{(0)}, c})^\alpha$ 收敛, 所以 $\sum\limits_{\alpha \in \mathbb{Z}_+^n} a_\alpha w^\alpha$ 在 $\overline{V(w^{(0)})}$ 上一致收敛. 由此可知, $\sum\limits_{\alpha \in \mathbb{Z}_+^n} a_\alpha w^\alpha$ 在 Ω' 内内闭一致收敛. 令 $F(w) = \sum\limits_{\alpha \in \mathbb{Z}_+^n} a_\alpha w^\alpha, \forall\, w \in \Omega'$. 则 $F \in H(\Omega')$ (命题 9.1.8) 而且 $F\big|_\Omega = f$. □

注 9.3.5 (1) 推论 9.3.4 中的 F 称为 f 在 Ω' 上的解析开拓.

(2) 设 $0 < r < R$, $\Omega = \{z \in \mathbb{C}^n \mid r < \|z\|_2 < R\}$. 则由推论 9.3.4, 每个 $f \in H(\Omega)$ 必能解析开拓到开球 $B(0, R)$.

9.4 抽象解析函数

为了研究 Banach 代数中元素的谱, 我们在这一节中讨论向量值解析函数的一些基本性质. 本节中, 设 X 是 $\mathbb{C}$ 上的 Banach 空间, Ω 是 $\mathbb{C}$ 中的开集.

设 A 是 $\mathbb{R}$ 或 $\mathbb{C}$ 中的子集, 映射 $f\colon A \to X$ 称为 A 上的抽象 (或向量值) 函数.

定义 9.4.1 设 $f\colon [a, b] \to X$, $t_0 \in (a, b)$. 如有 $c \in X$, 使得

$$\lim_{t \to t_0} \left\| \frac{f(t) - f(t_0)}{t - t_0} - c \right\| = 0,$$

则称 $f(t)$ 在 t_0 处可导, 而 c 就是 $f(t)$ 在 t_0 处的导数, 记为 $f'(t_0)$.

如果存在 $x, y \in X$, 使得

$$\lim_{t \to a^+} \left\| \frac{f(t) - f(a)}{t - a} - x \right\| = 0, \quad \lim_{t \to b^-} \left\| \frac{f(t) - f(b)}{t - b} - y \right\| = 0,$$

并且 $f(t)$ 在 (a, b) 内每点都可导, 则称 $f(t)$ 在 $[a, b]$ 上可导, 并记 $f'(a) = x$, $f'(b) = y$.

定义 9.4.2 设 $f\colon \Omega \to X$, $z_0 \in \Omega$. 如果对任意 $z \in \Omega\backslash\{z_0\}$, $\dfrac{f(z)-f(z_0)}{z-z_0}$ 在 $z \to z_0$ 时, 极限在 X 中存在, 则称 $f(z)$ 在 z_0 处可导而此极限值称为 $f(z)$ 在 z_0 的导数, 并记为 $f'(z_0)$.

如果有 z_0 的一个邻域 $U(z_0,\delta) \subset \Omega$, 使得 $f(z)$ 在 $U(z_0,\delta)$ 内每点都可导, 则称 $f(z)$ 在 z_0 处解析. 如果 $f(z)$ 在 Ω 内每点都解析, 则称 $f(z)$ 在 Ω 内解析或为 Ω 上的抽象解析函数.

抽象函数的解析性的判断有如下的定理.

定理 9.4.3 设 $f\colon \Omega \to X$. 则 f 在 Ω 内解析的充要条件是: $\phi \circ f \in H(\Omega)$, $\forall\, \phi \in X^*$.

证明 如果 $f(z)$ 在 Ω 内解析, 则对任意 $z_0 \in \Omega$ 及任意 $\epsilon > 0$, 存在 $\delta > 0$ 使得对任意 $z \in U(z_0,\delta)\backslash\{z_0\}$, 有 $\left\|\dfrac{f(z)-f(z_0)}{z-z_0} - f'(z_0)\right\| < \epsilon$. 于是

$$\left|\frac{\phi(f(z))-\phi(f(z_0))}{z-z_0} - \phi(f'(z_0))\right| \leqslant \|\phi\|\left\|\frac{f(z)-f(z_0)}{z-z_0} - f'(z_0)\right\| < \|\phi\|\epsilon,$$

即 $\phi(f(z))$ 在 Ω 内解析.

现设 $\phi \circ f \in H(\Omega)$, $\forall\, \phi \in X^*$. 对任意 $z_0 \in \Omega$, $h, k \in \mathbb{C}$ 并且 $h \neq 0$, $k \neq h$ 以及 $h+z_0, k+z_0 \in \Omega$, 令

$$\rho(h) = \frac{1}{h}(f(h+z_0) - f(z_0)), \quad J(h,k) = \frac{\rho(h)-\rho(k)}{h-k}.$$

取 $r > 0$ 使得 $\overline{U(z_0,3r)} \subset \Omega$. 取 $L = \partial(U(z_0,2r))$. 则 $L \subset \overline{U(z_0,3r)}$ 而且当 $h, k \in U(0,r)\backslash\{0\}$ 时, $z_0+h, z_0+k \in U(z_0,r)$. 因 $g(z) = \phi(f(z))$ 在 $U(z_0,3r)$ 内解析, 故

$$\phi(\rho(h)) = \frac{1}{2h\pi\mathrm{i}}\left[\oint_L \frac{g(z)dz}{z-z_0-h} - \oint_L \frac{g(z)dz}{z-z_0}\right] = \frac{1}{2\pi\mathrm{i}}\oint_L \frac{g(z)dz}{(z-z_0-h)(z-z_0)}$$

$$\phi(\rho(k)) = \frac{1}{2k\pi\mathrm{i}}\left[\oint_L \frac{g(z)dz}{z-z_0-k} - \oint_L \frac{g(z)dz}{z-z_0}\right] = \frac{1}{2\pi\mathrm{i}}\oint_L \frac{g(z)dz}{(z-z_0-k)(z-z_0)}.$$

于是

$$\phi(\rho(h)) - \phi(\rho(k)) = \frac{1}{2\pi\mathrm{i}}\oint_L \frac{(k-h)g(z)}{(z-z_0)(z-z_0-h)(z-z_0-k)}dz. \tag{9.6}$$

由于 $|z-z_0| = 2r$, $|h| < r$, $|k| < r$, 故

$$|z-z_0-h| \geqslant |z-z_0| - |h| > r, \quad |z-z_0-k| \geqslant |z-z_0| - |k| > r.$$

从而由 (9.6) 式得到

$$|J_X(J(h,k))(\phi)| = |\phi(J(h,k))| \leqslant \frac{1}{2\pi}\max_{z\in L}|g(z)|\frac{4\pi r}{2r^3} = \frac{1}{r^2}\max_{z\in L}|g(z)| < +\infty,$$

对任意 $h,k \in U(0,r)\setminus\{0\}$ 且 $h \neq k$ 成立. 从而由推论 5.2.7,

$$\sup\{\|J_X(J(h,k))\| \mid h,k \in U(0,r)\setminus\{0\}, h\neq k\} = M < +\infty.$$

由于 $\|J_X(J(h,k))\| = \|J(h,k)\|$, 所以我们有

$$\|\rho(h)-\rho(k)\| \leqslant M|h-k|, \quad \forall\, h,k \in U(0,r)\setminus\{0\},$$

即得抽象函数 $\rho(h)$ 在 $U(0,r)\setminus\{0\}$ 内满足 Cauchy 收敛准则, 故有 $a \in X$ 使得 $\lim\limits_{h\to 0}\|\rho(h)-a\| = 0$, 从而 $f(z)$ 在 z_0 处可导, 进而 $f(z)$ 在 Ω 内解析. □

推论 9.4.4 设 $f\colon \Omega \to X$ 解析且 Ω 为区域. 若 $\{z\in\Omega \mid f(z)=0\}$ 在 Ω 内至少有一个聚点, 则 $f(z)=0, \forall\, z\in\Omega$.

为了推广解析函数的 Cauchy 积分公式, 我们需要研究抽象函数的积分. 首先, 把闭区间 $[a,b]$ 划分为 $a=t_0<t_1<\cdots<t_n=b$, 以 $A=\{t_0,t_1,\cdots,t_n\}$ 表示 $[a,b]$ 的所有这种类型的划分. 划分 $B=\{s_0,s_1,\cdots,s_m\}$ 称为划分 $A=\{t_0,t_1,\cdots,t_n\}$ 的细分, 若每个闭区间 $[s_k,s_{k+1}]$ 总含在某个 $[t_i,t_{i+1}]$ 之中. 如果划分 A 的所有区间 $[t_i,t_{i+1}]$ 的长度不超过正数 δ $(0\leqslant i\leqslant n-1)$, 则 A 称为 $[a,b]$ 的 δ–划分, 并记为 A_δ.

现设 $f\colon [a,b]\to X$ 为抽象函数, $A=\{t_0,t_1,\cdots,t_n\}$ 为 $[a,b]$ 的一个划分. 分别称

$$s(A,f)=\sum_{i=1}^{n} f(t_{i-1})(t_i-t_{i-1}), \quad S(A,f)=\sum_{i=1}^{n} f(t_i)(t_i-t_{i-1})$$

为 $f(t)$ 关于 A 的下 (及上) 积分和. 对 $[a,b]$ 的任何 δ_n–划分 A_{δ_n} 使得 $\lim\limits_{n\to\infty}\delta_n=0$, 如果极限 $\lim\limits_{n\to\infty} s(A_{\delta_n},f)$ 及 $\lim\limits_{n\to\infty} S(A_{\delta_n},f)$ 都存在而且相等, 同时不依赖 A_{δ_n} 的选取, 则称此极限值为 $f(t)$ 在 $[a,b]$ 上的 Riemann 积分, 记为 $\int_a^b f(t)\,dt$.

引理 9.4.5 设 $f\colon [a,b]\to X$ 为有界函数. 设 B 为 $[a,b]$ 的 δ–划分 A_δ 的一个细分, 则

$$\|s(A,f)-s(B,f)\| \leqslant \omega(\delta)(b-a), \quad \|S(A,f)-S(B,f)\| \leqslant \omega(\delta)(b-a),$$

其中 $\omega(\delta)=\sup\{\|f(\tau_1)-f(\tau_2)\| \mid |\tau_1-\tau_2|<\delta,\ \tau_1,\tau_2\in[a,b]\}$.

证明 设 $A_\delta = \{t_0, t_1, \cdots, t_n\}$, $B = \{s_0, s_1, \cdots, s_m\}$ $(n < m)$ 为 A_δ 的细分. 则每个 t_i, $i = 0, 1, \cdots, n$ 与 $s_0, \cdots, s_m$ 中的某个 s_{k_i} 重合, 即

$$s_{k_i} = t_i, \quad i = 0, 1, \cdots, n, \ 0 = k_0 < k_1 < \cdots < k_{n-1} < k_n = m.$$

于是 $[t_i, t_{i+1}] = [s_{k_i}, s_{k_{i+1}}]$ 被划分成 $k_{i+1} - k_i$ 个闭区间: $[s_{k_i}, s_{k_i+1}], \cdots, [s_{k_{i+1}-1}, s_{k_{i+1}}]$. 对 $j = k_i, k_i + 1, \cdots, k_{i+1} - 1$, $s_j \in [t_i, t_{i+1}]$, 从而 $|s_j - t_i| \leqslant \delta$, 故 $\|f(s_j) - f(t_i)\| \leqslant \omega(\delta)$, $j = k_i, k_i + 1, \cdots, k_{i+1} - 1$. 所以

$$s(A, f) = \sum_{i=0}^{n-1} f(t_i)(t_{i+1} - t_i) = \sum_{i=0}^{n-1} \sum_{j=k_i}^{k_{i+1}-1} f(t_i)(s_{j+1} - s_j),$$

$$s(B, f) = \sum_{j=0}^{m-1} f(s_j)(s_{j+1} - s_j) = \sum_{i=0}^{n-1} \sum_{j=k_i}^{k_{i+1}-1} f(s_j)(s_{j+1} - s_j),$$

即得

$$\begin{aligned} \|s(B, f) - s(A, f)\| &\leqslant \sum_{i=0}^{n-1} \sum_{j=k_i}^{k_{i+1}-1} \|f(t_i) - f(s_j)\| |s_{j+1} - s_j| \\ &\leqslant \omega(\delta) \sum_{i=0}^{n-1} \sum_{j=k_i}^{k_{i+1}-1} (s_{j+1} - s_j) = (b - a)\omega(\delta). \end{aligned}$$

同理可得 $\|S(B, f) - S(A, f)\| \leqslant (b - a)\omega(\delta)$. □

引理 9.4.6 设 A_δ 和 A_ϵ 是 $[a, b]$ 的任意 δ 和 ϵ 划分. 则

$$\|s(A_\delta, f) - s(A_\epsilon, f)\| \leqslant (b - a)(\omega(\delta) + \omega(\epsilon)),$$

$$\|S(A_\delta, f) - S(A_\epsilon, f)\| \leqslant (b - a)(\omega(\delta) + \omega(\epsilon)).$$

证明 将 A_δ, A_ϵ 这两个划分合并得到新的划分 B, 则 B 是 A_δ 与 A_δ 一个细分. 于是由引理 9.4.5,

$$\|s(A_\delta, f) - s(B, f)\| \leqslant (b - a)\omega(\delta), \quad \|s(A_\epsilon, f) - s(B, f)\| \leqslant (b - a)\omega(\epsilon),$$

从而 $\|s(A_\delta, f) - s(A_\epsilon, f)\| \leqslant (b - a)(\omega(\delta) + \omega(\epsilon))$.

同理可得 $\|S(A_\delta, f) - S(A_\epsilon, f)\| \leqslant (b - a)(\omega(\delta) + \omega(\epsilon))$. □

定理 9.4.7 设 f 为 $[a, b]$ 到 X 的连续映射. 则 $\int_a^b f(t)dt$ 存在.

证明 设 $\{A_{\delta_n}\}$ 为 $[a,b]$ 的任何 δ_n–划分且当 $n\to\infty$ 时, $\delta_n\to 0$. 因为 $f(t)$ 在 $[a,b]$ 上一致连续, 故 $\lim\limits_{n\to\infty}\omega(\delta_n)=0$. 由引理 9.4.6,

$$\|s(A_{\delta_n},f)-s(A_{\delta_m},f)\|\leqslant(b-a)(\omega(\delta_n)+\omega(\delta_m)),$$

$$\|S(A_{\delta_n},f)-S(A_{\delta_m},f)\|\leqslant(b-a)(\omega(\delta_n)+\omega(\delta_m)),$$

另外,

$$\|s(A_{\delta_n},f)-S(A_{\delta_n},f)\|\leqslant(b-a)\omega(\delta_n),\quad n,m=1,2,\cdots,$$

故 $\{s(A_{\delta_n},f)\}$ 和 $\{S(A_{\delta_n},f)\}$ 是 X 中的 Cauchy 列而且它们有相同的极限 S.

现设另有 $[a,b]$ 的 ϵ_n–划分 A_{ϵ_n} 且当 $n\to\infty$ 时, $\epsilon_n\to 0$. 则

$$\|s(A_{\delta_n},f)-s(A_{\epsilon_n},f)\|\leqslant(b-a)(\omega(\delta_n)+\omega(\epsilon_n)),$$

$$\|S(A_{\delta_n},f)-S(A_{\epsilon_n},f)\|\leqslant(b-a)(\omega(\delta_n)+\omega(\epsilon_n)),$$

而 $\lim\limits_{n\to\infty}\omega(\epsilon_n)=\lim\limits_{n\to\infty}\omega(\delta_n)=0$, 故 $\lim\limits_{n\to\infty}s(A_{\epsilon_n},f)=\lim\limits_{n\to\infty}S(A_{\epsilon_n},f)=S$. □

根据连续向量值函数的 Riemann 积分定义, 容易验证下面的性质.

命题 9.4.8 设 $f(t),g(t)$ 为 $[a,b]$ 到 X 的连续映射, 则有

(1) $\displaystyle\int_a^b(\lambda f(t)+\mu g(t))dt=\lambda\int_a^b f(t)dt+\mu\int_a^b g(t)dt$, $\lambda,\mu\in\mathbb{C}$;

(2) 设 $c\in(a,b)$, 则 $\displaystyle\int_a^b f(t)dt=\int_a^c f(t)dt+\int_c^b f(t)dt$;

(3) $\displaystyle\left\|\int_a^b f(t)dt\right\|\leqslant\int_a^b\|f(t)\|dt$;

(4) 设 Z 为 Banach 空间, $A\in B(Y,Z)$, 则 $\displaystyle\int_a^b A(f(t))dt=A\Big(\int_a^b f(t)dt\Big)$;

(5) 若 $f(t)$ 可导且 $f'(t)$ 在 $[a,b]$ 上连续, 则 $\displaystyle\int_a^b f'(t)dt=f(b)-f(a)$;

(6) 令 $F(t)=\displaystyle\int_a^t f(\tau)d\tau$, $\forall t\in[a,b]$, 则 $F(t)$ 在 $[a,b]$ 上可导并且对任意 $t\in[a,b]$, 有 $F'(t)=f(t)$.

有了连续向量值函数的 Riemann 积分定义, 我们可以定义连续向量值函数沿一条曲线的积分如下.

定义 9.4.9 设 $f:\Omega\to X$ 为连续映射, $\Gamma: z=z(t)$, $\forall t\in[a,b]$ 是 Ω 中一条从点 $\alpha=z(a)$ 到点 $\beta=z(b)$ 的简单光滑曲线 (规定为正向曲线). 则 $f(z)$ 沿 Γ

的积分 $\int_\Gamma f(z)dz$ 定义为

$$\int_\Gamma f(z)dz = \int_a^b f(z(t))z'(t)dt.$$

如果 Γ 为 Ω 中的一条按段光滑的正向曲线, 即在 Ω 中有 k 条正向简单光滑曲线 $C_1, C_2, \cdots, C_k$ 使得 Γ 为它们首尾相连而成, 则定义 $\int_\Gamma f(z)dz$ 为

$$\int_\Gamma f(z)dz = \int_{C_1} f(z)dz + \int_{C_2} f(z)dz + \cdots + \int_{C_k} f(z)dz.$$

当 Γ 是封闭曲线时, 我们就以 $\oint_\Gamma f(z)dz$ 表示 $\int_\Gamma f(z)dz$.

根据定义 9.4.9 及命题 9.4.8, 容易得到下列性质.

命题 9.4.10 设 $f(z), g(z)$ 为 Ω 到 X 的连续映射, C 是 Ω 内的一条简单按段光滑正向曲线, 则

(1) $\int_C (\alpha f(z) + \beta g(z))dz = \alpha \int_C f(z)dz + \beta \int_C g(z)dz$, 其中 $\alpha, \beta \in \mathbb{C}$;

(2) $\int_{C^-} f(z)dz = -\int_C f(z)dz$, 这里 C^- 表示 C 的反向曲线;

(3) $\left\| \int_C f(z)dz \right\| \leqslant \int_C \|f(z)\| ds$, 其中 ds 是 C 的弧长微分;

(4) 设 Z 为 Banach 空间, $A \in B(Y, Z)$, 则 $\int_C A(f(z))dz = A\Big(\int_C f(z)dz\Big)$.

于是, 结合定理 9.4.3 和命题 9.4.10, 我们可以得到下面的定理.

定理 9.4.11 设 Ω 是 $\mathbb{C}$ 中区域, $f(z)$ 为 Ω 到 X 的连续映射.

(1) 如果 Ω 单连通, 则 $f(z)$ 在 Ω 内解析当且仅当 $\oint_L f(z)dz = 0$ 对于 Ω 中的任何一条简单按段光滑的正向曲线 L 成立;

(2) 如果 $f(z)$ 在 Ω 内解析, 则 $f(z)$ 的任何一阶的导函数都解析且

$$f^{(n)}(z) = \frac{n!}{2\pi i} \oint_L \frac{f(\xi)}{(\xi - z)^{n+1}} dz \quad (n \geqslant 0) \quad \forall z \in \Omega,$$

其中, L 为 Ω 中的任何一条简单按段光滑的正向曲线且其内部包含 z.

推论 9.4.12 设 $f\colon \mathbb{C} \to X$ 解析而且存在 $M > 0$ 使得 $\|f(z)\| \leqslant M$, $\forall z \in \mathbb{C}$. 则存在 $a \in X$ 使得 $f(z) = a, \forall z \in \mathbb{C}$.

证明 任取 $z \in \mathbb{C}$ 及 $R > 0$. 由于 $f'(z) = \frac{1}{2\pi \mathrm{i}} \oint_{|\xi - z| = R} \frac{f(\xi)}{(\xi - z)^2} d\xi$, 故

$$\|f'(z)\| \leqslant \frac{1}{2\pi} \oint_{|\xi - z| = R} \frac{\|f(\xi)\|}{|\xi - z|^2} ds \leqslant \frac{M}{R}.$$

在上式中, 令 $R \to +\infty$, 得到 $f'(z) = 0$, $\forall z \in \mathbb{C}$. 设 $z_0 \in \mathbb{C}$, $a = f(z_0)$. 若有 $z_1 \in \mathbb{C}$ 且 $z_1 \neq z_0$ 使得 $f(z_1) \neq a$, 则由推论 5.1.6, 存在 $\phi \in X^*$ 使得

$$\phi(f(z_1) - a) = \|f(z_1) - a\| > 0, \quad \|\phi\| = 1.$$

设 $g(z) = \phi(f(z) - a)$, $\forall z \in \mathbb{C}$. 则 $g \in H(\mathbb{C})$ 且 $g'(z) = \phi(f'(z)) = 0$, $\forall z \in \mathbb{C}$. 于是 $g(z) = g(z_0) = 0$, $\forall z \in \mathbb{C}$. 这与 $g(z_1) > 0$ 矛盾. □

设 $\{a_n\} \subset X$ 使得 $R = \dfrac{1}{\overline{\lim\limits_{n\to\infty}} \sqrt[n]{\|a_n\|}} > 0$. 考虑幂级数 $\sum\limits_{n=0}^{\infty} a_n (z-a)^n$, 其中 $z, a \in \mathbb{C}$. 因为对任意 $z \in U(a, R)$, $\sum\limits_{n=0}^{\infty} \|a_n\| |z - a|^n$ 收敛, 故 $\sum\limits_{n=0}^{\infty} a_n (z-a)^n$ 在 $U(a, R)$ 内内闭一致收敛.

设 $z_0 \notin U(a, R)$ 并取 $z_1 \in \mathbb{C}$ 使得 $|z_0 - a| > |z_1 - a| > R$. 则 $\sum\limits_{n=0}^{\infty} \|a_n\| |z_j - a|^n$ 发散, $j = 0, 1$. 如果 $\sum\limits_{n=0}^{\infty} a_n (z_0 - a)^n$ 收敛, 则有 $M > 0$ 使得 $\|a_n\| |z_0 - a|^n \leqslant M$, $n \geqslant 0$. 故由 $\sum\limits_{n=0}^{\infty} \left| \dfrac{z_1 - a}{z_0 - a} \right|^n$ 收敛及

$$\|a_n\| |z_1 - a|^n \leqslant \|a_n\| |z_0 - a|^n \leqslant M \left| \frac{z_1 - a}{z_0 - a} \right|^n, \quad n \geqslant 0,$$

得到 $\sum\limits_{n=0}^{\infty} \|a_n\| |z_1 - a|^n$ 收敛, 与前述的 $\sum\limits_{n=0}^{\infty} \|a_n\| |z_1 - a|^n$ 发散相矛盾. 所以对任意 $z \notin U(a, R)$, $\sum\limits_{n=0}^{\infty} a_n (z-a)^n$ 发散.

对于 $\{c_n\}_{n \in \mathbb{Z}} \subset X$, $a \in \mathbb{C}$, Laurent 级数 $\sum\limits_{-\infty}^{+\infty} c_n (z-a)^n$ 表示为

$$\sum_{n=-\infty}^{+\infty} c_n (z-a)^n = \sum_{n=1}^{\infty} c_{-n} (z-a)^{-n} + \sum_{n=0}^{\infty} c_n (z-a)^n.$$

如果 $r = \overline{\lim\limits_{n\to\infty}} \sqrt[n]{\|c_{-n}\|} < +\infty$, $R = \dfrac{1}{\overline{\lim\limits_{n\to\infty}} \sqrt[n]{\|c_n\|}} > 0$, 则在圆环 $r < |z-a| < R$ 内, $\sum\limits_{n=-\infty}^{+\infty} c_n(z-a)^n$ 内闭一致收敛.

利用定理 9.4.11, 我们可以得出下面的定理.

定理 9.4.13 设 $0 \leqslant r < \rho < R \leqslant +\infty$, $a \in \mathbb{C}$. 设 $L_\rho = \{z \in \mathbb{C} \mid |z-a| = \rho\}$ 并取逆时针方向为正向.

(1) 设 $\Omega = \{z \in \mathbb{C} \mid r < |z-a| < R\}$, $f\colon \Omega \to X$ 解析. 则 $f(z)$ 在 Ω 内可表示为在 Ω 内内闭一致收敛的 Laurent 级数 $f(z) = \sum\limits_{n=-\infty}^{\infty} c_n(z-a)^n$, $\forall\, z \in \Omega$, 其中 $c_n = \dfrac{1}{2\pi \mathrm{i}} \oint_{L_\rho} \dfrac{f(\xi)}{(\xi-a)^{n+1}} d\xi$, $n \in \mathbb{Z}$.

(2) 设 $G = \{z \in \mathbb{C} \mid |z-a| < R\}$, $f\colon G \to X$ 解析. 则 $f(z)$ 在 G 内可展开为在 G 内内闭一致收敛的 Taylor 级数 $f(z) = \sum\limits_{n=0}^{\infty} \dfrac{f^{(n)}(a)}{n!}(z-a)^n$, $\forall\, z \in G$.

(3) 设 $c_n \in X, n \in \mathbb{Z}$ 满足 : $r = \overline{\lim\limits_{n\to\infty}} \sqrt[n]{\|c_{-n}\|} < +\infty$, $R = \dfrac{1}{\overline{\lim\limits_{n\to\infty}} \sqrt[n]{\|c_n\|}} > 0$. 则 $\sum\limits_{n=-\infty}^{\infty} c_n(z-a)^n$ 在 $r<|z-a|<R$ 内内闭一致收敛于抽象解析函数 $f(z)$.

(4) 设 $\{a_n\} \subset X$ 满足 : $R = \dfrac{1}{\overline{\lim\limits_{n\to\infty}} \sqrt[n]{\|a_n\|}} > 0$. 则 $\sum\limits_{n=0}^{\infty} a_n(z-a)^n$ 在 $|z-a|<R$ 内内闭一致收敛于抽象解析函数 $g(z)$.

下面我们来推广解析函数的最大模原理.

定理 9.4.14 设 Ω 为 $\mathbb{C}$ 中区域, $f\colon \Omega \to X$ 解析, $a \in \Omega$.

(1) 若 $\|f(a)\| = \sup\limits_{z\in\Omega} \|f(z)\|$, 则 $\|f(z)\| = \|f(a)\|$, $\forall\, z \in \Omega$.

(2) 若 X 为 Hilbert 空间且 $\|f(a)\| = \sup\limits_{z\in\Omega} \|f(z)\|$, 则 $f(z) = f(a)$, $\forall\, z \in \Omega$.

证明 (1) 设 $A = \{z \in \Omega \mid \|f(z)\| = \|f(a)\|\}$. 因 $\|f(z)\|$ 在 Ω 上连续, 故 A 在 Ω 中闭. 任取 $z_0 \in \Omega$. 则有 $r > 0$ 使得 $U(z_0, 2r) \subset \Omega$. 任取 $\rho \in (0, r]$, 令 $L = \{z \in \Omega \mid |z-z_0| = \rho\}$. 则 $L \subset U(z_0, 2r)$, 于是

$$f(z_0) = \frac{1}{2\pi \mathrm{i}} \oint_L \frac{f(z)}{z-z_0} dz \xlongequal{z=z_0+\rho \mathrm{e}^{\mathrm{i}\theta}} \frac{1}{2\pi} \int_0^{2\pi} f(z_0 + \rho \mathrm{e}^{\mathrm{i}\theta})\, d\theta.$$

$$\|f(a)\| = \|f(z_0)\| \leqslant \frac{1}{2\pi} \int_0^{2\pi} \|f(z_0 + \rho \mathrm{e}^{\mathrm{i}\theta})\|\, d\theta \leqslant \sup_{z\in\Omega} \|f(z)\| = \|f(a)\|,$$

即得

$$\frac{1}{2\pi}\int_0^{2\pi}(\|f(z_0)\|-\|f(z_0+\rho e^{i\theta})\|)d\theta=0.$$

注意到

$$\|f(z_0)\|\geqslant\|f(z_0+\rho e^{i\theta})\|,\quad \forall\,\theta\in[0,2\pi],\ \rho\in[0,r].$$

故 $\|f(z)\|=\|f(z_0)\|, \forall\, z\in U(z_0,r)$, 即 $U(z_0,r)\subset A$. 于是 A 是 Ω 中的开子集.

因为 Ω 在 $\mathbb{C}$ 中连通而 A 在 Ω 中是非空的既开又闭的子集, 故 $A=\Omega$.

(2) 存在 $\delta>0$, 使得 $U(a,\delta)\subset\Omega$ 及 $\|f(z)\|\leqslant\|f(a)\|, \forall\, z\in U(a,\delta)$. 因为 $f\in H(U(a,\delta))$, 故由定理 9.4.13 (2), $f(z)=\sum\limits_{n=0}^{\infty}a_n(z-a)^n, \forall\, z\in U(a,\delta)$, 其中 $a_n=\dfrac{f^{(n)}(a)}{n!}$, $n\geqslant 0$. 则 $f(a+re^{i\theta})=\sum\limits_{n=0}^{\infty}a_nr^ne^{in\theta}, \forall\, r\in(0,\delta),\ \theta\in[0,2\pi]$,

$$\begin{aligned}\|f(a)\|^2&\geqslant\max_{\theta\in[0,2\pi]}\|f(a+re^{i\theta})\|^2\geqslant\frac{1}{2\pi}\int_0^{2\pi}\|f(a+re^{i\theta})\|^2d\theta\\&=\sum_{m,n\geqslant 0}^{\infty}\langle a_n,a_m\rangle r^{n+m}\frac{1}{2\pi}\int_0^{2\pi}e^{i(n-m)}d\theta=\sum_{n=0}^{\infty}\|a_n\|^2r^{2n}.\end{aligned}$$

因为 $a_0=f(a)$, 所以由上述不等式可得 $a_k=0$, $k=1,2,\cdots$. 从而 $f(z)=f(a)$, $\forall\, z\in U(a,r)$. 进而由推论 9.4.4, $f(z)=f(a), \forall\, z\in\Omega$. □

习　题

1. 设 $z_0=(z_1^{(0)},\cdots,z_n^{(0)})\in\mathbb{C}^n$, $r=(r_1,\cdots,r_n)\in\mathbb{R}_+^n$. 令

$$\widetilde{\partial}(P(z_0,r))=\{(z_1,\cdots,z_n)\in\mathbb{C}^n\,|\,|z_j-z_j^{(0)}|=r_j,\ j=1,\cdots,n\}.$$

设 $f,g\in H(P(z_0,r))$ 且 $f,g\in C(\overline{P(z_0,r)})$.

(1) 证明: $\widetilde{\partial}(P(z_0,r))\subsetneqq\partial(P(z_0,r))$.

(2) 如果 $f(z)=g(z), \forall\, z\in\widetilde{\partial}(P(z_0,r))$, 证明: $f(z)=g(z), \forall\, z\in P(z_0,r)$.

(3) $\max\{|f(z)|\,|\,z\in\overline{P(z_0,r)}\}=\max\{|f(z)|\,|\,z\in\widetilde{\partial}(P(z_0,r))\}$.

2. 设 $r>0$, $D_n(0,r)=\{(z_1,\cdots,z_n)\in\mathbb{C}^n\,|\,|z_j|<r, j=1,\cdots,n\}$. 设 f 在 $D_n(0,r)$ 内解析且满足条件: $f(0)=0$, $|f(z)|\leqslant M, \forall\, z\in D_n(0,r)$, 这里, M 为正常数. 证明: $|f(z)|\leqslant\dfrac{M}{r}|z|, \forall\, z\in D_n(0,r)$.

3. 设 $G=\{(z_1,z_2)\in\mathbb{C}^2\,|\,|z_1|<1, |z_2|<1\}$, $f(z_1,z_2)$ 为 $\overline{G}$ 上复值连续函数. 设 $E=\{z\in\Omega\,|\,f(z)=0\}$, $f\in H(G\backslash E)$. 证明: $f\in H(G)$. (利用第 8 章习题 8)

4. 设 G 是 $\mathbb{C}^n$ 中的区域, $f \in H(G)$. 证明: $f(z)$ 的每个零点都不是 G 中的孤立点.

5. 设 Ω 为 $\mathbb{C}$ 中的有界区域, X 是 Banach 空间. 设 $f\colon \overline{\Omega} \to X$ 为连续映射且 $f\colon \Omega \to X$ 解析. 证明: $\max\limits_{z\in\overline{\Omega}} \|f(z)\| = \max\limits_{z\in\partial\Omega} \|f(z)\|$.

6. 设 $U = \{z \in \mathbb{C} \mid |z| < R\}$ $(0 < R < +\infty)$, X 为 Hilbert 空间. 设 $f\colon\ U \to X$ 为解析映射且 $f(0) = 0$. 设 $M = \sup\limits_{z\in U} \|f(z)\| < +\infty$. 证明: $\|f(z)\| \leqslant \dfrac{M}{R}|z|, \forall\, z \in U$.

若有某个 $z_0 \in U$, $z_0 \neq 0$ 使得 $\|f(z_0)\| = \dfrac{M}{R}|z_0|$, 则存在 $a \in X$ 使得 $\|a\| = \dfrac{M}{R}$ 及 $f(z) = az, \forall\, z \in U$.

7. 设 $(H, \|\cdot\|)$ 是 Hilbert 空间, Ω 是 $\mathbb{C}$ 中的区域. 设 $f(z) = U(x,y) + \mathrm{i}V(x,y)$, $\forall\, z = x + \mathrm{i}y \in \Omega$, 是 Ω 到 X 的抽象解析函数. 对任意 $z = x + \mathrm{i}y \in \Omega$, 定义 U 关于 x 的偏导数为

$$\frac{\partial U}{\partial x}(x,y) = \lim_{\Delta x\to 0} \frac{U(x+\Delta x, y) - U(x,y)}{\Delta x},$$

(如果按 X 中的范数 $\|\cdot\|$, 此极限存在.) 同样地, 可以定义 $\dfrac{\partial U}{\partial y}$, $\dfrac{\partial V}{\partial x}$ 和 $\dfrac{\partial V}{\partial y}$.

(1) 证明: 在 Ω 上, $\dfrac{\partial U}{\partial x}$, $\dfrac{\partial U}{\partial y}$, $\dfrac{\partial V}{\partial x}$ 和 $\dfrac{\partial V}{\partial y}$ 都存在, 而且 $\dfrac{\partial U}{\partial x} = \dfrac{\partial V}{\partial y}$, $\dfrac{\partial U}{\partial y} = -\dfrac{\partial V}{\partial x}$.

(2) 计算 $\Delta(\|f(z)\|^2)$ 和 $\Delta[\ln(1 + \|f(z)\|^2)]$, $\forall\, z \in \Omega$.

(3) 证明: $\ln\|f(z)\|$ 和 $\|f(z)\|^p$ $(p > 0)$ 是 Ω 上的次调和函数.

8. 设 H 是 Hilbert 空间, $T \in B(H,H)$ 满足条件:

(1) 存在 $A \in B(H,H)$ 使得 $TA = I$, 这里, I 是 H 上的单位算子.

(2) 存在 $e \in H\backslash\{0\}$ 使得 $\operatorname{Ker}(T) = \operatorname{span}\{e\}$.

设 $\Omega = \left\{z \in \mathbb{C} \,\middle|\, |z| < \dfrac{1}{\|A\|}\right\}$. 证明:

(1) 对任意 $z \in \Omega$, $\operatorname{Ran}(I - zA) = H$, $\operatorname{Ker}(I - zA) = \{0\}$, 即 $(I - zA)^{-1} \in B(H,H)$.

(2) 对任意 $z \in \Omega$, $\|(I - zA)^{-1}\| < \dfrac{1}{1 - |z|\|A\|}$, 且 $e(z) = (I - zA)^{-1}e$ 是 Ω 上的抽象解析函数.

(3) $Te(z) = ze(z)$, 对任意 $z \in \Omega$ 成立; 进一步,

$$\operatorname{Ker}(T - zI)^n = \operatorname{span}\{e^{(n-1)}(z), \cdots, e^{(1)}(z), e(z)\}, \quad \forall\, z \in \Omega.$$

第10章

Banach 代数理论

在我们所熟悉的许多赋范空间中, 除了元素的加法和数乘以外, 还有元素之间的乘法. 例如在 $C[a,b]$ 中, 两个元素 f 和 g 的乘积 fg 仍是 $C[a,b]$ 中的一个元素. 这一点提示我们在一些赋范空间中只讨论加法和数乘不足以"挖掘"出空间结构更深一层的内容. 因此我们还需讨论带有乘法的赋范空间, 即赋范代数.

10.1 Banach 代数的定义和商代数

定义 10.1.1 设 $\mathcal{A}$ 是数域 $\mathbb{K}$ 上的线性空间. 称 $\mathcal{A}$ 是一个代数, 如果 $\mathcal{A}$ 上有一个运算"·"称为乘法, 对 $x,y,z\in\mathcal{A}$ 和 $\lambda\in\mathbb{K}$ 满足

$$(x\cdot y)\cdot z=x\cdot(y\cdot z),\quad \lambda(x\cdot y)=(\lambda x)\cdot y=x\cdot(\lambda y),$$

$$x\cdot(y+z)=x\cdot y+x\cdot z,\quad (x+y)\cdot z=x\cdot z+y\cdot z.$$

根据 $\mathbb{K}$ 是 $\mathbb{R}$ 或 $\mathbb{C}$ 分别称 $\mathcal{A}$ 为实代数或复代数.

如果对任何 $x,y\in\mathcal{A}$ 有 $x\cdot y=y\cdot x$, 则称 $\mathcal{A}$ 为交换代数. 如果有一元素 $e\in\mathcal{A}$ 满足 $x\cdot e=e\cdot x=x, \forall x\in\mathcal{A}$, 则称 e 为代数 $\mathcal{A}$ 的单位元.

显然如果 $\mathcal{A}$ 有单位元, 则单位元是唯一的. 为了简便起见, 今后我们直接把 $x\cdot y$ 写成 xy.

定义 10.1.2 设代数 $\mathcal{A}$ 同时是一赋范空间, 且对任何 $x,y\in\mathcal{A}$ 有

$$\|xy\|\leqslant\|x\|\|y\|,$$

则称 $\mathcal{A}$ 是一个赋范代数. 若 $\mathcal{A}$ 关于此范数是完备的, 则称 $\mathcal{A}$ 是 Banach 代数.

注 10.1.3 设 e 是 Banach 代数 $\mathcal{A}$ 的单位元且 $\|e\|\neq 1$. 在 $\mathcal{A}$ 上定义一个新的范数为

$$\|x\|_0=\sup\{\|xy\|\mid y\in\mathcal{A},\ \|y\|=1\},\quad \forall x\in\mathcal{A}. \tag{10.1}$$

于是, $\|e\|_0=\sup\{\|ey\| \mid y\in\mathcal{A},\ \|y\|=1\}=1$ 且对任何 $x,y\in\mathcal{A}$ 有

$$\|x\|_0\leqslant\|x\|,\quad \|xy\|\leqslant\|x\|_0\|y\|,\quad \|xy\|_0\leqslant\|x\|_0\|y\|_0.$$

另一方面, 由 (10.1) 式可得 $\left\|x\dfrac{e}{\|e\|}\right\|\leqslant\|x\|_0$. 于是

$$\|x\|_0\leqslant\|x\|=\|xe\|\leqslant\|e\|\|x\|_0,\quad \forall x\in\mathcal{A},$$

即 $\mathcal{A}$ 上的范数 $\|\cdot\|$ 和 $\|\cdot\|_0$ 等价. 则 $\mathcal{A}$ 关于范数 $\|\cdot\|_0$ 仍是 Banach 代数且 $\|e\|_0=1$. 进而, 对于有单位元 e 的 Banach 代数 $\mathcal{A}$, 我们总是认为 $\|e\|=1$.

命题 10.1.4 设 $\mathcal{A}$ 是 Banach 代数. 则乘法运算是连续的, 即对任意 $x,y\in\mathcal{A}$ 及任意 $\{x_n\},\{y_n\}\subset\mathcal{A}$ 且 $x_n\xrightarrow{\|\cdot\|}x$, $y_n\xrightarrow{\|\cdot\|}y$ 时, $x_ny_n\xrightarrow{\|\cdot\|}xy\ (n\to\infty)$.

证明 从 $x_n\xrightarrow{\|\cdot\|}x$ 知, $\{\|x_n\|\}$ 有界, 即有 $M>0$, 使得 $\|x_n\|\leqslant M, \forall n\geqslant 1$. 这样,

$$\begin{aligned}\|x_ny_n-xy\|&=\|x_ny_n-x_ny+x_ny-xy\|\\&\leqslant\|x_n\|\|y_n-y\|+\|x_n-x\|\|y\|\to 0\quad(n\to\infty).\end{aligned}$$
□

Banach 代数有很多, 以下是几个具体例子.

例 10.1.5 (1) 设 X 为 Banach 空间. 按算子范数, $B(X,X)$ 是一个 Banach 空间 (定理 1.3.19), 按算子复合运算 $B(X,X)$ 是代数. 由命题 1.3.18 (3), 对任意 $A,B\in B(X,X)$, 有 $\|AB\|\leqslant\|A\|\|B\|$. 因此 $B(X,X)$ 是一个有单位元的 Banach 代数. X 上的恒等算子 I 是其单位元.

(2) 在 (1) 中, 令 $X=(\mathbb{K}^n,\langle\cdot,\cdot\rangle)$. 记 $M_n(\mathbb{K})$ 为数域 $\mathbb{K}$ 上 $n\times n$ 矩阵全体. 对于矩阵的加法、数乘和矩阵乘法, $M_n(\mathbb{K})$ 是一个代数. 对每一个矩阵赋于 $\mathbb{K}^n$ 上的算子范数时, $M_n(\mathbb{K})$ 是一个有单位元的 Banach 代数. 单位元是单位矩阵.

(3) 设 M 是一个紧 Hausdorff 空间. 考虑 Banach 空间 $(C(M),\|\cdot\|)$. 对于任何 $f,g\in C(M)$, 显然有 $f\cdot 1=1\cdot f=f$ 以及

$$\|fg\|=\max_{x\in M}|f(x)g(x)|\leqslant\max_{x\in M}|f(x)|\cdot\max_{x\in M}|g(x)|=\|f\|\cdot\|g\|,$$

因此 $C(M)$ 是一个有单位元 1 的交换的 Banach 代数, 其中 1 是常值函数 1.

(4) 设 $A(D)$ 是在开单位圆盘 D 中解析, 在闭单位圆盘 $\overline{D}$ 上连续的函数全体. 依极大模的范数 $\|f\|=\max\limits_{|z|=1}|f(z)|, \forall f\in A(D)$, $A(D)$ 是一个有单位元的交换的 Banach 代数, 称之为圆盘代数. 它是 $C(\overline{D})$ 的闭子代数.

设 $\mathcal{A}$ 是 $\mathbb{K}$ 上的赋范代数, $\mathcal{I}$ 是 $\mathcal{A}$ 的闭理想, 即 $\mathcal{I}$ 是 $\mathcal{A}$ 闭子空间而且对任意 $a\in\mathcal{A}$, $x\in\mathcal{I}$，有 $ax, xa\in\mathcal{I}$. 对任意 $a,b\in\mathcal{A}$, 如果 $a-b\in\mathcal{I}$, 则称 a 与 b 关于 $\mathcal{I}$ 在同一类并以 $[a]$ 表示在 $\mathcal{A}$ 中, 与 a 在同一类的元素全体. 记 $\mathcal{A}/\mathcal{I}=\{[a]|a\in\mathcal{A}\}$. 在 $\mathcal{A}/\mathcal{I}$ 中定义加法、数乘和乘法分别为

$$[a]+[b]=[a+b],\ \lambda[a]=[\lambda a],\ [a][b]=[ab],\quad \forall\, a,b\in\mathcal{A},\ \lambda\in\mathbb{K}.$$

易知, 上述的运算定义是有意义的. 于是, 按上述的运算, $\mathcal{A}/\mathcal{I}$ 成为 $\mathbb{K}$ 上的一个代数, 其零元 0 为 $[x]$, $\forall\, x\in\mathcal{I}$.

对 $a\in\mathcal{A}$, 定义 $\|[a]\|_{\mathcal{I}}=\inf\{\|a-x\|\,|\,x\in\mathcal{I}\}$. 则有如下命题.

命题 10.1.6 设 $(\mathcal{A},\|\cdot\|)$ 是 $\mathbb{K}$ 上的赋范代数, $\mathcal{I}$ 是 $\mathcal{A}$ 的闭理想.

(1) 对任意 $a\in\mathcal{A}$, $\|[a]\|_{\mathcal{I}}\leqslant\|a\|$.

(2) $(\mathcal{A}/\mathcal{I},\|\cdot\|_{\mathcal{I}})$ 是赋范代数, 称为关于 $\mathcal{I}$ 的商代数.

(3) 若 $(\mathcal{A},\|\cdot\|)$ 是 Banach 代数, 则 $(\mathcal{A}/\mathcal{I},\|\cdot\|_{\mathcal{I}})$ 也是 Banach 代数.

证明 (1) 因为 $0\in\mathcal{I}$, 所以 $\|[a]\|_{\mathcal{I}}\leqslant\|a-0\|=\|a\|$.

(2) 显然 $\|[a]\|_{\mathcal{I}}\geqslant 0$, $\forall\, a\in\mathcal{A}$ 而且当 $\|[a]\|_{\mathcal{I}}=0$ 时, $a\in\mathcal{I}$, 于是 $[a]=0$. 对任意 $a,b\in\mathcal{A}$, $\lambda\in\mathbb{C}\backslash\{0\}$, $s,t\in\mathcal{I}$, 有

$$\|\lambda[a]\|_{\mathcal{I}}=\inf_{x\in\mathcal{I}}\|\lambda a-x\|=|\lambda|\inf_{x\in\mathcal{I}}\|a-\lambda^{-1}x\|=|\lambda|\|[a]\|_{\mathcal{I}},$$

$$\|[a]+[b]\|_{\mathcal{I}}=\|[a+b]\|_{\mathcal{I}}\leqslant\|a-s+b-t\|\leqslant\|a-s\|+\|b-t\| \tag{10.2}$$

$$\|[a][b]\|_{\mathcal{I}}=\|[ab]\|_{\mathcal{I}}\leqslant\|ab-sb-at+st\|\leqslant\|a-s\|\|b-t\|, \tag{10.3}$$

在 (10.2) 式和 (10.3) 式中, 分别对 s 和 t 在 $\mathcal{I}$ 中取下确界, 得到

$$\|[a]+[b]\|_{\mathcal{I}}\leqslant\|[a]\|_{\mathcal{I}}+\|[b]\|_{\mathcal{I}},\quad \|[a][b]\|_{\mathcal{I}}\leqslant\|[a]\|_{\mathcal{I}}\|[b]\|_{\mathcal{I}}.$$

于是 $(\mathcal{A}/\mathcal{I},\|\cdot\|_{\mathcal{I}})$ 是赋范代数.

(3) 设 $\{a_n\}\subset\mathcal{A}$ 且 $\{[a_n]\}$ 是 $\mathcal{A}/\mathcal{I}$ 中的 Cauchy 列. 于是, 存在 $\{[a_n]\}$ 中的一个子列 $\{[a_{n_k}]\}$ 使得 $\big\|[a_{n_{k+1}}]-[a_{n_k}]\big\|_{\mathcal{I}}<\dfrac{1}{k^2}$, $k=1,2,\cdots$. 根据

$$\inf_{x\in\mathcal{I}}\|(a_{n_{k+1}}-a_{n_k})-x\|=\big\|[a_{n_{k+1}}]-[a_{n_k}]\big\|_{\mathcal{I}}<\frac{1}{k^2},\quad \forall\, k\geqslant 1,$$

取 $\{x_k\}\subset\mathcal{I}$ 使得 $\|(a_{n_{k+1}}-a_{n_k})-x_k\|<\dfrac{1}{k^2}$ 并令 $b_k=(a_{n_{k+1}}-a_{n_k})-x_k$, $k=1,2,\cdots$. 则 $b=\sum\limits_{k=1}^{\infty}b_k\in\mathcal{A}$. 由于

$$\sum_{k=1}^{m-1}b_k=a_{n_m}-a_{n_1}-\sum_{k=1}^{m-1}x_k,\quad [a_{n_m}]-[a_{n_1}]=\Big[\sum_{k=1}^{m-1}b_k\Big],\quad m=2,3,\cdots,$$

所以, 由 (1) 中的结论, 得

$$\|[a_{n_m}]-[a_{n_1}+b]\|_{\mathcal{I}}=\left\|\left[\sum_{k=1}^{m-1}b_k\right]-[b]\right\|_{\mathcal{I}}\leqslant\left\|\sum_{k=1}^{m-1}b_k-b\right\|,$$

即得 $[a_{n_m}]\xrightarrow{\|\cdot\|_{\mathcal{I}}}[a_{n_1}+b]$. 从而 $[a_n]\xrightarrow{\|\cdot\|_{\mathcal{I}}}[a_{n_1}+b]$, 即 $\mathcal{A}/\mathcal{I}$ 完备. □

10.2 Banach 代数的可逆元

设 X 是 Banach 空间, $T\in B(X,X)$. 如果 T 是一对一、到上的, 则逆算子定理保证其逆算子 T^{-1} 也是有界的, 即有 $T^{-1}\in B(X,X)$ 满足 $T^{-1}T=TT^{-1}=I$. 这个性质可推广到一般的有单位元的 Banach 代数上.

定义 10.2.1 设 $\mathcal{A}$ 是有单位元 e 的 Banach 代数. 称 $a\in\mathcal{A}$ 是一个可逆元, 如果存在 $b\in\mathcal{A}$ 满足 $ab=ba=e$.

易证, 当 a 可逆时, 满足上式的 b 是唯一的, 称 b 为 a 的逆元, 并记为 a^{-1}. 记 $\mathcal{A}$ 中可逆元的全体为 $G(\mathcal{A})$. 下面我们来讨论 $G(\mathcal{A})$ 的性质.

引理 10.2.2 设 a 是 Banach 代数 $\mathcal{A}$ 中的一个非零元. 令 $r(a)=\inf\limits_{n\geqslant 1}\|a^n\|^{\frac{1}{n}}$. 则有 $r(a)=\lim\limits_{n\to\infty}\|a^n\|^{\frac{1}{n}}$.

证明 对任意 $\epsilon>0$, 取正整数 m 使得 $\|a^m\|^{\frac{1}{m}}\leqslant r(a)+\epsilon$. 对任意正整数 n, 存在自然数 p,q 使得 $n=pm+q$, 这里 $0\leqslant q\leqslant m-1$. 由于 $\lim\limits_{n\to\infty}\dfrac{mp}{n}=1$, 故

$$\begin{aligned}\|a^n\|^{\frac{1}{n}}&=\|a^{mp}\cdot a^q\|^{\frac{1}{n}}\leqslant\|a^m\|^{\frac{p}{n}}\cdot\|a\|^{\frac{q}{n}}\\&\leqslant(r(a)+\epsilon)^{\frac{pm}{n}}\cdot\|a\|^{\frac{q}{n}}\to r(a)+\epsilon,\end{aligned}$$

这说明 $\overline{\lim\limits_{n\to\infty}}\|a^n\|^{\frac{1}{n}}\leqslant r(a)+\epsilon$.

另一方面, 对任何 $n\geqslant 1$, 有 $r(a)\leqslant\|a^n\|^{\frac{1}{n}}$, 从而

$$r(a)\leqslant\underline{\lim_{n\to\infty}}\|a^n\|^{\frac{1}{n}}\leqslant\overline{\lim_{n\to\infty}}\|a^n\|^{\frac{1}{n}}\leqslant r(a)+\epsilon.$$

因为 ϵ 是任意的, 结论得证. □

引理 10.2.3 设 $\mathcal{A}$ 是有单位元 e 的 Banach 代数. 若 $a\in\mathcal{A}$ 满足条件: $r(e-a)<1$, 则 a 可逆且 $a^{-1}=\sum\limits_{n=0}^{\infty}(e-a)^n$ (按空间范数收敛), 在此规定 $(e-a)^0=e$.

证明 记 $S_n=\sum\limits_{k=0}^{n}(e-a)^k$. 则当 $m>n$ 时, 有

$$\|S_m-S_n\|=\left\|\sum_{k=n+1}^{m}(e-a)^k\right\|\leqslant\sum_{k=n+1}^{m}\|(e-a)^k\|.$$

由正项级数收敛的 Cauchy 判别准则, 当 $\lim\limits_{n\to\infty}\|(e-a)^n\|^{\frac{1}{n}}=r(e-a)<1$ 时, 正项级数 $\sum\limits_{k=0}^{\infty}\|(e-a)^n\|$ 收敛, 故 $\lim\limits_{n\to\infty}\|(e-a)^n\|=0$, 而 $\{S_n\}$ 是 $\mathcal{A}$ 中的一个 Cauchy 列. 则有 $b=\sum\limits_{k=0}^{\infty}(e-a)^k\in\mathcal{A}$, 使得 $S_n\xrightarrow{\|\cdot\|}b$. 由于对任意 $n\geqslant 1$, 有

$$aS_n=S_n-(e-a)S_n=e-(e-a)^{n+1}=S_na. \tag{10.4}$$

因为 $\lim\limits_{n\to\infty}\|(e-a)^{n+1}\|=0$, $S_n\xrightarrow{\|\cdot\|}b$, 故将命题 10.1.4 用于 (10.4) 式, 便得到 $ab=ba=e$, 即 a 可逆且 $a^{-1}=b$. □

对 $a\in\mathcal{A}$, 由于 $\|a^n\|\leqslant\|a\|^n$, 故 $r(a)\leqslant\|a\|$. 于是由引理 10.2.3 得如下结论.

推论 10.2.4 设 a 为单位元 e 的 Banach 代数 $\mathcal{A}$ 中一元素且 $\|e-a\|<1$. 则 a 可逆且

$$a^{-1}=\sum_{n=0}^{\infty}(e-a)^n,\quad \|a^{-1}\|\leqslant\frac{1}{1-\|e-a\|}.$$

设 X 为赋范空间, $T\in B(X,X)\backslash\{0\}$. 对自然数 $n=1,2,\cdots$, 规定 $T^n=\underbrace{T\cdots T}_{n}$, 而 $T^0=I$. 如果 $T^{-1}\in B(X,X)$, 规定 $T^{-n}=(T^{-1})^n$. 于是由推论 10.2.4 得到如下结论.

推论 10.2.5 设 X 为 Banach 空间, $T\in B(X,X)\backslash\{0\}$. 若 $\|T\|<1$, 则 $I+T$ 有有界逆 $(I+T)^{-1}=\sum\limits_{n=0}^{\infty}(-1)^nT^n$ 而且 $\|(I+T)^{-1}\|\leqslant\dfrac{1}{1-\|T\|}$.

推论 10.2.6 设 $\mathcal{A}$ 是有单位元 e 的 Banach 代数.

(1) $G(\mathcal{A})$ 按乘法是一个群, 其中 e 是群的单位元.

(2) 设 $a\in G(\mathcal{A})$, $b\in\mathcal{A}$ 且 $\|b-a\|<\dfrac{1}{\|a^{-1}\|}$, 则 $b\in G(\mathcal{A})$, 且

$$\|b^{-1}-a^{-1}\|\leqslant\frac{\|a^{-1}\|^2\|a-b\|}{1-\|a^{-1}\|\|a-b\|}. \tag{10.5}$$

(3) $G(\mathcal{A})$ 是 $\mathcal{A}$ 中的开集.

(4) $G(\mathcal{A})$ 到 $G(\mathcal{A})$ 的映射 $a \mapsto a^{-1}$ 是同胚映射.

证明 (1) 显然 $e \in G(\mathcal{A})$ 且 $ea = ae = e, \forall a \in G(\mathcal{A})$. 当 $a, b \in G(\mathcal{A})$ 时,由

$$(b^{-1}a^{-1})(ab) = (ab)(b^{-1}a^{-1}) = e,$$

知 $ab \in G(\mathcal{A})$ 且 $(ab)^{-1} = b^{-1}a^{-1}$.

(2) 由于

$$\|e - a^{-1}b\| = \|a^{-1}(a-b)\| \leqslant \|a^{-1}\|\|a-b\| < 1,$$

于是由推论 10.2.4, $a^{-1}b$ 可逆, 再由 (1), $b = a(a^{-1}b)$ 可逆.

由推论 10.2.4,

$$b^{-1}a = (a^{-1}b)^{-1} = \sum_{n=0}^{\infty}(e - a^{-1}b)^n,$$

因此 $b^{-1} = \left(\sum\limits_{n=0}^{\infty}(e - a^{-1}b)^n\right)a^{-1}$. 从而

$$\|b^{-1}\| \leqslant \left(\sum_{n=0}^{\infty}\|a^{-1}\|^n\|a-b\|^n\right)\|a^{-1}\| \leqslant \frac{\|a^{-1}\|}{1 - \|a^{-1}\|\|a-b\|}.$$

注意到 $b^{-1} - a^{-1} = a^{-1}(a-b)b^{-1}$, 因此有

$$\|b^{-1} - a^{-1}\| \leqslant \|a^{-1}\|\|a-b\|\|b^{-1}\| \leqslant \frac{\|a^{-1}\|^2\|a-b\|}{1 - \|a^{-1}\|\|a-b\|}.$$

(3) 对任何 $a \in G(\mathcal{A})$, 由 (2), $U\left(a, \dfrac{1}{\|a^{-1}\|}\right) \subset G(\mathcal{A})$. 因此 a 为 $G(\mathcal{A})$ 的内点, $G(\mathcal{A})$ 为 $\mathcal{A}$ 的开子集.

(4) 设 $\{a_n\} \subset G(\mathcal{A})$, $a \in G(\mathcal{A})$ 且 $a_n \to a\ (n \to \infty)$. 则当 n 充分大时, $\|a_n - a\| < \dfrac{1}{\|a^{-1}\|}$. 于是由 (10.5) 式得

$$\|a_n^{-1} - a^{-1}\| \leqslant \frac{\|a^{-1}\|^2\|a_n - a\|}{1 - \|a^{-1}\|\|a_n - a\|},$$

故 $a_n^{-1} \to a^{-1}\ (n \to \infty)$. 这样, 映射 $a \mapsto a^{-1}$ 是连续的. 又 $(a^{-1})^{-1} = a$, 所以映射 $a^{-1} \mapsto a$ 是连续的. 于是 $a \mapsto a^{-1}$ 是 $G(\mathcal{A})$ 到 $G(\mathcal{A})$ 的同胚映射. □

10.3 Banach 代数中元素的谱

设 A 是 n 阶方阵. 若 λ 是它的特征值, x 是对应于 λ 的特征向量, 即 $x \neq 0$ 且 $Ax = \lambda x$, 那么 $A - \lambda I$ 不是一对一的, 因而也是不可逆的. 这种思想在 Banach 代数理论中也可反映出来. 在下文中, 我们总是假设 $\mathcal{A}$ 是 $\mathbb{C}$ 上有单位元 e 的 Banach 代数.

定义 10.3.1 设 $a \in \mathcal{A}$, 称 $\sigma(a) = \{\lambda \in \mathbb{C} \,|\, a - \lambda e$ 在 $\mathcal{A}$ 中不可逆$\}$ 为 a 的谱集; 称 $\rho(a) = \mathbb{C} \backslash \sigma(a)$ 为 a 的预解集.

例 10.3.2 设 $C(M)$ 为例 10.1.5 (3) 中所述, $f \in C(M)$. 于是由命题 1.1.18 知, $f(M) = \{f(x) \,|\, x \in M\}$ 是 $\mathbb{C}$ 的紧子集. 若 $\lambda_0 \notin f(M)$, 则

$$|f(x) - \lambda_0| \geqslant d(\lambda_0, f(M)) > 0, \quad \forall x \in M.$$

故 $h(x) = \dfrac{1}{f(x) - \lambda_0}$ 在 M 上连续. 因 $h(f - \lambda_0) = 1$, 所以 $f(M)^c \subset \rho(f)$.

反过来, 若 $\lambda_0 \in f(M)$, 即有某个 $x_0 \in M$ 使得 $\lambda_0 = f(x_0)$, 则 $f - \lambda_0$ 在 $C(M)$ 中没有逆元. 这是因为若有 $g \in C(M)$, 满足

$$(f(x) - \lambda_0)g(x) = g(x)(f(x) - \lambda_0) = 1, \ \forall x \in M, \tag{10.6}$$

则当 $x = x_0$ 时, (10.6) 式产生矛盾. 这说明 $f(M) \subset \sigma(f)$.

总之, 我们得到 $\sigma(f) = f(M)$.

关于元素的预解集和谱, 我们有如下的结论.

命题 10.3.3 设 $a \in \mathcal{A}$.

(1) 如果 $\lambda_0 \in \mathbb{C}$ 且 $|\lambda_0| > r(a)$, 则 $\lambda_0 \in \rho(a)$ 且 $(a - \lambda_0 e)^{-1} = -\sum\limits_{n=0}^{\infty} \dfrac{a^n}{\lambda_0^{n+1}}$;

(2) 如果 $\lambda_0 \in \rho(a)$, 则当 $|\lambda - \lambda_0| < \dfrac{1}{r((a - \lambda_0 e)^{-1})}$ 时, $\lambda \in \rho(a)$ 并且

$$(a - \lambda e)^{-1} = \sum_{n=0}^{\infty} (\lambda - \lambda_0)^n (a - \lambda_0 e)^{-(n+1)},$$

其中, $(a - \lambda_0 e)^{-(n+1)} = ((a - \lambda_0 e)^{-1})^{n+1}$.

证明 (1) 因 $r(a) < |\lambda_0|$, 故 $r(\lambda_0^{-1} a) < 1$. 则由引理 10.2.3, $e - \lambda_0^{-1} a \in G(\mathcal{A})$ 而且 $(e - \lambda_0^{-1} a)^{-1} = \sum\limits_{n=0}^{\infty} (\lambda_0^{-1} a)^n$. 从而 $(a - \lambda_0 e)^{-1} = -\sum\limits_{n=0}^{\infty} \dfrac{a^n}{\lambda_0^{n+1}}$.

(2) 由 $|\lambda - \lambda_0| < \dfrac{1}{r((a - \lambda_0 e)^{-1})}$, 得 $r((\lambda_0 - \lambda)(\lambda_0 e - a)^{-1}) < 1$. 于是, 由引理 10.2.3, $e - (\lambda_0 - \lambda)(\lambda_0 e - a)^{-1} \in G(\mathcal{A})$. 从而

$$a - \lambda e = (a - \lambda_0 e)\big[e - (\lambda - \lambda_0)(a - \lambda_0 e)^{-1}\big] \in G(\mathcal{A}),$$

$$(a-\lambda e)^{-1} = \left[e-(\lambda-\lambda_0)(a-\lambda_0 e)^{-1}\right]^{-1}(a-\lambda_0 e)^{-1}$$
$$= \sum_{n=0}^{\infty}(\lambda-\lambda_0)^n(a-\lambda_0 e)^{-(n+1)}.$$

□

根据命题 10.3.3, 我们有下面的推论.

推论 10.3.4 对于任何 $a\in\mathcal{A}$, $\sigma(a)$ 是 $\mathbb{C}$ 中的有界闭子集, $\rho(a)$ 是 $\mathbb{C}$ 中的开子集.

为了进一步研究谱的性质, 我们需要将 Banach 代数和解析函数理论联系起来.

引理 10.3.5 设 $a\in\mathcal{A}$. 则 $f_a(\lambda)=(a-\lambda e)^{-1}$ 是定义在 $\rho(a)$ 上的一个抽象解析函数.

证明 对任意 $\lambda_0\in\rho(T)$, 存在 $\delta>0$ 使得 $U(\lambda_0,\delta)\subset\rho(T)$. 对任意 $\lambda\in U(\lambda_0,\delta)$,

$$f_a(\lambda)-f_a(\lambda_0)=(a-\lambda_0 e)^{-1}(\lambda e-\lambda_0 e)(a-\lambda e)^{-1},$$

而 $x\mapsto x^{-1}$ 是 $G(\mathcal{A})$ 到自身的连续映射 (推论 10.2.6 (4)), 故 $\lim\limits_{\lambda\to\lambda_0} f_a(\lambda)=f_a(\lambda_0)$,

$$\lim_{\lambda\to\lambda_0}\frac{f_a(\lambda)-f_a(\lambda_0)}{\lambda-\lambda_0}=\lim_{\lambda\to\lambda_0}(a-\lambda e)^{-1}(a-\lambda_0 e)^{-1}=(a-\lambda_0 e)^{-2}.$$

因此 $f_a(\lambda)$ 是 $\rho(a)$ 上的抽象解析函数. □

由引理 10.3.5, 我们来推导 Banach 代数中的元素的谱与谱半径的进一步性质.

命题 10.3.6 设 $a\in\mathcal{A}$, 则

(1) $\sigma(a)$ 是 $\mathbb{C}$ 中的非空有界闭集;

(2) $r(a)=\max\{|\lambda|\,|\,\lambda\in\sigma(a)\}$.

证明 (1) 由推论 10.3.4, 我们只需证 $\sigma(a)\neq\varnothing$. 若 $\sigma(a)=\varnothing$, $f_a(\lambda)$ 是 $\mathbb{C}$ 上的抽象解析函数. 由命题 10.3.3 (1), 当 $|\lambda|>\|a\|\geqslant r(a)$ 时, $f_a(\lambda)=-\sum\limits_{n=0}^{\infty}\dfrac{a^n}{\lambda^{n+1}}$. 故

$$\|f_a(\lambda)\|\leqslant\sum_{n=0}^{\infty}\frac{\|a\|^n}{|\lambda|^n}\frac{1}{|\lambda|}\leqslant\frac{1}{|\lambda|-\|a\|},\quad |\lambda|>\|a\|;$$

而在紧子集 $B(0,\|a\|)$ 上, $f_a(\lambda)$ 连续, 故有界. 于是, $f_a(\lambda)$ 在 $\mathbb{C}$ 上有界. 从而由推论 9.4.12, 存在 $b\in\mathcal{A}$ 使得 $f_a(\lambda)=b$, $\forall\,\lambda\in\mathbb{C}$. 但这是不可能的, 所以 $\sigma(a)\neq\varnothing$.

(2) 由 (1) 和命题 10.3.3 (1) 知,

$$M = \max\{|\lambda| \mid \lambda \in \sigma(a)\} \leqslant r(a).$$

若 $M < r(a)$, 取 $\epsilon = \dfrac{1}{2}(r(a) - M)$. 则有 $|\lambda| < r(a) - \epsilon$, $\forall \lambda \in \sigma(a)$. 设 Γ 是以 0 为中心, $r(a) - \epsilon$ 为半径的正向圆周; Γ' 是以 0 为中心, $r(a) + \epsilon$ 为半径的正向圆周. 则由 Γ 和 Γ' 为界的圆环都包含在 $\rho(a)$ 内 (图 10-1). 将此圆环沿 Γ' 上点 A 与 Γ 上点 B 的连线割开, 则 $L = \Gamma' + \overrightarrow{AB} + \overrightarrow{BA} + \Gamma^-$ 是 $\rho(a)$ 中的一条正向简单闭的按段光滑曲线. 由于 $\lambda \mapsto (a - \lambda e)^{-1}$ 在 $\rho(a)$ 上解析 (引理 10.3.5), 于是由定理 9.4.11 (1), 对任意 $n \geqslant 0$, 有 $\oint_L (a - \lambda e)^{-1}\lambda^n \, d\lambda = 0$. 又由命题 9.4.10 (2) 得 $\oint_{\overrightarrow{AB}+\overrightarrow{BA}} (a - \lambda e)^{-1}\lambda^n \, d\lambda = 0$, 所以对任意 $n \geqslant 0$,

$$\frac{1}{2\pi \mathrm{i}} \oint_\Gamma (a - \lambda e)^{-1}\lambda^n \, d\lambda = \frac{1}{2\pi \mathrm{i}} \oint_{\Gamma'} (a - \lambda e)^{-1}\lambda^n \, d\lambda.$$

由命题 10.3.3 (1),

$$\frac{1}{2\pi \mathrm{i}} \oint_{\Gamma'} (a - \lambda e)^{-1}\lambda^n \, d\lambda = -a^n.$$

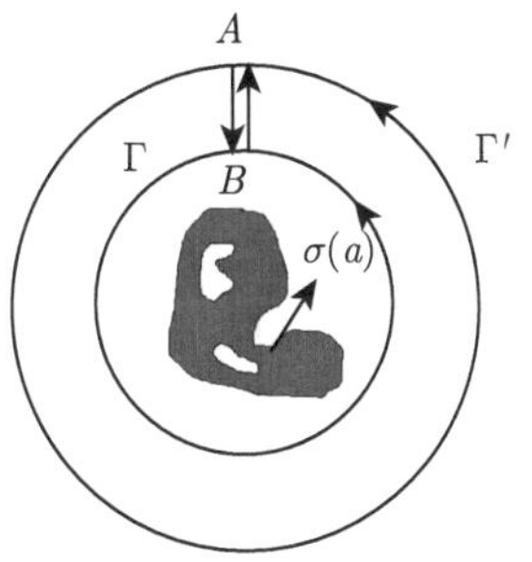

图 10-1

故

$$\|a^n\| \leqslant (r(a) - \epsilon)^{n+1} \max\{\|(a - \lambda e)^{-1}\| \mid \lambda \in \Gamma\}.$$

在上式中, 两边取 n 次方根并令 $n \to \infty$, 则得

$$r(a) = \lim_{n\to\infty} \|a^n\|^{\frac{1}{n}} \leqslant r(a) - \epsilon,$$

矛盾. 所以 $r(a) = \max\{|\lambda| \mid \lambda \in \sigma(a)\}$. □

注 10.3.7 设 $a \in \mathcal{A}$. $r(a) = \max\{|\lambda| \mid \lambda \in \sigma(a)\}$ 称为 a 的谱半径. 当 $r(a) = 0$ 时, a 称为拟幂零元.

10.4 解析函数演算

设 $p_n(z) = c_0 z^n + \cdots + c_{n-1}z + c_n$ 是 $\mathbb{C}$ 上的 n 次复系数多项式, $a \in \mathcal{A}$. 则可以定义 $p_n(a) = c_0 a^n + \cdots + c_{n-1}a + c_n e$. 对于一般的解析函数 $f(z)$, 是否也可以定义 $f(a)$? 下面, 我们就来讨论这个问题.

给定 $a \in \mathcal{A}$. 设 Ω 为 $\mathbb{C}$ 中一个包含 $\sigma(a)$ 的开集. 下面的讨论要用到第 1 章习题 21 中有关的结论.

设 $\{O_\alpha \mid \alpha \in A\}$ 是 Ω 的连通分支 (也是道路连通分支) 全体. 则 $\Omega = \bigcup\limits_{\alpha\in A} O_\alpha$. 由于 O_α 是开集, $\forall\, \alpha \in A$, 且 $\{O_\alpha \mid \alpha \in A\}$ 覆盖非空紧集 $\sigma(a)$, 所以存在 $O_{\alpha_1}, \cdots, O_{\alpha_n}$ 使得 $\sigma(a)\bigcap O_{\alpha_k} \neq \varnothing$, $k = 1, \cdots, n$ 且 $\sigma(a) \subset \bigcup\limits_{k=1}^{n} O_{\lambda_k}$. 设 $\sigma_k = \sigma(a)\bigcap O_{\alpha_k}$, $k = 1, \cdots, n$. 由于 $\sigma(a)$ 也是 Ω 中的紧集而 O_{α_k} 是 Ω 中的闭集, 所以 σ_k 是 Ω 中的紧集, 从而也是 $\mathbb{C}$ 中的紧集, $k = 1, \cdots, n$. 因为 $\sigma_k \subsetneqq O_{\alpha_k}$, $k = 1, \cdots, n$, 所以

$$
\begin{aligned}
\delta_k &= \frac{1}{2} d(\sigma_k, \mathbb{C}\backslash O_{\alpha_k}) \\
&= \frac{1}{2}\inf\{|s-t| \mid s \in \sigma_k,\ t \in \mathbb{C}\backslash O_{\alpha_k}\} > 0, \quad 1 \leqslant k \leqslant n.
\end{aligned}
$$

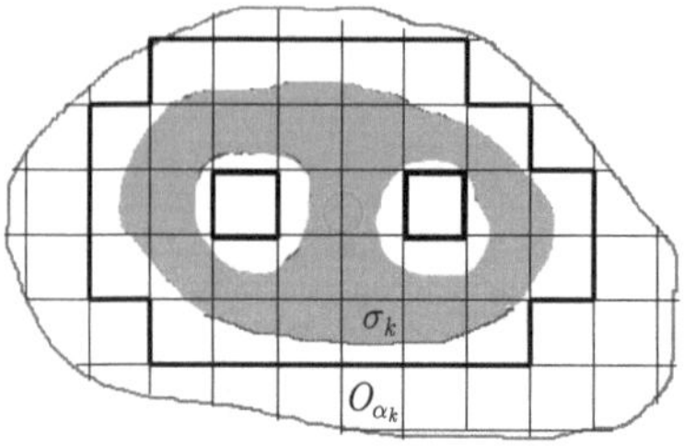

图 10-2

在 O_{α_k} 中, 作间距为 δ_k 的垂直线和水平线, 组成一个网格 (见图 10-2). 由于 σ_k 紧, 所以只有有限个网格与 σ_k 相交, 这些网格记为 $R_k(1), \cdots, R_k(m(k))$, 每个网格的边界方向为逆时针方向. 设 $z_k^{(j)} \in R_k(j)\bigcap \sigma_k$, $j = 1, 2, \cdots, m(k)$. 则对任意 $\xi \in R_k(j)$, $|\xi - z_k^{(j)}| \leqslant \sqrt{2}\delta_k$, 此时如果 $\xi \in \mathbb{C}\backslash O_{\alpha_k}$, 则

$$
2\delta_k = d(\sigma_k, \mathbb{C}\backslash O_{\alpha_k}) \leqslant |\xi - z_k^{(j)}| \leqslant \sqrt{2}\delta_k,
$$

即得矛盾, 所以 $R_k(j) \subset O_{\alpha_k}$, $j = 1, 2, \cdots, m(k)$, $k = 1, 2, \cdots, n$.

现将 $R_k(1), \cdots, R_k(m(k))$ 中不全包含在 σ_k 的那些网格的且又不在 σ_k 中的顶点, 依逆时针方向, 顺次用不与 σ_k 相交的 $R_k(1), \cdots, R_k(m(k))$ 的边连接起来, 得到由若干条正向按段光滑的闭曲线组成曲线 Γ_k, 它包围 σ_k, $k = 1, \cdots, n$. 故 $\Gamma = \Gamma_1 + \cdots + \Gamma_n$ 包围 $\sigma(a)$ 而且 Γ 在 $\Omega\backslash\sigma(a)$ 中.

设 $f \in H(\Omega)$. 则 $f \in H(O_{\alpha_k})$, $k = 1, \cdots, n$. 因 $f_a(\lambda) = (a - \lambda e)^{-1}$ 在 $\rho(a)$ 上解析, 故由定理 9.4.11 (1), $\dfrac{1}{2\pi \mathrm{i}}\oint_{\Gamma_k} f(\lambda)(\lambda e - a)^{-1} d\lambda$ 与 Γ_k 和 O_{α_k} 的选取无关 (参见命题 10.3.6 (2) 的证明), $k = 1, \cdots, n$. 于是

$$
\frac{1}{2\pi \mathrm{i}}\oint_{\Gamma} f(\lambda)(\lambda e - a)^{-1} d\lambda = \sum_{k=1}^{n} \frac{1}{2\pi \mathrm{i}}\oint_{\Gamma_k} f(\lambda)(\lambda e - a)^{-1} d\lambda,
$$

与 Ω 和 Γ 的选取无关. 这样, 对任意 $a \in \mathcal{A}$, 以 $H(a)$ 表示在包含 $\sigma(a)$ 的任何一个开集 U 上的解析函数全体. 在 U 中, 任取 Γ 为 U 中一些正向、简单、按段光滑闭曲线的并而且包围 $\sigma(a)$. 设 $f \in H(a)$. 我们将积分

$$\frac{1}{2\pi\mathrm{i}}\oint_\Gamma f(\lambda)(\lambda e - a)^{-1}d\lambda$$

称为 a 的解析函数演算, 其值记为 $f(a)$. 于是, 我们有如下命题.

命题 10.4.1 设 $a \in \mathcal{A}$, $\{f_n\} \subset H(a)$ 及 $f, g \in H(a)$ 并且 f_n 内闭一致收敛于 f. 则

(1) $f(a)a = af(a)$;

(2) $\|f_n(a) - f(a)\| \to 0\ (n \to \infty)$;

(3) $(f+g)(a) = f(a) + g(a)$;

(4) $(fg)(a) = f(a)g(a)$.

证明 设 U 为 $\mathbb{C}$ 中开集且 $\sigma(a) \subset U$. 设 Γ 为 U 中一些正向、简单、按段光滑闭曲线的并而且包围 $\sigma(a)$. 设 $\{f_n\} \subset H(U)$, $f, g \in H(U)$ 且 f_n 在 U 内内闭一致收敛于 f.

(1) 由于对任意 $\lambda \in \Gamma$, $f(\lambda)(\lambda e - a)^{-1}a = af(\lambda)(\lambda e - a)^{-1}$, 所以根据抽象积分 $\oint_\Gamma f(\lambda)(\lambda e - a)^{-1}d\lambda$ 的定义 (见 9.4 节), 便有 $f(a)a = af(a)$.

(2) 由于 $f_n(z)$ 在 Γ 上一致收敛于 $f(z)$ 而 $(\lambda e - a)^{-1}$ 在 Γ 上连续, 故有

$$\begin{aligned}\|f_n(a) - f(a)\| &= \left\|\frac{1}{2\pi\mathrm{i}}\oint_\Gamma [f_n(\lambda) - f(\lambda)](\lambda e - a)^{-1}d\lambda\right\| \\ &\leqslant \left[\frac{1}{2\pi}\max_{\lambda\in\Gamma}\|(\lambda e - a)^{-1}\|\right]\oint_\Gamma |f_n(\lambda) - f(\lambda)|d|\lambda| \to 0, \quad n \to \infty.\end{aligned}$$

(3) 由于

$$f(a) = \frac{1}{2\pi\mathrm{i}}\oint_\Gamma f(\lambda)(\lambda e - a)^{-1}d\lambda, \quad g(a) = \frac{1}{2\pi\mathrm{i}}\oint_\Gamma g(\lambda)(\lambda e - a)^{-1}d\lambda,$$

故

$$f(a) + g(a) = \frac{1}{2\pi\mathrm{i}}\oint_\Gamma [f(\lambda) + g(\lambda)](\lambda e - a)^{-1}d\lambda = (f+g)(a).$$

(4) 取 Γ' 使得 Γ' 的内部包含 Γ. 由于

$$f(a) = \frac{1}{2\pi\mathrm{i}}\oint_\Gamma f(\lambda)(\lambda e - a)^{-1}d\lambda, \quad g(a) = \frac{1}{2\pi\mathrm{i}}\oint_{\Gamma'} g(\mu)(\mu e - a)^{-1}d\mu,$$

以及对任意 $\lambda\in\Gamma$ 和 $\mu\in\Gamma'$, 有

$$(\lambda e-a)^{-1}(\mu e-a)^{-1}=\frac{1}{\lambda-\mu}\big[(\mu e-a)^{-1}-(\lambda e-a)^{-1}\big],$$

于是

$$\begin{aligned}f(a)g(b)&=\frac{1}{(2\pi\mathrm{i})^2}\oint_\Gamma\oint_{\Gamma'}f(\lambda)g(\mu)(\lambda e-a)^{-1}(\mu e-a)^{-1}d\lambda d\mu\\&=\frac{1}{(2\pi\mathrm{i})^2}\oint_\Gamma\oint_{\Gamma'}\frac{f(\lambda)g(\mu)}{\lambda-\mu}\big[(\mu e-a)^{-1}-(\lambda e-a)^{-1}\big]d\lambda d\mu.\end{aligned}$$

因为当 $\mu\in\Gamma'$ 时, $\lambda\mapsto\dfrac{f(\lambda)}{\lambda-\mu}$ 在 Γ 所包围的闭集上解析, 故通过交换积分次序, 得到

$$\begin{aligned}f(a)g(b)&=-\frac{1}{(2\pi\mathrm{i})^2}\oint_\Gamma f(\lambda)(\lambda e-a)^{-1}d\lambda\Big(\oint_{\Gamma'}\frac{g(\mu)}{\lambda-\mu}d\mu\Big)\\&=\frac{1}{2\pi\mathrm{i}}\oint_\Gamma f(\lambda)g(\lambda)(\lambda e-a)^{-1}d\lambda=(fg)(a).\end{aligned}$$

命题证毕. □

推论 10.4.2 设 $a\in\mathcal{A}$, $f(z)=\sum\limits_{n=0}^{\infty}c_nz^n$ 在开圆盘 $U(0,R)$ 内解析, 其中 $\{c_n\}\subset\mathbb{C}$. 如果 $R>r(a)$, 则 $f(a)=\sum\limits_{n=0}^{\infty}c_na^n$.

证明 设 $f_n(z)=\sum\limits_{k=0}^{n}c_kz^k$, $\forall\, z\in U(0,R)$, $n\geqslant 1$. 由于 $\sigma(a)\subset U(0,R)$, 所以 $\{f_n\}\subset H(a)$, $f\in H(a)$. 又 $f_n(z)$ 在 $U(0,R)$ 中, 内闭一致收敛到 $f(z)$, 故由命题 10.4.1 (2) 得 $\lim\limits_{n\to\infty}\|f_n(a)-f(a)\|=0$, 从而 $f(a)=\sum\limits_{n=0}^{\infty}c_na^n$. □

例 10.4.3 由于 $\mathrm{e}^z=\sum\limits_{n=0}^{\infty}\dfrac{z^n}{n!}$, $\forall\, z\in\mathbb{C}$, 故对任意 $a\in\mathcal{A}$, $\mathrm{e}^a=\sum\limits_{n=0}^{\infty}\dfrac{a^n}{n!}$.

我们还有关于解析函数演算的进一步性质如下.

定理 10.4.4 设 $a\in\mathcal{A}$, $f\in H(a)$, $g\in H(f(a))$. 则

(1) $\sigma(f(a))=f(\sigma(a))$ (谱映射定理);

(2) $g(f(a))=(g\circ f)(a)$.

证明 (1) 由于 $\sigma(a)$ 是 $\mathbb{C}$ 中的非空紧子集, $f(z)$ 在包含 $\sigma(a)$ 的开集 U 中解析, 故 $f(\sigma(a))$ 是 $\mathbb{C}$ 中的非空紧子集. 若 $\mu\notin f(\sigma(a))$, 则有 $\mathbb{C}$ 中的开集 O_1,O_2

使得 $\mu \in O_1$, $f(\sigma(a)) \subset O_2$ 且 $O_1 \bigcap O_2 = \varnothing$. 于是 $G = f^{-1}(O_2)$ 是包含 $\sigma(a)$ 的开集. 令 $g(z) = \dfrac{1}{\mu - f(z)}$, $\forall\, z \in G$. 则 $g \in H(a)$ 且

$$1 = g(z)(\mu - f(z)) = (\mu - f(z))g(z), \quad \forall\, z \in G.$$

从而由命题 10.4.1 (3) 和 (4) 得

$$e = g(a)(\mu e - f(a)) = (\mu e - f(a))g(a). \tag{10.7}$$

(10.7) 式表明, $\mu \notin \sigma(f(a))$. 所以 $\sigma(f(a)) \subset f(\sigma(a))$.

反之, 若 $\mu \in f(\sigma(a))$, 则有 $\lambda \in \sigma(a)$ 使得 $f(\lambda) = \mu$. 定义

$$h(z) = \begin{cases} \dfrac{f(z) - f(\lambda)}{z - \lambda}, & z \neq \lambda, \\ f'(\lambda), & z = \lambda, \end{cases} \quad \forall\, z \in U.$$

则 $h \in H(U)$ 而且 $f(z) - f(\lambda) = (z - \lambda)h(z)$, $\forall\, z \in U$. 于是由命题 10.4.1 (3) 和 (4) 得

$$f(a) - \mu e = f(a) - f(\lambda)e = (a - \lambda e)h(a) = h(a)(a - \lambda \mathrm{e}), \tag{10.8}$$

(10.8) 式表明, $\mu \in \sigma(f(a))$.

(2) 设 U 为包含 $\sigma(a)$ 的开集, Γ 是 U 中包围 $\sigma(a)$ 的一些正向、简单、按段光滑闭曲线的并. 设 $\{U_\alpha | \alpha \in A\}$ 为 U 的全部连通分支. 则 $U = \bigcup\limits_{\alpha \in A} U_\alpha$. 由于 U_α 是区域, 故由定理 6.3.12, $f(U_\alpha)$ 是区域, $\forall\, \alpha \in A$, 从而 $\Omega = \bigcup\limits_{\alpha \in A} f(U_\alpha) = f(U)$ 是 $\mathbb{C}$ 中的开集. 设 Γ' 是 Ω 中的一些正向、简单、按段光滑闭曲线的并使得 $f(\Gamma)$ 在 Γ' 的内部, 而且 Γ' 包围 $f(\sigma(a))$ ($\sigma(a)$ 包含在 Γ 的内部 V, 故 $f(\sigma(a)) \subset f(V)$). 于是

$$(g \circ f)(a) = \frac{1}{2\pi \mathrm{i}} \oint_\Gamma g(f(\lambda))(\lambda e - f(a))^{-1} d\mu. \tag{10.9}$$

注意到 $\mu \neq f(\lambda)$, $\forall\, \lambda \in \Gamma$, $\mu \notin \sigma(f(a))$ 以及

$$g(f(\lambda)) = \frac{1}{2\pi \mathrm{i}} \oint_{\Gamma'} \frac{g(\mu)}{\mu - f(\lambda)} d\mu, \quad \forall\, \lambda \in \Gamma,$$

故将其代入 (10.9) 式并交换积分次序, 得到

$$(g \circ f)(a) = \frac{1}{2\pi \mathrm{i}} \oint_{\Gamma'} g(\mu) d\mu \Big(\frac{1}{2\pi \mathrm{i}} \oint_\Gamma (\mu - f(\lambda)^{-1}(\lambda e - a))^{-1} d\lambda \Big)$$

$$= \frac{1}{2\pi i}\oint_{\Gamma'} g(\mu)(\mu e - f(a))^{-1} d\mu = g(f(a)). \qquad \square$$

作为函数演算的应用, 我们来证明下面的一个定理.

定理 10.4.5 设 $G_0(\mathcal{A})$ 为 $G(\mathcal{A})$ 中的单位元 e 的道路连通分支. 设 $a \in G_0(\mathcal{A})$. 则存在 $a_1, \cdots, a_n \in \mathcal{A}$ 使得 $a = e^{a_1} \cdots e^{a_n}$.

证明 我们有连续映射 $f\colon [0,1] \to G_0(\mathcal{A})$ 使得 $f(0) = e$, $f(1) = a$. 由推论 10.2.6 (4), 映射 $t \mapsto (f(t))^{-1}$ 是 $[0,1]$ 到 $G_0(\mathcal{A})$ 连续映射. 因为 $[0,1]$ 是紧空间, 所以 $M = \max\limits_{t\in[0,1]} \|(f(t))^{-1}\| < +\infty$, $f(t)$ 在 $[0,1]$ 上一致连续 (见第 1 章习题 15), 即对 $\epsilon = \dfrac{1}{2M}$, 存在 $\delta > 0$ 使得对任意 $s, t \in [0,1]$ 且 $|s-t| < \delta$, 就有 $\|f(s) - f(t)\| < \epsilon$.

取 n 使得 $\dfrac{1}{n} < \delta$. 将 $[0,1]$ 分成 n 等份, 等分点为 $t_k = \dfrac{k}{n}$, $k = 0, 1, 2, \cdots, n$. 则有 $\|f(t_{k-1}) - f(t_k)\| < \dfrac{1}{2M}$, $1 \leqslant k \leqslant n$. 设 $b_k = (f(t_{k-1}))^{-1} f(t_k)$, $1 \leqslant k \leqslant n$. 从而

$$\|e - b_k\| \leqslant \|(f(t_{k-1}))^{-1}\| \|f(t_{k-1}) - f(t_k)\| < \frac{1}{2}, \quad k = 1, 2, \cdots, n.$$

于是 $\sigma(e - b_k) \subset U\left(0, \dfrac{1}{2}\right)$, $k = 1, 2, \cdots, n$. 由于 $h(z) = \ln(1-z)$ 在 $|z| < 1$ 内解析, 故 $h \in H(e - b_k)$, $k = 1, 2, \cdots, n$. 从而 $a_k = h(e - b_k) \in \mathcal{A}$, $k = 1, 2, \cdots, n$. 又 e^z 在 $\mathbb{C}$ 内解析且 $e^{h(z)} = 1 - z$, $|z| < 1$, 故由定理 10.4.4, $b_k = e^{a_k}$, 即 $f(t_{k-1})e^{a_k} = f(t_k)$, $k = 1, 2, \cdots, n$. 通过这个递推式, 可得 $a = e^{a_1} \cdots e^{a_n}$. □

10.5 交换 Banach 代数

在本节中, 我们总是假设 $\mathcal{A}$ 是复数域上有单位元 e 的交换 Banach 代数.

定义 10.5.1 设 ϕ 是 $\mathcal{A}$ 上的线性泛函. 如果

$$\phi(xy) = \phi(x)\phi(y), \quad \forall\, x, y \in \mathcal{A},$$

则称 ϕ 是 $\mathcal{A}$ 上的可乘 (线性) 泛函.

引理 10.5.2 设 ϕ 是 $\mathcal{A}$ 上的非零可乘泛函. 则

(1) ϕ 连续且 $\phi(e) = \|\phi\| = 1$;

(2) $\mathrm{Ker}\,(\phi)$ 是 $\mathcal{A}$ 中的极大理想.

证明 (1) 对任意 $a\in\mathcal{A}$, $\phi(a)=\phi(ae)=\phi(a)\phi(e)$. 因为 $\phi\neq 0$, 故 $\phi(e)=1$. 注意到, 对任意 $a\in\mathcal{A}$, $\phi(a)\in\sigma(\mathcal{A})$. 不然, 存在 $b\in\mathcal{A}$ 使得 $(\phi(a)e-a)b=e$. 则

$$1=\phi(e)=(\phi(a)\phi(e)-\phi(a))\phi(b)=0,$$

故得矛盾. 从而由命题 10.3.6 (2), $|\phi(a)|\leqslant r(a)\leqslant\|a\|$, 进而 $\|\phi\|\leqslant 1$. 再由 $\phi(e)=1$, 得到 $\|\phi\|=1$.

(2) 易知 $\operatorname{Ker}(\phi)$ 是 $\mathcal{A}$ 的闭理想. 如果 $\mathcal{A}$ 有一个理想 J 使得 $\operatorname{Ker}(\phi)\subsetneqq J$, 则可取 $a\in J\backslash\operatorname{Ker}(\phi)$. 令 $b=e-\dfrac{a}{\phi(a)}$. 则 $\phi(b)=0$, 即 $b\in\operatorname{Ker}(\phi)\subset J$. 所以, $e\in J$, 即得 $J=\mathcal{A}$. □

定义 10.5.3 $\Omega_{\mathcal{A}}=\{\phi\,|\,\phi$ 是 $\mathcal{A}$ 上的非零可乘泛函$\}$ 称为 $\mathcal{A}$ 的谱空间. 集合 $\mathcal{M}_{\mathcal{A}}$ 表示 $\mathcal{A}$ 中极大理想全体.

定理 10.5.4 映射 $\rho(\phi)=\operatorname{Ker}(\phi)$ 定义了一个从 $\Omega_{\mathcal{A}}$ 到 $\mathcal{M}_{\mathcal{A}}$ 的双射.

证明 由引理 10.5.2 (2), 对 $\phi\in\Omega_{\mathcal{A}}$, $\operatorname{Ker}(\phi)$ 是 $\mathcal{A}$ 中的极大理想. 又当 $\phi_1,\phi_2\in\Omega_{\mathcal{A}}$ 而且 $\operatorname{Ker}(\phi_1)=\operatorname{Ker}(\phi_2)$ 时, 必有 $\phi_1=\phi_2$. 于是 ρ 是单射.

设 $J\in\mathcal{M}_{\mathcal{A}}$. 由于 J 的闭包 $\overline{J}$ 也是理想, 而 J 是极大理想, 所以 $J=\overline{J}$ 或 $\overline{J}=\mathcal{A}$. 若 $\overline{J}=\mathcal{A}$, 则有 $a\in\mathcal{A}$ 使得 $\|e-a\|<1$. 于是由引理 10.2.2, $a\in G(\mathcal{A})$, 从而 $e=a^{-1}a\in J$, 即 $\mathcal{A}=J$, 矛盾. 所以, $J=\overline{J}$.

对任意 $x\in\mathcal{A}\backslash J$, 令

$$I=\{xy+z\,|\,y\in A, z\in J\}.$$

则易知 I 是 $\mathcal{A}$ 中真包含 J 的一个理想. 因为 J 是极大理想, 故 $I=\mathcal{A}$. 于是存在 $y_0\in\mathcal{A}$, $z_0\in J$ 使得 $e=xy_0+z_0$. 这样, 在 $\mathcal{A}/J$ 中, $[e]=[x][y_0]=[y_0][x]$, 即 $\mathcal{A}/J$ 中的任何非零元都可逆.

由于 $\mathcal{A}/J$ 是 Banach 代数 (见命题 10.1.6), 所以 $\sigma([x])\neq\varnothing$. 设 $\lambda\in\sigma([x])$. 如果 $[x]-\lambda[e]\neq 0$, 则 $[x]-\lambda[e]\in G(\mathcal{A}/J)$, 而这与 $\lambda\in\sigma([x])$ 矛盾. 故 $[x]=\lambda[e]$, 而 λ 则由 $[x]$ 唯一确定, 记为 $\lambda_{[x]}$. 令 $\phi_J(x)=\lambda_{[x]}$. 容易证明, $\phi_J\in\Omega_{\mathcal{A}}$ 且 $J=\operatorname{Ker}(\phi_J)$, 即得 ρ 是满射. □

推论 10.5.5 设 $a\in\mathcal{A}$. 则 $\sigma(a)=\{\phi(a)\,|\,\phi\in\Omega_{\mathcal{A}}\}$.

证明 在引理 10.5.2 (1) 的证明中, 已经得到了 $\{\phi(a)\mid\phi\in\Omega_{\mathcal{A}}\}\subset\sigma(a)$.

任取 $\lambda\in\sigma(a)$. 记 $J(a)$ 为 $\mathcal{A}$ 中由 $a-\lambda e$ 生成的极大理想. 由定理 10.5.4, 存在 $\psi\in\Omega_{\mathcal{A}}$ 使得 $\operatorname{Ker}(\psi)=J(a)$. 则 $\psi(a-\lambda e)=0$, 即 $\lambda=\psi(a)$. □

利用推论 10.5.5 可以推出下面的结论.

推论 10.5.6 设 $a, b \in \mathcal{A}$. 则

$$\sigma(a+b) \subset \sigma(a)+\sigma(b)=\{\lambda+\mu \mid \lambda \in \sigma(a), \mu \in \sigma(b)\};$$

$$\sigma(ab) \subset \sigma(a)\sigma(b)=\{\lambda\mu \mid \lambda \in \sigma(a), \mu \in \sigma(b)\}.$$

以 $D(\mathcal{A}^*)$ 表示 Banach 空间 $\mathcal{A}$ 的共轭空间 $\mathcal{A}^*$ 中的闭单位球. 显然, $\Omega_{\mathcal{A}}$ 包含在 $D(\mathcal{A}^*)$ 中. 以下是具有单位元的交换 Banach 代数的主要结果.

定理 10.5.7 设 $\mathcal{A}$ 是有单位元 e 的交换 Banach 代数. 则

(1) $\Omega_{\mathcal{A}}$ 按 $\mathcal{A}^*$ 上的弱 *–拓扑在 $\Omega_{\mathcal{A}}$ 上的诱导拓扑是紧 Hausdorff 空间;

(2) 映射 $\mathcal{G}(a)=\hat{a}$ 为 $\mathcal{A}$ 到 $C(\Omega_{\mathcal{A}})$ 同态且满足条件 : $\mathcal{G}(e)=1$, $\|\mathcal{G}(a)\| \leqslant \|a\|$, 其中 $\hat{a}(\phi)=\phi(a)$, $\forall \phi \in \Omega_{\mathcal{A}}$, $a \in \mathcal{A}$.

证明 (1) 由定理 5.1.17, $D(\mathcal{A}^*)$ 在 $(\mathcal{A}^*, \tau_{w^*}(\mathcal{A}^*))$ 中是紧集. 于是, 只要证明 $\Omega_{\mathcal{A}}$ 在拓扑 $\tau_{w^*}(\mathcal{A}^*)$ 下, 在 $D(\mathcal{A}^*)$ 中闭即可.

设 $\phi \in \overline{\Omega_{\mathcal{A}}}^{w^*}$ (即 $\Omega_{\mathcal{A}}$ 的 $\tau_{w^*}(\mathcal{A}^*)$ 拓扑闭包). 因为 $\overline{\Omega_{\mathcal{A}}}^{w^*} \subset D(\mathcal{A}^*)$, 所以还需证明 ϕ 可乘. 任取 $a, b \in \mathcal{A}$. 则对任意 $\epsilon>0$, 由 $U(\phi,\{a, b, ab\}, \epsilon) \bigcap \Omega_{\mathcal{A}} \neq \varnothing$, 可取 $\phi_\epsilon \in \Omega_{\mathcal{A}}$ 且 $\phi_\epsilon \in U(\phi,\{a, b, ab\}, \epsilon)$. 于是

$$|\phi(a)-\phi_\epsilon(a)|<\epsilon, \quad |\phi(b)-\phi_\epsilon(b)|<\epsilon, \quad |\phi(ab)-\phi_\epsilon(ab)|<\epsilon. \tag{10.10}$$

由于 $\phi_\epsilon(ab)=\phi_\epsilon(a)\phi_\epsilon(b)$, 故由 (10.10) 得到

$$|\phi(a)\phi(b)-\phi(ab)|<(1+\|a\|+\|b\|)\epsilon,$$

从而 $\phi(a)\phi(b)=\phi(ab)$.

(2) 对 $a \in \mathcal{A}$, 函数 $\hat{a}(\phi)$ 是 $\Omega_{\mathcal{A}}$ 上的连续函数. 事实上, 对任意 $\phi_0 \in \Omega_{\mathcal{A}}$ 及 $\epsilon>0$, 若取 ϕ_0 在 $\Omega_{\mathcal{A}}$ 中的邻域 $U(\phi_0)=U(\phi_0, a, \epsilon) \bigcap \Omega_{\mathcal{A}}$. 则对任意 $\phi \in U(\phi_0)$, 有

$$|\hat{a}(\phi_0)-\hat{a}(\phi)|=|\phi(a)-\phi_0(a)|<\epsilon.$$

这说明 $\hat{a} \in C(\Omega_{\mathcal{A}})$.

又由于对任意 $a, b \in \mathcal{A}$, $\lambda \in \mathbb{C}$ 及任意 $\phi \in \Omega_{\mathcal{A}}$,

$$(\hat{a}+\hat{b})(\phi)=\phi(a)+\phi(b)=\phi(a+b)=\mathcal{G}(a+b)(\phi),$$

$$(\lambda\hat{a})(\phi)=\lambda\hat{a}(\phi)=\lambda\phi(a)=\phi(\lambda a)=\mathcal{G}(\lambda a)(\phi),$$

$$(\hat{a}\hat{b})(\phi)=\hat{a}(\phi)\hat{b}(\phi)=\phi(a)\phi(b)=\phi(ab)=\mathcal{G}(ab)(\phi),$$

故 $\mathcal{G}$ 一个代数同态并且 $\mathcal{G}(e)(\phi)=\phi(e)=1$, $\forall \phi \in \Omega_{\mathcal{A}}$,

$$\|\mathcal{G}(a)\|=\max_{\phi \in \Omega_{\mathcal{A}}}|\hat{a}(\phi)|=\max_{\phi \in \Omega_{\mathcal{A}}}|\phi(a)| \leqslant r(a) \leqslant \|a\|.$$ □

定理 10.5.7 中的 $\mathcal{G}$ 称为 $\mathcal{A}$ 的 Gelfand (盖尔范德) 变换. Gelfand 变换的重要性在于将抽象的交换 Banach 代数变成具体的交换 Banach 代数, 而在这一过程中, 它的谱空间起着决定性的作用.

例 10.5.8 设 M 是紧 Hausdorff 空间, $\mathcal{A}=C(M)$. 我们来求 $\Omega_{\mathcal{A}}$.

对每个 $x\in M$, 令 $\phi_x(f)=f(x), \forall f\in\mathcal{A}$. 则易知, $\phi_x\in\Omega_{\mathcal{A}}$.

设 J 为 $\mathcal{A}$ 中的任意一个极大理想. 对任意 $x\in M$, 令 $J_x=\operatorname{Ker}(\phi_x)$. 如果 $J\neq J_x, \forall x\in M$, 则存在 $f_x\in J$, 使得 $f_x(x)\neq 0$. 于是由 $f_x(y)$ 关于 y 的连续性, 可得 x 的一个邻域 $U(x)\subset M$ 使得 $f_x(y)\neq 0, \forall y\in U(x)$. 由于 M 是紧空间, $M=\bigcup\limits_{x\in M}U(x)$, 故存在 $x_1,x_2,\cdots,x_k\in M$ 使得 $M=\bigcup\limits_{j=1}^{k}U(x_j)$. 令

$$g(x)=\sum_{j=1}^{k}f_{x_j}(x)\overline{f_{x_j}(x)}=\sum_{j=1}^{k}f_{x_j}(x)f_{x_j}^*(x),\quad \forall x\in M.$$

于是 $g=\sum\limits_{j=1}^{k}f_{x_j}f_{x_j}^*\in J$. 注意到 : 对任意 $x\in M$, 存在 x_{j_0} 使得 $x\in U(x_{j_0})$, 于是 $f_{j_0}(x)\neq 0$, 从而 $g(x)>0$. 这样, $\dfrac{1}{g}\in\mathcal{A}$, $1=\dfrac{1}{g}g\in J$, 矛盾. 所以, 存在 $t\in M$ 使得 $J=J_t$, 由此可得 $\phi=\phi_t$, 进而 $\Omega_{\mathcal{A}}=\{\phi_x\,|\,x\in M\}$.

例 10.5.9 (绝对收敛级数的 Fourier 级数的 Wiener (维纳) 定理) 设

$$\mathcal{A}=\Big\{f\in C(S^1)\,\Big|\,f(z)=\sum_{n=-\infty}^{\infty}a_nz^n,\ z\in S^1,\ \sum_{n=-\infty}^{\infty}|a_n|<+\infty\Big\}.$$

按 $C(S^1)$ 中的加法和数乘, $\mathcal{A}$ 是线性空间. 设 $f,g\in\mathcal{A}$, 则

$$f(z)=\sum_{n=-\infty}^{\infty}a_nz^n,\quad g(z)=\sum_{n=-\infty}^{\infty}b_nz^n,\quad z\in S^1,\quad \sum_{n=-\infty}^{\infty}(|a_n|+|b_n|)<+\infty.$$

定义 f 的范数为 $\|f\|=\sum\limits_{n=-\infty}^{\infty}|a_n|$. 再定义 f,g 的乘法 fg 为

$$(fg)(z)=\sum_{n=-\infty}^{\infty}\Big(\sum_{k=-\infty}^{\infty}a_kb_{n-k}\Big)z^n=f(z)g(z),\quad \forall z\in S^1.$$

由于

$$\sum_{n=-\infty}^{\infty}\left|\sum_{k=-\infty}^{\infty}a_kb_{n-k}\right|\leqslant\sum_{n=-\infty}^{\infty}\sum_{k=-\infty}^{\infty}|a_k||b_{n-k}|\leqslant\left(\sum_{n=-\infty}^{\infty}|a_n|\right)\left(\sum_{n=-\infty}^{\infty}|b_n|\right)<+\infty,$$

故 $fg \in \mathcal{A}$ 且 $\|fg\| \leqslant \|f\|\|g\|$. 易知, $\mathcal{A}$ 是有单位元 1 的交换 Banach 代数.

对每个 $z \in S^1$, 令 $\phi_z(f) = f(z), \forall f \in \mathcal{A}$. 则 $\phi_z \in \Omega_{\mathcal{A}}$. 反之, 设 $\phi \in \Omega_{\mathcal{A}}$. 令 $e_n(z) = z^n, \forall z \in S^1, n = 0, \pm 1, \cdots$. 则对任意 $f \in \mathcal{A}$, 即有复数列 $\{a_n\}$ 使得 $f(z) = \sum\limits_{n=-\infty}^{\infty} a_n z^n, z \in S^1$ 且 $\sum\limits_{n=-\infty}^{\infty} |a_n| < +\infty$, 有 $\lim\limits_{n\to\infty} \left\|f - \sum\limits_{k=-n}^{n} a_k e_k\right\| = 0$,

$$\phi(f) = \sum_{n=-\infty}^{\infty} a_n \phi(e_n) = \sum_{n=-\infty}^{\infty} a_n [\phi(e_1)]^n.$$

设 $\lambda = \phi(e_1)$. 由于对任意满足条件 $\sum\limits_{n=-\infty}^{\infty} |a_n| < +\infty$ 的复数列 $\{a_n\}$, 都有 $\sum\limits_{n=-\infty}^{\infty} a_n \lambda^n$ 收敛, 所以根据第 5 章习题 16 (2), $\{\lambda^n \mid n = 0, 1, 2, \cdots\}$ 及 $\{\lambda^{-n} \mid n = 1, 2, \cdots\}$ 必须有界, 从而 $|\lambda| = 1$. 从而, $\phi(f) = \sum\limits_{n=-\infty}^{\infty} a_n \lambda^n = \phi_\lambda(f), \forall f \in \mathcal{A}$.

现设 $f \in \mathcal{A}$ 且 $f(z) \neq 0, \forall z \in S^1$. 由推论 10.5.5,

$$\sigma(f) = \{\phi(f) \mid \phi \in \Omega_{\mathcal{A}}\} = \{f(\lambda) \mid \lambda \in S^1\} \not\ni 0,$$

所以 f 在 $\mathcal{A}$ 中可逆, 而且 $f^{-1} = \dfrac{1}{f} \in \mathcal{A}$. 这就是 Wiener 定理 : $\dfrac{1}{f(\mathrm{e}^{\mathrm{i}\theta})}$ 的 Fourier 级数的系数绝对收敛.

10.6 交换 C^*–代数

为了实现 Gelfand 变换成为同构这一目标, 在本节中, 我们引入一类新的交换 Banach 代数.

定义 10.6.1 设 $\mathcal{A}$ 是复数域 $\mathbb{C}$ 上的一个代数. $*$: $\mathcal{A} \to \mathcal{A}$ 称为 $\mathcal{A}$ 上的对合, 若对任意 $a, b \in \mathcal{A}, \lambda \in \mathbb{C}$, 有

$$(a+b)^* = a^* + b^*, \quad (\lambda a)^* = \overline{\lambda} a^*, \quad (ab)^* = b^* a^*, \quad (a^*)^* = a.$$

具有对合 $*$ 的代数 $\mathcal{A}$ 称为 $*$–代数.

如果 e 是 $*$–代数 $\mathcal{A}$ 的单位元, 则

$$e^* e = e^*, \quad e = (e^*)^* = (e^* e)^* = e^* e = e^*.$$

例 10.6.2 (1) 设 M 为紧 Hausdorff 空间. 由 $f^*(x) = \overline{f(x)}, \forall f \in C(M)$, $x \in M$ 定义的映射 $*$ 是 $C(M)$ 上的一个对合.

(2) 在圆盘代数 $A(D)$ (见例 10.1.5 (4)) 中, 对任意 $f\in A(D)$, $g(z)=\overline{f(\overline{z})}$ 在 $\overline{D}$ 上连续, 在 D 内解析. 故 $f^*(z)=\overline{f(\overline{z})}, \forall f\in A(D), z\in D$, 给出 $A(D)$ 上的一个对合.

(3) 在 $\mathcal{A}=C^1[0,1]$ 上定义对合为 $f^*(t)=\overline{f(t)}, \forall f\in\mathcal{A}, t\in[0,1]$, $\mathcal{A}$ 为 $*$–代数.

定义 10.6.3 设 $\mathcal{A}$ 是 $*$–代数, $a\in\mathcal{A}$. 若 $a^*=a$, 则称 a 是自共轭元. 记 $\mathcal{A}_{sa}$ 为 $\mathcal{A}$ 中自共轭元全体.

定义 10.6.4 设 $\mathcal{A}$ 为 $*$–代数. 如果 $(\mathcal{A},\|\cdot\|)$ 还是一个 Banach 代数并且满足条件:

$$\|a^*a\|=\|a\|^2,\quad \forall a\in\mathcal{A},$$

则称 $\mathcal{A}$ 是 C^*–代数.

例 10.6.5 (1) 设 M 是紧 Hausdorff 空间, $C(M)$ 在范数 $\|f\|=\max\limits_{t\in M}|f(t)|$ 下是交换的 C^*–代数且有单位元 1.

(2) 设 H 是 Hilbert 空间, 则 $B(H,H)$ 按范数 $\|T\|=\sup\limits_{\|x\|=1}\|Tx\|$ 是 C^*–代数且有单位元 I, 这里 I 是 H 上的单位算子. 特别当 $H=\mathbb{C}^n$ 时, $M_n(\mathbb{C})=B(\mathbb{C}^n,\mathbb{C}^n)$. $T\in M_n(\mathbb{C})$, T^* 定义为 T 的共轭转置. 则 $M_n((\mathbb{C})$ 按范数

$$\|T\|_2=\max\{\|xT\|_2\,|\,\|x\|_2=1, x\in\mathbb{C}^n\},\quad \forall T\in M_n(\mathbb{C}),$$

成为 C^*–代数.

(3) 例 10.6.2 (2) 和 (3) 中的代数 $A(D)$ 与 $C^1[0,1]$ 都不是 C^*– 代数.

引理 10.6.6 (Arens) 设 $\mathcal{A}$ 是有单位元 e 的交换 C^*–代数, $a\in\mathcal{A}_{sa}$. 则对任意 $\phi\in\Omega_{\mathcal{A}}$, $\phi(a)\in\mathbb{R}$.

证明 设 $\phi(a)=\alpha+\mathrm{i}\beta$, $\alpha,\beta\in\mathbb{R}$. 对任意 $t\in\mathbb{R}$, 有

$$\phi(a+\mathrm{i}te)=\phi(a)+\mathrm{i}t=\alpha+\mathrm{i}(\beta+t)$$

$$|\phi(a+\mathrm{i}te)|^2=\alpha^2+(\beta+t)^2\leqslant\|\phi\|^2\|a+\mathrm{i}te\|^2=\|a+\mathrm{i}te\|^2.$$

由于

$$\|a+\mathrm{i}te\|^2=\|(a+\mathrm{i}te)^*(a+\mathrm{i}te)\|=\|a^2+t^2e\|\leqslant\|a^2\|+t^2,$$

故 $\alpha^2+(\beta+t)^2\leqslant\|a^2\|+t^2$, 从而 $\alpha^2+\beta^2+2\beta t\leqslant\|a\|^2$. 如果 $\beta\neq 0$, 不妨设 $\beta>0$. 由于 $t\leqslant\dfrac{\|a\|^2-\alpha^2-\beta^2}{2\beta}$, 由此与 $\forall t\in\mathbb{R}$ 矛盾. 所以 $\beta=0$, 即得 $\phi(a)=\alpha\in\mathbb{R}$. □

以下是著名的 Gelfand–Naimark 定理.

定理 10.6.7 设 $\mathcal{A}$ 是有单位元 e 的可分的复 C^*–代数. 则 Gelfand 变换 $\mathcal{G}$ 是 $\mathcal{A}$ 到 $C(\Omega_{\mathcal{A}})$ 上的 $*$–等距同构, 即 $\mathcal{G}(a^*)=(\hat{a})^*$, $\|\mathcal{G}(a)\|=\|a\|$, $\forall\, a\in\mathcal{A}$.

证明 由定理 10.5.7, $\mathcal{G}$ 是 $\mathcal{A}$ 到 $C(\Omega_{\mathcal{A}})$ 的同态. 对任意 $a\in\mathcal{A}$, 令

$$a_1=\frac{1}{2}(a+a^*),\quad a_2=\frac{1}{2\mathrm{i}}(a-a^*).$$

则 $a_1,a_2\in\mathcal{A}_{sa}$, $a=a_1+\mathrm{i}a_2$. 于是, 由引理 10.6.6, 对任意 $\phi\in\Omega_{\mathcal{A}}$,

$$(\hat{a})^*(\phi)=\overline{\phi(a)}=\phi(a_1)-\mathrm{i}\phi(a_2)=\phi(a^*)=\mathcal{G}(a^*)(\phi).$$

利用 C^*–代数的定义, 可得

$$\|a^2\|^2=\|(a^2)^*a^2\|=\|(a^*a)^2\|=\|a^*a\|^2=\|a\|^4.$$

于是由数学归纳法得到 $\|a^{2^n}\|=\|a\|^{2^n}$, $n\geqslant 1$, 进而

$$r(a)=\lim_{n\to\infty}\|a^n\|^{\frac{1}{n}}=\lim_{k\to\infty}\|a^{2^k}\|^{\frac{1}{2^k}}=\|a\|.$$

所以, 由推论 10.5.5、命题 10.3.6 得

$$\|\mathcal{G}(a)\|=\max_{\phi\in\Omega_{\mathcal{A}}}|\phi(a)|=\max\{|\lambda|\,|\,\lambda\in\sigma(a)\}=r(a)=\|a\|,\quad \forall\, a\in\mathcal{A}.$$

由上述的证明, 得到 $\mathcal{G}$ 是保 $*$ 的等距同态而 $\mathcal{B}=\mathcal{G}(\mathcal{A})=\{\mathcal{G}(a)\,|\,a\in\mathcal{A}\}$ 是 $C(\Omega_{\mathcal{A}})$ 的闭的 $*$–子代数而且

(1) $1=\mathcal{G}(e)\in\mathcal{B}$;

(2) $\mathcal{B}$ 分离 $\Omega_{\mathcal{A}}$: 对任意 $\phi_1,\phi_2\in\Omega_{\mathcal{A}}$, $\phi_1\neq\phi_2$, 则必有 $c\in\mathcal{A}$ 使得

$$\phi_1(c)\neq\phi_2(c)\Rightarrow\hat{c}(\phi_1)\neq\hat{c}(\phi_2).$$

从而由定理 1.4.9 得到 $\Gamma(\mathcal{A})=C(\Omega_{\mathcal{A}})$. □

习题

1. 设 $(\mathcal{A},\|\cdot\|)$ 为 $\mathbb{C}$ 上无单位元的 Banach 代数. 定义

$$\mathcal{A}^+=\{(a,\lambda)\,|\,a\in\mathcal{A},\ \lambda\in\mathbb{C}\}$$

并在 $\mathcal{A}^+$ 上定义加法、数乘、乘法和范数分别为

$$(a,\lambda)+(b,\mu)=(a+b,\lambda+\mu),\quad \alpha(a,\lambda)=(\alpha a,\alpha\lambda),$$

$$(a,\lambda)(b,\mu)=(ab+\lambda b+\mu a,\lambda\mu),\quad \|(a,\lambda)\|_0=\|a\|+|\lambda|,$$

其中 (a,λ), $(b,\mu)\in\mathcal{A}^+$, $\alpha\in\mathbb{C}$ 为任意元素. 证明: $(\mathcal{A}^+,\|\cdot\|_0)$ 是以 $(0,1)$ 为单位元的 Banach 代数. (注: 由于 $a\mapsto(a,0)$ 是 $\mathcal{A}$ 到 $\mathcal{A}^+$ 的单同态, 所以一般将 $\mathcal{A}^+$ 表示为 $\{a+\lambda\,|\,a\in\mathcal{A},\ \lambda\in\mathbb{C}\}$ 而将 $\mathcal{A}$ 看成为 $\mathcal{A}^+$ 的一个闭理想.)

2. 设 a 为有单位元的 Banach 代数 $\mathcal{A}$ 中的可逆元. 证明: $\{\lambda^{-1}|\lambda\in\sigma(a)\}=\sigma(a^{-1})$.

3. 设 $\mathcal{A}$ 是有单位元 e 的 Banach 代数, $a\in\partial(G(\mathcal{A}))$.

(1) 若有 $\{a_n\}\subset G(\mathcal{A})$ 使得 $a_n\to a$, $n\to\infty$, 证明: $\lim\limits_{n\to\infty}\|a_n^{-1}\|=0$.

(2) 设 $\{a_n\}$ 如 (1) 中. 令 $b_n=\dfrac{a_n}{\|a_n^{-1}\|}$. 证明: $\lim\limits_{n\to\infty}b_na=\lim\limits_{n\to\infty}ab_n=0$.

4. 设 $\mathcal{A}$ 为有单位元 e 的 Banach 代数. 设 $a,b\in\mathcal{A}$. 证明:

(1) 如果 $e-ab\in G(\mathcal{A})$, 则 $e-ba\in G(\mathcal{A})$.

(2) $\sigma(ab)\backslash\{0\}=\sigma(ba)\backslash\{0\}$.

5. 设 $\mathcal{A}$ 是有单位元 e 的 Banach 代数, $\mathcal{B}$ 是 $\mathcal{A}$ 的闭子代数且 $e\in\mathcal{B}$. 设 $a\in\mathcal{B}$. 记 $\sigma_{\mathcal{B}}(a)$, $\sigma_{\mathcal{A}}(a)$ 分别是 a 在 $\mathcal{B}$ 和 $\mathcal{A}$ 中的谱. 证明:

$$\sigma_{\mathcal{A}}(a)\subset\sigma_{\mathcal{B}}(a),\quad \partial(\sigma_{\mathcal{B}}(a))\subset\partial(\sigma_{\mathcal{A}}(a)).$$

6. 设 $\mathcal{A}$ 是有单位元 e 的 Banach 代数, $a\in\mathcal{A}$. 设 U 为 $\mathbb{C}$ 中包含 $\sigma(a)$ 的开集. 证明: 存在 $\delta>0$ 使得对任意 $b\in\mathcal{A}$ 且 $\|b-a\|<\delta$, 都有 $\sigma(b)\subset U$.

7. 设 $\mathcal{A}$ 是单位元 e 的 Banach 代数, $a,b\in\mathcal{A}$ 且 $ab=ba$. 证明:

$$r(ab)\leqslant r(a)r(b),\quad r(a+b)\leqslant r(a)+r(b).$$

8. 设 $\mathcal{A}$ 是有单位元的交换 Banach 代数. 令

$$s=\inf\left\{\frac{\|a^2\|}{\|a\|^2}\,\middle|\,a\in\mathcal{A}\backslash\{0\}\right\},\quad t=\inf\left\{\frac{\|\hat{a}\|}{\|a\|}\,\middle|\,a\in\mathcal{A}\backslash\{0\}\right\}.$$

证明: $t^2\leqslant s\leqslant t$.

9. 设 $\mathcal{A}$ 为有单位元 e 的交换 Banach 代数且 $\bigcap\limits_{\phi\in\Omega_{\mathcal{A}}}\mathrm{Ker}\,(\phi)=\{0\}$ (称 $\mathcal{A}$ 是半单的). 则 $\mathcal{G}(\mathcal{A})$ 在 $C(\Omega_{\mathcal{A}})$ 闭的充要条件是: 存在常数 $K>0$ 使得 $\|a\|^2\leqslant K\|a^2\|$, $\forall\, a\in\mathcal{A}$.

10. 设 $\mathcal{A}$ 为有单位元 e 的交换 Banach 代数且 $\Omega_{\mathcal{A}}$ 为连通空间. 则 $\mathcal{A}$ 中的方程 $\mathrm{e}^x=e$ 的全部解为 $x=2k\pi\mathrm{i}e$, $k=0,\pm1,\pm2,\cdots$.

11. 设 D 为 $\mathbb{C}$ 中的单位开圆盘. 记 $A(D)=\{f\in H(D)|f\text{ 在}\overline{D}\text{上连续}\}$. 则 $A(D)$ 按范数 $\|f\|=\max\limits_{z\in\partial D}|f(z)|$, $\forall\, f\in A(D)$ 成为有单位元 1 的赋范代数.

(1) 证明: $A(D)$ 是交换 Banach 代数.

(2) 记 $\mathcal{P}(D)$ 为以 $z\in\overline{D}$ 为变量的复系数多项式全体. 证明: $\mathcal{P}(D)$ 在 $A(D)$ 中稠密.

(3) 求 $\Omega_{A(D)}$.

12. 接习题 11. 设 $f_1,\cdots,f_n\in A(D)$. 证明: 下列命题等价:

(1) $f_1(z),\cdots,f_n(z)$ 在 D 内没有公共零点;

(2) 存在 $g_1,\cdots,g_n\in A(D)$ 使得 $\sum\limits_{k=1}^{n}f_kg_k=1$;

(3) $\min\limits_{z\in\partial D}\Big(\sum\limits_{k=1}^{n}|f_k(z)|\Big)>0$.

13. 设 $\mathcal{A}=\left\{\{a_n\}\subset\mathbb{C}\;\middle|\;\sum\limits_{n=-\infty}^{\infty}2^{|n|}|a_n|<+\infty\right\}$. 按普通数列的加法、数乘及范数

$$\|\{a_n\}\|=\sum_{n=-\infty}^{\infty}2^{|n|}|a_n|,\quad \forall\,\{a_n\}\in\mathcal{A},$$

$\mathcal{A}$ 成为 Banach 空间. 在 $\mathcal{A}$ 中引入乘法如下:

$$\{a_n\}\{b_n\}=\{c_n\},\quad \text{其中 } c_n=\sum_{k=-\infty}^{\infty}a_{n-k}b_k,\quad n\in\mathbb{Z},\ \forall\,\{a_n\},\{b_n\}\in\mathcal{A}.$$

(1) 证明: $(\mathcal{A},\|\cdot\|)$ 为有单位元的交换 Banach 代数.

(2) 证明: $\Omega_{\mathcal{A}}$ 拓扑同胚于 $\left\{z\in\mathbb{C}\;\middle|\;\dfrac{1}{2}\leqslant|z|\leqslant 2\right\}$.

14. 在 $\mathcal{A}=C^1[0,1]$ 上定义范数 $\|x\|=\max\limits_{0\leqslant t\leqslant 1}|x(t)|+\max\limits_{0\leqslant t\leqslant 1}|x'(t)|$, $\forall\,x\in\mathcal{A}$.

(1) 证明: $(\mathcal{A},\|\cdot\|)$ 是有单位元的交换 $*$–代数, 但不是 C^*–代数;

(2) 求 $\Omega_{\mathcal{A}}$.

15. 设 $\mathcal{A}$ 是有单位元 e 的交换 C^*–代数, $a\in\mathcal{A}$. 设 $\lambda\in\rho(a)$. 证明:

$$d(\lambda,\sigma(a))=\frac{1}{\|(a-\lambda e)^{-1}\|}.$$

16. 设 $\mathcal{A}$ 是有单位元 e 的 C^*–代数, $\phi\in\mathcal{A}^*$ 使得 $\phi(e)=\|\phi\|=1$. 证明: 对任意 $a\in\mathcal{A}_{sa}$, $\phi(a)$ 是实数.

17 . 设 $\mathcal{A}$ 是有单位元 e 的 C^*–代数. 设 $u\in\mathcal{A}$ 满足条件: $u^*u=uu^*=e$. 证明: $\sigma(u)\subset\{z\in\mathbb{C}\mid|z|=1\}$.

18. 设 $\mathcal{A}$ 是有单位元的 C^*–代数, $a,b\in\mathcal{A}$ 满足条件: $a^*a=aa^*$, $b^*b=bb^*$. 如果有 $x\in\mathcal{A}$ 使得 $ax=xb$, 证明: $a^*x=xb^*$.

第11章

分析中的若干应用论题

在本章中，首先证明 Brouwer (布劳威尔) 不动点定理并利用它来推出 Schauder (绍德尔) 不动点定理. 然后，讨论 Banach 空间中的凸集分离定理及其在最优化方面的一些应用. 接着，讨论 Hilbert 空间中，最小二乘问题的最小范数解的扰动分析理论. 最后，给出著名的素数分布定理.

11.1 Brouwer 不动点定理的推广及应用

最简单的不动点问题是: 设 $a,b\in\mathbb{R}$ 且 $a<b$. 如果 f 是 $[a,b]$ 到 $[a,b]$ 的连续函数, 则必有 $x\in[a,b]$ 使得 $f(x)=x$; 此外还有应用非常广泛的 Banach 压缩映射原理. 但就其影响程度和应用范围来看, Brouwer 不动点定理是排在首位的. 在本节中, 我们将讨论 Brouwer 不动点定理及其推广和一些应用.

在 $\mathbb{R}^n$ $(n\geqslant 2)$ 中, 设 $D^n=\{x\in\mathbb{R}^n|\|x\|_2\leqslant 1\}$, $S^{n-1}=\partial D^n$, $O^n=(B^n)^\circ$. 对 $x,y\in\mathbb{R}^n$, 设 $L_{x,y}=\{(1-t)x+ty|t\in[0,1]\}$.

设 $f\colon D^n\to D^n$ 为 $f(x)=(f_1(x),\cdots,f_n(x))$, $\forall\, x=(x_1,\cdots,x_n)\in D^n$. 若 f 可微, 即 $f_1,\cdots,f_n$ 都可微, 令 $f'(x)=\begin{pmatrix}\dfrac{\partial f_1(x)}{\partial x_1} & \cdots & \dfrac{\partial f_n(x)}{\partial x_1}\\ \vdots & & \vdots\\ \dfrac{\partial f_1(x)}{\partial x_n} & \cdots & \dfrac{\partial f_n(x)}{\partial x_n}\end{pmatrix}$, $\forall\, x\in D^n$.

引理 11.1.1 设 $f\colon D^n\to D^n$ 可微, $f'(x)$ 在 D^n 上连续. 设 $x,x_0,y\in D^n$. 则

(1) 对任意 $h\in\mathbb{R}^n\backslash\{0\}$ 且 $x+h\in D^n$, 有 $\lim\limits_{h\to 0}\dfrac{\|f(x+h)-f(x)-hf'(x)\|_2}{\|h\|_2}=0$;

(2) $\|f(x)-f(y)\|_2\leqslant\max\limits_{t\in[0,1]}\|f'((1-t)x+ty)\|_2\|x-y\|_2$;

(3) $\|f(x)-f(y)-(x-y)f'(x_0)\|_2 \leqslant \|x-y\|_2 \sup\limits_{\xi\in L_{x,y}} \|f'(\xi)-f'(x_0)\|_2$.

证明 (1) 设 $h=(h_1,\cdots,h_n)$. 由于 f_i 可微, 故

$$f_i(x+h)-f_i(x)=h_1\frac{\partial f_i(x)}{\partial x_1}+\cdots+h_n\frac{\partial f_i(x)}{\partial x_n}+o(\|h\|_2),\quad i=1,\cdots,n.$$

于是

$$f(x+h)-f(x)=hf'(x)+\overline{o}(\|h\|_2),$$

这里 $\overline{o}(\|h\|_2)=o(\|h\|_2)(1,\cdots,1)\in\mathbb{R}^n$, 从而得到 (1) 的结论.

(2) 不妨设 $f(x)\neq f(y)$. 取 $\mathbb{R}^n$ 上的线性泛函 ϕ 使得

$$\phi(f(x)-f(y))=\|f(x)-f(y)\|_2 \text{ 且 } \|\phi\|=1.$$

令 $g(t)=\phi(f((1-t)x+ty))$, $\forall\, t\in[0,1]$. 现取 $\alpha=(a_1,\cdots,a_n)\in\mathbb{R}^n$, 使得

$$\phi(\xi)=\sum_{j=1}^n a_j\xi_j=\langle\xi,\alpha\rangle,\quad \forall\,\xi=(\xi_1,\cdots,\xi_n)\in\mathbb{R}^n.$$

于是, $\|\alpha\|_2=\|\phi\|=1$ 且对任意 $t\in[0,1]$ 有

$$g(t)=\sum_{j=1}^n a_jf_j((1-t)x_1+ty_1,\cdots,(1-t)x_n+ty_n)$$

$$g'(t)=\big\langle(a_1,\cdots,a_n),(y_1-x_1,\cdots,y_n-x_n)f'((1-t)x+ty)\big\rangle.$$

由此得到: 对任意 $t\in[0,1]$, 有

$$\begin{aligned}|g'(t)|&\leqslant\|(a_1,\cdots,a_n)\|_2\|(y_1-x_1,\cdots,y_n-x_n)\|_2\|f'((1-t)x+ty)\|_2\\&\leqslant\|\alpha\|_2\|f'((1-t)x+ty)\|_2\|y-x\|_2\\&\leqslant\max_{t\in[0,1]}\|f'((1-t)x+ty)\|_2\|y-x\|_2.\end{aligned}$$

再有 Lagrange (拉格朗日) 中值定理, 存在 $t_0\in[0,1]$ 使得 $g(1)-g(0)=g'(t_0)$. 从而由上述得到

$$\|f(x)-f(y)\|_2\leqslant\max_{t\in[0,1]}\|f'((1-t)x+ty)\|_2\|x-y\|_2.$$

(3) 令 $g(z)=f(z)-zf'(x_0), \forall z\in D^n$. 于是 $g'(z)=f'(z)-f'(x_0), \forall z\in D^n$. 将 (2) 用于 $g(z)$, 可得

$$\|f(x)-f(y)-(x-y)f'(x_0)\|_2\leqslant \|x-y\|_2\max_{t\in[0,1]}\|f'((1-t)x+ty)-f'(x_0)\|_2. \quad \square$$

引理 11.1.2 设 $f\colon D^n\to D^n$ 可微并且 $f'(x)$ 在 $\mathbb{R}^n$ 上连续. 如果 $f'(x)$ 非奇异, $\forall x\in O^n$, 则 $f(O^n)$ 是 $\mathbb{R}^n$ 中的开集.

证明 任取 $y_0\in f(O^n)$. 则有 $x_0\in O^n$ 使得 $y_0=f(x_0)$. 因为 $f'(x)$ 在 x_0 处连续, 所以存在 $\delta>0$ 使得

$$\|f'(x)-f'(x_0)\|_2<\frac{1}{2\|(f'(x_0))^{-1}\|_2},\quad \forall x\in U(x_0,\delta)\subset O^n. \tag{11.1}$$

对任意 $x,y\in U(x_0,\delta)$, $L_{x,y}\subset U(x_0,\delta)$, 故由引理 11.1.1 (3) 及 (11.1) 式得

$$\|f(x)-f(y)-(x-y)f'(x_0)\|_2\leqslant\frac{\|x-y\|_2}{2\|(f'(x_0))^{-1}\|_2},\quad \forall x,y\in U(x_0,\delta). \tag{11.2}$$

任取 $y\in U\Big(y_0,\dfrac{\delta}{2\|(f'(x_0))^{-1}\|_2}\Big)$. 令 $x_1=x_0+(y-f(x_0))(f'(x_0))^{-1}$. 则

$$\|x_1-x_0\|_2=\|(y-y_0)(f'(x_0))^{-1}\|_2\leqslant\|y-y_0\|_2\|(f'(x_0))^{-1}\|_2<\frac{\delta}{2}, \tag{11.3}$$

即 $x_1\in U(x_0,\delta)$. 设 $x_k\in U(x_0,\delta)$ 且

$$x_k=x_{k-1}+(y-f(x_{k-1}))(f'(x_0))^{-1},\quad 1\leqslant k\leqslant n.$$

由于 $(x_n-x_{n-1})f'(x_0)+f(x_{n-1})=y$, 故由 (11.2) 式得

$$\begin{aligned}\|x_{n+1}-x_n\|_2&\leqslant\|(f'(x_0))^{-1}\|_2\|(x_n-x_{n-1})f'(x_0)+f(x_{n-1})-f(x_n)\|_2\\&<\frac{1}{2}\|x_n-x_{n-1}\|_2.\end{aligned}$$

由此得到 $\|x_{k+1}-x_k\|_2<\dfrac{1}{2^k}\|x_1-x_0\|_2$, $1\leqslant k\leqslant n$, 及对任意 $0\leqslant k\leqslant n$, 有

$$\begin{aligned}\|x_{n+1}-x_k\|_2&\leqslant\sum_{j=k}^{n}\|x_{j+1}-x_j\|_2<\left(\sum_{j=k}^{n}\frac{1}{2^j}\right)\|x_1-x_0\|_2\\&<\frac{1}{2^{k-1}}\|x_1-x_0\|_2,\end{aligned} \tag{11.4}$$

则由 (11.3) 和 (11.4) 式得 $\|x_{n+1}-x_0\|<\delta$, 即 $x_{n+1}\in U(x_0,\delta)$, $n\geqslant 1$. 从而 $\{x_n\}\subset U(x_0,\delta)$ 且 $\{x_n\}$ 为 Cauchy 列. 设 $\xi\in\mathbb{R}^n$ 为 $\{x_n\}$ 的极限. 则由 (11.3) 式和 (11.4) 式得

$$\|\xi-x_0\|_2\leqslant 2\|x_1-x_0\|_2<\delta,$$

即 $\xi\in U(x_0,\delta)$. 从而由

$$x_{n+1}=x_n+(y-f(x_n))(f'(x_0))^{-1},\quad \forall\, n\geqslant 1,$$

得到 $\xi=\xi-(y-f(\xi))(f'(x_0))^{-1}$. 从而 $U\left(y_0,\dfrac{\delta}{2\|(f'(x_0))^{-1}\|_2}\right)\subset f(U(x_0,\delta))$. □

引理 11.1.3 不存在这样的可微映射 $r\colon D^n\to S^{n-1}$ 使得 $r'(x)$ 在 D^n 上连续并且 $r(x)=x, \forall\, x\in S^{n-1}$.

证明 假设这样的 $r(x)$ 存在. 令 $h_t(x)=(1-t)x+tr(x), \forall\, x\in D^n$ 及 $t\in[0,1]$. 则 $h_t(D^n)\subset D^n,\forall\, t\in[0,1]$. 再令 $L=\max\limits_{x\in D^n}\|r'(x)\|$. 因为 $h_t'(x)=(1-t)I_n+tr'(x), \forall\, t\in[0,1], x\in D^n$, 故

$$\|I_n-h_t'(x)\|_2\leqslant(1+L)t<1,\quad \forall\, t\in\left[0,\frac{1}{1+L}\right),\ x\in D^n. \tag{11.5}$$

设 $t_0=\dfrac{1}{1+L}$. 应用推论 10.2.5 于 (11.5) 式, 得到: $h_t'(x)$ 在 $\mathbb{R}^n$ 上可逆, $\forall\, t\in[0,t_0)$ 及 $x\in D^n$, 从而由引理 11.1.2 知, $O_t=h_t(O^n)$ 为 $\mathbb{R}^n$ 中的开集, $\forall\, t\in[0,t_0)$. 下证 $\overline{O_t}=D^n, \forall\, t\in[0,t_0)$.

由引理 11.1.1 (2), $\|r(x)-r(y)\|_2\leqslant L\|x-y\|_2, \forall\, x,y\in D^n$. 于是对任意 $t\in[0,t_0)$,

$$\begin{aligned}\|h_t(x)-h_t(y)\|_2&\geqslant(1-t)\|x-y\|_2-t\|r(x)-r(y)\|_2\\&\geqslant\left[1-\frac{t}{t_0}\right]\|x-y\|_2,\quad \forall\, x,y\in D^n,\end{aligned}$$

从而 h_t 是单射. 由此可得 $h_t(D^n\backslash O^n)=h_t(D^n)\backslash h_t(O^n)$. 对任意 $t\in[0,t_0)$, 因为 D^n 是紧子集, h_t 连续, 故 $h_t(D^n)$ 是紧子集, 从而也是闭的. 所以 $\overline{O_t}\subset h_t(D^n)$. 任取 $\xi\in D^n$, 则有 $\{\xi_k\}\subset O^n$ 使得 $\lim\limits_{k\to\infty}\|\xi_k-\xi\|_2=0$. 于是 $\{h_t(\xi_k)\}\subset O_t$ 且 $h_t(\xi_k)\to h_t(\xi)$, 即得 $h_t(\xi)\in\overline{O_t}$. 从而得到 $\overline{O_t}=h_t(D^n)$ 以及

$$\partial(O_t)=h_t(S^{n-1})=\{(1-t)x+tr(x)\,|\,x\in S^{n-1}\}=S^{n-1}.$$

任取 $a \in O^n$, $b \in O_t$ 并且 $a \neq b$. 则存在 $\delta_0 > 0$ 使得 $U(b, \delta_0) \subset O_t$. 于是当 $0 < s < \dfrac{\delta_0}{\|a-b\|_2}$ 时, $sa + (1-s)b \in U(b, \delta_0)$. 令

$$I(a,b) = \{s \in (0,1] \mid sa + (1-s)b \in O_t\}, \quad s_0 = \sup I(a,b).$$

则有 $\{s_k\} \subset I(a,b)$ 使得 $s_k \to s_0$. 因为 $s_k a + (1-s_k)b \in O_t$, $k \geqslant 1$ 且

$$s_k a + (1-s_k)b \to s_0 a + (1-s_0)b, \quad k \to \infty.$$

故 $s_0 a + (1-s_0)b \in \overline{O_t}$. 若 $s_0 < 1$ 且 $s_0 a + (1-s_0)b \in O_t$, 则 $sa + (1-s)b \notin O_t$, $\forall\, s \in (s_0, 1)$. 取 k 充分大, 使得 $t_k = s_0 + \dfrac{1}{k} < 1$. 则

$$t_k a + (1-t_k)b \in \mathbb{R}^n \backslash O_t \text{ 且 } t_k a + (1-t_k)b \xrightarrow{\|\cdot\|_2} s_0 a + (1-s_0)b.$$

故 $s_0 a+(1-s_0)b \in \mathbb{R}^n \backslash O_t$. 这样就得到矛盾. 所以 $s_0 a+(1-s_0)b \in \partial(O_t) = S^{n-1}$. 而这也是一个矛盾. 因此 $s_0 = 1$, 即 $a \in \overline{O_t}$. 从而 $D^n = \overline{O_t} = h_t(D^n)$.

定义 $[0,1]$ 上的 n 次多项式 $p_n(t)$ 为

$$p_n(t) = \int_D \cdots \int_D \operatorname{Det}(h_t'(x_1, \cdots, x_n))dx_1 \cdots dx_n = \int_{D^n} \operatorname{Det}(h_t'(x))dx. \tag{11.6}$$

由于当 $t \in [0, t_0)$ 时, $h_t\colon D^n \to D^n$ 是一对一到上的, 所以根据 n 元定积分的变量代换公式, 得到 $p_n(t) = \operatorname{Vol}(h_t(D^n)) = \operatorname{Vol}(D^n)$, $\forall\, t \in [0, t_0)$. 于是对任意 $t \in [0,1]$, $p_n(t) = \operatorname{Vol}(D^n) > 0$, 特别 $p_n(1) = \operatorname{Vol}(D^n)$.

因 $h_1(x) = r(x) = (r_1(x), \cdots, r_n(x)) \in S^{n-1}$, 即 $r_1^2(x) + \cdots + r_n^2(x) = 1$, $\forall\, x = (x_1, \cdots, x_2) \in D^n$, 故对任意 $x \in D^n$, 有

$$\begin{cases} \dfrac{\partial r_1(x)}{\partial x_1} r_1(x) + \cdots + \dfrac{\partial r_1(x)}{\partial x_n} r_n(x) = 0, \\ \qquad\qquad \cdots\cdots \\ \dfrac{\partial r_n(x)}{\partial x_1} r_1(x) + \cdots + \dfrac{\partial r_n(x)}{\partial x_n} r_n(x) = 0, \end{cases} \tag{11.7}$$

由 (11.7) 式可得 $\operatorname{Det}(r'(x)) = 0$, $\forall\, x \in D^n$. 从而由 (11.6) 式得 $p_n(1) = 0$. 而这与 $p_n(1) = \operatorname{Vol}(D^n) > 0$ 矛盾. □

由引理 11.1.3, 我们就可以建立著名的 Brouwer 不动点定理如下.

定理 11.1.4 (Brouwer) 设 $f\colon D^n \to D^n$ 为连续映射. 则存在 $x_0 \in D^n$ 使得 $f(x_0) = x_0$.

证明 设 $f(x) = (f_1(x), \cdots, f_n(x))$, $\forall\, x \in D^n$. 对任意 $\epsilon > 0$, 由推论 1.4.10, 存在 D^n 上的 n 元多项式 $p_{i\epsilon}(x)$ 使得 $\|f_i - p_{i\epsilon}\| < \dfrac{\epsilon}{\sqrt{n}}$, $1 \leqslant i \leqslant n$. 令

$$p_\epsilon(x) = (p_{1\epsilon}(x), \cdots, p_{n\epsilon}(x)), \quad g_\epsilon(x) = \frac{1}{1+\epsilon} p_\epsilon(x), \quad \forall\, x \in D^n.$$

则 g_ϵ 在 D^n 上可微且 g_ϵ' 在 D^n 上连续而且 $\max\limits_{x\in D^n} \|f(x) - p_\epsilon(x)\|_2 < \epsilon$. 进而

$$\|g_\epsilon(x)\|_2 \leqslant 1, \quad \|f(x) - g_\epsilon(x)\|_2 < \frac{2\epsilon}{1+\epsilon}, \quad \forall\, x \in D^n. \tag{11.8}$$

如果 $g_\epsilon\colon D^n \to D^n$ 没有不动点, 则 $g_\epsilon(x) \neq x$, $\forall\, x \in D^n$. 易知, $\langle x, g_\epsilon(x)\rangle \neq 1$, $\forall\, x \in S^{n-1}$. 令 $h_\epsilon(x) = x - g_\epsilon(x)$, $\forall\, x \in D^n$. 对每个 $x \in D^n$, 解关于 $\lambda \in \mathbb{R}$ 的方程: $\|(1-\lambda)x + \lambda g_\epsilon(x)\|_2 = 1$. 此方程一个解为

$$\lambda(x) = \frac{\langle x, h_\epsilon(x)\rangle}{\|h_\epsilon(x)\|_2^2} - \sqrt{\frac{|\langle x, h_\epsilon(x)\rangle|^2}{\|h_\epsilon(x)\|_2^4} - \frac{1 - \|x\|^2}{\|h_\epsilon(x)\|_2^2}}.$$

易知, $\lambda(x)$ 是 D^n 上的可微函数且 $\lambda'(x)$ 在 D^n 上连续. 令

$$r_\epsilon(x) = (1 - \lambda(x))x + \lambda(x) g_\epsilon(x), \quad \forall\, x \in D^n$$

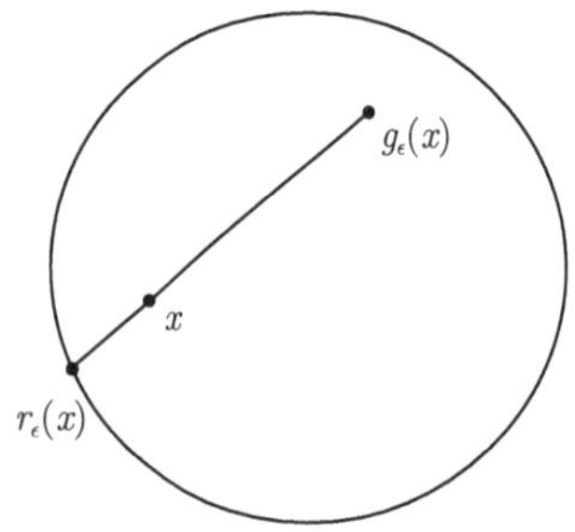

图 11-1

(见图 11-1). 由于 $g_\epsilon(x) \in D^n$, $\forall\, x \in D^n$, 故 $|\langle x, g_\epsilon(x)\rangle| \leqslant 1$, 从而 $\langle x, h_\epsilon(x)\rangle \geqslant 0$, $\forall\, x \in S^{n-1}$. 由此得到 $\lambda(x) = 0$, $\forall\, x \in S^{n-1}$, 进而 $r_\epsilon(x) = x$, $\forall\, x \in S^{n-1}$. 而这与引理 11.1.3 的结论矛盾. 故存在 $x_\epsilon \in D^n$ 使得 $g_\epsilon(x_\epsilon) = x_\epsilon$.

取 $\epsilon = \dfrac{1}{k}$, $k = 1, 2, \cdots$. 则有 $\{x_k\} \subset D^n$, 使得 $g_{\frac{1}{k}}(x_k) = x_k$. 于是, 对任意 $k \geqslant 1$, 由 (11.8) 式得

$$\|f(x_k) - x_k\|_2 = \|f(x_k) - g_{\frac{1}{k}}(x_k)\|_2 < \frac{2}{k+1}. \tag{11.9}$$

因为 D^n 是紧子集, 所以存在 $\{x_k\}$ 的一个收敛子列 $\{x_{k_i}\}$. 设 $x_0 \in D^n$ 为 $\{x_{k_i}\}$ 的极限. 则由 (11.9) 式得 $\|f(x_{k_i}) - x_{k_i}\|_2 < \dfrac{2}{1+k_i}$, $i = 1, 2, \cdots$. 最后由 $f(x)$ 在 D^n 上的连续性, 并令 $i \to \infty$, 则得 $f(x_0) = x_0$. □

推论 11.1.5 设 X 为数域 $\mathbb{K}$ 上的有限维赋范空间, M 为 X 中的有界闭凸子集, f 为 M 到 M 的连续映射. 则 f 在 M 中有不动点.

证明 设 $n=\dim X$, $\{e_1,\cdots,e_n\}$ 为 X 的一组基. 令 $T\colon \mathbb{K}^n\to X$ 为

$$T(\lambda_1,\cdots,\lambda_n)=\sum_{k=1}^{n}\lambda_k e_k,\quad \forall\,(\lambda_1,\cdots,\lambda_n)\in\mathbb{K}^n.$$

根据定理 1.3.24, T 是 $(\mathbb{K}^n,\|\cdot\|_2)$ 到 $(X,\|\cdot\|)$ 的同构. 令 $K=T^{-1}(M)$, $g=T^{-1}\circ f\circ T$. 则 K 为 $\mathbb{K}^n$ 中的有界闭凸集, $g\colon K\to K$ 连续.

设 $d=\max\limits_{x\in K}\|x\|_2$, $K_1=d^{-1}K$ 及 $g_1(x)=d^{-1}g(dx)$, $\forall\,x\in K_1$. 则 K_1 是 $D(\mathbb{K}^n)$ 中的闭凸集, $g_1\colon K_1\to K_1$ 连续, 这里, 当 $\mathbb{K}=\mathbb{C}$ 时, $\mathbb{K}^n=\mathbb{R}^{2n}$, 故 $D(\mathbb{K}^n)=D^{2n}$. 由命题 4.1.5 (1) 和 (2), 有 $\mathbb{K}^n$ 到 K_1 的连续投影 P_{K_1} 使得 $P_{K_1}z=z$, $\forall\,z\in K_1$. 令 $g_2=g_1\circ P_{K_1}$. 则 g_2 是 $D(\mathbb{K}^n)$ 到 $K_1\subset D(\mathbb{K}^n)$ 的连续映射. 于是由定理 11.1.4, 存在 $x_0\in D(\mathbb{K}^n)$ 使得 $g_2(x_0)=x_0$. 因 $x_0\in K_1$, 故 $P_{K_1}(x_0)=x_0$. 从而由 $g_2(x_0)=x_0$ 得

$$x_0=g_1(P_{K_1}(x_0))=g_1(x_0)=d^{-1}g(dx_0)=d^{-1}T^{-1}f(T(dx_0)).$$

令 $x_1=T(dx_0)\in T(K)=M$. 则有 $f(x_1)=x_1$. □

作为 Brouwer 不动点定理的简单应用, 我们考虑下列例子.

例 11.1.6 设 $R>0$, 研究函数方程组

$$\begin{cases} g_1(x,\cdots,x_n)=0,\\ \qquad\cdots\cdots \\ g_n(x_1,\cdots,x_n)=0,\end{cases}\qquad x=(x_1,\cdots,x_n)\in B(0,R) \tag{11.10}$$

的解的存在性问题, 其中 $g_1,\cdots,g_n$ 是 $B(0,R)=\overline{U(0,R)}$ 上的连续函数.

这个问题在讨论单调算子的 Galerkin (伽辽金) 方法中起着关键的作用. 在 $\mathbb{R}^n$ 上任取范数 $\|\cdot\|_2$. 其主要结果为 : 如果

$$\sum_{i=1}^{n}g_i(x)x_i\geqslant 0,\quad \forall\,x=(x_1,\cdots,x_n)\in\mathbb{R}^n \text{ 且 } \|x\|_2=R,$$

则 (11.10) 式有解. 如果 $f(x)=(g_1(x),\cdots,g_n(x))\neq 0$, $\forall\,x\in B(0,R)$, 令

$$h(x)=-\frac{Rf(x)}{\|f(x)\|_2},\quad \forall\,x\in B(0,R).$$

则 h: $B(0,R)\to B(0,R)$ 连续. 故由推论 11.1.5, 有 $\xi=(\xi_1,\cdots,\xi_n)\in B(0,R)$ 使得 $h(\xi)=\xi$. 从而可得 $\|\xi\|_2=R$, $-Rg_i(\xi)=\|f(\xi)\|_2\xi_i$, $1\leqslant i\leqslant n$. 进而

$$\sum_{i=1}^n g_i(\xi)\xi_i=\frac{-\|f(\xi)\|_2}{R}\sum_{i=1}^n\xi_i^2<0.$$

但这与假设矛盾.

Brouwer 不动点定理在某些特定的条件下是可以推广到无限维空间的情形的, 其中最著名是以下的 Schauder 不动点定理.

定理 11.1.7 (Schauder) 设 E 是 Banach 空间 X 中的闭凸子集, T: $E\to E$ 是连续映射. 如果 TE 是 X 中的致密集, 则 T 在 E 上有不动点.

证明 由于 TE 是致密集, 故对任意 $\epsilon>0$, 存在 $y_1,\cdots,y_n\in TE$ 使得 $TE\subset\bigcup\limits_{j=1}^n U(y_j,\epsilon)$. 令 $K=\mathrm{co}\{y_1,\cdots,y_n\}$. 则 K 是 X 中的有界闭凸子集且 $K\subset TE\subset E$.

设 ϵ 为上述. 令

$$\lambda(y)=\max\{\epsilon-\|y\|,0\},\quad g(y)=\sum_{j=1}^n\lambda(y-y_j),\quad \forall\, y\in TE.$$

则 λ 与 g 在 TE 上连续. 因为对任意 $y\in TE$, 存在 y_{j_0}, 使得 $y\in U(y_{j_0},\epsilon)$, 所以 $\lambda(y-y_{j_0})>0, g(y)>0$. 由此定义连续映射 $T_\epsilon: TE\to K$ 为 $T_\epsilon y=\sum\limits_{j=1}^n\dfrac{\lambda(y-y_j)}{g(y)}y_j$, $\forall\, y\in TE$. 对任意 $y\in TE$, 设 $\sigma(n)=\{j\mid y\in U(y_j,\epsilon)\}$, 则

$$\begin{aligned}\|T_\epsilon y-y\|&\leqslant\sum_{j=1}^n\frac{\lambda(y-y_j)}{g(y)}\|y_j-y\|\\&=\sum_{j\in\sigma(n)}\frac{\lambda(y-y_j)}{g(y)}\|y_j-y\|+\sum_{j\notin\sigma(n)}\frac{\lambda(y-y_j)}{g(y)}\|y_j-y\|<\epsilon.\end{aligned}$$

令 $S_\epsilon=T_\epsilon\circ T$. 则 S_ϵ 是 K 到 K 中的连续映射. 因为 K 是由 $y_1,\cdots,y_n$ 生成的有限维赋范空间 $\mathrm{span}\{y_1,\cdots,y_n\}$ 中的有界闭凸子集, 故由推论 11.1.5, 存在 $x_\epsilon\in K$ 使得 $S_\epsilon x_\epsilon=x_\epsilon$. 取 $\epsilon=\dfrac{1}{k}$, $k\geqslant 1$, 则有 $\{x_k\}\subset K$ 使得 $S_{\frac{1}{k}}x_k=x_k$, $\forall\, k\geqslant 1$. 因此

$$\|x_k-Tx_k\|=\|T_{\frac{1}{k}}(Tx_k)-Tx_k\|<\frac{1}{k},\quad k=1,2,\cdots. \tag{11.11}$$

由于 K 紧, 故 $\{x_k\}$ 有一个收敛的子列 $\{x_{k_p}\}$. 设 x_{k_p} 收敛于 $x_0\in K\subset E$. 则有 (11.11) 式得到 $Tx_0=x_0$. □

下例是用 Schauder 不动点定理来讨论常微分方程的解的存在性问题.

例 11.1.8 (Carathéodory) 设函数 $f(t,x)$ 在 $\Omega=[-a,a]\times[\xi-b,\xi+b]$ 上连续, 其中 $a,b>0$, $\xi\in\mathbb{R}$. 设 $M=\max\limits_{(t,x)\in\Omega}|f(t,x)|$. 则当 $a<\dfrac{b}{M}$ 时, 方程的初值问题

$$x(0)=\xi,\quad x'(t)=f(t,x(t)) \tag{11.12}$$

在 $[-a,a]$ 上存在解 $x=x(t)$.

注意到 (11.12) 式等价于积分算子

$$(Tx)(t)=\xi+\int_0^t f(s,x(s))ds,\quad \forall x\in C[-a,a] \tag{11.13}$$

是否有不动点. 设 $\xi(t)\triangleq\xi$, $\forall t\in[-a,a]$. 由 (11.13) 式, $\|Tx-\xi\|\leqslant Ma$, $\forall x\in B(\xi,b)\subset C[-a,a]$. 所以当 $a<\dfrac{b}{M}$ 时, T 是 $B(\xi,b)$ 到 $B(\xi,b)$ 的连续映射. 再由 (11.13) 式得到

$$|(Tx)(t)|\leqslant|\xi|+Ma,\quad \forall x\in B(\xi,b),\ t\in[-a,a]$$

以及对任意 $x\in B(\xi,b)$ 和 $t,t'\in[-a,a]$, 有

$$|(Tx)(t)-(Tx)(t')|=\left|\int_{t'}^t f(s,x(s))ds\right|\leqslant M|t-t'|.$$

由此可知, $TB(\xi,b)$ 是一致有界和等度连续的, 从而由推论 1.4.8, $TB(\xi,b)$ 是 $C[-a,a]$ 中的致密集. 最后, 利用定理 11.1.7 得到结论.

11.2 赋范空间中的凸集分离定理

凸集分离定理也称为 Hahn–Banach 定理的几何形式. 它在泛函分析、数理经济理论、数学规划理论等有许多方面有应用.

引理 11.2.1 设 U 是赋范空间 X 中的真凸子集且 $0\in U^\circ$, $x_0\in X\backslash U$. 则有 $f\in X^*$ 使得 $\operatorname{Re}f(x_0)\geqslant 1$ 且 $\operatorname{Re}f(u)<1$, $\forall u\in U$.

证明 因为 0 为 U 的内点, 故有 $\delta>0$, 使得 $U(0,\delta)\subset U$. 于是对 $X\backslash\{0\}$ 中的任意 x, 有 $\dfrac{\delta x}{2\|x\|}\in U$. 由此可令

$$P_U(x)=\begin{cases}\inf\{\lambda|\lambda>0,\lambda^{-1}x\in U\}, & x\in X\backslash\{0\},\\ 0, & x=0.\end{cases}$$

易得

$$P_U(x) \leqslant 1,\ \forall x \in U \text{ 及 } P_U(x) \leqslant \frac{2}{\delta}\|x\|, \quad \forall x \in X.$$

任取 $\alpha > 0$ 及 $x, y \in X$. 则

$$\begin{aligned} P_U(\alpha x) &= \inf\{\lambda \mid \lambda > 0, \lambda^{-1}(\alpha x) \in U\} \\ &= \alpha \inf\{\alpha^{-1}\lambda \mid (\alpha^{-1}\lambda)^{-1}x \in U\} = \alpha P_U(x). \end{aligned}$$

任取 $\lambda > 0$, $\mu > 0$ 使得 $\lambda^{-1}x, \mu^{-1}y \in U$. 由于

$$(\lambda+\mu)^{-1}(x+y) = \frac{\lambda}{\lambda+\mu}(\lambda^{-1}x) + \frac{\mu}{\lambda+\mu}(\mu^{-1}y) \in U,$$

故 $P_U(x+y) \leqslant \lambda + \mu$. 分别对 λ 和 μ 取 "inf", 便有

$$P_U(x+y) \leqslant P_U(x) + P_U(y).$$

最后, 对任意 $x, y \in X$, 由

$$P_U(x) \leqslant P_U(x-y) + P_U(y), \quad P_U(y) \leqslant P_U(y-x) + P_U(x),$$

$$P_U(x-y) \leqslant \frac{2}{\delta}\|x-y\|, \quad P_U(y-x) \leqslant \frac{2}{\delta}\|x-y\|,$$

得到 $|P_U(x) - P_U(y)| \leqslant \frac{2}{\delta}\|x-y\|$. 所以 $P_U(x)$ 在 X 上连续.

当 $x \in U^\circ$ 时, 取 $\{\lambda_n\} \subset (0,1)$ 使得 $\lim\limits_{n\to\infty} \lambda_n = 1$. 由于 $\lambda_n^{-1}x \xrightarrow{\|\cdot\|} x$, 而 U° 是 x 的一个邻域, 故有 n_0 使得 $\lambda_{n_0}^{-1}x \in U^\circ \subset U$. 从而 $P_U(x) \leqslant \lambda_{n_0} < 1$. 设 $x \in X$ 满足 $P_U(x) < 1$. 取 $\epsilon = 1 - P_U(x)$. 则有 $\lambda_0 > 0$ 使得 $\lambda_0^{-1}x \in U$ 且 $\lambda_0 - \epsilon < P_U(x)$. 于是 $\lambda_0 \in (0,1)$. 从而 $x = \lambda_0(\lambda_0^{-1}x) + (1-\lambda_0)0 \in U$. 由于 $P_U(x)$ 在 X 上连续, 所以 $\{x \in X \mid P_U(x) < 1\}$ 是开集且包含在 U 中.

由上述, 便有 $U^\circ = \{x \in X \mid P_U(x) < 1\}$.

设 $L = \{\lambda x_0 \mid \lambda \in \mathbb{R}\}$, $f_0(\lambda x_0) = \lambda P_U(x_0)$, $\forall \lambda \in \mathbb{R}$. 则 f_0 是 L 上的线性泛函而且当 $\lambda \geqslant 0$ 时, $f_0(\lambda x_0) = P_U(\lambda x_0)$; 而当 $\lambda < 0$ 时,

$$f_0(\lambda x_0) = -f_0((-\lambda)x_0) = -P_U(-\lambda x_0) \leqslant P_U(\lambda x_0),$$

故 $f_0(x) \leqslant P_U(x), \forall x \in L$. 这样, 由定理 5.1.2，存在 X 上的一个 $\mathbb{R}$–线性泛函 f_1 (将 X 看成实赋范空间) 使得 $f_1(x) = f_0(x), \forall x \in L$ 及 $f_1(x) \leqslant P_U(x), \forall x \in X$. 于是 $f_1(x_0) = P_U(x_0) \geqslant 1$, $f_1(u) \leqslant P_U(u) < 1, \forall u \in U$ 及

$$f_1(x) \leqslant P_U(x) \leqslant \frac{2}{\delta}\|x\|, \quad \forall x \in X.$$

最后, 令 $f(x)=f_1(x)-\mathrm{i}f_1(\mathrm{i}x), \forall x\in X$. 易知, f 是 X 上的 $\mathbb{C}$–线性泛函. 对 $x\in X$, 如果 $f(x)\neq 0$, 则有 $\alpha\in C$ 使得 $|\alpha|=1$ 且 $|f(x)|=\alpha f(x)$. 从而

$$|f(x)|=f(\alpha x)=f_1(\alpha x)\leqslant\frac{\delta}{2}\|\alpha x\|=\frac{\delta}{2}\|x\|. \tag{11.14}$$

显然, (11.14) 式对任意 $x\in X$ 都成立. 根据上述, f 满足引理的要求. □

定理 11.2.2(凸集分离定理) 设 X 是赋范空间, U,V 是 X 中的非空凸子集.

(1) 如果 $V^\circ\neq\varnothing$ 且 $U\bigcap V^\circ=\varnothing$, 则存在 $f\in X^*\backslash\{0\}$ 及 $\alpha\in\mathbb{R}$ 使得

$$\operatorname{Re}f(v)\leqslant\alpha\leqslant\operatorname{Re}f(u),\quad\forall u\in U,\ v\in V.$$

(2) 如果 V 为闭集, 则对任意 $x_0\in X\backslash V$, 存在 $\beta\in\mathbb{R}$ 及 $g\in X^*\backslash\{0\}$ 使得 $\operatorname{Re}g(x_0)>\beta$ 且 $\operatorname{Re}g(v)\leqslant\beta, \forall v\in V$.

证明 (1) 取 $u_0\in U$, $v_0\in V^\circ$ 并令 $x_0=u_0-v_0$. 设 $W=V-U+x_0$. 则 W 是凸集且 $0\in W$, $x_0\notin W$ (因 $U\bigcap V^\circ=\varnothing$). 又对任意 $u\in U$, $V^\circ-u+x_0$ 是开集, 故 $W_1=\bigcup\limits_{u\in U}(V^\circ-u+x_0)\subset W$ 是开集且 $0\in W_1\subset W^\circ$. 于是由引理 11.2.1 得: 存在 $f\in X^*\backslash\{0\}$ 使得 $\operatorname{Re}f(x_0)\geqslant 1$, $\operatorname{Re}f(w)<1, \forall w\in W$. 于是, 对任意 $u\in U$, $v\in V$, 有

$$\operatorname{Re}f(v)<1-\operatorname{Re}f(x_0)+\operatorname{Re}f(u)\leqslant\operatorname{Re}f(u). \tag{11.15}$$

由 (11.15) 得

$$a=\sup_{v\in V}\operatorname{Re}f(v)<+\infty,\quad b=\inf_{u\in U}\operatorname{Re}f(u)>-\infty \text{ 而且 } a\leqslant b.$$

任取 $\alpha\in[a,b]$. 则有 $\operatorname{Re}f(v)\leqslant\alpha\leqslant\operatorname{Re}f(u), \forall u\in U, v\in V$.

(2) 令 $S=x_0-V$. 则 S 为闭凸集且 $0\notin S$. 于是便有 $r>0$ 使得 $U(0,r)\bigcap S=\varnothing$. 从而由 (1) 中的结论得: 存在 $g\in X^*\backslash\{0\}$ 及 $\alpha\in\mathbb{R}$ 使得

$$\operatorname{Re}g(u)\leqslant\alpha\leqslant\operatorname{Re}g(x_0-v),\quad\forall u\in U(0,r),\ v\in V. \tag{11.16}$$

由 (11.16) 式知

$$\alpha\geqslant\operatorname{Re}g(0)=0,\quad|\operatorname{Re}g(x)|\leqslant\frac{\alpha}{r},\quad\forall x\in U(0,1).$$

故 $\alpha\geqslant r\|\operatorname{Re}g\|>0$. 再由 (11.16) 式得 $\operatorname{Re}g(v)+\alpha\leqslant\operatorname{Re}g(x_0), \forall v\in V$. 设 $\beta=\sup\limits_{v\in V}\operatorname{Re}g(v)$. 则有 $\operatorname{Re}g(v)\leqslant\beta, \forall v\in V$ 且 $\operatorname{Re}g(x_0)\geqslant\alpha+\beta>\beta$. □

下面讨论定理 11.2.2 在凸函数和点到闭凸集的最短距离方面的应用.

定义 11.2.3 设 C 是赋范空间 X 中的凸子集, 泛函 $f\colon C\to\mathbb{R}$ 称为凸函数, 如果对任意 $x_1,x_2\in V$, $\alpha\in[0,1]$, 有

$$\phi(\alpha x_1+(1-\alpha)x_2)\leqslant\alpha\phi(x_1)+(1-\alpha)\phi(x_2).$$

命题 11.2.4 设 C 是实赋范空间 X 中的凸子集, $f_1(x),\cdots,f_n(x)$ 是定义在 C 上的连续凸函数. 如果不等式组 $f_1(x)\leqslant 0,\cdots,f_n(x)\leqslant 0$ 在 C 上无解, 则存在 $\lambda_1,\cdots,\lambda_n\in[0,1]$ 使得 $\sum\limits_{i=1}^n\lambda_i=1$ 且 $\sum\limits_{i=1}^n\lambda_if_i(x)>0,\ \forall x\in C$.

证明 设 $V=\left\{(y_1,\cdots,y_n)\in\mathbb{R}^n\,\middle|\,\bigcap\limits_{i=1}^n f_i^{-1}(-\infty,y_i]\neq\varnothing\right\}$. 易知, V 是 $\mathbb{R}^n$ 中的闭凸集而且 $0=(0,\cdots,0)\notin V$. 于是, 存在 $r>0$ 使得 $U(0,r)\bigcap V=\varnothing$. 从而由定理 11.2.2, 有 $f\in(\mathbb{R}^n)^*\backslash\{0\}$ 及 $\alpha\in\mathbb{R}$ 使得 $f(u)\leqslant\alpha\leqslant f(v)$, $\forall u\in U(0,r)$, $v\in V$. 由 $f(u)\leqslant\alpha$, $\forall u\in U(0,r)$ 可推出 $0<\|f\|\leqslant r^{-1}\alpha$.

对于 $f\in(\mathbb{R}^n)^*$, 存在 $\beta_1,\cdots,\beta_n\in\mathbb{R}$ 使得

$$f(x_1,\cdots,x_n)=\sum_{i=1}^n\beta_ix_i,\quad\forall(x_1,\cdots,x_n)\in\mathbb{R}^n.$$

再由 $f(v)\geqslant\alpha,\forall v\in V$ 及 $(f_1(x)+\epsilon_1,\cdots,f_n(x)+\epsilon_n)\in V,\forall x\in C$ 得

$$\sum_{i=1}^n\beta_i(f_i(x)+\epsilon_i)\geqslant\alpha>0,\quad\forall x\in V,\ \epsilon_i>0,\ i=1,\cdots,n.\tag{11.17}$$

在 (11.17) 式中, 令 $\epsilon_i\to+\infty$, $i=1,\cdots,n$, 可推出 $\beta_i\geqslant 0$, $i=1,\cdots,n$. 由于 $f\neq 0$, 故 $\beta_1,\cdots,\beta_n$ 不全为零. 再在 (11.17) 式中, 令 $\epsilon_i\to 0$, $i=1,\cdots,n$, 得到 $\sum\limits_{i=1}^n\beta_if_i(x)\geqslant\alpha$, $\forall x\in C$. 令 $\lambda_i=\beta_i\big(\sum\limits_{i=1}^n\beta_i\big)^{-1}\geqslant 0$, $i=1,\cdots,n$. 则 $\lambda_i\in[0,1]$, $i=1,\cdots,n$, $\sum\limits_{i=1}^n\lambda_i=1$ 而且 $\sum\limits_{i=1}^n\lambda_if_i(x)\geqslant\alpha\big(\sum\limits_{i=1}^n\beta_i\big)^{-1}$, $\forall x\in C$. □

根据区间 I 上两次可微凸函数 $f(x)$ 具有 $f(x)\geqslant f(x_0)+f'(x_0)(x-x_0)$, $\forall x,x_0\in I$, 我们对赋范空间 X 上的凸函数 ϕ 来推广它的导数概念如下.

定义 11.2.5 设 X 是赋范空间, $\phi\colon X\to\mathbb{R}$ 是凸函数. 设 $x_0\in X$. 称集合

$$\partial\phi(x_0)=\{f\in X^*\mid f(x-x_0)+\phi(x_0)\leqslant\phi(x),\ \forall x\in X\}$$

为凸函数 ϕ 在 x_0 处的次微分, $\partial\phi(x_0)$ 中的元素称为 ϕ 在 x_0 处的次梯度.

例 11.2.6 设 H 为实内积空间, $f(x)=\frac{1}{2}\|x\|^2, \forall x\in H$. 则 $f(x)$ 是 H 上的凸函数. 任取 $x_0\in H$, 设 $y\in H$ 使得 $\langle y, x-x_0\rangle+f(x_0)\leqslant f(x)$ 对任意 $x\in H$ 都成立. 于是

$$2\langle y, x-x_0\rangle\leqslant\|x\|^2-\|x_0\|^2=\|x-x_0\|^2+2\langle x-x_0, x_0\rangle,$$

即得 $2\langle y-x_0, x-x_0\rangle\leqslant\|x-x_0\|^2$. 以 $x=\frac{1}{2}(y+x_0)$ 代入此不等式, 可得 $y=x_0$. 所以, $\partial f(x_0)=\{x_0\}$.

一般情况, 对凸函数的次微分, 我们有下面的结论.

命题 11.2.7 设 ϕ 是实是赋范空间 X 上的凸函数, $x_0\in X$. 如果 $\phi(x)$ 在 $x=x_0$ 处连续, 则 $\partial\phi(x_0)\neq\varnothing$.

证明 设 $E_\phi=\{(x,t)\in X\times\mathbb{R}\,|\,\phi(x)<t\}$. 则 $(x_0,\phi(x_0))\notin E_\phi$ 且 E_ϕ 是 $X\times\mathbb{R}$ 中的凸集. 现在, 任取 $t_0\in\mathbb{R}$ 使得 $t_0>\phi(x_0)$. 因 ϕ 在 x_0 处连续, 故对 $\epsilon_0=\frac{1}{2}(t_0-\phi(x_0))$, 存在 $\delta>0$ 使得 $|\phi(x)-\phi(x_0)|<\epsilon_0, \forall x\in U(x_0,\delta)$. 从而对任意的 $(x,t)\in U(x_0,\delta)\times(t_0-\epsilon_0, t_0+\epsilon_0)$, 有

$$\phi(x)<\phi(x_0)+\epsilon_0=\frac{1}{2}(t_0+\phi(x_0))=t_0-\epsilon_0<t,$$

即得: (x_0,t_0) 是 E_ϕ 中的内点.

设 $z_0=(x_0,\phi(x_0))-(x_0,t_0)$, $W=E_\phi-(x_0,t_0)$. 则 $z_0\notin W$ 且 $0\in W$ 是内点. 这样, 由引理 11.2.1, 存在 $\psi\in(X\times\mathbb{R})^*\backslash\{0\}$ 使得 $\psi(z_0)\geqslant 1$, $\psi(w)<1$, $\forall w\in W$. 由此得到 $\psi(x_0,\phi(x_0))>\psi(x,t), \forall\,(x,t)\in E_\phi$.

设 $f_1(x)=\psi(x,0)$, $a=\psi(0,1)$, $\forall\,(x,t)\in E_\phi$. 则 $f_1\in X^*$, $\psi(x,t)=f_1(x)+at, \forall\,(x,t)\in E_\phi$. 从而

$$f_1(x_0)+a\phi(x_0)>f_1(x)+a(\phi(x)+\epsilon),\quad \forall x\in X,\ \epsilon>0. \tag{11.18}$$

在 (11.18) 中, 令 $x=x_0$, 则得 $a<0$. 令 $f=(-a)^{-1}f_1$ 并在 (11.18) 式中, 令 $\epsilon\to 0$, 则有 $\phi(x)\geqslant\phi(x_0)+f(x-x_0), \forall x\in X$, 即 $f\in\partial\phi(x_0)$. □

设 H 为 Hilbert 空间, V 是 H 中的真闭凸子集. 设 $x_0\in H\backslash V$ 并令 x_0 到 V 的距离 $d(x_0,V)$ 为 $\inf\limits_{v\in V}\|x_0-v\|$. 由定理 4.1.3 知, 存在唯一个 $v_0\in V$ 使得 $d(x_0,V)=\|x_0-v_0\|$. 下面, 我们用凸集分离定理将这个结果推广到 Banach 空间的情形.

命题 11.2.8 设 V 是自反 Banach 空间 X 的真闭凸子集. 则对任意 $x_0\in X\backslash V$, 存在 $v_0\in V$ 使得 $\|x_0-v_0\|=d(x_0,V)$.

证明 取一列 $\{v_n\}\subset V$ 使得

$$d(x_0,V)\leqslant\|x_0-v_n\|<d(x_0,V)+\frac{1}{n},\quad n=1,2,\cdots.$$

于是 $\{v_n\}$ 是 V 中的有界点列. 又 X 是自反的, 故由定理 5.1.23, 存在 $\{v_n\}$ 中的一个子列 $\{v_{n_k}\}$ 及 $v_0\in X$ 使得 $v_{n_k}\xrightarrow{w}v_0$. 现取 $f\in X^*$ 使得 $\|f\|=1$, $f(x_0-v_0)=\|x_0-v_0\|$. 由于 $f(x_0-v_{n_k})\to f(x_0-v_0)=\|x_0-v_0\|$, $k\to\infty$,

$$|f(x_0-v_{n_k})|\leqslant\|f\|\|x_0-v_{n_k}\|<\|f\|\left(d(x_0,V)+\frac{1}{n_k}\right),\quad k=1,2,\cdots,$$

所以 $\|x_0-v_0\|\leqslant d(x_0,V)$.

现证 $v_0\in V$. 如果 $v_0\notin V$, 则有定理 11.2.2 (2), 存在 $\phi\in X^*$ 及 $\beta\in\mathbb{R}$ 使得 $\mathrm{Re}\,(\phi(v_0))>\beta$, $\mathrm{Re}\,(\phi(v))\leqslant\beta$, $\forall v\in V$. 因 $\phi(v_{n_k})\to\phi(v_0)$, $\{v_{n_k}\}\subset V$, 故 $\mathrm{Re}\,(\phi(v_0))=\lim\limits_{k\to\infty}\mathrm{Re}\,(\phi(v_{n_k}))\leqslant\beta$, 与 $\mathrm{Re}\,(\phi(v_0))>\beta$ 矛盾. 于是 $v_0\in V$. 由 $v_0\in V$ 得 $\|x_0-v_0\|\geqslant d(x_0,V)$. 从而 $\|x_0-v_0\|=d(x_0,V)$. □

但我们并不知道命题 11.2.8 中的 v_0 是否唯一. 为了找出唯一性的条件, 设 $v_1\in V$ 使得 $d(x_0,V)=\|x_0-v_1\|$. 令 $y_1=\dfrac{x_0-v_0}{d(x_0,V)}$, $y_2=\dfrac{x_0-v_1}{d(x_0,V)}$. 则

$$\|y_1\|=\|y_2\|=1,\quad 2\geqslant\|y_1+y_2\|=\frac{2}{d(x_0,V)}\Big\|x_0-\frac{v_0+v_1}{2}\Big\|\geqslant 2.$$

这时如果能够由此推出 $y_1=y_2$, 则 $v_0=v_1$. 于是就由下面的定义.

定义 11.2.9 设 $(X,\|\cdot\|)$ 是赋范空间. 如果对任意满足 $x,y\in S(X)$ 以及 $\|x+y\|=2$ 的 x 和 y, 都有 $x=y$, 则称 $(X,\|\cdot\|)$ 是严格凸空间.

例 11.2.10 (1) $(\mathbb{R}^n,\|\cdot\|_2)$ 和 $(\mathbb{C}^n,\|\cdot\|_2)$ 都是严格凸空间, $n=1,2,\cdots$.

(2) 设 $(X,\mathfrak{F},\mu)$ 是测度空间, $p\in(1,+\infty)$. 则 $L^p(X,\mu)$ 是严格凸空间. 实上, 对任意 $f,g\in L^p(X,\mu)$ 且 $\|f\|_p=\|g\|_p=1$, 如果 $\|f+g\|_p=2$, 即

$$\|f+g\|_p=\|f\|_p+\|g\|_p,$$

则由第 3 章习题 1 (2) 得到 $f=g$.

(3) 设 M 为多于一点的紧 Hausdorff 空间. 则 $(C(M),\|\cdot\|)$ 不是严格凸的. 设 $x_1,x_2\in X$ 且 $x_1\neq x_2$. 由定理 1.4.3, 存在连续函数 $f\colon X\to[0,1]$ 使得 $f(x_1)=0$, $f(x_2)=1$. 取 $g(x)=1$, $\forall x\in M$. 由于

$$\|f\|=\|g\|=1,\quad f\neq g,\quad \|f+g\|=\max_{x\in M}|f(x)+g(x)|=2,$$

故 $(C(M),\|\cdot\|)$ 不是严格凸的.

借助 Banach 空间的自反性和严格凸性, 我们可以给出下面的结果.

推论 11.2.11 设 X 为自反、严格凸的 Banach 空间, V 是 X 中的真闭凸子集. 则对任意 $x \in X$, 存在唯一的一个 $v \in V$ 使得 $\|x - v\| = d(x, V)$.

于是, 由推论 11.2.11 和推论 5.3.2, 可得如下结论.

推论 11.2.12 设 $(X, \mathfrak{F}, \mu)$ 为 σ–有限的测度空间, $p \in (1, +\infty)$. 设 $x \in L^p(X, \mu)$, V 是 $L^p(X, \mu)$ 的真闭凸子集. 则存在唯一的 $v \in V$ 使得 $\|x - v\|_p = d(x, V)$.

11.3 Moore–Penrose 逆的扰动理论

本节将研究 Hilbert 空间上的有界线性算子的 Moore–Penrose 逆的扰动理论. 为方便起见, 在本节中出现的空间 H_1, H_2, H 为 $\mathbb{K}$ 上的 Hilbert 空间.

设 A 是 $\mathbb{K}$ 上 $m \times n$ 的矩阵. 当 $b \notin \mathrm{Ran}(A)$ 时, 方程 $Ax = b$ 无解, 但有 $x_0 \in \mathbb{K}^n$ 使得 $\|Ax - b\|_2$ 在 x_0 处达到最小. 然而 x_0 却是方程 $A^*Ax = A^*b$ 的解.

设 $T \in B(H_1, H_2)$, $b \in H_2$. 考虑方程 $Tz = b$ 的解的问题. 若 $b \in \mathrm{Ran}(T)$, 则此方程有解; 若 $b \notin \mathrm{Ran}(T)$, 则此方程无解, 此时我们将它化为求解方程

$$\|Tx - b\| = \min\{\|Tz - b\| \mid z \in H_1\} = \min\{\|y - b\| \mid y \in \mathrm{Ran}(T)\}.$$

此方程的解称为方程 $Tz = b$ 的最小二乘解. 设 $\mathrm{Ran}(T)$ 在 H_2 中闭, P 是 H_2 到 $\mathrm{Ran}(T)$ 的正交投影, 则由定理 4.1.3 可知

$$\|Tx - b\| = \min\{\|y - b\| \mid y \in \mathrm{Ran}(T)\} = \|b - Pb\|, \tag{11.19}$$

而满足方程 (11.19) 的解 x 应该满足方程 $Tx = Pb$. 进一步, 我们还有如下结论.

命题 11.3.1 设 $T \in B(H_1, H_2)$ 且 $\mathrm{Ran}\,(T)$ 闭, $b \in H_2$, $x_0 \in H_1$. 则 x_0 是 $Tx = b$ 的最小二乘解当且仅当 x_0 是方程 $T^*Tx = T^*b$ 的解.

证明 ($\Rightarrow$) 此时, $Tx_0 = Pb$. 从

$$Tx_0 - b = Pb - b \in \mathrm{Ran}\,(T)^\perp = \mathrm{Ker}\,(T^*),$$

得到 $T^*(Tx_0 - b) = 0$, 故 $T^*Tx_0 = T^*b$.

($\Leftarrow$) 由于 $Tx_0 - b \in \mathrm{Ker}\,(T^*) = \mathrm{Ran}\,(T)^\perp$, 故对任意 $z \in H_1$, 有

$$\|Tz - b\|^2 = \|T(z - x_0) + (Tx_0 - b)\|^2 = \|T(z - x_0)\|^2 + \|Tx_0 - b\|^2,$$

从而 $\|Tx_0 - b\| \leqslant \|Tz - b\|$. □

设 Ran(T) 闭, $Tz = Pb$ 的解为 x. 设 $x = x_1 + x_2$, $x_1 \in \operatorname{Ker}(T)^{\perp}$, $x_2 \in \operatorname{Ker}(T)$. 设 Q 为 H_1 到 $\operatorname{Ker}(T)^{\perp}$ 的正交投影. 因为 $T \in B(QH_1, \operatorname{Ran}(T))$ 是一对一到上的, 故由定理 5.2.3 可知: 存在 $B \in B(\operatorname{Ran}(T), QH_1)$ 使得

$$TBy = y, \quad \forall y \in \operatorname{Ran}(T), \qquad BTz = z, \quad \forall z \in QH_1. \tag{11.20}$$

定义 $A\colon H_2 \to H_1$ 为 $Ay = \begin{cases} By, & y \in \operatorname{Ran}(T), \\ 0, & y \in \operatorname{Ran}(T)^{\perp}. \end{cases}$ 则 $A \in B(H_2, H_1)$ 且由 (11.20) 式得

$$AT = Q, \quad TA = P \text{ 及 } AP = A = QA,$$

故由 $Tx = Pb$ 得 $x_1 = Ab$, 从而 $x = Ab + x_2, \forall x_2 \in \operatorname{Ker}(T)$, 而 A 满足等式

$$TAT = T,\ ATA = A, \quad (TA)^* = TA,\ (AT)^* = AT. \tag{11.21}$$

如果还有 $C \in B(H_2, H_1)$ 满足 (11.21) 式, 则有

$$\begin{aligned} A &= ATA = A(TA)^* = AA^*T^* = AA^*(TCT)^* = AA^*T^*(TC)^* = AA^*T^*TC \\ &= AA^*T^*(TCT)C = AA^*T^*T(CT)^*C = AA^*T^*TT^*C^*C, \\ C &= CTC = (CT)^*C = T^*C^*C = (TAT)^*C^*C = (AT)^*T^*C^*C = ATT^*C^*C \\ &= A(TAT)T^*C^*C = A(TA)^*TT^*C^*C = AA^*T^*TT^*C^*C, \end{aligned}$$

从而 $A = C$.

根据上面所讨论的结果, 我们给出如下的定义.

定义 11.3.2 设 $T \in B(H_1, H_2)$. 若存在 $A \in B(H_2, H_1)$ 使得

$$TAT = T,\ ATA = A, \quad (TA)^* = TA,\ (AT)^* = AT,$$

则 A 称为 T 的 Moore–Penrose 广义逆或 Moore–Penrose 逆, 记 A 为 $T^{\dagger}$.

由此定义可知, 当 T 可逆时, $T^{\dagger} = T^{-1}$. 因而算子的 Moore–Penrose 逆的概念是算子可逆概念的推广. 现在我们来讨论算子 Moore–Penrose 逆的一些性质.

命题 11.3.3 设 $T \in B(H_1, H_2)$ 且 Ran(T) 在 H_2 中闭. 则

(1) $T^{\dagger}$ 存在, 而且 $TT^{\dagger}$ 是 H_2 到 Ran(T) 的正交投影, $I_{H_1} - T^{\dagger}T$ 是 H_1 到 $\operatorname{Ker}(T)$ 的正交投影.

(2) $(T^*)^{\dagger}$ 存在且 $(T^*)^{\dagger} = (T^{\dagger})^*$.

(3) $\operatorname{Ran}(T^{\dagger}) = \operatorname{Ker}(T)^{\perp}$, $\operatorname{Ker}(T^{\dagger}) = \operatorname{Ran}(T)^{\perp}$.

证明 (1) 当 $\mathrm{Ran}(T)$ 闭时, 前面的讨论已告诉我们了 $T^\dagger$ 的存在性.

容易验证 $TT^\dagger$ 和 $I_{H_1}-T^\dagger T$ 都是正交投影.

由 $TT^\dagger T=T$ 得 $\mathrm{Ran}(T)\subset\mathrm{Ran}(TT^\dagger)$. 又 $\mathrm{Ran}(TT^\dagger)\subset\mathrm{Ran}(T)$, 于是 $\mathrm{Ran}(TT^\dagger)=\mathrm{Ran}(T)$, 即 $TT^\dagger$ 是 H_2 到 $\mathrm{Ran}(T)$ 的正交投影.

因为 $T(I_{H_1}-T^\dagger T)=0$, 故 $\mathrm{Ran}(I_{H_1}-T^\dagger T)\subset\mathrm{Ker}\,(T)$. 而当 $x\in\mathrm{Ker}\,(T)$ 时, $(I_{H_1}-T^\dagger T)x=x$, 即得 $\mathrm{Ker}\,(T)\subset\mathrm{Ran}(I_{H_1}-T^\dagger T)$. 于是 $\mathrm{Ran}(I_{H_1}-T^\dagger T)=\mathrm{Ker}\,(T)$, 即 $I_{H_1}-T^\dagger T$ 是 H_1 到 $\mathrm{Ker}\,(T)$ 的正交投影.

(2) 对 T 与 $T^\dagger$ 同时满足的四个方程同时取共轭运算, 得到

$$T^*=(TT^\dagger T)^*=T^*(T^\dagger)^*T^*,\quad (T^\dagger)^*=(T^\dagger)^*T^*(T^\dagger)^*,$$

$$(T^\dagger)^*T^*=TT^\dagger=((T^\dagger)^*T^*)^*,\quad T^*(T^\dagger)^*=(T^*(T^\dagger)^*)^*.$$

则由 (1) 和定义 11.3.2 得出: $(T^*)^\dagger$ 存在并且 $(T^*)^\dagger=(T^\dagger)^*$.

(3) 由于 $Q=TT^\dagger$, $P=T^\dagger T$ 分别是 H_2 到 $\mathrm{Ran}(T)$ 及 H_1 到 $\mathrm{Ker}\,(T)^\perp$ 的正交投影, 又 $T^\dagger Q=T^\dagger$, $PT^\dagger=T^\dagger$, 故

$$\mathrm{Ker}\,(T^\dagger)=(I_{H_2}-Q)H_2=\mathrm{Ran}(T)^\perp,\quad \mathrm{Ran}(T^\dagger)=PH_1=\mathrm{Ker}\,(T)^\perp.\qquad\square$$

为了得到 Moore–Penrose 逆的进一步性质, 我们引入如下的概念.

定义 11.3.4 设 $T\in B(H_1,H_2)\backslash\{0\}$, $L=\mathrm{Ker}\,(T)^\perp=\mathrm{Ran}(I_{H_1}-P_{\mathrm{Ker}\,(T)})=\mathrm{Ran}(T^\dagger T)$, 这里 $P_{\mathrm{Ker}\,(T)}$ 表示 H_1 到 $\mathrm{Ker}\,(T)$ 的正交投影算子.

$$\gamma(T)=\inf\{\|Tx\|\,|\,x\in L,\ \|x\|=1\}$$

称为 T 的约化最小模.

注 11.3.5 对任意 $x\in H_1$ 且 $x\notin\mathrm{Ker}\,(T)$, 令 $y=\dfrac{x-P_{\mathrm{Ker}\,(T)}x}{\|x-P_{\mathrm{Ker}\,(T)}x\|}\in L$. 由于

$$d(x,\mathrm{Ker}\,(T))=\|x-P_{\mathrm{Ker}\,(T)}x\|,\quad \frac{Tx}{\|x-P_{\mathrm{Ker}\,(T)}x\|}=Ty,$$

故由定义 11.3.4 得 $\|Tx\|\geqslant\gamma(T)d(x,\mathrm{Ker}\,(T)),\ \forall\,x\in H_1$.

命题 11.3.6 设 $T\in B(H_1,H_2)$.

(1) $\mathrm{Ran}(T)$ 闭当且仅当 $\gamma(T)>0$.

(2) 若有 $C\in B(H_2,H_1)$ 使得 $TCT=T$, 则 $\mathrm{Ran}\,(T)$ 闭且 $\gamma(T)\geqslant\dfrac{1}{\|C\|}$.

(3) 如果 $T^\dagger$ 存在, 则 $\gamma(T)=\dfrac{1}{\|T^\dagger\|}$.

证明 (1) 设 $M=\mathrm{Ran}(T)$ 在 H_2 闭. 由于 $H_1=\mathrm{Ker}\,(T)\oplus L$, 故 $\mathrm{Ran}(T)=T(L)$. 记 $A=T|_L$ (T 在 L 上的限制). 易知, $A\in B(L,M)$ 是一对一到上的. 则由定理 5.2.3, $A^{-1}\in B(M,L)$. 故 $\|A(A^{-1}y)\|\geqslant\gamma(T)\|A^{-1}y\|, \forall\, y\in M$, 从而 $\|A^{-1}\|\leqslant\dfrac{1}{\gamma(T)}$. 又对任意 $x\in L$, $\|x\|=\|A^{-1}Ax\|\leqslant\|A^{-1}\|\|Tx\|$, 故 $\gamma(T)\geqslant\dfrac{1}{\|A^{-1}\|}$. 从而 $\gamma(T)=\dfrac{1}{\|A^{-1}\|}>0$.

当 $\gamma(T)>0$ 时, 由 $\|Tx\|\geqslant\gamma(T)\|x\|, \forall\, x\in L$, 容易得到 $\mathrm{Ran}(T)$ 闭.

(2) 任取 $x\in H_1$, 由 $T(I_{H_1}-CT)x=0$ 得, $(I_{H_1}-CT)x\in\mathrm{Ker}\,(T)$, 从而

$$d(x,\mathrm{Ker}\,(T))\leqslant\|x-(I_{H_1}-CT)x\|\leqslant\|CTx\|\leqslant\|C\|\|Tx\|,$$

即 $\|Tx\|\geqslant\dfrac{1}{\|C\|}d(x,\mathrm{Ker}\,(T))$. 进而 $\gamma(T)\geqslant\dfrac{1}{\|C\|}>0$. 故 $\mathrm{Ran}(T)$ 闭.

(3) 由于 $\|TT^\dagger y\|\geqslant\gamma(T)d(T^\dagger y,\mathrm{Ker}\,(T)), \forall\, y\in H_2$, 而 $I_{H_1}-T^\dagger T$ 是 H_1 到 $\mathrm{Ker}\,(T)$ 的正交投影, 故

$$d(T^\dagger y,\mathrm{Ker}\,(T))=\|T^\dagger y-(I_{H_1}-T^\dagger T)T^\dagger y\|=\|T^\dagger y\|,$$

$$\|y\|\|TT^\dagger\|\geqslant\|TT^\dagger y\|\geqslant\gamma(T)d(T^\dagger y,\mathrm{Ker}\,(T))=\gamma(T)\|T^\dagger y\|. \tag{11.22}$$

由于 $TT^\dagger$ 是正交投影, 故 $\|TT^\dagger\|=1$, 从而由 (11.22) 式得 $\gamma(T)\leqslant\dfrac{1}{\|T^\dagger\|}$. 又由于 $TT^\dagger T=T$, 故由 (2) 得 $\gamma(T)\geqslant\dfrac{1}{\|T^\dagger\|}$. 于是 $\gamma(T)=\dfrac{1}{\|T^\dagger\|}$. □

命题 11.3.7 设 $T\in B(H_1,H_2)$ 且 $\mathrm{Ran}(T)$ 闭, 则 $T^\dagger=\lim\limits_{\epsilon\to0^+}(T^*T+\epsilon I)^{-1}T^*$.

证明 设 $L=\mathrm{Ran}(T^\dagger T)$. 则 $\|Tx\|\geqslant\gamma(T)\|x\|, \forall\, x\in L$. 于是

$$\|T^*Tx\|\|x\|\geqslant\langle T^*Tx,x\rangle\geqslant\gamma(T)^2\|x\|^2,\quad\forall\, x\in L.$$

从而 $\|T^*Tx\|\geqslant\gamma(T)^2\|x\|, \forall\, x\in L$. 这样, 对任意 $x\in L$, $\epsilon>0$, 有

$$\begin{aligned}\|(T^*T+\epsilon I_{H_1})x\|^2&=\|T^*Tx\|^2+2\epsilon\langle T^*Tx,x\rangle+\epsilon^2\|x\|^2\\&\geqslant[\gamma(T)^2+\epsilon]^2\|x\|^2.\end{aligned}\tag{11.23}$$

故对任意 $x\in H_1$, 设 $x=x_1+x_2$, 其中 $x_1\in L$, $x_2\in L^\perp=\mathrm{Ker}\,(T)$, 有

$$\begin{aligned}\|(T^*T+\epsilon I_{H_1})x\|^2&=\|(T^*T+\epsilon I_{H_1})x_1+\epsilon x_2\|^2\\&\geqslant[\gamma(T)^2+\epsilon]^2\|x_1\|^2+\epsilon^2\|x_2\|^2\end{aligned}$$

$$\geqslant \epsilon^2(\|x_1\|^2 + \|x_2\|^2) = \epsilon^2\|x\|^2.$$

由此可知, $\operatorname{Ker}(T^*T + \epsilon I_{H_1}) = \{0\}$ 且 $\operatorname{Ran}(T^*T + \epsilon I_{H_1})$ 在 H_1 中闭. 从而由定理 4.3.5, $\operatorname{Ran}(T^*T + \epsilon I_{H_1}) = H_1$. 所以 $(T^*T + \epsilon I_{H_1})^{-1}$ 有界.

对任意 $x \in H_1$, 令 $z = (T^*T + \epsilon I_{H_1})^{-1}T^\dagger x$. 注意到

$$(I_{H_1} - T^\dagger T)T^*T = T^*T - (T^\dagger T)^*T^*T = T^*T - (TT^\dagger T)^*T = 0,$$

故从 $T^\dagger x = (T^*T + \epsilon I_{H_1})z$ 得到 $(I_{H_1} - T^\dagger T)z = 0$, 即 $z \in L$. 又 $T^\dagger x \in L$ (因为 $T^\dagger = T^\dagger TT^\dagger$), 于是将 z 代入 (11.23) 式, 得到

$$\|(T^*T + \epsilon I_{H_1})^{-1}T^\dagger x\| \leqslant \frac{1}{\gamma(T)^2 + \epsilon}\|T^\dagger x\|.$$

由于 $T^*TT^\dagger = (TT^\dagger T)^* = T^*$, 故

$$\begin{aligned}\|(T^*T + \epsilon I_{H_1})^{-1}T^*x - T^\dagger x\| &= \|(T^*T + \epsilon I_{H_1})^{-1}(T^*x - (T^*T + \epsilon I_{H_1})T^\dagger x)\| \\ &= \epsilon\|(T^*T + \epsilon I_{H_1})^{-1}T^\dagger x\| \leqslant \frac{\epsilon\|T^\dagger\|}{\gamma(T)^2 + \epsilon}\|x\|.\end{aligned}$$

进而 $\lim\limits_{\epsilon \to 0^+} \|(T^*T + \epsilon I_{H_1})^{-1}T^* - T^\dagger\| = 0$. □

下面我们考虑当 $\operatorname{Ran}(T)$ 闭时, 下列问题 $(*)$ 的解.

$$\min \|x\|, \text{ 满足 } \|Tx - b\| = \min\{\|Tz - b\| \mid z \in H_1\}. \tag{$*$}$$

由定义 11.3.2, $\|Tx - b\| = d(b, \operatorname{Ran}(T))$ 的解为 $x = T^\dagger b + x_2, \forall x_2 \in \operatorname{Ker}(T)$. 由于 $x_2 \perp \operatorname{Ran}(T^\dagger)$ (命题 11.3.3 (3)), 故 $x = T^\dagger b$. 满足问题 $(*)$.

设 $T, \bar{T} = T + \delta T \in B(H_1, H_2)$ 且 $T^\dagger$ 存在, $\|T^\dagger\|\|\delta T\| < 1$. 我们要问 $\bar{T}^\dagger$ 是否存在? 若 $\bar{T}^\dagger$ 存在, 是否有 $\lim\limits_{\|\delta T\| \to 0} \|\bar{T}^\dagger - T^\dagger\| = 0$? 当 H_1, H_2 都是有限维时, 我们知道 $\bar{T}^\dagger$ 总是存在且当 $\operatorname{rank}\bar{T} = \operatorname{rank}T$ (即 $\bar{T}$ 是 T 的保秩扰动) 时, $\lim\limits_{\|\delta T\| \to 0} \|\bar{T}^\dagger - T^\dagger\| = 0$.

鉴于此, 我们首先提出有界线性算子稳定扰动的概念, 然后给出稳定扰动的等价条件, 最后在稳定扰动下得出 $\bar{T}^\dagger$ 存在性并给出 Moore–Penrose 逆的误差的范数估计.

定义 11.3.8 设 $T, \bar{T} = T + \delta T \in B(H_1, H_2)$. 如果 $\operatorname{Ran}(\bar{T}) \bigcap \operatorname{Ran}(T)^\perp = \{0\}$, 则称 $\bar{T}$ 是 T 的稳定扰动.

下面我们要给出稳定扰动的等价刻画. 为此, 我们需要下面的引理.

引理 11.3.9 设 $T, \bar{T} = T + \delta T \in B(H_1, H_2)$ 且 $T^\dagger$ 存在及 $\|T^\dagger\|\|\delta T\| < 1$. 令

$$S_T = (I_{H_1} + T^\dagger \delta T)^{-1}(I_{H_1} - T^\dagger T).$$

则 $S_T^2 = S_T$ (即 S_T 是幂等算子), $\mathrm{Ker}\,(\bar{T}) \subset \mathrm{Ran}(S_T)$.

证明 由 $\|T^\dagger\|\|\delta T\| < 1$ 知, $I_{H_1} + T^\dagger \delta T$ 可逆 (推论 10.2.5). 故从

$$(I_{H_1} - T^\dagger T)(I_{H_1} + T^\dagger \delta T) = I_{H_1} - T^\dagger T$$

得出

$$I_{H_1} - T^\dagger T = (I_{H_1} - T^\dagger T)(I_{H_1} + T^\dagger \delta T)^{-1}.$$

从而

$$S_T^2 = (I_{H_1} + T^\dagger \delta T)^{-1}(I_{H_1} - T^\dagger T)(I_{H_1} + T^\dagger \delta T)^{-1}(I_{H_1} - T^\dagger T) = S_T.$$

由于

$$\begin{aligned} S_T &= (I_{H_1} + T^\dagger \delta T)^{-1}(I_{H_1} + T^\dagger \delta T - T^\dagger \delta T - T^\dagger T) \\ &= I_{H_1} - (I_{H_1} + T^\dagger \delta T)^{-1} T^\dagger \bar{T}, \end{aligned} \tag{11.24}$$

故当 $x \in \mathrm{Ker}\,(\bar{T})$ 时, $S_T x = x$, 即得 $\mathrm{Ker}\,(\bar{T}) \subset \mathrm{Ran}(S_T)$. □

定理 11.3.10 设 $T, \bar{T} = T + \delta T \in B(H_1, H_2)$. 设 $T^\dagger$ 存在且 $\|T^\dagger\|\|\delta T\| < 1$. 令 $S_T = (I_{H_1} + T^\dagger \delta T)^{-1}(I_{H_1} - T^\dagger T)$. 则下列命题等价:

(1) $\bar{T}$ 是 T 的稳定扰动;

(2) $\mathrm{Ran}(S_T) = \mathrm{Ker}\,(\bar{T})$;

(3) $(I_{H_2} - TT^\dagger)(I_{H_2} + \delta T T^\dagger)^{-1} \bar{T}(I_{H_1} - T^\dagger T) = 0$;

(4) $\mathrm{Ker}\,(T) \bigcap \mathrm{Ker}\,(\bar{T})^\perp = \{0\}$.

证明 (1)⇒(2) 设 $y \in \mathrm{Ran}(S_T)$, 则 $S_T y = y$. 从而由 (11.24) 式,

$$0 = (I_{H_1} + T^\dagger \delta T)^{-1} T^\dagger \bar{T} y = T^\dagger \bar{T} y.$$

由命题 11.3.3, $\mathrm{Ker}\,(T^\dagger) = \mathrm{Ran}(T)^\perp$, 故 $\bar{T} y \in \mathrm{Ran}(\bar{T}) \bigcap \mathrm{Ran}(T)^\perp = \{0\}$, 即 $y \in \mathrm{Ker}\,(\bar{T})$. 于是 $\mathrm{Ran}(S_T) \subset \mathrm{Ker}\,(\bar{T})$. 最后由引理 11.3.9 得到 $\mathrm{Ran}(S_T) = \mathrm{Ker}\,(\bar{T})$.

(2)⇒(3) 由 $\bar{T} S_T = 0$ 得

$$(T + \delta T)(I_{H_1} + T^\dagger \delta T)^{-1}(I_{H_1} - T^\dagger T) = 0,$$

从而

$$(I_{H_2} - TT^\dagger)\delta T(I_{H_1} + T^\dagger \delta T)^{-1}(I_{H_1} - T^\dagger T) = 0. \tag{11.25}$$

注意到 $\delta T(I_{H_1}+T^\dagger\delta T)=(I_{H_2}+\delta TT^\dagger)\delta T$, 故由 (11.25) 式得到

$$\begin{aligned}0&=(I_{H_2}-TT^\dagger)(I_{H_2}+\delta TT^\dagger)^{-1}\delta T(I_{H_1}-T^\dagger T)\\&=(I_{H_2}-TT^\dagger)(I_{H_2}+\delta TT^\dagger)^{-1}\bar{T}(I_{H_1}-T^\dagger T).\end{aligned}$$

(3)⇒(1) 设 $x\in\mathrm{Ran}(\bar{T})\bigcap\mathrm{Ran}(T)^\perp$. 因为由命题 11.3.3 (3), $\mathrm{Ker}\,(T^\dagger)=\mathrm{Ran}(T)^\perp$, 故 $T^\dagger x=0$ 且有 $z\in H_1$ 使得 $\bar{T}z=x$. 则 $T^\dagger\bar{T}z=0$. 令 $z_1=T^\dagger Tz$, $z_2=(I_{H_1}-T^\dagger T)z$. 则由 $T^\dagger\bar{T}z=T^\dagger(T+\delta T)(z_1+z_2)=0$ 得到

$$(I_{H_1}+T^\dagger\delta T)z_1=-T^\dagger\delta z_2,\quad z_1=-(I_{H_1}+T^\dagger\delta T)^{-1}T^\dagger\delta Tz_2.$$

利用条件 $(I_{H_2}-TT^\dagger)(I_{H_2}+\delta TT^\dagger)^{-1}\bar{T}(I_{H_1}-T^\dagger T)=0$, 可得

$$\begin{aligned}x&=(T+\delta T)(z_1+z_2)=(T+\delta T)z_1+(T+\delta T)z_2\\&=-(T+\delta T)(I_{H_1}+T^\dagger\delta T)^{-1}T^\dagger\delta Tz_2+\delta Tz_2\\&=-(T+\delta T)T^\dagger(I_{H_2}+\delta TT^\dagger)^{-1}\delta Tz_2+\delta Tz_2\\&=(I_{H_2}+\delta TT^\dagger)(I_{H_2}-TT^\dagger-I_{H_2})(I_{H_2}+\delta TT^\dagger)^{-1}\delta Tz_2+\delta Tz_2\\&=(I_{H_2}+\delta TT^\dagger)(I_{H_2}-TT^\dagger)(I_{H_2}+\delta TT^\dagger)^{-1}\bar{T}(I_{H_1}-T^\dagger T)z\\&=0,\end{aligned}$$

即 $\mathrm{Ran}(\bar{T})\bigcap\mathrm{Ran}(T)^\perp=\{0\}$.

(3)⇒(4) 根据命题 11.3.6 (2), $\mathrm{Ran}(T)$ 闭. 再由命题 11.3.3 (2), $(T^*)^\dagger$ 存在且 $(T^*)^\dagger=(T^\dagger)^*$; 同时由命题 11.3.6, $\mathrm{Ran}(T^*)$ 闭. 于是 $\|(T^*)^\dagger\|\|\delta T^*\|<1$. 对 (3) 中的等式

$$(I_{H_2}-TT^\dagger)(I_{H_2}+\delta TT^\dagger)^{-1}\bar{T}(I_{H_1}-T^\dagger T)=0\tag{11.26}$$

两边同取共轭, 得

$$(I_{H_1}-T^*(T^*)^\dagger)(T^*+\delta T^*)(I_{H_2}+(T^*)^\dagger(\delta T^*))^{-1}(I_{H_2}-(T^*)^\dagger T^*)=0.\tag{11.27}$$

于是由 (11.27) 式得到

$$(I_{H_1}-T^*(T^*)^\dagger)(I_{H_1}+\delta T^*(T^*)^\dagger)^{-1}(T^*+\delta T^*)(I_{H_2}-(T^*)^\dagger T^*)=0.$$

于是由 (1) 得 $\mathrm{Ran}(\bar{T}^*)\cap\mathrm{Ran}(T^*)^\perp=\{0\}$, 进而由定理 4.3.5 得到

$$\mathrm{Ker}\,(T)\bigcap\mathrm{Ker}\,(\bar{T})^\perp=\{0\}.$$

(4)⇒(3) 由 (3)⇒(4) 的证明过程倒推即可. □

根据定理 11.3.10, 我们可以得到下面一些在特殊情况下的稳定扰动的条件.

推论 11.3.11 设 $T, \bar{T} = T + \delta T \in B(H_1, H_2)$ 且 $T^\dagger$ 存在及 $\|T^\dagger\|\|\delta T\| < 1$. 若下列条件之一成立, 则 $\bar{T}$ 是 T 的稳定扰动:

(1) $\mathrm{Ran}(\bar{T}) \subset \mathrm{Ran}(T)$ 或 $\mathrm{Ker}\,(T) \subset \mathrm{Ker}\,(\bar{T})$;

(2) $\dim \mathrm{Ker}\, \bar{T} = \dim \mathrm{Ker}\, T < +\infty$;

(3) $\dim \mathrm{Ran}(\bar{T}) = \dim \mathrm{Ran}(T) < +\infty$.

证明 (1) 根据定理 11.3.10 (1) 和 (3) 可得结论.

(2) 因 $(I_{H_1} - T^\dagger T)H_1 = \mathrm{Ker}\,(T)$, 故

$$\dim \mathrm{Ran}(S_T) = \dim \mathrm{Ker}\,(T) = \dim \mathrm{Ker}\,(\bar{T}) < +\infty.$$

从而由 $\mathrm{Ker}\,(\bar{T}) \subset \mathrm{Ran}(S_T)$ (引理 11.3.9) 得出 $\mathrm{Ker}\,(\bar{T}) = \mathrm{Ran}(S_T)$. 再由定理 11.3.10 中 (1) 与 (2) 的等价性, 得到结论.

(3) 由于 $(I_{H_2} + \delta T T^\dagger)T = TT^\dagger T + \delta T T^\dagger T = \bar{T} T^\dagger T$, 故

$$\mathrm{Ran}(T) \subset (I_{H_2} + \delta T T^\dagger)^{-1} \mathrm{Ran}(\bar{T}). \tag{11.28}$$

于是由假设条件和 (11.28) 式可以推出 $\mathrm{Ran}(T) = (I_{H_2} + \delta T T^\dagger)^{-1}\mathrm{Ran}(\bar{T})$. 从而利用 $(I_{H_2} - TT^\dagger)\mathrm{Ran}(T) = 0$ 得到 $(I_{H_2} - TT^\dagger)(I_{H_1} + \delta T T^\dagger)^{-1}\bar{T} = 0$. 最后, 由定理 11.3.10 中 (1) 与 (3) 的等价性, 得到结论. □

为了对 $T, \bar{T} = T + \delta T \in B(H_1, H_2)$, 估计 $\|\bar{T}^\dagger - T^\dagger\|$, 我们还要利用下面的引理.

引理 11.3.12 设 $T, \bar{T} = T + \delta T \in B(H_1, H_2)$ 且 $T^\dagger, \bar{T}^\dagger$ 存在, 则

$$\bar{T}^\dagger - T^\dagger = -\bar{T}^\dagger \delta T T^\dagger + \bar{T}^\dagger (I_{H_2} - TT^\dagger) - (I_{H_1} - \bar{T}^\dagger \bar{T}) T^\dagger. \tag{11.29}$$

证明 由于 $\bar{T} = T + \delta T$, 故

$$\begin{aligned}\bar{T}^\dagger - T^\dagger &= -\bar{T}^\dagger \delta T T^\dagger \bar{T}^\dagger - \bar{T} T T^\dagger - T^\dagger + \bar{T}^\dagger T T^\dagger + \bar{T}^\dagger \delta T T^\dagger \\ &= -\bar{T}^\dagger \delta T T^\dagger + \bar{T}^\dagger (I_{H_2} - TT^\dagger) - (I_{H_1} - \bar{T}^\dagger \bar{T}) T^\dagger.\end{aligned}$$

□

由于在利用 (11.29) 式时, 要估计 $\|\bar{T}\bar{T}^\dagger - TT^\dagger\|$, $\|\bar{T}^\dagger \bar{T} - T^\dagger T\|$, 于是我们还要引进如下的子空间间距的概念.

定义 11.3.13 设 $\mathcal{V}(H)$ 为 H 中所有闭子空间组成的集合. 设 $M, N \in \mathcal{V}(H)$, M 及 N 的间距 $\delta(M, N)$ 定义为

$$\delta(M, N) = \begin{cases} \sup\{d(x, N) | x \in M \bigcap S(H)\}, & M \neq \{0\}, \\ 0, & M = \{0\}. \end{cases}$$

下面我们给出子空间间距的主要性质.

引理 11.3.14 设 $M, N\in\mathcal{V}(H)$, P, Q 分别是 H 到 M 及 N 的正交投影. 则

(1) $\delta(M,N)=\|(I-Q)P\|\leqslant\|P-Q\|$.

(2) 如果 $\delta=\delta(M,N)<1$ 且 $N\bigcap M^{\perp}=\{0\}$, 则

$$\|(I-P)Q\|\leqslant\delta,\quad \delta(M,N)=\|P-Q\|.$$

证明 (1) 由 $d(z,N)=\|z-Qz\|$, $\forall\, z\in H$ 得到

$$d(x,N)=\|(I-Q)Px\|\leqslant\|(I-Q)P\|\|x\|,\quad \forall\, x\in M,$$

所以 $\delta(M,N)\leqslant\|(I-Q)P\|$. 另外, 对 $x\in M$, 设 $y=Px\neq 0$, 则

$$\left\|(I-Q)\frac{y}{\|y\|}\right\|=d\Big(\frac{y}{\|y\|},N\Big)\leqslant\delta(M,N),$$

即得 $\|(I-Q)Px\|\leqslant\|Px\|\delta(M,N)$. 由于此式对所有的 $x\in H$ 都成立, 故

$$\|(I-Q)P\|\leqslant\|P\|\delta(M,N)=\delta(M,N),$$

这样就有 $\delta(M,N)=\|(I-Q)P\|$. 而

$$\|(I-Q)P\|=\|(P-Q)P\|\leqslant\|P-Q\|\|P\|=\|P-Q\|.$$

(2) 由 (1), $\|(I-Q)P\|=\delta(M,N)$. 故对任意 $x\in M$, 有

$$\|(I-Q)x\|=\|(I-Q)Px\|\leqslant\delta\|x\|,$$

$$\|Qx\|\geqslant\|x\|-\|(I-Q)x\|\geqslant(1-\delta)\|x\|. \tag{11.30}$$

(11.30) 式说明了有界线性算子 $Ax=Qx$, $x\in M$ 的零空间为 $\{0\}$ 而值域 $\operatorname{Ran}(A)$ 是 N 中的闭子空间.

当 $N\cap M^{\perp}=\{0\}$ 时, 若 $\operatorname{Ran}(A)\subsetneqq N$, 取 $y\in\operatorname{Ran}(A)^{\perp}\bigcap N$ 且 $y\neq 0$. 则 $\big\langle y,Ax\big\rangle=0$, $\forall\, x\in M$, 于是

$$\big\langle y,x\big\rangle=\big\langle Qy,x\big\rangle=\big\langle y,Qx\big\rangle=\big\langle y,Ax\big\rangle=0,\quad \forall\, x\in M.$$

上式说明 $y\in M^{\perp}\bigcap N=\{0\}$, 但这与假定的 $y\neq 0$ 矛盾. 于是 $\operatorname{Ran}(A)=N$.

现在, 对任意 $z\in H$, 由 $Qz\in N$ 及 $\operatorname{Ran}(A)=N$, 取 $z_0\in M$ 使得 $Qz=Qz_0$. 假定 $Qz\neq 0$, 则 $z_0\neq 0$. 注意到 $(I-P)z_0=0$, 故有

$$\|(I-P)Qz\|^2=\|(I-P)Qz_0\|^2=\left\|(I-P)\Big(Qz_0-\frac{\|Qz_0\|^2}{\|z_0\|^2}z_0\Big)\right\|^2$$

$$\leqslant \left\|Qz_0 - \frac{\|Qz_0\|^2}{\|z_0\|^2}z_0\right\|^2 = \frac{\|Qz_0\|^2}{\|z_0\|^2}(\|z_0\|^2 - \|Qz_0\|^2).$$

又因为

$$\begin{aligned}\|z_0\|^2 &= \|(I-Q)z_0 + Qz_0\|^2 = \|(I-Q)z_0\|^2 + \|Qz_0\|^2 \\ &= \|(I-Q)Pz_0\|^2 + \|Qz_0\|^2 \leqslant \delta^2\|z_0\|^2 + \|Qz_0\|^2,\end{aligned}$$

故 $\|(I-P)Qz\|^2 \leqslant \delta^2\|Qz\|^2$. 而此式对 $Qz=0$ 也成立. 从而 $\|(I-P)Q\| \leqslant \delta$.

注意到 $\|Q(I-P)\| = \|(I-P)Q\| \leqslant \delta$ 及对任意 $z \in H$

$$\begin{aligned}\|(P-Q)z\|^2 &= \|(I-Q)Pz - Q(I-P)z\|^2 \\ &= \|(I-Q)Pz\|^2 + \|Q(I-P)z\|^2 \\ &\leqslant \|(I-Q)P\|^2\|Pz\|^2 + \|Q(I-P)\|^2\|(I-P)z\|^2 \\ &\leqslant \delta^2\|Pz\|^2 + \delta^2\|(I-P)z\|^2 = \delta^2\|z\|^2,\end{aligned}$$

故 $\|P-Q\| \leqslant \delta$. 再结合 (1) 中的结论, 就得到 $\|P-Q\| = \delta$. □

引理 11.3.15 设 $S, T \in B(H_1, H_2)$ 而且 $\operatorname{Ran}(T)$ 在 H_2 中闭. 则

$$\delta(\operatorname{Ran}(T), \overline{\operatorname{Ran}(S)}) \leqslant \|T^\dagger\|\|T-S\|,$$

$$\delta(\operatorname{Ker}(S), \operatorname{Ker}(T)) \leqslant \|T^\dagger\|\|T-S\|.$$

证明 设 $y \in \operatorname{Ran}(T)$ 且 $\|y\| = 1$. 则有 $x \in H_1$ 使得 $y = Tx$. 从而对任何 $z \in \operatorname{Ker}(T)$ 有

$$\begin{aligned}d(y, \overline{\operatorname{Ran}(S)}) &= d(y, \operatorname{Ran}(S)) \leqslant \|y - S(x-z)\| \\ &= \|T(x-z) - S(x-z)\| \leqslant \|T-S\|\|x-z\|.\end{aligned}$$

上式表明, $d(y, \overline{\operatorname{Ran}(S)}) \leqslant \|T-S\| d(x, \operatorname{Ker}(T))$. 由于 $\gamma(T) = \dfrac{1}{\|T^\dagger\|}$ 及

$$1 = \|y\| = \|Tx\| \geqslant \gamma(T) d(x, \operatorname{Ker}(T)),$$

故 $d(y, \overline{\operatorname{Ran}(S)}) \leqslant \|T^\dagger\|\|T-S\|$, 进而 $\delta(\operatorname{Ran}(T), \overline{\operatorname{Ran}(S)}) \leqslant \|T^\dagger\|\|T-S\|$.

设 $u \in \operatorname{Ker}(S) \bigcap S(H_1)$. 则 $Tu = (T-S)u$, 从而

$$\|T-S\| \geqslant \|(T-S)u\| = \|Tu\| \geqslant \gamma(T) d(u, \operatorname{Ker}(T)),$$

所以 $\delta(\operatorname{Ker}(S), \operatorname{Ker}(T)) \leqslant \|T^\dagger\|\|T-S\|$. □

命题 11.3.16 设 $T, \delta T \in B(H_1, H_2)$, $\bar{T} = T + \delta T$. 再设 $\mathrm{Ran}(T)$, $\mathrm{Ran}(\bar{T})$ 在 H_2 中闭, $\|T^\dagger\|\|\delta T\| < 1$. 如果 $\bar{T}$ 是 T 的稳定扰动, 则

(1) $\|\bar{T}\bar{T}^\dagger - TT^\dagger\| \leqslant \min\{\|\bar{T}^\dagger\|, \|T^\dagger\|\}\|\delta T\|$;

(2) $\|\bar{T}^\dagger\bar{T} - T^\dagger T\| \leqslant \min\{\|\bar{T}^\dagger\|, \|T^\dagger\|\}\|\delta T\|$.

证明 (1) 由引理 11.3.15,

$$\delta(\mathrm{Ran}(T), \mathrm{Ran}(\bar{T})) \leqslant \|T^\dagger\|\|\delta T\|, \tag{11.31}$$

$$\delta(\mathrm{Ran}(\bar{T}), \mathrm{Ran}(T)) \leqslant \|\bar{T}^\dagger\|\|\delta T\|. \tag{11.32}$$

因为 $\mathrm{Ran}(\bar{T}) \bigcap \mathrm{Ran}(T)^\perp = \{0\}$, $\|T^\dagger\|\|\delta T\| < 1$, 故将引理 11.3.14 (2) 和命题 11.3.3 (1) 运用于 (11.31) 式, 得到

$$\|TT^\dagger - \bar{T}\bar{T}^\dagger\| = \delta(\mathrm{Ran}(T), \mathrm{Ran}(\bar{T})) \leqslant \|T^\dagger\|\|\delta T\|.$$

因 $\delta(\mathrm{Ran}(T), \mathrm{Ran}(\bar{T})) \leqslant \|T^\dagger\|\|\delta T\| < 1$, 故 $\mathrm{Ran}(T) \bigcap \mathrm{Ran}(\bar{T})^\perp = \{0\}$ (见本章习题 13 (2)). 如果 $\|\bar{T}^\dagger\| \leqslant \|T^\dagger\|$, 则有引理 11.3.14 (2) 和 (11.32) 式得

$$\|\bar{T}\bar{T}^\dagger - TT^\dagger\| = \delta(\mathrm{Ran}(\bar{T}), \mathrm{Ran}(T)) \leqslant \|\bar{T}^\dagger\|\|\delta T\|.$$

从而 $\|\bar{T}\bar{T}^\dagger - TT^\dagger\| \leqslant \min\{\|\bar{T}^\dagger\|, \|T^\dagger\|\}\|\delta T\|$.

(2) 根据定理 11.3.10, 有 $\mathrm{Ker}\,(T) \bigcap \mathrm{Ker}\,(\bar{T})^\perp = \{0\}$. 因为 $I_{H_1} - \bar{T}^\dagger\bar{T}$, $I_{H_2} - T^\dagger T$ 分别是 H_1 到 $\mathrm{Ker}\,(\bar{T})$ 及 H_1 到 $\mathrm{Ker}\,(T)$ 的正交投影算子, 于是用与 (1) 相同的方法, 可以得到 (2) 中的结论. □

下面我们就来给出 $\|\bar{T}^\dagger\|$ 及 $\|\bar{T}^\dagger - T^\dagger\|$ 的估计式.

定理 11.3.17 设 $T, \bar{T} = T + \delta T \in B(H_1, H_2)$ 且 $T^\dagger$ 存在及 $\|T^\dagger\|\|\delta T\| < 1$. 则当 $\bar{T}$ 是 T 的稳定扰动时, 我们有

(1) $\bar{T}^\dagger$ 存在且 $\|\bar{T}^\dagger\| \leqslant \dfrac{\|T^\dagger\|}{1 - \|T^\dagger\|\|\delta T\|}$;

(2) $\dfrac{\|\bar{T}^\dagger - T^\dagger\|}{\|T^\dagger\|} \leqslant \dfrac{1 + \sqrt{5}}{2} \dfrac{\|T^\dagger\|\|\delta T\|}{1 - \|T^\dagger\|\|\delta T\|}$.

证明 (1) 由引理 11.3.9 和定理 11.3.10, $S_T = (I_{H_1} + T^\dagger\delta T)^{-1}(I_{H_1} - T^\dagger T)$ 是幂等算子且 $\mathrm{Ran}(S_T) = \mathrm{Ker}\,(\bar{T})$. 于是 $\bar{T}S_T = 0$. 令 $B = (I_{H_1} + T^\dagger\delta T)^{-1}T^\dagger \in B(H_2, H_1)$. 则由 (11.24) 式可得 $B\bar{T} = I_{H_1} - S_T$, 从而 $\bar{T}B\bar{T} = \bar{T}$. 最后由命题 11.3.6 (2) 和 (1) 得, $\bar{T}^\dagger$ 存在. 接下来, 由命题 11.3.6 (2), (3) 和推论 10.2.5 可得

$$\|\bar{T}^\dagger\| = \frac{1}{\gamma(\bar{T})} \leqslant \|B\| \leqslant \|T^\dagger\|\|(I_{H_1} + T^\dagger\delta T)^{-1}\| \leqslant \frac{\|T^\dagger\|}{1 - \|T^\dagger\|\|\delta T\|}.$$

(2) 由 (11.29) 式并利用 $\mathrm{Ran}(I_{H_1}-\bar{T}^\dagger\bar{T})\perp \mathrm{Ran}(\bar{T}^\dagger)$, 对任意 $x\in S(H_2)$, 有

$$\|(\bar{T}^\dagger-T^\dagger)x\|^2=\|-\bar{T}^\dagger\delta TT^\dagger x+\bar{T}^\dagger(I_{H_2}-TT^\dagger)x\|^2+\|(I_{H_1}-\bar{T}^\dagger\bar{T})T^\dagger x\|^2.$$

令 $x_1=TT^\dagger x$, $x_2=(I_{H_2}-TT^\dagger)x$, $\sin\phi=\|x_1\|$, $\cos\phi=\|x_2\|$. 因 $T^\dagger x=T^\dagger x_1$ 及

$$(I_{H_1}-\bar{T}^\dagger\bar{T})T^\dagger x=(T^\dagger T-\bar{T}^\dagger\bar{T})T^\dagger x_1,$$
$$\bar{T}^\dagger(I_{H_2}-TT^\dagger)x=\bar{T}^\dagger(\bar{T}\bar{T}^\dagger-TT^\dagger)x_2,$$

故由上式可得

$$\begin{aligned}\|(\bar{T}^\dagger-T^\dagger)x\|^2\leqslant{}&\|\bar{T}^\dagger\|^2\big(\|\delta T\|\|T^\dagger\|\sin\phi+\|\bar{T}\bar{T}^\dagger-TT^\dagger\|\cos\phi\big)^2\\&+\|T^\dagger T-\bar{T}^\dagger\bar{T}\|^2\|T^\dagger\|^2\sin^2\phi.\end{aligned}$$

当 $\bar{T}$ 是 T 的稳定扰动且 $\|T^\dagger\|\|\delta T\|<1$ 时, 由命题 11.3.16,

$$\|T^\dagger T-\bar{T}^\dagger\bar{T}\|\leqslant\|\bar{T}^\dagger\|\|\delta T\|,\quad \|\bar{T}\bar{T}^\dagger-TT^\dagger\|\leqslant\|T^\dagger\|\|\delta T\|,$$

于是

$$\begin{aligned}\|(\bar{T}^\dagger-T^\dagger)x\|^2&\leqslant\|\bar{T}^\dagger\|^2\|T^\dagger\|^2\|\delta T\|^2(2\sin^2\phi+\sin 2\phi+\cos^2\phi)\\&\leqslant\frac{3+\sqrt{5}}{2}\|\bar{T}^\dagger\|^2\|T^\dagger\|^2\|\delta T\|^2,\end{aligned}$$

即得

$$\frac{\|\bar{T}^\dagger-T^\dagger\|}{\|T^\dagger\|}\leqslant\frac{1+\sqrt{5}}{2}\|\bar{T}^\dagger\|\|\delta T\|\leqslant\frac{1+\sqrt{5}}{2}\frac{\|T^\dagger\|\|\delta T\|}{1-\|T^\dagger\|\|\delta T\|}.\qquad\square$$

前面我们已经得出问题 $(*)$ 的解为 $x=T^\dagger b$. 现在, 给 b 和 T 一个小扰动, 即 $\bar{b}=b+\delta b$, $\bar{T}=T+\delta T$, 并设 $\bar{x}$ 为问题

$$\min\|x\|,\ \text{满足}\ \|\bar{T}x-\bar{b}\|=\min\{\|\bar{T}z-\bar{b}\|\,|\,z\in H_1\}\tag{$**$}$$

的解. 我们称 $r=b-Tx$ 为问题 $(*)$ 的解的残差. 设 $\bar{r}=\bar{b}-\bar{T}\bar{x}$ 为问题 $(**)$ 的解的残差. 下面的定理给出了 $\|\bar{x}-x\|$ 及 $\|\bar{r}-r\|$ 的上界.

定理 11.3.18 设 $T,\bar{T}=T+\delta T\in B(H_1,H_2)$ 且 $T^\dagger$ 存在, $\|T^\dagger\|\|\delta T\|<1$. 设 $x,\bar{x}$ 分别是问题 $(*)$ 及问题 $(**)$ 的解. 若 $\bar{T}$ 是 T 的稳定扰动, 则

(1) $\|\bar{x}-x\|\leqslant\dfrac{\|T^\dagger\|}{1-\|T^\dagger\|\|\delta T\|}\big[\|\delta b\|+2\|\delta T\|\|x\|+\|T^\dagger\|\|\delta T\|\|r\|\big]$;

(2) $\|\bar{r}-r\|\leqslant\|\delta b\|+\|T^\dagger\|\|\delta T\|\|b\|$.

证明 由定理 11.3.17 知, 当 $\bar{T}$ 为 T 的稳定扰动时, $\bar{T}^\dagger$ 存在且

$$\|\bar{T}^\dagger\| \leqslant \frac{\|T^\dagger\|}{1-\|T^\dagger\|\|\delta T\|}.$$

故 $\bar{x}=\bar{T}^\dagger\bar{b}$; 同时, 由命题 11.3.16 分别得到

$$\|\bar{T}^\dagger\bar{T}-T^\dagger T\| \leqslant \|\bar{T}^\dagger\|\|\delta T\|, \quad \|\bar{T}\bar{T}^\dagger-TT^\dagger\| \leqslant \|T^\dagger\|\|\delta T\|.$$

从而由 (11.29) 式,

$$\begin{aligned}\bar{x}-x &= \bar{T}^\dagger\delta b+(\bar{T}^\dagger-T^\dagger)b\\ &= \bar{T}^\dagger\delta b-\bar{T}^\dagger\delta TT^\dagger b+\bar{T}^\dagger(I_{H_2}-TT^\dagger)b-(I_{H_1}-\bar{T}^\dagger\bar{T})T^\dagger b\\ &= \bar{T}^\dagger\delta b-\bar{T}^\dagger\delta Tx+\bar{T}^\dagger(\bar{T}\bar{T}^\dagger-TT^\dagger)(b-Tx)-(T^\dagger T-\bar{T}^\dagger\bar{T})x,\end{aligned}$$

所以

$$\begin{aligned}\|\bar{x}-x\| &\leqslant \|\bar{T}^\dagger\|\|\delta b\|+\|\bar{T}^\dagger\|\|T^\dagger\|\|\delta T\|\|r\|+2\|\bar{T}^\dagger\|\|\delta T\|\|x\|\\ &\leqslant \frac{\|T^\dagger\|}{1-\|T^\dagger\|\|\delta T\|}\big[\|\delta b\|+2\|\delta T\|\|x\|+\|T^\dagger\|\|\delta T\|\|r\|\big].\end{aligned}$$

这就证明了 (1). 再证明 (2). 因为

$$\begin{aligned}\bar{r}-r &= \delta b+Tx-\bar{T}\bar{x}=\delta b+TT^\dagger b-\bar{T}\bar{T}^\dagger(b+\delta b)\\ &= (I_{H_2}-\bar{T}\bar{T}^\dagger)\delta b+(TT^\dagger-\bar{T}\bar{T}^\dagger)b,\end{aligned}$$

故 $\|\bar{r}-r\| \leqslant \|\delta b\|+\|T^\dagger\|\|\delta T\|\|b\|$. □

下面举例说明 Moore–Penrose 逆及其扰动理论在 Bang–Bang 控制中的应用.

例 11.3.19 求函数 $u\in L^2[0,1]$ 满足微分方程

$$\phi''(t)+\phi'(t)=u(t), \quad \forall t\in[0,1], \quad \phi(0)=\phi'(0)=0 \tag{11.33}$$

且使 $\displaystyle\int_0^1 |u(t)|^2\,dt$ 最小, 同时又满足 $\phi(1)=1,\ \phi'(1)=0$ 的 $u=u_{\min}$.

事实上, 令

$$A=\begin{bmatrix}0 & 1\\ 0 & -1\end{bmatrix}, \quad x(t)=\begin{bmatrix}\phi(t)\\ \phi'(t)\end{bmatrix}, \quad b(t)=\begin{bmatrix}0\\ u(t)\end{bmatrix}, \quad \forall t\in[0,1].$$

则原方程 (11.33) 化为

$$x'(t) = Ax(t) + b(t), \quad \forall\, t \in [0,1],\ x(0) = 0. \tag{11.34}$$

此方程的解为 $x(t) = \mathrm{e}^{At}\int_0^t \mathrm{e}^{-As} b(s)ds, \forall\, t \in [0,1]$. 由于

$$A = \begin{bmatrix} 1 & 1 \\ 0 & -1 \end{bmatrix} \begin{bmatrix} 0 & 0 \\ 0 & -1 \end{bmatrix} \begin{bmatrix} 1 & 1 \\ 0 & -1 \end{bmatrix}^{-1} = \begin{bmatrix} 1 & 1 \\ 0 & -1 \end{bmatrix} \begin{bmatrix} 0 & 0 \\ 0 & -1 \end{bmatrix} \begin{bmatrix} 1 & 1 \\ 0 & -1 \end{bmatrix},$$

故 $\mathrm{e}^{A(t-s)} = \begin{bmatrix} 1 & 1-\mathrm{e}^{s-t} \\ 0 & \mathrm{e}^{s-t} \end{bmatrix}, \forall\, s,t \in [0,1]$. 于是

$$x(1) = \int_0^1 \mathrm{e}^{A(t-s)} b(s)ds = \begin{bmatrix} \displaystyle\int_0^1 f_1(t)u(t)\,dt \\ \displaystyle\int_0^1 f_2(t)u(t)\,dt \end{bmatrix} = \begin{bmatrix} \langle u, f_1 \rangle \\ \langle u, f_2 \rangle \end{bmatrix},$$

其中 $f_1(t) = 1 - \mathrm{e}^{-1}\mathrm{e}^t$, $f_2(t) = 1 - f_1(t)$, $\forall\, t \in [0,1]$. 设 $e_1 = \begin{bmatrix} 1 \\ 0 \end{bmatrix}$, $e_2 = \begin{bmatrix} 0 \\ 1 \end{bmatrix}$, 并定义 $L^2[0,1]$ 到 $\mathbb{R}^2$ 的线性算子 T 为

$$Tu = \langle u, f_1 \rangle e_1 + \langle u, f_2 \rangle e_2, \quad \forall\, u \in L^2[0,1].$$

易知, T 有界且 $\mathrm{Ran}(T)$ 闭. 于是, 满足条件的 u 为 $u_{\min} = T^\dagger x(1) = T^\dagger e_1$.

注意到 $T^* e_1 = f_1$, $T^* e_2 = f_2$, 故

$$TT^*(e_1, e_2) = (e_1, e_2) \begin{bmatrix} \|f_1\|_2^2 & \langle f_1, f_2 \rangle \\ \langle f_2, f_1 \rangle & \|f_2\|_2^2 \end{bmatrix}.$$

因为 f_1 与 f_2 在 $L^2[0,1]$ 中线性无关, 所以 $\|f_1\|_2^2\|f_2\|_2^2 - (\langle f_1, f_2 \rangle)^2 > 0$, 从而 TT^* 是 $\mathbb{R}^2$ 上的可逆算子. 进而, $\mathrm{Ran}(T) = \mathbb{R}^2$ 以及 $T^\dagger = T^*(TT^*)^{-1}$(见本章习题 15 (2)). 由此得到

$$\begin{aligned} T^\dagger(e_1, e_2) &= \frac{1}{\|f_1\|_2^2\|f_2\|_2^2 - (\langle f_1, f_2 \rangle)^2}\,(f_1, f_2) \begin{bmatrix} \|f_2\|_2^2 & -\langle f_1, f_2 \rangle \\ -\langle f_2, f_1 \rangle & \|f_1\|_2^2 \end{bmatrix} \\ &= \frac{1}{(\mathrm{e}-1)(3-\mathrm{e})}(f_1, f_2) \begin{bmatrix} \mathrm{e}^2 - 1 & -(\mathrm{e}-1)^2 \\ -(\mathrm{e}-1)^2 & -\mathrm{e}^2 + 4\mathrm{e}^2 - 1 \end{bmatrix}. \end{aligned}$$

所以 $u_{\min}(t)=T^{\dagger}e_1=\dfrac{1}{3-\mathrm{e}}(\mathrm{e}+1-2\mathrm{e}^t),\ \forall\, t\in[0,1]$.

现在 A 通过一个小扰动变成 $\bar{A}$, 同时方程 (11.34) 变为

$$x'(t)=\bar{A}x(t)+b(t),\quad \forall\, t\in[0,1],\ x(0)=0, \tag{11.35}$$

其中 $x(t)$ 与 $b(t)$ 同前设. (11.35) 式的解为

$$\bar{x}(t)=\int_0^t \mathrm{e}^{\bar{A}(t-s)}b(s)\,ds=\int_0^t \mathrm{e}^{\bar{A}(t-s)}e_1u(s)\,ds,\quad \forall\, t\in[0,1].$$

设 $\Delta\in\mathbb{R}^2$, $\bar{x}(1)=x(1)+\Delta$. 设 $\bar{T}u=\displaystyle\int_0^1 \mathrm{e}^{\bar{A}(1-s)}e_1u(s)\,ds$, $\forall\, u\in L^2[0,1]$. 则 $\bar{T}$ 为 $L^2[0,1]$ 到 $\mathbb{R}^2$ 的有界线性算子. 令 $\delta T=\bar{T}-T$ 并假设 $\|T^{\dagger}\|\|\delta T\|<1$.

由于 $\mathrm{Ran}(T)=\mathbb{R}^2$, 故由 $TT^{\dagger}T=T$ 知, $TT^{\dagger}=I_{\mathbb{R}^2}$. 从而

$$\bar{T}=T+\delta T=T(I_{L^2[0,1]}+T^{\dagger}\delta T). \tag{11.36}$$

因 $\|T^{\dagger}\|\|\delta T\|<1$, 故 $I_{L^2[0,1]}+T^{\dagger}\delta T$ 在 $B(L^2[0,1],L^2[0,1])$ 中可逆. 这样, 由 (11.36) 式就得到 $\mathrm{Ran}(\bar{T})=\mathrm{Ran}(T)=\mathbb{R}^2$. 进而满足 (11.35) 式且使 $\displaystyle\int_0^1|u(t)|^2dt$ 达到最小且又满足 $\bar{x}(1)$ 的 u 为 $\bar{u}_{\min}=\bar{T}^{\dagger}\bar{x}(1)$. 于是由定理 11.3.18 的证明过程, 不难得出 $\bar{u}_{\min}$ 与 $u_{\min}$ 的误差上界估计为

$$\|\bar{u}_{\min}-u_{\min}\|_2\leqslant\frac{\|T^{\dagger}\|}{1-\|T^{\dagger}\|\|\delta T\|}(\|\Delta\|+2\|\delta T\|\|u_{\min}\|_2).$$

11.4 素数分布定理

我们知道素数有无限多个, 但无法用一个通式来表示所有的素数. 给定自然数 $N\geqslant 2$, 以 $\pi(N)$ 表示 1 到 N 内 (包括 N) 的素数个数. 在本节中, 我们要证明下面的素数分布定理.

定理 11.4.1 (素数分布定理) $\displaystyle\lim_{N\to\infty}\frac{\pi(N)\ln N}{N}=1$, 即当 N 充分大时, 1 到 N, 包括 N 在内的素数个数大约是 $\left[\dfrac{N}{\ln N}\right]$ 或 $\left[\dfrac{N}{\ln N}\right]+1$ 个.

设 $\{p_n\}$ 是素数全体并且规定: $p_1<p_2<\cdots<p_n<\cdots$. 设 $x\in[2,+\infty)$, 记 $\pi(x)$ 为不超过 x 的素数个数. 定义

$$\phi(x)=\sum_{k=1}^{\pi(x)}\ln p_k,\ \forall\, x\in[1,+\infty),\quad \Phi(z)=\sum_{n=1}^{\infty}\frac{\ln p_k}{p_n^z},\ \mathrm{Re}\ (z)>1.$$

易知, $\phi(x)$ 在 $[1,+\infty)$ 上只有可数个间断点, $\Phi(z)$ 在 $\mathrm{Re}(z)>1$ 内内闭一致收敛. $\phi(x)$ 与 $\Phi(z)$ 的基本性质如下.

命题 11.4.2 $\phi(x)$, $\Phi(z)$ 如上所述, 则

(1) $\dfrac{\phi(x)}{x}$ 在 $[2,+\infty)$ 上有界;

(2) $\Phi(z)=z\displaystyle\int_2^{+\infty}\phi(x)x^{-1-z}dx$, $\mathrm{Re}\,(z)>1$;

(3) $\Phi(z)-\dfrac{1}{z-1}$ 可以延拓为 $\mathrm{Re}\,(z)\geqslant 1$ 上的解析函数.

证明 (1) 设 n 为不小于 2 的自然数. 由于 $\mathrm{C}_{2n}^n=\dfrac{2n(2n-1)\cdots(n+1)}{n!}$ 是整数, 所以 $n!$ 整除 $n+1,\cdots,2n$ 中去掉 $\pi(2n)-\pi(n)$ 个素数后的乘积. 则

$$2^{2n}=(1+1)^{2n}=\sum_{k=0}^{2n}\mathrm{C}_{2n}^k\geqslant\mathrm{C}_{2n}^n\geqslant\prod_{k=\pi(n)+1}^{\pi(2n)}p_k=\mathrm{e}^{\phi(2n)-\phi(n)}.$$

从而 $\phi(2n)-\phi(n)\leqslant 2n\ln 2$, $n=2,3,\cdots$. 由此得到

$$\phi(2^{k+1})-\phi(2^k)\leqslant 2^{k+1}\ln 2,\quad \phi(2^k)\leqslant\phi(2)+4(2^{k-1}-1)\ln 2,\quad k\geqslant 1.$$

对任意 $x\in[2,+\infty)$, 取 $k=[\log_2 x]\geqslant 1$. 则 $2^k\leqslant x<2^{k+1}$,

$$\frac{\phi(x)}{x}\leqslant\frac{\phi(2^{k+1})}{2^k}\leqslant\frac{\phi(2)}{2^k}+4\Big(1-\frac{1}{2^k}\Big)\ln 2<4\ln 2.$$

(2) 由于 $\phi(x)\leqslant\pi(x)\ln x\leqslant x\ln x$, $\forall\,x\in[2,+\infty)$, 故当 $\mathrm{Re}(z)>1$ 时,

$$\int_2^{+\infty}|\phi(x)x^{-1-z}|dx\leqslant\int_2^{+\infty}x^{-\mathrm{Re}\,(z)}\ln x dx<+\infty.$$

于是 $\displaystyle\int_2^{+\infty}\phi(x)x^{-1-z}dx$ 在 $\mathrm{Re}\,(z)>1$ 时存在. 从而当 $\mathrm{Re}(z)>1$ 时,

$$\begin{aligned}\int_2^{+\infty}\phi(x)x^{-1-z}dx&=\sum_{n=1}^{\infty}\int_{p_n}^{p_{n+1}}\phi(x)x^{-1-z}dx=\sum_{n=1}^{\infty}\int_{p_n}^{p_{n+1}}\sum_{k=1}^{n}(\ln p_k)x^{-1-z}dx\\&=\frac{1}{z}\sum_{n=1}^{\infty}\Big(\sum_{k=1}^{n}\ln p_k\Big)\Big(\frac{1}{p_n^z}-\frac{1}{p_{n+1}^z}\Big)\\&=\frac{1}{z}\Phi(z)-\frac{1}{z}\lim_{n\to\infty}\frac{1}{p_{n+1}^z}\Big(\sum_{k=1}^{n+1}\ln p_k\Big)=\frac{1}{z}\Phi(z).\end{aligned}$$

(3) 由定理 7.5.1和引理 7.1.2, 对任意 $\mathrm{Re}(z)>1$, 有

$$\frac{\zeta'(z)}{\zeta(z)}=-\sum_{n=1}^{\infty}\frac{p_n^{-z}\ln p_n}{1-p_n^{-z}}=-\sum_{n=1}^{\infty}\frac{\ln p_n}{p_n^z-1}=-\Phi(z)-\sum_{n=1}^{\infty}\frac{\ln p_n}{(p_n^z-1)p_n^z}. \tag{11.37}$$

因为 $\zeta(z)$ 在 $\mathrm{Re}(z)>0$ 内, 除了一级极点 $z=1$ 外解析, 同时在 $\mathrm{Re}(z)=1$ 上除了 $z=1$ 外, 没有零点 (定理 7.5.2), 所以 $\dfrac{\zeta'(z)}{\zeta(z)}$ 在 $\mathrm{Re}(z)\geqslant 1$ 上, 除了一级极点 $z=1$ 外解析. 又 $h(z)=\sum\limits_{n=1}^{\infty}\dfrac{\ln p_n}{(p_n^z-1)p_n^z}$ 在 $\mathrm{Re}(z)>\dfrac{1}{2}$ 内内闭一致收敛, 即 $h(z)$ 在 $\mathrm{Re}(z)>\dfrac{1}{2}$ 内解析, 故由 (11.37) 式, $\Phi(z)$ 在 $\mathrm{Re}(z)\geqslant 1$ 上, 除了一级极点 $z=1$ 外解析.

由于 $(z-1)\zeta(z)$ 在 $\mathrm{Re}(z)\geqslant 1$ 上解析且无零点, 所以由 (11.37) 式, 得

$$\Phi(z)-\frac{1}{z-1}=-\frac{\zeta'(z)}{\zeta(z)}-\frac{1}{z-1}-h(z)=-\frac{((z-1)\zeta(z))'}{(z-1)\zeta(z)}-h(z)$$

在 $\mathrm{Re}\,(z)\geqslant 1$ 上解析. □

为了得到有关 $\phi(x)$ 与 $\Phi(z)$ 的更进一步的性质, 我们需要下面的引理.

引理 11.4.3 设实值函数 $f(t)$ 在 $[0,+\infty)$ 上有界且最多有可数个间断点. 令

$$g(z)=\int_0^{+\infty}f(t)\mathrm{e}^{-tz}dt,\quad \mathrm{Re}\,(z)>0.$$

如果 $g(z)$ 可以延拓为 $\mathrm{Re}\,(z)\geqslant 0$ 上的一个解析函数, 则 $\displaystyle\int_0^{+\infty}f(t)dt$ 存在且等于 $g(0)$.

证明 对任意 $T>0$, 设 $g_T(z)=\displaystyle\int_0^{T}f(t)\mathrm{e}^{-zt}dt$. 则 $g_T(z)$ 为 $\mathbb{C}$ 上的解析函数. 如果能够证明 $\lim\limits_{T\to+\infty}g_T(0)=g(0)$, 则可得 $\displaystyle\int_0^{+\infty}f(t)dt=g(0)$.

任取 $R>0$. 由于 $g(z)$ 在 $\mathrm{Re}\,(z)\geqslant 0$ 上解析, 故对线段

$$L=\{z\in\mathbb{C}\mid \mathrm{Re}(z)=0,\ -R\leqslant \mathrm{Im}(z)\leqslant R\}$$

上任意一点 z, 存在以 z 为中心, δ_z $(<R)$ 为边长的开正方形 $S(z)$ 使得 $g(z)$ 在 $S(z)$ 内可导. 因 L 紧且 $L\subset\bigcup\limits_{z\in L}S(z)$, 故有 $z_1,\cdots,z_k\in L$ 使得 $L\subset\bigcup\limits_{j=1}^{k}S(z_j)$. 设在 $S(z_1),\cdots,S(z_k)$ 中, 两两顺序相交为 $S(z_{k_1}), S(z_{k_2}),\cdots, S(z_{k_s})$, $s\leqslant k$.

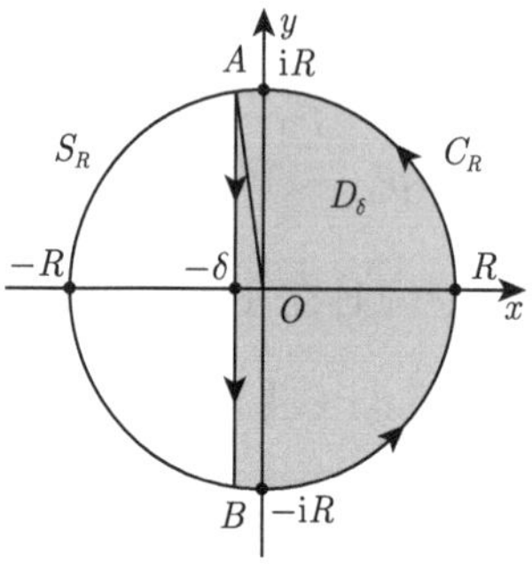

图 11-2

则在 $\bigcup_{j=1}^{s} S(z_{k_j})$ 中可以找到一条直线

$$L' = \{z \in \mathbb{C} \mid \mathrm{Re}(z) = -\delta,\ -R \leqslant \mathrm{Im}(z) \leqslant R\},$$

其中 $\delta \in \left(0, \dfrac{R}{4}\right)$. 这样就有: $g(z)$ 在 $\mathrm{Re}(z) > -\delta$ 内解析, 在 $\mathrm{Re}\,(z) \geqslant -\delta$ 上连续. 如图 11-2 所示, 设以 O 为圆心, R 为半径的圆与 L' 交于 A 点和 B 点并设 C_R 为以 B 点至 A 点的圆弧段. 设 S_R 为从 A 到 B 的圆弧. 令 $C = \overrightarrow{AB} + C_R$. 设

$$H_T(z) = (g(z) - g_T(z))\mathrm{e}^{Tz}\left(1 + \frac{z^2}{R^2}\right),$$

其中 z 在 C 围成的闭区域 D_δ 中. 则

$$g(0) - g_T(0) = \frac{1}{2\pi \mathrm{i}}\oint_C \frac{H_T(z)}{z}dz = \frac{1}{2\pi \mathrm{i}}\int_{\overrightarrow{AB}} \frac{H_T(z)}{z}dz + \frac{1}{2\pi \mathrm{i}}\int_{C_R} \frac{H_T(z)}{z}dz.$$

设 $M = \max\limits_{z\in C}|g(z)|$, $M_0 = \sup\limits_{t\in[0,+\infty)}|f(t)|$ 以及

$$C_+ = C_R \bigcap \{z \in \mathbb{C}|\mathrm{Re}(z) > 0\}, \quad C_- = C_R \bigcap \{z \in \mathbb{C}| -\delta \leqslant \mathrm{Re}(z) < 0\}.$$

则对任意 $z \in C_+$, 有

$$|g_T(z) - g(z)| \leqslant \int_T^{+\infty} |f(t)||\mathrm{e}^{-tz}|dt \leqslant M_0 \int_T^{+\infty} \mathrm{e}^{-\mathrm{Re}\,(z)t}dt = \frac{M_0\mathrm{e}^{-\mathrm{Re}\,(z)T}}{\mathrm{Re}\,(z)}$$

及对任意 $z \in C_+ \bigcup C_- \bigcup S_R$, 有

$$\left|\mathrm{e}^{Tz}\left(1 + \frac{z^2}{R^2}\right)\right| = \mathrm{e}^{\mathrm{Re}\,(z)T}\left|\frac{R}{z} + \frac{z}{R}\right|\left|\frac{z}{R}\right| = 2\mathrm{e}^{\mathrm{Re}\,(z)T}\frac{|\mathrm{Re}(z)|}{R}.$$

于是 $\left|\dfrac{1}{2\pi \mathrm{i}}\displaystyle\int_{C_+} \frac{H_T(z)}{z}dz\right| \leqslant \dfrac{M_0}{R}$. 在 $z \in C_- \bigcup S_R$ 时,

$$|g_T(z)| \leqslant \int_0^T M_0\mathrm{e}^{-\mathrm{Re}\,(z)t}dt = M_0\frac{\mathrm{e}^{-\mathrm{Re}\,(z)T} - 1}{-\mathrm{Re}(z)} < \frac{M_0\mathrm{e}^{-\mathrm{Re}\,(z)T}}{-\mathrm{Re}(z)},$$

从而 $\left|\dfrac{1}{2\pi \mathrm{i}}\displaystyle\int_{C_-} g_T(z)\mathrm{e}^{Tz}\left(1 + \frac{z^2}{R^2}\right)\frac{dz}{z}\right| \leqslant \dfrac{M_0}{R}$.

设线段 OA 与 x–轴的夹角为 α. 则

$$\left|\frac{1}{2\pi \mathrm{i}}\int_{C_-} g(z)\mathrm{e}^{Tz}\left(1+\frac{z^2}{R^2}\right)\frac{dz}{z}\right| \leqslant \frac{2}{\pi}\int_{\frac{\pi}{2}}^{\alpha} M\mathrm{e}^{TR\cos\theta}d\theta = \frac{2M}{\pi}\int_0^{\alpha-\frac{\pi}{2}} \mathrm{e}^{-TR\sin\theta}d\theta.$$

因为 $0 \leqslant \theta \leqslant \alpha - \dfrac{\pi}{2} < \dfrac{\pi}{2}$, 故 $\sin\theta \geqslant \dfrac{2}{\pi}\theta$. 从而由上述不等式可得

$$\left|\frac{1}{2\pi \mathrm{i}}\int_{C_-} g(z)\mathrm{e}^{Tz}\left(1+\frac{z^2}{R^2}\right)\frac{dz}{z}\right| \leqslant \frac{2M}{\pi}\int_0^{\alpha-\frac{\pi}{2}} \mathrm{e}^{-\frac{2}{\pi}TR\theta}d\theta \leqslant \frac{M}{TR}.$$

综合上述的结论, 我们有

$$\left|\frac{1}{2\pi \mathrm{i}}\int_{C_R} \frac{H_T(z)}{z}dz\right| = \left|\frac{1}{2\pi \mathrm{i}}\int_{C_+} \frac{H_T(z)}{z}dz + \frac{1}{2\pi \mathrm{i}}\int_{C_-} \frac{H_T(z)}{z}dz\right| \leqslant \frac{2M_0}{R} + \frac{M}{TR}.$$

由于 $g_T(z)\mathrm{e}^{Tz}\left(1+\dfrac{z^2}{R^2}\right)\dfrac{1}{z}$ 在 $\mathrm{Re}(z) < 0$ 内解析, 故它在以 S_R 和有向线段 $\overrightarrow{BA}$ 组成的闭曲线上的积分为零. 从而

$$\left|\frac{1}{2\pi \mathrm{i}}\int_{\overrightarrow{AB}} g_T(z)\mathrm{e}^{Tz}\left(1+\frac{z^2}{R^2}\right)\frac{dz}{z}\right| = \left|\frac{1}{2\pi \mathrm{i}}\int_{S_R} g_T(z)\mathrm{e}^{Tz}\left(1+\frac{z^2}{R^2}\right)\frac{dz}{z}\right| \leqslant \frac{M_0}{R}.$$

最后, 我们来估计 $\left|\dfrac{1}{2\pi \mathrm{i}}\displaystyle\int_{\overrightarrow{AB}} g(z)\mathrm{e}^{Tz}\left(1+\frac{z^2}{R^2}\right)\frac{dz}{z}\right|$. 我们有

$$\begin{aligned}\left|\frac{1}{2\pi \mathrm{i}}\int_{\overrightarrow{AB}} g(z)\mathrm{e}^{Tz}\left(1+\frac{z^2}{R^2}\right)\frac{dz}{z}\right| &\leqslant \frac{1}{2\pi}\int_{-\sqrt{R^2-\delta^2}}^{\sqrt{R^2-\delta^2}} M\mathrm{e}^{-T\delta}\left(1+\frac{\delta^2+t^2}{R^2}\right)\frac{dt}{\sqrt{\delta^2+t^2}} \\ &\leqslant \frac{M}{\pi}\mathrm{e}^{-T\delta}\left(\frac{1}{\delta}+\frac{1}{R}\right)\sqrt{R^2-\delta^2}.\end{aligned}$$

于是 $\left|\dfrac{1}{2\pi \mathrm{i}}\displaystyle\int_{\overrightarrow{AB}} \frac{H_T(z)}{z}dz\right| \leqslant \dfrac{M_0}{R} + \dfrac{M}{\pi}\left(\dfrac{R}{\delta}+1\right)\mathrm{e}^{-T\delta}$. 最终,

$$|g_T(0) - g(0)| \leqslant \frac{3M_0}{R} + \frac{M}{TR} + \frac{M}{\pi}\left(\frac{R}{\delta}+1\right)\mathrm{e}^{-T\delta}. \tag{11.38}$$

由 (11.38) 式可得 $\varlimsup\limits_{T\to+\infty} |g_T(0) - g(0)| \leqslant \dfrac{3M_0}{R}$. 又因为 R 是任意的, 故令 $R \to +\infty$, 则得 $\lim\limits_{T\to+\infty} |g_T(0) - g(0)| = 0$. □

定理 11.4.4 对函数 $\phi(x)$, $\forall x \in [2, +\infty)$ 及 $\Phi(z)$, $\mathrm{Re}(z) > 1$, 我们有

(1) $\int_2^{+\infty} \frac{\phi(x)-x}{x^2}dx$ 收敛.

(2) $\lim\limits_{x\to+\infty} \frac{\phi(x)}{x}=1.$

证明 (1) 规定 $\phi(x)=0, \forall x\in[1,2)$. 设 $f(t)=\phi(\mathrm{e}^t)\mathrm{e}^{-t}-1, \forall t\in[0,+\infty)$. 则在 $[0,+\infty)$ 上, $f(t)$ 最多只有可数个间断点而且根据命题 11.4.2 (1), $f(t)$ 还是有界的.

由命题 11.4.2 (2), 当 $\mathrm{Re}(\xi)>1$ 时,

$$\begin{aligned}\frac{\Phi(\xi)}{\xi}&=\int_1^{+\infty}\phi(x)x^{-1-\xi}dx \xlongequal{x=\mathrm{e}^t} \int_0^{+\infty}\phi(\mathrm{e}^t)\mathrm{e}^{-t(1+\xi)}\mathrm{e}^t dt\\&=\int_0^{+\infty}(f(t)+1)\mathrm{e}^{-t(\xi-1)}dt=\int_0^{+\infty}f(t)\mathrm{e}^{-t(\xi-1)}dt+\frac{1}{\xi-1}.\end{aligned}$$

于是令 $z=\xi-1$, 便有

$$\frac{\Phi(z+1)}{z+1}-\frac{1}{z}=\int_0^{+\infty}f(t)\mathrm{e}^{-zt}dt,\quad \mathrm{Re}\ (z)>0. \tag{11.39}$$

根据命题 11.4.2 (3), (11.39) 式中左边的函数 $g(z)=\frac{\Phi(z+1)}{z+1}-\frac{1}{z}$ 可以延拓为 $\mathrm{Re}\ (z)\geqslant 0$ 上的解析函数. 从而由引理 11.4.3, $\int_0^{+\infty}f(t)dt$ 存在且等于 $g(0)$, 进而

$$\int_1^{+\infty}\frac{\phi(x)-x}{x^2}dx \xlongequal{x=\mathrm{e}^t} \int_0^{+\infty}\frac{\phi(\mathrm{e}^t)-\mathrm{e}^t}{\mathrm{e}^{2t}}\mathrm{e}^t dt=\int_0^{+\infty}f(t)dt \text{ 存在,}$$

即得 $\int_2^{+\infty}\frac{\phi(x)-x}{x^2}dx$ 收敛.

(2) 任取 $\{x_n\}\subset[2,+\infty)$ 且 $\lim\limits_{n\to\infty}x_n=+\infty$. 由于 $\left\{\frac{\phi(x_n)}{x_n}\right\}$ 是有界数列, 所以 $a=\varliminf\limits_{n\to\infty}\frac{\phi(x_n)}{x_n}$, $b=\varlimsup\limits_{n\to\infty}\frac{\phi(x_n)}{x_n}$ 都是有限数. 因为 $\phi(x)$ 在 $[2,+\infty)$ 上单调递增, 故

$$\int_{\frac{1}{2}x_n}^{x_n}\frac{\phi(x)-x}{x^2}\,dx\leqslant\int_{\frac{1}{2}x_n}^{x_n}\frac{\phi(x_n)-x}{x^2}\,dx=\frac{\phi(x_n)}{x_n}-\ln 2.$$

因为 $\int_2^{+\infty}\frac{\phi(x)-x}{x^2}\,dx$ 收敛, 故 $\lim\limits_{n\to\infty}\int_{\frac{1}{2}x_n}^{x_n}\frac{\phi(x)-x}{x^2}\,dx=0$. 故由上式得: $a\geqslant\ln 2>0$.

设 $b > 1$. 则由

$$\int_{x_n}^{bx_n} \frac{\phi(x) - x}{x^2}\, d\,x \geqslant \int_{x_n}^{bx_n} \frac{\phi(x_n) - x}{x^2}\, d\,x = \left(1 - \frac{1}{b}\right)\frac{\phi(x_n)}{x_n} - \ln b,$$

并令 $n \to \infty$, 便有 $\ln b \geqslant b - 1$. 注意到 $h(x) = \ln x - x + 1$ 在 $(1, +\infty)$ 上严格单调递减, 所以 $h(b) < h(1)$, 即得 $\ln b < b - 1$, 与 $\ln b \geqslant b - 1$ 矛盾.

设 $\ln 2 \leqslant a < 1$. 则由

$$\int_{ax_n}^{x_n} \frac{\phi(x) - x}{x^2}\, d\,x \leqslant \int_{ax_n}^{x_n} \frac{\phi(x_n) - x}{x^2}\, d\,x = \left(\frac{1}{a} - 1\right)\frac{\phi(x_n)}{x_n} + \ln a,$$

并令 $n \to \infty$, 则有 $\ln a - a + 1 \geqslant 0$. 而 $h(x)$ 在 $(0, 1)$ 上严格单调递增, 所以 $h(a) < h(1)$, 即 $\ln a - a + 1 < 0$, 与 $\ln a - a + 1 \geqslant 0$ 矛盾.

综合上述的讨论, 便有 $1 \leqslant a \leqslant b \leqslant 1$. 于是 $\overline{\lim\limits_{x\to+\infty}} \dfrac{\phi(x)}{x} = \underline{\lim\limits_{x\to+\infty}} \dfrac{\phi(x)}{x} = 1$. □

有了上面的准备后, 我们就可以给出定理 11.4.1 的证明如下.

设 n 为自然数且 $n \geqslant 2$. 由 $\phi(n) = \sum\limits_{k=1}^{\pi(n)} \ln p_k$ 及 $p_k \leqslant n$, $k = 1, 2, \cdots, \pi(n)$, 知 $\phi(n) \leqslant \pi(n) \ln n$. 于是由定理 11.4.4 (2) 得

$$1 = \lim_{n\to\infty} \frac{\phi(n)}{n} \leqslant \underline{\lim_{n\to\infty}} \frac{\pi(n)\ln n}{n}.$$

任取 $\epsilon \in (0, 1)$. 由于 $n^{1-\epsilon} < n$, 故 $\phi(n^{1-\epsilon}) \leqslant \phi(n)$. 进一步, 还可以得到: 当 n 充分大时, $\phi(n) > \phi(n^{1-\epsilon})$. 如若不然, 由 $\phi(n) = \phi(n^{1-\epsilon})$ (n 充分大) 得

$$\frac{\phi(n)}{n} = \left(\frac{\phi(n^{1-\epsilon})}{n^{1-\epsilon}} - 1\right)\frac{1}{n^{\epsilon}} + \frac{1}{n^{\epsilon}}. \tag{11.40}$$

但根据定理 11.4.4 (2), 当 n 充分大时, (11.40) 式的左边趋于 1 而右边则趋于 0, 因而得到矛盾.

设 n 充分大并令 $s = \min\{k \mid n^{1-\epsilon} < p_k \leqslant n\}$. 则 $(1 - \epsilon)\ln n < \ln p_s$,

$$\phi(n) \geqslant \sum_{k=s}^{\pi(n)} \ln p_k > (\pi(n) - s + 1)\ln p_s > (1 - \epsilon)\pi(n)\ln n - (s - 1)\ln p_s.$$

设 $t = \pi(n^{1-\epsilon})$. 由于 $p_t \leqslant n^{1-\epsilon} < p_s$, 故

$$\phi(n^{1-\epsilon}) = \sum_{k=1}^{t} \ln p_k \leqslant t \ln p_t < (s - 1)\ln p_s,$$

从而 $\phi(n) > (1-\epsilon)\pi(n)\ln n - \phi(n^{1-\epsilon})$. 由此可得

$$\frac{\pi(n)\ln n}{n} < \frac{1}{1-\epsilon}\Big(\frac{\phi(n)}{n} + \frac{\phi(n^{1-\epsilon})}{n^{1-\epsilon}}\frac{1}{n^{\epsilon}}\Big),$$

故 $\overline{\lim\limits_{n\to\infty}} \dfrac{\pi(n)\ln n}{n} \leqslant \dfrac{1}{1-\epsilon}$. 令 $\epsilon \to 0^+$, 则有

$$1 \leqslant \underline{\lim_{n\to\infty}} \frac{\pi(n)\ln n}{n} \leqslant \overline{\lim_{n\to\infty}} \frac{\pi(n)\ln n}{n} \leqslant 1.$$

习 题

1. 设 $A=(a_{ij})_{n\times n}$ 为 n 阶正方阵, 即 $a_{ij}\geqslant 0$, $i,j=1,2,\cdots,n$. 证明: 存在 $\lambda\geqslant 0$ 及 $\xi=(\xi_1,\cdots,\xi_n)^{\mathrm{T}}\neq 0$, 其中 $\xi_i\geqslant 0$, $i=1,2,\cdots$, 使得 $A\xi=\lambda\xi$.

2. 设 $\Omega=U(0,1)\subset\mathbb{R}^n$, $f\colon\overline{\Omega}\to\overline{\Omega}$ 为连续映射并且 $0\notin f(\overline{\Omega})$. 证明: 存在常数 $\lambda>0$, $\mu<0$ 以及 $x,y\in\partial\Omega$ 使得 $f(x)=\lambda x$, $f(y)=\mu y$.

3. 设 X 为 Banach 空间, $T\colon X\to X$ 连续且将 X 中的有界集映成 X 中的致密集. 考虑含参数 $\lambda\in(0,1)$ 的算子方程

$$\lambda Tx=x,\quad x\in X.$$

如果存在不依赖 λ 的常数 $r>0$, 使得此方程的所有解都在 $B(0,r)$ 中, 证明: 此时, T 必有一个不动点.

4. 设 X 为实赋范空间, A 是 X 中的闭凸集而 B 是 X 中的紧凸集且有 $A\bigcap B=\varnothing$.

(1) 证明: $B-A$ 是闭凸集且 $0\notin B-A$;

(2) 证明: 存在 $\alpha\in\mathbb{R}$ 及 $f\in X^*$ 使得 $f(y)\leqslant\alpha<f(x)$, $\forall x\in A,\ y\in B$.

5. 设 X 是实赋范空间, A 是 X 中的凸子集. $x_0\in A$ 称为是端点, 如果存在 $x,y\in A$, $t\in(0,1)$ 使得 $x_0=tx+(1-t)y\in A$, 则必有 $x_0=x=y$. 记 $\mathrm{ext}(A)$ 为 A 中端点全体. 设 S 为 A 的一个凸子集. 如果对 $x,y\in A$ 存在 $t\in(0,1)$ 使得 $tx+(1-t)y\in S$, 必有 $x,y\in S$, 则称 S 是 A 的一个面. 当 S 闭式, S 称为 A 的闭面.

(1) 设 A 为紧凸子集, S 为 A 的一个闭面. 任取 $f\in X^*\backslash\{0\}$ 并令 $\alpha=\max\limits_{s\in S}f(s)$, $S_f=\{x\in S\,|\,f(x)=\alpha\}$. 证明: S_f 是 A 的一个闭面.

(2) 设 $\mathfrak{S}$ 为 A 中闭面全体. 当 A 为紧凸子集时, 利用 Zorn 引理和 (1), 证明: $\mathfrak{S}$ 中的极小元必是 A 的一个端点.

(3) 设 A 为紧凸子集, 证明: $A=\overline{\mathrm{co}}(\mathrm{ext(A)})$ (Krein–Milman 定理).

6. 设 C 为实赋范空间 X 中的一个闭凸集. 证明: 对任意 $x\in X\backslash C$, 存在 $\phi\in X^*$ 且 $\|\phi\|=1$ 使得 $\sup\limits_{z\in C}\phi(z)\leqslant\phi(x)-f_C(x)$, 这里 $f_C(x)=\inf\limits_{y\in C}\|x-y\|, \forall x\in X$.

7. 设 X 是实赋范空间, $f(x)$ 是 X 上的连续凸函数. 证明: 存在 $\psi\in X^*$ 及 $\alpha\in\mathbb{R}$ 使得 $f(x)>\psi(x)+\alpha$, $\forall x\in X$.

8. 设 H 为实 Hilbert 空间, V 为 H 的闭子空间. 令 $f(z)=d^2(x,V)$, $\forall x\in H$. 设 $x_0\in H$, 求 $\partial f(x_0)$.

9. 设 X,Y 是自反 Banach 空间, X 是严格凸的. 设 $b\in Y$, $T\in B(X,Y)$ 且 $\mathrm{Ran}(T)$ 在 Y 中闭. 证明: 存在唯一的 $x_0\in X$ 使得

$$\|x_0\|=\inf\{\|x\|\mid\|Tx-b\|=\inf_{z\in X}\|Tz-b\|\}.$$

10. 设 M 为紧 Hausdorff 空间, V 是 $C(M)$ 中的 n 维子空间 (n 有限).

(1) V 称为满足 Haar (哈尔) 条件, 如果存在 V 中的一组基 $\{f_1,\cdots,f_n\}$ 使得对 M 中任意 n 个互不相同的点 $t_1,\cdots,t_n$, 有

$$\mathrm{Det}\Big[\frac{(f_1,\cdots,f_n)}{(t_1,\cdots,t_n)}\Big]\triangleq\begin{vmatrix}f_1(t_1)&f_1(t_2)&\cdots&f_1(t_n)\\f_2(t_1)&f_2(t_2)&\cdots&f_2(t_n)\\\vdots&\vdots&&\vdots\\f_n(t_1)&f_n(t_2)&\cdots&f_n(t_n)\end{vmatrix}\neq 0.$$

证明: V 满足 Haar 条件当且仅当 $V\backslash\{0\}$ 中任一元素的零点个数不超过 $n-1$ 个. (提示: 考虑 V 中的一组基并用齐次线性方程组的有关结论.)

(2) 对每个 $f\in C(M)$, 令 $E(f)=\{x\in M\mid|f(x)|=\|f\|\}$. 对 $g\in C(M)\backslash V$, $f\in V$, 设 $E(g-f)$ 中的元素个数不超过 n. 再设 V 满足 Haar 条件.

(a) 设 $\{s_1,\cdots,s_m\}=E(g-f)$. 如果 $m<n$, 则在 $M\backslash E(g-f)$ 中任意添加 $n-m+1$ 个点 $s_{m+1},\cdots,s_n$. 任意取 V 中的一组基 $\{f_1,\cdots,f_n\}$. 证明: 由 $\mathrm{Det}\Big[\frac{(f_1,\cdots,f_n)}{(s_1,\cdots,s_n)}\Big]\neq 0$, 存在数 $\beta_1,\cdots,\beta_n$ 使得 $g(s_i)-f(s_i)=\sum\limits_{j=1}^n\beta_jf_j(s_i)$, $i=1,2,\cdots,m$.

(b) 设 $f_0=\sum\limits_{j=1}^n\beta_jf_j$. 证明: 存在 s_i 的一个邻域 $U(s_i)$ 使得

$$|g_0(t)-1|<\frac{1}{2},\quad |f_0(s_i)|>\frac{1}{2}d(g,V),\quad i=1,2,\cdots,m,$$

其中 $g_0(t)=\dfrac{f_0(t)}{g(t)-f(t)}$, $\forall t\in J=\bigcup\limits_{i=1}^m U(s_i)$.

(c) 设 $M=\max\limits_{t\in M\backslash J}|g(t)-f(t)|<\|g-f\|$. 令 $\epsilon=\min\Big\{\dfrac{1}{2},\dfrac{\|g-f\|-M}{\|f_0\|}\Big\}$, $h=f+\epsilon f_0\in V$. 证明:

$$|g(t)-h(t)|=|g(t)-f(t)||1-\epsilon g_0(t)|<\Big(1-\frac{\epsilon}{2}\Big)|x(t)-f(t)|,\quad\forall t\in J,$$

$$|g(t)-h(t)|\leqslant|g(t)-f(t)|+\epsilon|f_0(t)|\leqslant|g(t)-f(t)|+\epsilon\|f_0\|,\quad\forall t\in M\backslash J.$$

由此得到 $d(g,V)\leqslant\|g-h\|<\|g-f\|$.

(3) 设 V 满足 Haar 条件, $g \in C(M)\backslash V$.

(a) 证明: 存在 $f \in V$ 使得 $\|g-f\| = d(g,V) = d$.

(b) 若还有 $f_1 \in V$ 使得 $\|x-f_1\| = d$. 令 $v_1 = g-f$, $v_2 = g-f_1$. 证明:

$$\frac{1}{2}(v_1+v_2) = g - \frac{1}{2}(f+f_1), \quad \|v_1\| = \|v_2\| = d, \quad \|v_1+v_2\| = 2d.$$

(c) 由 (2), $E\left(\frac{1}{2}(v_1+v_2)\right)$ 中元素的个数至少是 $n+1$. 设 $t_1,\cdots,t_{n+1}$ 为其中的 $n+1$ 个点. 利用 $(\mathbb{R}^1,|\cdot|)$ 或 $(\mathbb{C}^1,|\cdot|)$ 是严格凸的以及

$$|d^{-1}v_1(t_i)| = |d^{-1}v_2(t_i)| = 1, \quad |d^{-1}v_1(t_i) + d^{-1}v_2(t_i)| = 2, \quad 1 \leqslant i \leqslant n+1.$$

证明: $v_1(t_i) = v_2(t_i)$, $i = 1,2,\cdots,n+1$, 即得 $f_1 - f = v_1 - v_2$ 在 M 上有 $n+1$ 个零点. 从而由 (2), $f_1 = f$.

11. 设 $f_1(t) = \sin t$, $f_2(t) = \cos t$, $\forall t \in \left[0, \frac{\pi}{2}\right]$ 为 $X = C\left(\left[0,\frac{\pi}{2}\right]\right)$ 中的两个元素. 令 $V = \operatorname{span}\{f_1, f_2\}$.

(1) 证明: 对任意 $f \in X$ 存在唯一的 $v_f \in V$ 使得 $d(f,V) = \|f - v_f\|$;

(2) 根据 (1), 定义映射 $P\colon X \to V$ 为 $P(f) = v_f$, $\forall f \in X$. 证明: P 连续.

12. 设 X 是 Banach 空间, $T \in B(X,X)\backslash\{0\}$. 定义 T 的约化最小模 $\gamma(T)$ 为

$$\gamma(T) = \inf\{\|Tx\| \,|\, d(x, \operatorname{Ker}(T) = 1\}.$$

(1) 证明: 对任意 $x \in X$, 有 $\|Tx\| \geqslant \gamma(T) d(x, \operatorname{Ker}(T))$.

(2) 设 T 有有界逆 T^{-1}. 证明: $\gamma(T) = \|T^{-1}\|^{-1}$.

(3) 证明: 当 $\operatorname{Ran}(T)$ 在 Y 中闭时, $\gamma(T) > 0$.

(4) 若存在 $S \in B(X,X)$ 使得 $TST = T$, 证明: $\operatorname{Ran}(T)$ 闭且 $\gamma(T) \geqslant \|S\|^{-1}$.

13. 设 H 为 Hilbert 空间, $M, N \in \mathcal{V}(H)$. 证明:

(1) $\delta(M,N) \leqslant 1$ 且 $\delta(M,N) = 0 \Leftrightarrow M \subset N$;

(2) 当 $\delta(M,N) < 1$ 时, $M \cap N^{\perp} = \{0\}$;

(3) $\delta(M,N) = \delta(N^{\perp}, M^{\perp})$.

14. 设 H, K 为 Hilbert 空间, $S, T \in B(H,K)$. 证明:

$$\gamma(S) \geqslant \gamma(T)[1 - (\delta(\operatorname{Ker}(T), \operatorname{Ker}(S)))^2]^{\frac{1}{2}} - \|T - S\|.$$

15. 设 H, K 为 Hilbert 空间, $T \in B(H,K)$ 且 $\operatorname{Ran}(T)$ 在 K 中闭. 证明:

(1) 对任意 $\epsilon > 0$, $TT^* + \epsilon I_K$ 有有界逆.

(2) $T^{\dagger}$ 存在且 $\lim\limits_{\epsilon \to 0^+} \|T^{\dagger} - T^*(TT^* + \epsilon I_K)^{-1}\| = 0$.

16. 设 H, K 为 Hilbert 空间, $T, \delta T \in B(H,K)$ 且 $T^{\dagger}$ 存在及 $\|T^{\dagger}\|\|\delta T\| < 1$. 令 $\bar{T} = T + \delta T$, $C = (I_H + T^{\dagger}\delta T)^{-1} T^{\dagger}$.

(1) 证明: $C\bar{T}C = C$.

(2) 如果 $\bar{T}$ 是 T 的稳定扰动, 直接证明: $\bar{T}C\bar{T} = \bar{T}$.

(3) 证明: $\bar{T}^{\dagger}$ 存在且 $\bar{T}^{\dagger} = C$ 当且仅当 $\operatorname{Ran}(\bar{T}) = \operatorname{Ran}(T)$, $\operatorname{Ker}(\bar{T}) = \operatorname{Ker}(T)$.

17. 设 H, K 为 Hilbert 空间, $T, \delta T \in B(H, K)$ 且 $T^\dagger$ 存在及 $\|T^\dagger\|\|\delta T\| < 1$. 设 $\bar{T} = T + \delta T$. 证明: 如果 $\mathrm{Ran}(\bar{T}) \subset \mathrm{Ran}(T)$ 或 $\mathrm{Ker}\,(T) \subset \mathrm{Ker}\,(\bar{T})$, 则 $\bar{T}^\dagger$ 存在而且

$$\frac{\|\bar{T}^\dagger - T^\dagger\|}{\|T^\dagger\|} \leqslant \sqrt{2}\frac{\|T^\dagger\|\|T\|}{1 - \|T^\dagger\|\|\delta T\|}.$$

18. 证明: $\sum\limits_{p\text{为素数}} \dfrac{1}{p}$ 发散.

19. 设 n 为大于 1 的自然数. 证明: $\lim\limits_{n\to\infty} \dfrac{\ln \pi(n)}{\ln n} = 1$.

20. 证明: $\lim\limits_{x\to+\infty} \dfrac{\displaystyle\int_2^x \frac{1}{\ln t}\,dt}{\pi(x)} = 1$.

参 考 文 献

陈志华, 2005. 近代分析基础. 北京: 科学出版社.

程其襄, 张奠宙, 胡善文, 薛以锋, 2019. 实变函数与泛函分析基础. 4 版. 北京: 高等教育出版社.

邓冠铁, 2010. 复分析. 北京: 北京师范大学出版社.

邓东皋, 韩永生, 1992. H^p 空间论. 北京: 北京大学出版社.

胡善文, 薛以锋, 2021. 实变函数与泛函分析基础 (第四版) 学习指导与习题解答. 北京: 高等教育出版社.

史济怀, 2014. 多复变函数论基础. 北京: 高等教育出版社.

童裕孙, 2008. 泛函分析教程. 2 版. 上海: 复旦大学出版社.

王宗尧, 薛以锋, 钱张军, 2002. 应用泛函分析. 上海: 华东理工大学出版社.

薛以锋, 李红英, 翟发辉, 2000. 复变函数与积分变换. 上海: 华东理工大学出版社.

张恭庆, 林源渠, 2018. 泛函分析讲义. 北京: 北京大学出版社.

张新建, 王红霞, 2016. 调和分析导论. 北京: 科学出版社.

周美珂, 2007. 泛函分析. 北京: 北京师范大学出版社.

Farmakis I, Moskowitz M, 2013. Fixed Point Theorems and Their Applications. Singapore: World Scientific.

Kreyszig E, 1978. Introductory Functional Analysis with Applications. New York: John Wiley & Sons. Inc.

Lang S, 1999. Complex Analysis. 4th ed. New York: Spring–Verlag.

Royden H L, Fitzpatrick P M, 2010. Real Analysis. 4th ed. Englewood cliffs: Prentice Hall.

Rudin W, 1987. Real and Complex Analysis. New York: Mcgraw–Hill Co. Inc.

Rudin W, 1991. Funtional Analysis. New York: Mcgraw–Hill Co. Inc.

Steim M, Shakarchi R, 2005. Real Analysis: Measure Theory, Integration and Hilbert Spaces. Princeton: Princeton University Press.

Steim M, Shakarchi R, 2011. Functional Analysis: Introduction to Further Topics in Analysis. Princeton: Princeton University Press.

Xue Y F, 2012. Stable Perturbations of Operators and Related Topics. Singapore: World Scientific.

索　引